Franz Beneke, Stephan Schalm (Hrsg.)

Prozesswärme

Energieeffizienz in der industriellen Thermoprozesstechnik

Eine Sonderpublikation der Zeitschriften

Gaswärme International
und
elektrowärme international

VULKAN VERLAG

Bibliografische Information Der Deutschen Nationalbibliothek
Die Deutsche Nationalbibliothek verzeichnet diese Publikation in der Deutschen Nationalbibliografie; detaillierte bibliografische Daten sind im Internet über

http://dnb.d-nb.de

abrufbar.

ISBN 978-3-8027-2962-1

Huyssenallee 52–56, 45128 Essen, Deutschland
Telefon: 0201 82002-0, Internet: www.vulkan-verlag.de

Projektmanagement: Stephan Schalm, s.schalm@vulkan-verlag.de
Lektorat: Annamaria Frömgen
Herstellung: Norbert Nickel
Umschlaggestaltung: deivis aronaitis design, München
Satz: e-Mediateam Michael Franke, Bottrop
Druck: B.O.S.S Druck und Medien GmbH, Goch

Vorwort

Energie- und Ressourceneffizienz – das Topthema in der industriellen Thermoprozesstechnik

In den letzten Jahren gab es kaum ein Thema, das so deutlich in der öffentlichen Diskussion und speziell bei Betreibern von Thermoprozessanlagen große Beachtung fand, wie das Thema der Energieeffizienz von Thermoprozessen.

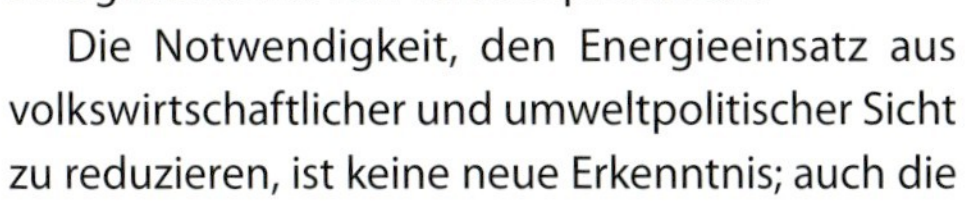

Die Notwendigkeit, den Energieeinsatz aus volkswirtschaftlicher und umweltpolitischer Sicht zu reduzieren, ist keine neue Erkenntnis; auch die Prognose, dass die Energiepreise nach Ansicht der Experten in den nächsten Jahren weiter steigen werden, überrascht nicht. Bemerkenswert aber ist, dass Thermoprozessanlagen – je nach Alter und Konzeption – über ein Energieeinsparpotenzial zwischen 10 und 40 % verfügen. Neben den ökologischen spielen somit auch konkret wirtschaftliche Aspekte eine entscheidende Rolle.

Vielfach geschah die Reduzierung des Energieeinsatzes durch Weiterentwicklungen der Verfahren. In einem weit größeren Umfang jedoch durch Verbesserung und Optimierung der Thermoprozessanlagen inklusive ihrer Komponenten. Ein Ende der Entwicklung ist nicht absehbar. Einerseits gilt es Ergebnisse der aktuellen Forschung in die Praxis umzusetzen und anderseits Anlagenkonzepte von Thermoprozessanlagen und Komponenten unter dem Gesichtspunkt aktueller neuer Erkenntnisse zu überdenken.

Die Fachzeitschriften **Gaswärme International** und **elektrowärme international**, beide als Organ des Fachverbandes Thermoprozess- und Abfalltechnik im VDMA, konnten bereits mit mehreren Schwerpunktheften in den vergangenen Jahren umfangreich die Lösungen der Anlagenhersteller zur Senkung des Energieverbrauchs aufzeigen und Betreibern wichtige Impulse geben, ihre Thermoprozessanlage in dieser Hinsicht zu optimieren.

Das Fachbuch „Prozesswärme – Energieeffizienz in der industriellen Thermoprozesstechnik" fasst nun eindrucksvoll die wesentlichen Veröffentlichungen dieser beiden Fachzeitschriften der letzten Jahre zu dieser Thematik zusammen und gibt somit einen kompakten Überblick über das Leistungsspektrum der Branche, in einem hohem Maße den Energieverbrauch mit innovativen Lösungen zu senken.

Dr.-Ing. Franz Beneke
Fachverband Thermoprozesstechnik
im VDMA e.V.

Dipl.-Ing. Stephan Schalm
Spartenleiter/Chefredakteur
Vulkan-Verlag GmbH

Geleitwort

PROZESSWÄRME – Energieeffizienz in der industriellen Thermoprozesstechnik

In der Prozesskette zur industriellen Herstellung von Halbzeugen und Komponenten aus verschiedenen Materialien stellt Prozesswärme in der Regel den größten Anteil an der eingesetzten Gesamtenergie dar. Insbesondere bei Metallen wird Prozesswärme nach einem ersten Warmumformungsschritt auch in nachfolgenden einstufigen oder sogar mehrstufigen Wärmebehandlungsverfahren benötigt. Diese ermöglichen es, die mechanischen und physikalischen Eigenschaften der Materialien in weiten Bereichen für die jeweilige Anwendung einzustellen. Die entsprechenden Industrieofenanlagen werden zu einem überwiegenden Anteil mit fossilen Brennstoffen und zu einem geringeren Anteil elektrisch beheizt. Es liegt auf der Hand, dass es eine der wesentlichsten aktuellen Herausforderungen ist, den Energieeinsatz bei gleichzeitiger Reduzierung der Emissionen zu minimieren.

Im Industrieofenbau wurden hierfür bereits in den vergangenen Jahren große Anstrengungen unternommen. Die Schwerpunkte lagen auf der Weiterentwicklung der Beheizungssysteme, einer rechnergesteuerten Energieeinbringung sowie auf Optimierungen weiterer einzelner Aspekte der Anlagen. In der vorliegenden Publikation werden hierzu die wesentlichen Veröffentlichungen der Fachleute der Branche zusammenfassend vorgestellt. Grundsätzlich kann gesagt werden, dass die in Europa gebauten Anlagen der aktuell sinnvollen Machbarkeit entsprechen und den weltweit höchsten Standard darstellen.

Um weitere Optimierungen zu erreichen, wird es die Aufgabe der Zukunft sein, nicht nur die einzelnen Ofenanlagen sondern die gesamten Prozessabläufe vom Schmelzen oder der Warmumformung an hin bis zum endgültigen Produkt zu überprüfen. Die Rückgewinnung von Wärmeenergie aus den prozessierten Materialien wird ebenfalls eine zunehmende Rolle spielen. Als Konsequenz werden sich neue Produktionsabfolgen aber auch neuartige Materialien ergeben.

Der Fachverband „Thermoprozesstechnik" im Verband des Deutschen Maschinen- und Anlagenbaus begrüßt und unterstützt in hohem Maße die Anstrengungen des Vulkan-Verlags, der Herausgeber sowie aller Autoren mit dieser Publikation das hohe Einsparpotential an Thermoprozessanlagen aufzuzeigen und Lösungen für einen optimierten Betrieb dieser Anlagen zu offerieren. Wir wünschen dem Leser einen möglichst großen Nutzen bei der Lektüre dieses Handbuchs.

Dr. Hermann Stumpp
Vorstandsvorsitzender des Fachverbands TPT im VDMA,
Vorsitzender der Geschäftsführung, LOI Thermprocess GmbH

Inhaltsverzeichnis

Fachberichte – Teil 1 www.gaswaerme-online.de

Energieeffizienz gasbeheizter Thermoprozesse

Fachberichte – Teil 2 **www.elektrowaerme-online.de**

Energieeffizienz elektrothermischer Prozesse

- E-Book des kompletten Buches als PDF
- VDMA-Leitfaden: Energieeffizienz von Thermoprozessanlagen
- Präsentationen der Vorträge zur 1. Praxistagung „Energieeffizienz in der Thermoprozesstechnik"
- Firmenporträts

Anbieter und Berater in Sachen Energieeffizienz von Thermoprozessanlagen

Alphabetisches Firmenverzeichnis

Mitgliedsfirmen des Fachverbandes Thermoprozesstechnik im VDMA

N. Bättenhausen
Industrielle Wärme- u. Elektrotechnik GmbH
Ludwigstr. 54-56
D-35584 Wetzlar
Tel.: +49 (0)6441 / 9359-0
Fax: +49 (0)6441 / 9359-99
waermetechnik@baettenhausen.de
elektrotechnik@baettenhausen.de
www.baettenhausen.de
Kontakt: Norbert Bättenhausen

BLOOM ENGINEERING (EUROPA) GMBH
Büttgenbachstr. 14
40549 Düsseldorf
Deutschland
Tel.: +49 (0)211 / 50091-0
Fax: +49 (0)211 / 50091-14
info@bloomeng.de
www.bloomeng.com
Kontakt: Jörg Teufert

BSN Thermprozesstechnik GmbH
Kammerbruchstraße 64
52152 Simmerath
Deutschland
Tel.: +49 (0)2473 / 9277-0
Fax: +49 (0)2473 / 9277-111
info@bsn-therm.de
www.bsn-therm.de
Kontakt: Werner Schütt

ELINO INDUSTRIE-OFENBAU GMBH
Zum Mühlengraben 16-18
52355 Düren
Deutschland
Tel.: +49 (0)2421 / 6902-0
Fax: +49 (0)2421 / 62979
info@elino.de
www.elino.de
Kontakt: Petra Erdorf

Elster GmbH
Postfach 28 09
49018 Osnabrück
Deutschland
T +49 541 1214-0
F +49 541 1214-370
info@kromschroeder.com
www.kromschroeder.de
krom//schroder
Kontakt: ulrich.engelmann@elster.com

Ipsen International GmbH
Flutstr. 78
47533 Kleve
Deutschland
Tel.: +49 (0)2821 / 804-0
Fax: +49 (0)2821 / 804-324
info@ipsen.de
www.ipsen.de

Mitgliedsfirmen des Fachverbandes Thermoprozesstechnik im VDMA

Jasper Gesellschaft für Energie-Wirtschaft und Kybernetik mbH
Bönninghauser Str. 10
59590 Geseke
Deutschland
Tel.: +49 (0)2942 / 9747-0
Fax: +49 (0)2942 / 9747-47
info@jasper-gmbh.de
www.jasper-gmbh.de
Kontakt: Peter Klatecki

KANTHAL

Sandvik Wire & Heating Technology
ZN der Sandvik Materials Technology
Deutschland GmbH
Aschaffenburger Str. 7a
64546 Mörfelden-Walldorf
Deutschland
Tel.: +49 (0)6105 / 40010
Fax: +49 (0)6105 / 400188
info.kanthalde@sandvik.com
www.kanthal.com

Linn High Therm GmbH
Heinrich-Hertz-Platz 1
92275 Eschenfelden
Deutschland
Tel.: +49 (0)9665 / 9140-0
Fax: +49 (0)9665 / 1720
info@linn.de
www.linn.de

LOI Thermprocess GmbH
Am Lichtbogen 29
45141 Essen
Deutschland
Tel.: +49 (0)201 / 1891-1
Fax: +49 (0)201 / 1891-321
E-Mail: info@loi-italimpianti.de
Internet: www.loi-italimpianti.com

PADELTTHERM® GmbH
Gewerbeviertel 1
04420 Markranstädt
Deutschland
Tel.: +49 (0)34205 / 775-0
Fax: +49 (0)34205 / 775-27
info@padelttherm.de
www.padelttherm.de
Kontakt: Steffen Hübel

SCHLAGER Industrieofenbau GmbH
Sudfeldstraße 29-31
58093 Hagen
Deutschland
Tel.: +49 (0)2331 / 57087-00
Fax: +49 (0)2331 / 57087-99
info@schlager-gmbh.de
www.schlager-gmbh.de

 Mitgliedsfirmen des Fachverbandes Thermoprozesstechnik im VDMA

Mitgliedsfirmen des Fachverbandes Thermoprozesstechnik im VDMA

Fachberichte – Teil 1

Energieeffizienz gasbeheizter Thermoprozesse

Energieeffizienz von Thermoprozessanlagen

Von Franz Beneke

Die Betreiber von Industrieöfen in Deutschland gehören zu den größten Energieverbrauchern in Deutschland. Fast 40 Prozent der industriell genutzten Energie in Deutschland wird in Industrieöfen verheizt. Rund 30 Milliarden Euro überweisen sie jährlich an ihre Versorger. 2005 summierte sich der Verbrauch auf rund 270 TeraWatt-Stunden. Davon können 14 Millionen Haushalte ein Jahr lang leben. Vielfach wissen die Betreiber nicht, wie viel Energie ihre Industrieöfen verbrauchen und wie hoch ihr Einsparpotential ist. Im Folgenden werden Anregungen zum Energieeffizienzsteigerungspotential gegeben.

Energieeinsparung und Energieeffizienz sind Begriffe, die aus dem privaten, häuslichen Bereich bekannt sind und bei jedem Erwerb von Kühlgeräten oder Heizungsanlagen als Verkaufsargumente und Entscheidungsargument vorgeschlagen werden.

Es gibt unterschiedliche Gründe Energie einzusparen oder besser die eingesetzte Energie zu reduzieren:

- Steigende Energiepreise
- Ressourcenschonung
- Klimaschutzpolitik
- Gesetzliche Anforderungen (Brüssel, Berlin, ...)
- Reduzierung der Importabhängigkeit
- Wachstum und Beschäftigung

In der produzierenden Industrie entwickelt sich der Energieverbrauch mehr und mehr zum wettbewerbskritischen Faktor. Gerade aus betriebswirtschaftlicher Sicht wächst daher der Druck, Thermoprozessanlagen auf ihre Effizienz zu prüfen.

Entwicklung des Endenergieverbrauchs in der BRD

Aus **Bild 1** ist zu ersehen, dass der Endenergiebedarf sowohl in der Industrie als auch im Gewerbe, Handel und Dienstleistung seit 1990 deutlich gesunken ist.

Betrachtet man die Entwicklung der Reduzierung von Gesamtstaub, Schwefeldioxid und Stickoxide (**Bild 2**) so werden die Auswirkungen der industriellen Umstrukturierung und die Entwicklungen der Verbrennungstechnik deutlich. Nicht zufriedenstellend ist jedoch die Entwicklung für Kohlendioxid. CO_2-Minderung bedeutet Reduzierung des Einsatzes von fossilen Brennstoffen oder effektivere Nutzung der eingesetzten Energie. Anders ausgedrückt: Energieeinsparung und Energieeffizienzsteigerung. Mit jedem eingesparten m^3 Erdgas reduziert man

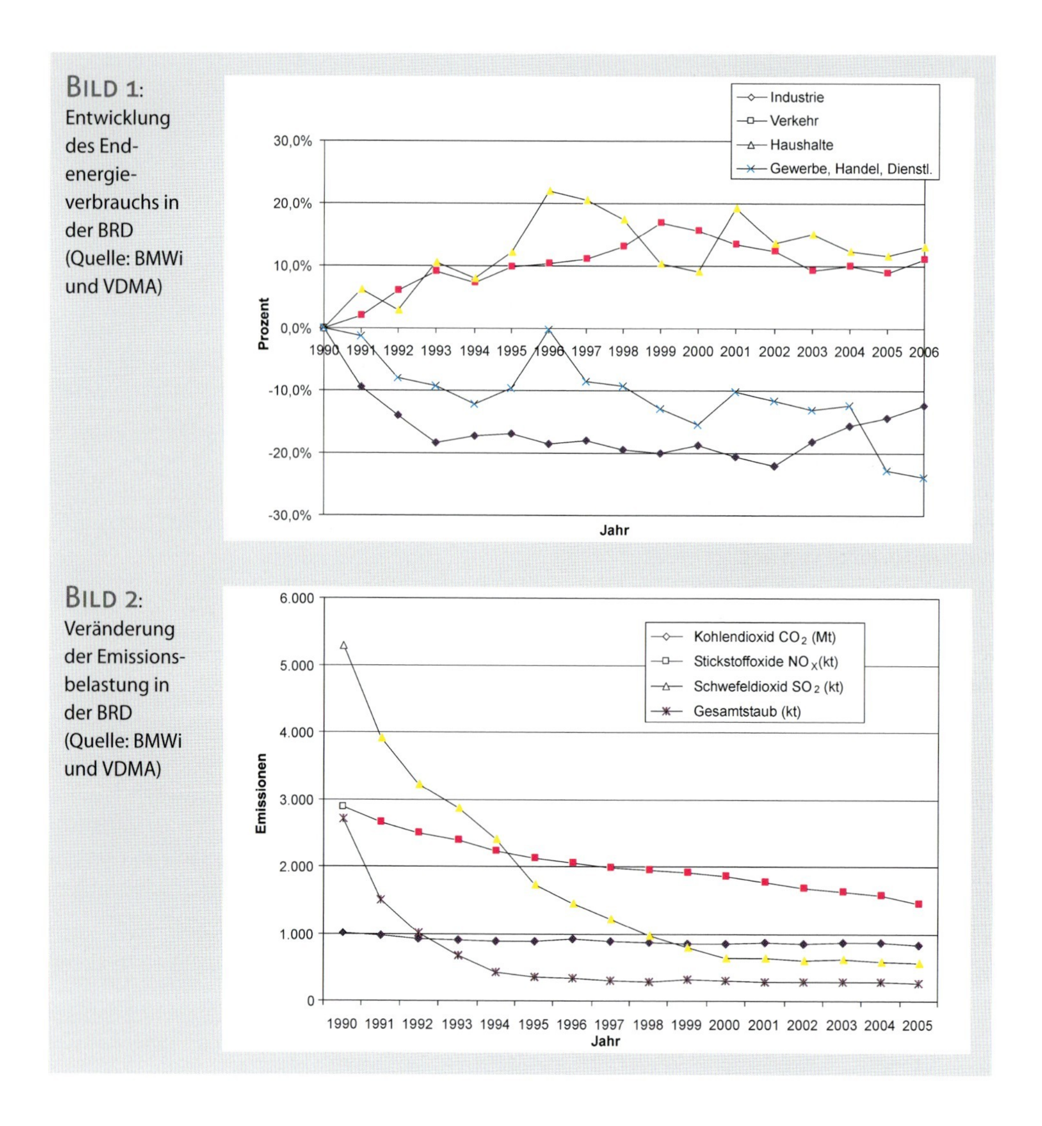

BILD 1: Entwicklung des Endenergieverbrauchs in der BRD (Quelle: BMWi und VDMA)

BILD 2: Veränderung der Emissionsbelastung in der BRD (Quelle: BMWi und VDMA)

den CO_2-Ausstoß um ca. 1,07 m³. Mit jedem eingesparten kg Heizöl reduziert man den CO_2-Ausstoß um ca. 1,60 m³.

Die Reduzierung des Verbrauchs an elektrischer Energie macht sich in der CO_2-Bilanz der Energieerzeuger bemerkbar.

Energieeinsparung und Energieeffizienz

Auch im industriellen Bereich werden die Begriffe Energieeinsparung und Energieeffizienz und deren Umsetzung immer mehr mit dem Maschinenbau und insbesondere der Thermoprozesstechnik und der entsprechenden Zulieferindustrie in Verbindung gebracht.

Thermoprozessanlagen (umgangssprachlich: Industrieöfen) sind in den letzten Jahren immer wieder in den Focus der Öffentlichkeit geraten, da diese verfahrenstechnisch bedingt in der Summe zu den großen Energieabnehmern gehören. Deshalb gibt es – ausgehend von der Europäische Kommission – Aktivitäten die den Energieverbrauch von Thermoprozessanlagen einschränken sollen.

In Brüssel mehren sich die Stimmen, die die europäischen Betreiber von Thermoprozessanlagen zu mehr Energieeffizienz verpflichten wollen. Die Einführung eines Energieeffizienz-Labels für Industrieöfen – analog zu den Hausgeräten – steht ebenso im Raum wie ein Energie-Benchmark innerhalb der Branche. Darüber hinaus sind Energie-Audits für Industrieöfen geplant [1].

Über die „Ökodesign-Richtlinie" [2] gibt die Europäische Union Regeln für die umweltfreundliche Konstruktion und Entwicklung von Produkten vor. Industrieöfen sind in diesen Focus gerückt. Studien zur zukünftigen Anpassungen der Energie-Grenzwerte und/oder konkrete Auflagen zur Energieverbrauchreduzierung sind in Kürze geplant.

Die Vereinbarungen des Kyoto-Protokolls laufen im Jahr 2012 aus. Noch sind Industrieöfen in der Regel nicht vom Handel mit CO_2-Emmissionsrechten betroffen. Allerdings kann nicht ausgeschlossen werden, dass die Europäische Union in Zukunft ihre Bewertungskriterien verändert. Ineffiziente Anlagen würden dann – je nach Branche – mit einer zusätzlichen Abgabe belegt.

Die Energiekosten steigen

Die Energiekosten steigen und werden es auch weiterhin tun. So explodierten die Strompreise für die deutsche Industrie seit dem Jahr 2000 um 60 Prozent, die Gaspreise sogar um 250 Prozent (**Bild 3**).

Zugleich ändert sich der Energiemix für industrielle genutzte Prozesswärme im Laufe der Jahre (**Bild 4**).

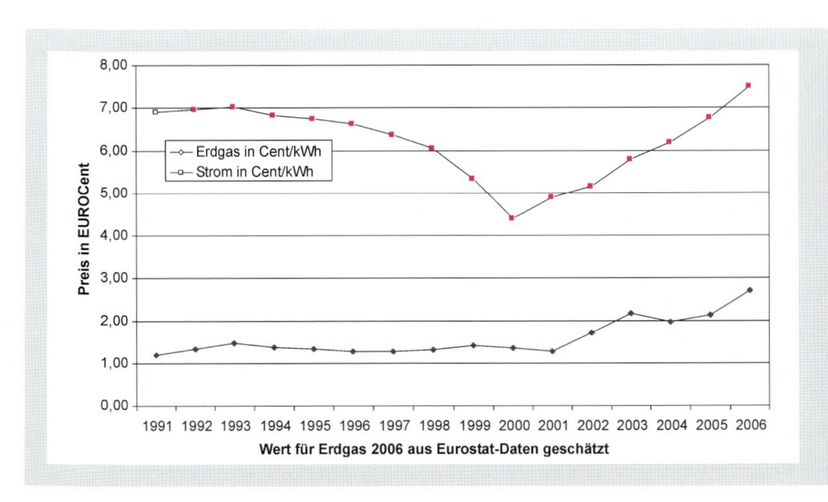

Bild 3: Entwicklung des Erdgas- und Strompreises in der BRD (Quelle: BMWi und VDMA)

Bild 4: Energiemix für industriell genutzte Prozesswärme in der BRD (Quelle: Fraunhofer-Institut und VDMA)

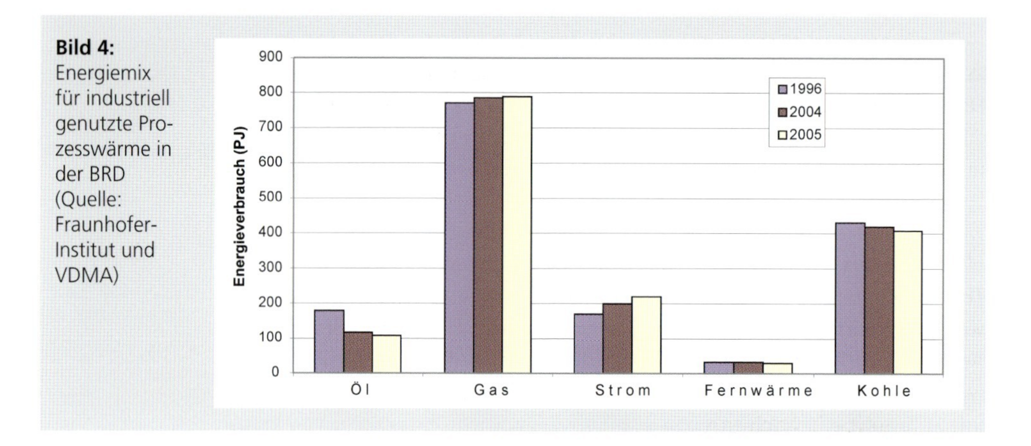

Branchenübergreifende Potentiale

Es gibt in den letzten Jahren eine Vielzahl von Veröffentlichungen zum Thema Energieeffizienz von Thermoprozessanlagen und deren Komponenten. Im Folgenden sollen nur einige angeführt werden, aus den Zeitschriften Gaswärme International und elektrowärme international aus den letzten beiden Jahren.

Neben branchenbezogenen Potentialen (z. B. Thermoprozesstechnik) gibt es in der industriellen Produktion branchenübergreifende Themenfelder zur Energieeffizienzsteigerung. Dazu können gezählt werden:

- Pumpen & -systeme
- Ventilatoren & -systeme
- Motorische Antriebe (z. B. Elektromotore)
- Dampf- und Kälteerzeugung
- Drucklufttechnik
- Industrielle Lichtanwendung
- Industrielle Heizung und Klimatisierung
- Kraft-Wärme-Kälte-Kopplung

Vielfach werden finden sich Komponenten aus diesen branchenübergreifenden Themenfelder auch in Thermoprozessanlagen wieder (Pumpen, Ventilatoren, Elektromotore,...). Das Energieeinsparpotential wird meistens unterschätzt und darf einer eingehenden Analyse [3].

Industrieöfen: Energiesparen auf allen Ebenen

Vielen Betreibern ist jedoch nicht bewusst: Energieeffizienz von Thermoprozessanlagen ist für die Ofenbauer kein neues Thema. Schon J. H. Brunklaus hat in seiner ersten Ausgabe des Buches „Industrieofenbau" Mitte der fünfziger Jahre des letzten Jahrhunderts Energieeinspartpotentiale aufgezeigt [4]. Vergleicht man den Energiebedarf für Anlagen, welche in den letzten Jahrzehnten (oder auch früher) gebaut wurden mit den aktuellen, so ist festzustellen, dass die Energieverluste stetig geringer werden.

Das Sparpotential schwankt je nach Alter einer Thermoprozessanlage. Moderne Anlagen benötigen zum Teil ein Drittel weniger Energie als alte Anlagen. Doch selbst bei Neuanlagen wird die mögliche Verbrauchssenkung auf bis zu 15 Prozent geschätzt, wenn etwa das Anlagenkonzept optimiert, die Anlage wärmetechnisch in die Fertigung integriert oder die Abwärme genutzt wird.

Umsetzung in die Praxis

Thermoprozessanlagen sind in der Regel komplexe Anlagen, die nach Kundenwunsch hergestellt werden. Dabei gibt der Kunde das Verfahren und weitere Angaben zum Nutzgut vor. Der Ofenbauer designed daraus eine Gesamtanlage, wobei die benötigten Parameter wie Brennstoffbedarf – Strom, Luft, Wasser – und Hilfsstoffbedarf sich ergeben.

Die gesamte Thermoprozessanlage besteht aus einer Vielzahl von Einzelmodulen (Ofengerüst, Ofenwand, Erwärmungseinrichtung, evtl. Schutzgaseinrichtung, Transporteinrichtung u. v. m.), die der Ofenbauer auf Grund seiner Erfahrung und Vorgaben des Betreibers zu einer Anlage zusammensetzt.

Dabei wird in der Regel nur über einzelne Anlagenkomponenten (wie z. B. Ofenart, Beheizungsart) mit dem Kunden besprochen. Die Auslegung der einzelnen Komponenten liegt im Ermessen des Ofenbauers.

Somit kommt dem Ofenbauer bei der Konzeption und dem daraus sich ergebenden Energieverbrauch eine „Schlüsselrolle" zu.

Auswahl des Anlagentyps und der Beheizungsart

Eine erste Festlegung des Energiebedarfs ergibt sich aus der Auswahl des Anlagentyps. Besteht keine Vorgabe durch den Betreiber z. B. im Platzbedarf oder Ofenbauart, so könnten folgende Überlegung bei z. B. einer Ofenanlage bestehend aus Vorwärmofen, Halteofen und Abkühlungsofen durchgeführt werden:

- Variation 1: Separater Vorwärmofen, separater Halteofen, separater Abkühlofen
- Variation 2: 3-Zonen-Ofen mit Vorwärmzone, Haltezone und Abkühlzone
- Variation 3: Separater Vorwärmofen, separater Drehherdofen, separater Abkühlofen
- Variation 4: Drehherdofen mit 3 Zonen

In [5] wird am Beispiel einer Härteanlage für Getriebewelle (Gasaufkohlung und Einsatzhärten) das Für und Wider von Durchstoß- und Drehherdofentechnologie diskutiert. Weitere Anlagen dieser Variationen sind in [6] und [7] gegeben (**Bild 5**).

Eine weitere Entscheidung über die Festlegung des Energieverbrauchs liegt in der Bestimmung der Beheizungsart, sofern keine verfahrenstechnische Festlegung auf eine bestimmte Beheizungsart erforderlich ist.

Bei diesen Vergleichen sind die Hilfseinrichtungen (Abgasanlage und deren Platzbedarf, zusätzliche elektr. Einrichtungen/Aggregate, Steuerungstechnik, ...) in die Gesamtüberlegung einzubeziehen [3].

BILD 5: Drehherdofen (Quelle: LOI, Essen)

Die sinnvollste Art den Energieverbrauch zu reduzieren besteht in der Analyse des Gesamtprozesses und sich daraus ggf. ergebene Mehrfachnutzung von Energie. Energie, die innerhalb des Industrieofens (mehrfach) genutzt wird, muss nicht teuer eingekauft werden.

Was ist damit gemeint?

Beispiel 1: Die Energie aus der Abluft eines Brennersystems wird zur Luftvorwärmung benutzt.

Beispiel 2: Nutzung der Abwärme aus einem Erwärmungsofen in der Stahl- und Keramikindustrie mit Temperaturen von z. B. über 1000 °C zur Beheizung eines Vorwärmofens mit z. B. Temperaturen um 300 °C.

Beispiel 3: Nutzung der Abwärme aus einem Ölabschreckbad zur Erwärmung der Waschmaschine [8].

Stellglieder

Weitere „Stellglieder" zur Reduzierung des Energieverbrauch bei Thermoprozessanlagen.

In Abhängigkeit von verfahrenstechnischen Prozessen und Anlagentyps sind weitere Einsparpotentiale möglich z. B.:

- Aufbau der Ofenwand [9]
- Beheizungstechnik, Brennerbauart
- Luft- und Brennstoffvorwärmung [10, 11, 12]
- Reduzierung des Energieverbrauchs der Hilfsaggregate
- Reduzierung der Abwärmeverluste bei Hilfsenergie und Transportmedien
- Management der Spitzenstrombelastung

u. v. m.

Der Nutzung der Energie aus Abluft (nicht für die Verbrennungsluftvorwärmung), aus Kühlwasser und sonstigen Medien soll an dieser Stelle nicht weiter vertieft werden, da es den Rahmen dieser Veröffentlichung sprengen würde (**BILD 6**).

Aus technischen Gesichtspunkten gibt es Indikatoren, die auf einen erhöhten Energiebedarf von Thermoprozessanlagen hinweisen:

- Wenn beispielsweise die Außenwand des Ofens zu heiß ist. Bei beschichteten Metall-Oberflächen sollte die erlaubte Grenze von etwa 85° Celsius in jedem Fall unterschritten werden. Ansonsten stimmt die Isolierung nicht.
- Wenn die Abgastemperatur direkt hinter dem Brenner zu hoch ist. Sie sollte deutlich unter der Ofenraumtemperatur liegen.

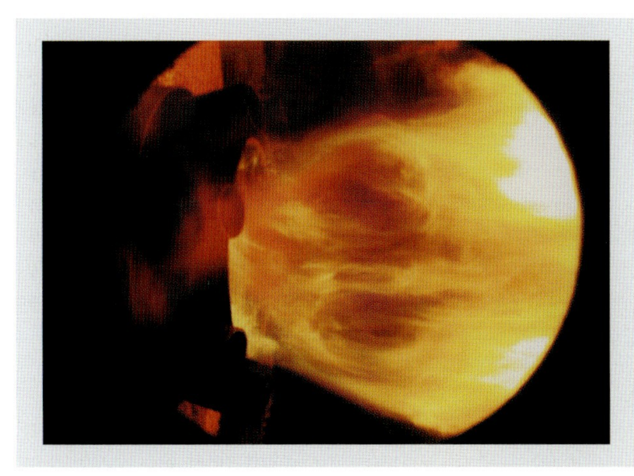

BILD 6: Stufenbrenner (Quelle: OWI, Aachen)

- Wenn die Kühlmittel nicht durch einen Wärmetauscher laufen. Umweltfreundlicher lässt sich Brauchwasser für Ihr Unternehmen nicht erwärmen.
- Wenn der Brenner nicht mit vorgewärmter Luft arbeitet. Luftvorwärmung birgt das größte Sparpotential.
- Wenn der Brenner weit mehr Luft zieht als für die Verbrennung notwendig ist. Das optimale Verhältnis liegt bei einem Luftüberschuss von 10 %.
- Wenn die Rücklauftemperatur bei wassergekühlten Anlagen mit ausreichendem Kühlwasserfluss zu hoch ist.
- Wenn der Ofen undicht ist. Türen und auch Schaulöcher müssen zuverlässig schließen.
- Wenn der Ofen bei „komplexen" Prozessen ohne Prozessführungsmodell arbeitet und die Steuerungstechnik überholt ist.

Ausblick

Die Hersteller von Industrieöfen sind die erste Ansprechadresse für Energieeffizienz von Thermoprozessanlagen. Jahrelange Entwicklung und Erfahrung im Bau von Neuanlagen, in der Sanierung und dem Umbau von Altanlagen und der Integration von Thermoprozessanlagen in die Fertigung liefern das Rüstzeug zur kompetenten Beratung.

Die Reduzierung ihres Energieverbrauchs ist sowohl betriebswirtschaftlich sinnvoll als auch volkswirtschaftlich notwendig.

Die Mitglieder des Fachverbandes Thermoprozesstechnik im Verband deutscher Maschinen- und Anlagenbau (VDMA) haben einen Leitfaden erstellt, in dem Energieeffizienzsteigerungs-Maßnahmen vorgeschlagen werden (www.vdma.org/thermoprocessing). Fragen Sie hierzu Ihren Ofenbauer.

Viele Beiträge aus folgender Auflistung hilfreicher Literatur zum Thema Energieeffizienz an Thermoprozessanlagen können auch im Internet unter www.gaswaerme-online.de eingesehen werden.

Literatur

[1] Richtlinie 2006/32/EG des Europäischen Parlaments und des Rates vom 5. April 2006 über Endenergieeffizienz und Energiedienstleistungen

[2] Richtlinie 2005/32/EG des Europäischen Parlaments und des Rates vom 6. Juli 2005 zur Schaffung eines Rahmens für die Festlegung von Anforderungen an die umweltgerechte Gestaltung energiebetriebener Produkte

[3] Jasper, R.: Möglichkeiten der Energieeinsparung an Thermoprozessanlagen. Gaswärme International 56 (2007) Nr. 4, S. 279

[4] Brunklaus, J. H.: Industrieofenbau. Erste Auflage ca. 1955

[5] Kühn, F.: Positive Energiebilanz und niedrige CO_2-Emissionswerte durch innovative Drehherdofentechnologie. Gaswärme International 55 (2006) Nr. 7, S. 480

[6] Altena, H.; Dr. Schobesberger, P.; Schrank, F.: Moderne Gasaufkohlungstechnik für die Automobileindustrie. Gaswärme International 55 (2006) Nr. 7, S. 484

[7] Kühn, F.: Drehherdgasaufkohlungsanlagen für die gleichzeitige Produktion unterschiedlicher Einsatzhärtetiefen. Gaswärme International 56 (2007) Nr. 7, S. 511

[8] Egger, H.: Rationelle Energienutzung und Rückgewinnung am Beispiel eines modernen Wärmebehandlungs-Dienstleistungsbetriebes. Gaswärme International 56 (2007) Nr. 7, S. 507

[9] Tschapowetz, W.; Wimmer, H.: Hochtemperaturwolle und moderne Brennertechnik in der Wärmebehandlung. Gaswärme International 56 (2007) Nr. 7, S. 485

[10] Teufert, J.; Domagala, J.: Regenerativ-Brennersysteme für Chargenöfen in der Stahlindustrie. Gaswärme International 56 (2007) Nr. 6, S. 411

[11] Mäder, D.; Dr. Rakette, R.; Schlager, S.: Prozessoptimierung an einem Herdwagenofen durch Einsatz keramischer Rekuperatorbrenner. Gaswärme International 56 (2007) Nr. 3, S. 181

[12] Georgiew, A.; Wünning, J. G.; Bonnet, W.: Regenerativbrenner für Doppel-P-Strahlheizrohre in einer Feuerverzinkungslinie. Gaswärme International 56 (2007) Nr. 6, S. 425

GASWÄRME International

Veröffentlicht in:
Gaswärme International · Heft 3/2008 · Seiten 133–137

Positive Energiebilanz und niedrige CO_2-Emissionswerte durch innovative Drehherdofentechnologie

Von Friedhelm Kühn und Dominik Schröder

Es werden die Energiebilanzen von gasbeheizten Durchstoßofen- und Drehherdofenanlagen mit Zonentrennung zum Gasaufkohlen und Einsatzhärten von Getriebeteilen und sicherheitsrelevanten Bauteilen einander gegenübergestellt und die Vorteile der Drehherdofenanlagen für verschiedene Verfahrensvarianten aufgezeigt. Dabei zeigt der Drehherdofen mit Zonentrennung einen geringeren spezifischen Energiebedarf und CO_2-Ausstoß als der Durchstoßofen.

Bei der Gasaufkohlung und dem Einsatzhärten von Getriebeteilen wurden in der Vergangenheit in großen Wärmebehandlungsbereichen vorwiegend Durchstoßofenanlagen eingesetzt. Seit 1998 haben sich neben den Durchstoßofenanlagen die Drehherdofenanlagen mit Türen, die als Schieber zur Zonentrennung ausgebildet sind, etabliert (**Tabelle 1**). Dabei nimmt die Nachfrage nach diesen Drehherdofenanlagen mit Zonentrennung zu.

Vorteile der Drehherdofen-Technologie

Die anfänglichen Vorbehalte auf der Anwenderseite gegenüber dieser Drehherdofen-Technologie wurden durch die offensichtlichen Vorteile überzeugend abgebaut.

Die Vorteile der Drehherdofen-Technologie werden im Folgenden zusammenfassend aufgeführt.

Allgemeine Vorteile

- Trennung der Aufheiz-, Kohlungs- und Härtezone durch wartungsfreie keramische Zwischentüren
- Präzise Temperatur- und Atmosphärenregelung in der jeweiligen Behandlungszone
- Durch Zonentrennung Zuordnung der Chargen im Ofen zum Wärmbehandlungszustand möglich
- Durch bessere Zonentrennung kann die Durchlaufzeit gegenüber Drehtelleröfen und Durchstoßöfen um bis zu 35% verkürzt werden
- 33,3% höherer Gesamtwärmeübergangsanteil, weil die Roste nicht „Stoß auf Stoß" stehen dadurch 20–30% kürzere Aufheizzeiten (Strahlung plus Konvektion)

TABELLE 1: Betrachtete Drehherdofenanlagen mit Zonentrennung (Quelle: LOI Thermprocess GmbH)

Date	Plant type	Case hardening depth 550 HV [mm]	Capacity gross net [kg/h]	Product/ Parts	Cycle time [min/tray]	RR [m]	Heating zone/ Places/ Temperature [°C]	Carburization zone/Places/ Temperature [°C]	Diffusion zone/Places/ Temperature [°C]	Hardening soaking zone/Places/ Temperature [°C]
1998 DC, Hedelfingen	RR	0.2–0.6	375	Sliding sleeves cars	4.3	8.3	RR* / 16 / 925	RR* / 16 / 925	RR* / 8 / 925	925 – 860
1999 DC, Rastatt	RR	0.6 + 0.1	630 net	Gear parts	1 min/tray 60/h	9.5	RR / 6 / 930	RR / 9 / 930	RR / 8 / 930	RR / 8 / 870
1999 VW, Kassel	RR	0.35	450 net	cars sliding sleeves	40 s	7	RR / 5 / 950	RR / 7 / 920	RR / 7 / 920	RR / 7 / 900
2000 DC, Hedelfingen	RR	0.4–0.6 0.8–1	1750 gross	car shaft wheels	every 14 min 2 trays	9.5	RR / 5 / 900	RR / 7 / 900	RR / 6 / 900	RR 6 / 850
2001 VW, Salzgitter	RR	1.2–1.4	500 net	car camshafts	50/rack 104/shafts/h in groups of 5	8	RR / 4 / 940	RR / 6 / 940	RR / 5 / 940	RR 5 / 900
2003 DTS Inc., Korea	RR	0.6	630 net	Gear parts	60 parts/h 1 min/tray	9.5	RR / 6 / 930	RR / 9 / 930	RR / 8 / 930	RR / 8 / 870
2003 Keiper, Recaro	RR	0.7 bei C = 0.5 %	2000– 4000 gross	Safety parts Seats parts	300 parts 4.6 min 10.0 min	6.5	/ 13 / 880 RR / 6 / 940 / 13 / 960	880 RR / 7 / 940 960	880 RR / 3 / 940 960	/ 7 / 880 RR / 4 / 940 / 7 / 960
2003 DC, Hedelfingen	RR	0.3–0.8	3750 gross	Gear parts	8 min 2 tray	6.2	RR / 10 / 930	RR / 4 / 930	RR / 4 / 930	RR / 4 / 860
2006 MAN, München	RR	1.2–1.5	1600 net	Ring gear parts	40 parts/h	12	RR / 6 / 940	RR / 8 / 940	RR / 8 / 940	RR / 8 / 890

- Geringerer Rußausfall an den Rosten und Teilen im Aufheizbereich, weil die Oberflächentemperatur schneller den Bereich oberhalb der Rußausfalltemperatur erreicht
- Durch geringeren Rußausfall im Aufheizbereich geringere Passivierung der Teileoberflächen mit Ruß, damit schnellere Aufkohlung
- Durch geringeren Rußausfall im Aufheizbereich bleibt die Kohlenstoffverfügbarkeit der Atmosphäre im Grenzschichtbereich der Teile auf höherem Niveau. Dies trägt ebenfalls zur schnelleren Aufkohlung bei
- Geringere Beeinflussung der Zonenatmosphäre
- Keine Inhomogenitäten in der Verteilung des Prozessgases
- Bessere Regelbarkeit und höherer Durchsatz
- Durch geringeres Rostgewicht bedingte Energieeinsparung
- Bedingt durch eine geringere erforderliche Rostanzahl und geringeres Rostgewicht Betriebskosteneinsparung
- Bedingt durch den sanften Chargentransport sind höhere Ladehöhen möglich
- Die Transportschritte sind kürzer als beim Stoßofen (ca. 10 s statt 25–40 s)
- Nur eine Be- und Entladestelle
- Die Anlagentechnik eignet sich in gleichem Maße für die Chargenhärtung
- Weniger Antriebe für den Chargentransport durch die Ofenanlage im Vergleich zum Stoßofen.

Vorteile als Chargenofen

DIE VORTEILE DER DREHHERDOFEN-TECHNOLOGIE

- Leichtere Chargenroste möglich, wegen Transport durch den Drehherd große Vorteile bei der Hochtemperaturaufkohlung
- Geringeres Rostgewicht, dadurch geringere Energie- und Betriebkosten
- Das Füllen und Leerfahren ist sehr einfach, es sind keine Leerroste erforderlich
- Schnelles und leichtes Umrüsten auf eine andere EHT ohne Leerroste
- Kleineres Lager erforderlich
- Vollautomatisches Wochenendprogramm zum Leerfahren und Füllen des Ofens möglich
- Für die Be- und Entladung der Anlage ist nur eine gemeinsame Ofenschleuse mit Ölabschreckeinrichtung notwendig.

Zusammenarbeit mit Härtepressen

- Bedingt durch nur eine Be- und Entladestelle ist die Ofentechnik besonders geeignet zur Einzelentnahme von Werkstücken
- Chargenträger bleiben ständig im Ofen, dadurch geringerer spezifischer Energiebedarf
- Keramische Chargiergestelle mit längerer Standzeit gegenüber metallischer Ausführung
- Keine gegossenen Chargenroste erforderlich
- Gleichmäßige Erwärmung der Teile durch senkrecht eingebaute Strahlheizrohre
- Be- und Entladung der Teile nur an einer Stelle, dadurch einfacheres „Handling" für den Pressenhersteller

- Einfachere Transporteinrichtung der Anlassroste aus Normalstahl
- Be- und Entladung der Anlassroste (Trägerpaletten) erfolgt vollautomatisch
- Einsparung an Betriebs- und Heizkosten ca. 100000 € pro Jahr.

Einsatz keramischer Chargiergestelle

- Keramische Chargenträger besitzen eine höhere Speicherwärme und sind somit besonders geeignet zur Einzelentnahme von Werkstücken
- Große Maßhaltigkeit, geringer Verzug, damit hohe Positioniergenauigkeit für die automatisierte Entnahme
- Längere Lebensdauer als Stahlgussgestellt

Betrachtung der Notstrategie

- Bei Störung können über ein spezielles Notprogramm die Temperaturen und die C-Pegel im Ofen abgesenkt werden. Die im Ofen befindlichen Chargen

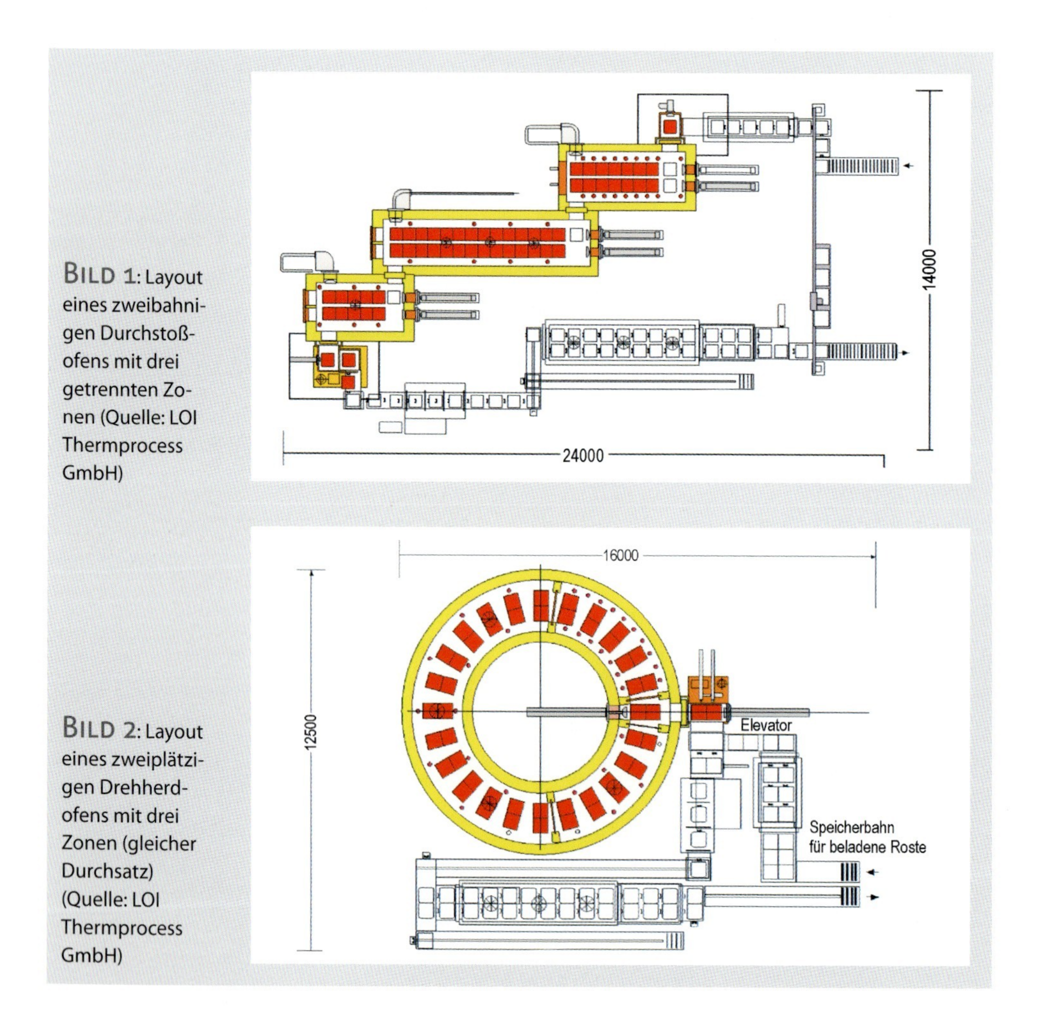

BILD 1: Layout eines zweibahnigen Durchstoßofens mit drei getrennten Zonen (Quelle: LOI Thermprocess GmbH)

BILD 2: Layout eines zweiplätzigen Drehherdofens mit drei Zonen (gleicher Durchsatz) (Quelle: LOI Thermprocess GmbH)

können danach innerhalb eines zu errechnenden Zeitraums nach Behebung der Störung, ohne Qualitätsverlust abgehärtet werden.

- Bei längeren Störungen kann die Charge im Ofen unter Stickstoff auf kleiner als 300 °C abgekühlt werden. Nach Behebung der Störung wird die Anlage wieder auf Betriebszustand gebracht. Danach kann die Anlage auf Normalbetrieb weiterproduzieren.

Energiebilanz und CO_2-Emission

Ein entscheidender Vorteil, nämlich die günstigere Energiebilanz gegenüber der Durchstoßofenanlage, soll hier herausgestellt werden. Mit dieser Energiebilanz ist automatisch der CO_2-Ausstoß der Anlage verbunden.

In **Bild 1 und 2** werden exemplarisch die Anlagenlayouts der zu vergleichenden Anlagentypen gezeigt. Um die Zonentrennung des Drehherdofens auch beim Durchstoßofen zu realisieren, ist jeweils ein Querstoßen der Roste notwendig, da innerhalb der Stoßbahn keine Tür gesetzt werden kann.

Die **Bilder 3 und 4** zeigen die zugehörigen Sankey-Flussdiagramme. Dabei ist zu erkennen, dass der spezifische Energieeinsatz (kWh je kg Getriebeteile) bei der

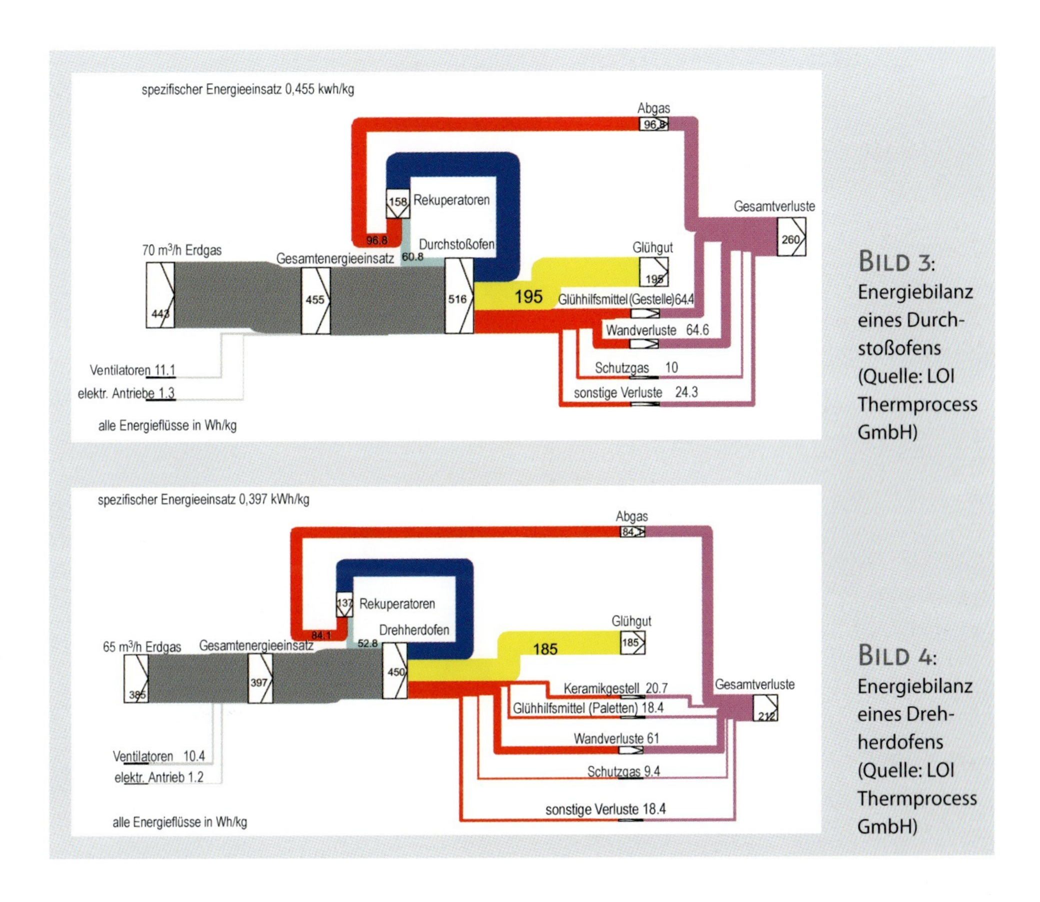

Bild 3: Energiebilanz eines Durchstoßofens (Quelle: LOI Thermprocess GmbH)

Bild 4: Energiebilanz eines Drehherdofens (Quelle: LOI Thermprocess GmbH)

Durchstoßofenanlage um ca. 14,6% höher ist als bei der Drehherdofenanlage. Dies ist in erster Linie auf den um ca. 65 % höheren Energieeinsatz für die Roste (Glühhilfsmittel) bei den Durchstoßofenanlagen zurückzuführen.

Daraus resultiert auch der um ca. 14,6 % höhere spezifische CO_2-Ausstoß bei der Durchstoßofenanlage. Wird eine mögliche Verfahrensvariante der Insitu-Endogaserzeugung aus CO_2 und Erdgas mittels CO_2-Rückgewinnung aus dem Abgas angewendet, lässt sich der CO_2-Ausstoß nochmals weiter herabsetzen.

Die **Bilder 5 und 6** zeigen dies im direkten Vergleich für eine Durchstoßofenanlage. Der spezifische Energieeinsatz lässt sich durch diese Verfahrensvariante nochmals um ca. 17 % verringern.

Dies ist primär auf eine höhere Aufkohlungsgeschwindigkeit in dieser Atmosphäre und damit auf eine höhere Durchsatzleistung der Anlage bei kleinen bis mittleren Aufkohlungstiefen zurückzuführen.

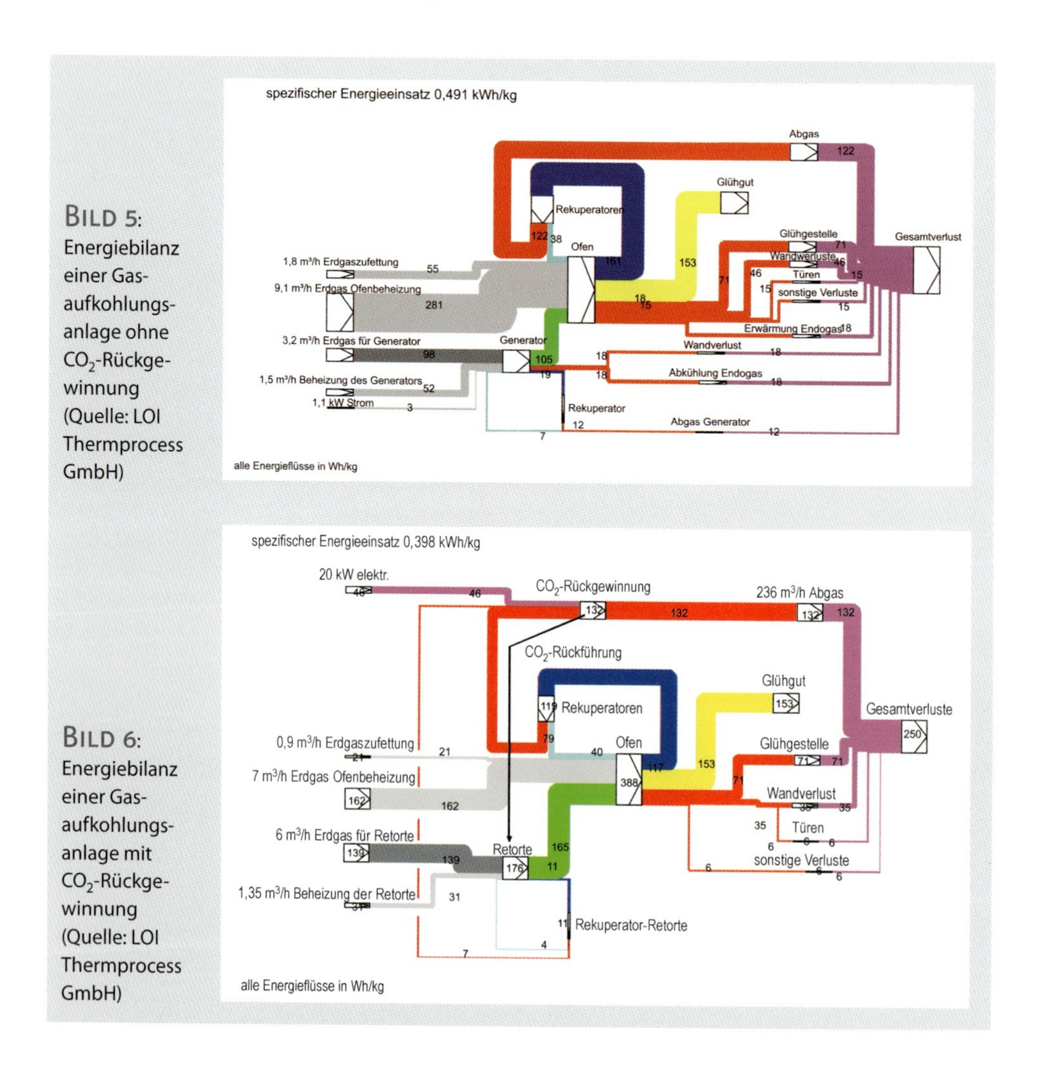

Bild 5: Energiebilanz einer Gasaufkohlungsanlage ohne CO_2-Rückgewinnung (Quelle: LOI Thermprocess GmbH)

Bild 6: Energiebilanz einer Gasaufkohlungsanlage mit CO_2-Rückgewinnung (Quelle: LOI Thermprocess GmbH)

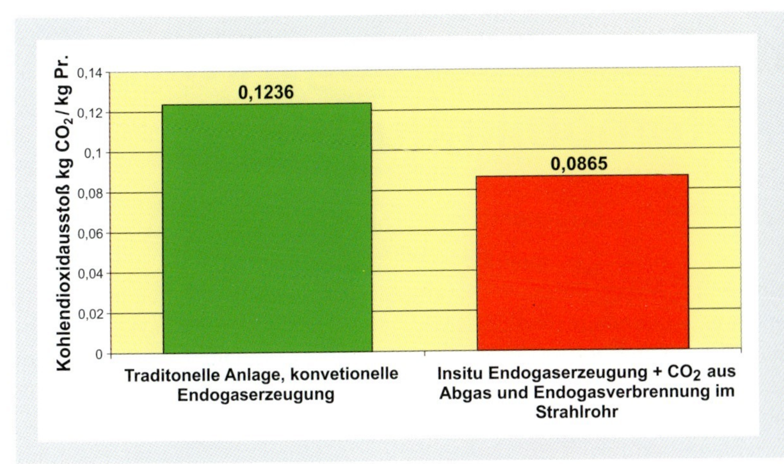

BILD 7: Vergleich der CO_2-Emission zwischen einer Anlage mit konventioneller und einer Anlage mit Insitu-Endogaserzeugung (Quelle: LOI Thermprocess GmbH)

Wird diese Variante auf den Drehherdofen übertragen, so ist eine Verringerung des spezifischen Energieeinsatzes von einer Durchstoßofenanlage ohne diese Variante beim Betrieb einer Drehherdofenanlage mit dieser Variante von ca. 30 % zu erwarten.

BILD 7 gibt die spezifische CO_2-Emission für eine Gasaufkohlungsanlage mit externer Endogaserzeugung aus Erdgas und Luft und einer Anlage mit Insitu-Endogaserzeugung aus CO_2 und Erdgas, mit zusätzlicher Endogasverbrennung im Mantelstrahlheizrohr für die Beheizung der Anlage, an. Die Verbrennung des abzufackelnden Endogases nach dem Durchlauf im Gasaufkohlungsofen ist bei mit CO_2 hergestelltem Endogas unproblematisch, da die Zusammensetzung etwa 50 % CO und 50 % H_2 entspricht.

Veröffentlicht in:
Gaswärme International · Heft 7/2006 · Seiten 480–483

Moderne Gasaufkohlungstechnik für die Automobilindustrie

Von Herwig Altena, Peter Schobesberger und Franz Schrank

Die Gasaufkohlung hat einen hohen technologischen Stand erreicht und gilt in vielen Industriezweigen, wie zum Beispiel in der Automobilindustrie, als unverzichtbar. Wachsender Kostendruck, Forderungen nach verringertem Prozessgasverbrauch, verringerter Randoxidation sowie verbessertem Verzugsverhalten haben nun zur Entwicklung einer neuen Generation von Gasaufkohlungsanlagen geführt. Im folgenden Beitrag werden zwei Beispiele moderner Anlagentechnik vorgestellt. Im ersten Teil wird ein neues Hochdruck-Gasabschreckmodul für Gasaufkohlungsanlagen präsentiert, das sowohl für Neuanlagen als auch zur Umrüstung bestehender Anlagen geeignet ist. Aufgrund erhöhter Abschreckleistungen erlauben moderne Gasabschreckkammern die Substitution von Ölbädern unter Beibehaltung der metalllurgischen Behandlungsergebnisse für Getriebeteile der Automobilindustrie. Durch Gasabschreckung können der Bauteilverzug reduziert und die Nacharbeitskosten eingespart werden. Weiterhin entfällt die Nachreinigung der Bauteile. Als Alternative zu Gasaufkohlungs-Durchstoßanlagen gewinnt eine neue Generation von Ringherdofenanlagen zur Wärmebehandlung von Getriebeteilen zunehmend an Bedeutung. Das neue Design ermöglicht erhebliche Prozesszeitverkürzungen in Verbindung mit verringertem Schutzgas- und Energieverbrauch. Unterschiedliche Bauformen und Anwendungen von Ringherdöfen werden vorgestellt. Ein Ringherdofen und eine moderne Gasaufkohlungs-Durchstoßanlage wurden unter vergleichbaren Behandlungsbedingungen betrieben und die Ergebnisse einander gegenübergestellt, was einen Vergleich beider Konzepte mit deren Vor- und Nachteilen erlaubt.

Konventionelle Gasaufkohlungsanlagen, die mit Endogas, Stickstoff/Methanol oder Erdgas/Luft betrieben werden, haben in den letzten 20 Jahren ständige Weiterentwicklungen der Anlagen- und Verfahrenstechnik erfahren und sich damit einen festen Platz in der Wärmebehandlung gesichert [1]. Kontinuierliche Durchstoßanlagen sind aus vielen Bereichen der Kfz-Industrie, wie z. B. dem Getriebebau, kaum mehr wegzudenken und gelten hier als Stand der Technik. Steigende Forderungen nach Kostenminimierung haben nun zur Entwicklung einer neuen Anlagengeneration geführt, die eine verbesserte Produktqualität bei guter Reproduzierbarkeit der Behandlungsergebnisse gewährleistet.

Als Zielvorgaben waren bei der Entwicklung ein verringerter Schutzgasverbrauch, geringere Randoxidation der Bauteile, Prozesszeitverkürzung sowie ein verringertes Verzugsverhalten zu erreichen. Die folgenden zwei Beispiele zeigen, dass moderne Anlagentechnik dazu beitragen kann, hohe Anforderungen an die Produktqualität zu erfüllen und die Wärmebehandlungskosten zu reduzieren.

Durchstoßanlage mit Gasabschreckmodul

Gasaufkohlungs-Durchstoßanlagen werden entsprechend den Anforderungen an die Einsatzhärtetiefe, die Durchsatzleistung sowie den Platzbedarf ausgeführt. Die grundsätzlichen charakteristischen Designmerkmale sind jedoch in allen Anlagen enthalten.

Vorwärmofen und Einlaufschleuse

Zur Verringerung des Bauteilverzugs sowie zur Verbesserung der Aufkohlungsgleichmäßigkeit sind die Anlagen in der Regel mit einem Vorwärmofen ausgestattet, der bei Temperaturen bis 500 °C betrieben werden kann und zur Voroxidation der Bauteile dient. Die anschließende Aufheizung der Charge auf Kohlungstemperatur erfolgt in der Regel in einbahnigen Durchstoßöfen. Zur Minimierung des Schutzgasverbrauches sowie zur Verringerung der Randoxidation erfolgt das Einschleusen in diese 1-bahnige Kammer von unten über eine Hubbühne (**Bild 1**). Vor dem Öffnen der unteren Schleusentüre wird das austretende Gas mittels Zündbrenner gezündet und somit ein Gasaustausch mit der Atmosphäre weitgehend unterbunden.

Hochdruck-Gasabschreckmodul

Aufgrund erhöhter Abschreckleistungen erlauben moderne Gasabschreckkammern die Substitution von Ölbädern unter Beibehaltung der metalllurgischen Behandlungsergebnisse für Getriebeteile der Automobilindustrie. Die Vorteile der Gasabschreckung, wie die oben angeführte Verringerung des Bauteilverzugs, eine mögliche Verringerung der Nacharbeitskosten, der Wegfall der Bauteilreinigung nach der Abschreckung sowie der Wegfall der Entsorgung der Waschflotten konnten bisher nur in Kombination mit Niederdruck-Aufkohlungsprozessen genutzt werden, da sich hier eine Synergie von Randoxidationsfreiheit und geringem Bauteilverzug sowie „sauberer Technik" bei Aufkohlung und Abschreckung anbot [2, 3].

Viele Anwender schätzen jedoch die bewährte Gasaufkohlung, einen regelfähigen, im Gleichgewicht befindlichen Prozess und die hohe Anlagenverfügbarkeit, die eine gute Wirtschaftlichkeit, vor allem bei hohen Durchsatzleistungen, erlaubt. Um diesen Anforderungen gerecht zu werden, wurde ein Gasabschreckmodul für Gasaufkohlungsanla-

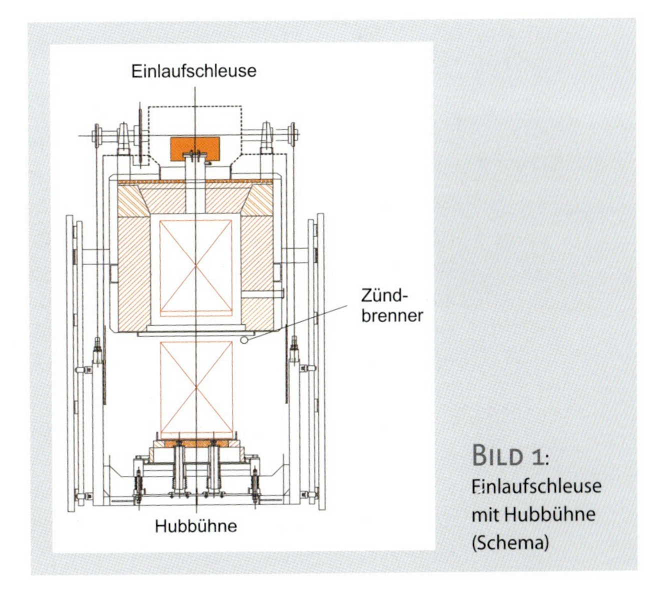

Bild 1: Einlaufschleuse mit Hubbühne (Schema)

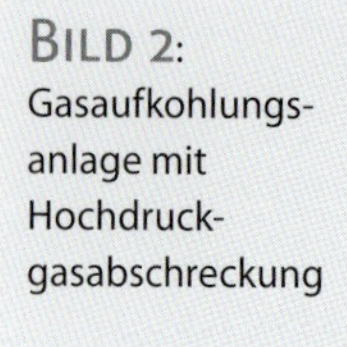

Bild 2: Gasaufkohlungsanlage mit Hochdruckgasabschreckung

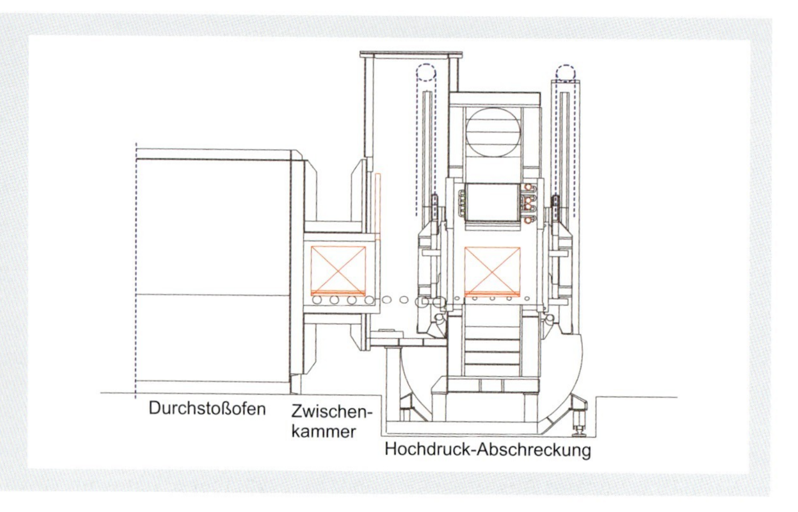

gen entwickelt und damit der Anwendungsbereich der Gasabschrecktechnik erweitert.

Dabei waren folgende Probleme zu berücksichtigen bzw. zu lösen:

- Durchmischung von Prozessgas und Kühlgas beim Chargentransport
- Gasreinigung und Rückgewinnung. Es war dabei Sorge zu tragen, dass der Anteil brennbarer Bestandteile (H_2, CO) im Kühlgas bei kontinuierlicher Gasrückgewinnung unter 5 % liegen muss (untere Explosionsgrenze)
- Verdünnung der Prozessgase in der Schlusshärtezone durch das Abschreckmedium (Stickstoff) sowie eine
- mögliche Bainit(Troostit-)bildung in der Randzone in Abhängigkeit von Werkstoff, Abkühlgeschwindigkeit und Bauteilgeometrie.

Die Ausführung des Abschreckmoduls sowie der Gasrückgewinnung tragen diesen Anforderungen Rechnung. Die Gasabschreckkammer ist mit der Durchstoßanlage über eine Zwischenkammer verbunden, deren Querschnitt möglichst knapp an den Chargenquerschnitt angepasst wurde.

Bild 2 zeigt schematisch den Aufbau der Abschreckeinheit. Nach Öffnen des Thermoschiebers der Gasaufkohlungsanlage wird die Charge durch die Zwischenkammer mittels Schnellgang des Rollenantriebs in die mit N_2 befüllte Abschreckkammer verfahren. Die heiße Charge erwärmt dabei den Stickstoff, was zu einer Gegenströmung gegen die Transportrichtung führt. Im Gegenzug findet eine gewisse Anreicherung des Prozessgases (Endogas) in der Gasabschreckkammer statt. Nach Beendigung des Chargentransportes wird der Bajonettverschluss der Abschreckkammer sofort verriegelt.

Zur Verringerung der Konzentration an Prozessgas (CO + H_2) wird die Abschreckkammer über einen vorevakuierten Absaugbehälter plötzlich bis zum Druckausgleich entspannt, anschließend mit bis zu 20 bar Stickstoff geflutet und der Umwälzer gestartet. **Bild 3** zeigt schematisch die Gasrückgewinnungseinheit mit Absaugbehälter.

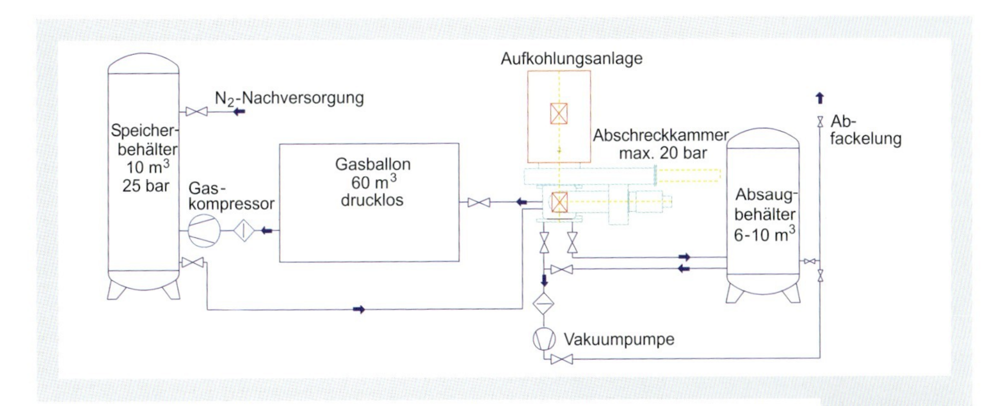

Bild 3: Stickstoff-Rückgewinnung

Nach Abschluss des Abschreckvorganges wird das Kühlgas in einen Zwischenspeicher oder einen drucklosen Gasballon abgelassen und mittels Gaskompressor in den Speicherbehälter zurückgepumpt. Die Verluste werden mit einem Flüssig-Stickstofftank ausgeglichen. Das Zwischenevakuieren nach dem Chargentransport sowie das Nachfüllen des Gasspeichers mit N_2 erlauben die Einhaltung niedriger CO-Gehalte (< 1 %) im Prozessgas.

Das Gasabschreckmodul hat sich zwischenzeitlich sowohl an Neuanlagen als auch nach Umbau bestehender Gasaufkohlungsanlagen in der industriellen Praxis bewährt. **Bild 4** zeigt eine 2-bahnige Gasaufkohlungs-Durchstoßofenanlage mit Hochdruck-Gasabschreckmodul (im Hintergrund).

Verbesserung des Verzugsverhaltens durch Gasabschreckung

Im nachfolgenden Beispiel wird die Auswirkung des Abschreckmediums (Gas oder Öl) auf die Verzahnungsgeometrie (Zahnflanken-Winkelabweichung fHβ)

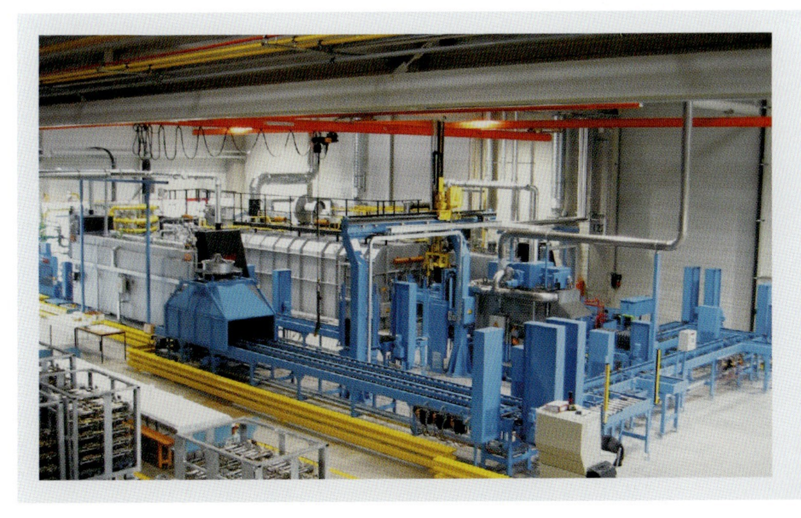

Bild 4: Zweibahnige Gasaufkohlungs-Durchstoßanlage mit Hochdruck-Gasabschreckmodul

Bild 5: Vollcharge/ Antriebswellen

von Antriebswellen aufgezeigt. Die Gasaufkohlung erfolgte in einer Durchstoßanlage, bei der das Ölbad durch ein Gasabschreckmodul substituiert wurde. Die untersuchte Antriebswelle erwies sich als besonders verzugskritisch, da sie eine sehr breite Verzahnung aufwies (**Bild 5**).

Die Flankenlinie der Verzahnung der Antriebswelle nach Gasaufkohlung und Ölabschreckung ist in **Bild 6** dargestellt. Die Flankenlinie erwies sich bei der gegebenen Wärmebehandlung als charakteristisch und war innerhalb enger Grenzen reproduzierbar. Man erkennt eine starke Balligkeit nach der Wärmebehandlung, die jedoch durch Vorhalten in der Weichbearbeitung kompensiert werden kann. Zum Unterschied dazu war die stark wellenförmige Form der Flankenlinie – in Bild 6 vor allem rechts unten und links oben erkennbar – weder durch Optimierung der Wärmebehandlungsparameter noch durch Variation der Abschreckparameter kompensierbar und erforderte ein Nachschleifen der Verzahnungsgeometrie nach der Wärmebehandlung.

Gasaufkohlung mit nachfolgender Stickstoffabschreckung bei 12–15 bar führte ebenfalls zu einer sehr gut reproduzierbaren Flankenliniengeometrie (**Bild 7**). Auffällig ist jedoch die gegenüber der Ölabschreckung deutlich verringerte Balligkeit sowie eine sehr gleichmäßige Verzahnungsgeometrie, die die Einhaltung engster Toleranzen ohne nachfolgende Hartbearbeitung ermöglichte.

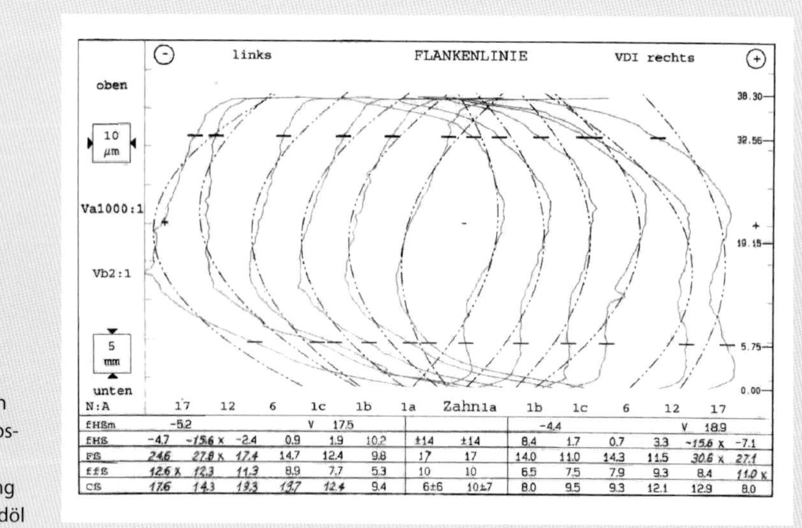

N:A	17	12	6	1c	1b	1a	Zahn1a		1b	1c	6	12	17	
fHßm	-5.2			V	17.5				-4.4				V	18.9
fHß	-4.7	-15.6 x	-2.4	0.9	1.9	10.2	±14	±14	8.4	1.7	0.7	3.3	-15.6 x	-7.1
Fß	24.6	27.8 x	17.4	14.7	12.4	9.8	17	17	14.0	11.0	14.3	11.5	30.6 x	27.1
ffß	12.6 x	12.3	11.3	8.9	7.7	5.3	10	10	6.5	7.5	7.9	9.3	8.4	11.0 x
Cß	17.6	14.3	13.3	13.7	12.4	9.4	6±6	10±7	8.0	9.5	9.3	12.1	12.9	8.0

Bild 6: Flankenlinien einer Antriebswelle nach Abschreckung mit Warmbadöl

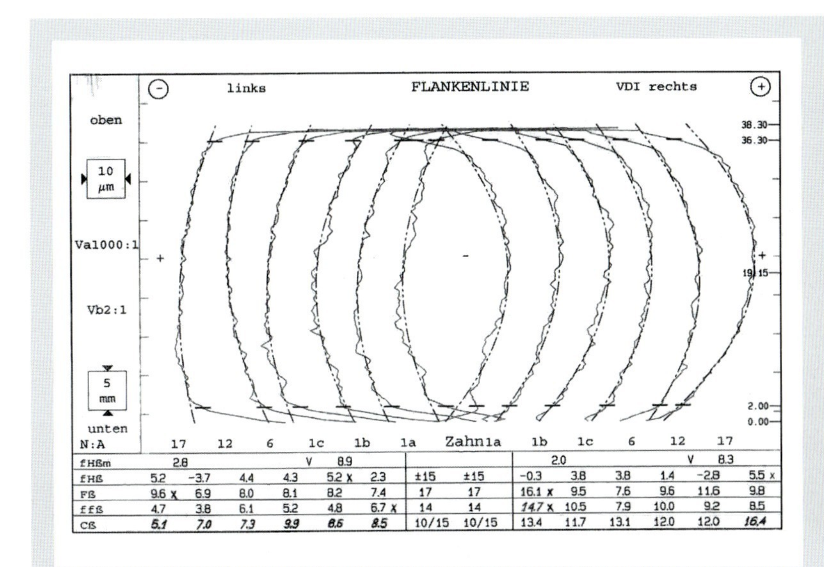

BILD 7: Flankenlinien einer Antriebswelle nach Gasabschreckung

Die Formänderung der Verzahnung nach Ölabschreckung erforderte demnach zwingend eine Hartbearbeitung, die durch Gasabschreckung eingespart werden konnte. Aufgrund dieses Kosteneinsparpotenzials erwies sich die Gasabschreckung trotz höherer Anschaffungskosten des Gasabschreckmoduls als die wirtschaftlichere Lösung bei einem ROI von weniger als 2 Jahren.

Ringherdofenanlage

Die neue Anlagentechnik verbindet die Vorteile von Drehherdöfen mit jenen von Durchstoßanlagen. Die Anlage ist in unterschiedliche Zonen zum Aufheizen, zum Aufkohlen und Diffundieren geteilt, die durch weitgehend dichte Türen voneinander getrennt sind, wodurch deutlich unterschiedliche C-Pegel und Temperaturprofile in den einzelnen Zonen nahezu unabhängig voneinander eingestellt werden können.

Anlagenausführung

Abhängig von den Anforderungen werden Ringherd-Ofenanlagen in zwei verschiedenen Ausführungen eingesetzt:

- Einzelteilchargierung, Aufkohlung, Diffusion und Direkthärtung mittels Härtepresse für verzugsempfindliche Bauteile, wie Nockenwellen, Tellerräder und Synchronringe oder
- Chargenbetrieb, Aufkohlung, Diffusion und Ölabschreckung. Diese Variante wird vorwiegend für Getriebeteile, wie Zahnräder oder Wellen, als Alternative zu Durchstoßanlagen eingesetzt. Anstelle des Ölbades kann die Abschreckung auch mit einem Hochdruck-Gasabschreckmodul erfolgen.

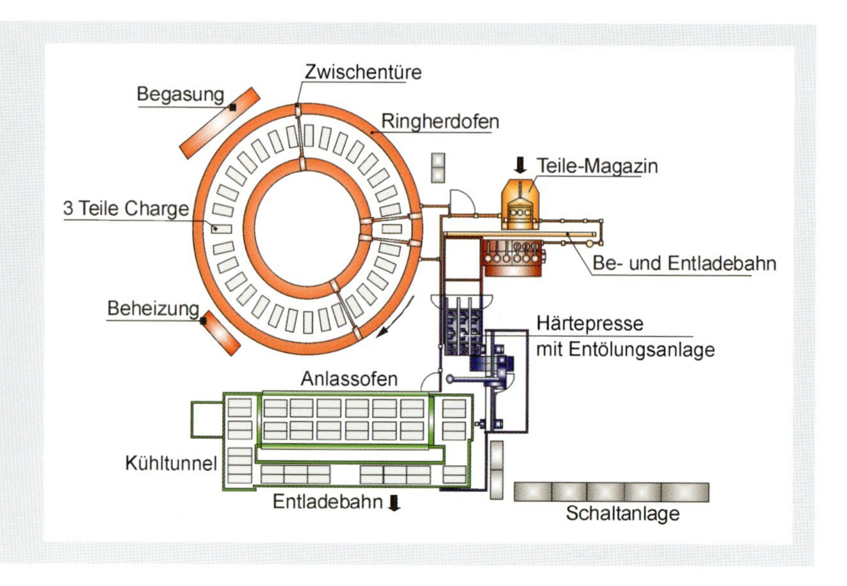

Bild 8: Ringherd-Ofenanlage mit Pressenhärtung (Schema)

Aufkohlung mit nachfolgender Pressenhärtung

Aufgrund von Maß- und Formänderungen infolge der Wärmebehandlung müssen verzugsempfindliche Getriebeteile wie Synchronringe, Schaltmuffen, Tellerräder oder Nockenwellen in Fixturen abgeschreckt bzw. gehärtet werden. In Abhängigkeit von der geforderten Produktionskapazität werden diese Bauteile häufig in Mehrzweck-Kammeröfen oder kleinen, kontinuierlichen Anlagen aufgekohlt, langsam unter Schutzgas abgekühlt, anschließend in einem Drehherdofen wiedererwärmt, austenitisiert und in der Härtepresse abgeschreckt.

Ringherdofenanlagen erlauben Aufkohlung und nachfolgende Direkthärtung in der Fixtur in einem Behandlungsschritt, da die voneinander durch Türen getrennten Zonen die Einstellung unterschiedlicher Temperaturen und C-Pegel ermöglichen (**Bild 8**).

Im Vergleich zu der oben beschriebenen, konventionellen Einfachhärtung können dadurch bis 30 % der Behandlungsdauer, 30 % der Energiekosten sowie 50% des Personalaufwandes eingespart werden. Weiters fallen separate Chargiergestelle für den Aufkohlungsofen weg. Insgesamt lassen sich durch die Ringherdofentechnologie 20–25 % der Wärmebehandlungskosten im Vergleich zum gängigen Einfachhärteprozess einsparen. In **Bild 9** ist ein typischer Ringherdofen dargestellt.

Bild 9: Ringherd-Ofenanlage

Chargenaufkohlung mit nachfolgender Ölabschreckung

Als Alternative zu Gasaufkohlungs-Durchstoßanlagen können Getriebebauteile auch chargenweise in großen Ringherdöfen aufgekohlt und ölabgeschreckt werden. Die Charge wird dabei direkt auf den Ringherd gestoßen. Der Ringherd transportiert alle auf ihm stehenden Chargenroste ohne Zug- oder Druckbelastung mittels Drehbewegung durch die Anlage. Die Be- und Entladung erfolgt jeweils an der selben Position über eine Schleuse. **Bild 10** zeigt ein typisches Layout der Anlage.

Die Vorteile dieser Anlagentechnik liegen in dem verringerten Verschleiß und der besseren Haltbarkeit der Chargiergestelle durch den Ringherd-Transport, der Einsparung von Chargiergestellen und Antriebsmotoren sowie einer in der Praxis wiederholt beobachteten Prozesszeitverkürzung. Diese Prozesszeitverkürzung sollte systematisch untersucht sowie deren Ursache gefunden werden.

Zumeist sind Ringherdofenanlagen mit einem Ölabschreckbad ausgestattet, das jenem von Durchstoßanlagen entspricht. Zur Verringerung des Bauteilverzuges können Ringherdöfen jedoch auch mit einem Hochdruck-Gasabschreckmodul ausgestattet werden (**Bild 11**).

Vergleich von Durchstoßanlage und Ringherdofen

Praktische Erfahrungen im Betrieb mit Ringherdofenanlagen bestätigten eine signifikante, nicht leicht erklärbare Reduzierung der Behandlungszeiten im Vergleich zu Durchstoßanlagen. Diese Angaben waren jedoch nur schwer zu quantifizieren und bezogen sich auf unterschiedliche Durchsatzleistungen und Wärmebehandlungsbedingungen. Um eine direkte Vergleichbarkeit der Ofenanlagen und Behandlungsergebnisse zu ermöglichen, wurden ein zweibahniger Durchstoßofen und ein Doppelchargen-Ringherdofen ausgewählt, die bei glei-

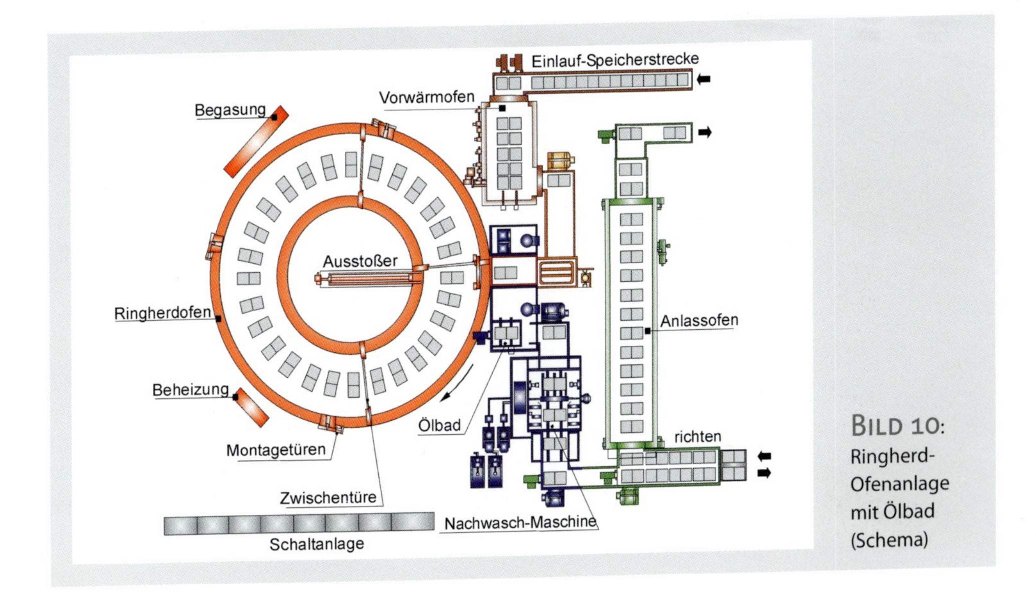

Bild 10: Ringherd-Ofenanlage mit Ölbad (Schema)

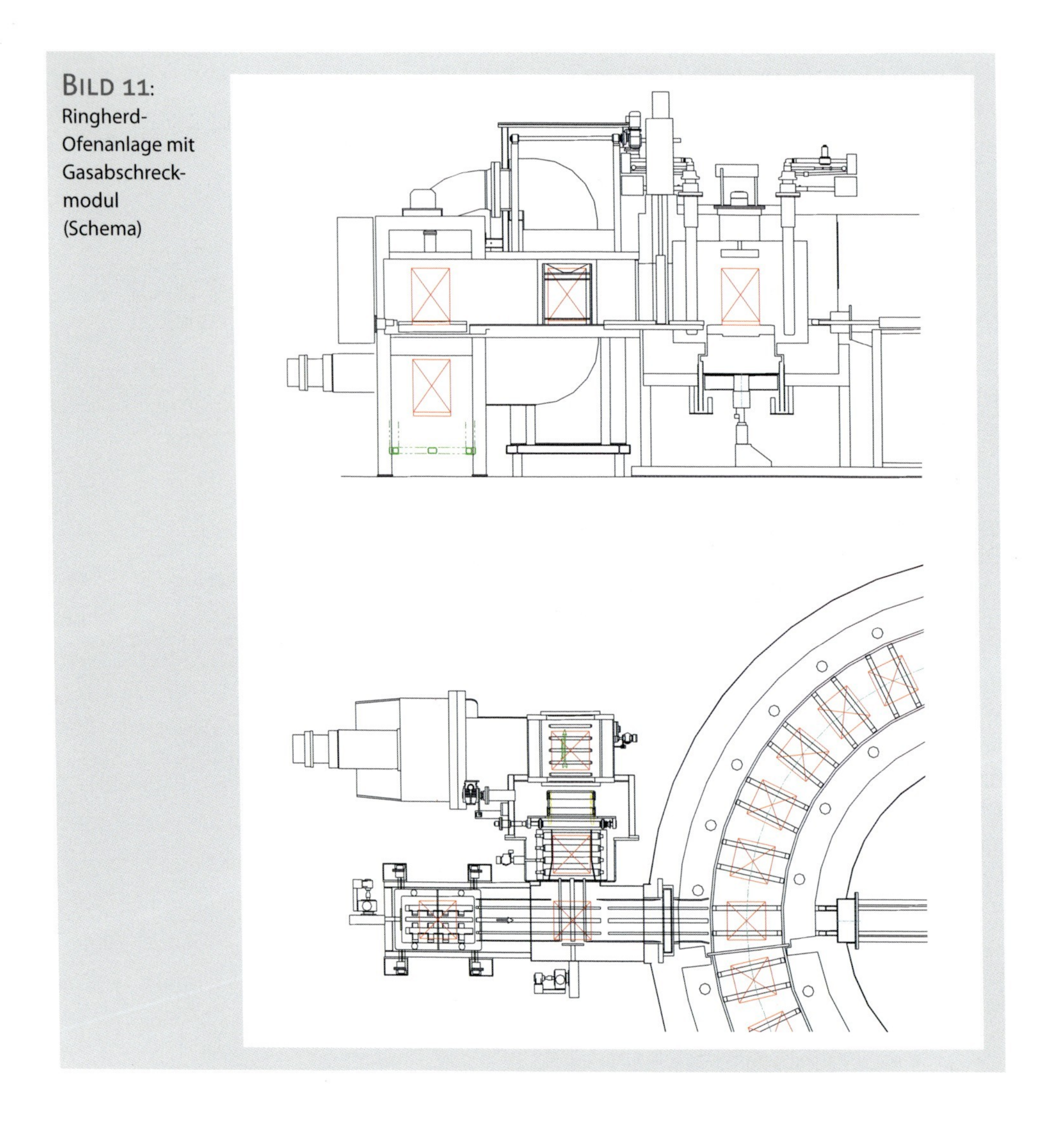

BILD 11: Ringherd-Ofenanlage mit Gasabschreck-modul (Schema)

cher Durchsatzleistung einen Vergleich der Prozessparameter und der Behandlungsergebnisse ermöglichen sollten.

Versuchsbedingungen

Die Versuche wurden mit Zahnrädern aus einem Bearbeitungslos und einer Stahlcharge (Werkstoff 20MoCr4) durchgeführt. Weiterhin wurden Abdrehproben aus derselben Stahlcharge gefertigt und den Wärmebehandlungschargen zur Ermittlung des C-Profils beigefügt. Alle Prozessparameter wurden während der Versuchsfahrt genau ermittelt bzw. mit Eichmitteln überprüft. Lediglich die Aufheizkurven der Bauteile konnten nur halb-quantitativ mit einem optischen Pyrometer erfasst werden.

TABELLE 1: Prozesszeit und Aufkohlungstiefe eines Durchstoßofens und eines Ringherdofens

	Ringherdofen	**Durchstoßanlage**
Aufheizen Aufkohlung Diffusion Σ	60′ 150′ 60′ 270′	80′ 200′ 50′ 330′
$At_{0,35}$ (gemessen, Mitttelwerte)	0,79 mm	0,80 mm
Prozesszeit im Vergleich mit dem Ringherdofen		+22 %
Abweichung von der berechneten Kohlungstiefe ($At_{0,35}$)	+ 0,06 mm	−0,09 mm

Ziel der Behandlung war eine Aufkohlungstiefe von 0,8 mm bei 0,35 % C. Die Auswertung der Abdrehproben ermöglichte einen ausreichend genauen Vergleich der Aufkohlung in beiden Anlagen. Zusätzlich wurde die Einsatzhärtetiefe (CHD) an den Zahnradflanken ermittelt und bewertet, wodurch auch die Abschreckleistung beider Anlagen beurteilt werden konnte.

Ergebnisse

Tabelle 1 zeigt den Vergleich der Prozesszeiten, der erreichten Aufkohlungstiefen bei 0,35 % C sowie den Unterschied zwischen gemessener und rechnerisch ermittelter Aufkohlungstiefe. Das Ziel von 0,8 mm At bei 0,35 % C wurde in beiden Anlagen exakt erreicht, wofür im Durchstoßofen jedoch eine um 22 % längere Behandlungsdauer benötigt wurde. Dieses Ergebnis deckt sich auch mit den Erfahrungen der Betreiber von Ringherdofenanlagen. Die gemessenen und mit Eichmitteln überprüften Prozessparameter erlaubten einen exakten Vergleich der Versuchsergebnisse mit der Berechnung mittels FOCOS-off-line Diffusionsrechnung. Gegenüber der Rechnung lag die Aufkohlungstiefe im Ringherd um 0,06 mm höher, im Durchstoßofen hingegen um 0,09 mm niedriger (siehe Tabelle 1).

Diskussion

Ziel der Untersuchungen war nun, die Ursache für den erheblichen Unterschied in der Aufkohlungsgeschwindigkeit beider Anlagen zu finden. Es muss dabei nochmals festgehalten werden, dass die in der Praxis gemessenen und überprüften, reellen Behandlungsparameter den Berechnungen zugrunde gelegt wurden.

Zuerst wurde die Plausibilität der halb-quantitativ bestimmten Aufheizzeiten überprüft. Zu diesem Zweck wurde der Aufheizvorgang mittels Rechenprogramm simuliert. Dabei zeigte sich, dass die Unterschiede zwischen der reellen Bauteiltemperatur und der optischen Messung der Oberflächentemperatur nur zu einer maximalen Abweichung im Bereich von 0,02 bis 0,03 mm führen können, die reelle Abweichung jedoch deutlich geringer sein dürfte und damit als Ursache praktisch ausscheidet.

Als Hauptursache erwies sich eine bessere Durchströmung zwischen den Chargen beim Ringherdofen, die darauf zurückzuführen ist, dass die Chargen nicht direkt aufeinandergestoßen werden, sondern in einem ausreichend großen Abstand voneinander positioniert sind. Dieser Abstand ist primär erforderlich, um das Schließen der Zwischentüren zwischen den Chargen zu ermöglichen. Es zeigte sich, dass dadurch im Ringherdofen ein besserer Gasaustausch sowie ein höherer Kohlenstoff-Übergangskoeffizient (β) erreicht werden können.

Schließlich trägt die vollständige Trennung von Aufheiz-, Aufkohlungs- und Diffusionskammer dazu bei, dass die vorgegebenen Temperaturen und C-Pegel schneller und genauer eingehalten werden können. Aufgrund der Größe der Aufheizzone und der begrenzten Anzahl an Messpositionen erwies es sich jedoch als schwierig, diese Unterschiede während der Versuche ausreichend genau zu erfassen und zu verifizieren.

UNTERSCHIEDE ZWISCHEN DURCHSTOSS-ANLAGEN UND RINGHERD-ÖFEN

Wirtschaftlichkeit

Der direkte Vergleich von Ringherdofen und Durchstoßanlage zum chargenweisen Aufkohlen und Abschrecken im Ölbad zeigt sowohl Vor- als auch Nachteile beider Konzepte auf.

Die Durchstoßanlagen in zwei- oder dreibahniger Ausführung zeigen eine hohe Flexibilität, da zwei unterschiedliche Einsatzhärtetiefen zeitgleich gefahren werden können. Weiterhin zeichnet sich dieses Anlagenkonzept durch sehr hohe Durchsatzleistungen aus (≥ 1500 kg/h in Abhängigkeit von der geforderten Einsatzhärtetiefe).

In Ringherdofenanlagen werden die Grundroste durch den Transport mittels Ringherd wesentlich weniger belastet, was die Lebensdauer der Roste erheblich verbessert. Neben der Einsparung an Chargiermitteln wird die Prozesszeit nachweislich um 20–25 % verkürzt. Andererseits ist das Konzept weniger flexibel und die Durchsatzleistungen sind auf 500–1000 kg/h brutto begrenzt.

Ein Wirtschaftlichkeitsvergleich zeigt, dass die Investitionskosten beider Anlagentypen bei gleicher Durchsatzleistung weitgehend gleich sind. Dies trägt dazu bei, dass sich auch bei den gesamten Wärmebehandlungskosten pro Bauteil keine großen Unterschiede ergeben. Der Ringherdofen bietet zweifellos gewisse Kostenvorteile durch die verkürzten Prozesszeiten, die Einsparung von Chargiergestellen und verringerten Energie- sowie Platzbedarf. Dies wird jedoch mit der geringeren Flexibilität der Anlage erkauft.

Fazit

Anhand von zwei Beispielen wurde gezeigt, dass moderne Gasaufkohlungsanlagen hohe Ansprüche an Bauteilqualität und Wirtschaftlichkeit erfüllen können.

Die Verwendung eines Hochdruck-Gasabschreckmoduls in Verbindung mit einer Gasaufkohlungs-Durchstoßanlage führte zu einer erheblichen Verringerung des Verzuges der Flankenlinie von Antriebswellen, wodurch die nachfolgende Schleifoperation eingespart werden konnte. Dies rechtfertigt den deutlich höheren Investitionsaufwand durch einen ROI innerhalb von weniger als zwei Jahren.

Des Weiteren wurde das Konzept einer verbesserten Ringherdofenanlage vorgestellt. Ringherdöfen können sowohl für die Aufkohlung mit anschließender Pressenhärtung von verzugsempfindlichen Bauteilen als auch zur chargenweisen Aufkohlung mit Öl- oder Gasabschreckung von Getriebeteilen eingesetzt werden. Beide Anlagentypen erlauben Kosteneinsparungen aufgrund erheblich verringerter Prozesszeiten, verringertem Energiebedarf, geringerem Platzbedarf sowie der Einsparung von Chargiergestellen. Andererseits erweisen sich Durchstoßanlagen als flexibler, wenn unterschiedliche Einsatzhärtetiefen gefahren werden sollen und erlauben höhere Durchsatzleistungen.

Literatur

[1] Liedtke, D.: Einsatzhärten – eine Standortbestimmung. Tagungsband der Internationalen Konferenz „Das Einsatzhärten", Zürich, Schweiz, 3. bis 4. April 2003, S. 5–27

[2] Altena, H.; Schrank, F.: Niederdruck-Aufkohlung mit Hochdruck-Gasabschreckung, Härterei-Techn. Mitteilungen 57 (2002) Nr. 4, S. 247–256

[3] Löser, K.; Schmitt, G.: Increase of productivity in the gear industry by vacuum carburizing and gas quenching, Heat Processing 2 (2004) No. 3, pp. 141–144, Vulkan-Verlag, Essen

Veröffentlicht in:
Gaswärme International · Heft 7/2006 · Seiten 484–489

Möglichkeiten der Energieeinsparung an Thermoprozessanlagen

Von Robert Jasper

Der vorliegende Artikel soll einen ersten Überblick über die Möglichkeiten zur Energieeinsparung bei Thermoprozessanlagen geben. Hierbei werden interdisziplinäre, also auch voneinander unabhängige Fachgebiete (Brennstoff, Regelungstechnik, Antriebstechnik und Druckluft) behandelt. Der Artikel erhebt keinen Anspruch auf Vollständigkeit, er will auf die vielfältigen Möglichkeiten der Energieeinsparung hinweisen und als Anstoß für weitere Überlegungen sowie erkennbare, sinnvolle Anwendungen verstanden sein.

„Apokalypse No" titelte der dänische Statistik-Professor Björn Lomborg damals den Bericht aus dem Jahre 1980: „Global 2000" [2] und sah die Pessimisten mit Zahlen widerlegt.

Andere Wissenschaftler schrieben jedoch die Warnungen von „Global 2000" fort, verwiesen auf Waldschadensberichte, Wüstenwachstum und die rapide steigende Umweltbelastung in den Industrie- und Schwellenländern. Allerdings gerade in den reichen Ländern bemerkte man von all dem eher wenig [1].

Genau das befürchtete schon „Global 2000": Die meisten vorhergesagten Probleme würden erst Jahre nach der Jahrtausendwende allgemein und unmittelbar spürbar sein.

Erwähnt seien die Grenzen des Wachstums [1], die UNO-Studie oder die Arbeiten des IIASA [3]. Aber die Mittel zur Pflege und Koordination dieser Modelle fehlten. Wozu auch? Die Programme waren ja doch nicht begreifbar und für die Politiker (die es ja angehen müsste!) auch nicht manipulierbar. Und so lagen sie lange Zeit brach, bis sie durch die Zeitabläufe und die jüngsten Erkenntnisse bestätigt wurden.

Der gerade veröffentlichte Weltklimareport der UNO vom 2. Februar 2007 (IPCC) zeichnet jedenfalls keine erfreulichen Zukunftsszenarien. Der Bericht umfasst u. a. folgende Zahlen:

- Der heutige Kohlendioxidgehalt der Luft ist der größte seit 650.000 Jahren,
- 78 % der Erhöhung gehen auf die Nutzung fossiler Brennstoffe zurück.

Auch das Allheilmittel „Energiesparen" gegen Arbeitslosigkeit, Wirtschaftskrisen Außenhandelsdefizite und vieles andere wird heute in fast jeder Rede der Politiker mindestens einmal erwähnt. Aber keinem sind je die echte Wirtschaftlichkeit und Machbarkeit solcher Projekte und deren Konsequenzen klar geworden.

Viele Firmen beschäftigen sich seit vielen Jahren mit dem Thema „Sparsame und Umweltschonende Energieverwendung". Seien es nun Freunde oder Konkurrenten, allen ist eines gemeinsam; sie sind seit vielen Jahren über-

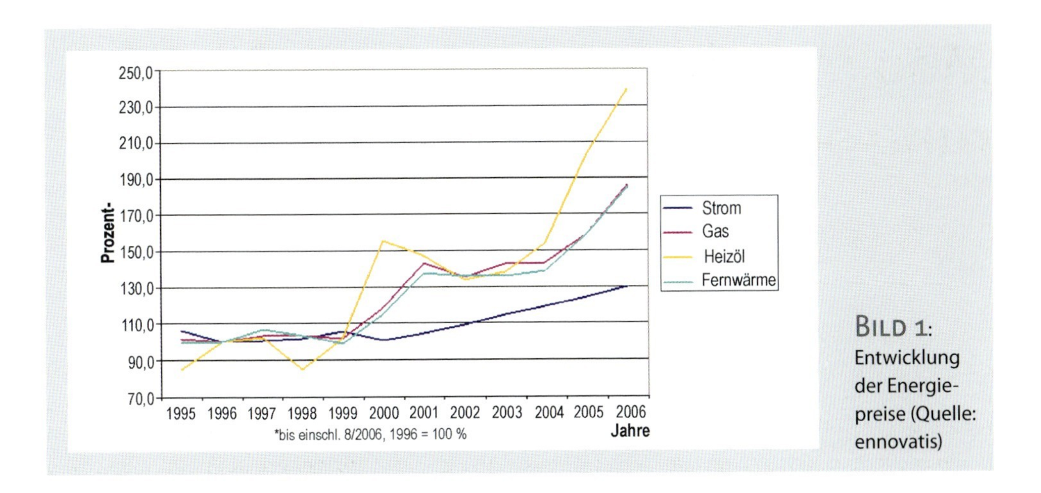

Bild 1: Entwicklung der Energiepreise (Quelle: ennovatis)

zeugt von den machbaren, technischen Möglichkeiten zur Verbesserung der Energieproduktivität.

Sie haben allesamt und ungeachtet der allgemeinen Ignoranz zur Umweltsituation Produkte und Verfahren entwickelt, die für einen sparsamen und umweltfreundlichen Umgang mit den Energieressourcen dringend benötigt werden. Sie sind aktuell verfügbar und haben aufgrund der vergangenen Energiepreissteigerungen einen Grad der Wirtschaftlichkeit erreicht, welcher zunehmend Beachtung findet.

Entwicklung der Energiepreise

Der Hunger nach Energie ist beängstigend, das Wirtschaftswachstum weltweit als Garant für steigenden Wohlstand ist der Motor. Durch die Entwicklung der Energiepreise in den vergangenen Jahren wurde Energie gerade in energieintensiven Bereichen zum bedeutenden Produktionsfaktor (**Bild 1**).

Wohl einer der wichtigsten Gründe zum Energiesparen ist die Motivation zur Kostenreduzierung. Energiesparen bedeutet aber auch eine Steigerung der Energieproduktivität und damit auch eine deutliche Reduzierung der CO_2-Emission. Möglichkeiten hierzu sind:

- Bessere Ausbeutungstechnik der Ressourcen
- Höhere Wirkungsgrade bei Energieumwandlungsprozessen
- Verbesserung der Regelfähigkeit

– zusammengefasst als Steigerung der Energieproduktivität.

Energie sparen:
- weniger Kosten
- mehr Produktivität bei gleichem Verbrauch
- weniger Emissionen

Energieeinsparung bei Thermoprozessanlagen

Betrachtet man die Energieflussgrafik in **Bild 2**, ist schnell ersichtlich, dass nur etwa 50 % des eingesetzten Brennstoffes direkt dem Produktionsprozess nutzbar zur Verfügung stehen.

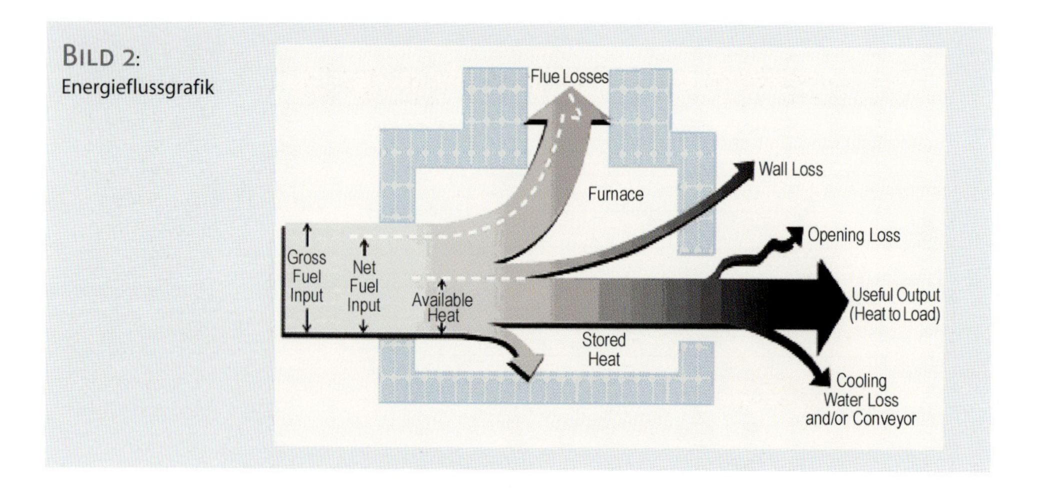

BILD 2: Energieflussgrafik

Damit wird der wichtigste Ansatzpunkt deutlich: die Reduzierung der Verluste und Optimierung der Verfahrenstechnik. Folgende Möglichkeiten sind u. a. verfügbar:

- Nutzung von Erdgas und modernen Brennersystemen mit Abwärmenutzung
- Der Kombieffekt von O_2-Regelung und Regeneratorbrennern bei Aluminiumschmelzöfen: Verringerung der Metallverluste
- Drehzahlregelung von Gebläsen
- Druckluftversorgung

Nutzung von Erdgas und modernen Brennersystemen mit Abwärmenutzung

Die Steigerung der Energieproduktivität, d. h. der Umsatz der eingesetzten Brennstoffe in Produktionsleistung, bedeutet im Industrieofenbau seit Jahren

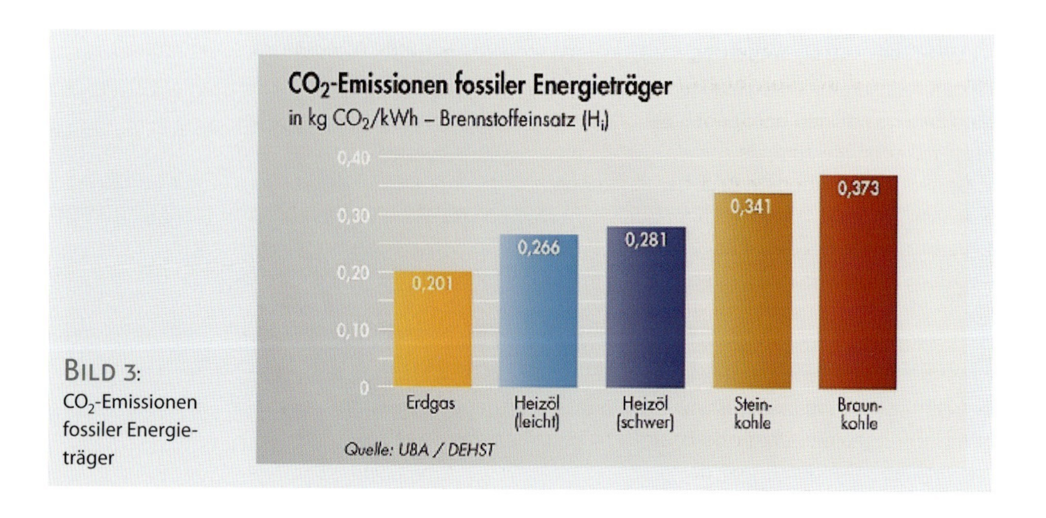

BILD 3: CO_2-Emissionen fossiler Energieträger

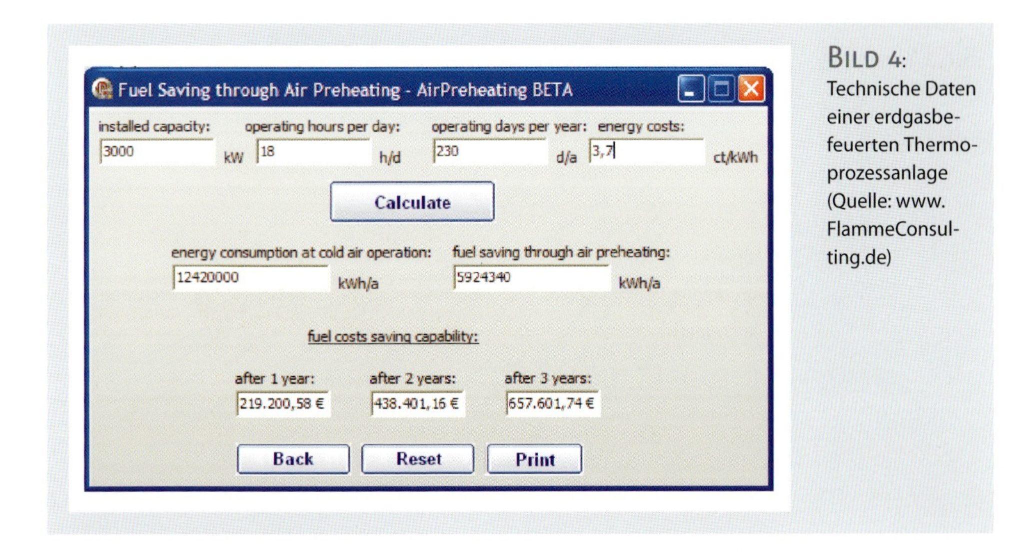

BILD 4: Technische Daten einer erdgasbefeuerten Thermoprozessanlage (Quelle: www.FlammeConsulting.de)

eine ständige Abnahme des spezifischen Energieverbrauchs pro Produktionseinheit. Damit verbunden sind auch geringere Schmelzkosten und eine drastische Verringerung der Umweltbelastung.

Dabei spielt die Wahl des eingesetzten Brennstoffes eine entscheidende Rolle (**BILD 3**). Durch den Einsatz von Regeneratoren vermindert sich nachhaltig der Brennstoffverbrauch und damit in gleichem Maße die CO_2-Emission erheblich.

Als Beispiel hierzu ist eine Feuerungsanlage mit regenerativer Wärmerückgewinnung aus den Abgasen im Vergleich zu einer Anlage ohne diese Technik dargestellt. Die technischen Daten sind aus **BILD 4** zu ersehen, Brennstoff ist Erdgas H. Die Reduzierung der CO_2-Emission beträgt rund 1.190 t/a mit dem erfreulichem Nebeneffekt einer Energieeinsparung von rund 219.000 €/a bei einem angenommenen Erdgaspreis von 3,7 c/kWh.

Kombieffekt von O_2-Regelung und Regeneratorbrennern bei Aluminiumschmelzöfen durch Verringerung der Metallverluste

Dass Brenneranlagen bei optimaler Einstellung am effektivsten sind, ist kein Geheimnis. Aber wie sind die Auswirkungen durch unzureichende Wartung oder auch nur Unwissenheit? In **BILD 5** wird der Zusammenhang deutlich; erhöht sich der Luftüberschuss bei etwa 1100 °C (2000 °F) von 10 % auf 25 % (Lambda 1,1 auf 1,25), verringert sich der verfügbare prozentuale Wärmeinhalt um etwa 6 %. Anders ausgedrückt: Es werden rund 14,6 % mehr Brennstoff benötigt. Wie sich das auf den Jahresbrennstoffbedarf auswirkt, kann man schnell selbst bestimmen.

Der Kombieffekt zwischen optimaler Brennereinstellung (Brennstoff-Luft-Verhältnisregelung mit O_2-Regelung) und Einsatz von Regeneratorbrennern in Aluminiumschmelzöfen ist zum einen die extreme Erhöhung der Verbrennungsluft-Enthalpie. Der hohe Energieinhalt der vorgewärmten Verbrennungsluft reduziert die Verweilzeit des Schmelzprozesses bei gleichzeitig optimalem

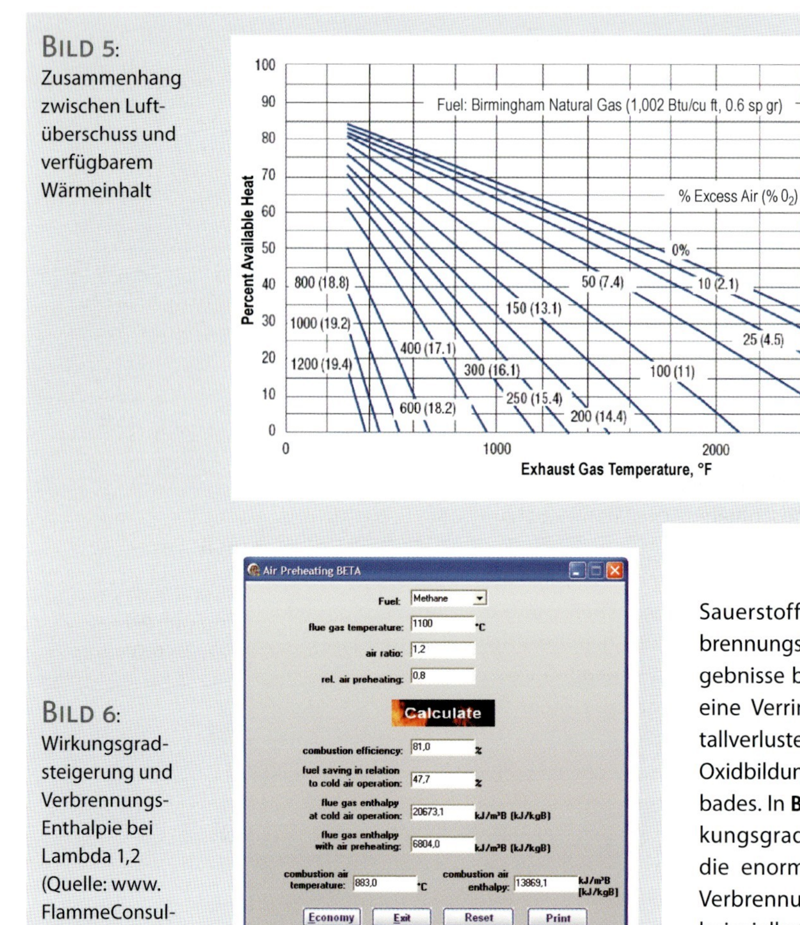

Bild 5: Zusammenhang zwischen Luftüberschuss und verfügbarem Wärmeinhalt

Bild 6: Wirkungsgradsteigerung und Verbrennungs-Enthalpie bei Lambda 1,2 (Quelle: www.FlammeConsulting.de)

Sauerstoffgehalt der Verbrennungsluft. Praktische Ergebnisse belegen hierdurch eine Verringerung der Metallverluste durch reduzierte Oxidbildung des Aluminiumbades. In **Bild 6** sind die Wirkungsgradsteigerung und die enorme Erhöhung der Verbrennungsluft-Enthalpie beispielhaft bei Lambda 1,2 dargestellt.

Drehzahlregelung von Ventilatoren an Thermoprozessanlagen

Die Dimensionierung von Ventilatoren erfolgt üblicherweise durch Berechnung oder Abschätzung der Druckverluste und des erforderlichen Volumenstromes bezogen auf den Eintritt (definierte Luftdichte). Hierzu wird der Stoßverlust 1- bis 2-fach, verursacht durch plötzliche Querschnittsänderungen, addiert. Die Auswahl des geeigneten Ventilators erfolgt nach der nächsten sinnvollen Größe. Dadurch wird sichergestellt, dass 100 % des Volumenstromes unter allen Bedingungen zur Verfügung stehen. Dieser „Sicherheits-Zuschlag" ist der Grund, warum die meisten aller Ventilatoren überdimensioniert sind.

In den meisten Thermoprozessanlagen wird die Brennerleistung entsprechend einer vorgegebenen Temperatur geregelt. Hierbei wird weitestgehend die Drosselregelung zur Anpassung des Luft-Volumenstromes eingesetzt (**Bild 7**).

Durch Veränderung der Klappenstellung (Drossel) wird der Differenzdruck an dieser Stellklappe und damit der Volumenstrom geregelt. Bei sinkendem Volumenstrom sinkt der Druckverlust quadratisch. Die Leistungsaufnahme des Ventilators ändert sich dabei nur wenig.

Die seit einigen Jahren verfügbare Technik, mittels Frequenzumrichter den Volumenstrom bedarfsgerecht zu regeln, hat enorme Vorteile (**Bild 8**).

Der Volumenstrom ändert sich linear mit der Drehzahl, der Druck ändert sich quadratisch. Das bedeutet also: Der Energieverbrauch des Ventilators ändert sich mit der dritten Potenz der Drehzahl. Daraus zeigt sich, dass selbst eine vergleichsweise geringe Drehzahländerung einen bedeutenden Effekt auf die Leistungsaufnahme des Ventilators hat.

In **Bild 9** ist die uns interessierende Abhängigkeit zwischen Volumenstrom und Leistungsaufnahme dargestellt. Betrachtet man beispielhaft den Regelbereich 100 %, 80 % und 50 % des Volumenstromes in Abhängigkeit einer angenommenen Benutzungsstruktur ergibt sich folgende mögliche Einsparung, die **Bild 10** verdeutlicht.

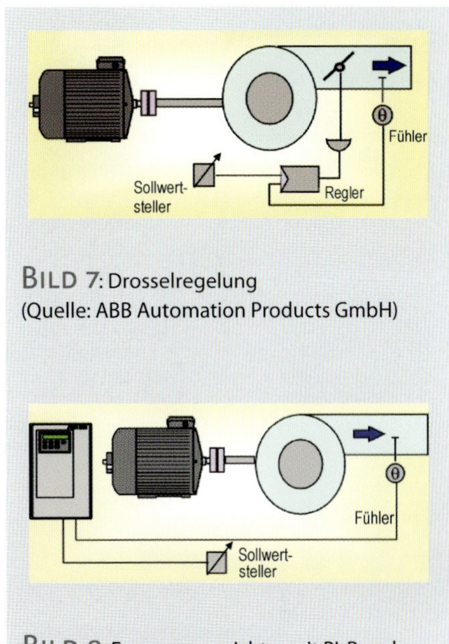

Bild 7: Drosselregelung
(Quelle: ABB Automation Products GmbH)

Bild 8: Frequenzumrichter mit PI-Regel
(Quelle ABB Automation Products GmbH)

Praktische Erfahrungen belegen die enormen Einsparmöglichkeiten. So wurden z. B. bei der Firma Oetinger in Ulm die Ventilatoren der Filteranlage auf Frequenzumrichter-Regelung umgestellt. Der Einspareffekt bei ca. 310 kW elektrischer Anschlussleistung beträgt laut Angabe rund ein Drittel, also eine Reduzierung der Betriebskosten um ca. 100 kW elektrischer Leistung x Strompreis x Betriebsstunden!

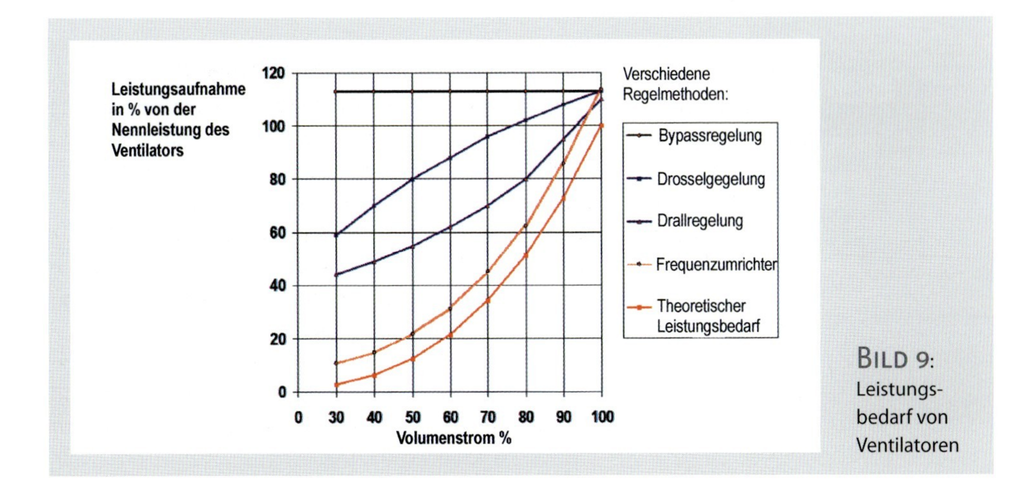

Bild 9: Leistungsbedarf von Ventilatoren

Bild 10: Kosteneinsparung mit Frequenzumrichtern

Nennleistung		90 kW		
Energiekosten/kWh		6 c/kWh		
Benutzungsdauer/a		6500 h		
Drosselregelung				
Luftmenge	Energiebedarf	Betriebsstunden	kWh	Kosten
100%	90	3250	292500	17550 €
80%	78	1950	152100	9126 €
50%	60	1300	78000	4680 €
				31356 €
Drehzahlregelung mit Frequenzumrichter				
Luftmenge	Energiebedarf	Betriebsstunden	kWh	Kosten
100%	90	3250	292500	17550 €
80%	46,5	1950	90675	5440,5 €
50%	15,7	1300	20410	1224,6 €
				24215,1 €
Einsparung				**7140,9 €**

Druckluftversorgung

Ein vielfach unbeachtetes Thema ist die Druckluftversorgung (auch) von Thermoprozessanlagen – wenn sie nicht gerade in Gesenkschmiedebetrieben mit elektrischen Kompressorleistungen von 1500 kW und mehr betrieben werden. Diese sogenannte „Hilfsenergie“ führt in der betrieblichen Energiebilanz oft ein Schattendasein. Etwa 94 % der einem Kompressor zugeführten Energie geht als Abwärme verloren, könnte aber genutzt werden.

Der Grund liegt in der bei der Drucklufterzeugung entstehenden Wärme. Dabei entspricht die innere Energie der Verdichtung genau der nach außen abgeführten Wärmemenge abzüglich der mechanischen Arbeit. Im Allgemeinen wird diese Wärmemenge abgeführt und verpufft ungenutzt.

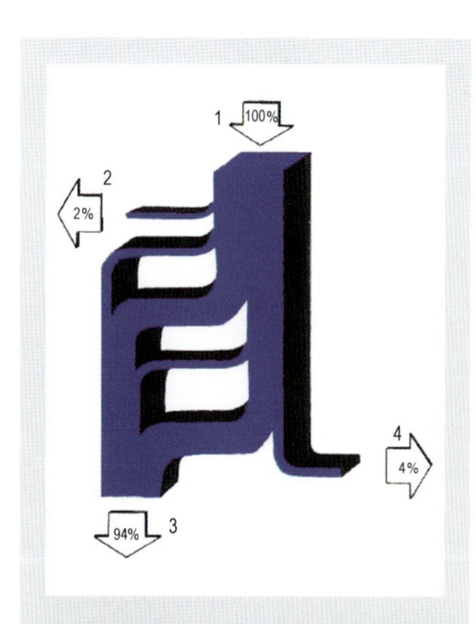

Bild 11: Energiebilanz einer Kompressoranlage (Quelle: Atlas Copco)

Bild 11 zeigt die grundsätzliche Energiebilanz einer Kompressoranlage, hierbei sind: 1 = zugeführte Energie, 2 = Abstrahlverluste, 3 = gesamte Wärmeverluste und 4 = mechanische Arbeit zur Drucklufterzeugung!

Hier schlummert ein oft erhebliches Einsparpotenzial, da Druckluft bedingt durch den schlechten Wirkungsgrad zu den teuersten Energieformen gehört.

Wenn die verfügbare Wärmeenergie im Betrieb nutzbar gemacht werden kann, sei es durch Ergänzung der Hallenheizung, Brauchwasserbereitung, Trocknungsprozesse u. a., verdeutlicht die Beispielrechnung in **Bild 12** das enorme Substitutionspotential.

Zudem gibt es bei der Drucklufterzeugung oft erhebliche zusätzliche Energieverluste, verursacht durch

Antriebsleistung	90	KW
Vollastzeit/d	80	%
Betriebszeit	330	Tage/a
nutzbare Wärmemenge des Kompressors (bezogen auf die Antriebsleistung)	75	%
Erdgaspreis	3,5	c/kWh
Hu-Erdgas H	9,98	kWh/m³
Nutzbarer Wärmestrom Qk =	427.680	kWh/a
Gasmenge die eingespart werden könnte:	**42.854**	**m³/a**
Kostenreduzierung bei Abwärmenutzung:	**14.969**	**Euro/a**

BILD 12:
Energieeinsparung einer Kompressoranlage

Druckverluste in Versorgungsleitungen (6 % bis 10 % pro bar), unzureichende Kompressorsteuerung (bis 25 %) und insbesondere Leckagen (bis 30 %).

Jeder, der wachen „Ohres" durch (s)einen Betrieb geht, hat es schon überall zischen gehört. Beispielhaft werden für 8000 Bh/a, 0,10 c/kWh und 6 bar Druckluftnetz die zusätzlichen Stromkosten bei folgenden Lochdurchmessern angegeben:

3 mm Leckage = 666 l/min = 3,1 kW = 2480 €/a

5 mm Leckage = 1854 l/min = 8,3 kW = 6640 €/a

Fazit

Es ist sehr schwierig am Anfang aufzuhören; die verfügbaren Möglichkeiten zur Energieeinsparung im Bereich der Thermoprozessanlagen sind einfach zu vielfältig. Es bleiben viele weitere mögliche Ansätze unbesprochen, z. B. die Reduzierung von Abstrahlverlusten von Ofenanlagen, weitere Verfahrensoptimierung, Optimierung von Energiebezugsverträgen bis hin zu Energiemanagement-Systemen. Leider drohen die so wichtigen interdisziplinären Kenntnisse und damit die konsequente Anwendung der im Grunde verfügbaren Technologien zur Energieeinsparung in reines Spezialwissen zu verfallen.

Literatur

[1] „Die neuen Grenzen des Wachstums" von Donella und Dennis Meadows, IEA, World Energy Outlook; Oktober 2004 – u. a.

[2] Bericht „Global 2000 von 1980". Eine Umweltstudie, die im Auftrag des amerikanischen Präsidenten von amerikanischen Wissenschaftlern und Regierungsbehörden zusammengestellt und 1980 veröffentlicht wurde

[3] IIASA – Atmospheric Pollution and Economic Development

Veröffentlicht in:
Gaswärme International · Heft 4/2007 · Seiten 279–282

Jet-Heating-Durchlauföfen für Erwärmung und Wärmebehandlung von Schmiede- und Gussteilen aus Aluminium

Von Werner Schütt

Das Jet-Heating von Teilen aus Aluminium setzt sich zunehmend durch und hat Verfahren wie die induktive Erwärmung in einigen Bereichen fast vollständig abgelöst. Die Erwärmung mit Prallstrahlen bietet viele Vorteile: kompakte Bauweise, hohe Temperaturgleichmäßigkeit, erheblich geringere Energiekosten sowie die Möglichkeit, unterschiedlich große Teile im selben Ofen effizient zu erwärmen.

Schmiedebolzen und Scheiben aus Aluminium wurden bei großen Durchsätzen bisher meist in Induktionsöfen auf Schmiedetemperatur erwärmt. Auch für hohe Durchsatzleistungen sind diese Öfen sehr kompakt. Erkauft wird dieser Vorteil jedoch mit hohem Investitionsbedarf, denn für unterschiedliche Bolzendurchmesser sind mehrere Induktionsspulen erforderlich. Außerdem ist die induktive Erwärmung nicht für die Behandlung von vorgeschmiedeten Teilen und komplex geformten Gussteilen geeignet.

Auch Luftumwälzöfen mit konventioneller Überströmung eignen sich für große Durchsatzleistungen nur bedingt: Sie weisen bezüglich Temperaturgenauigkeit, Reproduzierbarkeit des Temperaturprofils und der Möglichkeit, mit Gas zu beheizen, zwar erhebliche Vorteile auf. Doch aufgrund der vergleichsweise geringen Leistungsdichte und der daraus resultierenden großen Abmessungen sind sie oft keine wirtschaftlich sinnvolle Alternative zur induktiven Erwärmung.

Anders die Jet-Heating-Öfen: Sie vereinen die Vorteile der hohen Leistungsdichte der induktiven Erwärmung mit denen der gleichmäßigen, reproduzierbaren und kostengünstigen Erwärmung bei der konvektiven Wärmeübertragung. Darüber hinaus bieten sie die Möglichkeit, Teile mit unterschiedlichen Geometrien im selben Ofen zu erwärmen, ohne ihn umzurüsten oder Zusatzeinrichtungen vorsehen zu müssen (**Bild 1**).

Aufgrund ihrer hohen Temperaturgenauigkeit eignen sie sich auch für die Wärmebehandlung, die der Umformung nachfolgt, so für das Lösungsglühen und Warmauslagern.

Mit Betriebstemperaturen zwischen 170 und 700 °C werden Jet-Heating-Öfen eingesetzt für das

- Anwärmen von Rohlingen und vorgeschmiedeten Teilen auf Schmiedetemperatur
- Lösungsglühen und Warmauslagern beispielsweise von Gussteilen und geschmiedeten Fahrwerksteilen
- Homogenisieren und Lösungsglühen von Barren, Platinen und Stangen

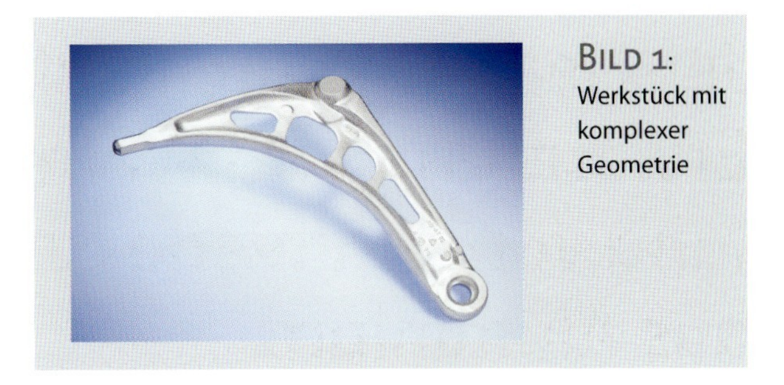

BILD 1: Werkstück mit komplexer Geometrie

Gleichmäßige und effiziente Erwärmung

Jet-Heating-Öfen nutzen die Wärmeübertragung durch einen Heißluftstrom, der – über ein Düsenfeld verteilt – mit hoher Geschwindigkeit senkrecht auf die Oberfläche des Wärmgutes gelenkt wird. Aufgrund des extrem hohen Wärmeübergangskoeffizienten α ist die Leistungsdichte bei Jet-Heating-Öfen um einen Faktor von etwa 3 bis 4 höher als bei der konventionellen Erwärmung in Umwälzöfen.

Hieraus resultiert eine entsprechend schnelle Erwärmung des Wärmgutes. Für Schmiedebolzen unterschiedlicher Durchmesser beträgt die Aufwärmzeit im Vergleich zu Luftumwälzöfen lediglich 25 bis 33 Prozent.

Darüber hinaus bietet die Erwärmung mit Prallstrahlen zusätzlich den Vorteil der gleichmäßigeren Erwärmung, denn alle Teile einer Charge werden immer mit derselben Temperatur bei konstanter Strömungsgeschwindigkeit beaufschlagt.

Jet-Heating arbeitet ohne Übertemperatur; alle Erwärmungs- und Behandlungsteile werden somit bei jedem Betriebszustand exakt mit der eingestellten Solltemperatur beaufschlagt. Die Temperaturgenauigkeit von ±3 K gewährleistet eine hohe Prozessqualität.

Neben kurzen Aufwärmzeiten und gleichmäßiger Erwärmung bieten Jet-Heating-Öfen hohe Prozess-Sicherheit: Unterbrechungen im Materialtransport sowie Veränderungen der Durchsatzleistung oder der Ofenbelegung haben keinen Einfluss auf die Erwärmungsgeschwindigkeit, die Gleichmäßigkeit der Erwärmung und das Temperaturniveau des Wärmgutes. So gewährleistet das Jet-Heating die exakte Reproduzierbarkeit der Wärmebehandlung.

Geeignet für unterschiedliche Teile

Mit Jet-Heating werden auch Teile, deren Geometrien sehr große Unterschiede aufweisen, ohne Umrüstung des Ofens erwärmt. Optional werden die Öfen mit einem heb- und senkbaren Düsensystem ausgestattet, so dass auch bei unterschiedlichen Abmessungen des Wärmgutes immer der optimale Abstand der Düsen zum Wärmgut eingehalten wird.

Aufgrund ihres modularen Aufbaus können Jet-Heating-Systeme einfach an die Anforderungen der Kunden angepasst werden. BSN Thermprozesstech-

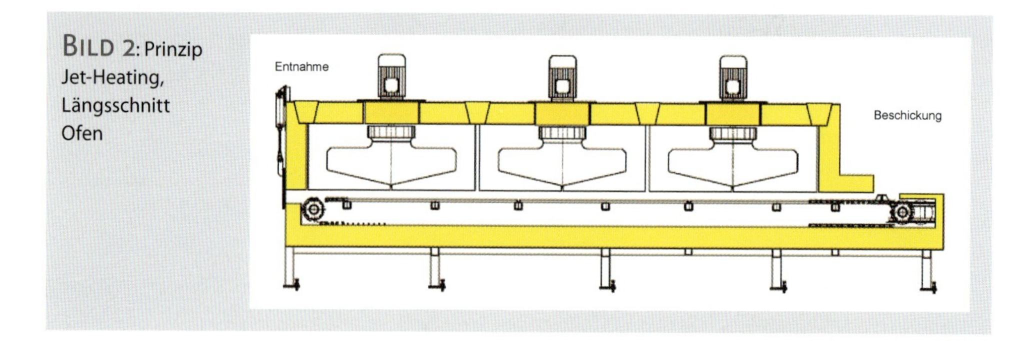

BILD 2: Prinzip Jet-Heating, Längsschnitt Ofen

nik aus Simmerath liefert Durchlauföfen für Durchsatzleistungen von 500 bis 10.000 Kilogramm pro Stunde mit jeweils auf die individuellen Anforderungen optimierter Anzahl von Düsenfeldern.

Darüber hinaus lassen sich die Öfen einfach an einen unterschiedlichen Leistungsbedarf während der Wärmebehandlung anpassen: Die Unterteilung der Ofennutzlänge in mehrere Düsenfelder oder Temperaturregelzonen ermöglicht es, Heizleistung, Temperaturniveau und Strömungsintensität über die Ofenlänge zu variieren. Der prinzipielle Aufbau eines Jet-Heating-Durchlaufofens zum Erwärmen von Alubolzen auf Schmiedetemperatur ist in **BILD 2** dargestellt.

Hoher Wirkungsgrad spart Kosten

Der im Vergleich zu konventionellen Systemen um ein Vielfaches höhere Wärmeübergang erlaubt eine kompakte Bauweise und führt so zu geringen Investitionskosten.

Doch auch im Betrieb sind Jet-Heating-Öfen sparsam: Während induktive Erwärmungsanlagen mit elektrischem Strom bei vergleichsweise kleinem Wirkungsgrad und damit kostenintensiv arbeiten, werden Jet-Heating-Ofenanlagen

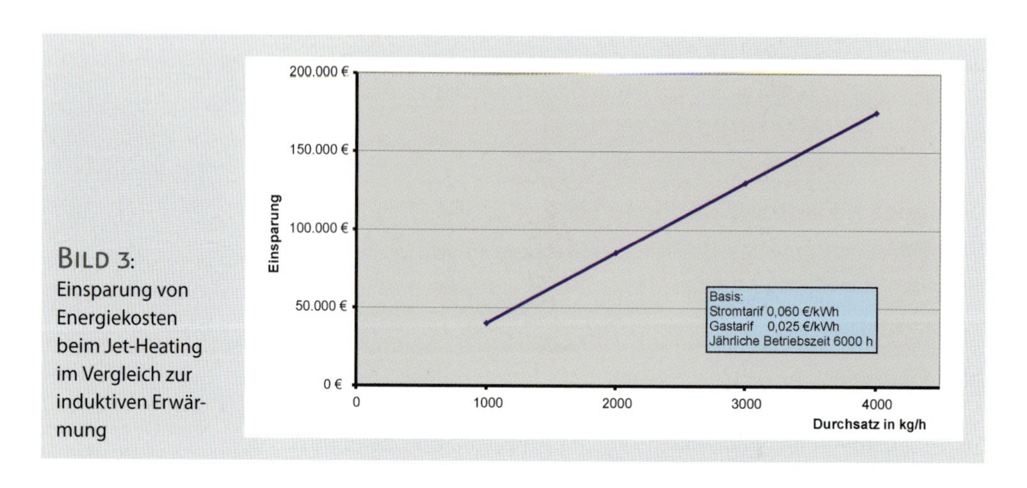

BILD 3: Einsparung von Energiekosten beim Jet-Heating im Vergleich zur induktiven Erwärmung

bei hohem Wirkungsgrad mit Erdgas betrieben. Bei Durchsatzleistungen von 1000 bis 4000 Kilogramm pro Stunde beträgt die jährliche Energiekosteneinsparung beim Betrieb von Jet-Heating-Öfen im Vergleich zur induktiven Erwärmung zwischen 40.000 und 170.000 Euro (**Bild 3**).

Integration in verkettete Prozesse

Die zu erwärmenden Bolzen, Schmiederohlinge, Platinen und Gussteile werden mittels Ketten- oder Bandtransport oder auch auf Rollen durch die Ofenanlage gefördert.

Die Wärme wird von Hochgeschwindigkeitsbrennern erzeugt, die zum Teil über integrierte Rekuperatoren verfügen. Die Düsenfelder sind flächendeckend angeordnet. Jedes wird durch jeweils ein Hochleistungs-Umwälzaggregat mit Heißluft versorgt (**Bild 4**).

Kombiniert mit Zuführ- und Entnahmeeinrichtungen, die das Wärmgut auf wenige Millimeter genau auf dem Transportsystem des Ofens positionieren, und exakt gesteuertem Materialfluss eignen sich Jet-Heating-Öfen ideal für die Integration in verkettete Produktionsprozesse (**Bild 5**).

Hier hat sich bewährt, die Projekte schlüsselfertig einschließlich der gesamten Peripherie mit Zuführ- und Entnahmeeinrichtungen an den Hersteller der Ofenanlage zu vergeben. So ist gewährleistet, dass es besonders an den kritischen Schnittstellen zum Ofen klare Verantwortlichkeiten bei der Integration in den Produktionsprozess gibt.

Auf diese Weise hat BSN eine komplette Wärmebehandlungslinie für Aluminiumräder realisiert. Der mit Jet-Heating arbeitende Lösungsglühofen, der mit konventioneller Umwälzung arbeitende Warmauslagerungsofen, die Abschreck-

Bild 4: Blick in den Nutzraum eines Jet-Heating-Ofens mit viersträngigem Kettentransport und in der Decke angeordneten Düsenfeldern

Bild 5: In einen verketteten Produktionsprozess integrierter Jet-Heating-Ofen mit Zuführ- und Entnahmeeinrichtungen

einrichtung sowie Transport- und Chargiereinrichtungen für den automatischen Materialfluss gehören zum Lieferumfang. Die Chargiereinrichtung ist mit Linearführungselementen, Servomotoren und Transportgabel für verschiedene Rädergrößen ausgestattet.

Bild 6 zeigt das Layout einer Schmiedelinie zum Vorwärmen, Schmieden, Lösungsglühen und Abschrecken von runden Bolzen und vorgeschmiedeten Teilen. Der automatische Materialfluss in der gesamten Behandlungslinie – auch zur Presse und von dieser über die Entgratstation zum Lösungsglühen – erfolgt mit handelsüblichen Robotern, die mit speziellen Greifern für die sichere Aufnahme verschiedener Teile ausgerüstet sind.

Eine Entnahmeeinrichtung für Bolzen ist in **Bild 7** dargestellt. Eine beliebige Anzahl von über die Ofennutzbreite verteilten Bolzen wird von einer quer ver-

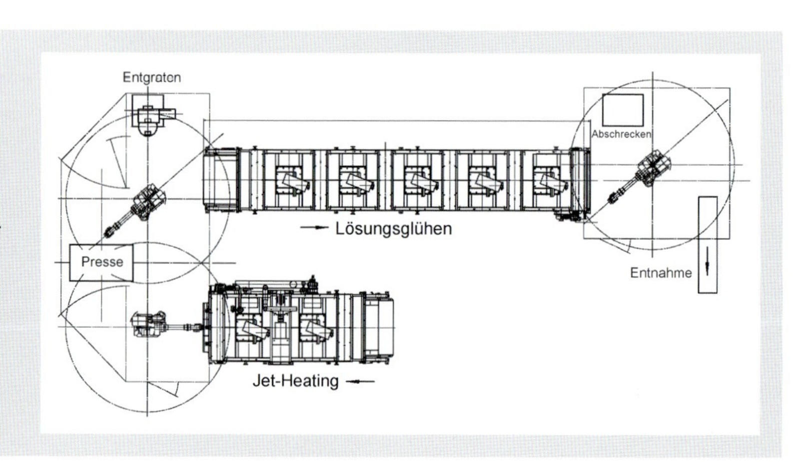

Bild 6: Layout einer Schmiedelinie für Aluminiumteile mit automatischem Materialfluss für Vorwärmen, Pressen, Lösungsglühen und Abschrecken

fahrbaren Zange, die in den Ofenraum eintaucht, aufgenommen und auf einem direkt hinter dem Ofen angeordneten Pressenzuführband abgelegt.

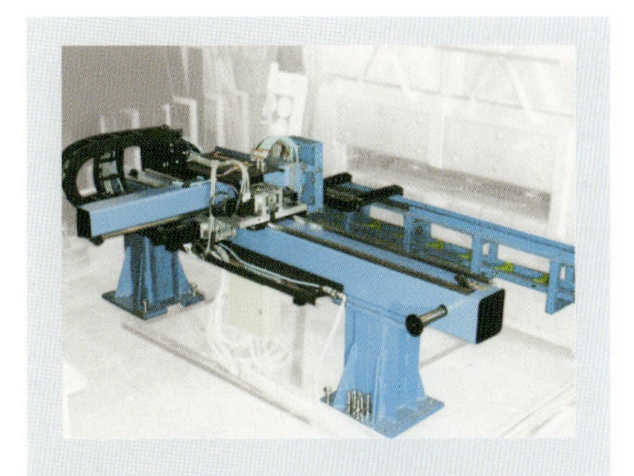

BILD 7: Einrichtung für die automatische Entnahme von Aluminiumbolzen über die gesamte Ofenbreite mit Querförderband zur Presse

Erfahrungen aus dem Betrieb

Aufgrund der überzeugenden Vorteile hat sich das Erwärmen mit Prallstrahlen bei der Wärmebehandlung von Aluminiumteilen in der Industrie durchgesetzt. Viele renommierte Automobilunternehmen und -zulieferer arbeiten bereits mit Jet-Heating-Öfen; in fast allen westeuropäischen Schmieden für Automobilteile aus Aluminium ist das Jet-Heating für die schnelle Wärmebehandlung etabliert. Die Lieferung von mehr als 25 BSN-Jet-Heating-Ofenanlagen innerhalb von drei Jahren belegt das eindeutig.

Neuerdings setzt sich das Verfahren auch für Wärmebehandlungen wie das Lösungsglühen, Warmauslagern und Homogenisieren, bei denen neben der hohen Leistungsdichte die sehr hohe Behandlungsqualität und die gute Verkettbarkeit der Anlage im Vordergrund stehen, mehr und mehr durch.

Veröffentlicht in:
Gaswärme International · Heft 4/2007 · Seiten 290–292

Regenerativbrenner für Doppel-P-Strahlheizrohre in einer Feuerverzinkungslinie

Von Alexander Georgiew, Joachim G. Wünning und Uwe Bonnet

Im folgenden Beitrag wird der Einsatz kompakter Regenerativbrenner in Doppel-P-Strahlheizrohren einer Feuerverzinkungslinie beschrieben. Nach einer kurzen Darstellung der Gesamtanlage und des Glühofens wird die Arbeitsweise des Regenerativbrenners dargestellt. Der Regenerativbrenner trägt durch sehr hohe Luftvorwärmtemperaturen entscheidend zur Energieeinsparung bei und reduziert gleichzeitig, durch Anwendung der flammlosen Oxidation, die NO_X-Emissionen.

Salzgitter Flachstahl ist die größte Stahltochter in der Salzgitter-Gruppe. Fast 4500 Mitarbeiter erzeugten 2006 etwa 4,6 Millionen Tonnen Stahl, davon etwa 2,8 Millionen Tonnen für den Standort Salzgitter, und erarbeiteten einen Umsatz von 2,27 Milliarden Euro. Die wichtigsten Abnehmer dieser Flachprodukte sind der Stahlhandel, Fahrzeughersteller sowie deren Zulieferer und die Bauindustrie. Es werden in einem integrierten Hüttenwerk Warmbreitband, Bandstahl, Kaltfeinblech und oberflächenveredelte Produkte von 0,4 bis 25 mm Dicke und bis zu 1850 mm Breite produziert.

In der hochmodernen Feuerverzinkung 2, welche 2001 in Betrieb genommenen wurde, werden pro Jahr ca. 440.000 t Stahl im Niedrig- wie im Hochtemperaturbereich mit rapider Schnellkühlung und Überalterung behandelt. Die Linie teilt sich in drei Bereiche: Im Bandeinlauf mit zwei Abhaspeln, der Schweißmaschine und der sich anschließenden alkalischen bzw. elektrolytischen Bandreinigung wird das Band in die Anlage gefahren. Hieran schließt sich der Behandlungsteil an. Im Glühofen wird das Blech spannungsarm geglüht, wieder auf Verzinkungstemperatur gekühlt und durchläuft dann das Zinkbad. Nach Abkühlung wird im anschließenden Dressiergerüst die glatte Oberfläche mit einer definierten Rauheit versehen. Der Streckrichter zieht das Blech plan, bevor das Band im Auslauf schließlich entsprechend den Auftragsdaten geteilt und wieder zu Coils aufgewickelt wird. Die drei Bereiche werden durch je einen vertikalen Bandspeicher (Schlingenspeicher) entkoppelt, so dass ein kontinuierlicher Betrieb gewährleistet ist.

Der Glühofen

Der vertikale Glühofen wurde für Banddicken von 0,2 bis 2,0 mm bei einer maximalen Bandbreite von 1860 mm ausgelegt. Die maximale Bandgeschwindigkeit beträgt 150 m/min. Die Anlage erreicht damit eine Produktionsmenge von maximal

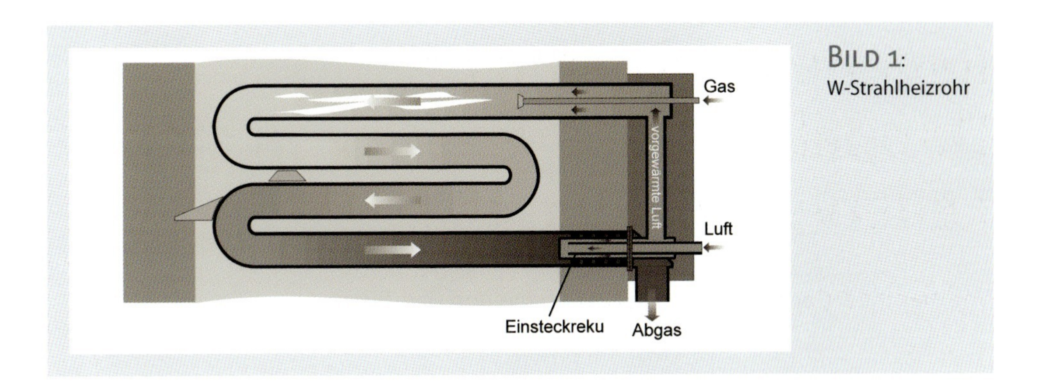

Bild 1: W-Strahlheizrohr

100 t/h, wobei das zu verzinkende Material typischerweise auf 720 bis 830 °C mittels Strahlheizrohren indirekt aufgeheizt und anschließend in der Schnellkühlung wieder abgekühlt wird. Der Glühofen wurde seinerzeit von der Firma Stein Heurtey gebaut. Der Ofen, der mit einer Stickstoff/Wasserstoff-Atmosphäre betrieben wird, wird indirekt mit Strahlheizrohren beheizt. Als Brennstoff kommt Erdgas zum Einsatz.

Im Ursprung wurden ausschließlich die seit langem bekannten und für hohe Anschlussleistungen üblichen W-Strahlheizrohre eingesetzt (**Bild 1**). Zur Verbesserung des feuerungstechnischen Wirkungsgrades wird die Verbrennungsluft durch einen Einsteckreku im Abgasschenkel vorgewärmt. Neu war jedoch, dass die Brenner in push pull Technologie ausgeführt wurden. Die Zonentemperatur wird durch Ein/Aus Technik geregelt.

Doppel-P-Strahlheizrohre

Ein neues Strahlrohrkonzept, die Doppel-P-Strahlheizrohre, kamen erstmals im Jahr 2001 bei der Firma ThyssenKrupp Stahl, Dortmund in größerer Anzahl bei einer Feuerverzinkungsanlage zum Einsatz. Beim Doppel-P-Strahlheizrohr (**Bild 2**)

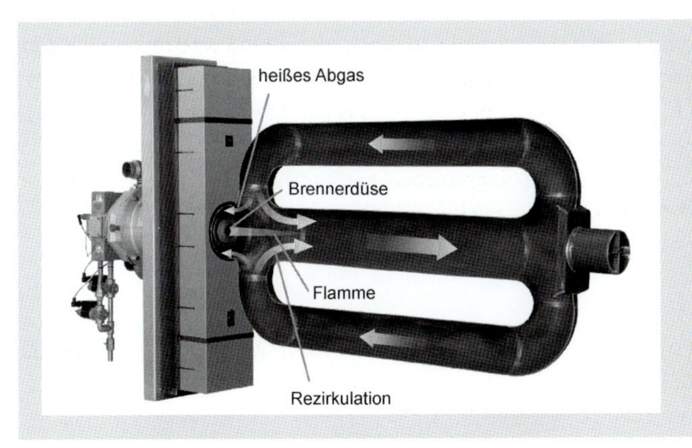

Bild 2: Doppel-P-Strahlheizrohr mit Rekuperatorbrenner

verlassen die Abgase das Strahlrohr durch den Brenner. Dadurch ist es möglich, Rekuperatorbrenner einzusetzen, bei denen der Brenner und der Luftvorwärmer zu einer Baueinheit zusammengefasst sind. Somit werden höhere Luftvorwärmtemperaturen möglich. Ein wesentlicher Vorteil dieser Bauform liegt in der Umwälzung der Verbrennungsgase innerhalb der Strahlheizrohre. Der Rekuperatorbrenner arbeitet als Hochgeschwindigkeitsbrenner mit Flammenaustrittsgeschwindigkeiten von etwa 100 m/s. Diese innere Umwälzung führt zu einer deutlich verbesserten Temperaturgleichmäßigkeit der Strahlrohroberfläche mit entsprechender Auswirkung auf die Strahlrohrlebensdauer.

Weiterhin ist die innere Umwälzung Voraussetzung für die Anwendung des Verbrennungsverfahrens der flammlosen Oxidation (FLOX®[1]) [1]. Diese Verbrennungstechnik erlaubt die Einhaltung von strengen NO_X-Grenzwerten auch bei hohen Verbrennungsluftvorwärmtemperaturen.

Energieeinsparung durch höhere Luftvorwärmung

Die rekuperative Luftvorwärmung erlaubt bei wirtschaftlicher Größe des Rekuperators Luftvorwärmtemperaturen im Bereich von 500–700 °C. Die dabei auftretenden Abgastemperaturen liegen ebenfalls im Bereich von 500–700 °C. Das entspricht Abgasverlusten von etwa 25–35 % der eingesetzten Brennstoffenergie (**Bild 3**). Die sinnvolle Nutzung dieser Abgaswärme wird dadurch erschwert, dass die Abgase bei der Strahlrohrbeheizung dezentral anfallen und erst gesammelt und dann in isolierten Kanälen transportiert werden müssten. Dieses lohnt sich in der Regel nicht.

Ein anderer Weg zur Verringerung der Abgasverluste ist die Nutzung eines leistungsfähigeren Wärmetauschers. Wie oben erwähnt ist die Vergrößerung der Rekuperatorfläche mit erheblichem Aufwand verbunden. Das Prinzip der regenerativen Wärmetauscher erlaubt aber die Vergrößerung der Wärmetau-

[1] FLOX® – eingetragenes Warenzeichen der WS Wärmeprozesstechnik GmbH, Renningen

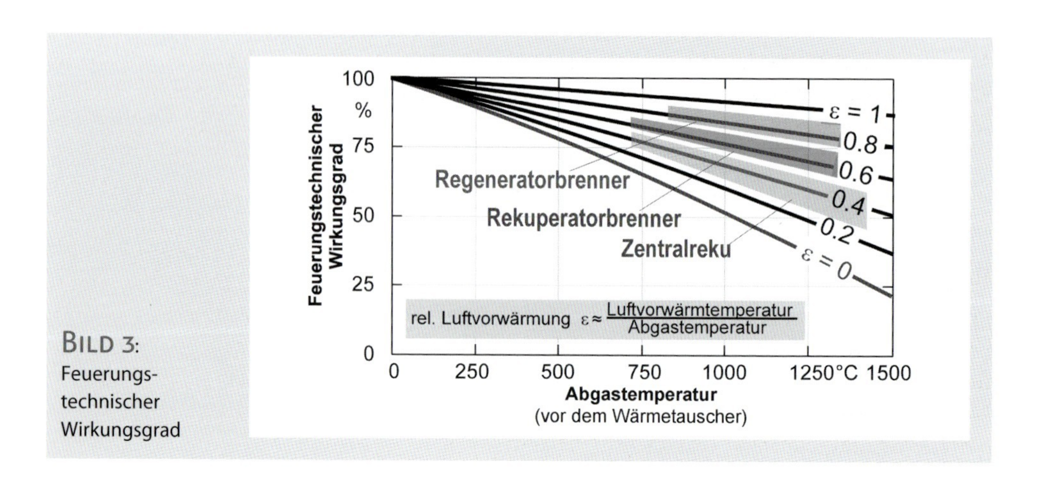

Bild 3: Feuerungstechnischer Wirkungsgrad

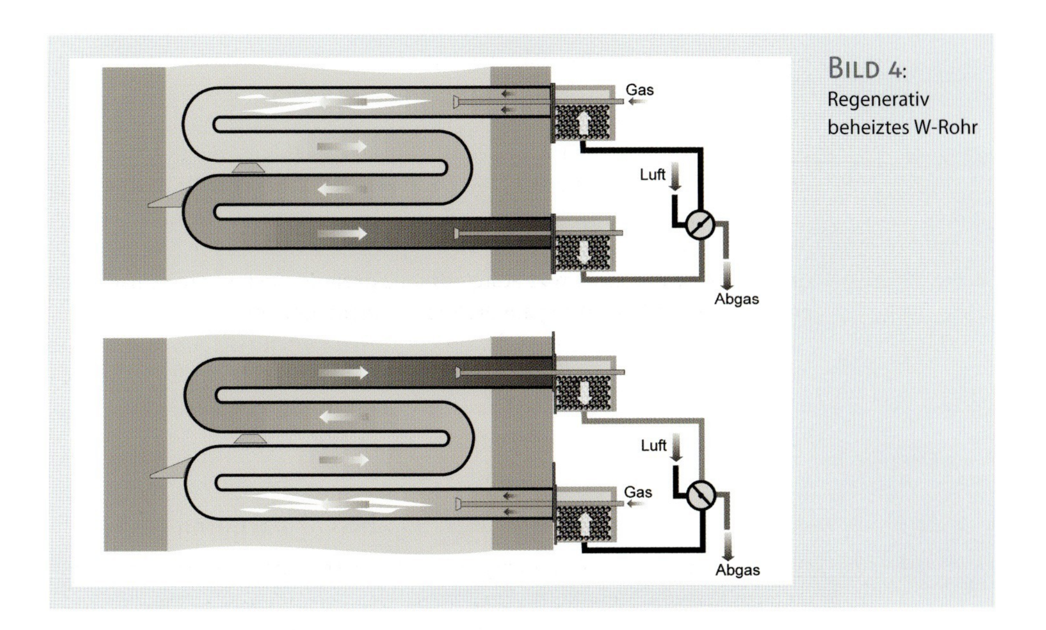

Bild 4: Regenerativ beheiztes W-Rohr

scherfläche bei moderatem Kostenanstieg. Bei direkt beheizten Bandanlagen wird dieses Prinzip schon seit einiger Zeit erfolgreich angewendet [2], [3]. Durch ein mehrfaches an Wärmeübertragungsfläche lassen sich die Abgasverluste auf etwa 15 % der eingesetzten Energie verringern. Dies entspricht für diesen Anwendungsfall einer Energieeinsparung von etwa 20 % gegenüber rekuperativer Luftvorwärmung.

Bild 4 zeigt ein W-Strahlrohr, das mit einem Regenerator-Brenner-Paar beheizt wird. Durch periodisches Umschalten der Brenner wird eine sehr hohe Luftvorwärmung erzielt. Die ansonsten bei W-Rohren ungleichmäßige Temperaturverteilung wird durch die wechselnde Strömungsführung verbessert. Schwierig ist die Unterdrückung der thermischen Stickoxidbildung, da die Bauform des W-Rohres keine interne Rezirkulation zulässt. Externe Rezirkulation erlaubt eine Absenkung der Stickoxidemissionen, aber führt zu einer Verschlechterung des Wirkungsgrades, weil die rezirkulierten Abgase zusätzlich über den Wärmetauscher geführt werden.

Die Entwicklung eines Regenerativbrenners, der in einem Doppel-P-Rohr eingesetzt werden kann, wird im Folgenden vorgestellt.

Regenerativbrenner

Im Gegensatz zu dem in Bild 4 dargestellten Brenner-Paar, muss ein Regenerativbrenner, der in ein Doppel-P-Rohr eingesetzt wird, als einzelner Brenner ausgeführt sein (**Bild 5**). Ziel der Entwicklung war es dabei, den Regenerativbrenner so kompakt zu gestalten, dass er die gleichen Anschlussmaße wie ein Rekuperativbrenner hat und somit eine Austauschbarkeit gegeben ist.

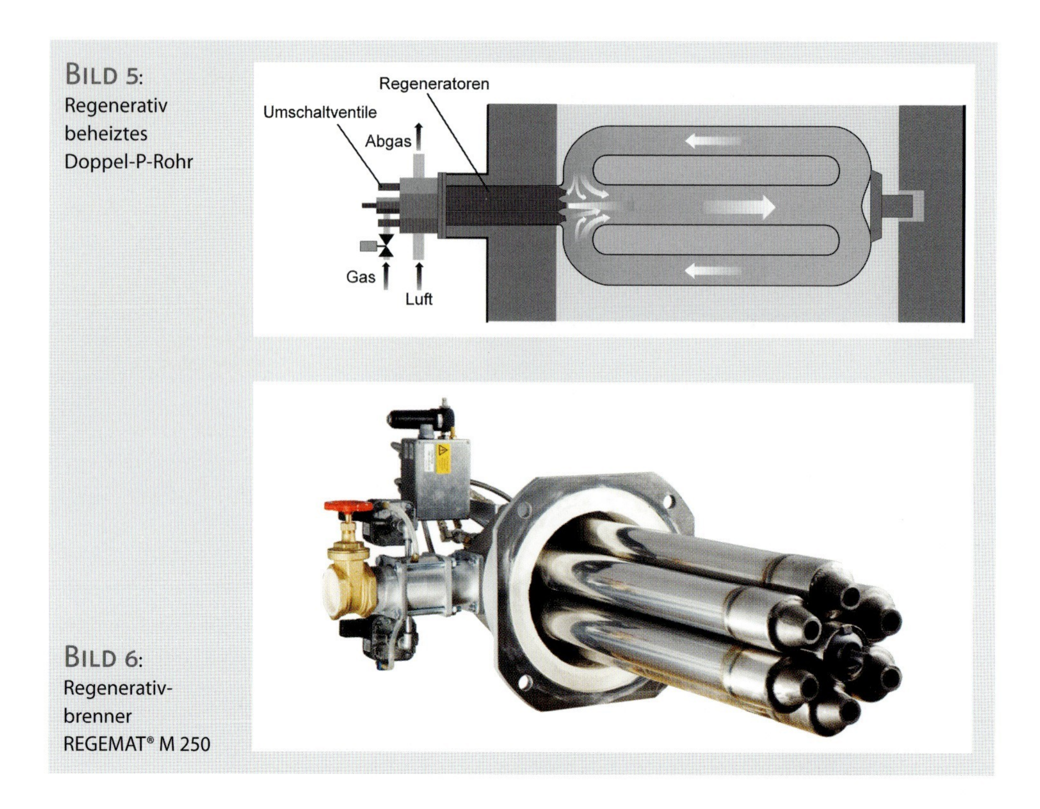

Bild 5: Regenerativ beheiztes Doppel-P-Rohr

Bild 6: Regenerativbrenner REGEMAT® M 250

Bild 6 zeigt den Regenerativbrenner REGEMAT® M 250, der hinsichtlich Brennernettoleistung, Einbaumaßen sowie Ansteuerungssignalen kompatibel zu einem Rekuperativbrenner REKUMAT® M 250 ist. Einzige erforderliche Änderung am Ofen ist ein höherer Abgassaugdruck von etwa –80 mbar gegenüber den üblichen –20 mbar bei Rekuperatorbrennern. Weiterhin benötigen die pneumatischen Ventile eine Pressluftversorgung.

Alle Ventile, die zur Umschaltung zwischen den Regeneratorzyklen erforderlich sind, sind im Brennergehäuse untergebracht. Durch die Anwendung der flammlosen Oxidation FLOX® werden NO_X-Emissionswerte von deutlich unter 100 ppm erreicht. Eine Energieeinsparung von etwa 20 % gegenüber dem auch schon sehr effizienten Rekuperativbrenner ist durch den regenerativen Luftvorwärmer möglich.

Die Abgastemperaturen des Regenerativbrenners liegen bei etwa 300 °C. Eine weitere Absenkung der Abgastemperaturen ist wegen der unterschiedlichen Wärmekapazitätsströme von Verbrennungsluft und Abgas ohne Brennstoffvorwärmung kaum mehr möglich. Auf Brennstoffvorwärmung wird aber wegen der Gefahr des Verrußens der Brennstoffleitung in der Regel verzichtet. Die Umschaltung der Verbrennungsluft- und Abgaswege wird über elektropneumatische Ventile erreicht. Die Umschaltzeit beträgt wegen der kompakten Bauform nur 10 Sekunden. Gegenüber dem regenerativ beheizten W-Rohr ergibt sich der

Vorteil, dass nur ein Brenner je Strahlrohr benötigt wird, sowie, dass durch flammlose Oxidation sehr niedrige NO_X-Werte erreicht werden.

Bild 7 zeigt den Regenerativbrenner im Betrieb in einem Doppel-P-Rohr. Deutlich zu erkennen ist die Wabenstruktur der Regeneratoren. Der gezeigte Brenner ist in Betrieb aber wegen der flammlosen Oxidation ohne sichtbare Reaktionszone. Die drei Düsen auf der linken Seite werden etwas heller, weil sie von heißem Abgas durchströmt wurden. Die Düsen und Regeneratoren auf der rechten Seite werden von Luft durchströmt. Die Luft wird dabei bis auf etwa 100 °C unterhalb der Abgaseintrittstemperatur erwärmt, woraus sich der extrem hohe Wirkungsgrad erklärt.

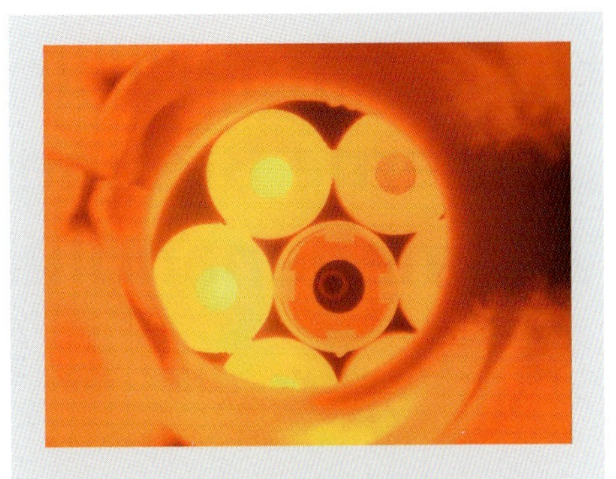

BILD 7: Einrichtung für die automatische Entnahme von Aluminiumbolzen über die gesamte Ofenbreite mit Querförderband zur Presse

Fazit

Im Herbst 2006 sind zwölf Regenerativbrenner in Doppel-P-Strahlrohren in der Feuerverzinkung 2 auf einer Ebene eingebaut worden. Durch diese Wahl der Anordnung konnte zum einen das Verhalten der Brenner bei unterschiedlichen Zonentemperaturen getestet werden, zum anderen war so ein aufwandsarmer Einbau des Absauggebläses möglich. Nach üblichen Startschwierigkeiten arbeiten die Brennern nun sehr zufriedenstellend. Die Messergebnisse zeigen, dass mit Regeneratorbrennern sehr hohe relative Luftvorwärmungen erzielt werden und die prognostizierte Energieeinsparung von etwa 20 % gegenüber Rekuperativbrennern erreicht werden kann. Ein weiterer Umbau von W-Strahlrohren auf Doppel-P-Rohre ist in Planung.

Literatur

[1] Wünning, J. G.: Flammlose Oxidation in Strahlheizrohren, VDI-Bericht Nr. 1090 (1993), S. 487–490

[2] Milani, A.; Salomone, G. V.; Wünning, J. G.: Low-NO_X-Regenerativbrenner in einer Anlage zum kontinuierlichen Glühen von Edelstahlband. Gaswärme International 46 (1997) Nr. 12, S. 606–612, Vulkan-Verlag, Essen

[3] Kirchhoff, K.-H.; Ruiter, L. A.; Roth, W.: Beheizung einer neuen Glüh- und Beizlinie für Edelstahlband mit kompakten Regenerativbrennern. Gaswärme International 53 (2004) Nr. 6, S. 332–334

Veröffentlicht in:
Gaswärme International · Heft 6/2007 · Seiten 425–428

Hochtemperaturwolle und moderne Brennertechnik in der Wärmebehandlung

Von Erwin Tschapowetz und Heinz Wimmer

Im modernen Industrieofenbau können durch den Einsatz von Produkten aus Hochtemperaturwolle in Verbindung mit angepasster Brennertechnik sowie moderner Ofensteuerung im Bereich von 600 bis 1800 °C neue Möglichkeiten zur Produktivitäts- und Qualitätsverbesserung geschaffen werden. Dabei werden durch niedrigere Gasanschlusswerte in Hochtemperaturprozessen erhebliche Energie- und CO_2-Emissionseinsparungen erzielt. Der folgende Fachbericht zeigt, dass bei sachgemäßer Durchführung des Gesamtkonzeptes die Wärmebehandlung effizienter gestaltet und damit Arbeitsplätze beim Anwender gesichert werden können.

Durch die politische Diskussion über Umweltbelastungen, Treibhauseffekt und Emissionshandel sind die Anforderungen an Unternehmen, in denen Prozesse im Hochtemperaturbereich über 600 °C ablaufen, weiter gestiegen. Die zusätzlichen Kostenbelastungen führen bei den Verantwortlichen zu Fragen bis hin zur Überprüfung des Standortes.

Ist der Standort Deutschland für einen produzierenden Betrieb ökonomisch noch sinnvoll oder ist eine Verlagerung der Produktion in andere Länder die Lösung aus der Kostenschere?

Neben den Lohnkosten spielen bei einer Überlegung zur Produktionsverlagerung Rohstoff-, Energie- und umweltrelevante Kosten eine wesentliche Rolle. Der Preis für die Energie, aber auch für die Kosten von CO_2-Emissionen, sind dabei manchmal nur die Auslöser, die das Fass zum Überlaufen bringen.

Der bürokratische Aufwand des CO_2-Emissionshandels belastet einerseits die Unternehmen zusätzlich. Anderseits kann der dadurch hervorgerufene Druck auf die Unternehmen zu einem Innovationsschub in Bezug auf Produktivitätssteigerung und Erhöhung der Energieeffizienz führen [1, 2, 3]. Durch moderne Brenner- und Ofenregelungstechnik sowie einer der Anwendung angepassten ultraleichten Wärmedämmung aus Hochtemperaturwolle (HTW) kann eine Reduzierung des Gasanschlusseswertes und damit eine Verbesserung des spezifischen Energiebedarfes bei gleichzeitiger CO_2-Emissionsminderung erreicht werden.

Gerade vor dem Hintergrund der sehr hoch angesetzten deutschen Ziele zur Emissionsminderung, aber auch in Anbetracht des global ausgerichteten Focus´, ist die Anwendung moderner Technologie von erheblicher Bedeutung für die betriebswirtschaftliche Nutzung, die Reduzierung von Umweltbelastungen und die Sicherung von Arbeitsplätzen gleichermaßen [4].

In modernen Industrieöfen ist der Einsatz von Produkten aus Hochtemperaturwolle mit einer auf den Anwendungsfall genau zugeschnittenen Brenner- und Regelungstechnik geradezu eine Revolution in Bezug auf Produktivitätssteigerungen, Energieeinsparungen und Emissionsminderungen.

Bei richtiger Gesamtkonzeption, die gemeinsam und partnerschaftlich zwischen den Beteiligten (Anwender, Genehmigungsbehörden, Ofenbauer und Feuerfestlieferant) abgestimmt sein muss, werden erhebliche Energieeinsparungen erreicht [3, 4]. Im Vergleich mit alten Anlagen, die im satzweisen Betrieb arbeiten und noch traditionell in schwerer Zustellung (Schamotte) und ohne Wärmerückgewinnung ausgeführt sind, können Energieeinsparungen auch über 50 % erzielt werden.

Regelungs- und Brennertechnik

Auf Grund der immer höher werdenden Anforderungen, speziell im Bereich der Wärmebehandlung, aber auch im Bereich von Wärmöfen, war es erforderlich im Bereich der Brenner und Regeltechnik immer weitergehende Innovationen in Richtung Energieeinsparung mittels emissionsarmer, qualitätssteigernder Beheizung und Beheizungsverfahren zu entwickeln.

Obwohl beim Einsatz dieser Systeme im so genannten satzweisen Betrieb, speziell im Bereich der Wärmewirtschaftlichkeit, gewisse Abstriche zu machen sind, werden moderne Anlagen mit entsprechenden Wärmerückgewinnungen über Rekuperation im Abgassystem oder Brenner oder auch über regenerative Systeme ausgestattet, wobei neben der Wirtschaftlichkeit sich eben auch dann ein geringerer Anschlusswert und somit geringere Emissionen ergeben.

Durch entsprechende Steuerung über so genannte Permanentimpulsverfahren (PI), sowohl bei normalen Warmluftbrennern, als auch bei den so genannten Rekubrennern, ergeben sich hohe Leistungen und gleichzeitig hohe Gleichmäßigkeiten bei effektiver Umwälzung der Ofengase in allen Betriebsphasen des zu bestreichenden Wärmebehandlungs- bzw. Erwärmungsprogramms (**Bild 1 und 2**).

BILD 1: Haubenofen mit Rekubrenner und PI-Steuerung

BILD 2: Kammerschmiedeofen mit Regenerativbrenner und Ultraleicht-HTW-Decke

Natürlich hängt die Wirtschaftlichkeit einer Anlage über das Beheizungssystem und dessen Steuerung im Wesentlichen ab vom Temperaturniveau der durchzuführenden Wärmebehandlungs- und Erwärmungsprogramme und vom Leistungsbereich der Anlage, daraus errechnet sich auch die Wirtschaftlichkeit gegenüber normal ausgeführten Anlagen. Es können aber auch hier durchaus Einsparungen im Bereich von 10–50 % erreicht werden.

Selbstverständlich ergibt sich eine hohe Wirtschaftlichkeit bei Einsatz von Rekuperation und Regeneration bei Erwärmungsanlagen, aber auch hier muss berücksichtigt werden, dass im satzweisen Ofenbetrieb, bei langen Haltezeiten, diese hohen Leistungseinsparungen im Aufheizbetrieb durch die langen Haltephasen entsprechend reduziert werden.

Grundsätzlich muss aber festgehalten werden, dass durch Einsatz von Wärmerückgewinnung auf jeden Fall eine Reduzierung des Anschlusswertes erreicht wird und somit in der Bilanz des Gesamtausstoßes von CO_2 eines Werkes, dies positiv berücksichtigt werden kann.

Was sind Hochtemperaturwollen (HTW)?

Hochtemperaturwollen gehören zur Gruppe der künstlichen Mineralwollen und werden als feuerfeste Werkstoffe in Hochtemperaturanwendungen (> 600 °C) bis 1800 °C eingesetzt. Neben den seit Jahrtausenden eingesetzten, altbewährten feuerfesten Massen und Betonen sowie FF-Steinen (Schamotte) und Feuerleichtsteinen werden immer häufiger die bereits in den 50er-Jahren entwickelten Pro-

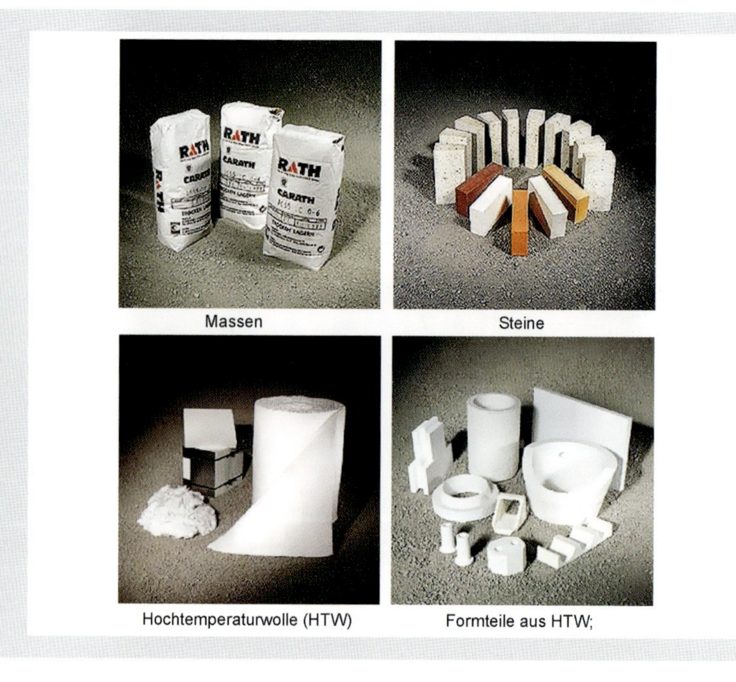

Bild 3: Feuerfeste Werkstoffe

dukte aus Hochtemperaturwolle (HTW) verwendet, ein Ultra-Leicht-Werkstoff im Vergleich zu allen anderen FF-Produkten (**Bild 3**).

Vorteile von HTW-Produkten

Bezogen auf die jeweilige Anwendung hat jeder feuerfeste Werkstoff spezielle technologische sowie ökonomische und ökologische Vor- und Nachteile. Neben wirtschaftlichen Kriterien werden Umweltaspekte immer häufiger bei der Entscheidung von Investitionen und Optimierungen von industriellen Anlagen mit in die Bewertung einbezogen.

Hat man beispielsweise beim Einsatz von feuerfesten Werkstoffen in Industrieöfen in der Vergangenheit mehr auf die mechanische Belastbarkeit einer feuerfesten Auskleidung geachtet, so wird heute immer mehr das Augenmerk auf andere Parameter gelegt. In **Bild 4** ist schematisch der Aufbau einer feuerfesten Wandzustellung in einem Industrieofen gezeigt. Der Vergleich zwischen FF-Steinen und HTW-Modulen zeigt sehr deutlich die Vorteile der Ultraleicht-Zustellung mit HTW [3, 5].

Die unter dem Wandaufbau gezeigten Schüttkegel symbolisieren dabei z. B. bei den HTW-Modulen eine geringere Masse und Speicherwärme und daraus folgend einen geringeren Einsatz von Energie sowie reduziertem Ausstoß von CO_2-Emissionen im Vergleich zur Auskleidung mit Steinen und Massen.

Bei Neuinvestitionen oder auch beim Umbau von Hochtemperaturanlagen über 600 °C wird heutzutage dahingehend geplant und ausgelegt, dass bei der Nutzung der Anlagen die größtmögliche Qualitäts- und Produktivitätssteigerung sowie flexible Betriebsweise bei gleichzeitiger Reduzierung der Kosten erzielt wird. Dabei spielen umweltrelevante Parameter, wie Produktivitätssteigerung und Energienutzung sowie insbesondere die Emissionsminderung neben anderen, wirtschaftlichen Aspekten, wie Reparaturfreundlichkeit, eine wesentliche Rolle.

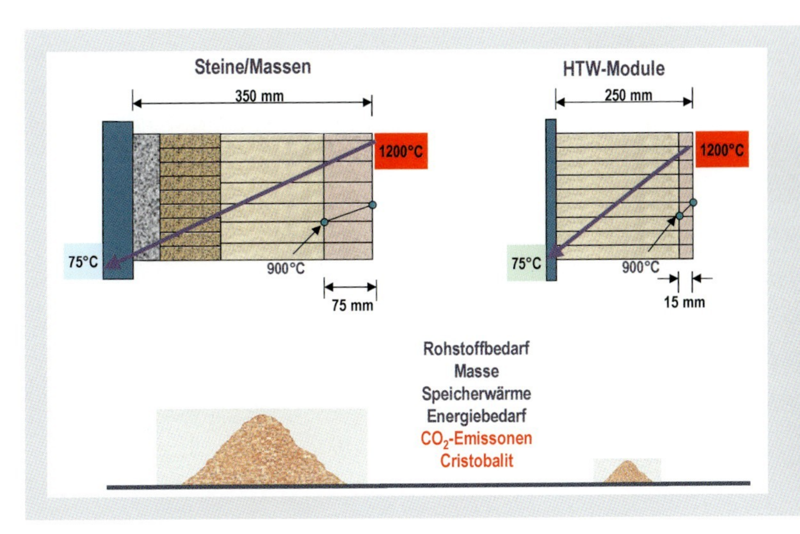

Bild 4: Wandaufbau eines Industrieofens: Vergleich von FF-Steinen/Massen und ultraleichten HTW-Modulen

In vielen Industrieanlagen liegen die ökonomisch und ökologisch überzeugenden Vorteile bei den ultraleichten Produkten aus HTW. Erst der Einsatz dieser Produkte ermöglicht häufig im Vergleich zu den konventionellen FF-Produkten einen wettbewerbsfähigen Betrieb von Anlagen bei gleichzeitiger Schonung von wichtigen Ressourcen wie Rohstoffe und Energie.

Schonung der Umwelt durch den Einsatz von HTW-Produkten

Im Vergleich zu feuerfesten Schwerzustellungen haben HTW-Konstruktionen beim Betrieb von Industrieanlagen wesentliche Vorteile [3,4]:

- Das geringere Gewicht der HTW-Produkte ermöglicht eine Stahlkonstruktion mit geringeren statischen Anforderungen für Industrieöfen und Anlagen.
- Die Fundamente für die Anlage können damit kleiner ausgelegt werden.
- Bearbeitung und Montage der HTW-Produkte ist einfacher und schneller.
- Nach Montage ist eine direkte Inbetriebnahme der Aggregate möglich, weil z. B. keinerlei Trocknungszeiten wie bei der Massenzustellung notwendig sind (**Bild 5** und **Bild 6**).

Neben der Reduzierung von Investitionskosten bedeutet dies im weiteren Sinne auch eine Schonung von Ressourcen. Bedingt durch die geringe Speicherkapazität und hohe Temperaturwechselbeständigkeit von HTW können im Zusammenhang mit neuer Brennertechnik (z. B. REKU- und Regenerativ-Brenner) und computergesteuerter Regelung der Anlage in vielen Anwendungen wesentliche Energie- und Emissionseinsparungen erzielt werden:

- Die Möglichkeit ein Aggregat schneller aufzuheizen und abzukühlen, erhöht die Verfügbarkeit und damit die Produktivität einer Anlage.
- Schnellere Montage, Reparatur und Instandhaltung erhöhen u. a. die Kapazität einer Anlage.
- In vielen neueren Anwendungsfällen sind Temperaturkurven mit engen Bandbreiten und schnell wechselnden Temperaturzyklen gefordert, dies kann tech-

Bild 5: Herdwagenofen in Ultraleicht-HTW-Modultechnik, Festherd in FF Massen

Bild 6: Herdwagenofen in HTW-Mattentechnik, Festherd in FF-Massen

nisch erst durch den Einsatz von HTW realisiert werden, mit herkömmlichen FF-Produkten wäre dies oft nicht machbar.

- Ein weiterer Aspekt ist, dass durch den flexiblen Betrieb und die gute Temperaturwechselbeständigkeit Wochenendabschaltungen an den meisten Öfen möglich sind. Dies reduziert einerseits die Kosten (Energie und Löhne) und gibt den Mitarbeitern ein freies Wochenende.

Einsatz von Produkten aus HTW im modernen Industrieofen

Im Industrieofenbau ist der Einbau von ultraleichten Produkten aus Hochtemperaturwolle in der Vergangenheit oft vernachlässigt worden. Dies erfolgte meist aus Unsicherheit über die Haltbarkeit gegenüber dem „leichten" FF-Werkstoff Hochtemperaturwolle sowie aus emotionalen Gründen in Bezug auf eine mögliche Gesundheitsgefährdung. Die Emotionen bei der Beurteilung von HTW sind in den letzten Jahren den neueren wissenschaftlichen Erkenntnissen gewichen [11 bis 16]. Die technischen Voraussetzungen erlauben dagegen sehr oft den Einsatz dieser Materialien unter Anwendung der behördlichen Auflagen und Arbeitsschutzbedingungen [6, 7, 8, 9, 10]. Bei der Gesamtbewertung ist der Sachverstand und das Verantwortungsbewusstsein aller Beteiligten gefragt, Ofenbetreiber, Genehmigungsbehörden und Ofenbauer [5, 6]. **Bild 7** zeigt die verschiedenen Ofenkonstruktionen.

Bei der Auswahl von FF-Werkstoffen geht der sachverständige Anwender, unter Berücksichtigung der TRGS 619 (Technische Regel für Gefahrstoffe) [5] von folgender Grundforderung aus:

Ist ein Einsatz von Produkten aus Hochtemperaturwolle grundsätzlich möglich, so wird sich der Ofenbauer und auch der Anwender für eine HTW-Variante

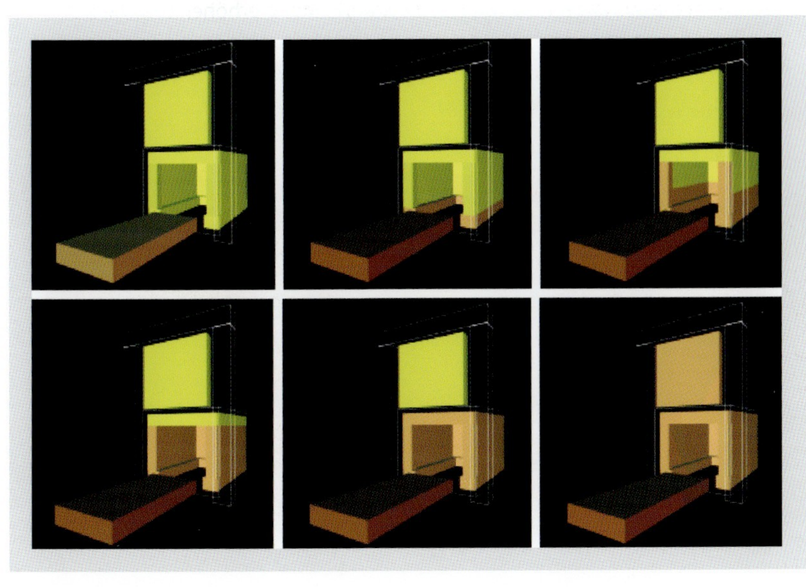

Bild 7: Ofenkonstruktionen Typ A bis Typ E (Farblegende: gelb: Ultraleichte Hochtemperaturwolle; braun: Feuerfeste Schamotte und Leichtsteine und Massen)

Bild 8: Schmiedeofen: Temperaturen bis 1350 °C, Kombimodul ALTRA 1600/ALSITRA 1400

Bild 9: Ultraleicht-HTW-Modultechnik nach einjährigem Betrieb

(Ofenkonstruktion: A,B oder C) entscheiden. Die bereits genannten Vorteile der HTW-Produkte führen u.a. zu hohen Energieeinsparungen, Reduzierung von Emissionen sowie einem äußerst flexiblen Anlagenbetrieb und das unabhängig von der jeweiligen Kapazitätsauslastung eines Betriebes. Die TRGS 619 bietet hierbei eine exzellente Möglichkeit zur Auswahl des richtigen FF-Werkstoffes und dient gleichzeitig der Dokumentation betrieblicher und behördlicher Stellen, die für Arbeits- und Umweltschutz zuständig sind.

Meist ist eine Kombination der verschiedensten feuerfesten Werkstoffe die beste Lösung für die jeweilige Anwendung (Ofenkonstruktion A-F). In dem gezeigten Schmiedeofen (**Bilder 8 und 9**) bestehen beispielsweise Decke, Wand und Tür aus ultraleichten HTW-Modulen, der Ofenwagen aus Feuerfest-Beton. Als Lösungsvariante für die HTW-Auskleidung wurden in diesem Fall Module aus der Kombination ALTRA und ALSITRA verwendet (Schema A).

Für jede Hochtemperaturanwendung im Industrieofen gibt es individuelle Lösungsvorschläge, und zwar genau zugeschnitten auf die jeweilige Anforderung, (**Bild 10**), (Ofenkonstruktionen A-E).

HTW-Zustellungvorschlag bei	Anwendungstemperaturen von
ALSITRA-Matten	< 1000 °C
ALSITRA-Module +Kompensation ALSITRA	< 1200 °C
ALSITRA-Module+Kompensation ALTRA	< 1300 °C
Kombimodule (ALTRA+ALSITRA)	< 1400 °C
ALTRA-Vollmodule	< 1650°C

Bild 10: Lösungsvorschläge für HTW-Auskleidungen in Industrieöfen

Neben den Anwendungstemperaturen sind in den Industrieöfen die unterschiedlichsten Anforderungen an das Feuerfestmaterial zu berücksichtigen, wie z. B. Temperaturwechselbeständigkeit bei periodischem Einsatz sowie andere chemische und physikalische Anforderungen, die durch das FF-Material erfüllt werden müssen.

Die richtige Auswahl des FF-Werkstoffs sollte emotionslos und sachlich unter Verwendung der TRGS 619 vorgenommen werden. Eine durchdachte Konstruktion und eine professionelle Montage der Anlage sind weitere Voraussetzungen für eine erfolgreiche Nutzung.

Im Übrigen sind in Bezug auf den Arbeitsschutz beim Umgang mit allen FF-Produkten, auch bei Steinen und Massen, insbesondere während der Verarbeitung sowie Wartung/Reparatur die erforderlichen Arbeitsschutzmaßnahmen einzuhalten [7,17].

Fazit

Die richtige Technologie/Konzeption aus Brennertechnik, Regelung und Wärmedämmung in Anwendungen über 600 °C erhöhen die Produktivität, verbessern die Qualität und tragen zu den erwähnten Energieeinsparungen und damit zur Reduzierung von CO_2-Emissionen in erheblichem Maße bei. Die Forderungen nach globalem Klimaschutz werden dabei nebenbei befriedigt! Das richtige Gesamtkonzept in Hochtemperaturprozessen kann helfen, das oft kontraproduktive Dilemma zu lösen, das von vielen Verantwortlichen angeführt wird:

„Umweltschutzmaßnahmen ziehen höhere Kosten nach sich und behindern Wirtschaftswachstum". Bei der Anwendung von innovativer Brenner- und Regelungstechnik (Maerz-Gautschi) sowie ultraleichten HTW-Produkten aus ALTRA+ALSITRA (RATH) ist das Ergebnis die Lösung, und kommt einer Quadratur des Kreises nahe (**Bild 11**).

Durch das richtige Konzept erzielt die Industrie eine Reduzierung der Umweltbelastungen bei gleichzeitigem Wachstum der Wirtschaft und setzt damit letztlich die Forderungen des UFO-Forschungsplans 2005 des Bundesumweltministeriums für Umwelt und Reaktorsicherheit um [1].

Auch Unternehmen, die nicht am Emissionshandel beteiligt sind, können so die wirtschaftlichen Vorteile eigenverantwortlich und ohne staatlichen Zwang nutzen.

Emissionshandel und hohe Energiepreise steigern die Bedeutung der neuen Brennertechnologie und den Einsatz von Hochtemperaturwolle deutlich und wie bereits erwähnt: Für jeden Anwendungsfall gibt es die zugeschnittene Lösung.

Investitionskosten	geringer
Materialkosten	geringer
Montage+Reperatur	schneller
Wartungskosten	reduziert
Ofenzyklen	schneller
Produktivität	erhöht
Produktqualität	verbessert
CO_2-Emissionen	vermindert
EMISSIONSHANDEL - eine Chance!	

Bild 11: Vorteile von ultraleichten HTW-Produkten im Vergleich zu tradidionellen FF-Produkten

Der richtige Einsatz schont Ressourcen, erhöht die Wettbewerbsfähigkeit von Unternehmen, schont die Umwelt und kann dabei sogar helfen, Arbeitsplätze in Europa und insbesondere in Deutschland zu erhalten bzw. zu schaffen.

Literatur

[1] Umweltbundesamt-UFO-Plan 2005: www.uba.de

[2] Wimmer, H.: Hochtemperaturwolle, Vernachlässigte Innovation im Feuerfestbau. Gaswärme Internatioanl (2004) Nr. 5

[3] Wimmer, H.: Hochtemperaturwolle im Einsatz für die Umwelt. Ceramic Forum International; D22 bis D 26 und E 35 bis E 39; Mai 2005

[4] DKFG: High Temperature Insulation Wool reduces industries impact on the environment. 2002

[5] Sonnenschein, G.: Werkstoffe zur Wärmedämmung unter Berücksichtigung des Einsatzes von Keramikfasern. Gefahrstoffe Reinhaltung der Luft (2003) Nr. 5

[6] Technische Regel für Gefahrstoffe; TRGS 619: „Substition für Produkte aus Aluminiumsilikatwolle". Bundesministerialblatt des Ministeriums für Arbeit und Soziales, Februar 2007

[7] Technische Regel für Gefahrstoffe; TRGS 521): „Faserstäube". Bundesarbeitsblatt, Mai 2002

[8] Class, P.; Brown, R. C.: Exposition gegenüber künstlichen Mineralfasern. Gefahrstoffe Reinhaltung der Luft (2002) Nr. 5

[9] Welzbacher, U.: Sicherer Umgang mit Keramikfasern. Gefahrstoffe Reinhaltung der Luft 62 (2002), Nr. 9; Seite 365–368

[10] VDI-Richtlinie 3469: „Emissionsminderung faserförmiger Stäube", Blatt 1 „Überblick" und Blatt 5 „Hochtemperaturwolle". Beuth-Verlag 2006/2007

[11] IOM-Report TM/99/01. Epidemiological Research in the European ceramic fibre industry 1994–1998; Institute of Occupational Medicine (IOM), June 1999

[12] Quantitative Risk Assessment of Refractory Ceramic Fibers in the Occupational Environment. Sciences International, April 1998

[13] IARC Monographs on the Evaluation of Carcinogenic Risks to Humans, Volume 81: Man-Made Vitreous Fibres. 2002, Lyon, France

[14] Rödelsperger: Extrapolation of Carcinogenic Potency of Fibers from Rats to Humans. Inh. Toxicology 16 (2004), pp. 810–807

[15] Brown et al.: „Survey of the Biological Effects of Refractory Ceramic Fibres: Overload and It´s Possible Consequences". Annals of Occupatitional Hygiene, Jan. 2005

[16] CFI/Ber. DKG 81 (2004) Nr. 12, Oktober 2004

[17] BGI 5047: „Mineralischer Staub". HVBG Fachausschuss Steine Erden, Januar 2007

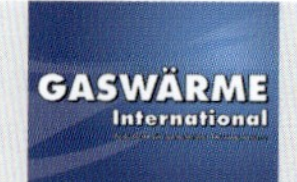

Veröffentlicht in:
Gaswärme International · Heft 7/2007 · Seiten 485–489

Einsparung von Brenngas in der Industrie durch optimale Brennereinstellungen

Von Christian Schare

Im folgenden Beitrag wird die Wirtschaftlichkeit einer optimalen Brennereinstellung dargestellt. Mit möglichst geringem Aufwand soll der größtmögliche Nutzen für Wirtschaft und Umwelt erzielt werden. Optimale Brennereinstellungen und ihre Begleitarbeiten stellen die Ökonomie und Betriebssicherheit bestehender, im pneumatischen Verbund befindlicher Beheizungseinrichtungen sicher. Weiterhin wird die Energieeinsparung nicht nur theoretisiert, sondern an einem Beispiel aus der Praxis erläutert.

Energieeinsparung wird in Zukunft ein wichtiges Thema sein – nicht nur aufgrund der steigenden Preise. Schon heute existiert eine Fülle von Ideen und Lösungsmöglichkeiten, angefangen von der Nutzung der Abwärme zur Vorerwärmung der Verbrennungsluft und des Verbrennungsgases bis hin zur optimalen Isolierung der Ofenwände. Die Auswahl von hoch effizienten Rekuperator- oder Regenerativbrennern oder elektronisch gesteuerten „Kurvenscheiben" in Abhängigkeit des Sauerstoffgehaltes im Abgaskanal hilft beispielsweise, Energie zu sparen.

Bild 1 zeigt den typischen Aufbau einer Beheizungseinrichtung im pneumatischen Verbund. Im Wesentlichen sind am Brenner angebunden: zwei Magnet-

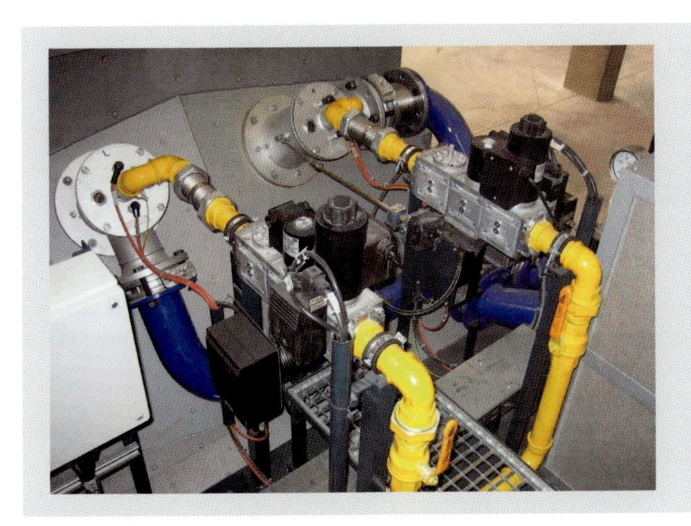

Bild 1: Typischer Aufbau einer Beheizungseinrichtung im pneumatischen Verbund

ventile, ein Gleichdruckregler und ein Gaseinstellorgan auf der Gasseite. Zudem ein Luftstellglied und ein Lufteinstellorgan auf der Luftseite.

Felderfahrung

Häufig werden Brenner genutzt, die seit vielen Jahren noch nicht optimal eingestellt sind. Eine umfangreiche Einmessung eines Brenners benötigt Zeit. Diese ist vielfach während der Inbetriebnahmephase oder während der Wartungs- und Instandsetzungsarbeiten nicht in dem benötigten Umfang vorgesehen bzw. andere Arbeiten werden vorrangig ausgeführt. Oftmals besteht für den Servicetechniker nur die Möglichkeit, den Brenner nach Augenmaß – und somit nicht optimal – einzustellen. Einige Brenneranbieter verzichten auf Brennerkurven, die wichtige Orientierungspunkte zur Einstellung der Anlage darstellen. Aus Kostengründen wird auf einen Gaszähler oder Rotameter verzichtet – eine Entnahmestelle für die Rauchgasmessung ist nicht vorgesehen. Das Ergebnis ist zwar eine funktionierende Brennereinrichtung, jedoch ohne bestmögliche Einstellung. Die Möglichkeiten guter Ofen-, Brennerstein- und Brennerhersteller werden vom Betreiber nicht genutzt. Dabei sind Regelverhältnisse von 1:10 und nahstöchiometrische Verbrennung bei Verwendung entsprechender Beheizungseinrichtung und Ofengeometrie erreichbar.

Der Technische Service der Elster Kromschröder GmbH wartet in einem Jahr etwa 1.500 verschiedene thermische Verbrennungsanlagen mit unterschiedlichen Prozessanforderungen in den Branchen Stahl und Eisen, Keramik, Nichteisen, Nahrungsmittel, Umwelt und Trocknung. Immer wieder werden Gas-Luftverhältnisse von Lambda 1,5 oder wesentlich schlechter festgestellt, wobei Luftüberschüsse von 400 bis 500 Prozent keine Seltenheit sind.

LUFTÜBERSCHUSS IM OFEN IST NICHT SELTEN

Durch starken Luftüberschuss wird die Brennerflamme abgekühlt. Das lebensgefährliche Kohlenmonoxid steigt im Ofenraum an, oder die Beheizungseinrichtung arbeitet im Luftmangel. Anlagen mit bis zu 25.000 ppm CO-Gehalt sind bereits von Technikern vorgefunden worden. Durch diese Fehleinstellungen können sich gefährliche Gasnester im Ofen bilden und im schlimmsten Fall explodieren. Das überschüssige Gas verbrennt sehr häufig im Abgassystem, weil es dort auf Frischluftquellen stößt, so dass eine verpuffungsähnliche Nachverbrennung erfolgt.

Der Lambda-Wert

Der Lambda-Wert (λ) gibt in der Verbrennungstechnik die Höhe des Luftüberschusses, bezogen auf eine vollständige Verbrennung, an. Beim Luftmangel ist Kohlenmonoxid (CO) im Abgas enthalten, da der Sauerstoff (O_2) für die vollständige Oxidation von Kohlenmonoxid (CO) zu Kohlendioxid (CO_2) fehlt. Dieses CO ist bei Austritt aus der Feuerungsanlage wegen seiner Giftigkeit sehr gefährlich. CO ist mit einer Dichte von 1,250 kg/m^3 geringfügig leichter als Luft mit 1,293 kg/m^3. Mit geringer werdendem Luftmangel, das heißt bei steigender O_2-Konzentration, nimmt das CO durch Oxidation zu CO_2 ab. In gleichem Maße nimmt CO_2 zu. Dieser Vorgang wird bei $\lambda = 1$ abgeschlossen. Das CO geht gegen Null und CO_2 erreicht sein Maximum. O_2 ist in diesem Bereich nicht mehr vorhanden, da der zugeführte Sauerstoff sofort durch Oxidation des CO verbraucht wird.

Ist der Lambda-Wert größer eins ($\lambda > 1$), nimmt der O_2-Wert zu, da der mit steigendem Luftüberschuss zugeführte Sauerstoff mangels CO nicht mehr durch Oxidation verbraucht wird. Allerdings ist zur vollkommenen Verbrennung immer ein gewisser Luftüberschuss erforderlich. Zum einen ist die Sauerstoffverteilung im Verbrennungsraum nicht einheitlich und zum anderen reicht die Durchmischungsenergie – gerade im Kleinlast- und Teillastbetrieb der Brenner – nicht aus, um alle an der Verbrennung beteiligten Moleküle optimal zu vermischen.

Optimale Verbrennung in der Praxis

Eine optimale Verbrennung wird erreicht, wenn genügend Luftüberschuss für die vollständige Verbrennung vorhanden ist ($\lambda = 1{,}05$ bis 1,2). Gleichzeitig muss der Luftüberschuss nach oben begrenzt sein, damit nicht unnötig Luft erhitzt wird.

Diese Luftüberschussmengen und Verbrennungsbegleitgase, wie beispielsweise Stickstoff, werden ohne Nutzen erhitzt und transportieren die Wärme als Verlust durch das Abgassystem. Der feuerungstechnische Wirkungsgrad der Ofenanlage wird direkt verschlechtert.

Wird bei einer Feuerungsanlage der Sauerstoffüberschuss um einen Prozentpunkt verbessert (beispielsweise von 5,5 Prozent auf 4,5 Prozent O_2), so erhöht sich in der Regel die Effektivität der Anlage ebenfalls um ca. 1 bis 2 Prozent, abhängig vom Einfluss der Beheizungseinrichtung auf die Gesamtanlage (**Bild 2**).

Ein Lambda-Wert von 1,5 ist scheinbar für viele Betreiber ein akzeptabler Wert. Dennoch ist es ratsam, beispielsweise an einem Aluminium-Schmelzofen den Lambda-Wert auf etwa 1,05 nachzustellen, wenn die Voraussetzungen für diesen Einstellwert gegeben sind (Brenner, Brennerstein, Ofengeometrie, etc.).

Sowohl Ofenbauern als auch Betreibern ist daran gelegen, den Sauerstoffwert der Ofenatmosphäre so gering wie möglich zu halten. Zum einen soll die Korund-

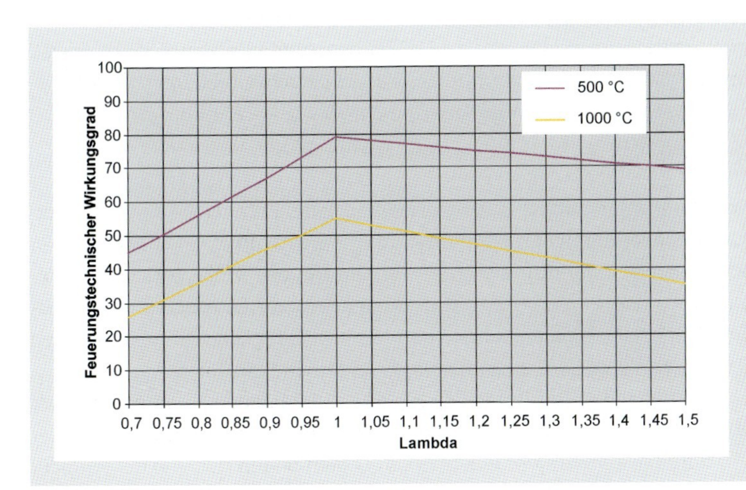

Bild 2: Feuerungstechnischer Wirkungsgrad in Abhängigkeit des Lambda-Wertes bezogen auf die Abgastemperatur

bildung weitestgehend vermieden werden, da der Ofen langsam „zuwächst" und sich dieses nur durch einen kostenintensiven Arbeitseinsatz im kalten Ofenzustand beseitigen lässt. Zum anderen wird durch die Oxidation an der Badoberfläche Aluminium abgebrannt, was einen Produktverlust zur Folge hat. Zum Dritten wird nach einer optimalen Brennereinstellung die Energiebilanz der Ofenanlage erheblich gesteigert.

Ausschlaggebend bei der Bestimmung der Rauchgase ist der Messort. Messungen hinter einem Strömungsunterbrecher oder Fremdlufteingabe in den Ofenraum führen unweigerlich zu Verfälschungen des Messergebnisses. Ist ein geeigneter Messort nicht vorhanden, sollte in jedem Fall der Ofenbauer bzw. der Servicetechniker (mit Systemüberblick) angefragt werden. Nur der Techniker, der weiß, wie die thermoprozesstechnischen Verfahren des Ofens und des behandelnden Gutes ablaufen, kann auch beurteilen, an welchen Stellen eine aussagekräftige Analyse gezogen werden muss. Schwierig wird es, wenn produktionsbedingt keine aussagekräftige Messung möglich ist. Dann stehen zur Brennereinstellung noch die Gaserfassung (Gaszähler, Rotameter), das Brennerdiagramm, das Ionisationsignal oder die Beurteilung des Brennverhaltens nach Augenmaß zur Verfügung.

Störgrößen einer optimalen Verbrennung

Störgrößen einer Verbrennung können beispielsweise sein:

- Luftdruckschwankungen bedingt durch verschmutzte Luftfilter oder Rohrleitungen
- Schwankende Verbrennungslufttemperatur bzw. Dichte durch die Ansaugung der Verbrennungsluft außerhalb des Gebäudes von beispielsweise –20 °C bis 50 °C (Winter/Sommer)
- Heizwertverschiebungen des Gases besonders bei Biogasanlagen, selbstproduzierten Gasen oder bei Zuführung von Verbrennungszusatzgasen
- Gasdruckschwankungen bei Zuschaltung/Abschaltung zusätzlicher Verbraucher im Verbrennungsgasnetz
- Ofenraumdruckschwankungen durch Beladung des Ofenraumes, Klappenstellungen im Ofenraum, saugende oder drückende Ventilatoren
- Verschmutzung/Ablagerungen am Brenner, in der Rohrführung, in Gas- und Luftarmaturen (besonders Bypassbohrungen), im Brennraum oder der Abgasführung
- Thermische Beanspruchung am Brennerkopf oder Brennerdüsenstock, Brennerstein oder anderen flammenführenden Elementen
- Mechanische Abnutzung an der Spindelführung des Druckreglers, Versprödung und Verhärtung der Gleichdruckreglermembranen, Hysterese der Klappen (gerade bei Brennerleistungen von 1:10 werden Drücke von 1:100 von den mechanischen Komponenten abverlangt, in Abhängigkeit von

$$\frac{\dot{V}_1}{\dot{V}_2} = \sqrt{\frac{\Delta P_1}{\Delta P_2}}$$

Normativer Hintergrund

Bei jeder Brennereinstellung, die jährlich zu empfehlen ist, sollte die Beheizungseinrichtung gewartet und instand gesetzt werden. Wiederkehrende Dichtheits- und Funktionsprüfungen werden dabei durchgeführt; die Betriebssicherheit erhöht.

Die Anforderungen an die Betreiber werden durch die Betriebssicherheitsverordnung beziehungsweise durch das Arbeitsblatt G1010 (Anforderung an die Qualifikation und die Organisation von Betreibern von Erdgasanlagen auf Werksgeländen) zu großen Teilen erläutert. In der Regel wird der Brenner nach der Wartung der Beheizungseinrichtung eingemessen.

Das Wartungsintervall hängt bei Thermoprozessanlagen im Wesentlichen von den Wartungshinweisen des Anlagenherstellers und den Betriebsverhältnissen ab. Die normativen Grundlagen sind unter anderem die EN 746 (Sicherheitsanforderung Industrielle Thermoprozessanlagen), Teil 2, die DVGW-Arbeitsblätter (beispielsweise G 1010) und die Betriebssicherheitsverordnung. Unter Berücksichtigung der Normen und der Wartungshinweise der Anlagenhersteller führt der Betreiber eine Risikobeurteilung jedes einzelnen Arbeitsmittels (Gasdruckregel- und Sicherheitsstrecke, Beheizungseinrichtung oder auch Thermoprozessanlage) durch und erstellt unter anderem einen Revisions- und Instandhaltungsplan.

Für den gefahrlosen Betrieb der Thermoprozessanlage ist grundsätzlich der Betreiber verantwortlich. Dieser Pflicht kann er durch eine regelmäßige Instandhaltung nachkommen.

Praxis-Beispiel

Ein Aluminium-Schmelzofen (**Bilder 3 und 4**) eines Felgenherstellers ausgerüstet mit zwei ZIO 165 (Nennleistung je Brenner 630 kW) verbraucht in 24 Stunden 1600 m^3 (66,66 m^3/h) Erdgas. Produziert wird an sechs Tagen in der Woche. Energiepreis: 3,9 Cent/kWh; Verbrennungslufttemperatur: ca. 20 °C; Ofenraumtemperatur ca. 800 °C.

Bild 5: Herdwagenofen in Ultraleicht-HTW-Modultechnik, Festherd in FF Massen

Bild 6: Herdwagenofen in HTW-Mattentechnik, Festherd in FF-Massen

Die Anlage wurde angetroffen mit einem $\lambda = 1{,}5$. Etwa sieben Prozent O_2 waren vorhanden. Nach der Optimierung konnte der O_2-Wert auf ca. 1,5 Prozent reduziert werden.

Die Reduzierung des Luftüberschusses als Verbrennungsbegleitgas hatte Einsparungen von rund 2.000 Euro pro Monat zur Folge (detaillierte Berechnungen über die molaren Massen, Volumenströme, Stoffgleichungen etc. können unter c.schare@kromschroeder.com angefordert werden).

Fazit

Eine deutliche Einsparung – im oben genannten Beispiel von rund 2.000 Euro pro Monat und Schmelzofen – ist möglich, wenn die Rahmenbedingungen wie Ofengeometrie, Brennerstein und Brennertechnik stimmig sind und der Servicetechniker die entsprechenden Einstellungen durchführen kann und darf. Die Wirtschaftlichkeit durch einfache Brennereinstellarbeiten an den Thermoprozessanlagen wird optimiert und zusätzlich ein aktiver Beitrag zur CO_2-Minimierung und Entlastung der Umwelt geleistet.

Literatur

[1] Cramer/Mühlbauer: Praxishandbuch Thermoprozesstechnik. Vulkan-Verlag, Essen, 2003
[2] Meyer/Schiffner: Technische Thermodynamik. Fachbuchverlag Leipzig
[3] Boll, W.: Technische Strömungslehre. Vogel Buchverlag Würzburg
[4] Reinmuth, F.: Lufttechnische Prozesse. Verlag C. F. Müller, Karlsruhe
[5] Döring, R.: Skript Feuerungstechnik. Fachhochschule Münster, Seminar

GASWÄRME International

Veröffentlicht in:
Gaswärme International · Heft 7/2007 · Seiten 495–497

Rationelle Energienutzung und Rückgewinnung am Beispiel eines modernen Wärmebehandlungs-Dienstleistungsbetriebes

Von Helmut Egger

Bei der Erweiterung des Dienstleistungsangebotes eines modernen Oberflächenbehandlungsbetriebs um den Bereich „Vergüten von Befestigungsteilen" Mitte 2007 wurde bereits bei Beginn der Planung dem Thema Energieeffizienz besondere Beachtung geschenkt. Es galt in der ersten Projektphase nachzuweisen, dass entsprechende, erforderliche Zusatzinvestitionen zur Erzielung erheblicher Energieeinsparungen zu einer nachhaltigen, dauerhaften Betriebskosteneinsparung führen werden und sich die Zusatzinvestitionen binnen drei Jahren rechnen müssen. Als willkommener Nebeneffekt ergab sich daraus eine signifikante Verbesserung der Ökobilanz (Verminderung der CO_2-Emissionen). Der nachfolgende Beitrag beschreibt im Detail die Ausgangssituation sowie die umgesetzten Maßnahmen zur Reduzierung des Energieeinsatzes bzw. der resultierenden CO_2-Emissionen.

Dem Thema „Energieeffizienz in Thermoprozessanlagen" wird – im Vergleich mit anderen Industriezweigen, wie z. B. Heizungs- und Klimatechnik, Elektromotoren und Pumpen – erst seit relativ kurzer Zeit erhöhte Aufmerksamkeit geschenkt.

Die deutschen Hersteller können zu Recht für sich in Anspruch nehmen, eine führende Position im Hinblick auf die Herstellung und weltweiten Vertrieb von relativ energieeffizienten Thermoprozessanlagen inne zu haben. Hierbei bleibt aber in der Regel noch weitgehend unberücksichtigt, dass in hohem Maße an den Anlagen verfügbare Abwärmeenergie für eine mögliche weitere Nutzung vorhanden ist.

Sehr oft wird bei Betreibern von Thermoprozessanlagen zu Projektbeginn die Frage nach der Art der aus betriebswirtschaftlichen Erwägungen zu bevorzugenden Beheizung (vorwiegend Gas- oder Elektrobeheizung) gestellt. Im gleichen Atemzug wird damit auch die Frage der besseren Ökobilanz (CO_2-Emission) aufgeworfen.

Hinsichtlich der Betriebskosten gilt als allgemeiner Kenntnisstand, dass – wo immer Heizgas (Erdgas) verfügbar ist und technisch als Beheizungsvariante in Frage kommt – die Gasbeheizung in den allermeisten Fällen die mit Abstand günstigste Form der Beheizung darstellt.

Nicht so eindeutig klar ist, ob im Hinblick auf die gegenwärtig in den Blickpunkt gerückte Diskussion in Bezug auf schädliche Treibhausgase (hier CO_2) doch eher der Elektrobeheizung der Vorzug als wirksamer Beitrag zur Reduzierung der CO_2-Emissionen gegeben werden müsste.

Für Deutschland bzw. den hierzulande vorliegenden Quellen bei der Herstellung von Elektroenergie kann die Frage eindeutig wie folgt beantwortet werden:

- Erdgas als Beheizungsquelle:
  1 MWh Heizenergie, aus Erdgas mit einem unterstellten feuerungstechnischen Wirkungsgrad von 0,75 hergestellt, führt zu einer CO_2-Emission von 0,27 Tonnen
- Elektroenergie als Beheizungsquelle:
  Deutschlandweit wird Elektroenergie hergestellt aus den Primärenergieträgern:

Erneuerbare Energien	11%
Kernenergie	29%
Fossile (und sonstige) Brennstoffe	60%

  1 MWh verbrauchte Elektroenergie hatte im Erzeugungsprozess zuvor eine CO_2-Emission von 0,514 Tonnen verursacht.

Die Ökobilanz fällt hierbei sehr deutlich zugunsten des Erdgases (oder alternativ auch der Ölbeheizung) im Vergleich zu der Elektrobeheizung aus.

Bild 1 verdeutlicht, wie hoch alleine der Anteil von Thermoprozessanlagen am Energieverbrauch der Gesamtindustrie in Deutschland ist. Auch wird aus der zugrunde liegenden, umfangreichen Studie ersichtlich, mit welchen Energiequellen Thermoprozessanlagen versorgt werden.

Daraus leitet sich auch die Erkenntnis ab, dass ob des enorm hohen Energieverbrauches in dieser Branche mögliche Energieeinsparmaßnahmen einen erheblichen Effekt erzielen bzw. einen wertvollen Beitrag zur Emissionsreduzierung leisten könnten.

Jahresenergieverbrauch und CO_2 - Emissionen in Deutschland durch Thermoprozessanlagen

1995[1]	2005[2]	
960	810	PJ (10^{15} J) gesamt =
	225,000.000	MWh gesamt
	(7,000.000.000	€ ca.)
464	384	PJ Energie aus Erdgas
162	134	PJ Energie aus Öl
249	207	PJ Energie aus Kohle
85	85	PJ Elektroenergie
77	66	Mt CO_2 Emission

Im Vergleich zum Energieverbrauch der gesamten Industrie in Deutschland[3]

2.470	2.510	PJ total

Bild 1: Jahresenergieverbrauch und CO_2-Emission durch Thermoprozessanlagen in Deutschland

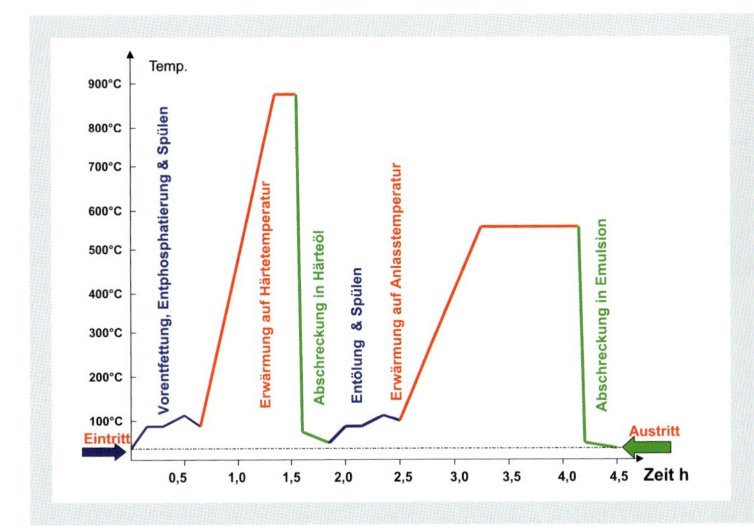

BILD 2: Zeit-Temperatur-Kurve für Vergüteprozess von Automotive-Befestigungsteilen

BILD 2 zeigt einen typischen Zeit-Temperaturverlauf eines weit verbreiteten thermoprozesstechnischen Verfahrens, des Vergütens von Massenteilen, hergestellt aus Vergütestahl. Aus der Kurve ist auf den ersten Blick erkennbar, dass der Zeit-Temperatur-Verlauf Aufheiz- und Abkühlphasen in gleicher Weise beinhaltet. Die Eingangstemperatur liegt nahe der Ausgangstemperatur der behandelten Teile.

Energie ist also von den Teilen nicht bleibend konsumiert, sondern lediglich „leihweise" in Anspruch genommen worden. Noch deutlicher formuliert könnte man anmerken, dass das thermoprozesstechnisch behandelte Gut direkt keine Energie verbraucht hat.

Infolgedessen muss eine Betrachtung angestellt werden, wo die eingesetzte Energie verblieben ist und wie diese einer weiteren Nutzung zugeführt werden kann.

Es ergeben sich bei interdisziplinärer Betrachtungsweise zahlreiche Möglichkeiten einer weiteren Nutzung wieder anfallender Energie sowohl innerhalb, als auch außerhalb des eigentlichen Thermoprozesses.

Anforderungsfall des Kunden

Der Beratung des Kunden bezüglich Umsetzung von Maßnahmen zur Verbesserung der Energieeffizienz lag die belegbare Feststellung zu Grunde, dass im konkreten Fall dauerhafte Betriebskosteneinsparungen mit relativ geringem Zusatzinvestitionsaufwand möglich gemacht werden können.

Es galt, ein flexibles Wärmebehandlungskonzept mit folgenden Auslegungsparametern umzusetzen:

- Vergütekapazität: 1400 kg/h bzw. 8400 t/a
- Gasbeheizung

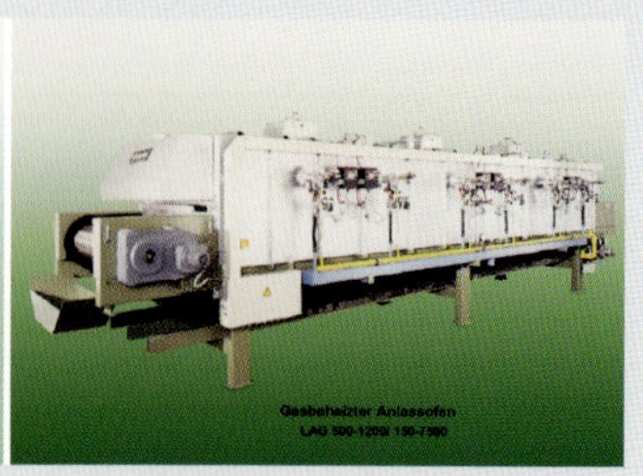

Bild 3: Kontinuierlicher, gasstrahlrohrbeheizter Drahtgliederband-Härteofen (links), Öl- bzw. Wasserabschreckeinrichtung mit kontinuierlichem Austragförderer (Mitte), kontinuierlicher, gasbeheizter Drahtgliederband-Anlassofen (rechts)

- Anlagenkonfiguration mit 2 parallelen, kontinuierlichen Vergütelinien
- Aufwendige Vor- und Nachreinigung mit Zentrifugenanlagen
- Blankanlassen unter Schutzgas zur Vermeidung von Oxidation an den Teilen
- Entfall oder Minimierung des Beizaufwandes vor der galvanischen Behandlung
- Umweltkonformität zu besonders strengen Auflagen an einem innerstädtischen Aufstellort in Hessen

Das **Bild 3** zeigt die wichtigsten, in die Energierückgewinnung mit einbezogenen Anlagenteile (Härteofen, Abschreckbäder und Anlassofen), wie sie jeweils zweifach in der Gesamtanlagenkonfiguration vorkommen.

Der Wärmebehandlungsbereich ist im Erdgeschoss eines neuen, zweietagigen Gebäudes untergebracht, darüber befindet sich der Oberflächenveredelungsbereich, in welchen die thermisch behandelten Teile sofort zur Endbearbeitung weiter geleitet werden. Das Gesamtgebäude verfügt über eine überbaute Grundfläche von ca. 4.000 m^2 bzw. ein Raumvolumen von ca. 60.000 m^2.

Der Hallenlüftungsbedarf bzw. die Heizlast wurde von Anfang an bei der Anlagenplanung mit berücksichtigt und in die energetische Gesamtbetrachtung mit einbezogen.

Umsetzung von Energierückgewinnungsmaßnahmen

Grundsätzlich wurden beide möglichen Varianten der Nutzung von rückgewonnener Energie umgesetzt, und zwar:

- zur Nutzung innerhalb des Gesamtprozesses
- zur Erwärmung von 2 Entphosphatier-, Entfettungs- und Waschbäder
- aus Abgas-Restenergieinhalt (über erzeugte Prozesswärme)
- zur Erwärmung der 4 Spülbäder
- aus Abschrecköl-Restenergieinhalt
- zur Nutzung außerhalb des Gesamtprozesses
- zur Erwärmung von 30000 m^3/h Hallenzuluft (im Winter)
- aus Abgas-Restenergieinhalt
- zur Erwärmung von galvanischen Bädern (über erzeugte Prozesswärme)

Bild 4 beschreibt die einzelnen Prozessschritte des Vergütens in konventioneller Weise (links) bzw. mit den erforderlichen Prozessanpassungen (rechts), um

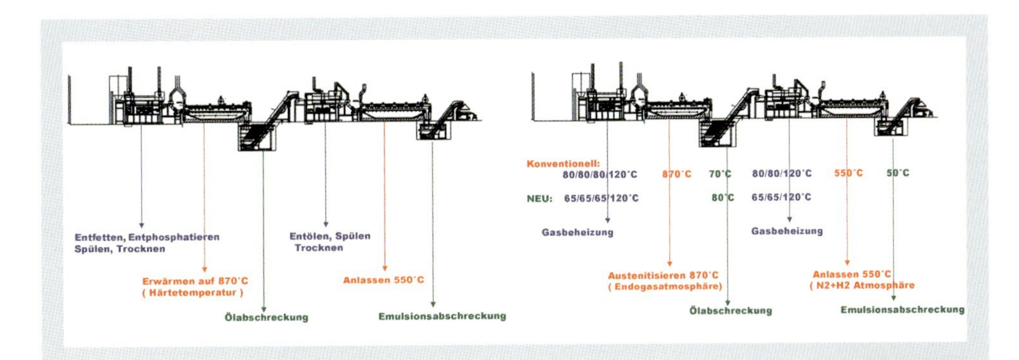

Bild 4: Teilschritte des Vergüteprozesses (links) und erforderliche Prozessanpassung für Energierückgewinnung und Nutzung im Prozess (rechts)

innerhalb der Gesamtanlage an einer Stelle rückgewonnene Energie (aus dem Härteöl) an anderer Stelle (Erwärmung der Spülbäder der Vor- und Nachreinigungsanlagen) direkt zu nutzen.

In **Bild 5** ist schematisch dargestellt, wie die Abschreckenergie im Härteöl über Wärmetauscher zur Beheizung (Vollversorgung mit insgesamt 90 kW Heizleistung) der 6 Spülbäder der Vor- und Nachreinigungsanlagen genutzt wird.

Eine mittlere Betriebstemperaturdifferenz von 15–20 K (zwischen Härteöl und Spülwässern) ist hierbei völlig ausreichend für den erforderlichen Energietransfer.

In **Bild 6** ist erkennbar, wie aus dem Härteofenabgas Prozesswärme (über einen Wärmeträgerölkreislauf) auf höherem Temperaturniveau erzeugt wird.

Die Temperatur des Wärmeträgeröls lässt sich hierbei auf Werte zwischen 110 und 150 °C über eine eingebaute Regelautomatik regeln. Mit diesem relativ hohen Temperaturniveau steht rückgewonnene Restenergie für viele Zwecke zur Verfügung. Im gegenständlichen Fall wird diese zur Erwärmung

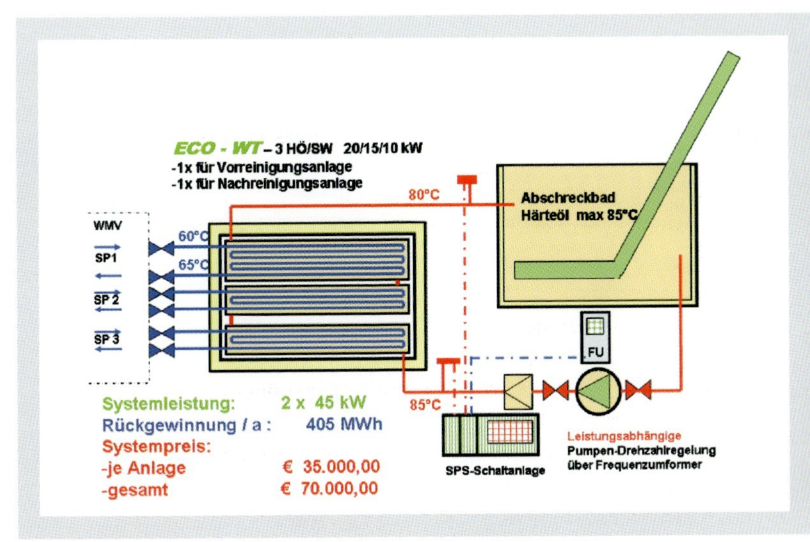

Bild 5: Integrierte Wärmerückgewinnung aus Abschrecköl zur Erwärmung von Spülwässern

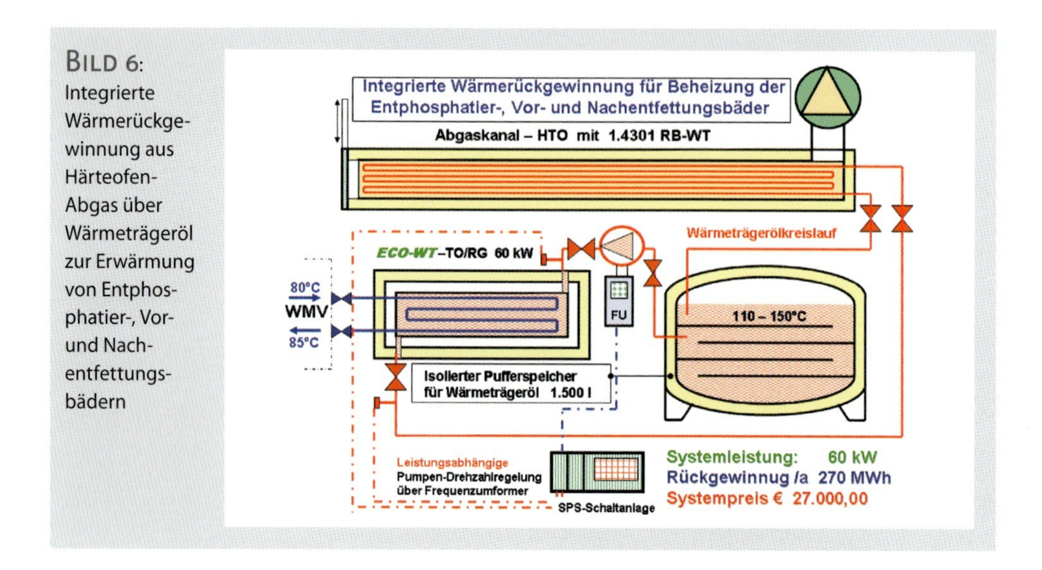

BILD 6: Integrierte Wärmerückgewinnung aus Härteofen-Abgas über Wärmeträgeröl zur Erwärmung von Entphosphatier-, Vor- und Nachentfettungsbädern

der Entphosphatier-, Entfettungs- und Entölungswaschbäder genutzt. Überschüssige – hier nicht nutzbare Energie steht zur Nutzung an Galvanikbädern verfügungsbereit.

BILD 7 zeigt die Umsetzung der Energierückgewinnung und Nutzung außerhalb des Prozesses zur vollständigen Deckung des Heizluftbedarfes des gesamten Gebäudes im Winter bzw. den Übergangszeiten (für insgesamt ca. 2000 h/a).

Sämtliche Abgase aus der Beheizung der Härte- und Anlassöfen bzw. des Schutzgasabbrandes werden über eine gemeinsame Leitung bzw. einen Abgas-Luft-Wärmetauscher zur geregelten Erwärmung der Zuluft genutzt.

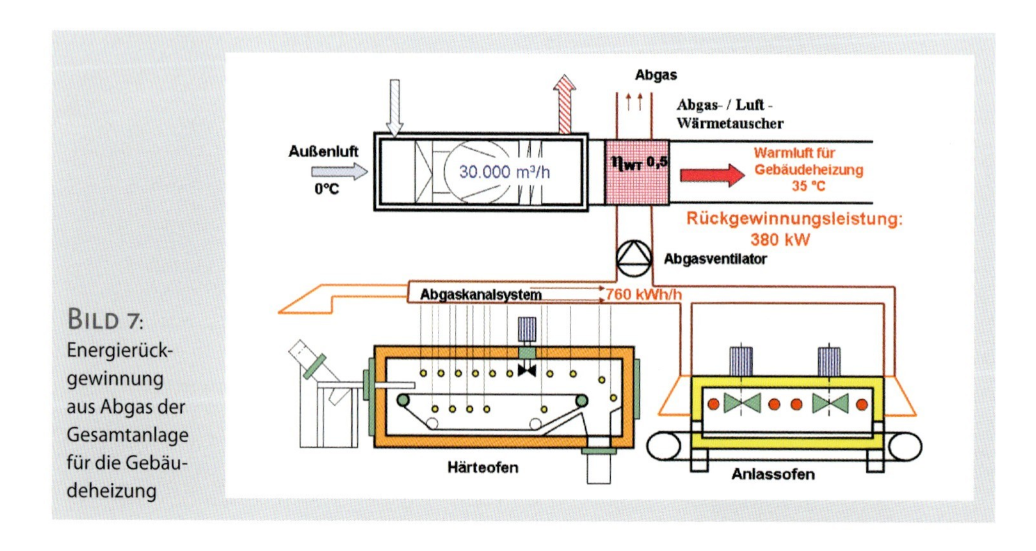

BILD 7: Energierückgewinnung aus Abgas der Gesamtanlage für die Gebäudeheizung

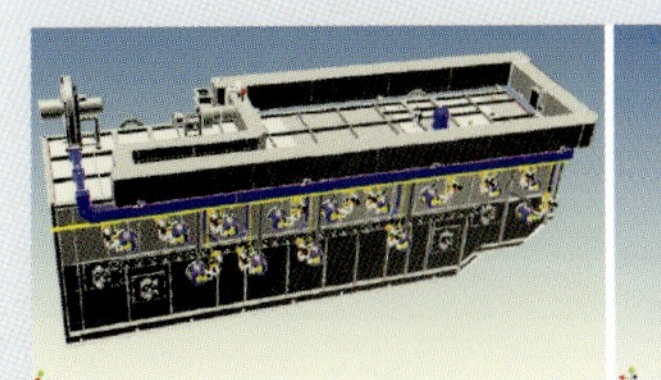

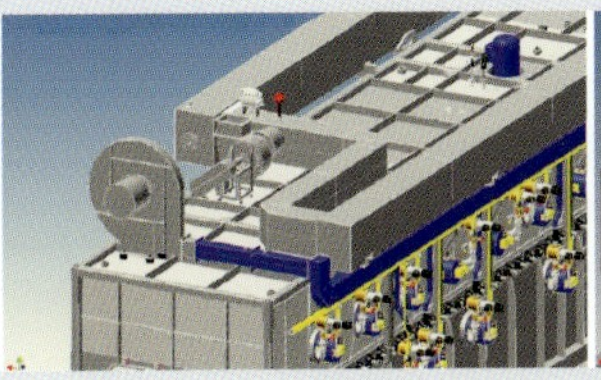

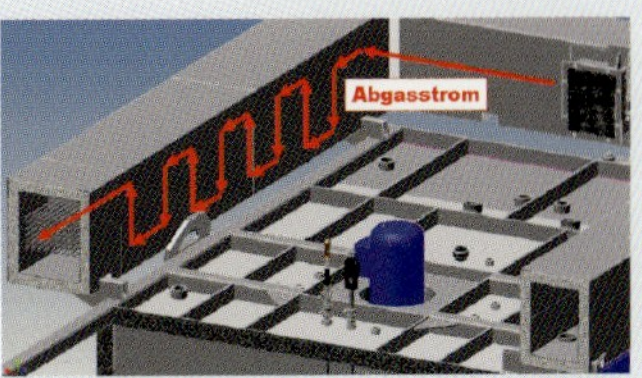

Bild 8: Gesamtansicht des Härteofens (links), Härteofen mit Abgassystemdetails (Mitte), Härteofenabgaskanal mit integriertem Wärmeträgeröl-Wärmetauscher (rechts)

Bild 8 zeigt Details und Gesamtansicht des Härteofens in Bezug auf die installierte Energierückgewinnung aus dem Abgas. Über motorisch gesteuerte Klappen und Thermostat können – dem Leistungsbedarf auf Abnehmerseite entsprechend – exakt sowohl die gewünschte Temperatur des Wärmeträgeröls, als auch die Leistung (max. 60 kW) stufenlos geregelt werden.

Aus den **Bildern 9, 10 und 11** werden abschließend die umgesetzte Energieeffizienz-Steigerung bzw. die dafür entstandenen Zusatzkosten erkennbar.

Schon auf heutiger Energiekostenbasis rechnen sich die Maßnahmen auf Basis der Auslegungskriterien sicher in weniger als zwei Jahren.

Die erreichte Einsparung gegenüber einer Konzeption ohne Rückgewinnungsmaßnahmen beträgt **1705 MWh/a bzw. ca. 40 %.** Das entspricht etwa dem Jahres-Heizenergiebedarf von 68 freistehenden Einfamilienhäusern (EFH).

- Rückgewonnene Energie mit Nutzung im Prozess
  210 kWh/h = 945 MWh/a (38 EFH)
- Ersetzt konventionelle Elektrobeheizung*
- Rückgewinnung von Energie aus:
  - Abgas der Härteofen – Gasbeheizung
  - Abschreck – Härteöl
- Kosten der Maßnahmen €uro 124.000,00
- Kostenminderung* €uro 32.000,00
- Amortisationsdauer ca. 2 Jahre

Bild 9: Energieeffizienz- und Kostenbetrachtung zu Nutzung von rückgewonnener Energie im Prozess

- Rückgewonnene Energie mit Nutzung im Prozess außerhalb des Prozesses für Zulufterwärmung (für 2.000 h/a)
  380 kWh/h = 760 MWh/a (30 EFH)
- Kosten der Maßnahmen €uro 60.000,00
- Amortisationsdauer ca. 2 Jahre

Bild 10: Energieeffizienz- und Kostenbetrachtung zur Nutzung von rückgewonnener Energie außerhalb des Prozesses

- Gesamtbilanz
- Gesamtenergieeinsatz: 4.300 MWh/a
- Rückgewinnung und Nutzung im Prozess 945 MWh/a
- Rückgewinnung und
- Nutzung außerhalb des Prozesses 760 MWh/a
- Nettoenergieeinsatz 2.595 MWh/a
- Gesamtenergieeinsparung ca. 40 %
- Einsparung an CO_2-Emission 340 t/a

Bild 11: Summarische Energieeffizienz- und Kostenbetrachtung sowie CO_2-Emissionsminderung

Die Ökobilanz verbessert sich ebenfalls im gleichen Ausmaß (40 %) mit um 340 t/a reduzierter CO_2-Emission.

Sowohl das von der EU-Kommission ausgegebene, als auch das ambitionierte Bundesdeutsche Reduktionsziel wird mit dem vorgestellten, ausgeführten Beispiel deutlich übertroffen.

Fazit

Das vorgestellte Beispiel hat keinen besonderen, vorteilhaften Ausgangscharakter. Die Umsetzung an vielen anderen Neuanlagen, wie auch nachträglich an vorhandenen Anlagen in der Thermoprozesstechnik – insbesondere auch an bedeutend größeren Anlagen, als hier vorgestellt – kann mit etwa gleichem Verbesserungspotential erfolgen.

Rückgewinnungspotential: Energieeinsparung und Verringerung der CO_2-Emissionen um über 50 % möglich

Mit den beschriebenen, im Beispielfall umgesetzten Maßnahmen ist noch keineswegs das gesamte, vorhandene Rückgewinnungspotential ausgeschöpft. Die nächsten möglichen Maßnahmen zur Steigerung der Energieeffizienz sind:

- Wärmeenergiespeicher zur ganzjährigen Rückgewinnung und befristeten Abgabe zu Heizzwecken
- Herstellung von Prozesskälte aus Abwärme für Klimatisierungszwecke im Sommer durch Einsatz von LiBr-Absorptions-Kältemaschinen und Nutzung von Abwärme.

Bei konsequenter Umsetzung aller praktisch möglichen Rückgewinnungs- und Nutzungspotentiale ist eine Reduzierung des Energieeinsatzes bei Thermoprozessanlagen sowie der resultierenden CO_2-Emission um über 50 % möglich.

Es liegen bei Thermoprozessanlagen vergleichsweise sehr günstige Voraussetzungen vor, um mit Maßnahmen zur Steigerung der Energieeffizienz gleichzeitig wirtschaftliche Vorteile mit einer Verbesserung der Ökobilanz kombinieren zu können. Das sollte dann als chancenreiches Geschäftsfeld mit Vorteilen für alle Beteiligten erkannt werden.

Literatur

[1] ENBW/VDEW – Veröffentlichung CA0400-01-6922-03 2007

[2] Schlussbericht-Forschungsprojekt Juni 1998 FHG-ISI Fraunhofer Institut für Systemtechnik und Innovationsforschung „Zwischenbilanz zur rationellen Energienutzung bei Thermoprozessanlagen, insbesondere Industrieöfen" für das BMBF, Seite 12/Tabelle 2.2–2

[3] Bericht wie o. a., Einschätzung für 2005, Seiten 12–13

[4] AGEB AG Energiebilanzen www.ag-energiebilanzen.de

Veröffentlicht in:
Gaswärme International · Heft 7/2007 · Seiten 507–510

Energieeinsparung beim Glühen von Bandbunden aus Aluminium-Legierungen durch Kraft-Wärme-Kopplung

Von Thomas Berrenberg und Carl Kramer

Für das Glühen von Bandbunden aus Aluminiumlegierungen wird die Anwendung einer Kraft-Wärme-Kopplung mit durch Erdgas betriebener Kleingasturbine untersucht. Eine Bespielberechnung für einen Rollenherdofen, durch den die Coils im Gegenstrom zu dem in Heizrohren geführten Turbinenabgasstrom unter Schutzgas erwärmt und anschließend ebenfalls unter Schutzgas abgekühlt werden, zeigt mögliche Einsparung bei Energieverbrauch und Energiekosten sowie beim CO_2-Ausstoß auf.

Die Glühung von Bandbunden aus Aluminiumlegierungen, die in der Regel in Kammeröfen erfolgt, ist wegen der hohen spezifischen Wärmekapazität dieser Werkstoffe von ca. 1 kJ/(kg K) äußerst energieaufwändig. Meist handelt es sich um Weichglühen von Bändern aus Legierungen 3xxx, 4xxx und 5xxx nach dem Kaltwalzen. Dazu müssen Materialtemperaturen von 360 bis 450 °C erreicht werden. Nur in Fällen, wo ein Homogenisieren von Gussgefügen bei Caster-Bändern erforderlich ist, betragen die Glühtemperaturen bis zu 580 °C.

Da sich Aluminiumhalbzeuge nur schlecht durch Strahlung erwärmen lassen, erfolgt die Glühung der Bandbunde in Konvektionskammeröfen, in denen die Gasatmosphäre mit leistungsstarken Ventilatoren umgewälzt und bei moderneren Öfen mit speziellen Düsensystemen auf die Coilstirnflächen aufgeblasen wird. Die zum Betrieb der Ventilatoren erforderliche Energie macht ein Viertel bis ein Drittel der insgesamt zugeführten Energie aus. Die restlichen Anteile von drei Vierteln bis zwei Dritteln werden in der Regel durch Gasfeuerung zugeführt, wobei noch der feuerungstechnische Wirkungsgrad zu berücksichtigen ist. Die Erwärmung findet also – wie generell bei Hochkonvektionsanlagen – zu einem nicht unwesentlichen Teil mit der teuren Sekundärenergie „Strom" über Ventilatoren „mechanisch-elektrisch" statt.

Die Beheizung der Kammeröfen erfolgt indirekt durch gasbefeuerte Strahlheizrohre oder in Ausnahmefällen direkt elektrisch, da der Kontakt einer Rauchgasatmosphäre mit der Bandoberfläche aus Gründen der Oberflächenqualität bei Materialtemperaturen über ca. 150 °C nicht zulässig ist. Oberhalb dieser Temperatur soll der Sauerstoffgehalt in der Ofenatmosphäre weniger als 0,1 Vol-%

betragen. Als Schutzgas wird daher Stickstoff mit einem geringen Wasserstoffanteil von 2 bis 3 Vol-% verwendet.

Besondere Maßnahmen erfordert die Austragung des dem Coil noch anhaftenden Walzschmiermittels. Die Walzöle verdampfen bis zu einer Temperatur von ca. 150 °C. Solange noch Walzöl im Coil enthalten ist, darf die Materialtemperatur nicht wesentlich über diese Temperatur gesteigert werden, um Fleckenbildung auf dem Band durch vercracktes Walzöl zu vermeiden. Darum wird in dieser Anfangsphase der Glühung eine Spülung der Ofenkammer mit ca. sieben Volumenwechseln durchgeführt, für die aus Kostengründen Stickstoff ohne Wasserstoffbeimengung verwendet wird. Durch diese Spülung mit Stickstoff wird außerdem die Entstehung eines explosiven Walzöldampf-Sauerstoffgemisches verhindert.

Der starke Anstieg der Energiekosten in jüngster Vergangenheit, insbesondere bei Strom, der sich in der Zukunft noch fortsetzen und verstärken wird, wie alle Prognosen zeigen, legt es nahe, über einfache und in der Produktionspraxis umsetzbare Möglichkeiten der Energieeinsparung nachzudenken. Dies scheint, wie im Folgenden beschrieben wird, durch Kraft-Wäme-Kopplung mit einem Klein-Gasturbinen-Generator-Aggregat möglich.

Energieersparnis durch Kraft-Wärme-Kopplung

Da die maximal erforderliche Materialtemperatur beim Glühen von Leichtmetallcoils in den meisten Anwendungsfällen ca. 450°C beträgt, ist die Durchführung des Glühprozesses mit einer Kraft-Wärme-Kopplung (KWK) möglich. Dabei treibt eine mit Erdgas betriebene Gasturbine einen Generator an. Für die vorliegende Anwendung kommt eine Kleingasturbinen-Anlage in Frage, die ausreichend elektrische Leistung für den Ventilatorbetrieb liefert. Bei nicht zu hohem Druckverhältnis und ohne Abgaswärmerekuperation vor der Brennkammer sind bei elektrischen Wirkungsgraden von 15 bis 20% Abgastemperaturen der Gasturbine bis zu 650°C möglich. Günstig sind Anlagen, bei denen eine variable Einstellung des Rekuperationsgrades mittels eines Abgasbypass und damit eine Veränderung der Abgastemperatur und des elektrischen Wirkungsgrades möglich ist, z.B. mit Rekuperation Abgastemperatur ca. 300 °C und $\eta_{elek.} \approx 22$ % oder ohne Rekuperation Abgastemperatur 650 % und $h_{elek.} \approx 15$ %. Ein Schema eines solchen Aggregates ist in **Bild 1** dargestellt.

Für das im Folgenden beschriebene Beispiel wird ein solches fiktives Kleingasturbinenaggregat angenommen, dessen Gasturbinenabgas die für die Glühanlage notwendige Prozesswärme durch einen Abgasstrom mit 625 °C bereitstellt.

Mit dem Abgasstrom der Gasturbine werden die Coils indirekt erwärmt. Dazu wird das Gasturbinenabgas durch in den Ofen eingebaute, Strahlheizrohren ähnliche, Heizrohrregister geleitet. Genauso wie beim konventionellen Kammerofen ist die Beheizung indirekt, und ein Kontakt des Verbrennungsgases mit der Bandoberfläche ist ausgeschlossen. Der vom Generator erzeugte Strom dient zum Betrieb der Ventilatormotoren oder wird zu wirtschaftlich vorteilhaften Be-

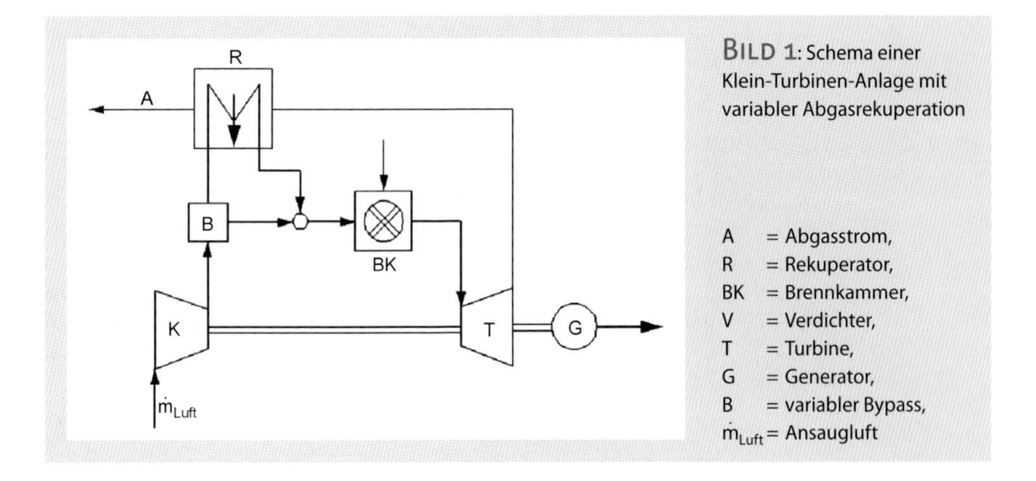

Bild 1: Schema einer Klein-Turbinen-Anlage mit variabler Abgasrekuperation

A = Abgasstrom,
R = Rekuperator,
BK = Brennkammer,
V = Verdichter,
T = Turbine,
G = Generator,
B = variabler Bypass,
$\dot{m}_{Luft}$ = Ansaugluft

dingungen in das E-Netz eingespeist. Falls die elektrische Leistung des Gasturbinenaggregates nicht ausreicht, wird der Fehlbedarf dem E-Netz entnommen.

Die Erwärmung der Coils mit dem Abgasstrom der Gasturbine erfolgt zweckmäßig in einem im Takt arbeitenden Durchlauf-Rollenherdofen im Kreuz-Gegenstrom, wie in **Bild 2** schematisch dargestellt. Die Coils werden mit möglichst leichten Glühgestellen durch die Anlage gefahren.

Die skizzierte Rollenherdanlage besteht einschließlich Walzölabdampfung und Kühlung auf Handlingtemperatur aus 7 Kammern, die jeweils 1 Coil aufnehmen.

Angenommen wird ein 10-t-Coil mit

Coilbreite	1750 mm
Coilaußendurchmesser	1750 mm
Coilinnendurchmesser	600 mm
Coilmasse	10.289 kg
mittlere spez. Wärmekap.	900 J(kgK)
mittlere Wärmeleitfähigkeit	170 W/(mK)

Eine für diese Coil-Daten berechnete Glüh- und Abkühlkurven zeigt **Bild 3**. Für die Berechnung wurde ein spezielles Rechenmodell entwickelt.

In der Heizkammer 2 mit der niedrigsten Temperatur und Heizkammer 5, mit der höchsten Temperatur wird das Coil im Gegenstrom zum Turbinenabgas auf ca. 440 °C erwärmt. Heizkammer 2 dient zugleich als Schutzgasschleuse und ist am Eintritt und Austritt mit entsprechend gasdicht schließenden Hubtüren ausgestattet.

Kammer 1 ist die Hauptentölungskammer. Da die Coiltemperatur max. 150 °C erreicht, wird diese Kammer direkt mit einem Teilstrom des Turbinenabgasstroms beheizt, der insgesamt ca. 1 Nm^3/s beträgt. Der andere Teil des Abgasstroms wird in den Reku der KWK-Anlagen geleitet und durch die Verbrennungsluftvorwärmung auf eine Austrittstemperatur von ca. 270 °C abgekühlt. In der Entölungskammer 1 bewirkt der Abgas-Teilstrom bei einem Kammervolumen von ca. 20 m^3

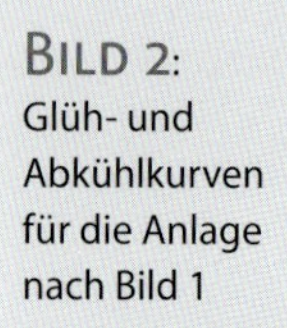

BILD 2: Glüh- und Abkühlkurven für die Anlage nach Bild 1

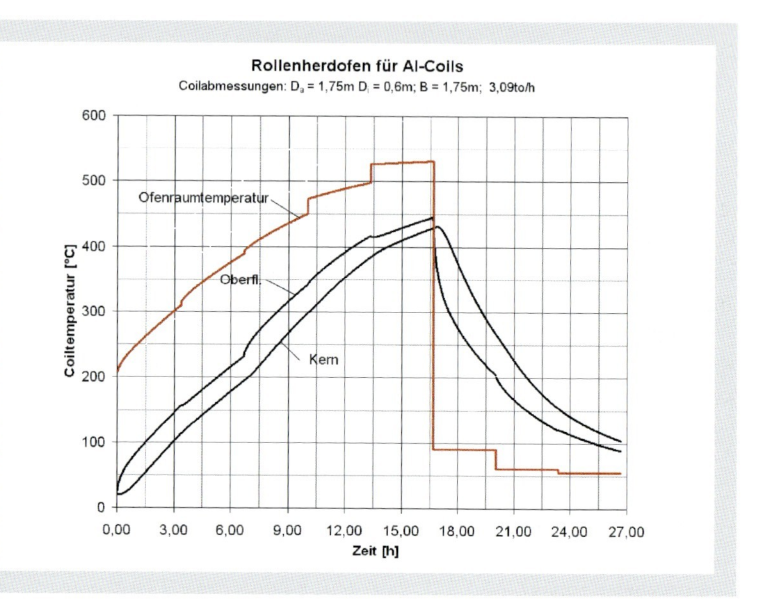

ca. alle 30 s einen Volumenwechsel, wodurch der Walzöldampf völlig gefahrlos ausgetragen werden kann. Zusätzlich wird noch das Schutzgas zum Spülen von Kammer 2 vor dem Öffnen der Schleusentür zu Kammer 3 in Kammer 1 geleitet und gemeinsam mit dem Abgas abgeführt. Aus dem aus Kammer 1 abgeführten Gasstrom wird der Walzöldampf entfernt, bevor das Abgas in den Kamin eingeleitet wird.

Es darf angenommen werden, dass die Verbrennungsluftvorwärmung den elektrischen Wirkungsgrad auf 20 bis 22 % erhöht. Es wird mit 20 % gerechnet.

Die Kammern 6 und 7 dienen als Kühlzonen und sind mit Schutzgas/Wasserkühlern ausgestattet. Mit der für Luftkontakt unkritischen Temperatur kleiner 150 °C gelangt das Coil in die Schleusenkammer 8, wo eine weitere Konvektionskühlung nach Teilöffnung der Schleusenaustrittstür mit Umgebungsluft stattfindet.

Durch die Kammern werden die Coils mit einem Chargengestell im Takt hindurchgefördert. In die fünfte Kammer tritt der Abgasstrom, geführt in Heizrohren, mit ca. 600 °C ein und aus der zweiten Kammer nach Wärmeabgabe an die Coils mit einer Temperatur von ca. 300 °C wieder aus. Das Abgas strömt also im Gegenstrom zu den Coils. Der Wärmeaustausch mit den Coils erfolgt in den Kammern durch Hochkonvektion im Kreuzstrom. Die Coiltemperatur wird in üblicher Weise durch Kontakt- oder Stechthermoelemente überwacht. Zur Temperaturregelung wird die Ventilatordrehzahl und damit der Wärmeübergang auf das Coil entsprechend verändert.

Die Temperatur des Abgasstroms aus Kammer 1 ist mit ca. 200 °C noch so hoch, dass Walzöldampf noch nicht kondensiert. Um das Walzöl aus dem Abgas auszuscheiden, durchströmt es einen Kühler mit nachgeschalteter Abscheideeinrichtung, so dass der Abgasstrom vom Walzöldampf befreit wird. Der Kühler zur Öldampfkondensation kann noch zur Brauch- und Heizwassererwärmung genutzt werden (in der Energiebilanz nicht berücksichtigt).

Zwischen den Kammern, die nicht als Schleusen dienen, befinden sich einfache, pneumatisch betätigte Blechschieber, die eine Vermischung der in den Kammern im Kreuzstrom bewegten Gasströme in ausreichendem Maße verhindern. Der Abgasstrom wird vom Abzugventilator durch die Leckagen dieser Trennschieber gezogen.

Nur die Kammern 3, 4 und 5 erfordern entsprechend hitzebeständiges Material. Alle anderen Kammern können unbedenklich aus Normalstahl gefertigt und mit üblichen Hochleistungsventilatorrädern ausgestattet werden, was erheblich zur Kosteneinsparung beiträgt.

In **Tabelle 1** wird der Energieverbrauch für die Coilglühung im konventionellen Ofen – bezogen auf 1 Coil mit den aufgeführten Abmessungen – mit dem Energieverbrauch im Rollenherdofen mit KWK verglichen. Die Daten erheben nicht den Genauigkeitsanspruch von Projektdaten, sind aber für einen ersten Vergleich ausreichend.

Für die Stromkosten wurde 100 €/MWh und für die Gaskosten 50 €/MWh angenommen sowie für den CO_2-Ausstoß 0,175 kg CO_2/kWh-Gas und 0,437 kg CO_2/kWh Strom.

	Rollenherdofen mit KWK	Kammerofen
Gutwärme	1033 kWh	1033 kWh
Isolationsverluste	82 kWh	140 kWh*
Energie für Ventilatoren beim Heizen beim Kühlen	 170 kWh 340 kWh	170 kWh beim Kühlen 450 kWh**
Heizwärme aus Turbinengas aus Gasfeuerung	 945 kWh 	 103 kWh
Abgasverlust	683 kWh	267 kWh**
Gasenergiebedarf	2035 kWh	1269 kWh**
E-Energie aus Netz aus KWK	 103 kWh 407 kWh	 630 kWh
E-Energie aus KWK	407 kWh	
Gaskosten	101,75 g	63,50 €
Stromkosten	10,30 g	63,00 €
Gesamtkosten	112,05 g	126,50 €

*) Die Außenwandtemperatur im Brennbereich ist höher

**) Die Bypasskühlung erfordert zusätzliche Ventilatorleistung

Tabelle 1: Energiebedarf zum Glühen eines Coils der Breite 1750 mm und der Masse 10.289 kg auf 450 °C in einem Rollenherdofen mit KWK und einem Kammerofen (konventionell)

Bei 5.000 Betriebstunden/Jahr und einem Durchsatz von 1.500 10-t-Coils entsprechen einer Taktzeit der Durchlauf-Rollenherdanlage 3,3 h beträgt mit diesen Annahmen die Energiekostenersparnis pro Jahr ca. 22.000 €.

Der CO_2-Ausstoß verringert sich um knapp 150 t/Jahr.

Ausblick

Die Ersparnis an Kosten und CO_2-Produktion ist deutlich. Dagegen stehen die höheren Investitions- und Wartungskosten. Besonders letztere lassen sich schwer einschätzen, da noch keine großen Erfahrungen mit vergleichbaren KWK-Anwendungen vorliegen. Den Investitionskosten für die KWK-Anlage stehen die Kosten der Gasfeuerungsanlage – ohne Strahlheizrohrkosten – von ca. 200 €/kW gegenüber. Die Kosten für die Strahlheizrohre im konventionellen Ofen dürften sich trotz der kleineren erforderlichen Oberfläche wegen des höher temperaturbelasteten teuren Materials mit den Kosten für die Abgasheizrohre die Waage halten.

Ein Vorteil der KWK Technik ist, dass je kWh eine Einspeisevergütung gezahlt wird, die wesentlich höher ist als die Kosten für die Leistungsentnahme aus dem Netz. Außerdem erhalten Betreiber von KWK-Anlagen steuerliche Vergünstigungen.

Bei einer genaueren Projektierung wäre noch zu berücksichtigen, dass beim konventionellen Kammerofen der auf Glühtemperatur befindliche Ofen bei jeder Charge mit abgekühlt wird, weil die Abkühlung in der Ofenkammer stattfindet, der Heizteil der Rollenherdanlagen aber immer auf Temperatur bleibt. Außerdem wird das Coil tiefer abgekühlt, während die Charge bei konventionellen Kammeröfen noch auf einem Kühlplatz steht, um von ca. 150 °C weiter abzukühlen.

Wenn auch der Kostenvorteil einer KWK-Anlage bei der Coilglühung insgesamt noch klein erscheint, so dürfte doch die Zeit, angesichts weiter steigender Energiepreise, dafür reif sein, die möglichen Vorteile an Hand konkreter Projekte genauer zu untersuchen.

Veröffentlicht in:
Gaswärme International · Heft 6/2008 · Seiten 418–421

BLOOM ENGINEERING (EUROPA) GMBH

Büttgenbachstr. 14
40549 Düsseldorf

Phone: +49 211 50091-0
Fax: +49 211 50091-14
info@bloomeng.de

BLOOM ENGINEERING – Brennertechnologie für eine saubere Zukunft

BLOOM ENGINEERING gehört zu den weltweit führenden Anbietern von industriellen Brennern und Beheizungseinrichtungen. Gegründet 1934 in den USA, wurde innerhalb kürzester Zeit ein weltweites Netz von Geschäftsstellen – wie z. B. 1968 die BLOOM ENGINEERING (EUROPA) GMBH in Düsseldorf –, Verkaufsbüros und Produktionsstätten errichtet. Dadurch gewährleistet BLOOM eine größtmögliche Markt- und Kundennähe.

Ein verantwortungsvoller Umgang mit den natürlichen Ressourcen sowie die Minimierung umweltschädigender Substanzen sollten heutzutage eine Selbstverständlichkeit aller produzierenden Industriezweige sein. Deshalb bietet BLOOM **Brennerlösungen** mit möglichst geringem Schadstoffausstoß, die maximale Leistungsfähigkeit und Lebensdauer besitzen. Dabei ist BLOOM auf Brenner im Hochtemperaturbereich mit weltweit herausragender Low-NO_x-Technologie spezialisiert.

Das **Produktspektrum** reicht von ressourcensparenden Regenerativbrennern über Kalt- und Warmluftbrenner mit hoher Wärmeleistung und schadstoffreduziertem NO_x-Ausstoß, Abfackelanlagen zu vorgefertigten Isolierelementen für eine optimale thermische Isolierleistung sowie mechanische Haltbarkeit von Tragrohren in Walzwerksöfen. Durch reduzierten Energieverbrauch und geringe Stillstandszeiten amortisieren sich die in eigenen Testanlagen getesteten Brenner- und Isoliersysteme sehr schnell.

Natürlich kommen auch **Serviceleistungen** nicht zu kurz. Neben Inbetriebnahmen und Wartungen bietet BLOOM Ofenstudien mit Verbrennungs- und Energiebilanzen, Optimierungen von Ofenanlagen sowie den Umbau vorhandener Beheizungssysteme auf Rekuperativ- oder Regenerativfeuerung. Dafür stehen weltweit über 200 Mitarbeiter zur Verfügung.

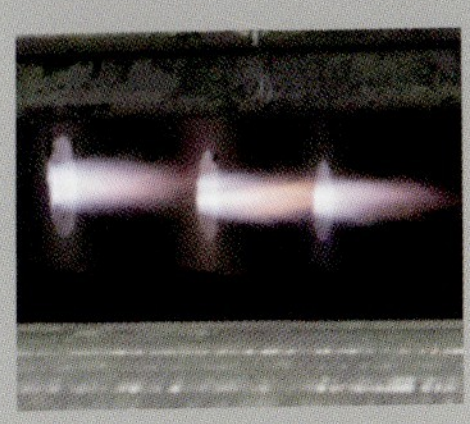

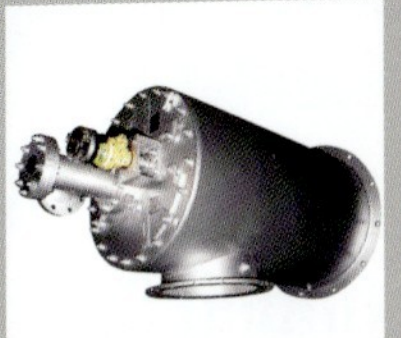

Effizienter Hochtemperaturprozess – Presshärten im großtechnischen Maßstab

Von Harald Lehmann und Rolf Schwartz

Das Presshärten von Blechen hat sich bei Automobilherstellern im großtechnischen Maßstab bewährt. Dabei hat sich erwiesen, dass mit Rollenherdöfen beste Wirtschaftlichkeit und die höchste Prozesssicherheit erzielt werden. Der folgende Beitrag zeigt, dass verschiedenen Kombinationen von Förder- und Beheizungstechnik, sehr gute Ergebnisse realisiert werden können. Auch in anderen Bereichen der Technik, wo das Verhältnis Gewicht zu Festigkeit von Bedeutung ist, sowie im Maschinen- und Flugzeugbau befindet sich das Verfahren im Aufwind, seit dem verzinkte Bauteile im großtechnischen Maßstab herstellbar sind.

Extrem verbesserte Festigkeit, hervorragendes Crashverhalten und deutlich reduziertes Fahrzeuggewicht: Das Presshärten von hochfesten Blechwerkstoffen ermöglicht den Bau leichterer und dennoch extrem steifer Karosseriebauteile durch die Kombination von Wärmebehandlung, Formgebung und gleichzeitiger kontrollierter Abkühlung. Beim kombinierten Warmpressen und Vergüten von Blechen, die vorwiegend aus 1.5528/22MnB5 hergestellt werden, kristallisieren sich zurzeit einige Technologien heraus, die besonders für den großtechnischen Einsatz geeignet sind (**Bild 1**). Als erster Automobilhersteller stellte zum Beispiel Volkswagen in Kassel mit dem Presshärteverfahren etwa 20.000 Bauteile pro Arbeitstag für den Passat her.

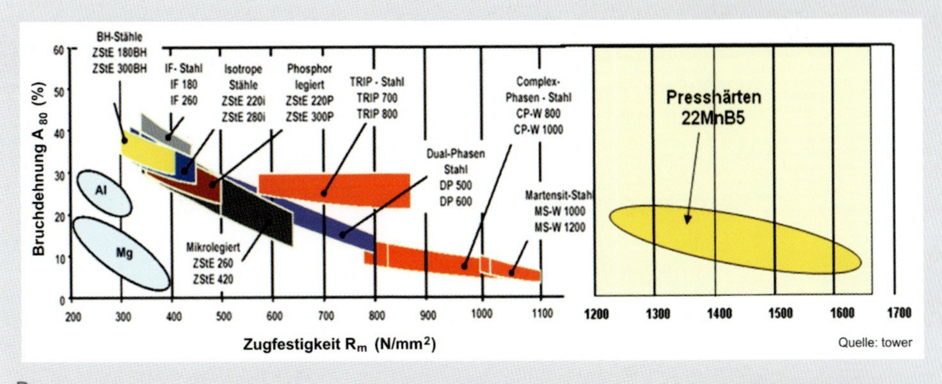

Bild 1: Festigungsbereich von pressgehärteten Stählen im Vergleich zu konventionellen Verfahren

BILD 2: Modulares Strahlrohrelement

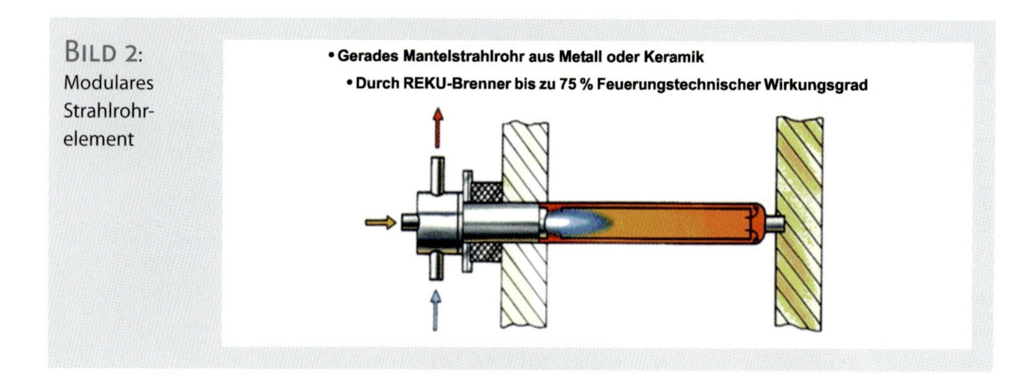

Es ist von großer wirtschaftlicher Bedeutung, dass bei diesem Verfahren nicht nur ein deutlicher Festigkeitszuwachs des Materials nutzbar wird: Darüber hinaus steigt die Verformbarkeit bei hoher Temperatur über das 20-fache derjenigen eines hochfesten Stahlbleches. Deshalb ist bei diesem Verfahren oftmals der Verformungsprozess in einem Schritt möglich, während bei kalter Verformung mehrere Pressenhübe erforderlich sind. Darüber hinaus hält sich die Rückfederung in engen Grenzen. Die Bauteile sind daher ungewöhnlich formgenau.

Höchste Wirtschaftlichkeit und Prozesssicherheit werden mit martensitischem Härten in Öfen mit keramischem Rollenherd erreicht. Um optimale Ergebnisse zu erzielen, muss beim Presshärten das Zusammenspiel mehrerer Faktoren berücksichtigt werden: die Beheizung und der Transport durch den Ofen, die Oberfläche der Bleche und ihre Beschichtung sowie die Vergütung.

Beheizung: Strahlrohre haben sich durchgesetzt

Für die verbrauchergünstige Gasheizung hat sich die direkte Brenner- oder die indirekte Strahlrohrbeheizung durchgesetzt. Unter besonderen Bedingungen kann die flammenlose Verbrennung zum Einsatz kommen. Die mit Strahlrohren indirekt beheizten Öfen können darüber hinaus unter kontrollierter Atmosphäre – sei es mit getrockneter Luft oder Schutzgas – verwendet werden (**BILD 2**).

BEI NIEDRIGEREM ENERGIEBEDARF: ELEKTROHEIZUNGEN

In Ofenbereichen mit niedrigerem Energiebedarf werden offene Elektroheizungen bevorzugt, da sie preiswerter als Gasstrahlrohre sind und mit hoher Regelgenauigkeit betrieben werden.

Ofentransport: Rollenherdöfen sind verbreitet

Verschiedene Ofenkonzepte mit spezifischen Vor- und Nachteilen haben sich in den Jahren herausgebildet.

Hubbalkenöfen sind durch den hohen Aufwand für die Transportmechanik teuer. Die Hubbalken lassen keinen Platz für eine optimal ausgeprägte Bodenheizung und bringen so eine große Baulänge mit sich. Ein doppelstöckiger Betrieb kann nicht realisiert werden. So eignen sich die Hubbalkenöfen nicht für den Einbau unter beengten Platzverhältnissen, wie sie bei einer Inline-Wärmebehandlung häufig anzutreffen sind.

Bei Schleusenbetrieb kann die Schutzgasdichtigkeit wegen der Mechanik nicht aufrechterhalten werden. Darüber hinaus können unterschiedliche Transportgeschwindigkeiten nur mit hohem Aufwand realisiert werden. Die Wartung von außen gestaltet sich schwierig.

Stachelrad- oder auch Wasserradöfen (im Inneren dreht sich ein Förderrad ähnlich einem Wasserrad) bewähren sich, wo große Lose von schmalen Produkten wie A-Säulen oder Türaufprallträger gefertigt werden. In Kombination mit einer Unterwasser-Rotationspresse erreicht diese Bauart höchste Wirtschaftlichkeit, da kürzeste Taktzeiten möglich sind. Die Öfen sind jedoch ebenfalls nur mäßig schutzgasfähig.

Kettenspitzenöfen werden vereinzelt verwendet, sind jedoch ebenfalls nicht schutzgastauglich. Die thermische Führung ist gelegentlich schwierig.

Beim Presshärten haben Rollenherdöfen (**Bilder 3 und 4**) die größte Verbreitung gefunden. Im Vergleich zu den anderen Bauformen erlaubt eine mehrlagige Konstruktion mit zwei oder drei Rollgangsebenen eine deutlich kürzere Baulänge. Dabei ist die Temperaturführung durch die Aufteilung in unterschied-

Bild 3: Rollenherdofen

Bild 4: Rollenherdofen

BILD 5: Kettenträgerofen zum Austenitisieren von zinkbeschichteten Strukturbauteilen

liche Heizzonen von ähnlich hoher Qualität wie die einlagiger Öfen. Als neueste Entwicklung kommen folgende Anlagen zum Einsatz:

1. Kettenträgeröfen (**BILD 5**). Dieser Ofen ist speziell für das Presshärten von verzinkten Teilen konstruiert. Des Weiteren konnten mit diesem Anlagentyp bewiesen werden, dass es möglich ist kurze Öfen mit schnellen Zykluszeiten zu realisieren (bis zu 12 Sekunden). Die derzeit im Einsatz befindliche Anlagen sind 24 m lang und einen Durchsatz von 4,5t/h haben. Diese Öfen befinden sich seit ca. 11 Monaten im Einsatz. Derzeit wird eine weitere Anlage bei BMW in Betrieb genommen.
2. Mikro-Presshärte-Anlagen (**BILD 6**). Hierbei handelt es sich um eine kleine Fertigungseinheit, bestehend aus Rollenherdofen und Presse. Diese Anlage findet ihren Einsatz im Bereich der Kleinteil- und Kleinmengen-Fertigung.

BILD 6: Mikro-Presshärteanlage

BILD 7:
Modulare Rollentechnik

Eine solche Anlage kann wie eine Werkzeugmaschine gesehen werden. Kompakte Bauweise erlaubt eine schnelle Verlagerung der Anlage in andere Fertigungsräumlichkeiten.

Die Wartung von Rollenherdöfen ist einfach: Einbauten, wie Rollen oder Strahlrohre, werden durch seitliche Öffnungen getauscht oder gewartet (**BILD 7**).

Bei Al-Si- oder Al-Zn-beschichteten Blechen ist zu beachten, dass im Temperaturbereich zwischen 450 und 800 °C eine chemische Reaktion zwischen der dann flüssigen Al-Si-Beschichtung und den Rollen entsteht. Hierbei bilden sich Metall-/Metalloxidmischungen, die sich auf der Ofenrolle aufbauen, den Rollenwerkstoff infiltrieren und später zu Transportstörungen führen. Während der Abkühlung der Rolle erstarren die flüssigen Phasen und verursachen aufgrund der unterschiedlichen Ausdehnungskoeffizienten Rollenbrüche. Darüber hinaus wird gelegentlich die Qualität der Blechbeschichtung durch den Kontakt mit der Keramikrolle beeinträchtigt.

Verschiedene konstruktive und organisatorische Lösungen werden praktisch angewendet:

- Das Wärmgut wird auf Warenträgern durch den Ofen transportiert. So wird der direkte Kontakt zwischen Gut und Rollen vermieden.
- Die Rollen werden mit einem Trennmittel beschichtet.
- Rollen aus neuartiger Keramik werden nicht mehr von der AL-Si-Schmelze infiltriert. AL-Si-Materialaufbau kann durch Schleifen entfernt werden und die Rolle kann wieder eingesetzt werden.
- Eine genaue Temperaturführung über die Erwärmungszeit unterdrückt den Diffusionswillen der Blechbeschichtung in die Ofenrollen.
- Eine Beschichtung der Bleche mit Nanopartikeln hat sich bewährt. Sie verursacht jedoch einen noch höheren Materialpreis und die Bleche müssen anschließend entschichtet (gesandstrahlt) werden.

Metallische Rollen werden aus verschiedenen Gründen nur selten verwendet. Aufgrund ihres Kriechverhaltens und ihrer Warmfestigkeit, müssen sie dicker als keramische sein. Dadurch wird die minimale Werkstücklänge in Transportrichtung stark eingegrenzt. Außerdem werden auch sie von der flüssigen Al-Si-Phase infiltriert und müssen vor dem Einsatz gut voroxidiert werden. Schon durch ihr Eigengewicht machen metallische Rollen aufwändige Konstruktionen erforderlich.

Konstruktionen, wie übereinander oder auf einem Drehkarussell angeordnete Einzelöfen, Förderband- oder kettenöfen sowie Schubstangenöfen, haben beim Presshärten keine große Marktdurchdringung erreicht.

Blechoberflächen: Der Anwender hat die Wahl

Sofern der Anlagenbetreiber die Wahl zwischen unterschiedlichen Oberflächenausprägungen der Bleche hat, stehen ihm derzeit vier verschiedene Varianten zur Verfügung:

1. Die unbeschichtete Oberfläche stellt die einfachste und billigste sowie die schweißtechnisch unproblematische Variante dar. Sie erfordert jedoch eine qualifizierte Schutzgasatmosphäre mit entsprechender Führung im Ofen. Durch die Neuentwicklung des im Ofen eingebauten „Schwartz"-Endogas-Reformers wird diese Technik so einfach wie eine Stickstoffeinspeisung. Sie hat das hohe Potenzial, bei einem bis zu 30-prozentigen Wasserstoffanteil, Sauerstoff und Feuchtigkeit zu kompensieren, die mit dem Gut eingeschleppt werden. Eine angepasste Schutzgasführung im Ofeninneren sorgt für die prozessgerechte Trennung der Zonen. Der Ofentransport der Platinen erfolgt auf Keramikrollen, Vorformteile werden auf Warenträgern befördert.
   Das Ergebnis sind zunderfreie Bauteile, die in den meisten Fällen nicht mehr gestrahlt werden müssen. Diese Technik ist von vielen Fahrzeugherstellern und ihren Zulieferern anerkannt.

Vor- und Nachteile von unbeschichteten und beschichteten Oberflächen

2. Eine Beschichtung der Bleche mit einer 10 bis 60 µm dicken Aluminium-Silizium-Legierung wird entweder in einem separaten Ofen oder direkt im Eingangsbereich des Austenitofens, bei Temperaturen zwischen 400 und 750 °C vordiffundiert. In dem Austenitisierungsofen oxidiert die Oberfläche und bildet einen zuverlässigen Schutz gegen Verzunderung sowie in eingeschränkter Form beim Betrieb des Fahrzeugs auch gegen Korrosion. Eine elektrochemisch wirksame Schicht bildet sich nicht aus, da die Beschichtungsmetalle durch feste und dichte Oxidschichten abgeschirmt werden. Auch diese Technik ist in der Automobilproduktion anerkannt.
   Eine Vorformung ist bei dieser Beschichtung nicht möglich, da im Anlieferzustand eine spröde intermetallische Phase zum Grundwerkstoff vorliegt. Gelegentlich zeigt sich eine Problematik beim Punktschweißen. Dies ist auf die hohe Härte (etwa 600 HV10) und Sprödigkeit einer entstandenen interkristallinen Phase zurückzuführen.

3. Zinkbeschichtete Bauteile können in dem o. a. Kettenträgerofen austenitisiert werden (Bild 5).
   Die Bauteile, die vorgeformt werden und danach dem Presshärte-Prozess zugeführt werden, brauchen bei diesem Prozess nicht mehr getrimmt und gesandstrahlt werden und können nach dem Presshärten direkt an die Weiterverarbeitung geleitet werden.
   Die zinkbeschichteten Bauteile bieten den großen Vorteil des aktiven anodischen/kathodischen Korrosionschutzes.

Zusammenfassung

Beim kombinierten Warmpressen und Vergüten von Blechen aus vorwiegend 22MnB5 zeigt die Erfahrung aus dem großtechnischen Einsatz, dass mit einer Kombination von Schutzgasofen mit keramischem Rollenherd und martensitischem Härten die beste Wirtschaftlichkeit und die höchste Prozesssicherheit erreicht werden.

Neue Entwicklungen, wie das partielle Bainitvergüten, verbessern die Zähigkeitswerte wie Dehnung, Einschnürung und Schlagzähigkeit sowie Biegeverhalten und Dauerfestigkeit.

Auch konnte mit den neuen Ofenkonzepten die Problematik des Austenitisierens von vorgeformten und verzinkten Blechen gelöst werden. Eine neue Rollenkeramik löst das Problem der Schädigung durch AL-Si-Infiltration.

Veröffentlicht in:
Gaswärme International · Heft 3/2009 · Seiten 155–158

Modernisierung und Effizienzsteigerung eines Mehrzweckkammerofens mit Rekuperatorbrennern und Strahlrohren aus APM

Von Alexander Mach

Mit modernen Rekuperatorbrennern und Stahlrohren kann die Energieeffizienz bestehender Thermoprozessanlagen deutlich gesteigert und Einsparpotenziale > 20 % realisiert werden. Dies wird am Beispiel einer durchgeführten Modernisierung an einem Mehrzweckkammerofen aufgezeigt. Hierbei wird sowohl auf die Ofen- als auch auf die Brennertechnik eingegangen.

Die industrielle Prozesswärmeerzeugung spielt in den unterschiedlichsten Industriebereichen eine entscheidende Rolle. Rund 40 % des industriellen Endenergieverbrauchs wird in Industrieöfen umgesetzt. Eine wirtschaftliche Nutzung der Ressourcen hilft Kosten zu senken und stärkt die Wettbewerbsfähigkeit.

Derzeit dürfte der durchschnittliche Nutzungsgrad von Industrieöfen bei lediglich 60 % liegen, d. h. 40 % der eingesetzten Brennstoffenergie wird nicht im Prozess genutzt und geht verloren [1]. Das heißt, schon geringe prozentuale Verminderungen des Brennstoffbedarfs bedeuten bei der Größe mancher Anlagen deutliches Einsparpotenzial.

Möglichkeiten, um den Energieeinsatz von Industrieöfen zu reduzieren, bieten eine Optimierung des Wandaufbaus [2], die Reduzierung von Wärmeverlusten und des Energieverbrauchs von Hilfsaggregaten sowie das Spitzenlastmanagement [3]. Eine besondere Rolle spielt die Beheizungstechnik. Weitere Ziele sind in der Regel eine Erhöhung der Heizleistung, um den Durchsatz zu erhöhen, eine erhöhte Anlagenverfügbarkeit sowie ein minimierter Ersatzteilbedarf.

Am Anfang ist die Aufnahme und Dokumentation des Ist-Zustandes notwendig, um im Anschluss die geeigneten Maßnahmen zur Effizienz- und Leistungssteigerung auszuwählen. Des Weiteren müssen die geltenden Normen und Regeln, wie z. B. die EN746 oder die Maschinenrichtlinie, beachtet werden. Mit dem dokumentierten Ist-Zustand und den Kosten der möglichen Maßnahmen ist eine Berechnung der Amortisationszeiten der Anlagenmodernisierung möglich.

Bei bestehenden Anlagen bieten sich eine Überprüfung des Wandaufbaus und die Modernisierung der Beheizungseinrichtung an. In diesem Beitrag liegt der Schwerpunkt auf der Brennertechnik. Eine derartige Modernisierung amortisiert sich in der Regel innerhalb weniger Monate.

Ofentechnik

Die Wärmebehandlung, insbesondere das Härten und Anlassen, ist die wohl bedeutendste Form der Wärmebehandlung. Im Allgemeinen wird erwartet, dass jedes Teil ohne Fehler hergestellt wird und festgelegte Eigenschaften mit geringer Abweichung u. a. bei der Härte, Zugfestigkeit, Zähigkeit und Dauerfestigkeit aufweist. Die hohen Anforderungen an die Eigenschaften von zu härtenden Teilen erfordern eine zuverlässige Anlagentechnologie, Erfahrungen in diesem Bereich und Kenntnisse der physikalischen und metallurgischen Prozessparameter und deren Einfluss auf die Ergebnisse der Wärmebehandlung.

Mehrzweck-Kammeröfen sind universell einsetzbare Wärmebehandlungsanlagen, die sowohl für thermische als auch thermochemische Prozesse eingesetzt werden können. Aufgrund des Kammerkonzeptes eignen sie sich für kleine bis mittlere Kapazitäten. Eine schematische Darstellung ist in **Bild 1** gezeigt. Ein großer Vorteil ist ihre hohe Flexibilität sowie die universelle Verwendbarkeit. Größere Durchsätze können mit vollautomatischen Mehrzweck-Kammerofenlinien erreicht werden [4]. Aufgrund seiner vielfältigen Einsetzbarkeit hat er sich zu einem Standardprodukte entwickelt, welches in vergleichsweise hohen Stückzahlen von verschiedenen Herstellern angeboten wird.

Die Ofenkammer (siehe Bild 1) besteht aus einem gasdichten Gehäuse, welches feuerfest ausgekleidet ist. Ein Umwälzer sorgt für eine gleichmäßige Gasverteilung im Ofen. Die Beheizung erfolgt in der Regel mit senkrecht eingebauten Strahlheizrohren, wahlweise elektrisch oder mit Gas beheizt. Eine hohe Temperaturgleichmäßigkeit wird durch eine entsprechende Anzahl von Strahlrohren erreicht. Bei der Gasbeheizung können die Strahlheizrohre auch zur Kühlung bei schneller Absenkung von Aufkohlungstemperatur auf Härtetemperatur eingesetzt und die Prozessdauer reduziert werden, sofern die Rohre aus geeignetem Material, z. B. APM sind.

An die Ofenkammer ist gasdicht die Schleusenkammer mit Ölbad angeschlossen. In der Schleusenkammer sind die Senkbühne und die Chargiereinrichtung

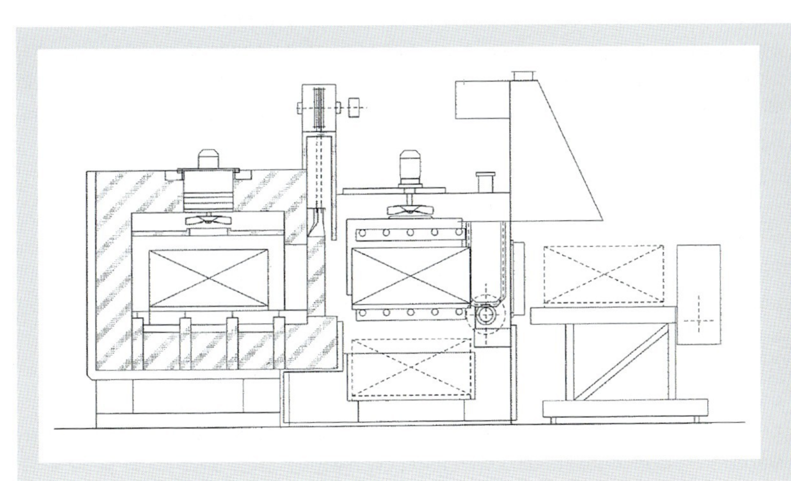

Bild 1: Schematische Darstellung eines Mehrzweck-Kammerofens, bestehend aus Glühkammer, Schleusenkammer mit Ölbad und Chargierwagen [4]

BILD 2: Mehrzweck-Kammerofenlinie von DEGUSSA Industrieofenbau

installiert. Die Zuführung und Entnahme der Chargen erfolgt über eine fahrbare Chargiereinrichtung.

Ein Mehrzweck-Kammerofen bzw. eine Kammerofenlinie muss durch entsprechende Nebenaggregate, wie Reinigungsanlage und Anlassofen, ergänzt werden [4].

In vielen Härtereien werden noch Mehrzweckkammeröfen der Firma DEGUSSA Industrieofenbau (**BILD 2**) aufgrund ihrer

- kleinen bis mittleren Kapazität,
- unterschiedlichen Wärmebehandlungsverfahren,
- hohen Teilevielfalt,
- guten Prozessfähigkeit innerhalb enger Toleranzbereiche,
- hohen Anlagenverfügbarkeit,
- und sicherem Produktionsbetrieb

eingesetzt und immer noch betrieben. Brennerwirkungsgrad und Emmissionsverhalten sind jedoch nicht mehr zeitgemäß. Eine Modernisierung kann den Brennstoffverbrauch und die hohen Emissionen, auf ein zukunftsfähiges Niveau senken.

Brennertechnik

Für Schutzgasöfen werden Strahlrohrbrenner eingesetzt, die in der Regel mit vorgewärmter Luft betrieben werden. Es werden rekuperative und regenerative Brenner unterschieden. In Rekuperatoren sind die beiden Ströme durch die Übertragerwand getrennt. In Regeneratoren erfolgt der Wärmetransport durch einen Wärmespeicher, der geladen und entladen wird.

Stand der Technik für die Strahlrohrbeheizung sind Brenner mit integriertem Rekuperator (**BILD 3**, rechts). Die entsprechenden Strahlrohre für Single-Ended-

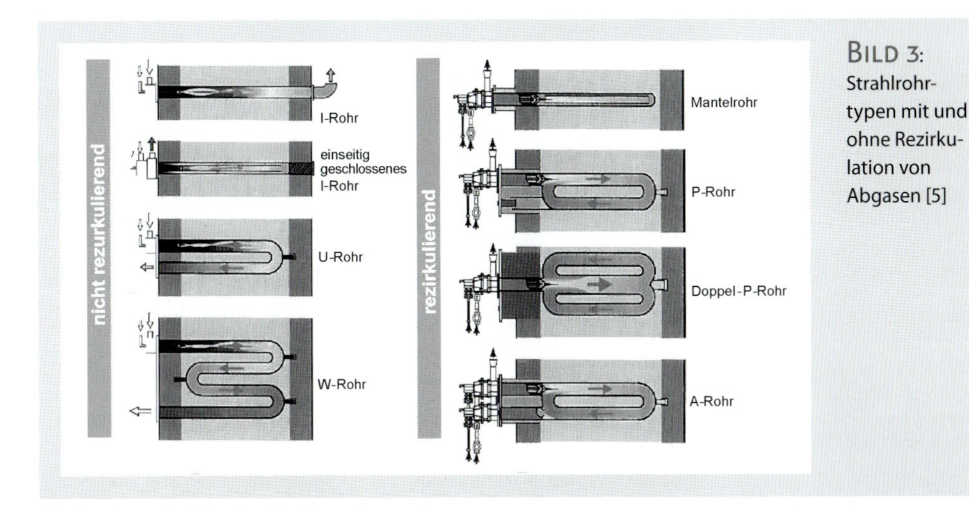

Bild 3: Strahlrohrtypen mit und ohne Rezirkulation von Abgasen [5]

Recuperative-(SER-)Brenner haben die Form eines geraden Mantelstrahlrohrs, P-Rohrs oder Doppel-P-Rohrs.

Systeme, bei denen Brenner und Rekuperator getrennt sind (Bild 3, links), weisen erhöhte Wärmeverluste auf und haben dadurch einen geringeren Wirkungsgrad. Regenerativbrenner haben prinzipbedingt einen etwas höheren Wirkungsgrad. Jedoch stellt die Umschaltung der Gasflussrichtung hohe Anforderungen an die verwendete Steuer- und Regeltechnik. Insbesondere die Umschaltung der heißen Prozessgase führt zu einer hohen Bauteilbelastung. Die höhere Komplexität dieser Systeme führt zu einer höheren Fehleranfälligkeit und somit zu einem größeren Wartungsaufwand. Auch ist die Baugröße durch zusätzliche Bauteile und des notwendigen Wärmespeichers auf Systeme größerer Leistung und Strahlrohrdurchmesser beschränkt.

Wie bei anderen Brennern mit integriertem Rekuperator ist auch beim ECOTHAL-SER-Brenner der Rekuperator ein zentrisch am Ende des Strahlrohrs integrierter Wärmetauscher, der nach dem Gegenstromprinzip arbeitet (**Bild 4**). Die Abgase werden zwangsweise zum hier metallischen Rekuperator zurückgeführt. Die Abgasenthalpie wird auf die Verbrennungsluft übertragen und bleibt

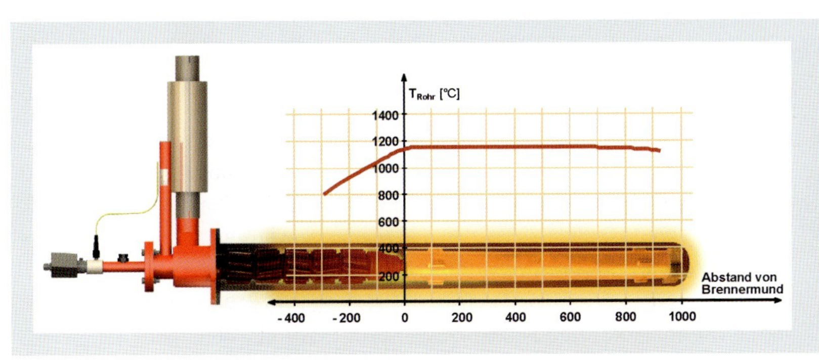

Bild 4: Brenner mit integriertem Rekuperator vom Typ ECOTHAL SER 4-20 UV

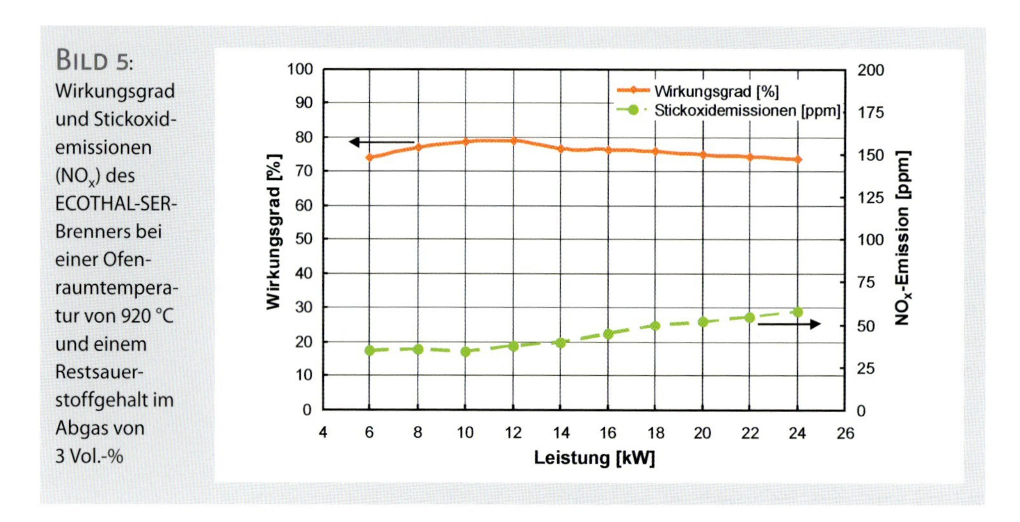

Bild 5: Wirkungsgrad und Stickoxidemissionen (NO_x) des ECOTHAL-SER-Brenners bei einer Ofenraumtemperatur von 920 °C und einem Restsauerstoffgehalt im Abgas von 3 Vol.-%

so im System. Die Effizienz eines Rekuperatorbrenners wird hauptsächlich durch den Wärmetransport in diesem Wärmetauscher bestimmt. Ein hoher Wärmeübergangskoeffizient und eine große Oberfläche sind Voraussetzung für einen hohen thermischen Wirkungsgrad des Brenners.

Das lose auf dem Endkreuz ruhende Flammrohr ist nicht mit der Brennerdüse verbunden. Aufgrund der Injektorwirkung an der Brennerdüse wird Abgas durch den entstehenden Spalt rezirkuliert. Dies erhöht zum einen die Temperaturgleichmäßigkeit des Strahlrohres (Bild 4) und senkt zum anderen die Verbrennungstemperaturen.

Die Rezirkulation von Abgas ist eine wirksame Methode, um die Stickoxidbildung deutlich zu reduzieren. Eine zu hohe Abgasrezirkulation führt jedoch zu Startproblemen im kalten Flammrohr. Eine genaue Abstimmung des Abstandes zwischen Brennerdüse und Flammrohr gewährleistet einen sicheren Start und niedrigste NO_X-Emissionen. Das durch umfangreiche nummerische Strömungssimulationen entwickelte Mischprinzip erlaubt es, den Brenner nahstöchiometrisch zu betreiben, ohne hohe CO- oder NO_X-Emissionen zu erzeugen.

In **Bild 5** sind der thermische Wirkungsgrad und die Stickoxidemissionen des ECOTHAL-SER-Brenners im Betriebsbereich zwischen 6 und 24 kW bei einer Ofenraumtemperatur von 920 °C und einem Restsauerstoffgehalt von 3 Vol.-% im Abgas gezeigt.

Strahlrohre aus APM

Die eingesetzten Strahl- und Flammrohre bestehen aus Kanthal APM. APM (Advanced Powder Metallurgy) ist eine rein metallische Eisen-Chrom-Aluminiumlegierung, die als pulverförmiger Rohstoff durch heißisostatisches Pressen (HIP) gesintert und zu Rohren extrudiert wird. Die Rohre weisen dadurch eine sehr hohe Homogenität und keine Schwachstellen wie Schweißnähte auf. APM ist ein Ergebnis intensiver Forschung und Entwicklung und seit mehreren Jahren erfolgreich im Industrieofenbau im Einsatz. Die schützende und äußerst gleichmäßige Aluminiumoxid-Schutzschicht, die der APM-Werkstoff bildet, ermöglicht eine weitaus höhere Lebensdauer und höhere Arbeitstemperaturen als irgendeine CrNiX-Legierung. Aufgrund seines speziellen Aluminiumgehaltes bildet die Legierung APM bei der Erhitzung in den meisten Atmosphären, die Spuren von Sauerstoff enthalten, spontan eine dünne und sehr homogene Schicht aus Aluminiumoxid. Diese Schicht ist ein ausgezeichneter Schutz in den meisten korrosiven Atmosphären und wirkt somit als Barriere gegen Angriffe durch oxidierende, sulfidierende, aufkohlende und nitrierende Bestandteile. Einer der Hauptvorteile von APM als Material für Strahlungsschutzrohre ist seine Beständigkeit gegen Kohlenstoff bei hohen Temperaturen.

Die Dichte beträgt 7,1 g/cm³ und ist damit deutlich geringer als bei CrNiX-Legierungen. Der Emissionsfaktor beträgt 0,7 und damit sind APM-Rohre ein sehr guter Strahler. Der industrielle Einsatz über 1100 °C bis 1250 °C ist gegenüber NiCr-Rohren nur noch mit Keramikrohren oder APM-Rohren realistisch. Hierbei weisen die APM-Rohre im Gegensatz zu keramischen Strahlrohren keine erhöhte Bruchempfindlichkeit auf und sind dadurch deutlich einfacher handhabbar. Auch besteht aufgrund der guten Schweißbarkeit von APM wie bei CrNi-Rohren die Möglichkeit, gasdichte Flanschverbindungen herzustellen.

Die Rohre weisen eine deutlich höhere Verzunderungsbeständigkeit auf und können in oxidierender und reduzierender Atmosphäre eingesetzt werden. Die wesentlich bessere Temperaturbeständigkeit (bis 1250 °C) erlaubt entsprechend höhere Leistungsdichten (**Bild 6**). Somit kann mehr Energie in den Ofen und an das Gut übertragen werden. Dies wirkt sich positiv auf die Produktivität aus, die Prozesstemperatur kann erhöht werden. Mit den Rohren können Betriebszeiten bis zu 7 Jahren erreicht werden. Die hohe Festigkeit erlaubt es, auf eine Drehung der Rohre, um eine Durchbiegung zu verhindern, zu verzichten.

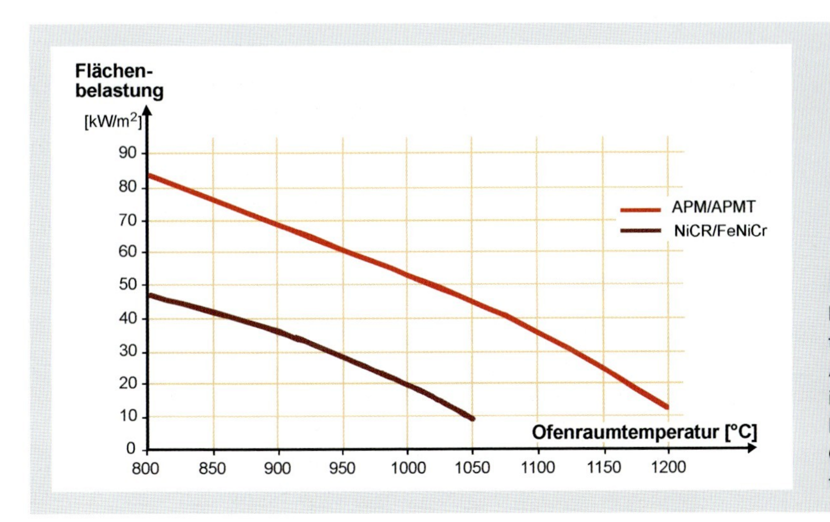

Bild 6: Flächenbelastung von APM-Rohren in Abhängigkeit von der Ofentemperatur

Durch das Zusammenspiel von Material- und Anwendungsentwicklung war es möglich, einen Rekuperatorbrenner mit einfachem, robustem Design, einer hohen Temperaturgleichmäßigkeit am Strahlrohr und niedrigsten Stickoxidemissionen bei gleichzeitig hohem Wirkungsgrad zu entwickeln. Die Konstruktion enger Kanäle, in denen sich Schmutz oder Ablagerungen verfangen könnten, wurde vermieden und dadurch der notwendige Wartungsaufwand konsequent verringert.

Ergebnisse der Anlagenmodernisierung

Die oben beschriebene Glühkammer wurde auf ECOTHAL-SER-Brenner umgerüstet. Mit der Umrüstung sollten die durchschnittlichen Stickoxidemissionen der Glühkammer auf unter 100 ppm reduziert werden. Weiterhin sollte die Nennleistung der Glühkammer erhöht werden, ohne den Gasverbrauch zu steigern.

In der beschriebenen Glühkammer waren 12 Brenner älterer Bauart mit einer Gesamtleistung von maximal 192 kW installiert. Diese wiesen hohe Kohlenmonoxid- und Stickoxidemissionen sowie einen Wirkungsgrad von 58 % auf. Weiterhin mussten die Brenner mit einem hohen Luftüberschuss gefahren werden, um eine Überhitzung und noch höhere Stickoxidemissionen zu vermeiden.

Die bisherigen Brenner älterer Bauart wurden durch 10 Rekuperatorbrenner vom Typ ECOTHAL SER 4-20 mit APM-Strahlrohren ersetzt. Die technischen Daten des Ofens vor und nach der Umrüstung sind in **Tabelle 1** aufgeführt.

Nach der Bestandsaufnahme erfolgten die Auslegung der neuen Anlage, die Berechnung der Kosten sowie des Einsparpotenzials mit der modernisierten Anlage. Zusätzlich erfolgt eine Berechnung der Amortisation der Investition. Hierbei wird jedoch keine Kapitalverzinsung berücksichtigt.

In **Bild 7** ist das Berechnungsblatt für die beschriebene Glühkammer dargestellt. Bei dem Berechnungsblatt wird nicht nur die Ersparnis beim Gasverbrauch berücksichtigt, sondern auch die Einsparung bei den Ersatzteilkosten für Strahlrohre. Es ergibt sich eine Reduktion der jährlichen Ersatzteilkosten für Strahlrohre

TABELLE 1: Technische Daten des Mehrzweck-Kammerofens vor und nach der Modernisierung

	Bestand	Modernisiert
Brenner	DEGUSSA (Recuperative)	ECOTHAL SER 4-20 UV
Anz. Brenner	12	10
Brennerleistung	13 kW	16 kW
Betriebsweise	on/off	on/off
Betriebszeit/Jahr	6.800 h	6.800 h
Luftüberschuss	5–7 Vol.-%	3 Vol.-%
Erdgasverbrauch	39,2 m³/h	25 m³/h
Strahlrohrtyp/ Lebensdauer	CrNi/12–18 Monate	APM/> 3 Jahre

Calculation tube savings

Existing situation	
CrNi-Tube [€/ set]	1.400,00 €
Quantity [-]	12
Life-time [Month]	18
Annual sparepart use tubes [Pc/ furnace]	8,00
Annual sparepart costs [€/ furnace]	11.200,00 €
Annual sparepart costs/ burner [€]	933,33 €

Modified system ECOTHAL	
APM-Tube Ø 115mm [€/set]	2.300,00 €
Quantity [-]	10
Life-time [Month]	60
Annual sparepart use tubes [Pc/ furnace]	2,00
Annual sparepart costs [€/ furnace]	4.600,00 €
Annual sparepart costs/ burner [€]	460,00 €
Annual saving spare parts [€/furnace]	**6.600,00 €**
Annual saving spare parts/burner [€]	**473,33 €**

Calculation energy savings (all values are on yearly base)

Gasprice [€ / m³]	0,3800 €
Production time annual [h]	6800

Gasprice [€ / kWh]	0,0365 €

1m³ gas = 10,4kWh

Existing situation	
Quantity heating elements [-]	12
Efficiency [%]	58%
Power/ burner [kW]	16
Power effectiv furnace total [kW]	111,36
Air/fuel ratio [-]	1,4
Gas consumption/ burner [m³/ h]	3,26
Gas consumption total [m³/ h]	39,11
Gas costs/ burner [€]	8.421,46 €
Gas costs total [€]	**101.057,55 €**

ECOTHAL SER 4-20	
Quantity heating elements [-]	10
Efficiency [%]	79%
Power/ burner [kW]	20
Power effectiv furnace total [kW]	158
Air/fuel ratio [-]	1,2
Gas consumption/ burner [m³/ h]	2,49
Gas consumption total [m³/ h]	24,87
Gas costs/ burner [€]	6.426,18 €
Gas costs total [€]	**64.261,75 €**
Annual saving/ burner [€]	**1.995,29 €**
Total annual saving [€]	**36.795,80 €**

Calculation payback time

Ecothal burner with APM tubes	Quantity	Cost/ savings	Total costs (€)	Total savings (€)
Investment			50.000,00 €	
Savings on tube consumption/ year	10	473,33 €		4.733,33 €
Savings on gas consumption/ year	10	1.995,29 €		19.952,87 €
Total costs/ savings (annual)			**50.000,00 €**	**24.686,21 €**
Payback time [years]				**2,03**

Bild 7: Berechnungsblatt zur Effizienzsteigerung und Kosten der Glühkammermodernisierung

von 6.600 Euro und eine Reduktion des Gasverbrauchs von fast 37.000 Euro im Jahr. Die Investition in neue Brenner amortisiert sich so innerhalb von zwei Jahren. Unberücksichtigt sind hierbei die Kosten für die Umrüstung sowie die Reduktion der Kosten für den Tausch von Strahlrohren und die damit verbundenen Stillstandskosten.

Der Einbau und die Inbetriebnahme erfolgten in einem zweiwöchigen Wartungsstopp des Ofens. Die Glühkammer konnte termingerecht in Betrieb genommen und die geforderten wärmetechnischen Parameter erfüllt werden. Trotz einer Reduzierung der Brenneranzahl wurde die Temperaturgleichmäßigkeit auf ±4 K leicht verbessert und die Prozessdurchlaufzeit reduziert werden. Die Stickoxidemissionen belaufen sich auf durchschnittlich 54 ppm bei 3 Vol.-% Restsauerstoff im Abgas und einer Ofentemperatur von 920 °C. Sie liegen damit deutlich unter dem vom Betreiber unter diesen Bedingungen geforderten Grenzwert von 100 ppm.

Fazit

Durch den Einsatz moderner Rekuperatorbrenner wie dem ECOTHAL-SER-Brenner und APM-Strahlheizrohren lässt sich aufgrund des höheren Wirkungsgrades der Gasverbrauch und die Brenneranzahl bei älteren Anlagen verringern, wobei die Heizleistung erhöht und Emissionen reduziert werden. Im Zusammenhang mit dem Einsatz von APM-Strahlheizrohren wird die Verfügbarkeit einer Anlage erhöht und der Ersatzteilbedarf für Strahlrohre reduziert. Diese Anlagenmodernisierung hat gezeigt, dass leicht Effizienzsteigerungen > 20 % möglich sind. Somit stellt die Erneuerung bestehender Thermoprozessanlangen eine Möglichkeit dar, in wirtschaftlich schwieriger Lage mit geringen Investitionen hohe Kostenreduktionen zu realisieren und die wirtschaftliche Betriebszeit einer Anlage zu verlängern.

Literatur

[1] Beneke, F.: Energieeffizienz von Thermoprozessanlagen. Gaswärme International 58 (2009) Sonderheft Energieeffizienz, S. 7–11

[2] Tschapowetz, E.; Wimmer, H.: Hochtemperaturwolle und moderne Brennertechnik in der Wärmebehandlung. Gaswärme International 58 (2009) Sonderheft Energieeffizienz, S. 44–49

[3] Jasper, R.: Möglichkeiten der Energieeinsparung an Thermoprozessanlagen. Gaswärme International 58 (2009) Sonderheft Energieeffizienz, S. 44–49

[4] Krikl, J.; Preisl, M.: Mehrzweckkammerofenanlagen. In: Starck, A. v.; Mühlbauer, A.; Kramer, C. (Hrsg.): Praxishandbuch Thermoprozesstechnik – Band 2. Vulkan-Verlag Essen, 2002

[5] Wünning, G. J.; Milani, A. (Hrsg.): Handbuch der Brennertechnik für Industrieöfen. Vulkan Verlag, Essen 2007

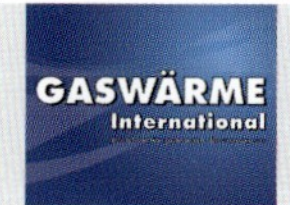

Veröffentlicht in:
Gaswärme International · Heft 5/2009 · Seiten 307–312

ELINO INDUSTRIE-OFENBAU GMBH

Zum Mühlengraben 16–18
52355 Düren
Germany

Phone: +49 2421 6902-0
Fax: +49 2421 62979
info@elino.de

ELINO INDUSTRIE-OFENBAU GMBH – kompetenter Anlagenbauer für Industrieöfen in den unterschiedlichsten Industriezweigen weltweit.

Seit 1933 fertigt das Dürener Traditionsunternehmen ELINO INDUSTRIE-OFENBAU GMBH als kompetenter Anlagenbauer individuelle Wärmebehandlungsanlagen.

Über 4.000 Anlagenlieferungen weltweit, maßgeschneiderte High-Tech-Anlagen, Qualität, Zuverlässigkeit, Flexibilität und innovative Produktentwicklung machen die ELINO zum idealen Ingenieurspartner für unterschiedlichste Wärmebehandlungsanlagen. Die Marke ELINO garantiert präzise Temperaturprofile, hochreine Atmosphären und langlebige Konstruktionen auch unter härtesten Einsatzbedingungen.

Das Produktspektrum der ELINO umfasst Industrieofenanlagen mit individueller Chargierung sowie Durchlauföfen mit kontinuierlicher Beschickung. ELINO-Ofenanlagen für Temperaturbereiche bis zu 2.200°C Dauertemperatur; Prozesse in hochreinen, aggressiven, giftigen, normalen oder in Vakuum-Atmosphären; Produktgrößen vom Nanobereich bis zu mehreren Tonnen und Anlagengrößen vom Laborofen bis zur kompletten Produktionsanlage sind weltweit im Einsatz.
Ein umfangreich ausgestattetes Technikum ermöglicht, Prozesse im vorindustriellen Maßstab zu testen und entscheidende Prozessparameter zu definieren. Eine Vielzahl von neuen Produktionsmethoden und Produkten wurden im Technikum der ELINO gemeinsam mit den Kunden realisiert.

Im Jahr 2010 wurde ELINO Teil der PLC Holding. Zusammen mit ihren Schwesterfirmen WISTRA und ELMETHERM kann eine noch umfangreichere Produktpalette aus einer Gruppe hochspezialisierter Unternehmen mit weltweitem Service und internationalen Fertigungsmöglichkeiten für nahezu jede Anwendung im Industrieofenbereich angeboten werden.

Energieeffizienter Betrieb von Erdgasbrennern

Von Dirk Mäder, Roland Rakette und René Lohr

Der energieeffiziente Betrieb einer erdgasbeheizten Thermoprozessanlage hängt zu einem großen Teil von der Qualität und Ausführung der verwendeten Brenner ab. Durch Unstimmigkeiten in der Betriebsweise bzw. durch ungünstige Randbedingungen entfalten die Brenner oft nicht ihr tatsächliches Potenzial. Es wird anhand von Praxisbeispielen aufgezeigt, wie unnötige Mehrverbräuche zustande kommen und wie sie mit zum Teil simplen Gegenmaßnahmen wirksam und dauerhaft vermieden werden können.

Das Thema Energieeffizienz ist zurzeit in aller Munde. Forderungen nach Steigerungen der feuerungs- und ofentechnischen Wirkungsgrade, bzw. Minimierung der Verluste aller Art, sind gleichermaßen aus ökologischer wie ökonomischer Sicht sinnvoll. Bei der Anschaffung von Neuanlagen zeigt der ständig wachsende Preisdruck hier allerdings Grenzen auf. Bei der Modernisierung von Altanlagen sind die erforderlichen Maßnahmen zudem meist aufwändiger und damit entsprechend kostenintensiv, sodass die Amortisationszeiten oft mehrere Jahre betragen und deshalb für den Betreiber nicht in Betracht kommen. Der Einsatz von Rekuperatorbrennern anstelle von Kaltluftbrennern ist je nach Prozesstemperatur und Betriebsweise der Thermoprozessanlage eine wirksame und vergleichsweise günstige Möglichkeit, Energieeinsparpotenziale auszuschöpfen und wurde in der Vergangenheit durch zahlreiche Fachartikel ausführlich beschrieben.

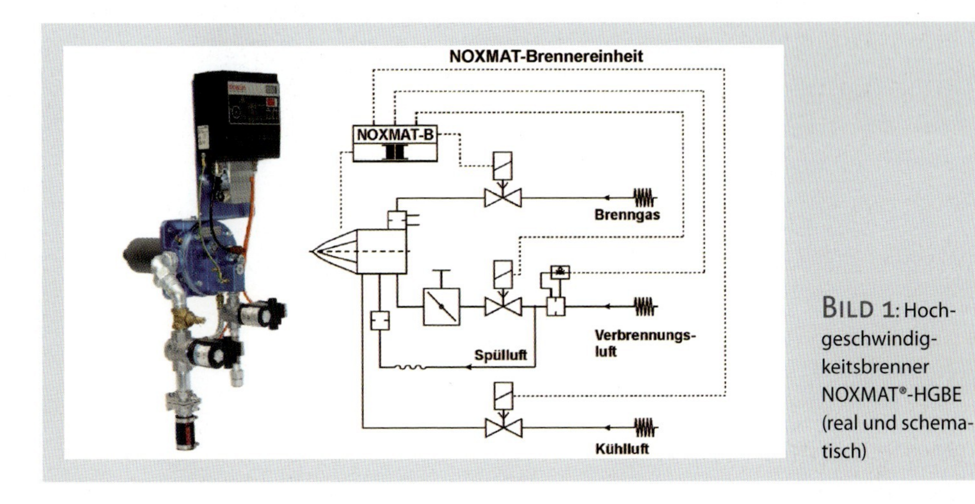

BILD 1: Hochgeschwindigkeitsbrenner NOXMAT®-HGBE (real und schematisch)

Zusätzliche und zum Teil weitaus einfachere Möglichkeiten zur Steigerung der Energieeffizienz werden oftmals vernachlässigt bzw. nicht erkannt.

Die nachfolgenden Beispiele sind anhand des Betriebs von Kaltluftbrennern geschildert, lassen sich darüber hinaus aber auch auf warmluftbetriebene Brenner sinngemäß übertragen.

Bild 1 zeigt einen standardmäßig ausgeführten Kaltluftbrenner NOXMAT®-HGBE inkl. Gas- und Luftzuführung sowie der Brennersteuerung, links real (ohne Druckwächter) und rechts schematisch dargestellt. Das Schema zeigt eine Brennerkonfiguration mit optionaler Kühlluftleitung, die die Möglichkeit bietet, den Brenner als Kühlaggregat zu benutzen. Die zugeführte Kühlluftmenge ist dabei deutlich höher als die eigentliche Verbrennungsluftmenge.

Gemischeinstellung

Die Luftzahl λ gibt das Verhältnis zwischen der zugeführten Luftmenge l_0 zur theoretisch erforderlichen Mindestluftmenge $l_{0,min}$ an. Ist die Luftzahl größer 1, so wird dem Verbrennungsprozess mehr als die erforderliche Mindestmenge Luft zugeführt, ist sie kleiner 1, so ist die zugeführte Luftmenge zu gering, um eine vollständige Verbrennung des Brenngases zu erzielen.

Die höchste Energieeffizienz liegt theoretisch bei der Luftzahl $\lambda = 1$ vor, man spricht hier von stöchiometrischer Verbrennung. In der Praxis ist diese Luftzahl nicht zu realisieren, da stets eine Mindestmenge an Luftüberschuss erforderlich ist, um die Bildung von Kohlenmonoxid sicher zu verhindern. Schwankende Drücke der Versorgungsmedien, Änderungen des barometrischen Luftdrucks oder der Verbrennungslufttemperatur (Sommer-Winter) sowie variierende Verschmutzungsgrade von Filtern der Versorgungsmedien sind als zusätzliche Störgrößen beispielhaft zu nennen. Daher wird für den Brennerbetrieb in der Regel eine Luftzahl von 1,05–1,2, also eine leicht überstöchiometrische Verbrennung, gewählt, dies entspricht einem Restsauerstoffgehalt im Abgas von 1,0 bis 3,5 %.

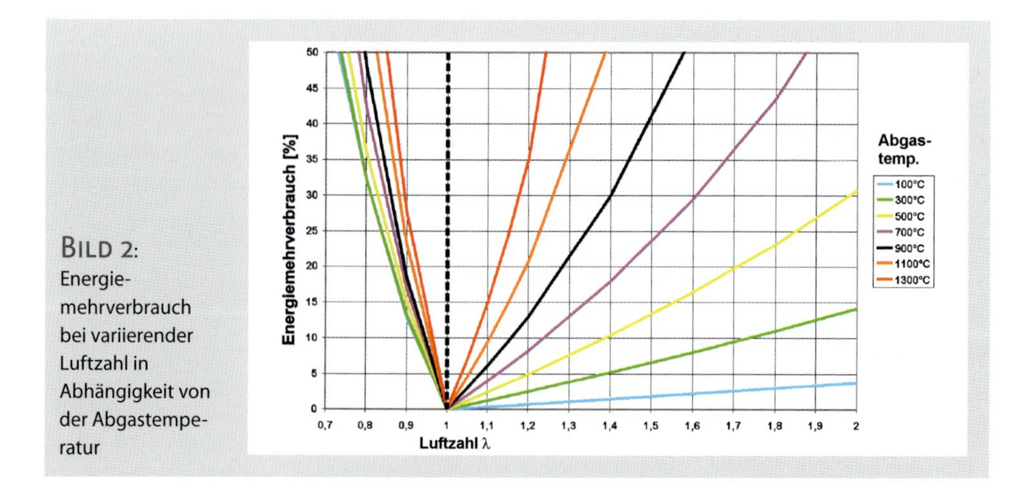

Bild 2: Energiemehrverbrauch bei variierender Luftzahl in Abhängigkeit von der Abgastemperatur

Die optimale Einstellung des Gas-Luft-Gemisches eines Brenners hängt von dem jeweiligen Anwendungsfall ab und sollte turnusmäßig ein- bis zweimal jährlich durch ein geeignetes Fachunternehmen, z. B. den Hersteller, überprüft werden, da durch unbemerkte Gemischverstellung erhebliche Mehrverbräuche entstehen können, durch die auch die Umwelt unnötig belastet wird.

Je deutlicher die gewählte Luftzahl über 1 liegt, desto mehr überschüssige Luft muss im Brennraum zusätzlich erwärmt werden und verlässt im Kaltluftbetrieb ungenutzt den Ofenraum. Mit steigender Brennraumtemperatur erhöhen sich diese Verluste deutlich. **Bild 2** zeigt den resultierenden Energiemehrverbrauch bei variierender Luftzahl in Abhängigkeit von der Abgastemperatur. Im unterstöchiometrischen Bereich ($\lambda < 1$) steigt der Mehrverbrauch noch drastischer an.

Brennerkonfiguration

Einfachste Gemischeinstellungen werden ermöglicht, wenn kein Verbund zwischen Gas- und Luftzuführung des Brenners besteht, wie im Schema von Bild 1 dargestellt. Gas- und Luftmenge lassen sich separat und bedienerfreundlich einstellen. Die eingesetzten Ventile sind ohne Dämpfung ausgeführt, sodass unmittelbar nach Brennerstart die volle Leistung und damit der maximale Impuls der Flamme vorliegt. Dadurch ist eine optimale Durchmischung der Brennraumatmosphäre auch bei kurzen Taktzyklen gewährleistet. Konstante Vordrücke der Verbrennungsmedien sind die Voraussetzung für diese Betriebsweise der Brenner, wie das Beispiel der beiden folgenden Kapitel zeigt.

Die in der DIN EN 746-2 geforderte „Überwachung einer ausreichenden Luftströmung während der Vorbelüftung, der Zündung und des Betriebs der Brenner" wird durch einen Differenzdruckwächter in Kombination mit einer Verbrennungsluftmessblende realisiert.

Die in der Praxis oft übliche statische Drucküberwachung, z. B. durch Einsatz eines Gleichdruckreglers, dessen Verwendung in erster Linie der Konstanthaltung der Luftzahl beim Durchfahren des Bereiches zwischen Klein- bzw. Zünd- und Großlast des Brenners dient, bietet unter Umständen keine sichere Überwachung, da z. B. beim Schließen eines nachfolgenden Einstellorgans zwar ein statischer Luftdruck, nicht aber eine Luftströmung vorliegt. Zudem gestaltet sich die Einstellung eines Brenners aufwendiger, da meist mehrere Betriebspunkte des Brenners eingestellt und überprüft werden müssen.

Schwankende Vordrücke der Verbrennungsmedien können sich auch bei einer Verbundregelung, wie z. B. dem klassischen Gleichdruckregler, nachteilig auswirken. Ein gegenseitiges Aufschaukeln der Vordrücke am Brenner und damit unkontrollierbares Pulsieren der Brennerflamme könnten die Folge sein.

Verbrennungsluftversorgung

Die Bedeutsamkeit der Verbrennungsluftzuführung mit konstantem Druck soll anhand des folgenden Fallbeispiels näher erläutert werden. Die Druckverluste der Rohrleitungen werden dabei nicht berücksichtigt:

Beheizung:	Kaltluft, direkt
Brenneranzahl:	10
Brennerleistung:	100 kW
Betriebsweise der Brenner:	Ein/Aus
Erforderlicher Anschlussdruck Luft:	80 mbar, ±5 %
Erforderlicher Anschlussdruck Gas:	50 mbar, ±5 %
Brennstoff:	Erdgas H
Luftzahl λ:	1,15 (≈ 2,8 % O_2 im Abgas)
Gesamtluftbedarf der Brenner:	1100 m^3/h
Ventilatortypenschild:	
Volumenstrom:	1550 m^3/h
Druckerhöhung:	85 mbar.

Laut Typenschild scheint der Verbrennungsluftventilator zunächst ausreichend bemessen zu sein. Doch nur die Kennlinie des Ventilators gibt darüber konkret Aufschluss, wie **Bild 3** zeigt. Die drei rot markierten Betriebszustände zeigen die unterschiedlichen Drücke bei Betrieb von einem (Betriebspunkt 1), drei (Betriebspunkt 2) und allen zehn Brennern (Betriebspunkt 3). Der Ventilatordruck schwankt folglich zwischen 85 und 55 mbar. Dies führt zu einem Luftmangel beim Volllastbetrieb (λ ≈ 0,95). Ein deutlicher Mehrverbrauch und die Bildung von giftigem Kohlenmonoxid sind die Folge.

Aber auch bei einem ausreichend dimensionierten Ventilator sind anhand der Kennlinie stets Druckschwankungen zu erwarten, abhängig von der momentan betriebenen Brenneranzahl.

Abhilfe bietet der Einsatz eines Frequenzumrichters: Ein an einer geeigneten Stelle in die Verbrennungsluftleitung integrierter Druck-Messumformer misst den Druck in der Luftleitung und gibt ihn umgewandelt als Stromsignal an den Drehzahlregler des Ventilators weiter, sodass dieser mit einer variablen Drehzahl den Druck in der Verbrennungsluftleitung nahezu konstant hält. Die Praxis zeigt sehr gute Erfahrungen mit dieser Anwendung, die zugleich die Möglichkeit bietet, mit einfachen Mitteln eine Lambda-Regelung zu realisieren, indem der Regeldruck

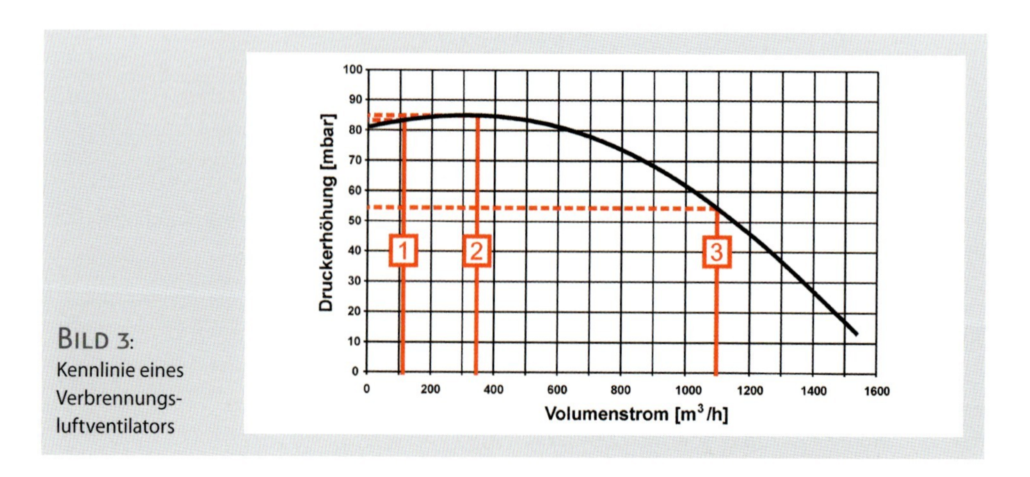

Bild 3: Kennlinie eines Verbrennungsluftventilators

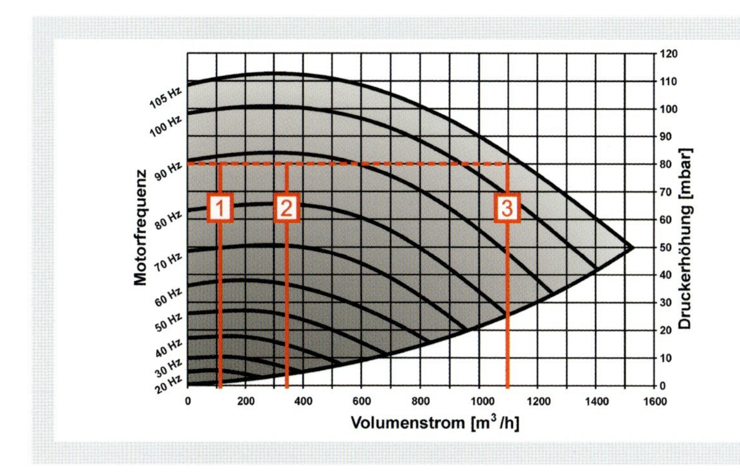

BILD 4: Arbeitsfeld eines frequenzgeregelten Verbrennungsluftventilators

der Verbrennungsluft gezielt variiert wird. **BILD 4** zeigt das Kennfeld eines solchen Verbrennungsluftventilators und die zuvor beschriebenen drei Betriebszustände.

Die Drehzahlregelung bewirkt zudem eine deutlich geringere Stromaufnahme des Antriebsmotors während des Teillastbetriebes.

Brenngasversorgung

Analog zum Luftdruck kommt dem Gasvordruck an den Brenneranschlüssen eine ebenso große Bedeutung zu. Maßgeblichen Einfluss hat die vorgeschaltete Gasdruckregel-, Mess- und Sicherheitsstrecke, kurz GDRMS, der Thermoprozessanlage sowie die Rohrleitung zu den Brenneranschlüssen. **BILD 5** zeigt den exemplarischen Aufbau einer GDRMS-Strecke nach DIN EN 746-2.

In den meisten Fällen erweisen sich als Ursache für ungewollte Druckschwankungen drei Bauteile der GDRMS-Strecke, nämlich: 1) der Gasdruckregler, 2) der Durchflussmengenzähler und 3) das Hauptgasmagnetventil. Die anschließende Rohrleitung 4) zu den Brennern ist ebenfalls in Betracht zu ziehen.

Durch eine korrekte Auswahl des Druckreglers wird ein hinreichend konstanter Ausgangsdruck erreicht. Eine ausreichend große Dimensionierung der Bauelemente 3 und 4 bewirkt, dass die daraus resultierenden Druckverluste meist in einem akzeptablen Rahmen bleiben. Der Durchflussmengenzähler hingegen hat in der Ausführung als Turbinenradzähler durch seine Bauart bedingt auch bei korrekter Auswahl einen Druckverlust von etwa 10–15 mbar bei maximalem Durchfluss.

In Bild 5 sind unter den Bauelementen die einzelnen Druckverluste in Abhängigkeit der sich in Betrieb befindenden Brenner einzeln aufgeführt und nacheinander aufaddiert, sodass sich in der rechten Spalte der resultierende Brenneranschlussdruck ergibt, der zwischen 47,5 und 52,5 mbar liegen soll. Bezogen auf das genannte Fallbeispiel, in dem nun ein konstanter Luftdruck von 80mbar vorausgesetzt wird, ergeben sich folglich Schwankungen an den Brenneranschlüssen zwischen 49,9 und 34,3 mbar. Je mehr Brenner in Betrieb sind, desto höher wird

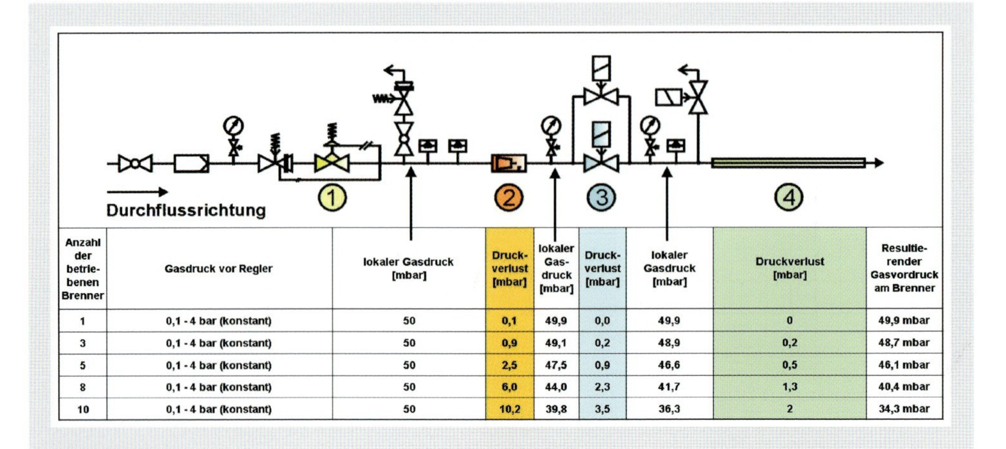

Anzahl der betriebenen Brenner	Gasdruck vor Regler	lokaler Gasdruck [mbar]	Druckverlust [mbar]	lokaler Gasdruck [mbar]	Druckverlust [mbar]	lokaler Gasdruck [mbar]	Druckverlust [mbar]	Resultierender Gasvordruck am Brenner
1	0,1 - 4 bar (konstant)	50	0,1	49,9	0,0	49,9	0	49,9 mbar
3	0,1 - 4 bar (konstant)	50	0,9	49,1	0,2	48,9	0,2	48,7 mbar
5	0,1 - 4 bar (konstant)	50	2,5	47,5	0,9	46,6	0,5	46,1 mbar
8	0,1 - 4 bar (konstant)	50	6,0	44,0	2,3	41,7	1,3	40,4 mbar
10	0,1 - 4 bar (konstant)	50	10,2	39,8	3,5	36,3	2	34,3 mbar

Bild 5: Betrachtung der Druckverluste einer Gasdruckregel-, Mess- und Sicherheitsstrecke

die Luftzahl, mit der sie betrieben werden und desto größer wird der Mehrverbrauch an Brenngas (Bild 1).

Folgende Gegenmaßnahmen reduzieren das unerwünschte Absinken der Anschlussdrücke:

- Größere Nennweiten der Bauteile und Rohrleitung wählen
- Rohrleitung strömungsgünstig (kurz und mit wenig Bögen) ausführen
- Anschlussstelle der Steuerleitung des Gasdruckreglers an eine Stelle nach dem Gasmengenzähler versetzen (Abgriff zwischen Pos. 2 und 3)
- Volumenstrommessung umstellen auf Messverfahren ohne Druckverlust, z. B. Ultraschallzähler
- Messort der Volumenstrommessung vor den Druckregler legen (auf ausreichenden Vordruck achten, ggf. Korrekturfaktoren ermitteln).

Diese Maßnahmen können zum Teil mit geringem Zeit- und Kostenaufwand durch ein geeignetes Fachunternehmen durchgeführt werden.

Analyse eines Wärmebehandlungsprozesses

Die Auswirkungen der in Bild 5 dargestellten Ausführung einer GDRMS-Strecke sollen anhand eines in **Bild 6** dargestellten, beispielhaften Ablaufes eines Wärmebehandlungsprozesses näher betrachtet werden:

Der Prozess gliedert sich in eine dreistündige Aufheizphase auf 1000 °C, eine vierstündige Haltephase und eine anschließende Abkühlphase. Die gestrichelte Kurve zeigt dazu den Verlauf der Solltemperatur, die grüne Kurve den der Ist-Temperatur. Der Luftdruck beträgt während des gesamten Prozesses die geforderten 80mbar (dunkelblaue Linie).

Je nach Wärmeanforderung werden Brenner zu- oder abgeschaltet, anfangs sind 8 Brenner in Betrieb, von der zweiten bis zur siebten Stunde sind alle 10 Brenner aktiv, anschließend reduziert sich die Anzahl, da das Material entsprechend weniger Wärme aufnimmt (schwarze Kurve).

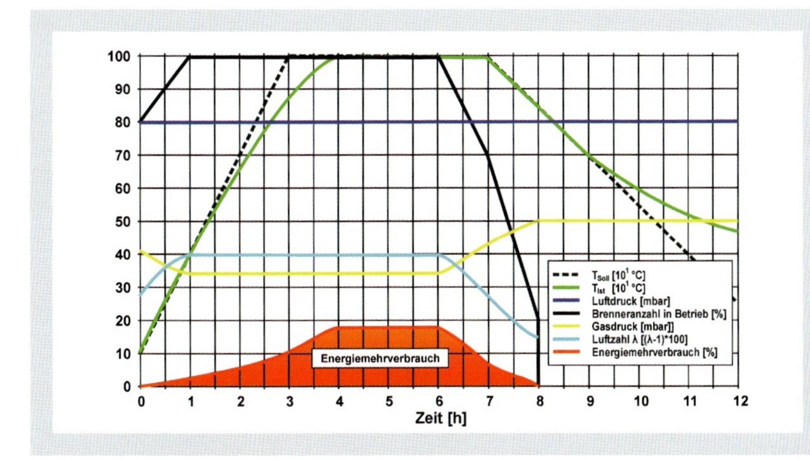

Bild 6: Zeitlicher Verlauf eines Wärmebehandlungsprozesses

Der Gasanschlussdruck (gelbe Kurve) liegt entsprechend Bild 5 zum Teil deutlich unter den geforderten 50mbar, je nach Anzahl der aktiven Brenner. Daraus resultiert die Kurve für die Luftzahl λ (hellblaue Kurve, Sollwert 1,15) und steigt von anfangs 1,28 auf bis zu 1,4 (bei Betrieb aller Brenner). Der daraus resultierende Mehrverbrauch an Energie (bezogen auf $\lambda = 1{,}15$) ist als rote Fläche dargestellt. Er steigt anfangs aufgrund der geringen Abgastemperatur geringfügig an und erreicht bei maximalem Lambda und maximaler Abgastemperatur ebenfalls sein Maximum von ca.18 %.

Für dieses konkrete Fallbeispiel belaufen sich die Mehrkosten durch Gasmangel bei zwei Ofenreisen pro Tag und einem Erdgaspreis von 4 Cent/kWh jährlich auf ca. 20.000 Euro, bei längerem Volllastbetrieb und hohen Ofenraumtemperaturen erhöhen sich diese Kosten entsprechend. Durch den Einsatz von Rekuperatorbrennern ließen sich jährlich weitere Kosten von ca. 25.000 Euro einsparen.

Fazit

Rekuperatorbrenner stellen nach wie vor den Stand der Technik dar, um mit geringem Aufwand sehr effektiv Energie zu sparen. Die konstante nahestöchiometrische Zuführung der Verbrennungsmedien spielt beim energieeffizienten Betrieb von Erdgasbrennern ebenfalls eine entscheidende Rolle und sollte regelmäßig überprüft werden. Sie hat direkten Einfluss auf den feuerungstechnischen Wirkungsgrad und kann durch Schwankungen oder Falscheinstellung zu einem erheblichen Mehrverbrauch an Brenngas führen. Sind die Ursachen einmal ermittelt, so lassen sich meist durch simple Maßnahmen nennenswerte Erfolge erzielen.

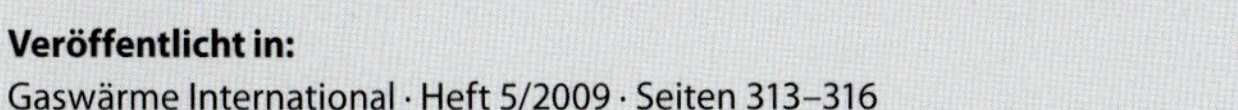
Veröffentlicht in:
Gaswärme International · Heft 5/2009 · Seiten 313–316

Anwendung von Flachflammenstrahlungsbrennern in Schmiede- und Wärmebehandlungsöfen

Von Jörg Teufert, Josef Srajer und Josef Domagala

Die Beheizungssysteme für Schmiede- und Wärmebehandlungsöfen müssen eine effektive Erwärmung der Charge mit möglichst niedrigen Temperaturunterschieden im Material garantieren. Noch vor nicht langer Zeit waren die Hochgeschwindigkeitsbrenner, die im AUF/ZU-Modus arbeiteten, eine Standardlösung. Heute werden die Hochgeschwindigkeitsbrenner in diesen Öfen durch Flachflammenbrenner ersetzt, die in den Wänden seitlich über dem Herd installiert sind. Diese Brenner gewährleisten, ähnlich wie die Hochgeschwindigkeitsbrenner, eine starke Rezirkulation der Verbrennungsgase, sie übertragen die Wärme durch Strahlung intensiv und sie vereinfachen die Wartung des Ofens. Beheizungssysteme dieser Art haben sich in den letzten Jahren besonders in Schmiedeöfen durchgesetzt. Der Artikel beschreibt die Prinzipien der Anwendung dieser Brenner und deren Anwendung an zwei Schmiedeöfen.

Die Anforderungen der Metallurgie an gasbeheizte Chargenindustrieöfen werden immer strenger. Neben der Forderung nach bester Temperaturgleichmäßigkeit im Material, steht die Forderung nach möglichst effektivem Brennstoffenergieeinsatz. Die gleichmäßige Chargenerwärmung ist das wichtigste Kriterium bei der Beurteilung von Beheizungssystemen für Schmiede- und Wärmebehandlungsöfen. Der Temperaturunterschied im Material von ±5 K bei Temperaturen von 1100 bis 1250 °C und ±10 K bei 900 bis 1100 °C sind die Mindestanforderungen, die heute von Ofenbetreibern an die Erwärmungsöfen gestellt werden. Für das Erreichen dieser Bedingungen sind neben der Ofenkonstruktion die Art der Beheizungseinrichtung und das eingesetzte Mess- und Regelsystem von entscheidender Bedeutung.

Der Heizzyklus eines Wärmebehandlungs- oder Schmiedeofens besteht aus Aufheiz- und Haltephasen. Die Temperaturgradienten während der Aufheizperioden werden durch die Materialtechnologie bestimmt. Die Dauer der Halteperioden resultiert aus den Temperaturunterschieden in der Charge am Anfang der Haltezeit und der angestrebten Temperaturgleichmäßigkeit im Material. Durch eine gleichmäßige Erwärmung des Wärmegutes während der Heizperioden lassen sich Langzeitausgleichsglühungen vermeiden. Für die Wärmeübertragung im Bereich niedrigerer Temperaturen unter ca. 800 °C ist der konvektive Wärmeübergang von ausschlaggebender Bedeutung. Deshalb wird versucht, in diesem Temperaturbereich eine möglichst hohe Umwälzung der Ofengase zu erzeugen, um die Wärme möglichst gleichmäßig auf die Charge zu übertragen.

Beheizungssysteme mit Hochgeschwindigkeitsbrennern

Die Anwendung von Hochgeschwindigkeitsbrennern in den Schmiede- und Wärmebehandlungsöfen ist eine oft verwendete Lösung. Bei diesen Brennern werden die Verbrennungsgase durch eine hohe Austrittsgeschwindigkeit vom Brennerstrahl angesaugt, wodurch eine intensive Vermischung des Brennerstrahls mit den Gasen im Ofenraum entsteht. Durch die starke Umwälzung der Ofenatmosphäre wird ein erhöhter Wärmeübergang, eine kürzere Vorwärmzeit und somit ein besserer Temperaturausgleich im Wärmgut erzielt. Auf **Bild 1A** ist ein Hochgeschwindigkeitsbrenner mit einem Si-SiC Flammenrohr dargestellt. Die Austrittsgeschwindigkeit der Brenngase beträgt 80 bis 100 m/s.

Die Brenner werden seitlich in den Ofenwänden oder in der Decke installiert. Mindestens eine Reihe der Brenner wird so installiert, dass sie in die Kanäle zwischen den Chargenunterlagen brennen. Die andere Brennerreihe wird an der gegenüberliegenden Ofenwand versetzt installiert. Oft werden die Brenner in oberem Wandteil installiert, um eine kreisförmige Rezirkulation der Ofengase zu unterstützen. Bei höheren Öfen werden zwei Brennerreihen in einer Wand vorgesehen. Die Größe und Lage der Werkstücke haben ebenfalls Einfluss auf die Position der Brenner im Ofen. **Bild 2** zeigt Schmiede- und Wärmebehandlungsöfen mit verschiedenen Versionen der Installation von Hochgeschwindigkeitsbrennern.

Die Brenner werden im AUF/ZU-Modus und in den Halteperioden zusätzlich im RUND-UM-Modus innerhalb der Temperaturzonen gesteuert. Das kontinuierliche Signal des Temperaturreglers wird in eine Folge von Brennzeiten und Brennpausen umgewandelt. Während der Haltephasen sorgt die Steuerung dafür, dass laufend andere Brenner eingeschaltet werden (RUND-UM), um die Bewegung der Ofenatmosphäre zu erhalten. Die Lösung, in der die Hochgeschwindigkeitsbrenner im unteren Teil des Ofens in die Kanäle zwischen den Chargenunterlagen brennen, hat den Nachteil, dass der Herd öfter von Zunder und Metallresten gereinigt werden muss, um die Brennkanäle freizuhalten. Der Zunder, der durch die hohe Temperatur in den Kanälen entsteht, wird teilweise eingeschmolzen, wodurch sich die Standzeiten für die Herdauskleidung verkürzen.

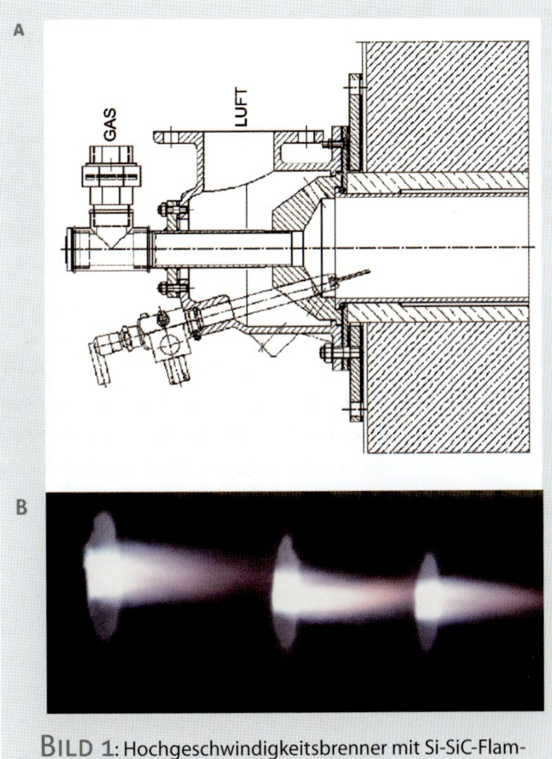

Bild 1: Hochgeschwindigkeitsbrenner mit Si-SiC-Flammenrohr (BLOOM Engineering Werksbild)

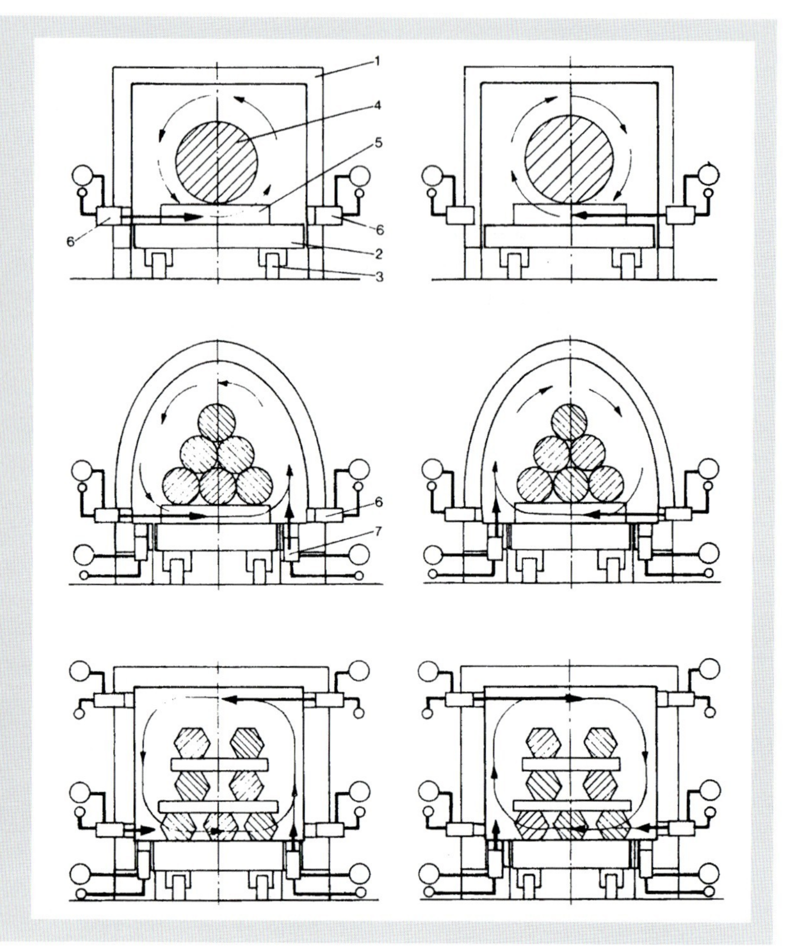

BILD 2: Position der Hochgeschwindigkeitsbrenner in Schmiede- und Wärmebehandlungsöfen [3]

Beheizungssysteme mit Flachflammenstrahlungsbrennern

Seit den Neunzigerjahren wurde an Herdwagenöfen eine andere Art der Beheizung mit Flachflammenbrennern verstärkt eingesetzt und ist inzwischen bei den Schmiedeöfen zur Standardlösung geworden. In diesen Brennern wird die flache Flammenform durch eine entsprechende Konstruktion des Düsensystems und durch die Brennersteinform erreicht. Die Verbrennung erfolgt teilweise im Brennerstein. Die Flamme liegt dicht am Brennerstein. Die Verbrennungsgase verbreiten sich radial entlang der Ofenwand. Die Verdrallung der Verbrennungsluft erzeugt einen Unterdruck in der Brennermitte, wodurch die Ofengase zentral in die Flamme eingezogen und entlang der Ofenwände weitertransportiert werden. So entsteht im Ofen eine Umwälzung, die vergleichbar mit der Stärke der durch die Hochgeschwindigkeitsbrenner erzeugten Rezirkulation ist. Es gibt grundsätzlich zwei verschiedene Arten von Flachflammenbrennern (**BILD 3A** und **BILD 3B**).

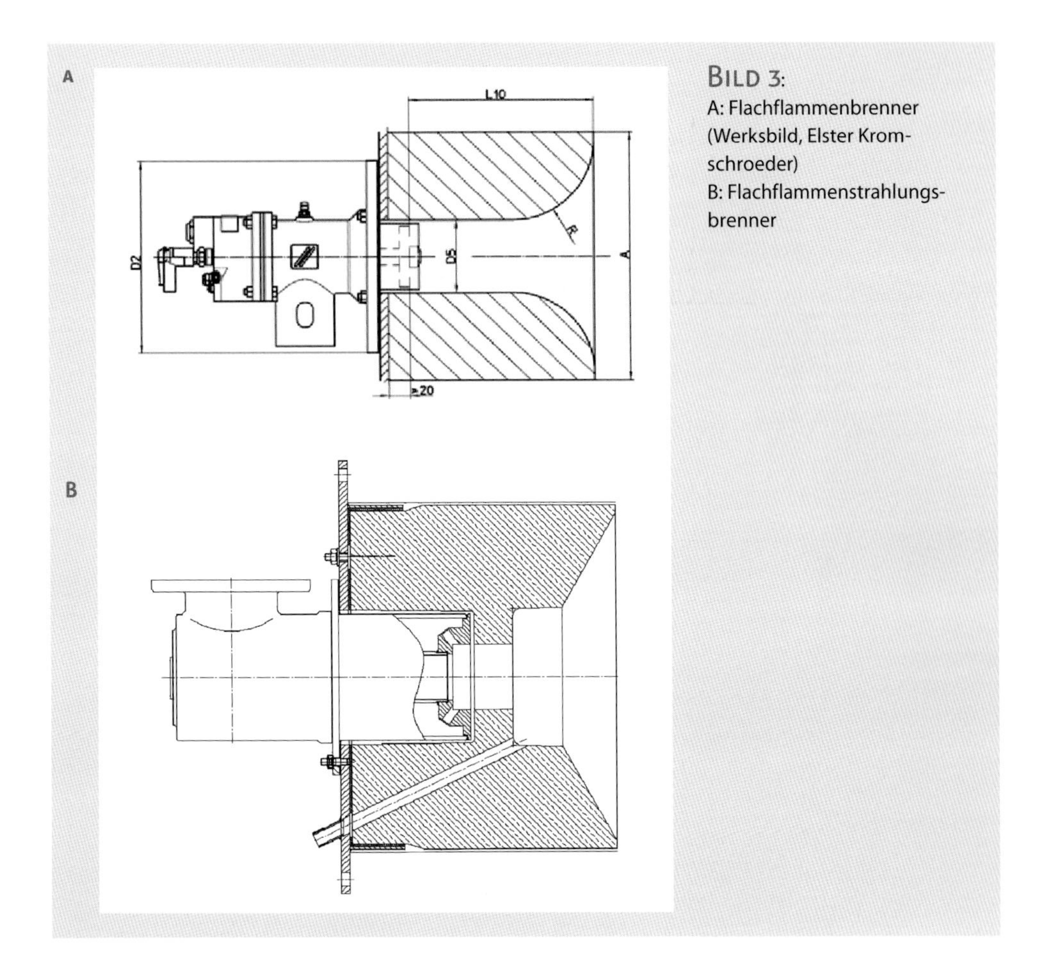

Bild 3:
A: Flachflammenbrenner (Werksbild, Elster Kromschroeder)
B: Flachflammenstrahlungsbrenner

Die Flachflammenbrenner (Bild 3a) verwenden einen trompetenähnlichen Brennerstein. Sie erzeugen eine weiche Flachflamme, die nicht im Brennerstein, sondern vorwiegend im Wandbereich rund um den Brennerstein ausbrennt. Die flache Flammenform wird über die Verdrallung der Verbrennungsluft und eine spezielle trompetenähnliche Brennersteinform erzeugt, wobei der Düsenaustrittskanal im Brennerstein relativ groß ist.

Eine andere Art der Flachflammenbrenner sind die Flachflammenstrahlungsbrenner (**Bild 3b** und **Bild 4**). Diese Brenner haben einen charakteristischen tassenförmigen Brennerstein mit einem sehr schmalen Austrittskanal, auf den eine sprungartige Erweiterung des Durchmessers folgt. Die Verbrennung erfolgt vor allem innerhalb des Brennersteines, der durch Strahlung die Wärme an den Einsatz abgibt. Die stark verdrallte Luft fließt in den schmalen Austrittskanal, wo der Brennstoff in den Luftstrom eingesaugt wird. Die Rezirkulation der Ofengase in die Brennermitte (und damit das Potenzial für die Umwälzung der Ofenatmosphäre) ist in hohem Maße von Verdrallung der Verbrennungsluft abhängig.

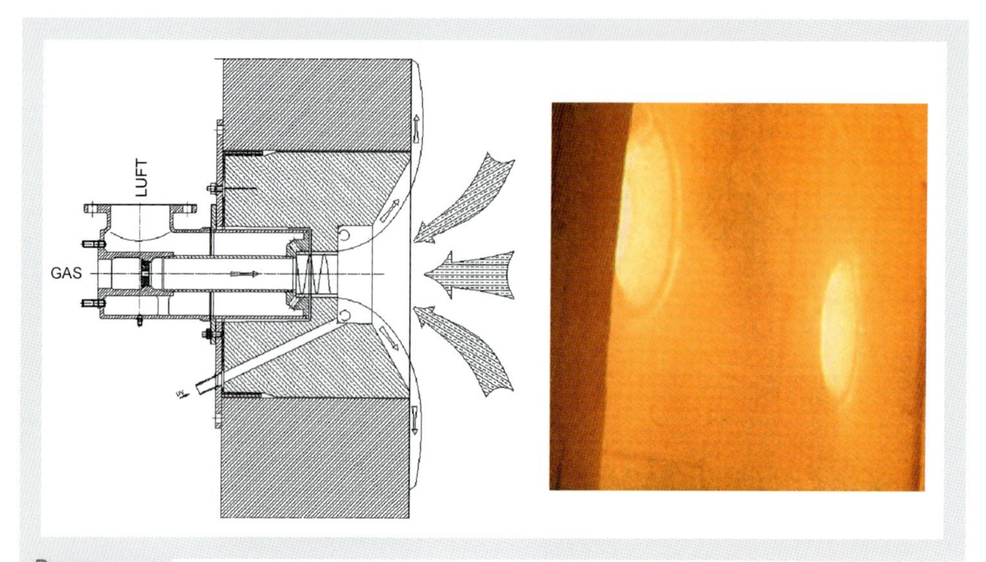

Bild 4: Flachflammenstrahlungsbrenner (Werksbild, BLOOM Engineering)

Der hohe Drall in diesen Brennern erzeugt eine sehr intensive Rezirkulation der Ofengase und sorgt damit für eine gleichmäßige Temperatur im Ofen. Dank der Kombination aus Strahlung (in einer Entfernung von 500–600 mm von der Wandoberfläche entsteht ein gleichmäßiges Wärmestromfeld) und starker Umwälzung im Ofen, sind die Brenner besonders gut für die Anwendung in den Schmiedeöfen geeignet.

Die Brenner werden ein- oder zweireihig in beiden Seitenwänden und bei höheren Öfen auch in der Ofendecke versetzt installiert. **Bild 5** zeigt verschiedene Versionen der Positionierung von Flachflammenstrahlungsbrennern in Schmiedeöfen. Die Brenner werden im AUF/ZU-Modus oder im GROß/KLEIN/ZU-Modus geregelt. Auch hier werden Chargenunterlagen verwendet, allerdings sind die Kanäle zwischen den Unterlagen nicht so wärmebelastet wie im Falle der Hochgeschwindigkeitsbrenner, die direkt in die Kanäle brennen.

Bild 5: Position der Flachflammenbrenner in Schmiedeöfen

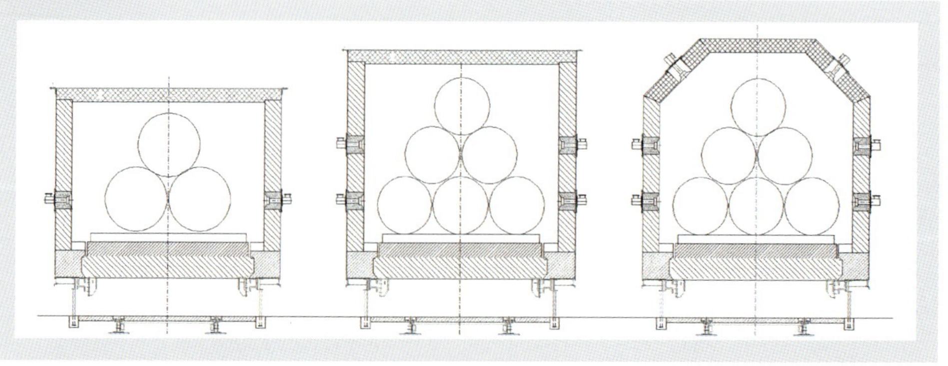

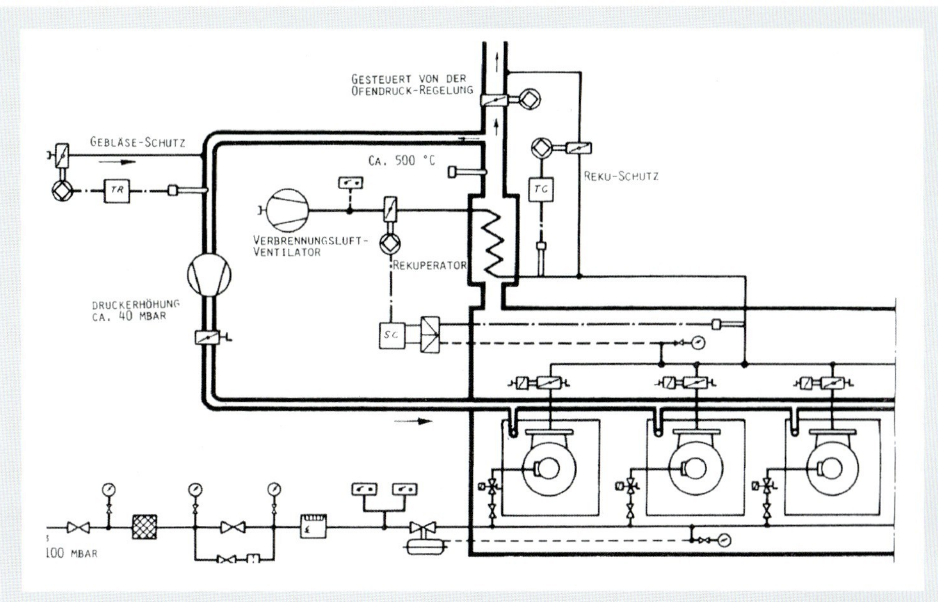

BILD 6: Ofenbeheizungssystem mit Jet-Abgasdüsen

Bei Wärmebehandlungsöfen sind die Anforderungen an die Temperaturgleichmäßigkeit bereits im unteren Temperaturbereich von 600 bis 1.000 °C strenger. In diesem Bereich spielt die konvektive Wärmeübertragung, wie erwähnt, eine wichtige Rolle. Die Beheizung der Wärmebehandlungsöfen mit Flachflammenbrennern wird oft, abhängig von der Größe und Position der Charge, durch gezielte Anwendung von Hochgeschwindigkeitsbrennern unterstützt. Das Ziel ist, mehr Umwälzung im unteren Ofentemperaturbereich zu erzeugen. Eine interessante Alternative zu den zusätzlichen Brennern ist der Einsatz von Jet-Düsen für die Umwälzung der Ofengase: 10 % der Abgase werden hinter dem Rekuperator abgenommen und durch die Jet-Düsen mit hoher Geschwindigkeit in den Ofen zurückgeführt. Dadurch wird die Rezirkulation der Ofenatmosphäre wirkungsvoll unterstützt. Ein System mit Jet-Düsen ist in **BILD 6** dargestellt.

Umbau von zwei Schmiedeöfen mit Flachflammenstrahlungsbrennern

Zwei gleiche Schmiedeöfen mit konventionellen Hochgeschwindigkeitsbrennern wurden mit Flachflammenstrahlungsbrennern umgebaut. Jeder Ofen ist innen 9 m lang, 4,1 m breit und 3,3 m hoch (die Höhe der Unterlagen beträgt maximal 650 mm). Es werden Blöcke mit einem Gewicht bis zu 45 t chargiert. Die maximale Herdwagenbelastung beträgt 240 t. Der Ofen ist auf **BILD 7** dargestellt. Die alte, feuerfeste Auskleidung des Ofens wurde entfernt und eine sehr effiziente

BILD 7: Schmiedeofen nach dem Umbau (Werksbild, VITKOVICE SCHREIER)

BILD 8: Ofenwand des Schmiedeofens nach dem Umbau (Werksbild, VITKOVICE SCHREIER)

Auskleidung neu angebracht; die Ofendecke ist in Faserblockausführung, die Seitenwände sind aus Feuerfestleichmaterial und der Herd ist aus Feuerfestbeton gefertigt. Die Öfen erhielten auch eine neue, dichte Tür. Das Ofeninnere ist auf **BILD 8** gezeigt.

Die mit Erdgas beheizten Öfen wurden mit zwölf Flachflammenstrahlungsbrennern mit einer Leistung von je 500 kW ausgestattet (pro Ofen). Die Brenner wurden in den Seitenwänden, ca. 1 m über dem Herd, versetzt installiert. Die Verbrennungsluft wird in einem Rekuperator, der auch umgebaut wurde, auf ca. 450 °C vorgewärmt. Die Öfen erhielten komplett neue Rohrleitungen sowie Gas- und Luftarmaturen.

Die Öfen wurden mit einer komplett neuen Mess- und Regelanlage ausgestattet. Sie hat die Aufgabe, den Ofen zu steuern und so zu regeln, dass die geforderten Parameter wie die Aufwärmzeit, korrekte Verbrennungswerte und Temperaturgleichmäßigkeit im Material eingehalten werden. Die Anlage besteht aus einem Mess- und Regelschrank mit einem Starkstromverteiler und dem Steuersystem CompactLogix der Firma Rockwell Automation. Des Weiteren beinhaltet sie einen Vor-Ort-Schrank sowie den am Ofen installierten Verteiler mit Schaltern, Messumformern und Feldgeräten (Brennersteuerautomaten, Elektroantrieben und Thermoelementen). **BILD 9** zeigt die Schränke der Mess- und Regelanlage.

Die Anlage beinhaltet folgende Funktionen:

- Steuerung der mechanischen Ofenteile (Herdwagen, Ofentür); der Herdwagen kann auch mittels einer Fernbedienung gesteuert werden
- Steuerung des Verbrennungsluftventilators und Rekuperatorschutzes
- Überwachung der Sicherheitskette (Spannungsversorgung, Gas- und Luftdruck, Ventildichtheitskontrolle)
- Korrektur des Luftdruckes in der Ringleitung abhängig von der Luftvorwärmung (die Umdrehungen des Luftventilators werden mittels Frequenzumformers entsprechend der Luftvorwärmung und dem gebrauchten Luftdruck im System angepasst)

BILD 9: Steuerschrank und Vor-Ort-Steuerschrank (Werksbild, VITKOVICE SCHREIER)

- Steuerung und Überwachung der Brenner im AUF/ZU-Modus (RUND-UM-Modus bei Haltephasen) sowie die Steuerung der Zündbrenner
- Ofentemperaturregelung (die Brenner wurden in drei Zonen aufgeteilt)
- Ofendruckregelung mittels eines Regelschiebers
- Visualisierung mit einem Tastbildschirm, der die folgenden Funktionen erfüllt:
  - Anzeige aller wichtigen Parameter (Zonentemperaturen, Ofendruck, Brennstoffgesamtmenge)
  - Signalbearbeitung
  - Archivierung der Ofendaten
  - Bedienung des Systems
  - Eingabe der Heizzyklus-Parameter (Soll-Temperatur/Temperaturkurve)
  - Störungsbehandlung

Alle Eingaben werden in einer Datenbank archiviert. In **BILD 10** ist eine der Bildschirmmasken des Visualisierungssystems dargestellt.

BILD 10: Visualisierungssystem mit Tastbildschirm (Werksbild, VITKOVICE SCHREIER)

Die Mess- und Regelanlage wurde auf der Basis der modularen speicherprogrammierbaren Steuerung CompactLogix mit dem 1769-L32E Prozessor von Allen-Bradley realisiert. Die Steuerung besteht aus einer Basiseinheit in der Prozessor- und lokale E/A-Module mit den Ausgängen 4–20 mA beziehungsweise

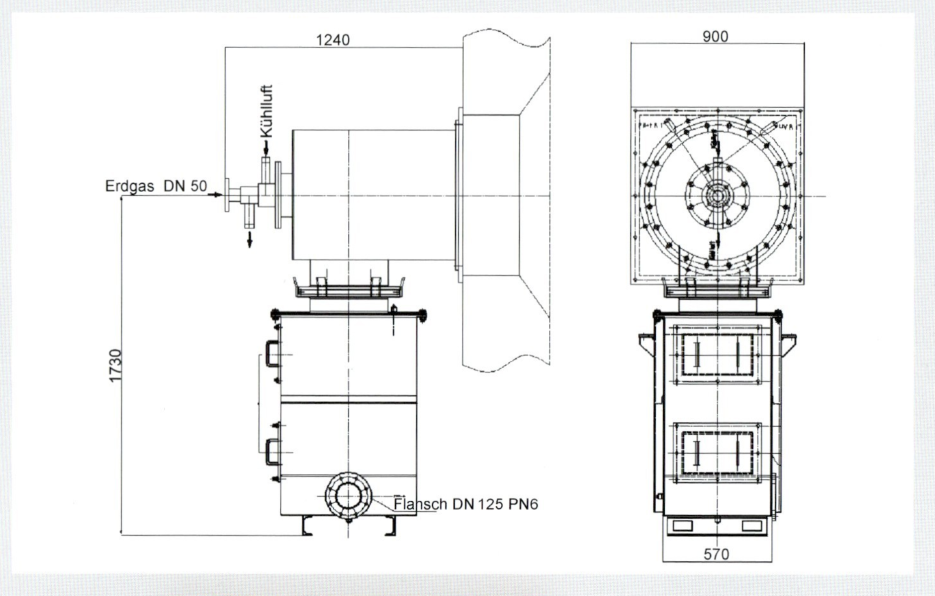

BILD 11: Flachflammen-Regenerativ-Strahlungsbrenner 600 kW (Werksbild, BLOOM Engineering)

0–24 V DC eingebaut sind (bis zu 30 E/A-Module anschließbar). Die Messungen der Temperaturen, der Mediendrücke, des Mediendurchflusses, die Steuerung der Brenner sowie der mechanischen Ofenteile, wie z. B. des Herdwagens, wurden in dieser Steuerung realisiert. Die Programmierung des Systems, der Anschluss an die Bedien- und Beobachtungssysteme sowie die E/A-Steuerung wurden über die Ethernet-Schnittstellen durchgeführt. Die Zonentemperaturen werden mit Thermoelementen gemessen, die über die Schnittstellenmodule und über Ethernet mit der SPS-Anlage verbunden sind. Die Temperaturregelung erfolgt über adaptive Software-Regler, die sich von den herkömmlichen PID-Reglern darin unterscheiden, dass sie ihre Parameter den wechselnden Parametern des geregelten Prozesses anpassen. Die adaptiven Regler erlauben eine präzise Regelung der Energiezufuhr zu der einzelnen Ofenzonen. Die einzelnen Brenner werden abhängig von der einprogrammierten Wärmkurve und der Verteilung des Wärmgutes im Ofen auf- oder zugeschaltet (AUF/ZU-Betrieb). Während der Haltezeiten werden die Brenner in jeder Zone wechselnd gesteuert, um die Einschaltung des gleichen Brenners in Folge zu vermeiden und die Durchmischung der Ofenatmosphäre zu fördern.

Nach dem Umbau wurde im Ofen und im aufgewärmten Material eine Temperaturgleichmäßigkeit von ±4 K bei eingestellter Ofensolltemperatur von 1.220 °C erreicht. Der spezifische Wärmeverbrauch wurde im Vergleich mit dem alten Ofen um 15 % gesenkt. Die NO_X-Emission wurde auf Werte unter 300 mg/Nm^3 (Bezug 5 % O_2) verringert.

Fazit

Flachflammenstrahlungsbrenner werden heute als Standardlösung bei Beheizungen von Schmiedeöfen eingesetzt. Sie erzeugen die Umwälzung der Ofenatmosphäre ähnlich wie die Hochgeschwindigkeitsbrenner, sind jedoch effektiver bei der Wärmeübertragung. Der Wartungsaufwand ist niedriger. Bei Wärmebehandlungsöfen wird eine Unterstützung der Umwälzung im Ofen durch den Einsatz von Jet-Abgasdüsen empfohlen. Durch den Umbau der zwei Schmiedeöfen mit Flachflammenstrahlungsbrennern wurde die Effektivität der Öfen gesteigert, die Emissionen gesenkt und die Temperaturgleichmäßigkeit wesentlich verbessert.

Eine weitere Entwicklung in diese Richtung stellen die neu entwickelten Regenerativ-Flachflammenstrahlungsbrenner mit sehr hoher Luftvorwärmung dar, die schon in einigen Schmiedeöfen im Einsatz sind (**Bild 11**).

Diese Brenner ermöglichen, verglichen mit einem Zentralrekuperatorsystem, eine weitere Energieeinsparung von über 20 %. Angesichts der Brennstoffpreisentwicklung und der neuen Energierichtlinien ist zu erwarten, dass diese Brenner bald zum neuen Standard in den Schmiedeöfen werden.

Literatur

[1] Teufert, J.; Domagala, J.: Regenerative burner systems for batch furnaces… Heat Processing (2008) No. 2

[2] Srajer, J.: Projektdokumentation, VITKOVICE SCHREIER s.r.o.

[3] Keller, H.: Einsatz von Hochgeschwindigkeitsbrennern in Wärme- und Wärmebehandlungsöfen. Gaswärme International (1976) Nr. 12

[4] Tschapowetz, E.; Wimmer, H.: Hochtemperaturwolle und moderne Brennertechnik in der Wärmebehandlung. Gaswärme International (2007) Nr. 7

[5] Sheikhi, S.: Latest developments in the field of open-die forging in Germany. Stahl und Eisen (2009) Nr. 4

Veröffentlicht in:
Gaswärme International · Heft 5/2009 · Seiten 319–325

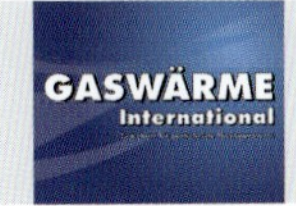

Energieeinsparung durch Verbesserung des direkten Wärmeeintrages an regenerativ befeuerten Glasschmelzwannen

Von Anne Giese und Bernhard Fleischmann

Im Rahmen zweier Gemeinschaftsprojekte des Gaswärme-Instituts e.V. Essen (GWI) und der Hüttentechnische Vereinigung der deutschen Glasindustrie e.V. (HVG) SPEKTRAL I (AiF-Nr.: 80 ZN, [1]) und II (AiF-Nr.: 15015 N, [2]) wurden Möglichkeiten untersucht, um den Wärmeeintrag in die Glasschmelze zu erhöhen und so Energie einzusparen. Die Brennstoffstufung hat sich als ein Ergebnis von SPEKTRAL I als vielversprechende Methode herausgestellt. In SPEKTRAL II wurde nach der Untersuchung einer optimalen Position der Sekundärgaseindüsung ein Langzeitversuch an einer realen Glasschmelzwanne durchgeführt. Das Resultat dieser Langzeitversuche war der Nachweis einer Energieeinsparung von 2 % an einer energetisch schon sehr gut eingestellten Glasschmelzwanne. Die Vorgehensweise, die Ergebnisse und Hintergründe werden in diesem Beitrag gezeigt.

Im Gegensatz zu Querbrennerwannen ist bei sogenannten U-Flammenwannen oder stirnseitig beheizten Wannen eine Regelung der Verbrennungsstrecke entlang der Wannenlängsachse bisher nur schwer umsetzbar. Im Rahmen des Forschungsvorhabens SPEKTRAL I (AiF-Nr. 80 ZN) [1] wurden zwei Methoden, Sekundärgas und Hidden Jet, entwickelt und bei einem Kurzzeitversuch von jeweils 6 Stunden an einer Glasschmelzwanne umgesetzt und getestet. Über die Ergebnisse von SPEKTRAL I wurde in [3] ausführlich berichtet. Es zeigte sich, dass die Brennstoffstufung (Sekundärgaseindüsung) die viel versprechendere Methode zur Steigerung der Effizienz und zur Reduzierung der NO_X-Emissionen ist.

Im Rahmen von SPEKTRAL II sollte unter anderem die Brennstoffstufung in einem Langzeittest unter Industriebedingungen getestet werden. Der Hintergrund für die Wirkungsweise der Brennstoffstufung liegt in der Anpassung der spektralen Strahlung der Flammen, sodass die Energie nicht bereits in oberflächennahen Schichten vollständig absorbiert wird, sondern tiefer in die Glasschmelze eindringen kann, und die direkte Energieabgabe der Flamme den Erfordernissen des Schmelzprozesses entsprechend geschieht. Das heißt unter anderem, dass der Temperaturschwerpunkt der Flamme so nahe wie möglich in den Bereich der Schmelzwanne verschoben werden soll, an dem die Glasschmelze die höchsten Temperaturen benötigt, um ein fehlerfreies Produkt zu erzeugen (**Bild 1**). Zusätzliches Ziel der Forschungsvorhaben war es also auch, die Qualität des Produktes

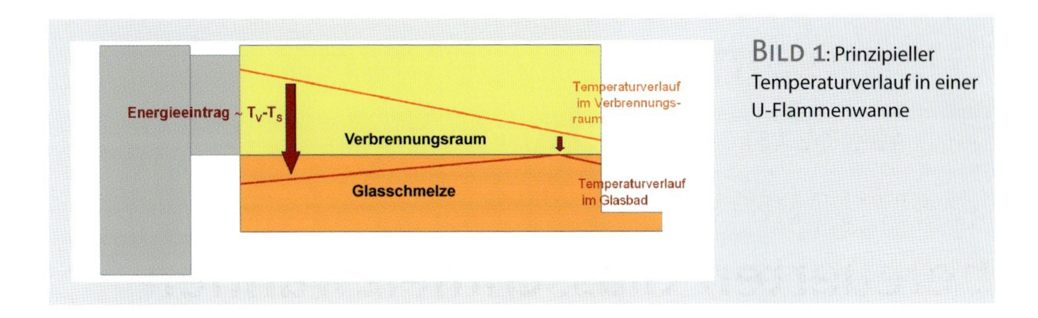

BILD 1: Prinzipieller Temperaturverlauf in einer U-Flammenwanne

und damit die Ausbeute des Prozesses zu verbessern. Dabei werden sowohl eine Minimierung des Energieeinsatzes und damit verbunden des CO_2-Ausstoßes als auch eine Verminderung von ökologisch relevanten Abgaskomponenten (z. B. NO_x) als weitere Ziele der Optimierungsmaßnahmen mit berücksichtigt.

Die einzelnen Prozessschritte der Glasschmelze und -konditionierung laufen in einer U-Flammenwanne nebeneinander ab. Wobei die einzelnen Bereiche nicht scharf voneinander getrennt sind, sondern durch die Glasströmungen und das dabei erreichte Temperaturniveau bestimmt sind. Generell und sehr vereinfacht kann man die Temperatur in der Flamme und an der Glasbadoberfläche, wie in Bild 1 skizziert, darstellen. Der Energieeintrag in das zu erwärmende Gut, das Gemenge und die Glasschmelze, ist dabei proportional dem Temperaturunterschied zwischen Flamme und Glasbad. Man darf allerdings nicht vergessen, dass das Gemenge vor allem von unten abgeschmolzen wird, da die heiße Rückströmung dem Gemenge von unten die entsprechende Energie zuführt, während die schlechte Temperaturleitfähigkeit des Gemenges dieses gegen den Energieeintrag von oben in gewissem Maße „schützt". Bild 1 demonstriert auch, dass an der Stelle, an der die Glasschmelze die höchsten Temperaturen erreichen soll (Hot Spot, Quellpunkt, Läuterzone), aufgrund der doch schon verminderten „Flammen"-Temperatur, der direkte Energieeintrag der Flamme recht gering ist. Um mehr Energie an dieser Stelle ins Glasbad einzubringen, müsste entweder der indirekte Energieeintrag durch Anhebung der Gewölbetemperatur erhöht oder der direkte Energieeintrag durch eine veränderte Flammenführung verbessert werden. Eine Erhöhung der Gewölbetemperatur kommt bei vielen Wannen aber nicht infrage, da sonst Materialgrenzwerte überschritten würden und die Haltbarkeit des Schmelzaggregates extrem gefährdet wäre.

Das Konzept der Forschungsvorhaben SPEKTRAL I und II zielt daher auf einen erhöhten direkten Energieeintrag durch die Flammenstrahlung in die Schmelze ab. Durch Veränderungen in der Verbrennungsführung sollen der Emissionsgrad der „Flamme" (Reaktions-Volumen der Verbrennung) lokal erhöht und die Flammentemperaturen vergleichmäßigt werden (geringere Temperaturen am Beginn der Verbrennungsstrecke und erhöhte Temperaturen am Ende). Durch die Vermeidung bzw. Verminderung der Temperaturspitzen soll auch die Bildung von thermischem NO_x vermindert werden, das einen wesentlichen Anteil an der NO_x-Emission der Wannen hat. Der prinzipielle Effekt einer Emissionsgraderhöhung

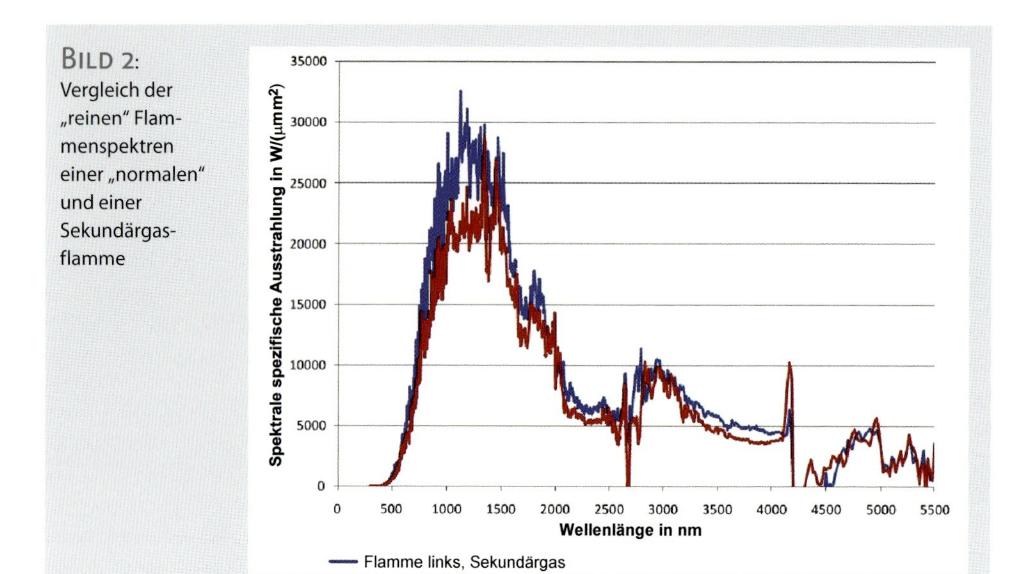

Bild 2: Vergleich der „reinen" Flammenspektren einer „normalen" und einer Sekundärgasflamme

auf die spezifische spektrale Ausstrahlung ist in **Bild 2** veranschaulicht. Mit Hilfe der Flammenführung (Unterschießen oder Sekundärgas) wird im hinteren Teil des Verbrennungsraumes lokal der Emissionsgrad bei räumlich begrenzter Rußbildung erhöht.

Dieser Ruß wird bis zum Eintritt der Abgase in den Regenerator verbrannt, sodass keine Schädigung der Kammern eintreten kann. Durch die Vergleichmäßigung der Temperatur in der Reaktionszone und Verschieben des Temperaturschwerpunktes stromabwärts, wird ebenfalls der direkte Energieeintrag in der Läuterzone erhöht, ohne dass das Gewölbe an dieser Stelle einer erhöhten thermischen Belastung ausgesetzt wird.

Vorgehensweise

Der erste Schritt zur Vorbereitung der Langzeittests war die Festlegung einer optimalen Position der Sekundärgaszufuhr sowie die Abschätzung des Einflusses auf die Glasqualität, das Temperatur- und Strömungsverhalten in der Wanne und die Auswirkungen auf die Gewölbetemperaturen. Des Weiteren wurde der Einfluss der Sekundärgasmenge analysiert. Diese Untersuchungen wurden mit Hilfe der nummerischen Simulation durchgeführt. Zuerst wurde der IST-Zustand messtechnisch erfasst, um eine Basis für die Simulationen zu haben. Dann wurden verschiedene Variationen bezüglich der Positionierung und der Sekundärgasmenge vorgenommen. Im **Bild 3** sind die Variationen schematisch dargestellt. In **Bild 4** und **Bild 5** sind einige ausgewählte Ergebnisse zu sehen.

Im Bild 4 ist die Beeinflussung der Flammenkontur und der Strömungsverhältnisse anhand der berechneten CO-Isosurface zu erkennen. Einzelne Varian-

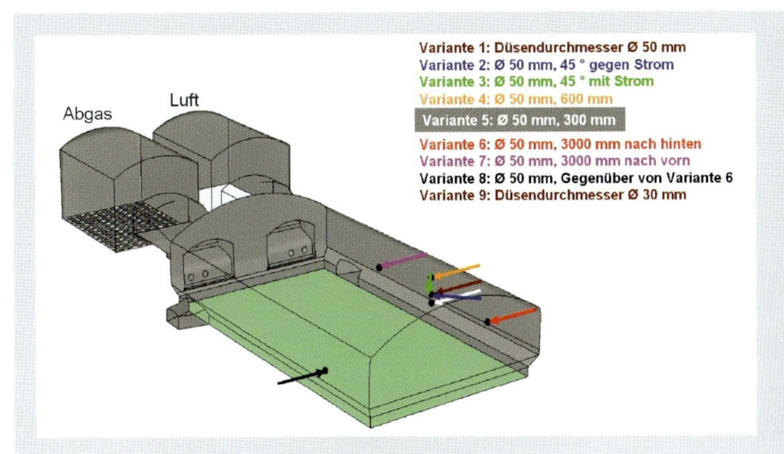

BILD 3: Variationen der Sekundärgaseindüsung

ten führen zu einer kompletten Beeinflussung der Strömung und damit zu einer Beeinträchtigung der notwendigen Ausbildung der Rezirkulationswalzen im Oberofen der Wanne. Bei anderen Varianten (speziell Variante 8) kann kein vollständiger Ausbrand vor Eintritt in die Regeneratorkammern gewährleistet werden. Damit ist eine Schädigung der Kammern absehbar. Einige Positionierungen der Sekundärgaszufuhr führen zu einer deutlichen Überhitzung der Seitenwände oder des Gewölbes.

Im Bild 5 ist die Beeinflussung der Strahlungswärmeübertragung dargestellt. Man erkennt deutlich die Steigerung der Strahlungswärmeübertragung im hinteren Teil der Glasschmelzwanne auf und in das Glasbad. Damit ist das Ziel, die Wärmeübertragung in dem Bereich der Glasschmelze zu intensivieren, in dem sie gebraucht wird, erreicht.

Nach Auswertung der nummerischen Simulationen hinsichtlich Ausbrand, Strömungsverhalten, Temperaturen, Wärmeübertragung, Emissionen etc. ent-

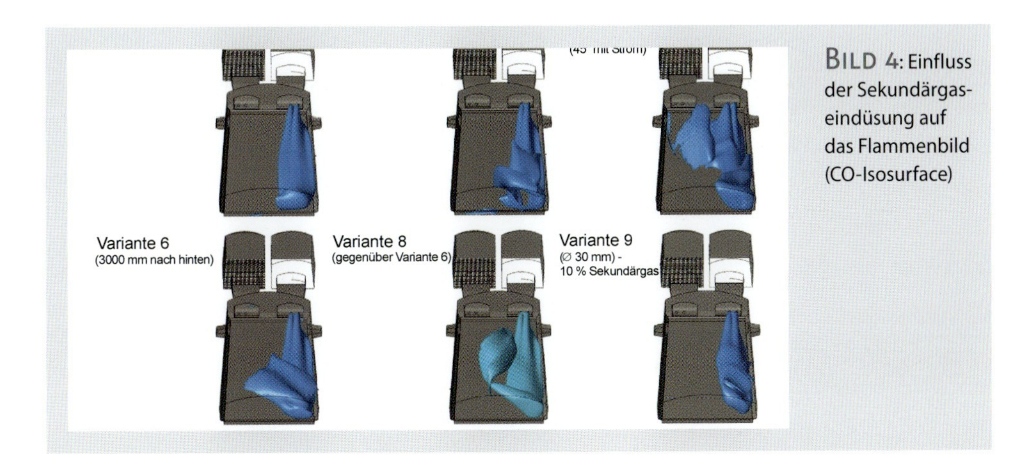

BILD 4: Einfluss der Sekundärgaseindüsung auf das Flammenbild (CO-Isosurface)

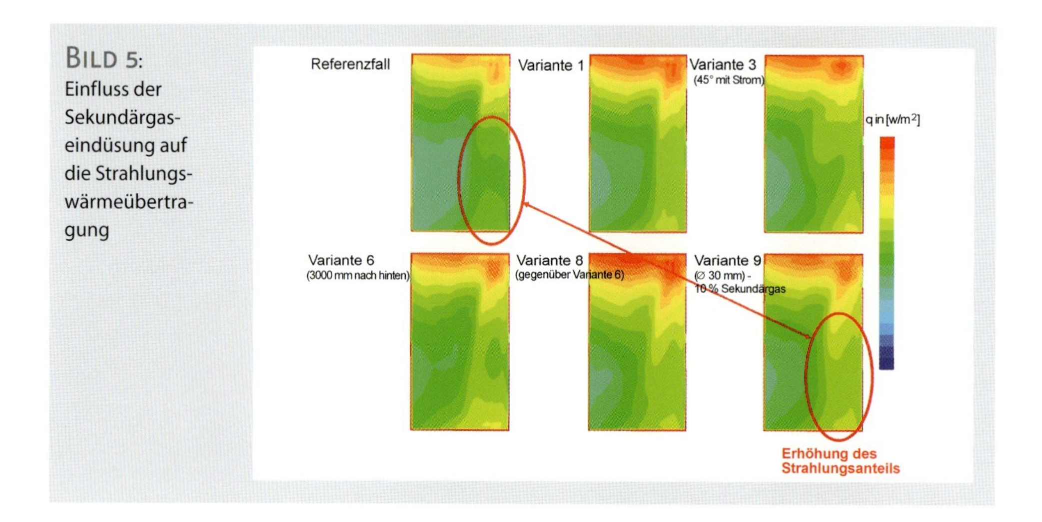

BILD 5: Einfluss der Sekundärgaseindüsung auf die Strahlungswärmeübertragung

schied man sich für die Variante 1 bzw. 9 zur Untersuchung des Einflusses des Impulses. Im nachfolgenden Kapitel werden die Ergebnisse der Umsetzung dargestellt.

Ergebnisse der Umsetzung der Sekundärgaseindüsung

Die Brennstoffstufung wurde an einer Behälterglaswanne für Weißglas in zwei Zeiträumen eingesetzt. Vom 31. Januar 2008 bis zum 18. Februar 2008 wurden 10 Vol.-% des Brennstoffes durch die Sekundärgasdüse von 30 mm Durchmesser in den Verbrennungsraum eingebracht. Die entsprechende Brennstoffmenge wurde primärseitig in der Underportzuführung reduziert. Wegen Undichtigkeiten am Brennerstein der rechten Seite wurde der Versuch am 18. Februar 2008 abgebrochen. Im Versuchszeitraum vom 10. März bis 12. Juni 2008 wurden ca. 12 Vol.-% des Brennstoffes durch eine Düse mit dem Durchmesser von 50 mm eingedüst. Die Eindüsung findet immer auf der Feuerseite statt und der Wechsel wird mit dem normalen Seitenwechsel mit geregelt.

Temperaturen

Wie oben beschrieben, ist eine Veränderung des Temperaturprofils im Oberofen der Glasschmelzwanne ein Ziel der Brennstoffstufung. Dabei ist darauf zu achten, dass die Gebrauchsgrenzen der feuerfesten Materialien nicht überschritten werden und keine Schädigung der Werkstoffe auftritt. Da bei der Anwendung der Brennstoffstufung ein Anstieg der Temperaturen um 5–25 K für das Gewölbe und die durchlassseitige Stirnwand bei der CFD-Simulation ermittelt wurde, sind die entsprechenden Bauteile und ihre Temperaturen stets überwacht worden. Auch visuelle Kontrollen mit Hilfe des Ofenperiskopes der HVG wurden zu Anfang der Versuche und nach einer gewissen Laufzeit durchgeführt. Die Temperaturen der Thermoelemente im

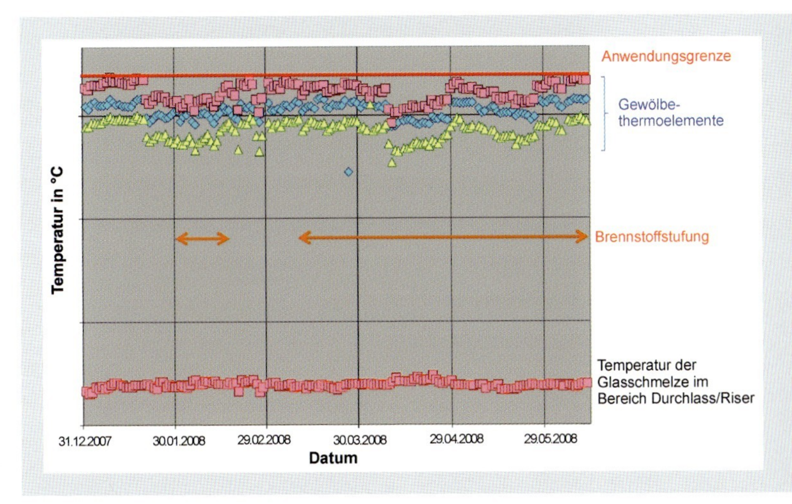

Bild 6: Gemessene Temperaturen des Gewölbes und im Durchlass während des Versuchszeitraumes

Gewölbe sowie eines Thermoelements im Bereich Durchlass/Riser sind in **Bild 6** dargestellt. Es ist zu erkennen, dass die obere Anwendungsgrenze für das feuerfeste Material während der Versuchszeiten nicht überschritten wurde und auch ansonsten keine erhöhten Temperaturen gemessen wurden. Die Schwankungen der Temperatur der Glasschmelze im Durchlassbereich unterschieden sich auch während der Anwendung der Brennstoffstufung nicht von denen aus Zeiten ohne Sekundärgas.

Glaschemie

Bezüglich des Einflusses auf die Glaschemie, die Schaumbildung oder den Redoxzustandes des Glases konnte keine Veränderung festgestellt werden. Ausführliche Ergebnisse zu diesem Kapitel sind in [2] zu finden.

Wannenführung und Glasfehler

Während der gesamten Versuchszeit gab es keine Probleme mit der Wannenführung oder mit einem vermehrten oder ungewöhnlichen Auftreten von Glasfehlern. Die Brennstoffstufung war so installiert worden, dass der Seitenwechsel der Sekundärgaseindüsung automatisch mit dem halbstündigen Feuerwechsel erfolgte. Es waren keine zusätzlichen Handgriffe vonseiten des Messwartenpersonals nötig. Die Inbetriebnahme bzw. das Abschalten der Sekundärgasflamme erfolgte im Bedarfsfall problemlos durch einige wenige Handgriffe. Zu Beginn der ersten Phase der Brennstoffstufung wurden stündlich Glasproben zurückgestellt. Es zeigten sich keine Blasen oder andere Glasfehler. Dies gilt für die gesamte Versuchszeit, in der keine ungewöhnlichen Glasfehlerhäufungen auftraten.

Stickoxidemissionen

Die Stickoxidemissionen konnten an dieser schon optimal eingestellten Wanne nur um maximal 50 mg/m_N^3 gesenkt werden. An Glasschmelzwannen, die mit

Hilfe primärer Maßnahmen bezüglich Stickoxidemissionen noch nicht optimal eingestellt sind, ist eine deutlichere Minderung der Stickoxide zu erwarten. Sowohl die Versuche am Hochtemperaturofen des GWI in den beiden Forschungsvorhaben als auch die CFD-Simulationen unterstreichen dies recht deutlich.

Energieverbrauch

Der Energieverbrauch zum Schmelzen von Glas wird durch viele Betriebsparameter beeinflusst. Dies sind u. a.:

- Scherbengehalt des Gemenges
- Tonnage
- Verbrennungsführung
- Korrosionszustand bzw. Verschleiß der Wanne

Daher ist der Nachweis einer Minderung des Energieverbrauchs nur bei genauerer Betrachtungsweise und über größere Zeiträume wirklich aussagekräftig, wenn eine „statistische" Auswertung möglich ist. Um das Einsparpotenzial zu dokumentieren, wurden daher die Energieverbräuche aus den beiden Jahren 2007 und 2008 herangezogen.

Im Jahr 2007 wurde keine Brennstoffstufung eingesetzt, sodass mit den Zeiträumen aus 2008, in denen die Brennstoffstufung aus unterschiedlichsten Gründen abgeschaltet war, eine breite Basis zum Vergleich zur Verfügung stand. Da während der Brennstoffstufung ein bestimmter Gesamtscherbengehalt nicht unterschritten wurde, konnten auch bei der Betrachtung der Zeiträume ohne Sekundärgas nur die Daten berücksichtigt werden, bei denen dieser Grenzwert (xx in **Bild 7**) an Gesamtscherben überschritten wurde. Bild 7 zeigt die Energieverbräuche als Funktion der Tagestonnage für Scherbengehalte über dem Grenzwert. Dabei wird der Betrieb mit und ohne Brennstoffstufung unterschieden. Außerdem wurden zwei Geraden für die beiden Sekundärgasfälle, die sich in der Gasmenge und dem Düsendurchmesser unterscheiden, eingezeichnet. Diese Geraden kennzeichnen den maximalen Energieverbrauch mit Sekundärgas und dokumentieren so das Einsparpotenzial.

Die Tonnageabhängigkeit der Energieersparnis ist in Bild 7 ebenfalls zu erkennen. Die Abhängigkeit der Energieeinsparung von der Tonnage ist zum einen in der sich verändernden Gemengebedeckung mit variierender Tonnage zu finden und zum anderen durch die sich verändernde Verbrennungsführung und dem damit verbundenen Temperaturverlauf im Verbrennungsraum (Gewölbe) bei unterschiedlichen Tonnagen zu erklären. Eine völlig andere Herangehensweise an die Betrachtung des Energieverbrauchs liefert für das Jahr 2008 folgende Ergebnisse (**Bild 8**). Es wurde der mittlere Energieverbrauch für Tonnagebereiche von jeweils 10 t/d ermittelt und dann der Mittelwert mit Brennstoffstufung vom Mittelwert ohne Brennstoffstufung für den jeweiligen Tonnagebereich abgezogen. Die positiven Ergebnisse zeigen, dass der Energieverbrauch mit Sekundärgas um ca. 15 kWh/t Glas kleiner ist, wobei Einflüsse der Tonnage und des Scherbengehaltes erkennbar sind. Der mittlere Scherbengehalt für die jeweiligen Tonnagebereiche ist ebenfalls in Bild 8 ausgewiesen. Bei Tonnagebereichen mit gleichen mittleren Scherbengehalten ist gut zu erkennen, dass die

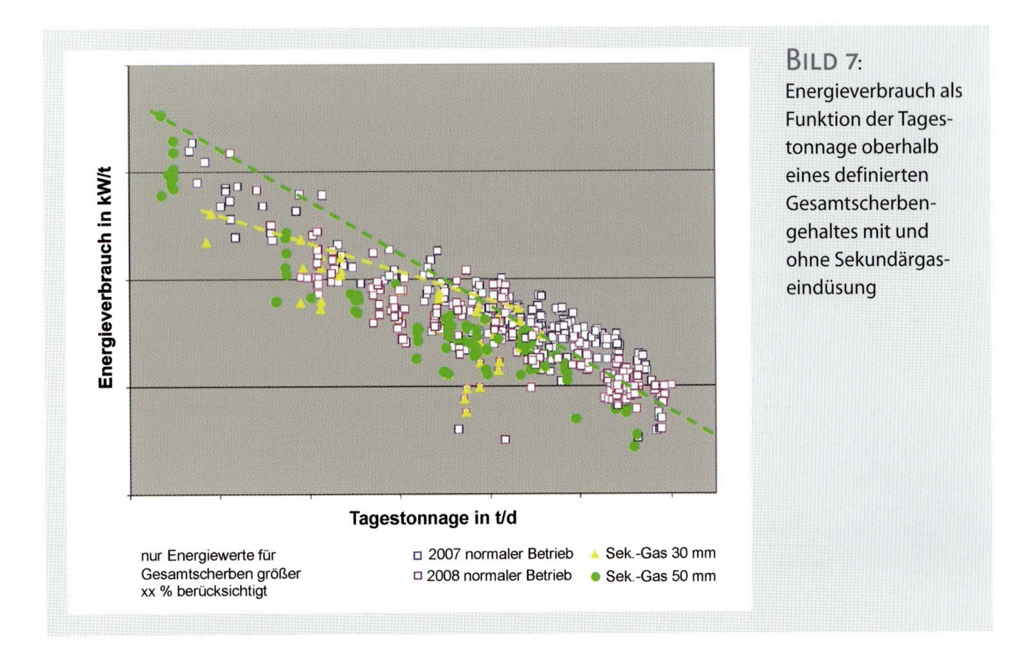

BILD 7: Energieverbrauch als Funktion der Tagestonnage oberhalb eines definierten Gesamtscherbengehaltes mit und ohne Sekundärgaseindüsung

Energieersparnis bei ca. 5–20 kWh/t Glas liegt. Außerdem ist anhand von Bild 8 der Einfluss des Scherbengehaltes auf den Energiebedarf beim Schmelzen gut zu erkennen.

Ein weiteres Indiz für eine Energieeinsparung wurde vom Betreiber der Wanne geliefert. Es konnten ohne den Einsatz der Elektrozusatzheizung (EZH) Tonnagen gefahren werden, die normalerweise, d. h. ohne Sekundärgas, den Einsatz der EZH erfordern.

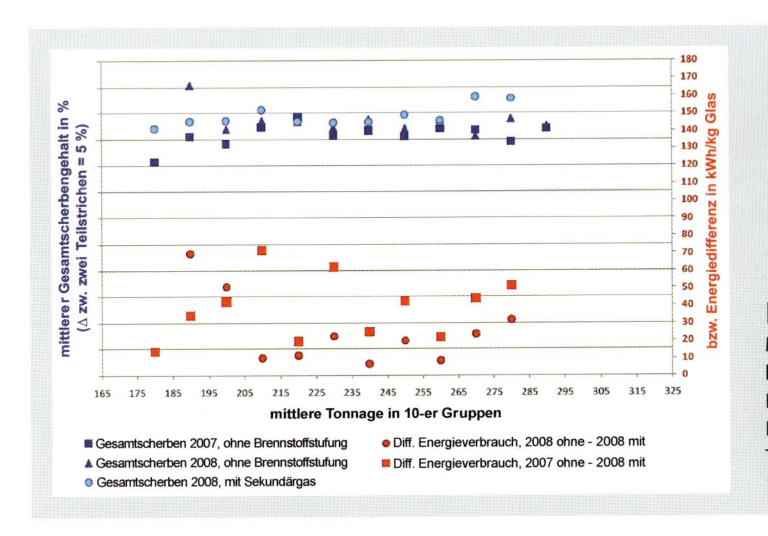

BILD 8: Mittlerer Gesamtscherbengehalt und Differenz des mittleren Energieverbrauchs für Tonnagegruppen von 10 t/d

Ausblick

Die in diesem Versuchzeitraum gezeigte Energieeinsparung von ca. 2 % an einer energetisch schon sehr gut eingestellten Wanne veranlasste den Betreiber, diese Wanne dauerhaft auf den Sekundärgasbetrieb umzustellen. Auch ist an weiteren Glasschmelzwannen dieses Betreibers die Einführung der Sekundärgaseindüsung geplant.

Die Betreiber von U-Flammenwannen, die ebenfalls an der Umsetzung der Brennstoffstufung interessiert sind, sollten im Vorfeld einige grundlegende Untersuchungen durchführen, damit für die entsprechenden Aggregate eine optimale Position der Sekundärgaseindüsung gefunden werden kann, und im Vorfeld schon Fragen bezüglich Beeinflussung der Temperaturen, Strömungsverhältnisse, Wärmeübertragung, Ausbrand, Flammen- und Emissionsverhalten etc. beantwortet werden.

Danksagung

Das Forschungsvorhaben (Nr. 15015 N) wurde im Programm zur Förderung der „Industriellen Gemeinschaftsforschung" (IGF) vom Bundesministerium für Wirtschaft und Technologie (BMWi) über die „Arbeitsgemeinschaft industrieller Forschungsvereinigungen AiF" finanziert. Dafür danken die Autoren. Weiterhin möchten wir uns bei den beteiligten Industrieunternehmen bedanken, die die erfolgreichen Ergebnisse dieses Projektes erst ermöglicht haben.

Literatur

[1] Fleischmann, B.; Bauer, J.; Baumann, P.; Scherello, A.; Giese, A.; Kösters, M.: Verbesserung des Wärmeeintrags in die Glasschmelze unter Ausnutzung der spektralen Wärmestrahlung durch gezielte Brennereinstellungen zur Steigerung der Glasqualität. Abschlussbericht zum ZUTECH-Vorhaben 80 ZN, 2005

[2] Fleischmann, B.; Giese, A.: Verbesserung des direkten Wärmeeintrages in die Glasschmelze durch Optimierung der Verbrennungsparameter bei unterschiedlichen Befeuerungsarten. Abschlussbericht zum AiF-Vorhaben 15015 N, 2008

[3] Scherello, A.; Giese, A.; Kösters, M.: Minderung des Schadstoffausstoßes und des Energieverbrauchs an U-Flammen-Glasschmelzwannen mit regenerativer Luftvorwärmung. Gaswärme International (2006) Nr. 8

Veröffentlicht in:
Gaswärme International · Heft 5/2009 · Seiten 326–330

Intelligente Abwärmenutzung durch Dampferzeugung an Industrieöfen

Von Ralf Granderath

Es gibt zahlreiche sinnvolle Maßnahmen zur Verbesserung der Energieeffizienz von Thermoprozessanlagen. Neben den primären Optimierungsmaßnahmen auf der Energieeintragseite, die die Energieausnutzung im eigentlichen Thermoprozess verbessern sollen, kann darüber hinaus auch auf der Seite des Energieaustrages der Energiebilanz Abwärme sinnvoll genutzt werden. Dampferzeugung aus Abwärme ist eine sinnvolle Möglichkeit der Wärmerückgewinnung. Dampf ist ein vielseitig verwendbarer Energieträger, mit dem man einfach Abwärme anderen produktionsnahen Prozessen zuführen kann. Auch die Nutzung von Abwärme zur Erzeugung elektrischer Energie ist so durchaus sinnvoll. Der Beitrag beleuchtet die Abwärmepotenziale von Thermoprozessen sowie technische Ansatzpunkte und arbeitet die Energieverwendung als Kernpunkt von Wärmerückgewinnungskonzepten heraus. Ein Schwerpunkt liegt in der Verwendung von ORC-Turbinen zur Stromerzeugung. Abschließend wird die Abwärmenutzung hinter einem Elektrolichtbogenofen als Fallbeispiel dargestellt.

Ziel einer jeden Optimierung im Bereich Feuerung und Brenner ist entweder die Optimierung des Verbrennungsvorgangs zur Steigerung der – wie auch immer definierten – Produktqualität oder die Senkung des Energieeinsatzes, wobei in den aktuellen Diskussionen der Aspekt der Energieeffizienz deutlich im Vordergrund steht.

So groß die Fortschritte und Potenziale durch unterschiedlichste Maßnahmen auf der Seite der Energieeinbringung auch sind, es bleiben trotzdem erhebliche Mengen Energie in Abgas und ggf. Kühlwasser des jeweiligen Prozesses zurück.

Aus technischer Sicht steht die Wärmerückgewinnung stets hinter der Optimierung der Feuerung eines Thermoprozesses zurück. Selbstverständlich ist jedes Kilowatt, das weniger verbraucht wird, besser als ein Kilowatt, das zusätzlich zurückgewonnen werden kann.

Aus ökonomischer Sicht ist ebenso selbstverständlich zu fragen, ob die Kosten für die Einsparung einer bestimmten zusätzlichen Energiemenge nicht höher liegen, als die Kosten für die Rückgewinnung der gleichen Energiemenge.

Im Rahmen einer ganzheitlichen Betrachtung ist also bei Erreichung eines guten technischen Standes für den Bereich Brenner und Feuerung zu untersuchen, ob das nunmehr größte Effizienzsteigerungspotenzial in einer weiteren Optimierung der Energieeinbringung oder nicht vielmehr aus der Seite des Energieaustrags, sprich Wärmerückgewinnung, zu erreichen ist.

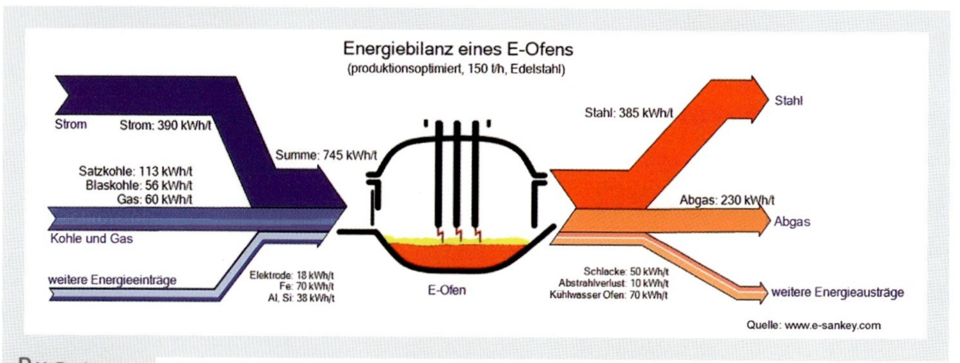

Bild 1: Sankey-Diagramm eines E-Ofens

Potenziale zur Wärmerückgewinnung

Potenzial zur Wärmerückgewinnung bietet sich primär an zwei Ansatzpunkten:

a. Bauteile, die zwingend gekühlt werden müssen und im gegenwärtigen Stand regelmäßig mit Kühlwasser zwischen 30–100 °C gekühlt werden. Beispiele sind Ofenkörper, Ofendeckel und Tragrohrsysteme für verschiedenste Industrieöfen, dazu Abgaskanäle, die Temperaturen von > 600 °C standhalten müssen.

b. Abgase, die mit einem Temperaturniveau von > 180–200 °C ungenutzt bleiben.

Es gibt eine Reihe weiterer Quellen von Wärmeverlusten bei thermischen Prozessen: Abstrahlungen von Gehäusen, Wärmeverluste des erhitzten Gutes auf dem Weg zum nächsten Bearbeitungsschritt, Schlacke und andere Abfallprodukte mit hohen Temperaturen, um nur einige Beispiele zu nennen.

In der Praxis zeigt sich jedoch immer wieder, dass die genannten Punkte Kühlwasser und Abgase den weitaus größten Teil der Abwärmeverluste auf sich vereinen. Beispielhaft zeigt dies die Energiebilanz eines Elektro-Lichtbogenofens in **Bild 1**.

Wärmerückgewinnung aus den kleineren Quellen ist derzeit zumeist nicht wirtschaftlich; wenngleich diese Aussage bei weiter steigenden Energiepreisen infrage gestellt werden muss und zudem sicherlich Ideen existieren, wie man in Einzelfällen auch kleinere Quellen in ein System integrieren kann.

Temperaturniveau als zentrale Frage der Nutzung

Die Frage der Nutzbarmachung der hier nutzlos an die Atmosphäre abgegebenen Energie ist eng verbunden mit der Frage des Temperaturniveaus. Wenn 15MW aus dem gekühlten Abgaskanal eines Elektro-Lichtbogen-Ofens abgeführt werden, so ist es im ersten Moment gleichgültig, ob das Kühlwasser von 20 °C auf 40 °C oder bei einer entsprechenden Druckstufe von 180°C auf 200°C erhitzt wird. Nur: Welche Verwendung besteht für Wasser von 40 °C?

Das Beispiel der Erwärmung von Fischzuchtteichen zum schnelleren Wachstum der Fische wird immer wieder gerne zitiert und ist zweifelsohne ein Beweis für das Potenzial kreativer Lösungen – allerdings liegen die wenigsten Thermoprozessanlagen in der Nähe eines Fischzuchtbetriebes.

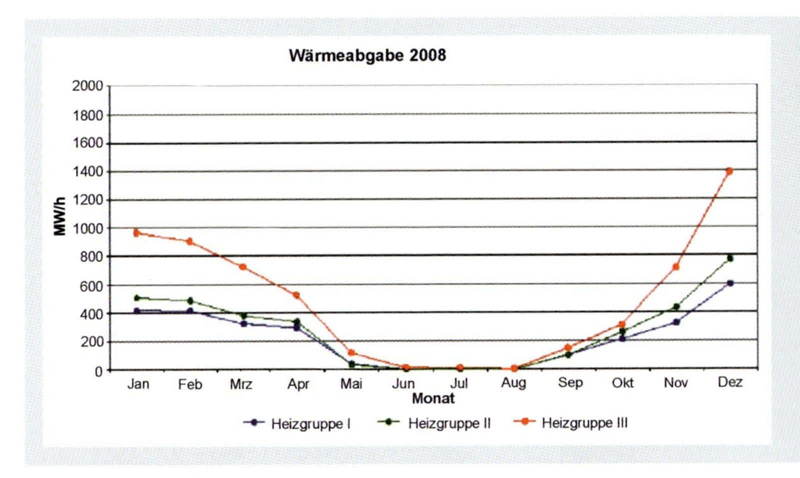

BILD 2: Wärmenachfrage eines Stahlwerks für Heizenergie

In der Praxis wird sich in den meisten Fällen zumeist keine Verwendung finden lassen, das Kühlwasser über Wasser-Luft-Wärmetauscher zurückgekühlt und die Energie (aus Sicht der Anlage) vernichtet.

Regelmäßig zu finden sind Anlagen, bei denen Wasser mit entsprechendem Druck auf Temperaturen von deutlich über 100 °C erhitzt wird.

Anwendungsfälle hier sind Heizung (werksintern oder Einspeisung in öffentliche Fernwärmenetze), Speisewasservorwärmung, Heißwasserverbraucher wie Duschen oder Werkskantinen.

Unter dem Aspekt der Energieeffizienz betrachtet einwandfrei, sofern

a. die Mengenverhältnisse zueinander passen
b. die Wärmeabnahme über das Jahr und über den 24-h-Zyklus hinweg konstant ist.

Es gibt Beispiele, in denen Heißwasser aus einem Industrieofen vollständig zur Vorwärmung des Speisewassers eines nahegelegenen Kraftwerks verwendet wird. Sehr viel häufiger finden sich aber Verbrauchskurven wie in **BILD 2**.

Das zur Verfügung stehende Heißwasser von 185 °C aus dem Abhitzekessel hinter einem Hubbalkenofen wird von drei Heizkreisläufen zur Hallenheizung in den Wintermonaten sinnvoll ausgenutzt. Im Sommer dagegen ist die Nachfrage (trotz duschender Mitarbeiter) praktisch Null und die Gesamteffizienz stark eingeschränkt.

Dampferzeugung als „best practice" der Wärmerückgewinnung

Die flexibelste Art, Wärme zurückzugewinnen, ist Dampferzeugung.

Dampf als Energieträger bietet verschiedene Vorteile:

- Vielfältige Nutzungsmöglichkeiten.
- Sehr weiter Temperaturbereich.

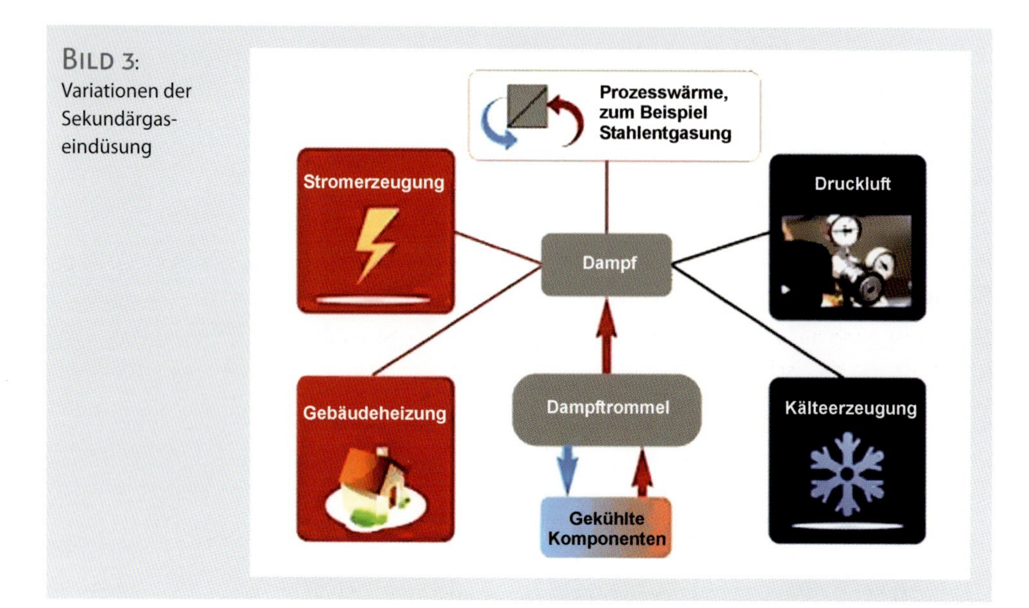

BILD 3: Variationen der Sekundärgaseindüsung

- Vergleichsweise einfach zu transportieren.
- Wasser als ungiftiger und leicht verfügbarer Grundstoff.
- Sehr bewährte Technik.

In vielen Betrieben wird Dampf bereits genutzt, z. B. zur Stahlentgasung, Stahlbeize, Kälteerzeugung, Drucklufterzeugung (und Kompressorenantrieb allgemein), Sauerstoffproduktion, Vulkanisation und ebenfalls wieder zu Heizzwecken (**BILD 3**).

Generell gilt: Am wirtschaftlichsten ist Dampferzeugung aus Abwärme immer dann, wenn per Kesselhaus/Erdgasverbrennung erzeugter Dampf ersetzt werden kann.

Die Produktionskosten einer Tonne Dampf in einem industrietypischen Kesselhaus liegen zwischen 22–27 Euro, wenn die Erzeugung hier gegen Null reduziert werden kann, ist das Einsparpotenzial und somit die Amortisationszeit einer Abwärmenutzung sehr leicht zu berechnen.

Allerdings zeigt sich gerade bei Stahl- oder Walzwerken und Erzeugern in der Nicht-Eisen-Metallurgie regelmäßig, dass erheblich mehr Potenzial für Wärmerückgewinnung besteht, als an Prozessdampf im Werk nachgefragt wird.

Ein Patentrezept zur weitergehenden Dampfnutzung gibt es nicht; die Dampfmengen und Einsatzmöglichkeiten sind für jeden Anwendungsfall zu analysieren.

Es lassen sich drei Aussagen festhalten:

a. Sehr oft wird eine Baukastenlösung erforderlich, die Teilmengen erzeugten Dampfes verschiedenen Verwendungen zuführt.
b. Eine sinnvolle Lösung erfordert Kreativität und einen nicht zu unterschätzenden Planungs- und Analyseaufwand.

c. Was immer geht, ist Stromerzeugung, allerdings ist eine gewisse Mindestgröße für wirtschaftliche Nutzung erforderlich.

Beispielsweise kann sich ein Blick in die Nachbarschaft lohnen: Die Wahrscheinlichkeit, dass neben einer großen Thermoprozessanlage z. B. Reifen oder Gasbetonsteine hergestellt werden, ist sicherlich höher als die einer Fischzucht – und für beide Produktionen werden große Dampfmengen benötigt.

Stromerzeugung aus Abwärme

Stromerzeugung aus Abwärme weist gewisse prinzipielle Schwierigkeiten auf, denen sich das klassische Kraftwerk nicht ausgesetzt sieht:

- Das Energieangebot kann unregelmäßig sein, z. B. bei Anlagen mit Batch- oder Chargenbetrieb.
- Die Stromerzeugung hat als Nachfrager eine geringere Priorität als Prozessdampfverbraucher (da die Prozessdampfverdrängung wie gesagt immer wirtschaftlicher ist). Der Prozessdampfverbrauch stellt sich in vielen Fällen jedoch ebenfalls als ein nicht kontinuierlicher Verbrauch dar.
- Die Stromerzeugung ist nicht das primäre Ziel, sondern nur „Abfallverwertung". In anderen Worten, es ist nicht sinnvoll, einen Ofen in Betrieb zu halten, um Strom zu produzieren.
- Überhitzter Dampf kann in Anlagen mit einem Chargenbetrieb nicht (konstant) zur Verfügung gestellt werden.

PROZESSDAMPFVERBRAUCH VOR STROMERZEUGUNG

In der Summe ergeben sich oftmals schwankende Dampfmengen mit Leerlaufphasen (z. B. Anlagen mit Wochenendstillständen, Wartungsstillstände) und Sattdampf zwischen z. B. 15–30 bar als Dampfqualität.

Die klassische Dampfturbine arbeitet jedoch bei Betrieb mit Auslegungsmenge effizient, verliert aber stark im Teillastbetrieb und ist nach einem Stillstand relativ aufwändig mit verschiedenen manuellen Schritten wieder anzufahren.

Vor allem jedoch: Effiziente Wirkungsgrade von ≥ 25 % werden nur mit überhitztem Dampf erzielt, Sattdampfturbinen dagegen kommen kaum über Wirkungsgrade von 10 % hinaus.

ORC-Turbinen als Alternative

Auf der Suche nach Lösungen für diese Probleme springt ein alternatives Turbinenkonzept ins Auge: Die ORC-Turbine (Organic Rankine Cycle) arbeitet aufgrund einer niedrigeren Energiedichte im Arbeitsmedium mit relativ großen Massenströmen und einer daraus resultierenden niedrigen Turbinendrehzahl. Dadurch ergibt sich eine einfache Bauweise der Turbine bei einem guten inneren Wirkungsgrad der Turbine. Darüber hinaus weist das Arbeitsmedium der ORC-Turbine einen günstigeren Verlauf der TS-Kurve auf, sodass auf der Abdampfseite zu keinem Zeitpunkt ein zu großer Flüssigphasenanteil auftreten kann. Bei Dampfturbinen würde ein zu großer Wasseranteil im Nassdampf zu einer Schädigung der Turbine führen, dies ist bei der ORC-Turbine nicht der Fall. Dies alles führt zu einem deutlich besseren Teillastverhalten der ORC-Turbine gegenüber

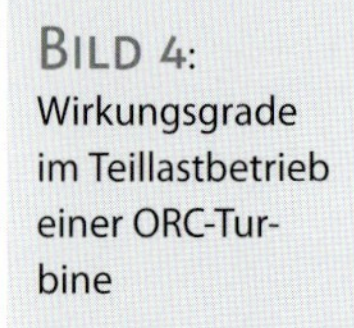

BILD 4: Wirkungsgrade im Teillastbetrieb einer ORC-Turbine

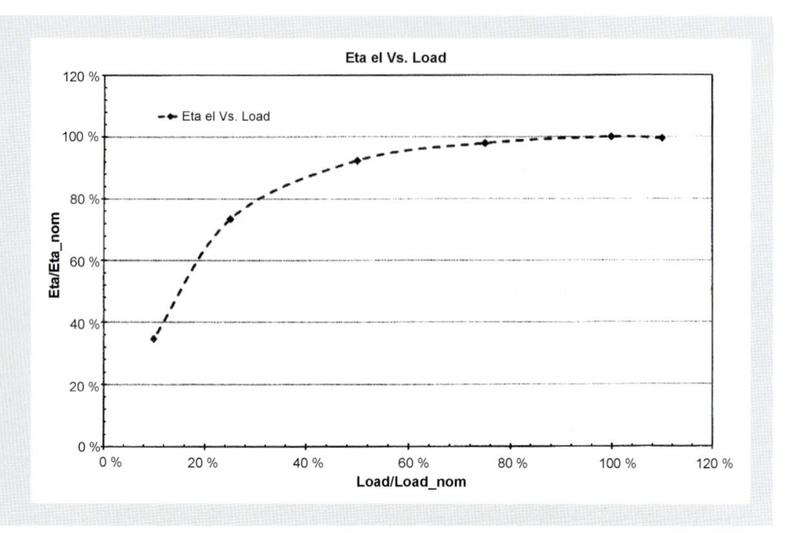

einer Dampfturbine. Moderne Ausführungen verfügen über ein vollautomatisches Start-Stop-System und erreichen Wirkungsgrade von ca. 20 %. Die Wirkungsgrade im Teillastbetrieb sind in **BILD 4** dargestellt.

Dieser Wirkungsgrad ist zwar deutlich niedriger als bei einer im Optimum arbeitenden Dampfturbine, allerdings höher als das, was sich mit einer Dampfturbine unter den dargestellten Einsatzbedingungen effektiv erzielen lässt.

ORC-Turbinen sind faktischer Standard für die Einsatzgebiete Biomasse- und Blockheizkraftwerke und daher sehr bewährt. Hier kommt durchgängig Thermoöl als Energieträger zum Einsatz, weshalb oft die Annahme zu hören ist, dass ORC-Turbinen an Thermoöl gebunden sind. Dies ist aber nicht richtig; im Gegenteil sind ORC-Turbinen fast beliebig mit heißem Wasser, Sattdampf, überhitztem Dampf oder eben Thermoöl zu betreiben.

Zusammenfassend sollte diese Technologie von jedem Betreiber mit 5–30 MW thermischer Energie in der Abwärme und den genannten Einsatzbedingungen zumindest sorgfältig geprüft werden.

Fallbeispiel Elektrolichtbogenofen

Ein Fallbeispiel für die dargestellten Probleme einer Abwärmenutzung ist das im Jahr 2009 in Betrieb gegangene Abgaskühlsystem eines Elektrolichtbogenofens. Der Ofen produziert Abgastemperaturen bis zu 1800 °C, zusätzlich enthält das Abgas brennbare Anteile, die noch im Abgaskanal verbrennen, und flüssige Schlacke- und Stahlanteile.

Die bisherige Kühlung geschah über ein Mischsystem aus Kaltwasserkühlung für das am stärksten belastete erste Element des Abgaskanals und einer älteren Heißkühlung für die weitere Strecke. Dieses System wies nach ca. 25 Betriebsjahren deutliche Verschleißspuren auf, zudem war es wenig wartungsfreundlich. Die

Bild 5: E-Ofen: Abgaskanal mit Ofen

aufgenommene Wärme konnte aufgrund der diskontinuierlichen Fahrweise des E-Ofens nicht genutzt werden.

Die neu errichtete Heißkühlung des Abgaskanals produziert aus einer durchschnittlichen Abgaswärme von 29 MW eine durchschnittliche Dampfmenge von 22 t/h. In der Spitze wird eine Dampfmenge von bis zu 80 t/h erzeugt. Dabei werden die Abgase auf eine Temperatur von ca. 600 °C abgekühlt. Der erzeugte Dampf wird verschiedenen Verbrauchern zur Verfügung gestellt, von denen die Vakuum-Stahlentgasung der größte ist.

Die Dampfnachfrage dieses Verbrauchers fällt jedoch zeitlich und mengenmäßig mit der Dampfproduktion des Ofens auseinander: Dieses Problem wurde durch den Einsatz von Ruth-Dampfspeichern gelöst, die das Entgasen von zwei vollen Chargen selbst dann noch ermöglichen, wenn der E-Ofen die Produktion gestoppt hat (**Bild 5**). Der Erdgasverbrauch im Kesselhaus für die im Werk vorhandenen Dampferzeuger konnte seit der Inbetriebnahme der Anlage extrem gesenkt werden.

Veröffentlicht in:
Gaswärme International · Heft 5/2009 · Seiten 331–334

GASWÄRME International

Wärmebehandlungsbedarf bei der Herstellung von Windenergieanlagen

Von Herwig Altena, Peter Schobesberger und Norbert Korlath

Für den Bau von Windenergieanlagen wird eine große Anzahl an Bauteilen benötigt, die thermisch bzw. thermochemisch behandelt werden müssen. Die großen Abmessungen der meisten, in der Windkraft eingesetzten Bauteile, in Verbindung mit den hohen Anforderungen an Qualität und Reproduzierbarkeit des Wärmebehandlungsergebnisses, erfordern spezifische und optimierte Wärmebehandlungslösungen. In dem Beitrag wird die Vielzahl an Bauteilen, die wärmebehandelt werden müssen, deren Behandlungsprozess sowie die dazu erforderliche Anlagentechnik vorgestellt. Befestigungselemente werden zum Beispiel vorwiegend in Mehrzweck-Kammerofenanlagen vergütet; für große Lagerringe kommen unterschiedliche Wärmebehandlungsanlagen infrage. Die Vor- und Nachteile der unterschiedlichen Anlagenkonzepte werden erörtert. Große Zahnkränze werden in der Regel induktiv mittels Einzelzahnhärtung behandelt.

Die Stromerzeugung aus Windkraft ist einer der am stärksten wachsenden Industriezweige weltweit. Die gesamte, weltweit installierte Leistung liegt bei über 100.000 MW bei einer prognostizierten Wachstumsrate von bis zu 20 % pro Jahr. Betrachtet man die gesamte installierte Leistung, so war Deutschland im Jahr 2007 in Europa der führende Windenergie-Erzeuger, gefolgt von Spanien. Bei den Neuinstallationen wurde Deutschland zwischenzeitlich aber von Spanien überholt. In Frankreich wurde die Windenergie sehr stark forciert, sodass Frankreich bei den Neuinstallationen in Europa mittlerweile auf Platz 3 liegt.

Weltweit sind die USA bei den Neuinstallationen führend, Spanien hat eine sehr gute Position als Nr. 2, gefolgt von China und Indien.

Nimmt man eine 3,3MW-Anlage als mittlere Leistungsklasse für Neuinstallationen an, so ergibt sich ein Bedarf von 10.000 Neuanlagen weltweit pro Jahr. Für Europa bedeutet dies ca. 3.500 Neuanlagen oder 50.000 Tonnen an Bauteilen, die jährlich wärmebehandelt werden müssen. In dieser Kalkulation ist ein gewisser Bedarf an Ersatzinvestitionen älterer, kleiner Anlagen nicht enthalten, wodurch die Zahlen insgesamt noch etwas höher anzusetzen sind.

Wärmebehandlungsanforderungen

Bei der Wärmebehandlung von Getriebeteilen für die Windkraft sind hohe Ansprüche an die Wärmebehandlungsqualität zu erfüllen, vor allem die Einhaltung enger Toleranzen, ein geringer Bauteilverzug und gute Reproduzierbarkeit der

BILD 1: Getriebeteile für Windkraftanlagen [Ref: Winenergy AG]

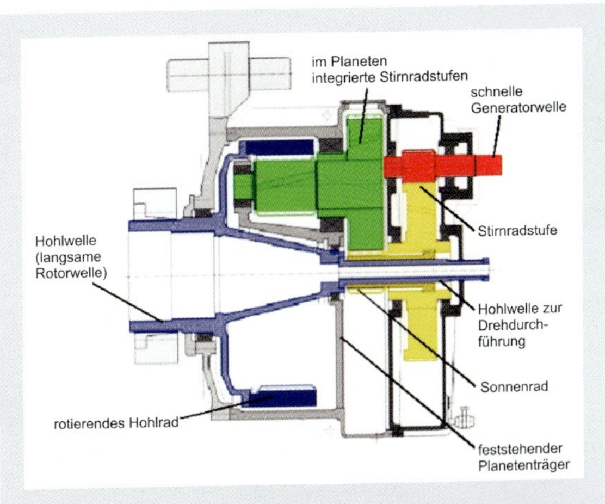

BILD 2: Zweistufiges Windkraftgetriebe (Schematischer Aufbau)

Behandlungsergebnisse. In Kombination mit der Größe und dem Gewicht der Bauteile führt dies zu besonderen Anforderungen, die durch die Anlagen- und Prozesstechnik zu erfüllen sind. Dies wird durch bauteilspezifische, optimierte Wärmebehandlungslösungen erreicht.

Bild 1 zeigt typische Getriebeteile für Windkraftanlagen, die wärmebehandelt werden müssen. Beispielsweise werden Planetenräder, Sonnenräder und Antriebswellen aufgekohlt und gehärtet. **Bild 2** zeigt den schematischen Aufbau eines typischen Zweistufengetriebes.

Azimuth- und Pitchlager, die die Positionierung der Rotorblätter ermöglichen, sowie die Lager der Generatorwelle müssen ebenfalls wärmebehandelt werden. Weiters werden bis zu 500 Befestigungselemente in jeder Windkraftanlage verwendet, die ebenfalls vergütet werden müssen.

Für sämtliche Anwendungen stehen somit eine Vielzahl von Wärmebehandlungsanlagen zur Verfügung, die die spezifischen Anforderungen erfüllen können.

Wärmebehandlungslösungen für unterschiedliche Anwendungen

Rollenherd-Ofenanlage für Lagerringe

Große Lagerringe, die für die Antriebswelle benötigt werden, sowie Pitch- und Azimutlagerringe, werden in der Regel aus durchhärtbarem Kugellagerstahl 100CrMn7-6 hergestellt. Diese Lagerringe werden in einem kontinuierlichen Rollenherdofen erwärmt, austenitisiert und in einem speziell angepassten Salzbad abgeschreckt. Dabei sind entweder martensitische Härtung oder Bainitisieren bei etwas höheren Salzbadtemperaturen (230–260 °C) möglich.

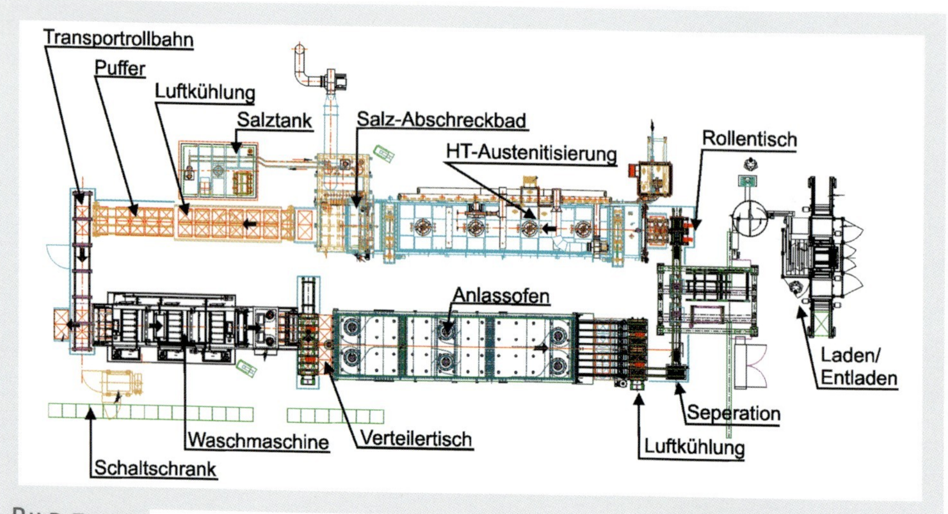

BILD 3: Layout einer Rollenherd-Ofenanlage (Grundriss)

Die Rollenherd-Ofenanlage ist das Kernelement einer vollautomatischen Wärmebehandlungslinie, die aus Reinigungsanlage, Anlassofen und Prozessleitsystem zur Chargendokumentation besteht. Das Salzbad kann in einem speziellen, patentierten Design, der sogenannten „Quellfluttechnik", ausgeführt werden, bei dem Rollenteppich und Bauteile von unten mit Abschrecksalz durchströmt und die Bauteile zeitgleich reversierend horizontal bewegt werden. Durch diese Abschrecktechnik lässt sich der Verzug der Lagerringe entscheidend verringern.

Die Austenitisierungstemperatur im Hochtemperaturofen liegt zwischen 800 und 900 °C, die maximale Ofenbreite liegt derzeit bei ca. 1.500 mm. Für Wind-

BILD 4: Großes Zahnrad einer Windkraftanlage, induktive Einzelzahnhärtung

kraftanwendungen wurde ein Ofen mit maximal 2.500 mm Breite konzipiert. **Bild 3** zeigt ein typisches Layout einer Rollenherd-Ofenanlage.

Induktionshärtung großer Zahnkränze

Große Zahnkränze werden in der Regel induktiv gehärtet. **Bild 4** zeigt eine typische Anwendung der Einzelzahn-Zahnlückenhärtung großer Zahnräder für die Windkraft. Die einzelnen Bahnen werden dabei so gesetzt, dass es zu keiner Überschneidung der gehärteten Zonen kommt, da dies zu Anlasseffekten führen würde. Je nach Anwendungsfall ist auch eine Einzelzahn-Flankenhärtung üblich, bei der im Zahngrund keine Härtung des Bauteils erfolgt. Die Induktionshärtemaschine besteht aus einer Universal-Härteanlage mit einer Anbaugruppe zur Aufnahme und genauen Positionierung der Zahnräder, die auf der Anbaugruppe drehbar gelagert sind. In dieser Konfiguration ist die Induktionshärtemaschine eine erweiterte Standardmaschine, wie sie auch in vielen Lohnhärtereien zu finden ist.

Mehrzweck-Kammeröfen für Befestigungsteile und große Getriebeteile

Für Windkraftanlagen werden Befestigungsteile zumeist in Mehrzweck-Kammerofenanlagen vergütet, da auf Grund der Größe und des Gewichts der Schrauben eine gerichtete, vertikale Aufnahme in einem Chargiergestell erforderlich ist.

Bild 5 zeigt einen typischen Mehrzweck-Kammerofen, wie er in vielen Härtereien zu finden ist. Die Größe XXL ist für Chargengewichte bis 2.500 kg konzipiert und erlaubt die Härtung vertikal chargierter Schrauben bis zur Größe M64. Neben der Härtung von Befestigungsteilen für die Windkraft kann dieser Anlagentyp für viele andere Anwendungen, wie z.B. zur Härtung

Bild 5: Großer Mehrzweck-Kammerofen mit Zahnrädern für Windkraftanlagen

Bild 6: Mehrzweck-Kammerofenlinie mit Zahnrädern für Windkraftanlagen

großer Zahnräder und Wellen von Windkraftgetrieben eingesetzt werden. In Abhängigkeit von den Anforderungen ist dieser Anlagentyp als Vorkammerofen mit in die Vorkammer integriertem Ölbad oder – für höhere Durchsatzleistung – als Doppelkammer-Durchlaufofen ausgeführt.

Zur Erhöhung der Durchsatzleistung werden mehrere Kammeröfen zu einer vollautomatischen Kammerofenlinie zusammengefasst, die Chargenspeicher, Transportsystem, Waschmaschine und Anlassöfen enthält. **Bild 6** zeigt eine Mehrzweck-Kammerofenlinie, die in einer großen Lohnhärterei in Deutschland installiert wurde. Diese Kammerofenlinie wird vorwiegend zur Einsatzhärtung von Getriebebauteilen für die Windkrafttechnik verwendet. Auf Grund der erforderlichen, hohen Einsatzhärtetiefe (CHD) der Zahnräder (2,5 bis 3,5 mm) erfolgt die Aufkohlung – je nach Kundenspezifikation – bei 980–1.000 °C. Sofern der Werkstoff der Bauteile feinkornstabilisiert ist und eine entsprechende Hochtemperaturaufkohlung ohne deutliche Kornvergröberung zulässt, können die Zahnräder auch direktgehärtet werden.

Schachtöfen zur Einsatzhärtung von Großgetriebeteilen

Ein sehr wichtiger, zeit- und kostenintensiver Prozess ist die Einsatzhärtung von Zahnrädern und Wellen für Windkraftgetriebe. Aus ökonomischer Sicht stellt sich die Wärmebehandlung dieser Bauteile in Schachtöfen als der günstigste Prozess dar, weshalb er als Stand der Technik für Windkraftteile bei hoher Durchsatzleistung gilt. **Bild 7** zeigt eine Schemazeichnung einer Schachtofenlinie zur Einsatzhärtung von Zahnrädern für Windkraftgetriebe. **Bild 8** zeigt eine heiße Charge beim Verfahren aus dem Ofen in das Ölbad.

Dieses Bild lässt aber auch die Nachteile der Schachtofentechnik erkennen. Der Prozess – zumindest der Transport zwischen Ofen und Ölabschreckbad – erfolgt in der Regel manuell mittels Kran, die Verfahrzeiten können je nach Geschick des Bedieners variieren und es gibt für den Chargentransport keine Prozessdokumentation. Die Charge gibt während des Transports erhebliche Strahlungshitze in die Produktionshalle ab und schließlich kommt es beim Absenken

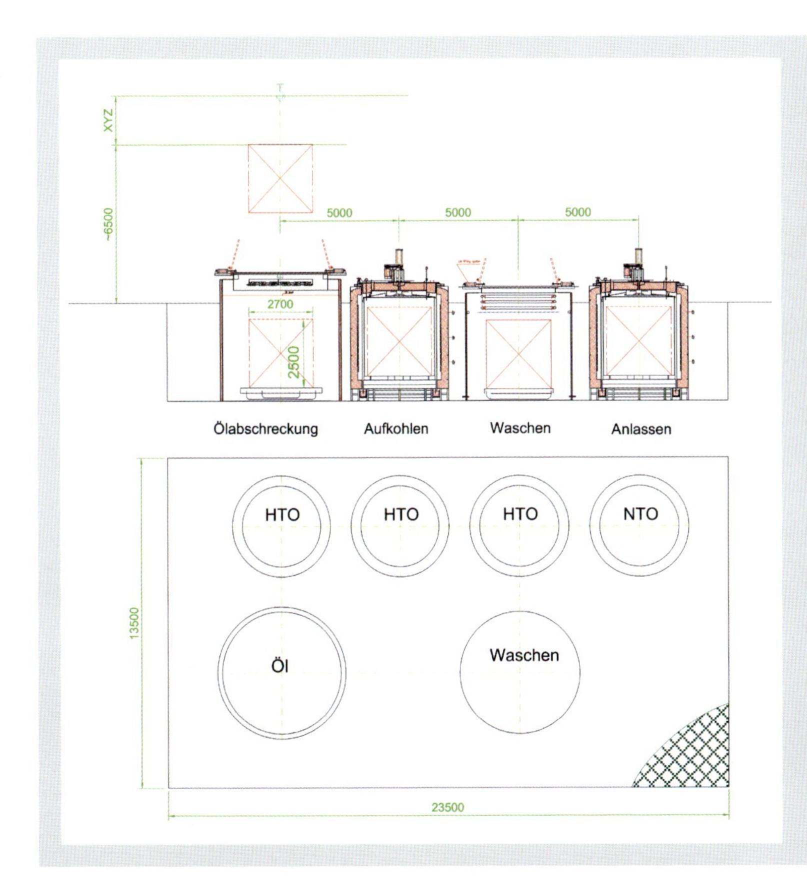

BILD 7: Schachtofenlinie zur Einsatzhärtung von Zahnrädern und Wellen für Windkraftanlagen

BILD 8: Große Zahnräder vor der Ölabschreckung

BILD 9: Ringherd-Ofenanlage

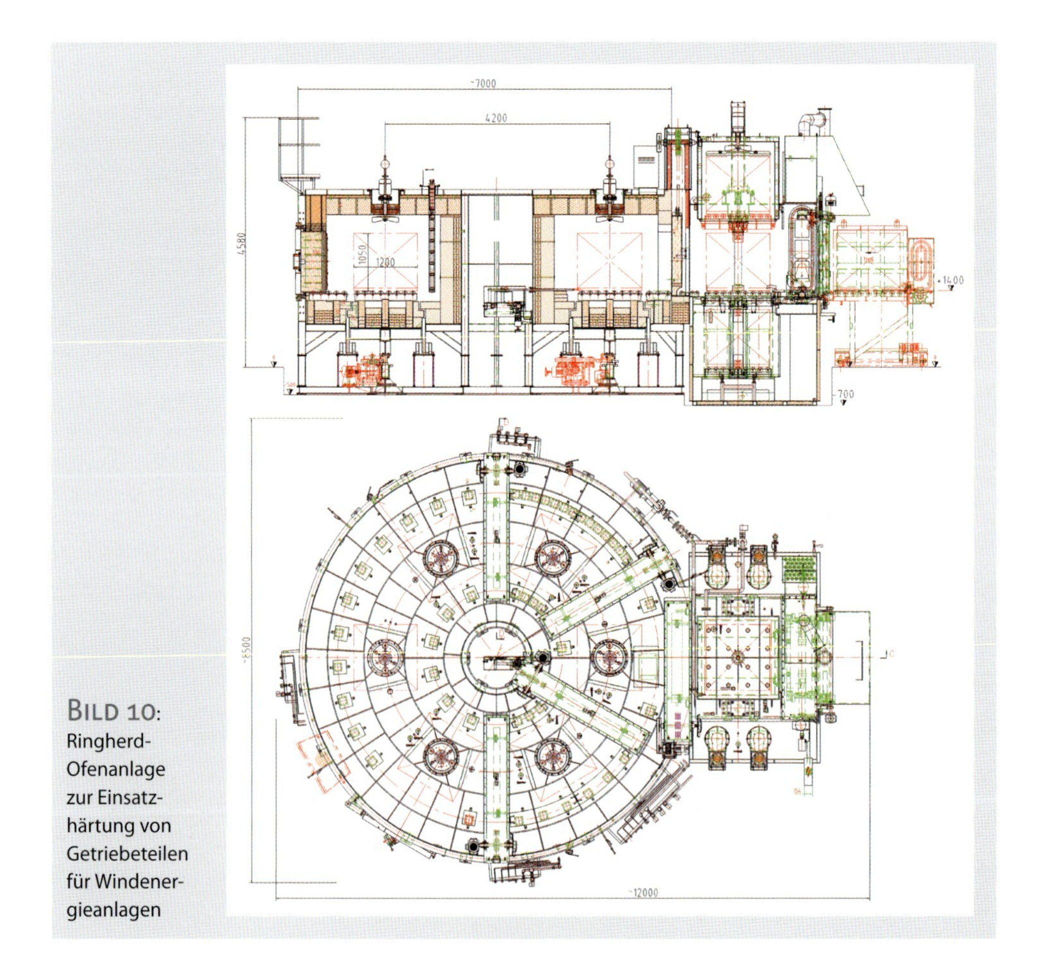

BILD 10: Ringherd-Ofenanlage zur Einsatzhärtung von Getriebeteilen für Windenergieanlagen

der Charge in das Ölbad zur Entzündung der Öldämpfe und zu einer Stichflamme an der Badoberfläche.

Ringherd-Ofenanlagen zur Einsatzhärtung von Großgetriebeteilen

Als Alternative zum Schachtofen ermöglicht ein großer Ringherdofen eine umweltschonende, saubere, sichere und vollautomatische Wärmebehandlung. **Bild 9** zeigt eine dieser Anlagen während der Montage.

In **Bild 10** und **Bild 11** werden Schemazeichnungen von Ringherdöfen gezeigt, die für Kunden der Windkrafttechnik in China gebaut wurden. Die Anlagen zeigen, wie unterschiedlich kundenspezifische Lösungen je nach Anforderung und Durchsatzleistung ausfallen können – beginnend mit 6 Chargenpositionen und einem Außendurchmesser des Ringherdes von ca. 7 m (Bild 10) und andererseits 48 Positionen mit einem Ofendurchmesser von ca. 17 m (Bild 11).

Die Ringherd-Ofenanlage erlaubt einen vollautomatischen Betrieb, eine Chargenverfolgung und -dokumentation sowie reproduzierbare Wärmebehandlungsergebnisse innerhalb enger Toleranzen. Auf Grund geringerer Chargengröße, teilweise auch auf Grund von Einzelteilabschreckung in einem strömungsoptimierten Ölbad, kann der Bauteilverzug zum Teil erheblich verringert

Bild 11: Ringherd-Ofenanlage zur Einsatzhärtung von Getriebeteilen für Windenergieanlagen

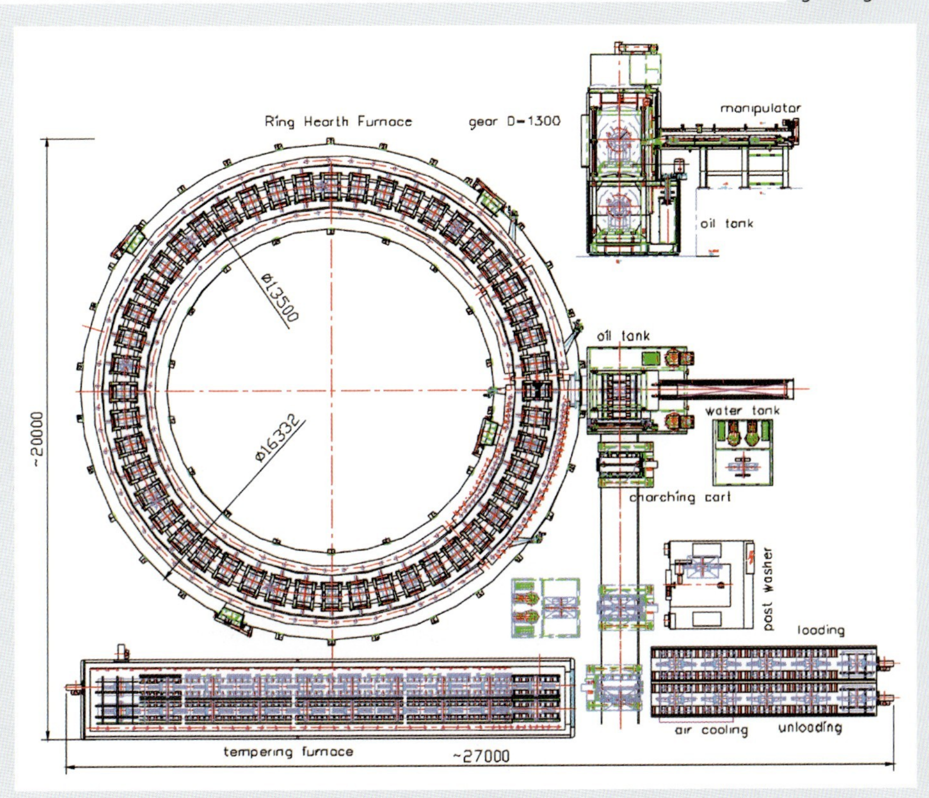

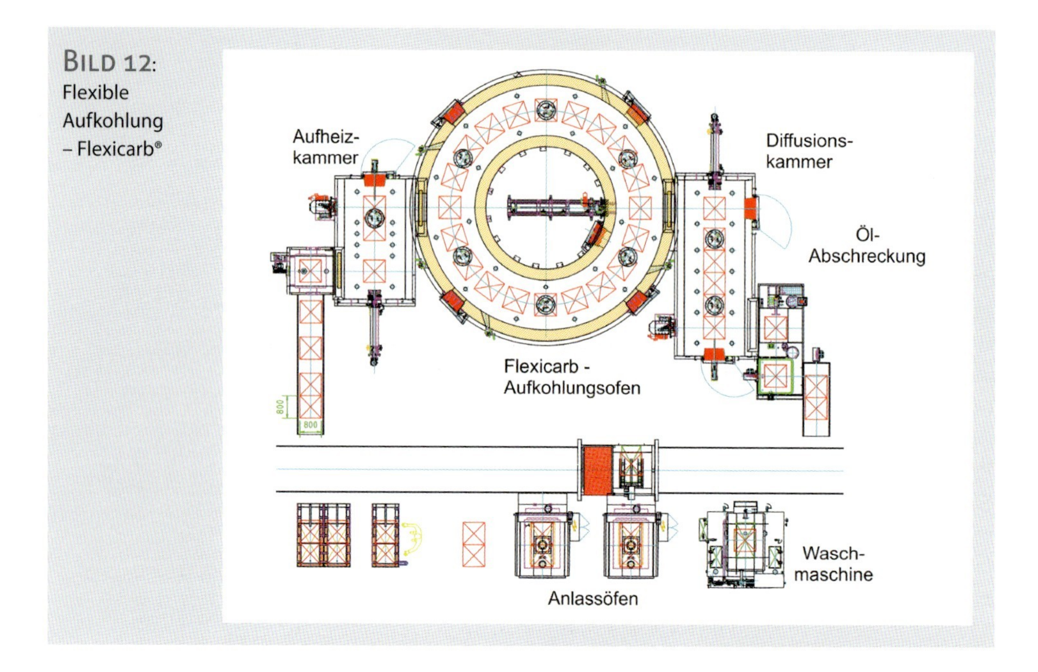

Bild 12: Flexible Aufkohlung – Flexicarb®

werden. Dies führt in weiterer Folge zu geringeren Nacharbeitskosten. Wird auf Grund des verringerten Verzugs das Schleifaufmaß in der Serienproduktion reduziert, so kann damit die gesamte Aufkohlungs- bzw. Prozesszeit verringert und die Wirtschaftlichkeit der Wärmebehandlung verbessert werden.

Als Nachteile der Ringherdofentechnologie sind die Begrenzung der max. Bauteildimensionen sowie die geringere Flexibilität im Vergleich zum Schachtofen zu nennen, da im Ringherd möglichst viele Chargen mit gleichen Behandlungsparametern (CHD, etc.) gefahren werden sollten.

Um die Flexibiliät der Anlage zu verbessern, wurde die „Flexicarb®"-Ringherd-Ofenanlage entwickelt, die hohe Flexibilität mit einer vollautomatischen, zuverlässigen Anlagentechnik verbindet.

Bild 12 zeigt diesen Anlagentyp. Die Anlage besteht aus einem Durchstoßofen zur Erwärmung der Teile auf Kohlungstemperatur sowie einem Ringherd, der ausschließlich zur Hochtemperaturaufkohlung dient. In diesen Fall wird die Charge (bzw. der Herd) nicht bei jedem Zyklus um eine Position weitergedreht; es ist nur erforderlich, eine freie Position für die erwärmte Charge auf dem Ringherd sicherzustellen und die fertig aufgekohlte Charge zur Ausstoßposition in die Diffusionskammer zu bringen. Die Anzahl der Drehungen, die eine Charge während der Aufkohlung erfährt, hat keinen Einfluss auf das Aufkohlungsergebnis. Die Charge verbleibt für die gesamte Kohlungsdauer in dem Ringherd. In der nachgeschalteten Diffusionskammer werden der Kohlenstoffpegel und die Temperatur auf Härtebedingungen abgesenkt und die Charge anschließend im Öl abgeschreckt. Falls erforderlich, kann die Flexicarb®-Anlage mit einer zusätzlichen Perlitisierkammer ausgeführt werden.

Trotz der Vorteile dieser Anlagentechnik muss angemerkt werden, dass die maximale Bauteilgröße sowie das maximale Bauteilgewicht einen limitierenden Faktor darstellen können. Weiters liegen die Anschaffungskosten einer Flexicarb®-Anlage etwas höher als jene von Ringherd oder Schachtofenanlagen gleicher Durchsatzleistung.

Wirtschaftlichkeitsvergleich

Tabelle 1 zeigt einen Vergleich der Wärmebehandlungskosten unterschiedlicher Anlagenlinien für eine vorgegebene Durchsatzleistung und ermöglicht für diesen spezifischen Fall die Abschätzung der Wirtschaftlichkeit verschiedener Anlagensysteme:

Durchsatzleistung: 27 Planetenräder + 9 Sonnenradwellen/Tag
Prozessdauer: 42 h pro Charge
Einsatzhärtetiefe (CHD): ca.3,5 mm

Aus Tabelle 1 geht hervor, dass der Schachtofen eine sehr gute, wirtschaftliche Lösung zur Einsatzhärtung großer Zahnräder und Wellen für Windkraftgetriebe darstellt.

Im Vergleich kann eine Kammerofenlinie mit sehr großen Chargenmaßen wirtschaftlich nicht mithalten. Eine größere Anzahl an Öfen sowie die geringere Chargenabmessung bieten jedoch das höchste Maß an Flexibilität sowie geringere Verzüge in strömungsoptimierten, kleineren Ölbädern. Aus diesem Grund werden Mehrzweck-Kammerofenlinien gerne in Lohnhärtereien zur Wärmebehandlung von Windkraft-Getriebeteilen eingesetzt.

Ringherdöfen zeigen sehr niedrige, wettbewerbsfähige Wärmebehandlungskosten bei vollautomatischem Prozessablauf. Können durch die Einzelteilabschreckung der Bauteilverzug und damit die Nacharbeitskosten reduziert werden, so führt dies zu einer weiteren Verbesserung der Wirtschaftlichkeit dieser Anlagentechnik im Vergleich zu Schachtofenanlagen.

Ofentyp	Mehrzweck-Kammerofen	Schachtofen	Ringherdofen	Flexicarb®
Ofeneinheiten	5	3	1	1
Chargengröße	1800x1900x1300	2000x2500	D = 9000; 28	D = 7000; 3-20-6
Durchsatz netto [t/Jahr]	3782	3705	3449	3572
Abschreibung [€/Jahr]	973307	503054	525605	601457
Laufende Kosten [€/Jahr]	536836	425677	319501	339387
Gesamtkosten/ Jahr [€/Jahr]	1510143	928731	845106	940844
Kosten/kg [Ct/kg]	39,93	25,06	24,50	26,34

Tabelle 1: Wirtschaftlichkeitsvergleich unterschiedlicher Anlagentypen

Die Flexicarb®-Anlage verbindet die Vorteile des Ringherdofens mit hoher Flexibilität, wobei bei gleicher Durchsatzleistung die Wärmebehandlungskosten pro kg geringfügig höher als im Ringherdofen liegen.

Zusammenfassung

Für den Bau von Windenergieanlagen wird eine Vielzahl wärmebehandelter und thermochemisch behandelter Bauteile benötigt. Die Größe der meisten Teile in Verbindung mit den hohen Anforderungen an Zuverlässigkeit und Reproduzierbarkeit der Wärmebehandlungsergebnisse machen es notwendig, spezifische und optimierte Wärmebehandlungslösungen zu suchen.

Es wurden Beispiele von unterschiedlichen Bauteilen, dem erforderlichen Wärmebehandlungsprozess und der geeigneten Anlagentechnik gezeigt. Ein besonders wichtiger, da sehr zeit- und kostenintensiver Prozess ist die Einsatzhärtung großer Getriebeteile, die in der Regel in Schachtöfen erfolgt.

Alternativkonzepte, wie z. B. große Kammerofenlinien oder Ringherd-Ofenanlagen wurden präsentiert und diskutiert. Dabei konnte gezeigt werden, dass der Ringherdofen ähnlich niedrigere Wärmebehandlungskosten wie der Schachtofen verursacht. Weiters ermöglichen Ringherdofen und Mehrzweck-Kammerofen einen vollautomatischen Betrieb mit Chargenverfolgung und Dokumentation, verbunden mit verbesserter Wärmebehandlungsqualität. Die Abschreckung von nur 1 bis 2 Getriebeteilen pro Charge in einem mittels CFD optimierten Ölbad trägt dazu bei, den Bauteilverzug zu reduzieren. Gelingt es dadurch, das Schleifaufmaß zu verringern, so können nicht nur Schleifkosten eingespart werden, sondern auch Prozesszeiten verringert und damit Wärmebehandlungskosten eingespart werden. Auch das neue, flexible Konzept einer Wärmebehandlungsanlage „Flexicarb®" wird dazu beitragen, den stark wachsenden Markt der Windkrafttechnik mit den erforderlichen Wärmebehandlungskapazitäten zu versorgen.

GASWÄRME International

Veröffentlicht in:
Gaswärme International · Heft 6/2009 · Seiten 411–417

Energieeffizienz bei der Prozesskette des Gasaufkohlens mit anschließendem Härten und Anlassen

Von Friedhelm Kühn und Dominik Schröder

Auf der Basis einer ganzheitlichen Betrachtung der Prozessschritte CO_2-Rückgewinnung, Endogaserzeugung und -verwendung, Erwärmung, Gasaufkohlung, Endogasabführung werden im folgenden Beitrag die Möglichkeiten einer Energieeffizienzoptimierung erläutert.

Die Thermprozessanlagenhersteller werden von den Anwendern und Betreibern dieser Anlagen immer wieder gefragt, welche Minimierungsmöglichkeiten bestehen, um den Energieeinsatz für die Prozesskette des Gasaufkohlens mit anschließendem Härten und Anlassen der Bauteile effizienter zu gestalten. Die Entwicklung der Anlagentechnik in den letzten 10 bis 15 Jahren hat gezeigt [1], dass das Brutto-Tara-Verhältnis der zu behandelnden Teile gegen 1 gesenkt werden konnte. Die Anlagentechnik (**Bild 1**) hat sich bewährt und sollte auch verstärkt angewendet werden.

Die indirekte Beheizungstechnik über z. B. gasbeheizte Mantelstrahlheizrohre wurde in den 80er Jahren soweit optimiert, dass ein feuerungstechnischer Wir-

Bild 1: Drehherdofenanlage für LKW-Synchronteile mit einer Leistung von 630 kg/h netto (Quelle: LOI Thermprocess GmbH)

kungsgrad des Systems von 85 % ohne Probleme mit Stahlrekuperatoren [2] erreicht werden konnte. Der Werkstoffwechsel zu SiC für die Rekuperatoren und Brennkammern brachte zwar bei richtigem Einsatz eine längere Lebensdauer, aber gleichzeitig einen geringeren Wirkungsgrad, weil die Fläche des Rekuperators reduziert werden musste. Regeneratorbrenner setzten sich in diesem Leistungsbereich bis heute nicht durch, weil die Komplexität auf kleinstem Raum zu aufwendigeren und damit zu kostenintensiveren Lösungen führte. Heute geht der Trend wieder zum Rekuperatorbrenner, aber mit wesentlich höherer Wärmeübertragungsfläche.

Damit können wieder feuerungstechnische Wirkungsgrade weit über 80 % realisiert werden.

Das heißt, dass auf dem Sektor der Beheizungstechnik ebenfalls Grenzwerte erreicht und eingesetzt werden können.

Endogaserzeugung

Der Bereich der Aufkohlungsatmospärenerzeugung und -verwertung, der bisher zwar viel diskutiert wurde, ist von den Anlagenlieferanten – insbesondere für kontinuierliche Anlagen – und Anlagenbetreibern nur zögerlich und wenig innovativ weiterentwickelt worden, obwohl auch hier Lösungsansätze publiziert wurden [3].

So ist hinlänglich bekannt, dass der Kohlenstoff-Übergangskoeffizient der verwendbaren Gasaufkohlungsatmosphären im Maximum bei einem Gemisch von nahezu 50 % CO und 50 % H_2 bei ca. $300 \cdot 10^{-7}$ cm/s liegt [4]. Verwendung finden jedoch meist Atmosphären (Trägergase) mit einem Stoffübergangskoeffizienten von ca. $200 \cdot 10^{-7}$ cm/s (**Bild 2**).

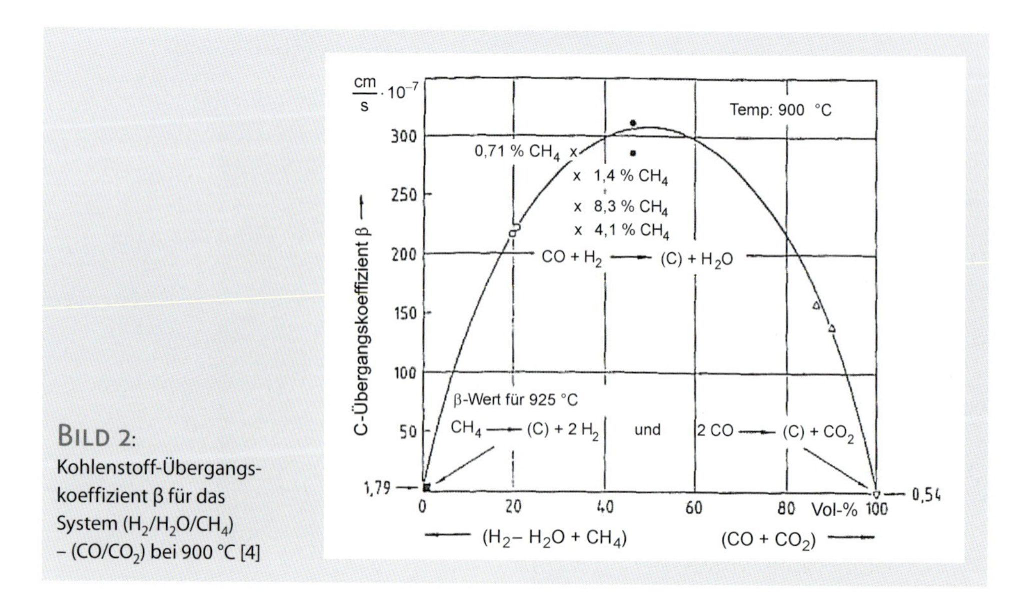

Bild 2: Kohlenstoff-Übergangskoeffizient β für das System ($H_2/H_2O/CH_4$) – (CO/CO_2) bei 900 °C [4]

Da bei kleinen bis mittleren Aufkohlungstiefen der Stoffübergangskoeffizient aufkohlungsgeschwindigkeitsbestimmend wird, ist leicht verständlich, dass mit kleiner werdender Aufkohlungstiefe die Produktionsleistung einer Anlage steigt. Eine Steigerung der Produktionsleistung um ca. 30 % ist bei Aufkohlungstiefen von ca. 0,5 mm schon nachgewiesen worden [5].

Diese Anwendung wird zurzeit noch kaum eingesetzt, weil die Ausgangsprodukte zu dieser Endogaserzeugung zur Verfügung stehen müssen. Auch hierzu wurden Wege in der Literatur veröffentlicht [5]. Das hierfür benötigte Treibhausgas CO_2 kann jedoch heute problemlos aus den Abgasen der gasbeheizten Mantelstrahlheizrohre zurückgewonnen werden.

Das so gewonnene CO_2 soll mit Methan beispielhaft wie folgt reagieren:

$$CH_4 + CO_2 \rightarrow 2\,CO + 2\,H_2$$

CO_2-Rückgewinnung

Ein Verfahrensvergleich der relevanten Verfahrensprinzipien zur Gastrennung von CO_2 aus dem Abgas der Ofenbeheizung wurde hinsichtlich seiner Wirtschaftlichkeit durchgeführt. Das Abgas aus der Ofenanlage soll folgende Daten haben:

Volumenstrom:	> 200 m_N^3/h
Druck:	~ 1 bar abs
Temperatur:	500 °C
N_2	73,4 % (Vol.)
H_2O	15,6 %
CO_2	8,5 %
O_2	2,5 %

Aus diesem Strom sollen 14 m_N^3/h Kohlendioxid gasförmig mit einer Reinheit > 90 % bei einem Taupunkt von 6 °C abgetrennt werden.

Verschiedene Verfahren zur CO_2-Gewinnung aus Abgas

Grundsätzlich stehen für die Gastrennung die verschiedenen Verfahrensprinzipien

- Tieftemperaturdestillation/-kondensation
- Druckwechseladsorption
- Absorption
- Gaspermeation

zur Verfügung.

Der Vergleich der Verfahren ist anhand der Kriterien

- erzielbare Reinheit
- benötigte Energie-, Dampf-, Kühlwasser oder Kältemittelbedarf
- erforderliche Investkosten

durchgeführt worden.

Die Wirtschaftlichkeit eines Trennverfahrens ist abschließend durch Vergleich mit dem Kaufpreis für druckverflüssigtes CO_2 in technischer Qualität zu beurteilen. Laut Auskunft der Lieferanten für technische Gase beträgt der CO_2-Preis bei einer Abnahmemenge von >100000 m_N^3/a (14 m_N^3/h entspricht etwa 120000 m_N^3/a) etwa 0,86 €/m_N^3 inklusive Tankmiete.

TABELLE 1: Verfahrensvergleich zur Abtrennung von CO_2 aus einem Erdgasabgasstrom (Quelle: LOI Thermprocess GmbH)

Verfahren	Bemerkungen	Erzielbare Produkteinheit	Betriebsmittel
Tieftemperatur-destillation	Theoretisch möglich, jedoch sehr energieaufwendig. Derzeit kein technisches Verfahren verfügbar	> 99 %	el. Energie >1,5 kWh/m_N^3 Flüssigstickstoff > 1,5 m_N^3/m_N^3
Druckwechsel-adsorption	PSA wird technisch eingesetzt zur Aufbereitung großer Volumenströme mit höheren Eingangskonzentrationen. Bei geringeren Eingangskonzentrationen relativ energieaufwendig. Evtl. Energetisch optimierbar für geringere Produkteinheiten (< 95 %)	> 95 %	el. Energie < 1 kWh/m_N^3
Gaspermeation	Theoretisch möglich, jedoch relativ energieaufwendig bei limitierter Anreicherung, mindestens zweistufiges Verfahren erforderlich	einstufig ~ 50 %	el. Energie >1kWh/m_N^3
Ab-/Desorption Membran-absorption	Das Verfahren wird technisch eingesetzt zur CO_2-Herstellung aus Abgas in abgelegenen Gebieten. Die Volumenströme sind allerdings deutlich größer. Das Bauvolumen der Anlage kann evtl. durch Membrankontaktor reduziert werden	> 99 %	el. Energie 0,1 – 0,2 kWh/m_N^3 Kühlwasser > 0,3 m^3/m_N^3 Heizdampf bzw. Abgasenergie > 2,5 kWh/m_N^3 MEA-Verlust < 4 g/m_N^3

In **TABELLE 1** sind die untersuchten Verfahren zusammengestellt und hinsichtlich der wesentlichen Parameter verglichen. Für die zu untersuchende Problemstellung gab es kein Verfahren, das „von der Stange" zu kaufen wäre. Da deshalb ein erhöhter Engineering-Bedarf besteht, sind die Investkosten für eine einzelne Anlage in allen Fällen relativ hoch. Steht die Technik einmal bereit, so können sich die Investkosten deutlich reduzieren, die Betriebskosten bleiben jedoch unverändert. Die Absorption mit Aminlösungen ist das einzige Verfahren, das die im Abgas enthaltene thermische Energie nutzen kann, und ist damit aus energetischer Sicht am günstigsten zu beurteilen. Druckwechseladsorption und Gaspermeation können prinzipiell die gestellte Trennaufgabe lösen, haben jedoch aufgrund der notwendigen Gaskompression einen höheren elektrischen Energieaufwand als die Absorption. Die Abtrennung des Kohlendioxids durch Tieftemperaturkondensation kommt aufgrund des schon im idealen Fall hohen Energiebedarfs nicht in Frage. Kommerziell ist derzeit keine Kryotechnologie zur Abtrennung von CO_2 in derart niedriger Konzentration verfügbar.

Zusammenfassend kann festgestellt werden, dass nur mit einem Absorptions-/Desorptionsverfahren (**BILD 3**) die CO_2-Abtrennung zu einem konkurrenzfähigen Preis realisiert werden könnte.

Evtl. kann durch den Einsatz eines Membrankontaktors das Bauvolumen der Anlage vermindert werden. Untersuchungen in den Niederlanden wurden im Jahre 1996 durchgeführt. Ergebnisse hierzu lagen dem Autor nicht vor.

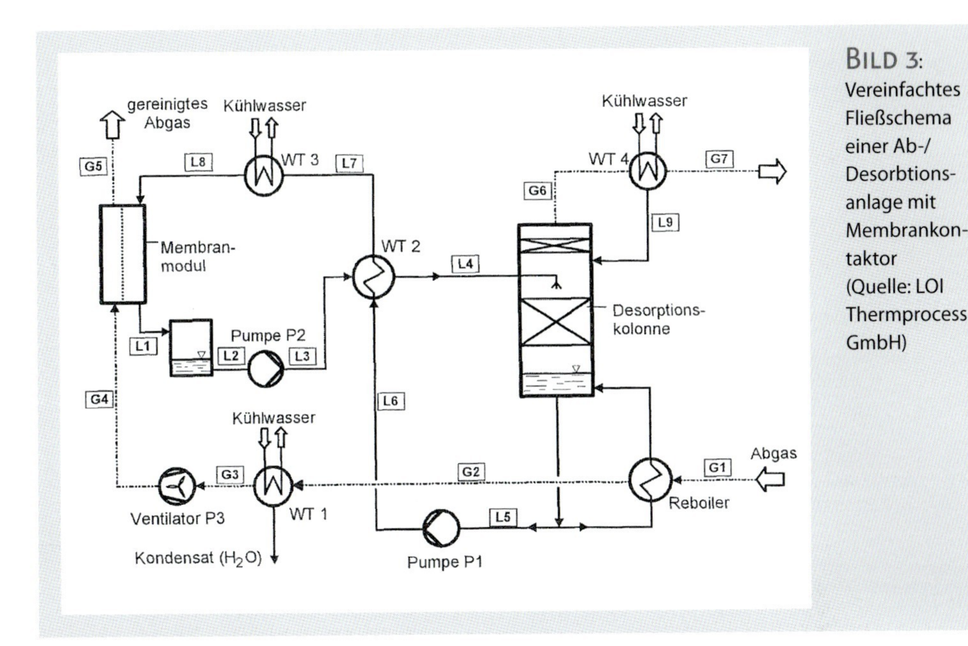

Bild 3: Vereinfachtes Fließschema einer Ab-/Desorbtionsanlage mit Membrankontaktor (Quelle: LOI Thermprocess GmbH)

Das mit einer derartigen Rückgewinnungsanlage erzeugte CO_2 kann dann mit Erdgas in einem Endogasgenerator zu dem oben beschriebenen Trägergas umgesetzt und anschließend in den Ofen geleitet werden.

Da dieses Trägergas einen wesentlich höheren Heizwert besitzt als das bisherige, ist die nachgeschaltete Verbrennung nach dem Austritt aus dem Ofen in den Mantelstrahlheizrohren der Aufheizzone wesentlich unproblematischer als das bisherige Trägergas mit nur ca. 20 % CO und 38 % H_2.

Energiebilanz

Das in **Bild 4** gezeigte Sankeydiagramm gibt an einem Beispiel – einer Ab-/Desorbtion mit Membrankontaktor für die CO_2-Rückgewinnung mit Wiederverwertung für die Endogaserzeugung und Einleitung des Trägergases in eine Drehherdofenanlage zum Gasaufkohlen mit anschließender Nachverbrennung der Spülgasatmosphäre in der Mantelstrahlheizrohrbeheizung des Drehherdofens – den Energieeinsatz wieder.

Es kann gegenüber der bisherigen Verfahrensweise beim Einsatz eines Drehherdofens mit keramischen Gestellen, d.h. Einzelentnahme der Teile oder Tablettentnahme der Energieeinsatz gegenüber einem Stoßofen mit Rosttransport um mehr als 50 % reduziert werden (siehe zum Vergleich [5]).

Wird die Presshärtung eingesetzt und das Drehherdkonzept ebenfalls für den Anlassprozess verwendet, lässt sich der Energieeinsatz für den Gesamtprozess noch wesentlich verringern, da beim Anlassen ebenfalls keine Roste oder die Roste nicht vollständig wiedererwärmt werden müssen.

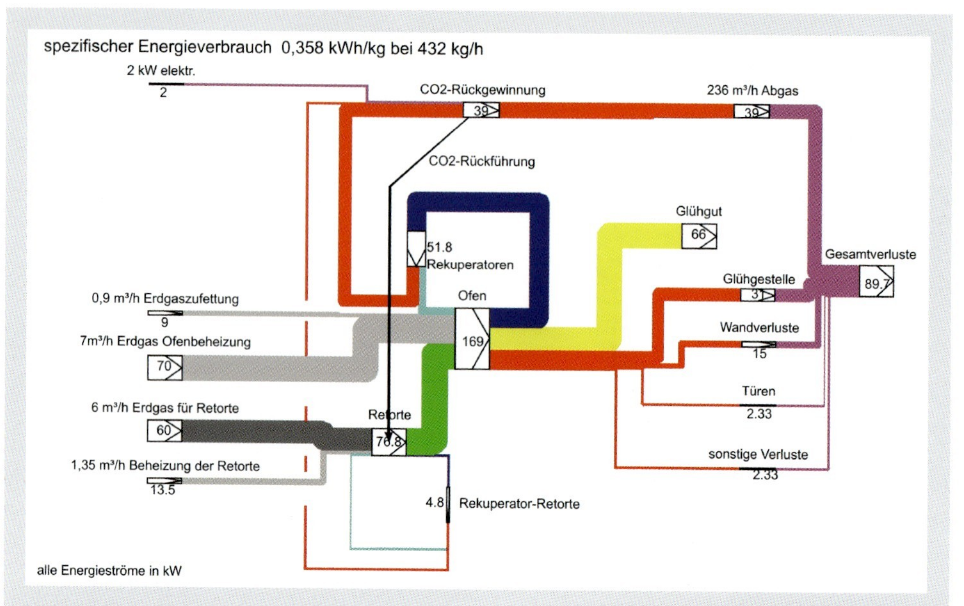

BILD 4: Energiebilanz einer Drehherdgasaufkohlungsanlage ohne Rosttransport mit CO_2-Rückgewinnung über eine Ab-/Desorbtions/ Membrankontaktoranlage und CO_2/Erdgas-Endogaserzeugung (Quelle: LOI Thermprocess GmbH)

Literatur

[1] Kühn, F.; Schupe, W.: Die Drehherdofentechnologie – Eine etablierte Anwendung zur Erwärmung und Wärmebehandlung. Gaswärme International (2004) Nr. 7

[2] Kühn, F.: Entwicklungstendenzen bei Wärmebehandlungsanlagen und Wärmöfen. Gaswärme International (1981) Nr. 10

[3] Kühn, F.: Positive Energiebilanz und niedrige CO_2-Emissionswerte durch innovative Drehherdofentechnologie. Gaswärme International (2006) Nr. 7

[4] AWT-Fachausschuss 5, Arbeitskreis 4: Die Prozessregelung beim Gasaufkohlen und Einsatzhärten, 1997, S. 31

[5] Kühn, F.: Reduzierung der CO_2-Emission durch Verfahrensänderung bei kontinuierlichen Gasaufkohlungsanlagen. Gaswärme International (1996) Nr. 10

Veröffentlicht in:
Gaswärme International · Heft 6/2009 · Seiten 419–422

Verringerung der Abgasverluste und Emissionen durch neue Rekuperator- und Regeneratorbrenner

Von Joachim G. Wünning

Die Verringerung der Abgasverluste ist in vielen Fällen die wirksamste und wirtschaftlichste Lösung zur Steigerung der Energieeffizienz von Industrieöfen. Im folgenden Beitrag werden zwei neue Brennerbauarten vorgestellt, mit denen die Abgasverluste gegenüber Rippenrohr-Rekuperatorbrennern nahezu halbiert werden können. Mit dem Regeneratorbrenner werden höchste Wirkungsgrade erzielt, es muss jedoch ein gewisser Aufwand für das zyklische Umschalten und die Abgasabsaugung in Kauf genommen werden. Besonders bei Brennern geringer Leistung und bei kleinen Ofenanlagen ist dieser Aufwand bei derzeitigen Energiepreisen nicht immer gerechtfertigt. Mit dem neuen Spaltstrom – Rekuperatorbrenner werden hohe Wirkungsgrade mit einem rekuperativen System erzielt. Bei beiden Brennertypen kommt die flammlose Oxidation zum Einsatz, womit sehr niedrige Stickoxidwerte erreicht werden.

Rippenrohr-Rekubrenner sind in Wärmebehandlungsanlagen Stand der Technik. Sie sind seit den Energiekrisen in den 1970er und frühen 1980er Jahren in Europa weit verbreitet. Durch die stagnierenden (inflationsbereinigt) und zeitweise sogar fallenden Energiepreise wurde die Effizienz dieser Brennerbauarten danach wenig verbessert und in manchen Fällen durch Vereinfachung der Rekuperatoren (Glattrohrreku) oder die Beaufschlagung mit höherer Leistung bei unveränderter Rekufläche sogar vermindert. Der Markt verlangte eher nach Leistungssteigerung und der Erhöhung der Anwendungstemperaturgrenze durch den Einsatz keramischer Rekuperatoren. Insbesondere in Übersee wurden auch bei Hochtemperaturprozessen noch Kaltluftbrenner ohne jegliche Wärmerückgewinnung installiert.

Die Verbrennungsluftvorwärmung ist für Hochtemperaturprozesse die Maßnahme, die mit dem geringsten Aufwand zu den größten Einsparungen führt. Das Potential für diese Einsparungen ist derzeit bei dem überwiegenden Anteil der Wärmebehandlungsanlagen noch nicht ausgeschöpft.

Bild 1 zeigt die Verhältnisse bei Gasheizungen beispielhaft für drei verschiedene Abgaseintrittstemperaturen und vollständige Abgasrückführung, die bei Strahlrohrbeheizung gegeben ist. Es ist zu beachten, dass die Abgaseintrittstemperatur bei Strahlrohrbeheizung typisch um etwa 100 Kelvin über der Ofentemperatur liegt.

Die Güte eines Wärmetauschers kann gut über die Wärmeübertragungskenngröße (engl. NTU – number of transfer units) beschrieben werden. Diese Größe ist proportional zu Wärmetauscherfläche und dem Wärmeübergang [1].

Bild 1: Potential der Wärmerückgewinnung

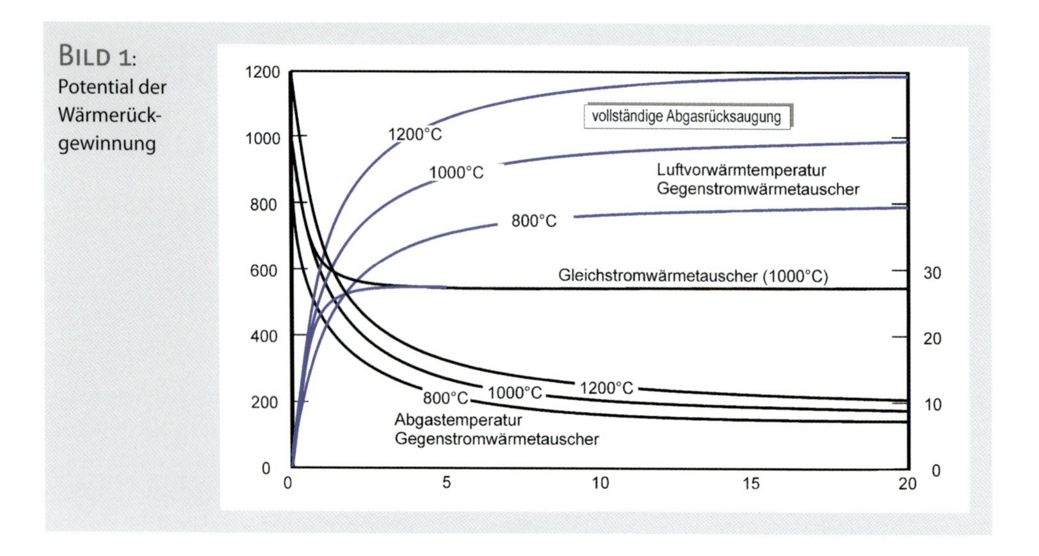

Bei vollständiger Abgasrückführung ist der Wärmekapazitätsstrom der Verbrennungsluft kleiner als der des Abgases. Aus diesem Grund kann auch mit idealen Wärmetauschern die im Abgas enthaltene Energie nicht vollständig an die Verbrennungsluft übertragen werden.

Es zeigt sich, dass sich die Luftvorwärmtemperatur der Abgaseintrittstemperatur annähert. Das Potential für die Luftvorwärmung ist dann vollständig ausgeschöpft, wenn die Abgastemperaturen für den betrachteten Fall auf etwa 200 °C abgesenkt wurde. Dies würde einem Abgasverlust von etwa 10 % (bezogen auf den Heizwert der eingebrachten Brennstoffenergie) entsprechen und somit einem feuerungstechnischen Wirkungsgrad von etwa 90 % bedeuten.

Es hängt weitgehend von den Energiepreisen ab, inwieweit dieses Potential mit den zur Verfügung stehenden Techniken ausgeschöpft wird. Die Verhältnisse bei direkter Beheizung und nicht vollständiger Abgasrücksaugung sind etwas komplizierter, es werden aber ähnliche Wirkungsgrade auch bei Teilrücksaugung > 85 % erreicht.

Der technisch relevante Bereich des Diagramms (Wärmeübertragungskenngröße bis 5) ist in **Bild 2** dargestellt.

Kaltluftbrenner arbeiten ohne Luftvorwärmung und somit bei einer Wärmeübertragerkenngröße von Null. Die Abgastemperaturen entsprechen den Abgaseintrittstemperaturen von 800/1000/1200 °C und somit liegen die Abgasverluste etwa bei 40, 50, 60 %.

Zum Verständnis sind auch die Verhältnisse für Gleichstrom-Wärmetauscher aufgetragen. Bei kleinen Wärmeübertragerkenngrößen werden vergleichbare Luftvorwärmungen erzielt, aber das Potential für Nutzung der Abgasenergie liegt nur etwa bei der Hälfte, der im Abgas enthaltenen Energie.

Für einen typischen Rippen-Rekubrenner beträgt die Wärmeübergangskenngröße etwa 1. Für eine Abgaseintrittstemperatur von 1000 °C ergibt sich eine

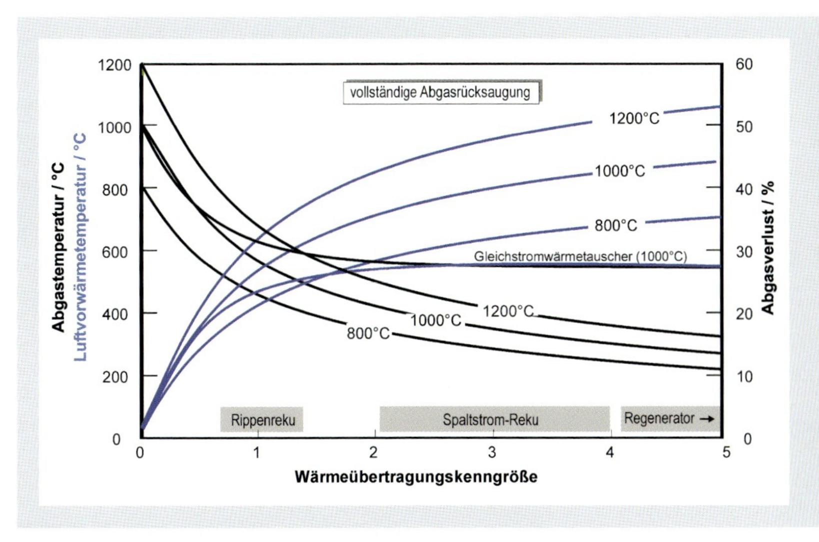

Bild 2: Kohlenstoff-Übergangskoeffizient β für das System (H_2/H_2O/CH_4) – (CO/CO_2) bei 900 °C [4]

Luftvorwärmtemperatur von knapp unter 550 °C und eine Abgastemperatur von knapp über 550 °C. Das entspricht einem Abgasverlust etwa 28 %. Die Ersparnis gegenüber einem Kaltluftbrenner beträgt über 30 %.

Eine deutliche Verbesserung der Luftvorwärmung durch größere Rippenrekus ist nicht möglich. Der Formgebung sind sowohl bei Rekus aus hitzebeständigem Guss als auch bei keramischen Rekus Grenzen gesetzt, wenn die Herstellkosten im Auge behalten werden. So würde eine Verdoppelung der Rekufläche bei konstantem Rekudurchmesser zu einer Verdoppelung der Rekulänge führen. Deutliche Effizienzsteigerungen erfordern aber möglichst eine Vervielfachung der Wärmeübertragungskenngröße.

Stickoxidemissionen

Eng verknüpft mit der Entwicklung von leistungsfähigeren Wärmetauschern ist die Problematik der Stickoxidbildung. Bei der Verbrennung von Erdgas ist vor allem die thermische Stickoxidbildung relevant. Diese ist, wie der Name schon sagt, vor allem von der Verbrennungstemperatur abhängig. Da diese mit zunehmender Luftvorwärmung ansteigt, führt dies ohne entsprechende Maßnahmen zu unzulässig hohen Emissionen.

Während in den 1990er Jahren wegen niedriger Energiekosten wenige Maßnahmen zur Energieeffizienz in den Markt eingeführt werden konnten, wurden auf dem Gebiet der Stickoxidminderung seit den 1980er Jahren [2] erhebliche Fortschritte erzielt. So schrieb die TA-Luft 86 einen Grenzwert für NO_x von 250 ppm fest, der für viele Brennermodelle eine schwierige Hürde war [3]. Anfangs wurde noch ein Bonus bei höheren Luftvorwärmtemperaturen gewährt. Durch die Entwicklung der Hochgeschwindigkeitsverbrennung in Verbindung mit Rundumsteuerung konnte dieser Grenzwert eingehalten werden. Die Einführung der luftgestuften Verbrennung und andere NO_x-mindernde Techniken führten zu einer weiteren Absenkung der NO_x-Werte [2].

Mit der Erfindung und Erforschung der flammlosen Oxidation konnte die Stickoxidbildung dann auch bei höchsten Luftvorwärmtemperaturen nahezu vollständig unterdrückt werden, so dass im Strahlrohr NO_X-Werte von < 100 ppm und in speziellen Fällen auch < 50 ppm garantiert werden können. Die flammlose Oxidation (FLOX® – eingetragenes Warenzeichen der WS Wärmeprozesstechnik GmbH, Renningen) basiert auf einer Rezirkulation von heißen Verbrennungsprodukten [1]. Rekubrenner für die Beheizung von Strahlrohren, die nach dem Prinzip der flammlosen Oxidation arbeiten, wurden erstmals 1994 in größerer Anzahl in einer Durchlaufglühanlage für Siliciumstahlblech eingesetzt [4].

Die beiden Brennerbauformen, die im Folgenden erläutert werden, arbeiten ebenfalls nach dem Verfahren der flammlosen Oxidation und erreichen damit trotz hoher Verbrennungslufttemperaturen extrem niedrige Stickoxidwerte.

Regeneratorbrenner

Regeneratorbrenner bietet höchstes Potenzial für Abgasrückgewinnung

Das Prinzip eines regenerativen Wärmetauschers ist seit langem bekannt und wurde im Bereich der Stahlerzeugung als Siemens-Martin-Öfen seit der Mitte des 19. Jahrhunderts eingesetzt. Noch heute werden die meisten Glasschmelzwannen mit regenerativen Luftvorwärmern betrieben. In den 1980er Jahren wurden in den Forschungslaboren von British Gas viele Untersuchungen durchgeführt, mit dem Ziel, diese Technik auch für Brenner kleinerer Leistung einzusetzen [5]. Problematisch waren dabei die Stickoxidemissionen, die wegen der hohen Verbrennungslufttemperaturen schnell einige 1000 ppm erreichten. Weiterentwickelt wurden die Regenerator-Brennerpaare vorrangig in Japan, USA und Europa im MW-Leistungsbereich für Anwendungen in großen Wärmöfen und Aluminiumschmelzöfen.

Ende 1996 wurde eine Durchlaufglühanlage für Edelstahl mit neuartigen Regeneratorbrennern ausgerüstet. Diese 200-kW-Brenner arbeiten nicht als Brennerpaar, sondern jeder Brenner stellt eine Baueinheit dar und arbeitet nach dem Verbrennungsverfahren der flammlosen Oxidation. Dadurch konnten auch bei Luftvorwärmtemperaturen von über 900 °C Stickoxidwerte von < 50 ppm erreicht werden [6, 7].

Damit ein Regenerativbrenner bei unveränderten Einbaubedingungen in einem Strahlheizrohr eingesetzt werden kann, mussten alle Baugruppen nochmals erheblich kompakter gestaltet werden. Durch optimierte Regeneratoren und Strömungsverhältnisse bei schnellen Umschaltzeiten von 10 Sekunden konnte dies erreicht werden [8]. Dabei wird gegenüber einem Rippen-Rekubrenner ein Vielfaches der Wärmeübertragerfläche und besserer Wärmeübergang erreicht. Eingebaut in ein Doppel-P-Strahlheizrohr erreicht dieser Brenner feuerungstechnische Wirkungsgrade von deutlich über 80 %. Bei Abgaseintrittstemperaturen von über 1000 °C liegen die Abgastemperaturen im Mittel bei 300 °C, was Abgasverlusten von etwa 15 % entspricht. Die Ersparnis gegenüber einem Rippen-Rekubrenner beträgt somit etwa 15 bis 20 %, die Ersparnis gegenüber einem Kaltluftbrenner

BILD 3: Regeneratorbrenner REGEMAT®

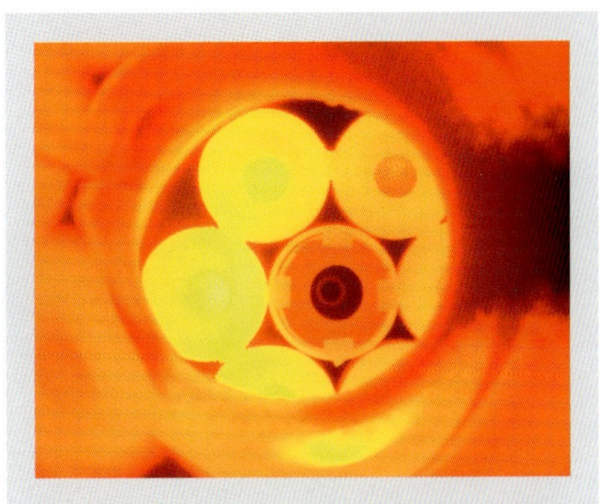

BILD 4: Regeneratorbrenner im FLOX®-Betrieb

über 40 %. Bei heutigen Energiepreisen sind die Mehrkosten gegenüber Rekubrennern nach weniger als 10.000 Betriebsstunden kompensiert, was in kontinuierlich betriebenen Anlagen einer Betriebszeit von eineinhalb Jahren entspricht.

BILD 3 zeigt einen Strahlrohr-Regeneratorbrenner. **BILD 4** zeigt diesen Brenner in Betrieb.

Spaltstrom-Rekubrenner

Regeneratorbrenner bieten das höchste Potential für die Abgaswärmerückgewinnung, sind aber bei Brennerleistungen < 100 kW und den derzeitigen Energiepreisen nicht in allen Anwendungen wirtschaftlich. Ziel einer Entwicklung war ein neuartiges rekuperatives Brennersystem für Brennerleistungen < 100 kW, das annähernd die Effizienz von Regeneratorbrennern erreicht, ohne den Bedarf der Umschaltventile, die für regenerative Systeme benötigt werden. Dieses Ziel konnte durch eine größere Wärmetauscherfläche und verbesserten Wärmeübergang realisiert werden. Dafür wird die Verbrennungsluft auf viele Einzelwärmetauscher verteilt. Der hohe Wärmeübergang wird durch Luft- und Abgasströmung in engen Spalten erreicht.

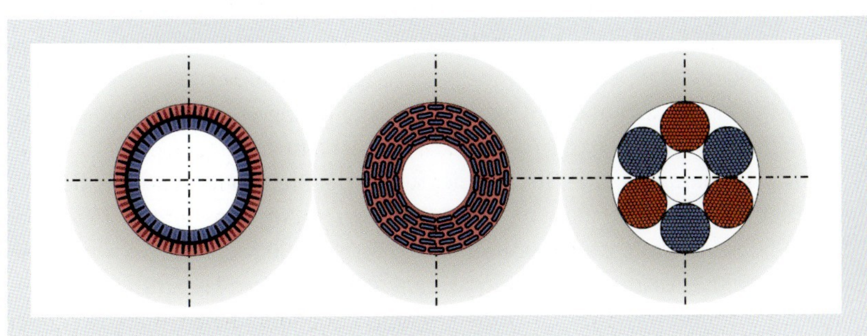

BILD 5: Rippenreku-, Spaltstromreku- und Regeneratorquerschnitte

BILD 6: Spaltstrom-Rekubrenner REKUMAT® S

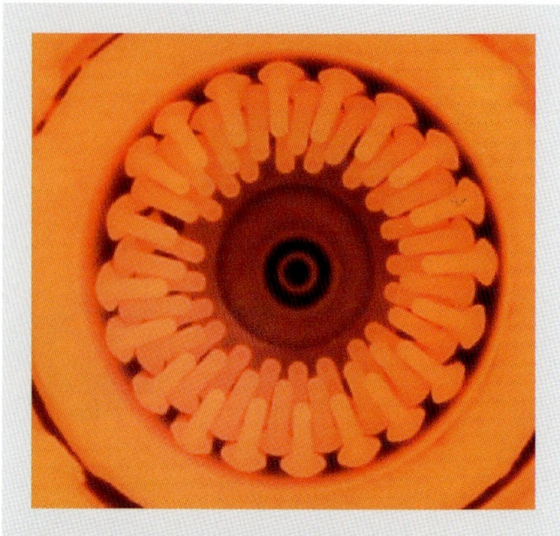

BILD 7: Spaltstrom-Rekubrenner im FLOX®-Betrieb

Wie in **BILD 5** gezeigt, wird gegenüber einem Rippenreku mit zweidimensionalem Charakter eine dreidimensionale Ausnutzung des zur Verfügung stehenden Bauvolumens erreicht. Diese dreidimensionale Struktur ist auch beim Regeneratorbrenner realisiert.

Der Spaltstrom-Wärmetauscher, mit einem Vielfachen der Rippenrekufläche, lässt sich bei gleichen Einbauabmessungen sowie gleichen Druckverlusten auf Luft und Abgasseite realisieren. Gegenüber den Regeneratorbrennern ist somit kein zusätzlicher negativer Abgasdruck notwendig. Die Spaltstrombrenner arbeiten nach dem Prinzip der flammlosen Oxidation und garantieren somit geringste Emissionen. **BILD 6** zeigt einen 40-kW-Spaltstrom-Rekubrenner. **BILD 7** zeigt diesen Brenner im flammlosen Betrieb.

Die Abgastemperaturen betragen bei etwa 1000 °C Abgaseintrittstemperatur etwa 350 °C. Dies entspricht Abgasverlusten von < 20 % und einer Einsparung gegenüber Rippenrekubrennern von 10 bis 15 %.

Mehrere Brenner dieser Bauart sind seit dem Frühjahr 2009 in verschiedenen Zonen einer Vergüteanlage für Schrauben im Einsatz.

Literatur

[1] Wünning, J.; Milani, A.: Handbuch der Brennertechnik für Industrieöfen. Vulkan-Verlag, Essen, 2007

[2] Wünning J.: Ein neuer NO_x-armer Rekuperatorbrenner. Gaswärme International 34 (1985) Nr. 2/3

[3] Wünning, J.: Rekuperatorbrenner für die direkte Beheizung von Industrieöfen. Gaswärme International 37 (1988) Nr. 10

[4] Telger, K.; Roth, W.: Betriebserfahrung beim Einsatz von Brennern mit flammenloser Oxidation. Gaswärme International 44 (1995) Nr. 7/8

[5] Cornforth, J. R.: Combustion Engineering and Gas Utilisation. British Gas, 3rd edition, 1992

[6] Wünning, J. A.; Wünning, J. G.: Regenerative Burner Using Flameless Oxidation. International Gas Research Conference, Cannes, 1995

[7] Milani, A.; Salomone, G. V.; Wünning, J.: Advanced Regenerative Design Cuts Air Pollution. Advanced Steel, 1998-99

[8] Georgiew, A.; Wünning, J.; Bonnet, U.: Regenerativbrenner für Doppel-P-Strahlheizrohre in einer Feuerverzinkungslinie. Gaswärme International 56 (2007) Nr. 6

Veröffentlicht in:
Gaswärme International · Heft 6/2009 · Seiten 423–426

Aluminium-Schmelzöfen für die Druckgießerei

Von Klaus Malpohl und Rudolf Hillen

Vor dem Hintergrund steigender Energie- und Rohstoffpreise werden aktuelle Technologien des Schmelzens in Aluminium-Formgießereien beleuchtet. Basis hoher Wirtschaftlichkeit ist das Ofenkonzept. Neben der Begutachtung des Verfahrensprinzips eines Schachtschmelzofens werden die erreichbare Metallausbeute, Energieausnutzung und Metallqualität dargelegt und Potentiale zur Optimierung der Effizienz des Schmelzens aufgezeigt, inklusive eines betrieblichen Ofenmanagements. Ein Sonderaspekt gilt dem Rückschmelzen von Spänen aus dem eigenen Produktionsprozess. Das Zahlenmaterial beruht auf umfangreichen Leistungsmessungen an diversen Ofenanlagen.

Die Kostensituation einer Gießerei wird durch den Schmelzbetrieb erheblich beeinflusst. Die hier verarbeiteten NE-Metalle sind teuer, weshalb die Größe des Metallverlustes eine besondere Kostenbelastung darstellt. Beim Aluminium entspricht ein Metallverlust von 1 % bei einer jährlichen Schmelzleistung von 5.000 Tonnen einem finanziellen Verlust von mehr als 100.000 Euro. Bei einem Ausbringen von 50 % ist dieser Betrag auf 2.500 Tonnen Gussstücke umzulegen. Bezogen auf ein Kilo Bauteilgewicht kann daher der Metallverlust Kosten von 5 bis 10 Cent verursachen, was eine nicht zu vernachlässigende Größe darstellt.

Auch bezüglich des Energieverbrauchs gibt es erhebliche Unterschiede zwischen den verschiedenen Schmelzverfahren, wobei nicht nur der Wirkungsgrad der Anlagen selbst, sondern darüber hinaus auch alle anderen Faktoren des Gesamtverbrauchs einschließlich aller Hilfsenergien berücksichtig werden müssen. Wartungs- und Verschleißteilkosten sind ebenso in die Kostenüberlegungen mit einzubeziehen wie der Bedienungsaufwand der Anlagen. Erhebliche Vorteile zeigen sich z. B. bei der Beschickung, falls komplette Transportbehälter-Inhalte mittels einer mechanischen Hilfseinrichtung chargiert werden können und das Metall nicht händisch aufgegeben werden muss.

Weiterer wesentlicher Aspekt ist die vom Schmelz- und Warmhaltebetrieb gelieferte Metallqualität, da diese Voraussetzung für ein gutes Gussteil ist. Zur Kontrolle der Metallqualität stehen dem Schmelzbetrieb nur wenige direkte Prüfverfahren zur Verfügung, wodurch die Qualität schwierig zu erfassen und zu dokumentieren ist, zumal keine allgemeingültigen Beurteilungskriterien existieren. Umso wichtiger ist es daher, bewährte Verfahrensabläufe im Gesamtprozess exakt zu reproduzieren, um eine gleichbleibend hohe Qualität der Schmelze zu gewährleisten. Insbesondere betrifft dies die Eingangskontrolle bei der Materialanlieferung, das „schonende" Aufschmelzen des Rohmaterials, die vorschrifts-

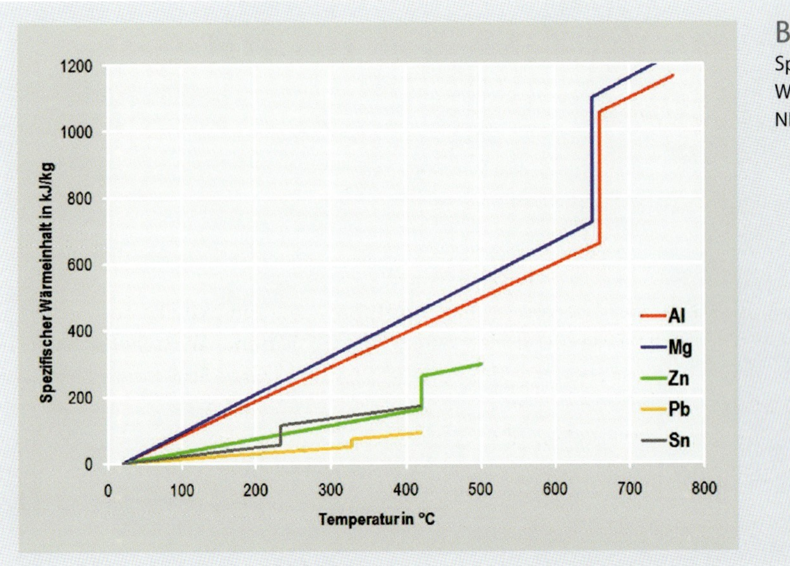

Bild 1: Spezifischer Wärmeinhalt von NE-Legierungen

mäßige Metallbehandlung und nicht zuletzt die Pflege der Schmelz- und Warmhalteeinrichtungen.

Die Frage, wie ein Schmelz- und Warmhaltebetrieb in einer Aluminium-Druckgießerei ausgelegt werden sollte, kann nicht generell beantwortet werden. Grundsätzlich ist eine konsequente Trennung von Schmelzen und Warmhalten zu empfehlen. Dem Schmelzbetrieb obliegt das Verflüssigen des Metalls – typischerweise in Form von Masseln – sowie das Wiedereinschmelzen des anfallenden Kreislaufmaterials wie Eingießsysteme, Überlaufbohnen und Ausschussteile. Ein Vermischen von Neu- und Kreislaufmaterial bewirkt dabei Vorteile in Bezug auf die Keimbildung bei der Erstarrung. Weitere Aufgaben sind die Metallbehandlung und die Bevorratung der gießfertigen Schmelze auf Solltemperatur. Für den Gießereibetrieb gilt nach wie vor als bewährte Regel: „Brennstoffbeheizt schmelzen, mit elektrischer Beheizung warmhalten". Diese Regel beruht auf den günstigeren Energiekosten von Erdgas und Öl gegenüber Strom und auf dem hohen Wärmebedarf, der zum Aufschmelzen von Aluminium benötigt wird.

Bild 1 veranschaulicht den spezifischen Wärmebedarf für das Erwärmen, das Aufschmelzen und das Überhitzen von Reinmetallen. Für unlegiertes Aluminium lässt sich aus **Bild 2** ablesen, dass von der gesamten aufzuwendenden Wärmeenergie rund 58 % zum Erwärmen auf Schmelztemperatur und 34 % für die aufzubringende Schmelzwärme benötigt werden. Der für die anschließende Überhitzung auf Gießtemperatur erforderliche Anteil ist dagegen vergleichsweise gering.

Als Alternative zum Einschmelzen von Masseln kann man – bei hohen Abnahmemengen und geringer Entfernung zu einem Umschmelzwerk – auch eine Belieferung mit Flüssigmetall ins Auge fassen, das in Warmhalteöfen gespeichert

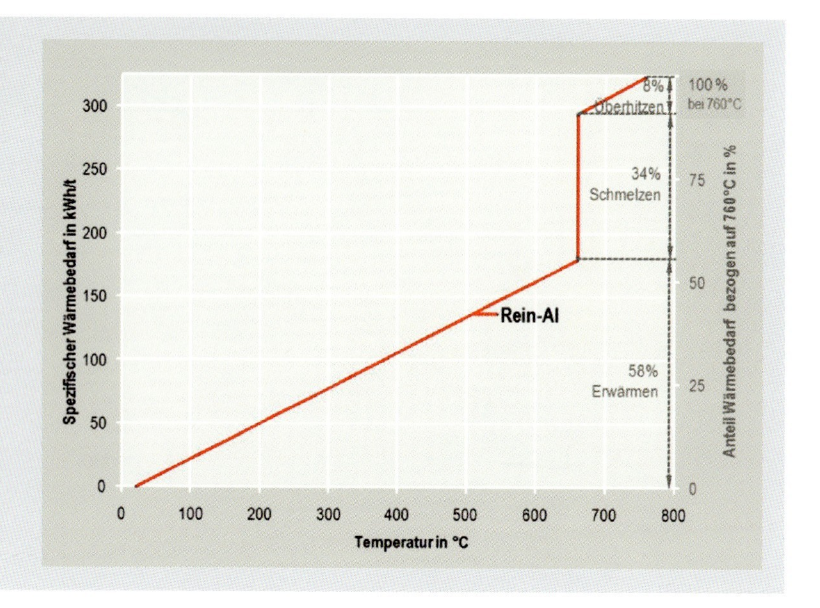

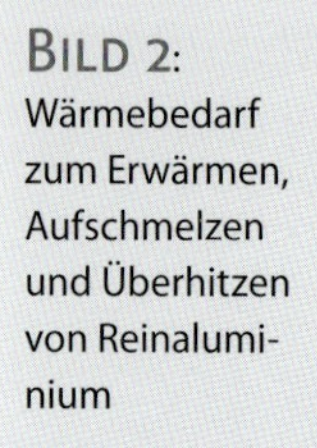
BILD 2: Wärmebedarf zum Erwärmen, Aufschmelzen und Überhitzen von Reinaluminium

wird. In diesem Fall hat der Schmelzbetrieb lediglich die Aufgabe, das anfallende Kreislaufmaterial zu verarbeiten. Es empfiehlt sich, den Kreislauf intern rückzuschmelzen und für eine Vermischung mit dem angelieferten Flüssigmetall zu sorgen. Wie bereits eingangs erwähnt, sprechen hierfür nicht nur Kostenüberlegungen: Praxiserfahrungen belegen die besseren Gießeigenschaften solcher Schmelzen. Das keimarme Flüssigmetall wird mit der eigenkeimhaltigen Schmelze des Rücklaufmateriales vermischt und beeinflusst die Erstarrung selbst im Druckguss positiv. Durch diese Schmelzeführung konnten Ausschussreduzierungen erreicht werden.

Für das Schmelzen von Blockmaterial (Masseln) und Kreislaufmaterial werden in Aluminiumdruckgießereien überwiegend Tiegel- oder Schachtöfen eingesetzt.

Tiegelöfen

Vorzüge von Tiegelöfen sind die einfache Bedienung und Wartung sowie geringe Investitionskosten. Mit einem Konzept auf Basis dieser Öfen kann die Gießerei auch kleine Chargen unterschiedlicher Legierungen erschmelzen. Einschränkungen bezüglich der Legierung sind faktisch nicht gegeben. Die Schmelze lässt sich sofort im Tiegel behandeln und bei Bedarf kann die Legierung schnell und einfach gewechselt werden.

Die in Aluminiumdruckgießereien als Schmelzaggregat verwendeten feststehenden Tiegelöfen weisen üblicherweise Fassungsvermögen bis zu 1.000 kg auf, kippbare Öfen auch bis 1.500 kg. Die Schmelzleistungen betragen bis ca. 250 kg Al/h bei elektrischer Beheizung und bis ca. 400 kg Al/h bei brennstoffbeheizter Ausführung.

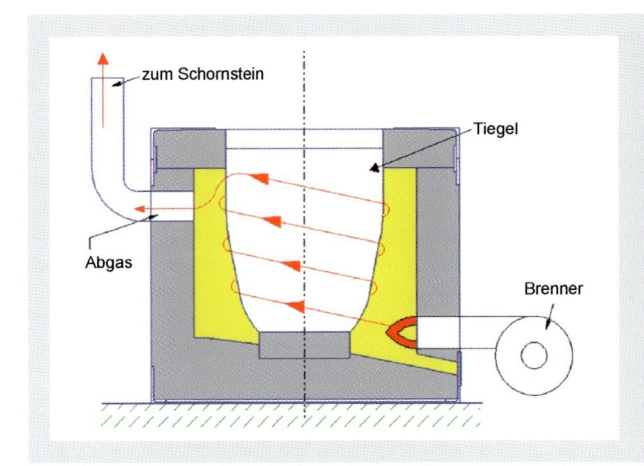

Bild 3: Schematischer Aufbau eines gasbeheizten Tiegelofens

Bild 3 veranschaulicht das Prinzip eines gasbeheizten Tiegelofens. Dank des seitlichen Rauchgasabzugs zum Kamin treten am Arbeitsplatz nur minimalste Schadstoffbelastungen auf. Zur Energieeinsparung beim Warmhalten, bzw. zur Minimierung von Wärmeabstrahlungsverlusten über die Badoberfläche, ist der Tiegel mit einem Schwenkdeckel ausgerüstet. Nur noch vereinzelt sind heute Tiegelöfen mit Abgasabzug über den Tiegelrand im Einsatz, bei denen die Abgase durch eine Haube über dem Tiegel abgezogen werden. Da hierbei die Abgase mit der Schmelze in Berührung kommen, kann die Schmelzequalität negativ beeinflusst werden bzw. fällt auch die Luftschadstoffbelastung des Arbeitsplatzes weit höher aus.

Einen elektrisch widerstandsbeheizten kippbaren Tiegelofen mit Kippgestell und Hydraulikaggregat zeigt **Bild 4**. Das Thermoelement (in Bild 4 rechts oben

Bild 4: Elektrisch widerstandsbeheizter Kipptiegelofen, StrikoWestofen GmbH

sichtbar) zur Messung und Regelung der Schmelzetemperatur ist im Bad mit einem Graphitschutzrohr versehen. Diese Ausführung ist auch bei brennstoffbeheizten Öfen üblich.

Bei Brennstoffbeheizung hängt der Energieverbrauch pro Tonne Schmelzgut nicht nur von der Ausführung des Ofens und der Tiegelgröße ab. Eine erhebliche Rolle spielen auch die exakte Anpassung des Tiegels an die Größe des Ofenraums, eine korrekte Brennereinstellung sowie der Alterungszustand des Tiegels. Mit Kaltluftbrennern werden zum Erschmelzen von 1 t Aluminium bis auf eine Temperatur von 720 °C, je nach Tiegelgröße, ca. 130 bis 150 m^3 Gas benötigt. Bei elektrisch beheizten Tiegelöfen ergibt sich für die gleiche Aufgabe ein Energieverbrauch von etwa 400 kWh. Für die Praxis im Schmelzbetrieb ist neben diesen Werten für kontinuierliches Schmelzen auch die Zeit zum Einschmelzen einer kompletten Tiegelfüllung von Bedeutung. So beträgt die Aufschmelzzeit in einem gasbeheizten Tiegel mit 350 kg Fassungsvermögen, der bereits aufgewärmt und mit ca. 20 % Flüssigmetall (Sumpf) gefüllt ist, ca. 85 Minuten. Bei einem 800-kg-Tiegel wird mit 130 Minuten nur unwesentlich mehr Zeit benötigt. Bei Verwendung eines kalten Tiegels kann sich die benötigte Zeit zum Einschmelzen um über 50 % erhöhen. Elektrisch beheizte Öfen benötigen etwa die doppelte Schmelzzeit im Vergleich zu gasbeheizten Öfen.

WIRTSCHAFTLICHKEIT VON TIEGELÖFEN

Bei höheren Produktionsmengen sind Tiegelöfen nicht mehr wirtschaftlich einsetzbar. Hauptgründe hierfür sind der relativ hohe spezifische Energieverbrauch und die manuelle Bedienung. Das Chargieren von Hand verursacht hohe Arbeitskosten. Ferner darf nur trockenes Metall nachchargiert werden, da feuchter Einsatz zu Metallauswurf mit hoher Gefährdung des Personals führen kann.

Schachtschmelzöfen

Bei hohen Anforderungen an die Metallqualität, an die Schmelzleistung und die Wirtschaftlichkeit, werden in Druckgießereien Schachtschmelzöfen verwendet (**BILD 5**). Die Schmelzleistungen beginnen bei ca. 300 kg/h und reichen in Stufen von 500 oder 1.000 kg/h bis zu 7.000 kg/h. In Abstimmung mit der Schmelzleistung werden im gleichen Aggregat Warmhaltekapazitäten von 500 kg bis 20.000 kg vorgesehen. Grundsätzlich lassen sich Schmelz- und Warmhaltekapazität beliebig kombinieren und auf alle betrieblichen Gegebenheiten anpassen. Als Daumenregel gilt hierbei, dass die Größe des Warmhaltebades (in der Einheit Kilogramm) mindestens das Ein- bis Zweifache der Schmelzleistung (in der Einheit kg/h) betragen sollte.

Die wichtigsten Kriterien zur Beurteilung eines Schachtschmelzofens sind:

- Gute Metallqualität, d. h. geringe Gasaufnahme und geringer Anteil an nichtmetallischen Verunreinigungen in der Schmelze
- Geringer Abbrand (geringer Metallverlust durch Oxidation in der Ofenatmosphäre)
- Hoher thermischer Wirkungsgrad und niedriger Energieverbrauch je Tonne an geschmolzenem Metall
- Hohe Temperaturkonstanz der abstichbereiten Schmelze

BILD 5: Metallentnahme an einem kippbaren Schachtschmelzofen der StrikoWestofen GmbH

- Leichte und sichere Bedienung bei der Beschickung und der Schmelzeentnahme
- Gute Zugänglichkeit zum Ofeninnenraum. Dies trägt zur Minimierung von Metallverlusten beim Abkrätzen der Schmelze bei und erleichtert die Reinigung des Ofens (Entfernen von Anhaftungen am Feuerfestmaterial)
- Geringer Wartungsbedarf und hohe Standzeit des Feuerfestmaterials
- Hoher Automatisierungsgrad der Ofenanlage, z. B. durch Installation eines automatischen Beschickungssystems, einer automatischen Brennersteuerung sowie einer Badtemperaturregelung und Temperaturüberwachung
- Übersichtliche Visualisierung des Anlagenzustands sowie ausreichende und nachvollziehbare Protokollierung und Dokumentation
- Erfüllung der Umwelt- und Arbeitsschutzvorschriften, betreffend Lärmimmissionen, Abgasemissionen und Schadstoffkonzentrationen am Arbeitsplatz

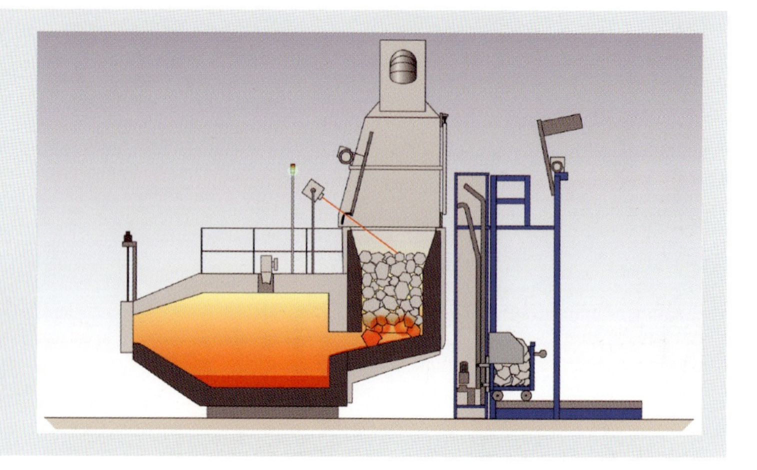

Bild 6: Das wärmetechnische Gegenstrom-Prinzip des Schachtschmelzofens gewährleistet optimale Energieausnutzung und hohe Metallqualität

In **Bild 6** ist der konstruktive Aufbau eines brennstoffbeheizten Schachtschmelzofens schematisch dargestellt.

Dank einer besonderen Schachtgeometrie und speziell angepasster Brennertechnologie werden hierbei die Prozessschritte Vorwärmen, Aufheizen und Verflüssigen in einem Schmelzschacht kombiniert. Das Schmelzgut wird oben in den Schacht in kaltem Zustand eingesetzt, sinkt im Schacht ab und erwärmt sich dabei. Den vom Schmelzprozess auf der Schmelzbrücke aufsteigenden Abgasen wird dabei Wärme entzogen, d. h. der Schachtofen arbeitet im wärmetechnisch günstigen Gegenstromprinzip. Der Wärmeübergang erfolgt durch Konvektion, was einen Wärmeaustausch schon bei niedrigen Temperaturen gewährleistet. Auf der Schmelzbrücke am Schachtfuß ist das Material soweit durchgewärmt, dass ein schnelles Abschmelzen stattfindet. Dadurch ist die Verweilzeit des Metalls im Hochtemperaturbereich mit unmittelbarer Beaufschlagung durch die Brennergase gering, was sich günstig auf den Abbrand auswirkt. Explosionen durch feuchtes Schmelzgut sind ausgeschlossen. Das geschmolzene Metall fließt turbulenzfrei und krätzearm von der Schmelzbrücke in den wannenförmigen Warmhalteraum und wird dort exakt auf der gewählten Abstichtemperatur gehalten. Bei den größeren Anlagen erfolgt der Metallabstich in der Regel über eine hydraulische Kippeinrichtung der Ofenanlage (Bild 5), bei kleineren Einheiten dagegen über ein Abstichventil (**Bild 7**).

Die Anlagen weisen einen hohen Automatisierungsgrad auf. Der Beschickungszeitpunkt kann direkt durch Füllstandsüberwachung des Materials im Schacht oder indirekt durch die Auswertung der Abgastemperatur bestimmt werden. Das Beschickungsgut (Block- und Kreislaufmaterial) muss lediglich der Beschickungseinrichtung des Ofens zugeführt werden. Dies erfolgt entweder manuell in Beschickungswagen oder mittels Gabelstapler unmittelbar in das Lastaufnahmemittel. Das Chargieren startet dann automatisch auf Anforderung der Ofensteuerung.

BILD 7: Einfaches Chargieren des Schachtofens; Metallentnahme mit Abstichventil; StrikoWestofen GmbH

Der Aufbau der Ofenanlage mit gesonderten Brenneranlagen für den Schmelzschacht bzw. für den Warmhalteteil gewährleistet eine kontinuierliche Metallabgabe mit einer Temperaturtoleranz von ±5 °C und ermöglicht so eine flexible Metallversorgung der Gießerei als wichtige Voraussetzung für eine gute Maschinenauslastung.

Das Konzept des Zweikammerofens mit einer Schmelzbrücke und einem separaten Warmhaltebad bewirkt eine hohe Qualität des entnommenen Metalls. Die Schmelze weist nur eine geringe Konzentration an suspendierten, unlöslichen Verunreinigungen auf, der Wasserstoffgehalt liegt unterhalb des Lösungsgleichgewichts. Typische Druckgusslegierungen wie 226, 230, 231 und 239 können in solchen Schachtöfen mit hoher Metallausbeute und zur vollsten metallurgischen Zufriedenheit der Betreiber geschmolzen werden. Dieser Ofentyp stellt somit für viele Druckgießereien das ideale Schmelzaggregat dar. Nicht anzuraten ist dagegen das Einschmelzen extrem feinstückiger Rücklaufmaterialien, z. B. Späne. Auch bei geringen Metallentnahmen mit Mengen unter 150 kg/h oder der Notwendigkeit zu häufigen Legierungswechseln, insbesondere zwischen kupferhaltigen und kupferfreien Gusslegierungen, können Zweikammeröfen nur bedingt wirtschaftlich eingesetzt werden.

BILD 8: Schachtschmelzofen mit seitlicher Schöpftasche für unmittelbare Metallentnahme z. B. durch einen Löffel

Solche Schachtschmelzöfen können auch mit einer oder zwei Schöpftaschen ausgeführt werden (**BILD 8**). Diese Anlagen werden oft an Fertigungszellen eingesetzt. Mittels Löffelsystem wird das Metall aus der Schöpftasche in die Gießkammer gebracht. Das in der Zelle anfallende Kreislaufmaterial wird dem Ofen direkt wieder zugeführt. Die erzeugte Metallqualität ist für viele Serienprodukte ohne weitere Schmelzebehandlung ausreichend. Solche Zellenlösungen sind sehr wirtschaftlich.

Metallausbeute

Wie bereits erwähnt, stellt der Abbrand im Aluminium-Schmelzprozess einen unmittelbaren finanziellen Verlust für die Gießerei dar. Im Gegenzug wirkt sich eine erhöhte Metallausbeute des Schmelzofens positiv auf den „Return of Investment"-Zeitraum der Anlage aus und ist daher ein maßgebliches Kriterium für die Investitionsentscheidung.

Das finanzielle Äquivalent eines Metallverlustes von 1 % beträgt bei einer Schmelzleistung von 1 t/h im 3-Schicht-Betrieb ca. 100.000 Euro/Jahr. Rahmenbedingungen dieser Kalkulation sind ein Preis für Al-Blockmaterial von 2.000 Euro/t und eine jährliche Schmelzzeit von 5.000 h.

Um den Gießereien praxistaugliche Daten zur Metallausbeute einer StrikoMelter®-Anlage zu liefern und sie fundiert beraten zu können, hat StrikoWestofen eine Metallbilanzierung durchgeführt, bei der alle ein- und ausgehenden Materialströme am Ofen exakt verwogen wurden. Das Ziel war es, reproduzierbare Ergebnisse zur Metallausbeute zu erhalten, eine vollständige Metallbilanzierung durchzuführen und damit die Basis für eine Investitionsrechnung zu schaffen.

Die in einer Kundengießerei durchgeführte Untersuchung erbrachte die in **Tabelle 1** angeführten Ergebnisse. Die Werte unterstreichen die Wirtschaftlichkeit dieses Ofentyps. Es sei angemerkt, dass die Metallverluste nicht aus der Verwiegung der aus dem Ofen abgezogenen Krätze ermittelt wurden, sondern

Tabelle 1: Metallausbeuten eines Schachtschmelzofens der StrikoWestofen GmbH für unterschiedliche Einsatzmaterialien

Randbedingungen	
Ofentyp	Schachtschmelzofen
Legierung	231D (AlSi12Cu1, Primärlegierung)
Schmelzetemperatur	730 °C
Blockmaterial	6 kg Masseln
Kreislaufmaterial	0,5–1,5 kg, von Druckgussmaschinen, stückig, sauber
Einsatz von Abkrätzsalz	≤ 0,1 Ma.-% des Badinhalts
Verwiegen der Ein- und Auswaage über mehrere Schichten	
Metallausbeute	
100 % Blockmaterial	99,75 %
50 % Block-, 50 % Kreislaufmaterial	99,4 %
100 % Kreislaufmaterial	99,0 %

aus der Differenz zwischen Metalleinwaage und -auswaage. Durch Vergleich mit der Krätzemenge ergab sich ein geringer Zubrand aufgrund der Oxidation des Metalls während des Schmelzprozesses. Insgesamt wurde bei der Untersuchung eine geschlossene und vollständige Metallbilanzierung erreicht.

Die Untersuchungsergebnisse stellen lediglich Referenzwerte für Standardlegierungen dar. In der Praxis kann es zu abweichenden Ergebnissen kommen, z. B. wenn kein unterbrechungsfreier Schmelzbetrieb möglich ist oder die Qualität des Rücklaufmaterials durch Verunreinigungen oder hohe Flitteranteile gemindert wird. Eine wesentliche Rolle spielt auch die Sorgfalt beim Abkrätzen des Metalls auf der Schmelzbrücke. Die Auswertung von Schichtprotokollen ergab eine fallweise bis zu etwa 0,5 % schlechtere Metallausbeute als bei der Referenzmessung. Bei reinem Blockmaterial ist diese Differenz tendenziell etwas geringer, bei hohem Anteil an Rücklaufmaterial etwas höher.

Energieverbrauch und Einsparpotenziale

Der spezifische Energieverbrauch von Schachtschmelzöfen hängt stark von den unterschiedlichen marktgängigen Ofenkonzepten ab und wird in unabhängigen Studien mit einer Bandbreite von 580 bis 900 kWh/t Aluminium angegeben [1]. Generell ist der Energieverbrauch von der Ofengröße, der Temperatur der Schmelze im Bad sowie vom Einsatzmaterial (Legierung, Stückgröße etc.) abhängig. Für den zuvor beschriebenen StrikoMelter® mit ETAMAX®-Schacht sichert StrikoWestofen einen Energieverbrauch im kontinuierlichen Betrieb von 600 kWh/t bei 720 °C Schmelzetemperatur zu. Dies gilt für den Einsatz von Masseln und stückigem Kreislaufmaterial.

Folgende Maßnahmen zur Reduzierung des Energieverbrauchs an Schachtschmelzöfen sollten vorliegen bzw. umgesetzt werden:

MASSNAHMEN ZUR REDUZIERUNG DES ENERGIEVERBRAUCHS BEI SCHACHTSCHMELZÖFEN

- Gute Ofenauslastung, möglichst kontinuierlicher Schmelzbetrieb
- Anpassung der Schachtgröße an das Beschickungsmaterial. Bei Bedarf sollte eine Schachtvergrößerung in Betracht gezogen werden
- Automatisierung der Beschickung
- Installation eines Schachtlasers zur Kontrolle des Füllstands und zur Optimierung des Beschickungszeitpunkts
- Installation einer Schachtabdeckung
- Regelung des Ofendrucks (im Bedarfsfall)
- Auswertung der Betriebsdaten
- Schulung des Personals

Generell ist ein kontinuierlicher Schmelzbetrieb ratsam, da jede Unterbrechung zu einem Verlust von Wärmeenergie führt. Zudem erstarrt bei Unterbrechungen das angeschmolzene Metall wieder, so dass ihm die verlorengegangene Schmelzenergie bei Wiederaufnahme der Produktion erneut zugeführt werden muss. Dieser doppelte Schmelzvorgang verursacht auch eine verstärkte Oxidation und somit Krätzebildung und wirkt sich negativ auf die Metallqualität aus. Eine optimale Ofenauslastung ist freilich aufgrund der Schwankungen der Abnahmemengen beim Gießereibetrieb nicht immer möglich. Bei geringer Ofen-

BILD 9:
Rollgang als Speicher für Beschickungsbehälter zur vollautomatischen Beschickung

auslastung sollte daher die Vorhaltemenge des Ofenbades ausgenutzt werden. Dieser kann dann das benötigte Flüssigmetall entnommen werden, während der Schmelzbetrieb unterbrochen wird. Der Ofen arbeitet in dieser Zeit im reinen Warmhaltebetrieb, wobei Wärmeverluste durch Schließen der Schachtabdeckung minimiert werden können. Erst wenn die Badkammer zu ca. 50 % geleert ist, sollte eine neue Schmelzreise beginnen, die dann – je nach Badgröße – mehrere Stunden dauert.

Die Materialvorwärmung ist ein weiterer maßgeblicher Faktor der Energieausnutzung. Die in der Literatur aufgeführte Bandbreite der Energieverbräuche von Ofentypen, die unter dem Sammelbegriff „Schachtschmelzöfen" zusammengefasst sind, hat ihre Ursache ganz wesentlich in Unterschieden der Schachtgeometrien und der damit einhergehenden Auswirkungen auf die Materialvorwärmung im Schacht. Ein energieeffizienter Schachtschmelzofen hat einen „kalten" Aufgabebereich, in den das Gut eingefüllt wird, gefolgt von einem „warmen" Schacht für die Materialvorwärmung und einer Schmelzzone, in der eine möglichst hohe Energiedichte erzielbar sein sollte. Weitere wesentliche Voraussetzung für eine hohe Wärmeausnutzung ist zudem eine gleichmäßige und hohe Schachtfüllung mit einer hohen Packungsdichte.

Die Beschickung des Schachts erfolgt üblicherweise mit den bewährten Hebe-Kipp-Geräten. Grundsätzlich sollte die Beschickung automatisch erfolgen, initiiert durch ein Signal, das den Schmelzfortschritt im Schacht sicher erfasst. Um den Schacht immer bestmöglich gefüllt zu halten, kann der Schachtquerschnitt an geeigneter Stelle unterhalb der Beschickungsvorrichtung mit einem Laserstrahl abgetastet werden. Signalisiert der Sensor, dass der Schacht in diesem Bereich frei ist, so startet die Ofensteuerung automatisch den Beschickungsvorgang. Diese Laserüberwachung detektiert also unmittelbar den Füllstand im Schacht und ermöglicht ein Beschicken zum frühestmöglichen Zeitpunkt, unabhängig von Form, Größe und Schüttdichte des Einsatzgutes. Damit wird das Schachtprinzip optimal genutzt und der energetische Wirkungsgrad ist deutlich besser, als dies bei Einsatz indirekter Verfahren wie beispielsweise einer Ofentemperaturmessung oder gar via Zeitsteuerung möglich wäre. Im üblichen Schmelzbetrieb bewirkt ein Rollgang als Beschickungseinrichtung, siehe **Bild 9**, eine weitere Steigerung der Schachtausnutzung. Beschickung und Ofenanlage sind funktionell so aufeinander abgestimmt, dass Rücklauf- und Masselmaterial vollautomatisch gelenkt werden. Die körperliche Belastung des Bedienpersonals wird so auf ein Minimum beschränkt und die Mitarbeiter sind für andere Arbeiten verfügbar. Ein solcher Automatisierungsschritt steigert mithin auch die Arbeitsproduktivität.

Häufig wird die Oberflächentemperatur von Öfen als Maß für ihre Abstrahlverluste herangezogen. Dieser Ansatz vernachlässigt aber die Türverluste und die Chargierverluste, die es ebenfalls zu berücksichtigen gilt. All diese Verluste fließen in den ofentechnischen Wirkungsgrad ein. Durch mangelhaft schließende Türen entweicht über Konvektion viel Wärme. Müssen zum Chargieren zudem die Türen im Bereich des heißen Schmelzraums geöffnet werden, so bedingt jedes Chargieren enorme zusätzliche Wärmeverluste. Schmelzöfen hingegen, bei denen das Metall von oben in den kalten Bereich des Schachts eingebracht wird, haben quasi keine Chargierverluste. Letztlich stellt nur der Gesamtwirkungsgrad des Ofens, der sich aus der Multiplikation von feuerungstechnischem und ofentechnischem Wirkungsgrad ergibt, das Maß für die Energiegüte des Ofens dar. Gute Schachtschmelzöfen erreichen hier Wirkungsgrade von über 50 %.

Gesamtwirkungsgrad = feuerungstechnischer Wirkungsgrad x ofentechnischer Wirkungsgrad

Metallqualität

Während früher im Druckgießverfahren hauptsächlich Massenartikel gefertigt wurden, werden heute – bedingt durch die Entwicklung von Legierungen und Gießverfahren für duktile, schweißbare und wärmebehandelbare Druckgussteile – auch Bauteile mit hohen qualitativen Anforderungen, erzeugt. Als Beispiel seien Gussteile für Aluminiumkarosserien und Fahrwerksteile für den Automobilbau genannt.

Typische Gussstückfehler wie Oxideinschlüsse und Porositäten sind häufig auf unzureichende Qualität der zu vergießenden Schmelze zurückzuführen. Die Schmelzebehandlung mit Spülgasen ist eine bewährte Praxis in Aluminiumgießereien. Häufig erfolgt dies im Rahmen des Metalltransports vom Schmelzofen zum Dosier- oder Schöpfofen in der Transportpfanne an einer Impeller-Station. Kann auf diesen Verfahrensschritt verzichtet werden, so bedeutet dies Zeitersparnis, Investitions- und Energieersparnis, denn das Metall kühlt während einer Impellerbehandlung ab. Unter diesem Gesichtspunkt gewinnt die Qualität der Schmelze im Ofen an Bedeutung: Bei ausreichender Schmelzereinheit kann infolge des Verzichts auf eine Behandlung die Schmelzbadtemperatur herabgesetzt werden.

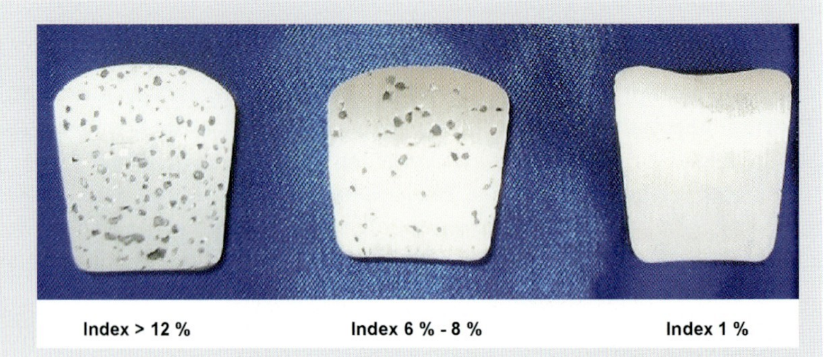

Bild 10: Die Schnitte durch drei Unterdruckdichteproben verdeutlichen den Unterschied der Porosität bei unterschiedlichen DI-Werten

Ein einfaches, schnelles und praxiserprobtes Verfahren zur Beurteilung der Schmelzereinheit ist die Unterdruckdichteprobe (**Bild 10**). Das Verfahren liefert den sogenannten Dichteindex (DI) der Schmelze. Diese Mischgröße erlaubt Rückschlüsse, sowohl auf den Wasserstoffgehalt, als auch auf den Einschlussgehalt der Schmelze und zeigt somit das Potential der Schmelze für Gussfehler an. Je höher der Dichteindex, desto größer ist die Gefahr von Porositäten im Gussteil.

Die erreichbare Schmelzereinheit ist abhängig vom Schmelz- und Warmhalteprozess und von der Qualität des Chargierguts. Die Qualität des Gussteils beginnt somit bereits im Schmelzofen. Für Aluminium-Silicium-Standardlegierungen erreicht man in Zweikammer-Schachtschmelzöfen vom Typ StrikoMelter® üblicherweise Dichteindexwerte der Schmelze zwischen 4 % und 8 %. Damit ist die erzeugte Schmelze in vielen Fällen ohne weitere Nachbehandlung für den Druckgießprozess geeignet. Durch die konsequente Trennung von Schmelz- und Warmhaltezone wird selbst bei minderwertigem Einsatzmaterial noch eine hohe Metallqualität erzeugt. Die Dimensionierung des Warmhaltebades, insbesondere die Begrenzung der Badtiefen auf weniger als 600 mm, sowie die gleichmäßige Temperierung durch geregelte Brenner sind wichtige Faktoren für die Erzielung einer hohen Metallqualität. Zudem bewirkt eine hohe Badkapazität eine ausreichende Abstehdauer für die Schmelze, was sich ebenfalls positiv auf die Schmelzereinheit auswirkt.

Wichtige Faktoren für hohe Metallqualität

Das Ergebnis eines optimalen Schmelzprozesses und einer guten Temperaturführung zeigen Messungen an einem StrikoMelter®-Schachtschmelzofen. Hier wurden in der Transportpfanne unmittelbar nach dem Abstich DI-Werte zwischen 4 % und 5 % ermittelt. Die Abstichtemperatur betrug in diesem Fall 740 °C. Solch niedrige DI-Werte sind in der Regel völlig ausreichend, um die Schmelze ohne Spülgasbehandlung sofort in den Schöpf- oder Dosierofen zu überführen.

Bei höheren Anforderungen an die Gussteile, z. B. bei der Herstellung hochbeanspruchter duktiler Gussteile, kann die Schmelzebehandlung mit Hilfe von Spülsteinen bereits im Warmhaltebad des Schmelzofens beginnen (**Bild 11**). Hauptaufgaben der Spülung mit Inertgas (Stickstoff oder Argon) sind die Vorreinigung der Schmelze durch eine im Vergleich zur Abstehbehandlung schnellere Entgasung, sowie ihre thermische Homogenisierung. Letzteres vermindert auch

Bild 11: Im Boden der Warmhaltekammer eingebaute Spülsteine ermöglichen eine Verbesserung der Schmelzequalität durch Spülen mit Gas

den Energieverbrauch zum Warmhalten. Vom Spülen mit Hilfe von Spülsteinen im Boden einer Warmhaltekammer ist allerdings dann abzuraten, wenn der Ofen chargenweise betrieben wird, bzw. wenn die Kammer häufig weitgehend entleert wird. Zudem kann es bei Schmelzetemperaturen von 800 °C und darüber – in Abhängigkeit von bestimmten Legierungselementen – zu einer Infiltration von Schmelze in den Spülstein kommen, was die Effektivität des Spülens verringert oder den Spülgasverbrauch erhöht.

Bild 12 zeigt den Verlauf des Dichteindex der Schmelze im Warmhaltebad eines Zweikammer-Schachtschmelzofens nach dem Start des Einblasens des Inertgases durch die Spülsteine. Nach einer Verzögerungszeit sinkt der Dichte-

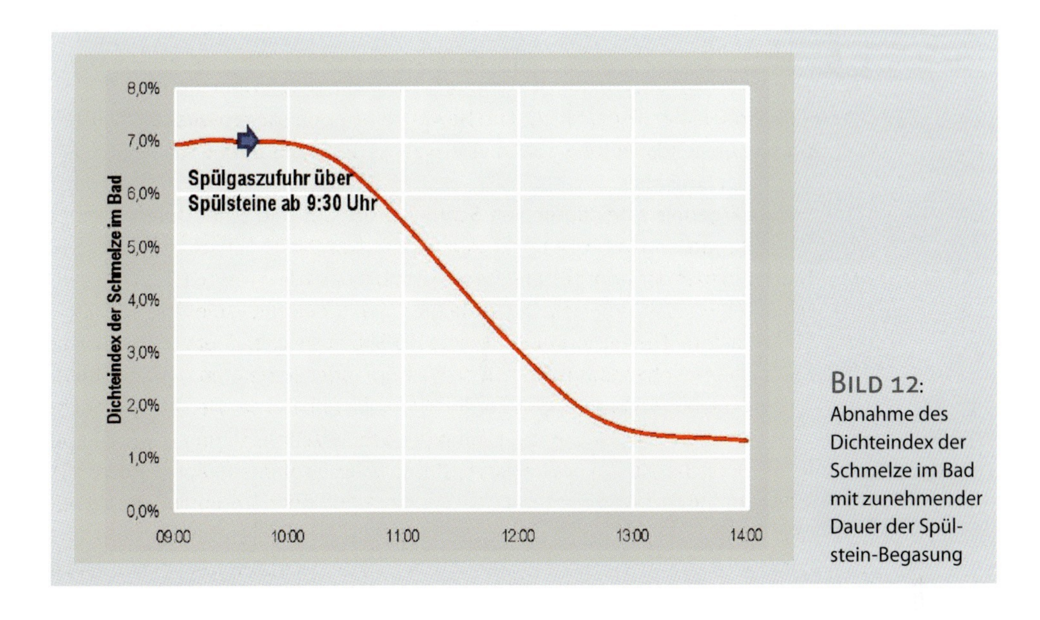

Bild 12: Abnahme des Dichteindex der Schmelze im Bad mit zunehmender Dauer der Spülstein-Begasung

index kontinuierlich ab. Da mit einer niedrigen Schmelzetemperatur von 700 °C gearbeitet wurde und die Schmelze ferner sehr arm an oxidischen und anderen festen Verunreinigungen war, konnte ein hervorragender DI-Endwert von unter 1,5 % erreicht werden.

Späneöfen

Viele Gießereien haben in den zurückliegenden Jahren umfangreiche Investitionen zur spanenden Gussteilnachbearbeitung getätigt. Dies war und ist eine Reaktion insbesondere auf die Forderung der Automobilhersteller, dass Gussteile möglichst komplett bearbeitet geliefert werden sollen. Damit hat der Späneanfall in einigen Gießereien eine Größenordnung erreicht, die ein internes Recycling als wirtschaftlichere Alternative zum Verkauf der Späne an externe Recyclingunternehmen bzw. an Sekundärhütten attraktiv erscheinen lässt.

Generell wird das Aggregat zum Späneschmelzen von den Gießereien schwerpunktmäßig unter dem Aspekt der Metallausbeute beurteilt, weil der finanzielle Bonus einer höheren Metallausbeute die Amortisationszeit der Anlage drastisch verkürzt. Hierbei ist zu berücksichtigen, dass sich die jeweilige Legierung sowie die Form und Beschaffenheit der Späne auf die Metallausbeute auswirken. Je höher der Feinanteil in der Spänefracht und je kleiner die Spandicke, desto schlechter die Metallausbeute. Ein technisch ausgereiftes System für das Einschmelzen von Spänen umfasst die Analyse dieser kritischen Merkmale des Einsatzguts.

Für das Rückschmelzen der Späne im Schmelzofen muss eine Späneaufbereitungsanlage integriert werden, welche möglichst trockene Späne bereitstellt.

BILD 13: Mehrkammer-Schmelzaggregat mit zusätzlicher seitlicher Ofentasche für das schnelle Einschmelzen der Späne

Bild 14: Beim Spänerückschmelzen sorgen die Umwälzpumpe und der spezielle Feuerfestblock für eine hohe Metallausbeute

Feuchtigkeit in den Spänen reduziert nicht nur die Metallausbeute, sondern führt auch zu starker Rauchentwicklung und Rußbildung, so dass die entstehenden Abgase gereinigt werden müssen.

Vom Grundsatz her können Späne auch in Induktionstiegelöfen eingeschmolzen werden. Deren starke Badbewegung mit vertikaler Komponente bewirkt, dass die Späne schnell unter die Badoberfläche gezogen werden. Dies ist eine unabdingbare Voraussetzung für einen geringen Metallabbrand. Als Alternative wurden gasbeheizte Mehrkammeröfen entwickelt, bei denen die Warmhaltekammer um eine Ofentasche (offener Vorherd) zur Zugabe von Spänen erweitert ist. **Bild 13** zeigt ein System mit Umwälzpumpe und speziellem Feuerfestblock zum Einschmelzen von Spänen. Der Feuerfestblock und die Pumpe bilden eine verfahrenstechnische Einheit. Die Pumpe saugt Metall aus der Warmhaltekammer des Ofens an und drückt es in den Block (**Bild 14**).

Die Pumpe ist auf Stahlträgern montiert und kann zu Wartungs- oder Reinigungszwecken leicht aus der Schmelze gehoben werden. Im nachgelagerten Block wird ein Strudel erzeugt, der die zudosierten Späne in Analogie zum Tauchschmelzen schnell unter die Metalloberfläche zieht und unter Luftabschluss aufschmilzt. Die Zirkulation des Metalls bewirkt eine rasche thermische und auch chemische Homogenisierung der Schmelze. Infolge der kontinuierlichen Schmelzebewegung ergeben sich ein reduzierter Energiebedarf zum Erhitzen der Schmelze auf den Sollwert und eine hohe Konstanz der Abstichtemperatur. Mit diesem System werden Metallausbeuten von über 98 % erreicht. Diese Werte beruhen auf ausführlichen Leistungsmessungen an diversen Späneöfen. Die Späne – es handelte sich vorwiegend um Drehspäne – waren hinsichtlich der Legierung sowie aufgrund ihrer Form und Beschaffenheit zum Einschmelzen gut geeignet. Am Ende der Schmelzreise zeigte sich in der Badkammer nur eine geringe Krätzemenge auf der Schmelzeoberfläche (**Bild 15**). Diese Krätze kann problemlos über die Reinigungstür abgezogen werden. Das Restmetall wird unter Zugabe einer geringen Menge Abkrätzsalz ausgerührt, wodurch eine

Bild 15:
Geringe Krätzebildung dank des technisch ausgefeilten Verfahrens zum Späne-Rückschmelzen

Bild 16:
Kombi-Melter für Block- und Kreislaufmaterial sowie Späne

relativ trockene Krätze entsteht, die über die Schwelle aus dem Ofen entfernt wird.

Fortschrittliche Mehrkammeröfen ermöglichen das Einschmelzen von Spänen in Kombination mit dem Einschmelzen von Block- und Kreislaufmaterial. Beispiel hierfür ist ein Schachtschmelzofen mit zusätzlicher Spänetasche (**Bild 16**). Die Vorteile dieses Kombiofens liegen im geringen spezifischen Energieverbrauch, zudem kann mit diesem Schmelzaggregat die gesamte Legierungsproduktion auf relativ kleinem Raum durchgeführt werden. Im Falle von unterschiedlichen Legierungszusammensetzungen der Späne oder bei feuchten Spänen, führt das Mischen der beiden Schmelzen in einer Warmhaltekammer zu Nachteilen, da die Metallqualität beeinträchtigt wird. In diesem Fall empfiehlt es sich, die Späne separat zu schmelzen.

Betriebliches Ofenmanagement

Die Rohstoffpreise sind in den letzten Jahren kontinuierlich gestiegen, und die derzeitige Talsohle ist vermutlich nicht von allzu langer Dauer. Dies gilt sowohl für die Metalle als auch die Energie. Die Begrenztheit dieser Ressourcen und die wachsende Nachfrage wird die Kostensituation langfristig weiter verschärfen. Dem lässt sich nur durch eine Steigerung der Rohstoff- und Energieproduktivität entgegensteuern. Für den Schmelzbetrieb bedeutet dies vorrangig, die Metallausbeute zu steigern und den Energieverbrauch zu senken.

Das Wissen um den Ressourcenverbrauch der Schmelzanlagen ist unerlässlich für deren Management. Die Ofensteuerung liefert dazu die Datenerfassung. Der Ofenbetrieb und die Auslastung werden ebenso protokolliert wie der Verbrauch an Metall und Energie. Dem Betriebsmanagement obliegt dann die Aufgabe, die Prozessdaten auszuwerten und zu beurteilen.

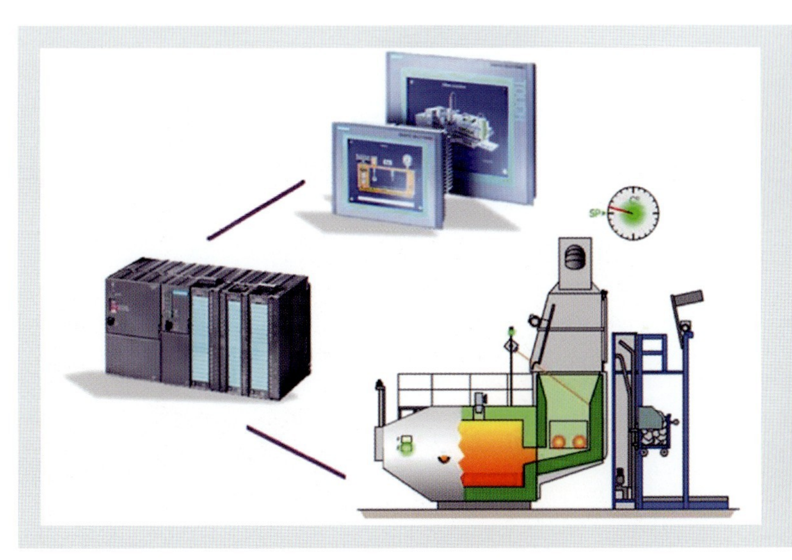

Bild 17: Moderne Ofensteuerung mit Bediengerät und Prozessdatenerfassung

Moderne Ofensteuerungen erfassen, visualisieren und speichern prozessrelevante Daten. Das Bediengerät stellt die Schnittstelle zwischen dem Menschen und der Maschine dar (**Bild 17**). Die Bedienung erfolgt menügeführt. Aktuelle Prozessdaten werden überschaubar und selbsterklärend in Bildern auf einem

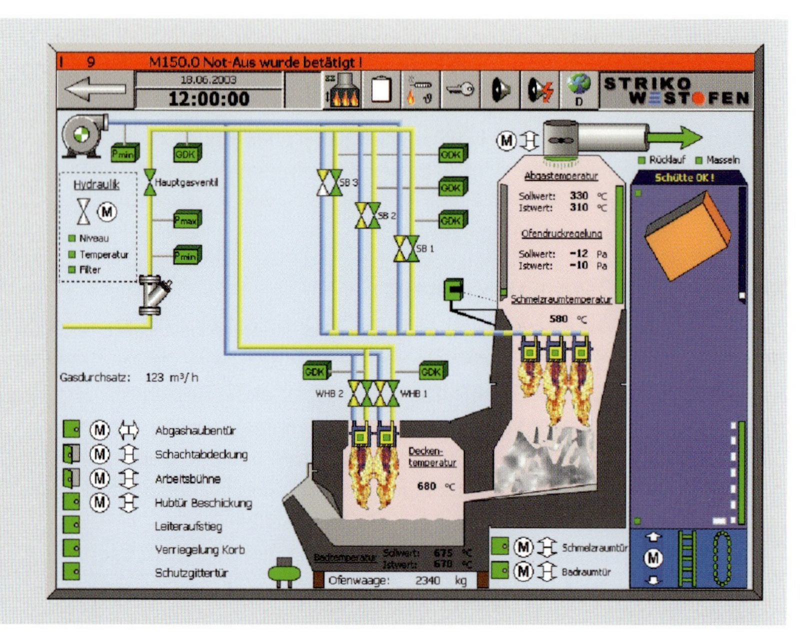

Bild 18: Hochauflösende Graphik ermöglicht eine übersichtliche Darstellung des Ofens und der Prozessdaten

Bild 19: Beispiel für ein Schichtprotokoll mit allen wesentlichen Fakten sowie den Energieverbräuchen

Farbdisplay veranschaulicht (**Bild 18**), wobei in Untermenüs weitere Details abgerufen werden können. Der Ofenzustand und auch die aktuellen Schichtprotokolle stehen so jederzeit auf Knopfdruck zur Verfügung (**Bild 19**). Die Daten werden protokolliert und auf einem Wechseldatenträger abgelegt. Sie können so hardwaremäßig entnommen und in einen kundenseitigen PC eingelesen werden. Alternativ können die Protokolle auch via Ethernet von der Feldebene an die Leitebene übermittelt werden. Für ein effizientes Ofenmanagement bedarf es aber keiner Datenflut, sondern einer übersichtlichen und vergleichbaren Darstellung der Prozessdaten. Daher erfolgt die externe Datenauswertung mit einem gängigen Tabellenkalkulationsprogramm. Die speziell programmierte Anwendung hierzu liefert der Ofenhersteller. Mindeststandard für Ofenprotokolle sind Betriebsarten und Betriebszeiten sowie Temperaturverläufe und Meldungsarchive, die für die Qualitätssicherung wichtig sind. Verfügt der Ofen über eine Wiegezelle, so können Beschickungs- und Entnahmemengen inkl. der Reinigungsentnahme aufgelistet werden. Komplettiert werden die Angaben durch die Auswertung der Brennstoffverbräuche. Ein vollständiges Protokoll enthält demnach die durchschnittlichen Energieverbräuche, die Verbräuche in den unterschiedlichen Betriebsarten sowie den spezifischen – d. h. auf die Schmelzleistung bezogenen – Energieverbrauch. Um eine einfache Übersicht zu gewährleisten, ist ein Schichtprotokoll ebenso möglich wie die Auswertung nach Tagen, Wochen, Monaten oder Jahren. Individuelle Kundenwünsche können berücksichtigt werden.

MINDESTSTANDARD FÜR OFENPROTOKOLLE

Damit verfügt die Betriebsleitung über ein effizientes Werkzeug, um den Ressourcenverbrauch zu erfassen und mit früheren Daten zu vergleichen. Dieses Wissen erlaubt Rückschlüsse auf den Betrieb und den Zustand der Ofenanlage. Somit können gezielte organisatorische oder technische Verbesserungsmaßnahmen eingeleitet werden, die es erlauben, eine bestmögliche Nutzung der verfügbaren Ressourcen und eine Erhöhung der Produktivität zu erzielen.

Literatur

[1] Bayerisches Landesamt für Umweltschutz (Hrsg.): Effiziente Energienutzung in Nicht-Eisen-Metall-Schmelzbetrieben, Augsburg 2005

Veröffentlicht in:
Gaswärme International · Heft 6/2009 · Seiten 433–442

Energieeffizienz in der keramischen Industrie – Technische Entwicklungen im Ofenbau

Von Hartmut Weber

Steigende Energiekosten und die Notwendigkeit zur nachhaltigen Minderung der CO_2-Emissionen zwingen auch die keramischen Produktionsbetriebe alle vorhandenen Potenziale zur Energieeinsparung auszunutzen. Trotz einer Vielzahl an Brennprozessen und daraus resultierenden Ofensystemen werden grundsätzliche Konzepte vorgestellt und beispielhaft Maßnahmen zur Steigerung der Energieeffizienz aus der Fliesen- und Geschirrindustrie aufgezeigt. Insbesondere die Wärmenutzung im Verbund von Brennofen und Trockner bietet dabei ein großes Energieeinspar- und CO_2-Minderungspotenzial.

CO_2-Emissionen als Folge der Verbrennung fossiler Energieträger und ihre Einflüsse auf die Klimaerwärmung sind hinreichend bekannt. Die Notwendigkeit zur Emissionsreduzierung ist dringend geboten und spätestens seit dem Anstieg des Rohölpreises über 140 USD/Barrel bestimmt der optimierte Energieeinsatz auch unser tägliches Leben. In Deutschland wurden im Jahr 2007 [1] etwa 25 % der Endenergie durch private Haushalte, ca. 30 % durch Verkehr, 15 % durch Handel, Gewerbe und Dienstleistungen sowie etwa 30 % durch die Industrie verbraucht.

U. a. durch die von der Bundesrepublik Deutschland im Kyoto-Protokoll zugesagte Reduzierung des Treibhausgases CO_2 um 20 % ist insbesondere der industrielle Energieverbrauch stärker in den Fokus der Politik gerückt. Nicht zuletzt weil im industriellen Sektor gut 60 % des Endenergieverbrauchs für die Erzeugung von Prozesswärme aufgewendet wird und eine verstärkte Nachnutzung von Abwärme aus den industriellen Thermoprozessanlagen gleichbedeutend mit der entsprechenden Reduzierung des CO_2-Ausstoßes ist. Dabei entspricht die Einsparung von 1 m^3 Erdgas in guter Näherung einer Emissionsminderung von etwa 2 kg CO_2.

Für die Industrie hingegen ist die Reduzierung des Energieverbrauches und die Steigerung der Energieeffizienz kein neues Arbeitsfeld, sondern schlicht lebens- bzw. überlebensnotwendig. Seit 1991 bis heute hat die Industrie den Energieverbrauch stetig gesenkt, bezogen auf 1.000 € Brutto-Produktionswert um 35 % (**Bild 1**). Im Wesentlichen erfolgte die Verbrauchsabsenkung durch die Reduzierung des Wärmeverbrauchs, d. h. von Gas/Öl. Der Stromverbrauch wurde nur geringfügig vermindert und lässt sich u. a. durch die in der gleichen Zeit erfolgte Automatisierung der Produktion erklären.

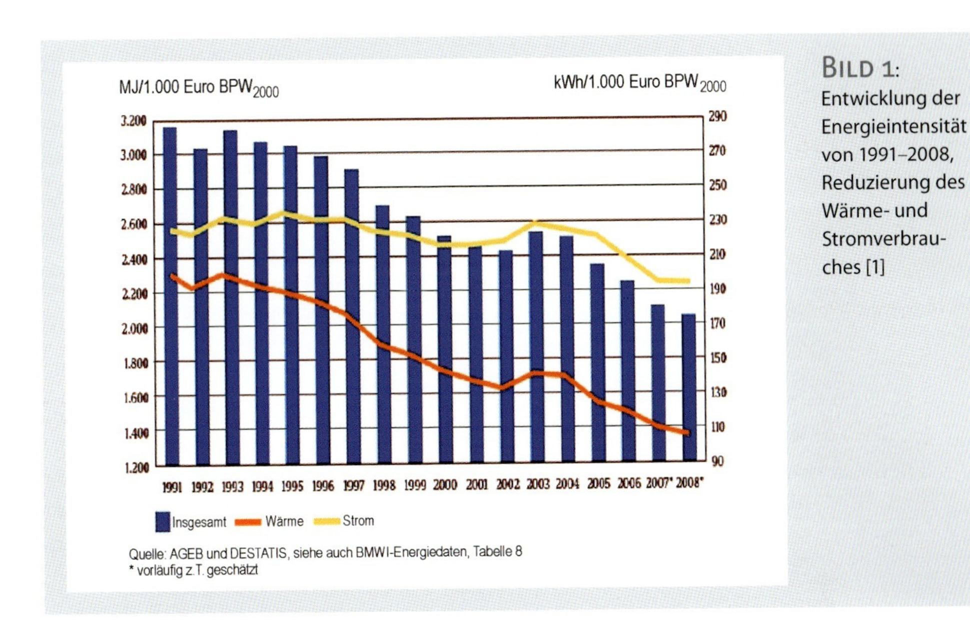

Bild 1: Entwicklung der Energieintensität von 1991–2008, Reduzierung des Wärme- und Stromverbrauches [1]

Doch trotz erheblicher Energieeinsparungen konnte nicht verhindert werden, dass der Anteil der Energiekosten an der Bruttowertschöpfung in den letzten Jahren stark angestiegen ist. Die Energiepreissteigerungen in den vergangenen Jahren, bedingt durch u. a. maßlose Spekulation, haben die Energieeffizienzsteigerung bei weitem überstiegen, (**Bild 2**). Im Jahr 2008 betrugen damit die Kosten für Energie in der Industrie erstmals mehr als 35 Mrd.€ [1].

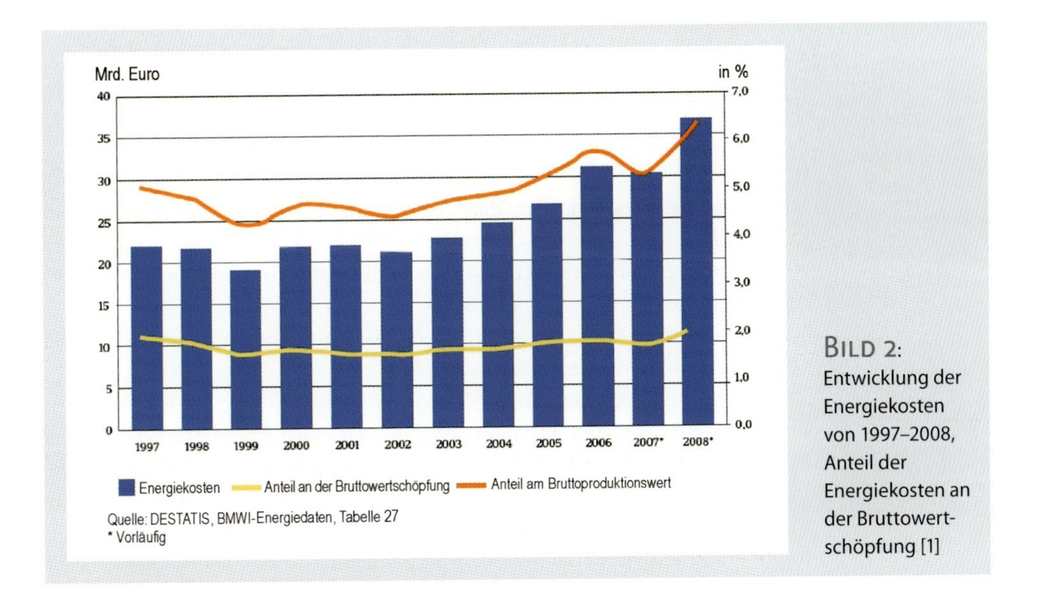

Bild 2: Entwicklung der Energiekosten von 1997–2008, Anteil der Energiekosten an der Bruttowertschöpfung [1]

HÖCHSTE PRIORITÄT: ENERGIEKOSTEN UND ENERGIEVERBRAUCH SENKEN

Die keramische Industrie blieb von dieser Entwicklung nicht verschont, ganz im Gegenteil. Aufgrund ihrer energieintensiven Produktionsprozesse beträgt der Anteil der Energiekosten an der Bruttowertschöpfung je nach Branche bereits über 15 %, mit steigender Tendenz. Die Senkung der Energiekosten durch ein optimiertes Energiemanagement und das Ausschöpfen von Energieeinsparpotenzialen wird damit auch zukünftig mit höchster Priorität in der keramischen Industrie vorangetrieben. Der Schwerpunkt der folgenden Betrachtungen liegt deshalb auf der Darstellung technischer Maßnahmen zur Steigerung der Energieeffizienz an Ofenanlagen der keramischen Industrie anhand von Beispielen aus der Geschirr- und Fliesenproduktion.

Grundlagen und Voraussetzungen

Bei der Herstellung keramischer Bauteile ist neben der Auswahl der Rohstoffe insbesondere der Prozessablauf bestimmend für die späteren Bauteileigenschaften. Diese erhalten die keramischen Werkstücke endgültig beim Brennprozess. Dabei ist der Brennprozess keinesfalls als universell einsetzbar anzusehen, sondern muss vielmehr speziell auf die jeweiligen werkstofflichen und geometrischen Anforderungen abgestimmt werden. Mit wenigen Ausnahmen muss das Brennaggregat fast immer verfahrenstechnisch an die bauteilabhängige optimale Brennkurve angepasst werden [2]. Die Energieeffizienz des Brennprozesses ist in diesem Zusammenhang nicht zu vernachlässigen. In der Silikatkeramik werden von der Gesamtprozessenergie immerhin für das Brennen etwa 50 % des Stromverbrauches und 79 % des Erdgasverbrauches aufgewendet, weit vor dem nächsten energieintensiven Thermoprozessschritt „Trocknen" mit immerhin noch 17 % Strom und 6 % Erdgas. Erdöl wird nur sehr selten in Europa als Energieträger zur Erzeugung von Prozesswärme in der keramischen Industrie eingesetzt [3].

Die Vielzahl an Brennprozessen und verschiedenen keramischen Produkten spiegelt sich auch in der großen Zahl verschiedener kontinuierlich und diskontinuierlich arbeitenden Ofenanlagen wider.

Periodische Brennprozesse

Hauptkriterien zum Einsatz von diskontinuierlich betriebenen Ofenanlagen sind unter anderem [2]:

- die Anpassung der Produktionskapazität. Der Mehrproduktionsbedarf wird von periodischen Öfen übernommen.
- die Flexibilität in Temperatur- und Atmosphärenkurve. Es können verschiedene Produkte nacheinander gebrannt werden.
- der geringe Platzbedarf.

Bei Brennzyklen unter 20 h bzw. unter 24 h bei Hochtemperaturprozessen bis 1.600 °C in der technischen Keramik werden die Ofenwände mit leichten Fasermaterialien isoliert. Dadurch kann gegenüber einer konventionellen Steinausmauerung 25 bis 35 % Energie, hauptsächlich in Form von Speicherwärme der Auskleidung, eingespart werden [4]. Darüber hinaus besteht bei konventionellen

Steinzustellungen die Gefahr, dass große Temperaturgradienten in den Steinen zu übermäßigen thermo-mechanischen Spannungen und Rissbildung bis hin zur Zerstörung führen können. Moderne intermittierende Ofenanlagen stehen in Ausstattung und erreichbaren Qualitäts- und Temperaturgleichmäßigkeitswerten modernen Durchlauföfen in nichts nach.

Beispielsweise werden in der Sanitärkeramik für den Frisch- und den Rückbrand Herdwagenöfen aus Standardmodulen mit Nutzbreiten von 5 m und 6 m und einem Nutzvolumen von 15 m^3 bis 300 m^3 eingesetzt. Die geforderte hohe Temperaturgleichmäßigkeit über den Besatz wird u. a. durch das „Sweep Fire System" erreicht. Bei diesem modernen System wird die Brennerleistung im kontinuierlichen An- und Abschwellen abgegeben. Dabei werden die sich gegenüberliegenden Brenner mit entgegengesetzter Phasenverschiebung betrieben. So wird erreicht, dass die Flammenspitzen und Abgasmaxima ständig über die Ofenbreite hin und her „wandern" [2].

Um die Temperaturgleichmäßigkeit in periodischen gasbeheizten Öfen zu verbessern, werden auch gezielt Spezial-Hochgeschwindigkeitsbrenner eingesetzt. Diese haben bis zu ca. 150 m/s hohe Austrittsgeschwindigkeiten und können weit über die normalen Zündgrenzen hinaus mit hohem Luftüberschuss ihre Leistung abgeben. Eine weitere Verbesserung in der Temperaturgleichmäßigkeit erzielt man durch die Kombination dieser Hochgeschwindigkeitsbrenner mit dem Impuls-Brennverfahren, bei dem die Strömungsturbulenzen im Ofenraum gleichzeitig mit dem Wärmeübergang erhöht werden.

Um Energie einzusparen und gleichzeitig organische Bestandteile aus dem Brenngut restlos auszubrennen, finden der Entbinderungsprozess und die anschließende Sinterung in der gleichen Anlage statt. Die thermische Nachverbrennung der organischen Binderbestandteile wird atmosphärisch geführt, indem die Abgase mit vorbestimmten Konzentrationen aus der thermischen Nachverbrennung über einen Wärmetauscher zurück zur Ofenanlage geleitet werden (**Bild 3**). Diese als „Low-O_2"-Technologie [5] bekannte Prozessführung ermöglicht die Steuerung der Entbinderreaktionen im Produkt durch die Konstanz der Sauerstoffkonzentration und führt zu einer drastische Verkürzung der Prozesszeit. Die

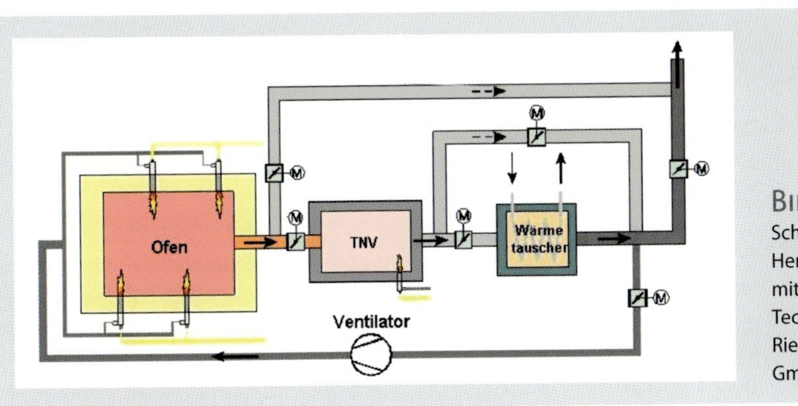

Bild 3: Schema eines Herdwagenofens mit „Low-O_2"-Technologie, Riedhammer GmbH

„Low-O_2"-Technologie führt damit zu einer erheblichen Steigerung der Energieeffizienz, zu einem niedrigeren spezifischen Energieverbrauch und deutlichen Verbesserung der Produktqualität.

Heute wird insbesondere Technische Keramik mit hohem Binderanteil, wie Filterkörper oder Abgaskatalysatorträger, in derartig ausgerüsteten Herdwagenöfen gebrannt.

Trotz hoher Brennstoffkosten werden heute jedoch aus Gründen der Rentabilität immer noch brennstoffbeheizte, intermittierend betriebene Ofenanlagen nur mit Rekuperatoren zur Vorwärmung der Verbrennungsluft ausgerüstet, wenn dies prozesstechnisch notwendig und unumgänglich zur Erzielung der entsprechenden Leistung ist.

Kontinuierliche Brennprozesse

Für die Massenproduktion haben sich in der keramischen Industrie nicht zuletzt aufgrund ihrer Energieeffizienz kontinuierlich betriebene Ofenanlagen durchgesetzt. Der geringe Energieverbrauch resultiert aus dem Aufheizen des Brennguts bei konstantem Leerverbrauch. Weitere vorteilhafte Kriterien sind u. a.:

Vorteile kontinuierlicher Brennprozesse

- Gute Temperaturgleichmäßigkeit im Ofenkanalquerschnitt
- Stabile Temperaturkurve, die eine sehr große Qualitätsreproduzierbarkeit sichert
- Kontinuierlicher Materialfluss
- Nahezu konstante Brennstoffversorgung, so dass Extrakosten für Energiespitzen entfallen

sowie

- Fast konstante Abgas- und Abluftmengenströme, die eine effiziente Nachnutzung der eingesetzten Brennstoffenergie ermöglichen.

Abhängig vom Produkt, der Verfahrensführung und dem Wärmebehandlungsprozess, haben sich zahlreiche kontinuierliche Ofentypen in der keramischen Industrie etabliert.

Konzepte zur Steigerung der Energieeffizienz in der Fliesenindustrie

In der Fliesenindustrie beispielsweise hat sich der Rollenofen durchgesetzt. Er kommt ohne weitere Trägermaterialien bzw. Brennhilfsmittel bei der Wärmebehandlung des Produktes aus, und damit ist er ganz allgemein der energetisch beste Prozessofen für dieses Produkt.

Bild 4 zeigt eine typische Rollenofenanlage zum Brennen von Fliesen, mit einer Durchsatzleistung von 417 m^2/h und einer Länge von 121 m, bei einer Nutzbreite von 2,61 m. Die Zykluszeit von kalt zu kalt beträgt nicht länger als 39 Minuten. Die installierte Heizleistung einer solchen Produktionsanlage kann durchaus bei 4.060 kW liegen. Über die Verbrennungsabgase werden dabei 23 % oder 940 kW und über die zur Kühlung des Produktes eingeblasene

Bild 4: Rollenofenanlage für Fliesen, Werksfoto SACMI Imola S.C.

Kühlluft werden 54 % oder 2204 kW der zugeführten Brennstoffenergie wieder abgeführt.

Angesichts hoher Energiekosten ist es wirtschaftlich nicht mehr vertretbar, diese Wärmeströme ungenutzt verloren zugeben, sondern angebracht diese effizient nachzunutzen.

Die SACMI-Gruppe hat den Bedarf früh erkannt und hierzu speziell das H.E.R.O.-Programm (High Efficiency Resource Optimizer) [6] entwickelt. Damit werden innovative Technologien zur effizienten Energienutzung bereitgestellt, um damit im Mittel 20 % an Energie für jeden einzelnen Produktionsschritt einsparen zu können.

Alle diese Maßnahmen und Systeme zeichnen sich durch die signifikante Reduzierung von CO_2-Emissionen aus, Hauptverursacher des Treibhauseffektes.

Mit Bezug auf den Brennprozess von Fliesen bieten sich für den Rollenofen als Prozesswärmequelle mehrere Möglichkeiten zur effizienten Energienachnutzung.

Interne Wärmenutzung

Unter interner Wärmenutzung versteht man ganz allgemein die Wiedereinkopplung der Energie in den Prozess. **Bild 5** zeigt schematisch das Ofenkonzept mit SPR, Heißluft, d. h. effiziente Energienutzung durch Heißluftrückführung. Hierbei wird erwärmte Kühlluft als sogenannte Heißluft aus der Kühlzone entnommen und mit zusätzlicher Heißluft aus der indirekten Kühlung weiter erwärmt. Die so vorgewärmte Brennerluft wird mit 200–220 °C den Brennern in der Hochtemperaturbrennzone zur Verfügung gestellt. Gegenüber einer Ofenbetriebsweise ohne vorgewärmte Brennerluft lässt sich eine direkte Energieeinsparung bzw. Gas-Verbrauchsminderung von bis zu 10 % erzielen.

Die Energieeffizienz der Rollenofenanlage kann darüber hinaus gesteigert werden, wenn zusätzlich auch die Ofenabluft- und Abgasströme sinnvoll genutzt

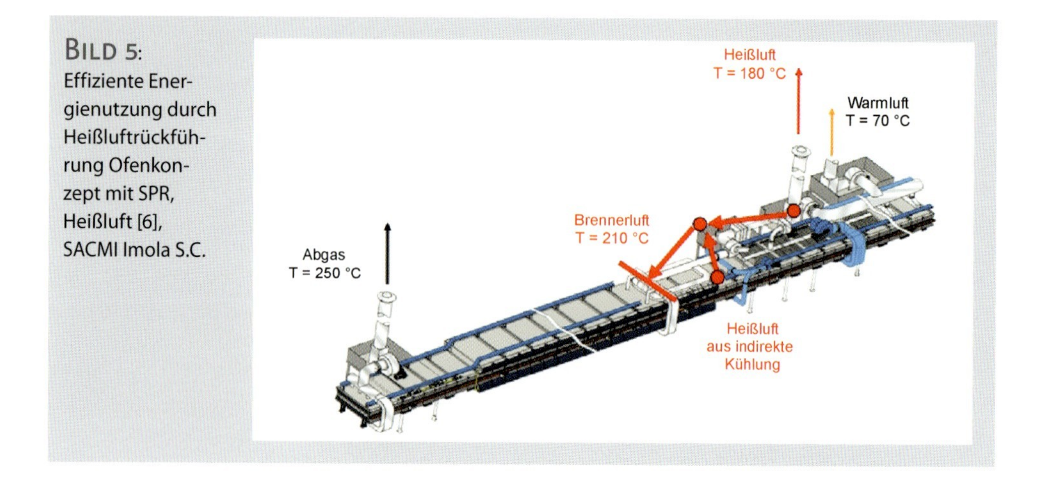

BILD 5: Effiziente Energienutzung durch Heißluftrückführung Ofenkonzept mit SPR, Heißluft [6], SACMI Imola S.C.

werden können. Hierzu bieten sich insbesondere vorgelagerte Thermoprozesse mit hohem Energiebedarf auf niedrigerem Temperaturniveau an.

Wärmenutzung im Verbund von Brennofen und Trockner

Im Produktionsbetrieb bietet sich die Wärmenutzung des Brennofens im Verbund mit Multi-Level-Trockner und Vertikaltrockner an. Hierzu wird durch entsprechende Kühlluftführung die Warmluft zum Trockner auf 250–290 °C angehoben, gemäß **BILD 6**. Darüber hinaus wird die Abluft aus der Endkühlung mit

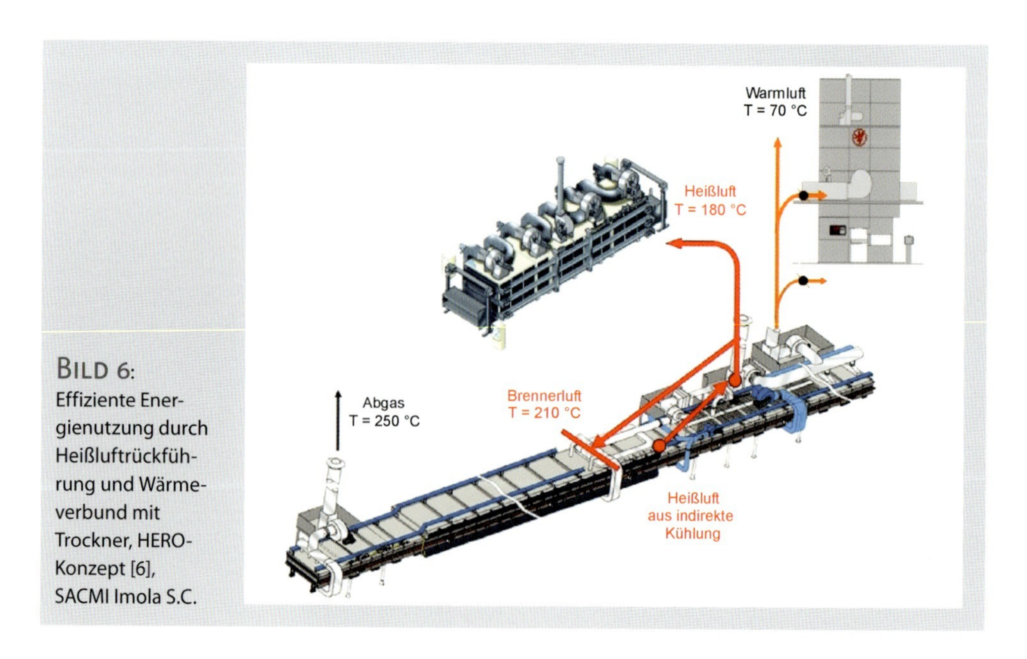

BILD 6: Effiziente Energienutzung durch Heißluftrückführung und Wärmeverbund mit Trockner, HERO-Konzept [6], SACMI Imola S.C.

etwa 70–80 °C an einen Vertikaltrockner als warme Verbrennungsluft übergeben sowie zur Umluft der ersten Zone zugemischt. Durch den Wärmeverbund von Brennofen und Trockner kann ein Rückgewinnungspotenzial von bis zu 50 % erschlossen werden.

Wärmenutzung im Verbund von Brennofen und Sprühtrockner

Die Abgase des Brennofens mit einer Temperatur von etwa 250 °C stellen ebenfalls einen beachtlichen Wärmestrom dar. In der Silikatkeramik werden häufig die heißen Ofenabgase einem Sprühtrockner zugeführt (**Bild 7**). Da Sprühtrockner über die zu verdampfende Wassermenge ausgelegt werden, ist die Bereitstellung der entsprechenden Heißluftmenge für den Energieverbrauch bestimmend. Zwischen Brennofen und Sprühtrockner wird üblicherweise eine Abreinigung zur Abscheidung von Fluor und Schwefel zwischengeschaltet. Dazu wird dem Abgasstrom Kalkmehl zudosiert, das die Schadstoffe aufnimmt und an Filtersäcken abgeschieden wird.

Üblicherweise werden in der Silikatkeramik Filteranlagen mit Filtertuch aus Aramid-Faser, z. B. Nomex® eingesetzt. Um das Filtertuch nicht zu zerstören, müssen die Ofenabgase von ca. 240–250 °C mittels Wärmetauscher vorher auf

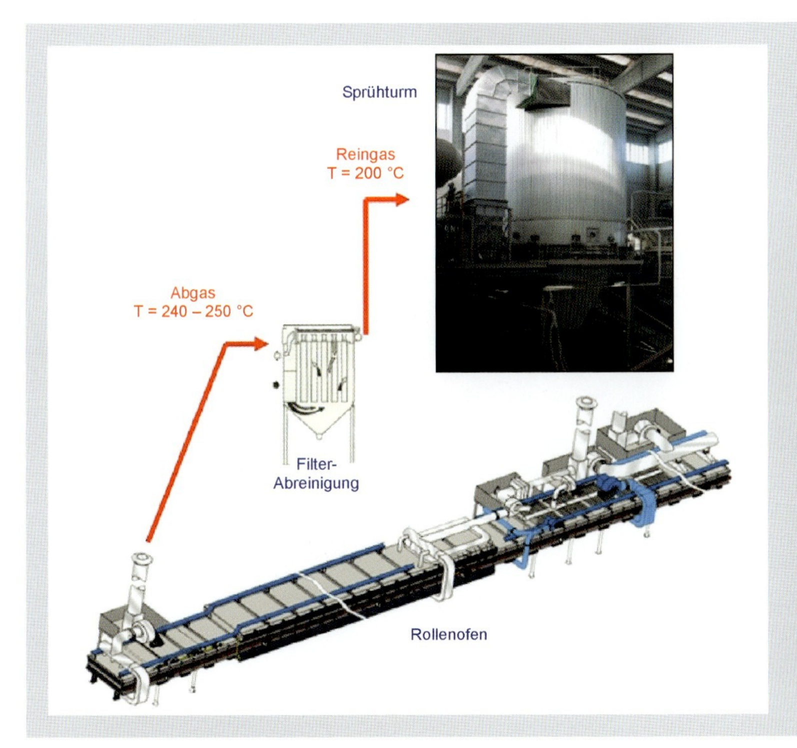

Bild 7: Effiziente Energienutzung von Ofenabgas im Verbund von Brennofen und Sprühturm, HERO-Konzept [6], SACMI Imola S.C.

ca. 130–140 °C abgekühlt werden. Letztlich werden am Sprühtrockner dann nur noch Eingangstemperaturen von ca. 80–100 °C erreicht.

Durch den Einsatz von Filtertuch aus PTFE (Teflon®), sind Betriebstemperaturen in der Abreinigung bis 240 °C möglich. Damit einher geht eine direkte Steigerung der Energieeffizienz, denn dem Sprühturmbrenner kann nun mehr als 100 °C heißere Luft zugeführt werden. Je nach Produktionsleistung des Sprühturmes werden in der Fliesenindustrie die Abgase von bis zu drei Brennöfen in einen Sprühturm eingespeist. Bei einer Abgas-Eingangstemperatur von 200 °C ergibt sich eine direkte Energieeinsparung gegenüber Kaltluftbetrieb (30 °C) von 29 % und gegenüber dem Warmluftbetrieb (80 °C) von immerhin noch 20 %. Unter Zugrundelegung einer durchaus üblichen Verdampfungsleistung von 9.000 l Wasser pro h, bedeutet diese Energieeinsparmaßnahme eine direkte Entlastung für die Umwelt durch entsprechenden Gasminderverbrauch und daraus resultierende CO_2-Einsparung in Höhe von 3.700 t/a.

Konzepte zur Steigerung der Energieeffizienz in der Geschirrindustrie

In der Geschirrproduktion werden heute überwiegend Tunnelöfen mit Wagen eingesetzt. Gegenüber anderen Ofenkonzepten zeichnet sich diese neue Generation an Tunnelöfen insbesondere durch einen deutlich reduzierten Anteil an Brennhilfsmitteln und hohem Automatisierungsgrad aus (**Bild 8**). Moderne Tunnelöfen besitzen außerdem Nutzquerschnitte mit großer Breite aber niedriger Höhe, um eine gute Temperaturgleichmäßigkeit zu erzielen. Brennersysteme mit Impulsfeuerung verbessern durch die sehr hohen Abgasturbulenzen im Ofenkanal die Durchmischung und verbessern dadurch ebenfalls die Temperaturgleich-

Bild 8: Tunnelofenanlage zum Brennen von Geschirr, Werksfoto RIEDHAMMER GmbH

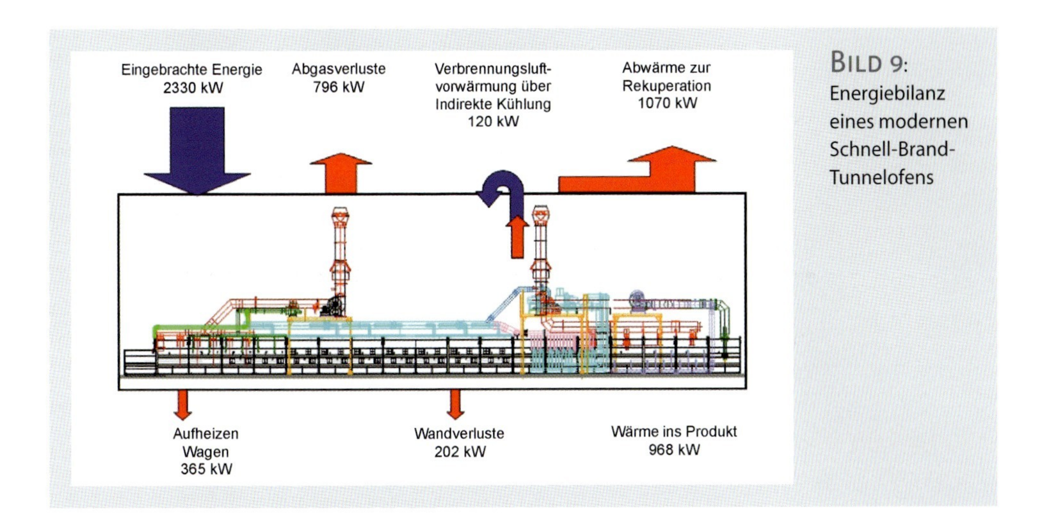

Bild 9: Energiebilanz eines modernen Schnell-Brand-Tunnelofens

mäßigkeit. Ihrem Einsatz in der Porzellanindustrie stehen hohen Investitionskosten und auch die Prozessführung mit reduzierender Ofenatmosphäre entgegen. Alle diese Maßnahmen führen zu dem einen Ziel, den spezifischen Energieverbrauch zu reduzieren.

Bild 9 zeigt ein Beispiel für die Energieverteilung eines modernen Schnellbrandofens für den Glattbrand von Porzellan. Wärmgut, Brennhilfsmittel und Transportmittel bringen ihre Enthalpie in die Kühlzone, d. h. zwischen 45 % und 50 % der in der Vorwärm- und Brennzone eingebrachten Energie stehen für geeignete Maßnahmen zur Wärmerückgewinnung zur Verfügung. Die bereits vorher genannten Konzepte zur Wärmenutzung im Verbund werden auch in der Geschirrindustrie erfolgreich auf den Brennprozess angewendet, mit Anpassungen im Detail.

Die Kühlzone eines üblichen Durchlaufofens wird dabei als Gegenstromwärmetauscher ausgelegt. Kühlluft strömt dem Brenngut entgegen. Das Brenngut wird von der Kühlluft abgekühlt, während sich die Luft selbst dabei aufwärmt. Am Ende der Brennzone wird sie mit hoher Temperatur aus dem Ofen abgesaugt und dort in vielen Fällen mit Umgebungsluft heruntergekühlt, damit hier ein bei maximal 600 °C beständiger und preislich akzeptabler Ventilator bei dieser Absaugung eingesetzt werden kann. Da Trocknungsanlagen nicht immer kontinuierlich betrieben werden, wird vielfach die Warmluft über einen Wärmetauscher für die Warmwassererzeugung genutzt. Die gegenüber der Fliesenindustrie höheren Prozesstemperaturen von bis zu 1.450 °C in der Porzellanindustrie erlauben auch insbesondere die intensive Nutzung der Abluftwärme zur Verbrennungsluftvorwärmung auf ca. 400–450 °C. Eine höhere Vorwärmtemperatur zieht wesentlich teurere Armaturen der Regelung nach sich, weil sie größer und hochhitzebeständiger sein müssen, was heute nicht rentabel ist.

Die Prozessführung im Glattbrandofen mit reduzierender Ofenatmosphäre erfordert bei Einsatz von vorgewärmter Verbrennungsluft eine genaue Bestimmung der Verbrennungsluftdurchflussmengen, die mittels präziser Temperaturmessung der Verbrennungsluft sichergestellt wird, damit ein konstantes Gas-Luft-Verhältnis eingehalten werden kann. Mit steigender Verbrennungslufttemperatur steigt auch die Flammentemperatur, deshalb müssen auch die Brennkammern an die höhere Beanspruchung angepasst werden. Mit Verbrennungsluftvorwärmung kann hierbei eine Energieeinsparung in Höhe von 8–10 % erzielt werden. Die höheren Investitionskosten bei Neuanlagen amortisieren sich bei den heutigen Energiepreisen in 3 bis 4 Jahren. Da oftmals das Brenngut noch feucht von den Glasierlinien zum Ofen gebracht wird, sind Trocknung und Vorwärmung integraler Bestandteil moderner Tunnelöfen. Sie werden als Umluftschleuse gestaltet und wirken darüber hinaus stabilisierend auf die Ofenatmosphäre. Wärmetechnisch können so durch die Trocknung bis zu 6 % Energie eingespart werden, da durch die Trocknung die Eingangsfeuchte auf kleiner als 1 % reduziert und gleichzeitig das Gut auf ca. 100 °C vorgewärmt wird.

Fazit

Mitteleuropäische Keramikproduzenten sind einem enormen Kostendruck durch Importe aus Billiglohnländern ausgesetzt. Die enorm gestiegenen Energiekosten und Umweltschutzverpflichtungen, die uns alle angehen, erschweren zusätzlich das wirtschaftliche Überleben. Verantwortungsbewusste Hersteller von Thermoprozessanlagen haben das erkannt und stellen sich der Herausforderung, denn um auf Dauer erfolgreich sein zu können, müssen alle vorhandenen Potentiale zur Energieeinsparung genutzt werden. Zudem gilt es, mit zukünftigen Innovationen und technischen Weiterentwicklungen auf den dargelegten, die Energieeffizienz steigernden Maßnahmen und Konzepten aufzubauen.

Literatur

[1] Energie in Deutschland, Bundesministerium für Wirtschaft und Technologie (BMWI), aktualisierte Auflage April 2009, S. 15ff

[2] Becker, F.: More topical than ever, innovations for saving energy, cutting costs and improving quality. DKG 85 (2008) No. 11, pp. E1–E8

[3] Energiekennzahlen in der Stein- und keramischen Industrie Wirtschaftskammer Oberösterreich für Energiewirtschaft und Energietechnik, Juli 2003

[4] Becker, F.: computer simulation of heat technology, solutions in ceramic kiln construction. cfi Ber. DKG 78 (2001) No. 5, pp. E11–E16

[5] Becker, F; Hajduk, A.: Innovative Wärmebehandlung von Keramik mit „Low-O_2"-Technologie. Keramische Zeitung (2008) Nr. 6, S. 420–425

[6] It's time for a H.E.R.O., SACMI Imola S.C. Italy, Edition 2009

Veröffentlicht in:
Gaswärme International · Heft 7-8/2009 · Seiten 529–534

Einführung von Energiemanagementsystemen zur Steigerung der Energieeffizienz

Von Gerald Orlik

Effizienzpotenziale in der Industrie beruhen insbesondere auf der Steigerung der Energieeffizienz bei Produktionsprozessen und Querschnittstechnologien, der Verminderung des Energieeinsatzes durch Optimierung von Materialströmen, durch energieeffiziente Produktinnovation und Dienstleistungen und der Nutzung verhaltensbedingter Einsparpotenziale. Erfahrungsgemäß werden allerdings diese Potenziale, die auch wirtschaftlich darstellbar sind, nicht immer umgesetzt.

Die Vernachlässigung von Effizienzpotenzialen in Unternehmen ist auf ein komplexes Bündel ökonomischer, organisatorischer, informeller, verhaltens- und kommunikationsbezogener Barrieren zurückzuführen.

Die KfW-Bankengruppe hat im Jahre 2005 zu den Hemmnissen bei der Umsetzung von Energieeffizienzmaßnahmen eine Analyse veröffentlicht. Die relevanten Faktoren können **Bild 1** entnommen werden.

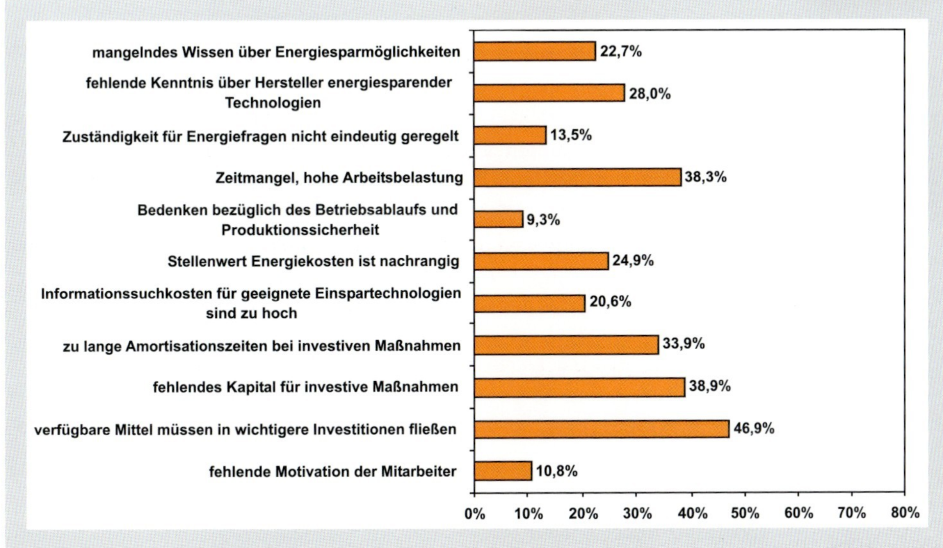

Bild 1: KfW-Befragung zu den Hemmnissen und Erfolgsfaktoren von Energieeffizienz in Unternehmen, Frankfurt/Main 2005 [1]

Mit einem Energiemanagementsystem werden – verifiziert durch einen Energiegutachter – die vorhandenen Potenziale zur Verbesserung der Energieeffizienz und zur Senkung von Kosten ermittelt und dokumentiert. Ergebnis sind Empfehlungen, mit welchen Maßnahmen und zu welchen Kosten Energie eingespart werden kann.

Die Anforderung eines Energiemanagementsystems geht in der betrieblichen Praxis weit über technische Optimierungen hinaus und umfasst folgende Aufgaben:

AUFGABEN EINES ENERGIEMANAGEMENTSYSTEMS

- die schrittweise Organisation betriebsorganisatorischer Verbesserungen,
- die kommunikationsintensive Einbeziehung von Nutzerinnen und Nutzern,
- die Koordination und Moderation eines abgestimmten Vorgehens zwischen unterschiedlichen Abteilungen wie Betriebstechnik, Beschaffungswesen und Gebäudemanagement.

Als Basis für die Einführung eines strukturierten Energiemanagementsystems kann die im August 2009 veröffentlichte DIN EN 16001 herangezogen werden.

Diese Norm beschreibt die Anforderungen an ein Energiemanagementsystem (EnMS), welches ein Unternehmen in die Lage versetzt, seine Bestrebungen im energetischen Bereich durch einen systematischen Ansatz kontinuierlich zu verbessern und dabei gesetzliche Anforderungen sowie anderweitige Vorgaben für die Organisation zu berücksichtigen.

Ziel ist es, die Grundlagen für Energieeffizienzinvestitionen zu schaffen, wobei die Bedeutung von technischen und organisatorischen Maßnahmen hinsichtlich ihrer Umsetzbarkeit und Wirtschaftlichkeit abgeschätzt werden.

Welche Schritte sind für die Einführung von Energiemanagementsystemen notwendig?

Energiemanagementsysteme [2]

Bestandsaufnahme

Basis eines Energiemanagementsystems ist eine Ist-Analyse. Sie sollte u. a. eine Grobanalyse, die Aufschluss über das Energiebedarfsprofil und die Entwicklung in den vergangenen Jahren gibt, beinhalten:

GROBANALYSE FÜR ENERGIEBEDARFSPROFIL

- Bezugsverträge und -tarife für die verschiedenen Energiearten (Erdgas, Heizöl, Kohle, Koks, Fernwärme, Strom etc.),
- „Energiepfade“ durch den Betrieb, d.h. welche Anlagen werden mit welchem Energieträger versorgt,
- Hauptverbraucher im Betrieb,
- Situation der (Energie-)Datenerfassung sowie
- offensichtliche Schwachstellen und Optimierungspotenziale.

Datenaufbereitung

Es empfiehlt sich, die Ergebnisse in grafischer Form aufzubereiten. Anschließend sind die näher zu untersuchenden Bereiche festzulegen. Für die Prioritätensetzung sollte dabei eine ABC-Analyse erfolgen, die die einzelnen Verbraucher bzw.

Anlagen im Betrieb entsprechend ihres Anteils am Gesamtenergieverbrauch ordnet. So reicht erfahrungsgemäß zur Erfassung von 80 bis 90 % des Stromverbrauchs meist die Beobachtung von 50 % der Anlagen aus. Hierdurch können die Prioritäten des weiteren Vorgehens so gesetzt werden, dass die begrenzten zeitlichen und finanziellen Kapazitäten optimal genutzt werden.

Energiecontrolling

Für die wichtigsten Energieverbraucher sollte in einem nächsten Schritt eine Detailanalyse erfolgen. Dieses sogenannte Energiecontrolling erfordert zwar einen höheren messtechnischen und organisatorischen Aufwand, aufgrund der vergleichsweise großen Einsparpotenziale ist dieser gleichwohl vertretbar. Ziele der Detailanalyse sind:

DETAILANALYSE FÜR DIE WICHTIGSTEN ENDVERBRAUCHER

- Gewinnung differenzierter Daten über die Energieversorgungs- und -nutzungsstrukturen des Betriebes,
- Kenntnis der Energieeffizienz der wichtigsten energietechnischen Systeme,
- Aufdeckung, Quantifizierung und Bewertung von Schwachstellen sowie
- Erarbeitung von Verbesserungsmöglichkeiten.

Mit Hilfe eines Energiecontrollings lassen sich technische Fehlfunktionen aufspüren, langfristige Verbrauchstrends aufzeigen und die Energiekosten für eine Kostenträgerrechnung exakt zuordnen. Dabei handelt es sich um kein zeitlich begrenztes Projekt, sondern um einen dauerhaften Bestandteil des Betriebsablaufes.

Basis ist die kontinuierliche messtechnische Erfassung von Unterverbräuchen eines Betriebes sowie die gleichzeitige Erfassung der wesentlichen Einflussfaktoren auf den Verbrauch wie z. B.

- produzierte Stückzahlen,
- Betriebsstunden von Anlagen und
- Gradtagszahlen.

ENERIGIE-EINSPARPOTENZIALE ERMITTELN

Diese Daten fließen in eine verursachergerechte Abrechnung des Energieverbrauchs ein, um – wo nötig – Einsparziele zu definieren und Anreize zur Senkung der Energiekosten bezogen auf Kostenstellen zu schaffen. Abhängig vom Umfang der zu verarbeitenden Daten kann die Auswertung und Darstellung mit Tabellenkalkulationsprogrammen oder auch mit spezieller Software für Energiecontrolling erfolgen.

Einführung im Unternehmen

Die Einführung eines Energiecontrollings erfolgt in drei Schritten:

- Vorbereitungsphase: Zusammenstellen der grundlegenden Informationen zur Organisation und zur technischen Ausstattung des Betriebes, Strategieentwicklung
- Einführungsphase: umfangreiche Analysen der erfassten Verbrauchsdaten, Erarbeitung von Bewertungsmaßstäben (z. B. mit Hilfe von Branchenenergiekonzepten (siehe weiter unten) oder dem Benchmarking-Verfahren)
- Durchführungsphase: kontinuierliche Überwachung des Verbrauchs, regelmäßige Überprüfung und ggf. Anpassung der Bewertungsmaßstäbe (z. B. bei Änderungen der Betriebsausstattung)

Vom Controlling zum Konzept

Das eigentliche Energiekonzept umfasst in der Regel organisatorische und investive Maßnahmen. Es ist grundsätzlich Aufgabe des betrieblichen Energiebeauftragten, je nach Komplexität der Aufgabenstellung sollte jedoch ein externes Beratungsunternehmen hinzugezogen werden. Wegen der großen branchenspezifischen Unterschiede und der Vielzahl der denkbaren Querverbindungen soll hier nur ein grober Überblick zu den wesentlichen Schwerpunkten eines unternehmensindividuellen Energiekonzeptes gegeben werden, ausgehend von der oben beschriebenen Einführung eines Energiecontrollings:

SCHWERPUNKTE EINES ENERGIEKONZEPTES

- Optimierung der Nutzenergieerzeugung (z. B. Austausch veralteter Anlagen, Abwärmenutzung).
- Prozessoptimierung (Anlagentechnik und Organisation).
- Minimierung des Energieverbrauchs bei Fördertechnik, Transportaufgaben und Logistik.
- Realisierung der wirtschaftlichen Einsparpotenziale bei Gebäudehüllen, Heizung, Lüftung, Klimatisierung und Beleuchtung.
- Klärung von Amortisationszeiten und Finanzierungsfragen.

Energiemanagement

Mittel- und langfristig bietet die Einführung eines betrieblichen Energiemanagements die Voraussetzungen, die energetische Situation des Betriebes dauerhaft zu verbessern. Dies erfordert jedoch ein gesamtunternehmerisches energiepolitisches Engagement, d. h., das Energiemanagement muss genau wie das Umweltmanagement konsequent von der Unternehmensleitung getragen werden. Auf einen Blick:

ENERGIEPOLITIK GESAMTUNTERNEHMERISCH UMSETZEN

- Basis für die Erarbeitung eines Energiekonzeptes ist eine umfassende Energieanalyse über Energiebedarfsprofil und Entwicklung in den vergangenen Jahren.
- Prioritäten sollten anhand des Anteils einzelner Verbrauchseinheiten am Gesamtverbrauch gesetzt werden.
- Zumindest die wichtigsten Energieverbraucher sollten im Rahmen eines kontinuierlichen Energiecontrollings überwacht und regelmäßig optimiert werden.
- Ein umfassendes Energiekonzept beinhaltet in der Regel organisatorische und investive Maßnahmen in nahezu allen energieverbrauchsrelevanten Bereichen.

Branchenenergiekonzepte [2]

Ein wichtiges Hilfsmittel bei der Erarbeitung branchenspezifischer Lösungen bzw. Energiekonzepten kann ein Branchenenergiekonzept sein. Die Logik dieses Instrumentes ist denkbar einfach: Unternehmen derselben Branche weisen nicht nur ähnlich technische Strukturen, sondern auch vergleichbare energetische Schwachstellen auf.

Wichtige Rückschlüsse

Werden Einzelbetriebe einer Branche unter energetischen Gesichtspunkten unter die Lupe genommen, lässt sich ein Branchenenergiekonzept ableiten,

d. h. die Untersuchungsergebnisse sind im Hinblick auf mögliche Einsparpotenziale auf eine Vielzahl von Betrieben übertragbar. Hieraus ergeben sich praxisgerechte Orientierungshilfen und Navigationsinstrumente für die gezielte energetische Optimierung, die die Besonderheiten der einzelnen Branchen berücksichtigen.

Maßnahmen können dann zunächst in einfach umsetzbaren organisatorischen oder technischen Veränderungen bestehen, aber auch in eine umfassende betriebliche Modernisierung mit Unterstützung kompetenter Berater münden.

Energieeffizienz und Rentabilität

Enorme Steigerung der Rentabilität durch Senkung der Energiekosten möglich

Welchen Effekt eine Steigerung der Energieeffizienz für die Rentabilität haben kann, zeigt ein Rechenbeispiel für die Textilindustrie. Bei einer durchschnittlichen Umsatzrendite von 2,5 % können um 5.000 Euro geringere Energiekosten einer Umsatzsteigerung von 200.000 Euro gleichgesetzt werden.

Energiekennzahlen

Zur Orientierung und Zielbestimmung existieren darüber hinaus bereits für viele Branchen Benchmarking-Systeme und Energiekennzahlen. Beispiele sind der durchschnittliche Stromanteil am gesamten Energieeinsatz oder der Anteil der Energiekosten an den Gesamtkosten. Bekannte Umweltmanagementsysteme wie die EMAS/Öko-Auditnorm, die DIN ISO 14000 oder auch das Öko-Profit-System arbeiten zum Teil auch auf Basis von Kennzahlen, die in der betrieblichen Praxis eingeführt oder eingesetzt werden. Vor diesem Hintergrund werden viele Betriebe bereits einen Grundstock an Energiekennzahlen haben, die sich mit branchentypischen Werten vergleichen lassen. Für viele weitere Branchen stellen z. B. Verbände, Industrie- und Handelskammern oder auch die EnergieAgentur. NRW Vergleichswerte zur Verfügung.

Auf einen Blick:

- Die Hilfe eines Branchenenergiekonzeptes kann die Entwicklung eines eigenen, firmenindividuellen Energiekonzeptes erheblich erleichtern und beschleunigen.
- In Branchen, für die es bisher keine Branchenenergiekonzepte oder vergleichbare Arbeitshilfen gibt, können die allgemein zugänglichen Daten und Informationen z. B. von Verbänden oder IHKs wertvolle Orientierungshilfen beim Aufspüren und Beseitigen energetischer Schwachstellen sein.

Fazit

Bereiche mit Energieeffizienzpotenzial

In der Industrie verstecken sich erhebliche Effizienzpotenziale:

- in Produktionsprozessen und Querschnittstechnologien,
- in der Verminderung des Energieeinsatzes durch Optimierung von Materialströmen,
- in der Umsetzung energieeffizienter Produktinnovation und Dienstleistungen sowie
- in der Nutzung verhaltensbedingter Einsparpotenziale.

In Europa haben andere Länder bereits positive Erfahrungen mit der Einführung von Energiemanagement-Systemen gesammelt – meist mit einer Kopplung an Vereinbarungen mit der Industrie.

Energiemanagement ist – zum Beispiel in Finnland, Österreich und der Schweiz – in Industrie- und Gewerbebetrieben inzwischen ein bewährtes Instrument zur Verbesserung der Energieeffizienz und damit zur Senkung der CO_2-Emissionen. Die Erfahrungen zeigen, dass Unternehmen innerhalb von zwei Jahren nach Einführung des Energiemanagements z. B. bis zu zwei Drittel ihrer Einsparpotenziale beim Brennstoff erschließen konnten.

Ausblick

Die Einführung von Energiemanagementsystemen ist kein neues Thema. Warum sollte sich ein Unternehmen in Deutschland daher mit dieser Thematik aktuell beschäftigen?

GRÜNDE FÜR ENERGIE-MANAGEMENT-SYSTEME

Seit dem 1. Januar 2009 müssen stromintensive Unternehmen gemäß §§ 40ff. des Erneuerbaren-Energien-Gesetzes (EEG 2009) u. a. eine Zertifizierung vorweisen, die belegt, dass der Energieverbrauch und die Potenziale zur Verminderung des Energieverbrauchs erhoben und bewertet worden sind, ansonsten entfallen die bisher eingeräumten Vergünstigungen. Seit dem 1. August 2009 ist die DIN EN 16001 zum Thema „Einführung von Energiemanagementsystemen" gültig. Auf europäischer Ebene gilt es die EG-Energiesteuer-Richtlinie einzuhalten.

Letztendlich lässt sich aufgrund der systematischen Beschäftigung mit dem Thema Energie innerhalb eines Energiemanagementsystems die Energieeffizienz erhöhen und damit die Kosten für das Unternehmen senken.

Diese und noch einige andere Gründe sprechen dafür, sich auch in Deutschland mit dem Thema Energiemanagement verstärkt auseinanderzusetzen.

Literatur

[1] KfW-Befragung zu den Hemmnissen und Erfolgsfaktoren von Energieeffizienz in Unternehmen. Frankfurt/Main 2005

[2] Leitfaden – Energieeffizienz in Unternehmen. EnergieAgentur.NRW

Veröffentlicht in:
Gaswärme International · Heft 7-8/2009 · Seiten 539–541

Energieeinsparung durch Modernisierung der Beheizungseinrichtung mit modernen Rekuperatorbrennern

Von Heinz-Peter Gitzinger, Martin Wicker und Phil Ballinger

Mit dem Einsatz von Rekuperatorbrennern können bei Modernisierungsmaßnahmen an bestehenden Thermoprozessanlagen mit moderatem Aufwand erforderliche Produktivitätssteigerungen mit lohnenden Energieeinsparungen verbunden werden. Zwei Beispiele aus der Praxis demonstrieren die Möglichkeiten bei direkter, offener Beheizung und bei indirekter Beheizung mit Strahlrohren sowie die erreichten Brennstoffeinsparungen.

Thermoprozessanlagen wie Industrieöfen haben einen großen Anteil am industriellen Energieverbrauch. Sie sind deshalb in letzter Zeit in den Fokus von Öffentlichkeit und Politik geraten. Der politische, aber besonders auch der wirtschaftliche Druck zur Energieeinsparung wächst und Energieeffizienz ist einer der Hauptaspekte bei Modernisierungsmaßnahmen.

Rekuperatorbrenner zur Brennluftvorwärmung

Moderne Rekuperatorbrenner wie der ECOMAX® (**Bild 1**) sind eine einfache und effektive Möglichkeit, die Energieausnutzung an Thermoprozessanlagen zu

Bild 1: Rekuperatorbrenner ECOMAX®

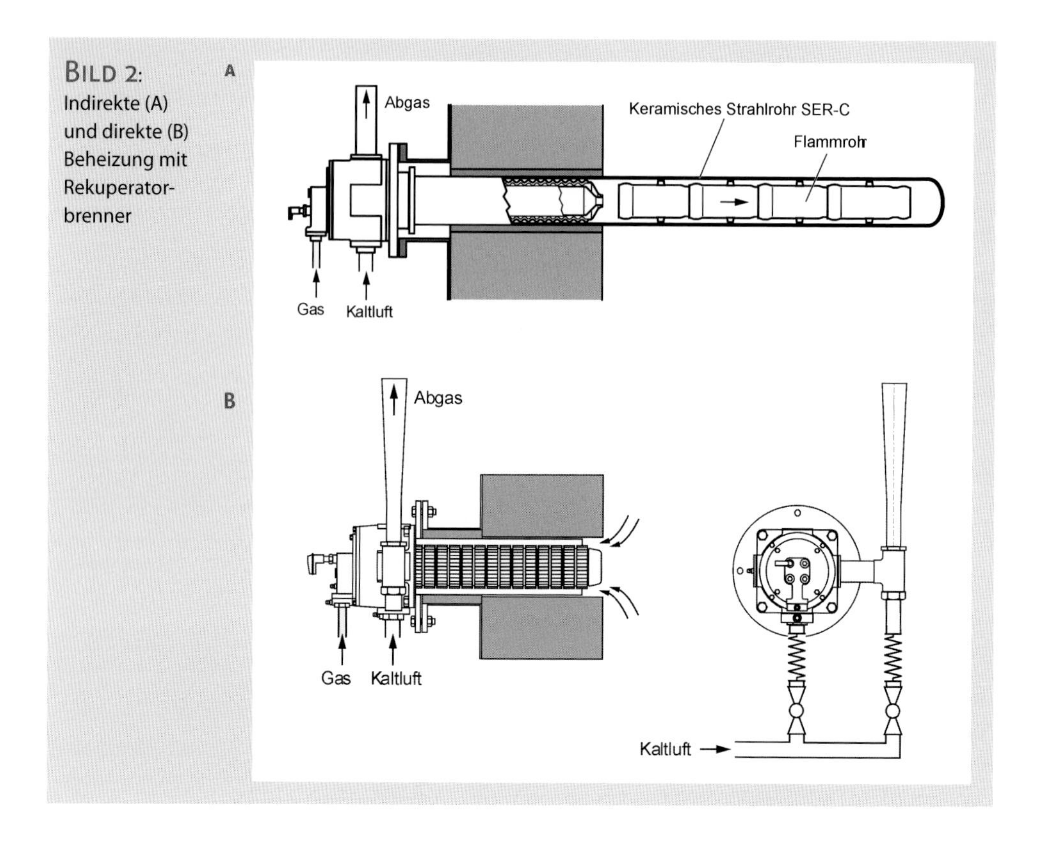

Bild 2: Indirekte (A) und direkte (B) Beheizung mit Rekuperatorbrenner

verbessern und Brennstoff einzusparen. Bei diesen Brennern erfolgt eine Vorwärmung der Verbrennungsluft durch die Abgaswärme über einen im Brenner integrierten Wärmetauscher.

Historisch kommen die Rekuperatorbrenner aus der indirekten Beheizung mit Mantelstrahlheizrohren (**Bild 2a**). Bei dieser Anwendung werden die Abgase meistens im Push-Betrieb über den brennerinternen Wärmetauscher geführt. Die Abgastemperatur sinkt durch die Nutzung der Abgaswärme zur Luftvorwärmung und die Abgasverluste werden damit reduziert bzw. der feuerungstechnische Wirkungsgrad steigt.

Bei der direkten oder offenen Beheizung mit Rekuperatorbrennern ECOMAX® erfolgt (im Gegensatz zur Strahlrohrbeheizung) eine Absaugung der Abgase aus dem Ofenraum (**Bild 2b**). Hierzu werden die Brenner mit speziell ausgelegten Ejektoren ausgerüstet, die mit Hilfe eines Treibluftstrahls einen Unterdruck erzeugen. Zur Ofendruckhaltung und Vermeidung von Falschlufteintritt in den Ofen werden häufig nur 80–90 % der gesamten Abgasmenge über die Rekuperatorbrenner abgesaugt. Die verbleibende geringe Abgasmenge (10–20%) strömt an zentraler Stelle und an unvermeidbaren Leckagestellen direkt aus dem Ofen. Dies bewirkt zwar eine leichte Reduzierung des Wirkungsgrads, aber auch einen deutlich besseren Ofenbetrieb.

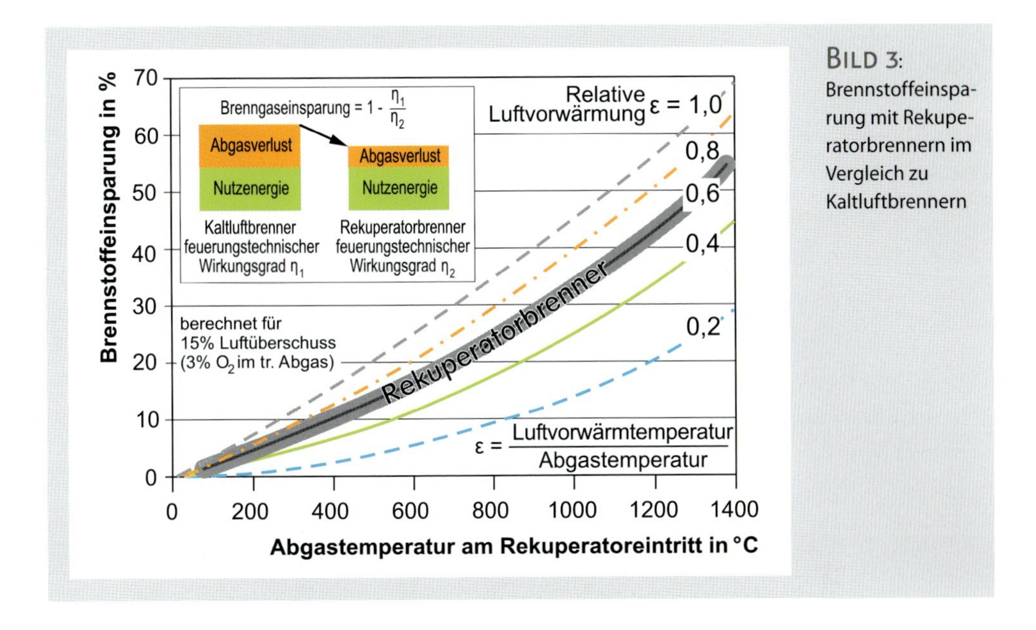

Bild 3: Brennstoffeinsparung mit Rekuperatorbrennern im Vergleich zu Kaltluftbrennern

Besonderer Vorteil bei der direkten Beheizung mit Rekuperatorbrennern ist, dass anders als beim Zentralrekuperator, keine langen, heißen Rohrleitungen erforderlich sind. Eine Verminderung des feuerungstechnischen Wirkungsgrades durch Wärmeverluste an den heißen Leitungen wird dadurch vermieden.

Die mögliche Luftvorwärmung ist im Wesentlichen von der Abgastemperatur am Rekuperatoreintritt abhängig. Bei direkter Beheizung ist die Abgastemperatur gleich der Ofenraumtemperatur, bei indirekter Beheizung mit Strahlrohr liegt sie je nach Anwendung ca. 100–150 °C über der Ofenraumtemperatur. Bezieht man die Luftvorwärmtemperatur auf die Abgastemperatur vor Rekuperator, erhält man die relative Luftvorwärmung. Diese erreicht bei Rekuperatorbrennern Werte von etwa 0,6. Die damit verbundene Brennstoffeinsparung ist in Abhängigkeit der Abgastemperatur vor Rekuperator in **Bild 3** dargestellt. Man sieht zum Beispiel, dass bei 1.000 °C Ofenraumtemperatur und einer relativen Luftvorwärmung von 0,6 ein Rekuperatorbrenner rund 33 % Brennstoffeinsparung im Vergleich zu einem Kaltluftbrenner erzielen kann. Mit steigender Ofenraumtemperatur steigt die erzielbare Brennstoffeinsparung.

Im Folgenden werden zwei konkrete Beispiele von Modernisierungsmaßnahmen mit Rekuperatorbrennern ECOMAX® vorgestellt und erläutert.

Beispiel Durchlaufofen zur Brammenerwärmung

Aufgabe war die Modernisierung eines direkt beheizten Stoßofens für Messing- und Kupfer-Brammen eines Walzwerks in Kirow, Russland. Bei diesem Ofentyp werden die Brammen auf isolierten, wassergekühlten Gleitschienen liegend durch den Ofen „gestoßen". Der Ofen war mit Öl- und Gas-Warmluftbrennern

Bild 4: Ansicht des Stoßofens nach der Umrüstung auf ECOMAX®-Rekuperatorbrenner

unterhalb und oberhalb der Brammenebene ausgerüstet, die über einen zentralen Rekuperator mit warmer Luft versorgt wurden.

Die Hauptprobleme an der alten Ofenanlage bestanden in hohen Abgas- und Kühlwasserverlusten sowie einer störungsanfälligen Regelung. Die hohen Wärmeverluste führten zu einem schlechten wärmetechnischen (Gesamt-) Wirkungsgrad von nur 15 %. Der zentrale Rekuperator erreichte eine auch bei Berücksichtigung des niedrigen Ofentemperaturniveaus von rund 880 °C nur sehr geringe Luftvorwärmung von 108 °C.

Ein wesentlicher Baustein der Modernisierungsmaßnahme war die Optimierung der Wärmerückgewinnung durch Umrüstung von zentraler Wärmerückgewinnung mit Zentralrekuperator und Warmluftbrennern auf dezentrale Wärmerückgewinnung mit metallischen Rekuperatorbrennern ECOMAX® 5M (Nennleistung 250 kW). **Bild 4** zeigt eine Ansicht des Ofens nach der Umrüstung. Zur Abführung der über die Rekuperatorbrenner dezentral abgesaugten Abgase wurde auf dem Ofen eine neue Sammelleitung verlegt, die aber nicht isoliert werden musste und am Ofeneinlauf in das vorhandene Abgassystem mündet (im Bild 4 vorne rechts).

Neben der Änderung der Brenner erfolgte im Rahmen der Modernisierungsmaßnahme eine Sanierung der Ofenwand-Feuerfestzustellung und der Wärmedämmung der wassergekühlten Gleitschienen zur Reduzierung der Kühlwasserverluste. **Tabelle 1** zeigt die wichtigsten Daten des Ofens bei einer vergleichbaren Nutzguteinbringung vor und nach der Modernisierungsmaßnahme.

Auffallend ist die imposante Produktivitätssteigerung von über 70 %. Diese ist hier in erster Linie darauf zurückzuführen, dass die Brammen auf den nun besser isolierten Gleitschienen nicht mehr so stark gekühlt werden und damit die Ziel-

TABELLE 1: Vergleich wichtiger Ofendaten vor und nach der Modernisierung

	vorher	nachher
Ofenraumtemperatur	880 °C	
Produktivität	5,56 t/h	9,64 t/h
Erdgas-Verbrauch	351 m^3/h	304 m^3/h
spez. Verbrauch	2301 MJ/t	1056 MJ/t
Luftvorwärmung	108 °C	420 °C
Feuerungstechnischer Wirkungsgrad[1]	60,6 %	73,4 %
Energiebilanz		
Nutzwärme	15,0 %	45,0 %
Abgasverlust	39,4 %	26,6 %
Kühlwasserverluste	29,4 %	19,2 %
Wandverluste	11,0 %	6,5 %
Verluste über Stoßvorrichtung u. a.	5,2 %	2,8 %

[1] Zum Vergleich: bei Kaltluftbrennern = 57,3 %

temperatur schneller erreicht werden kann. Dies und die reduzierten Abgasverluste durch intensive Luftvorwärmung auf 420 °C führen zu einer Verdreifachung des wärmetechnischen Wirkungsgrades von rund 15 auf 45 %.

Trotz der Erhöhung des Nutzgutdurchsatzes wird mit dem optimierten Ofen eine absolute (!) Brenngaseinsparung von 13 % erreicht. Die durch den verminderten Abgasverlust (erhöhten feuerungstechnischen Wirkungsgrad) erreichte Brennstoffeinsparung beträgt rechnerisch 17,4 %. Der spezifische Erdgas-Verbrauch pro Tonne Nutzgut ist auf weniger als die Hälfte gesunken.

Beispiel Härteofen

Härteöfen werden in großer Zahl in vielen, oft kleinen Härtereien oder auch großen Lohnhärtereien betrieben. Hier wurde der indirekt beheizte Ofen eines Wärmebehandlungsdienstleisters (einer Niederlassung der TTI Group, Blackburn) in England modernisiert. Aufgabe war insbesondere die Steigerung von Produktivität und der Betriebssicherheit, da die alten Brenner bei dem relativ rauen Betrieb häufig Störungen verursachten.

Vor der Modernisierung wurde der Ofen mit durchgehenden I-Strahlrohren beheizt. Die Brenner waren unter dem Ofen montiert. Das Abgas trat mit hoher Temperatur oberhalb des Ofens aus den offenen Strahlrohren heraus. **BILD 5 LINKS** zeigt den Austritt der I-Strahlrohre auf der Ofendecke. Durch die fehlende Luftvorwärmung hatte die Anlage einen extrem hohen Gasverbrauch. Außerdem bestand ein hoher Instandhaltungsaufwand.

Eine besondere Herausforderung bei der Planung der Modernisierung war der nur sehr geringe, zur Verfügung stehende Abstand zwischen der Ofeninnenwand

BILD 5: Ansicht der Ofendecke des Härteofens vor (LINKS) und nach (RECHTS) der Modernisierung mit ECOMAX® Rekuperatorbrennern

und den Nutzguteinsätzen. Nach Prüfung verschiedener Alternativen wurden bei dem Ofenumbau metallische Mantelstrahlrohre mit ECOMAX® Rekuperatorbrenner der Baugröße 0C mit je 25kW in der Ofendecke installiert, die entsprechend konstruktiv angepasst wurde (**BILD 5 RECHTS**). Die Brenner wurden natürlich auch mit modernen Armaturenstrecken und Flammenüberwachungseinrichtungen versehen. Die Regelung wurde auf Taktsteuerung EIN/AUS umgestellt.

Der Kunde hat durch interne Betriebsmessungen eine erreichte Brennstoffeinsparung je nach Ofenbeladung zwischen 45 % und 60 % dokumentiert. Ein Rückblick auf das Diagramm in Bild 3 verrät, dass solch hohe Brennstoffeinsparungswerte nicht allein durch die verbesserte Wärmerückgewinnung möglich sind. Zusätzliche Einsparungen wurden durch eine energetisch optimale Brennereinstellung mit geringem Luftüberschuss erzielt. Die Ergebnisse zeigen deutlich den dringenden und lohnenden Handlungsbedarf bei auch heute immer noch vorhandenen I-Strahlrohren ohne Wärmerückgewinnung.

Die Brenner wurden seit der Modernisierung vom Betreiber mehrfach der jährlichen Wartung unterzogen und es wurden lediglich Zündelektroden und Dichtungen ausgetauscht. Insgesamt hat sich die Betriebssicherheit und Zuverlässigkeit der Anlage deutlich verbessert. Aufgrund der guten Ergebnisse wurden zwischenzeitlich weitere Öfen modernisiert.

Die in diesen beiden Beispielen erreichten Energieeinsparungen sind überdurchschnittlich und nicht repräsentativ, da hier veraltete Technik ersetzt wurde. Aber auch bei anderen Anlagen im In- und Ausland konnten durch Modernisierung mit ECOMAX® Rekuperatorbrennern nennenswerte Einsparungen und Produktivitätssteigerungen erzielt werden.

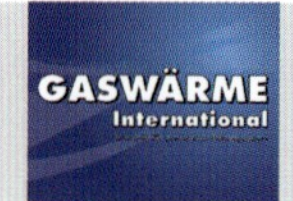

Veröffentlicht in:
Gaswärme International · Heft 1-2/2010 · Seiten 23–26

Energieeffizienz moderner Thermoprozessanlagen

Von Klaus Buchner und Peter Schobesberger

Im Hinblick auf die weltweit steigenden Energiepreise und mit dem Ziel europäische Standards zu setzen, wird eine kontinuierliche Verbesserung der Energieeffizienz von Thermoprozessanlagen angestrebt. Im vorliegenden Beitrag werden Aspekte der Energieeinsparung beschrieben, wobei der Schwerpunkt bei der Optimierung der Anlagenkomponenten liegt. Anhand eines Beispiels wird das Einsparungspotenzial – unter Berücksichtigung von anlagenübergreifenden Maßnahmen – dargelegt.

Wenngleich der weltweit steigende Energiebedarf sowie der steigende Energiepreis allen bewusst ist, so war es gerade der sprunghafte Anstieg der Rohölpreise in den Sommermonaten 2008, der die Abhängigkeit von den internationalen Märkten verdeutlichte und eine neuerliche Diskussion betreffend Energieeffizienz auslöste. **Bild 1** zeigt die Entwicklung des mittleren Industriegaspreises für ausgewählte europäische Länder. Am Beispiel Deutschland ist eine Steigerung um 130 % für den Zeitraum der letzten 10 Jahren erkennbar. Politische Maßnahmen (Gesetze, Verordnungen, Richtlinien und Förderungen) führen zu veränderten Rahmenbedingungen, welche den Aspekt der Wirtschaftlichkeit von Maßnahmen zur Verbesserung der Energie-

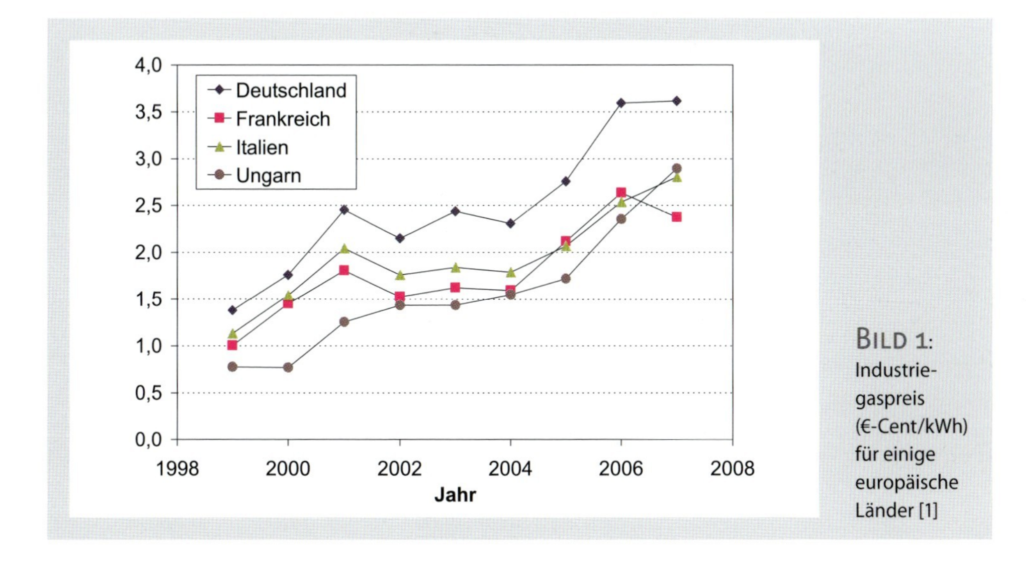

Bild 1: Industriegaspreis (€-Cent/kWh) für einige europäische Länder [1]

effizienz unter einem veränderten Blickwinkel darstellen. Sowohl im Bereich der Metallindustrie, aber auch speziell im Sektor Thermoprozessanlagen, ist man bestrebt, Standards einzufordern [2, 3]. Neben direkt abzuleitenden ökonomischen Konsequenzen ist es aber eine allgemeine Verpflichtung, sich auch den ökologischen Folgen des steigenden Energieverbrauchs bewusst zu werden.

Energieflussanalyse

Um einer systematischen Betrachtung des Energiebedarfs einer Thermoprozessanlage gerecht zu werden, bedarf es einer Energieflussanalyse. Im Allgemeinen ist dies eine Kombination aus rechnerischer Bilanzierung und Messungen an der Anlage. Als günstig hat sich hierbei die Darstellung von Wärmebedarf und Abwärme in einem Enthalpie-Temperatur-Diagramm oder Sankey-Diagramm erwiesen, wobei dem Detaillierungsgrad stets Aufwand und Nutzen gegenüberstehen. Neben der Energieeinbringung über Prozess- und Brenngase ist auch der Bedarf an elektrischer Energie für Motoren, etc. in der Bilanzierung zu berücksichtigen.

PRIMÄRE UND SEKUNDÄRE MASSNAHMEN ZUR ENERGIEBEDARFSREDUZIERUNG

Wenngleich jeder Anlagentyp einen spezifischen Wärmebedarf bzw. ein spezifisches Temperaturniveau aufweist, so können doch anlagenübergreifende Schwerpunkte hinsichtlich Steigerung der Energieeffizienz gesetzt werden. Hierbei ist zwischen primären Maßnahmen, welche den Energiebedarf einzelner Anlagenkomponenten reduzieren, und sekundären Maßnahmen, welche den Energiebedarf der Gesamtanlage durch Wärmerückgewinnung reduzieren, zu unterscheiden. Wird eine anlagenübergreifende Energierückgewinnung eingesetzt, so ist der Begriff „Anlage" im erweiterten Sinne zu verstehen. Beispiele für primäre Maßnahmen sind unter anderem: verbesserter Brennerwirkungsgrad, abgestimmte Ofenwandisolierung, optimierte Ein- und Ausschleusetechnik zur Reduktion des Schutzgas- und Energieverbrauchs. Beispiele für sekundäre Maßnahmen sind unter anderem: Wärmerückgewinnung im Bereich Öl-/Salzbad und Wärmerückgewinnung im Bereich Brennerabgas sowie Nutzung von brennbaren Schutzgasatmosphären, wobei die Abwärme anlagenintern (z. B. Waschmaschinen) oder anlagenextern (z. B. Gebäudeheizung) genutzt werden kann.

Im Rahmen dieses Beitrags sollen schwerpunktmäßig praxisgerechte, primäre Maßnahmen zur Reduktion des Energieverbrauchs vorgestellt werden, wobei stets Augenmerk auf günstige Amortisationszeit ohne Beeinflussung der Prozesssicherheit gelegt wurde. Zur Berechnung der Amortisationszeit wurden bewusst kostengünstige Energiepreise zugrunde gelegt.

Primäre Maßnahmen zur Energieeinsparung

Energieeffizienz von Gasbrennern

Als zentraler Schwerpunkt im Bereich primäre Maßnahmen zur Energieeinsparung ist der Wirkungsgrad von Gasbrennern anzusehen. Mittlerweile haben sich Rekuperatorbrenner im Hochtemperaturbereich bei vielen Anlagenherstellern als Standard etabliert, dies auch unter dem Hintergrund der kurzen Amortisationszeit. Im Temperaturbereich von 1.000 °C kann mit einer Wirkungsgradverbesserung von 35 % gerechnet werden, somit ist eine Amortisation von ca. 1 Jahr gegeben. Aufgrund der üblichen Einzelbrennerleistung bei Thermoprozessanlagen im Bereich von 40 bis 80 kW haben hier Regenerativbrenner mit ihrem Potenzial zur Luftvorwärmung und damit zur Wirkungsgradverbesserung noch keinen Einzug gehalten. Neben den Warmluftbrennern können auch Brenner für sauerstoffangereicherte Luft einen Beitrag zur Energieeffizienzverbesserung durch Reduktion der Abgasmenge leisten. Untersuchungen haben gezeigt, dass gerade im Bereich der Sauerstoffanreichung bis 40 % eine signifikante Brennstoffeinsparung erzielt werden kann [4]. Dem gegenüber stehen die Kosten für die Sauerstoffbereitstellung. Aus ökologischer Sicht muss hinsichtlich einer Gesamt-CO_2-Bilanz auch die Energie für die Sauerstoffbereitstellung berücksichtigt werden.

Bezüglich Vorwärmöfen ist aufgrund des Temperaturniveaus von bis zu 500 °C der offene Kaltluftbrenner nach wie vor üblich. Durch Luftvorwärmung kann von einer Verbesserung des Brennerwirkungsgrades von 4 bis 6 % ausgegangen werden. Generell können Rekuperatorbrenner oder Zentralrekuperator als Option in Betracht gezogen werden.

Weiter anzuführen ist die regelmäßige Wartung, im Speziellen der Aspekt Luftüberschuss, der direkten Einfluss auf den Abgasverlust und damit auf den Brennerwirkungsgrad hat [5].

Wandaufbau am Beispiel Durchstoß-Gasaufkohlungsanlage

Energieverluste reduzieren durch den richtigen Wandaufbau

Wandverluste stellen einen weiteren bedeutsamen Anteil der Energieverluste dar. Seitens der Werkstofftechnik stehen je nach Anwendungsschwerpunkt unterschiedlichste Materialien zur Verfügung – vom Feuerleichtstein bis zum Fasermodul. Unterschiedliche Ausführungsvarianten am Beispiel einer Durchstoß-Gasaufkohlungsanlage bei 930 °C Arbeitstemperatur unter Prozessgasatmosphäre sollen das Einsparungspotenzial diesbezüglich aufzeigen. Durch den Einsatz von höherwertigen Isolierwerkstoffen (mikroporöse Dämmplatten) können die Wandverluste bei unveränderter Wanddicke um ca. 20 % reduziert werden (Amortisationszeit ca. 5 Jahre). Ist es möglich, die Wanddicke zu erhöhen, so können die Wandverluste durch eine verstärkte Modulisolierung um ca. 24 % reduziert werden (Amortisationszeit ca. 2 Jahre).

Schleusentechnik am Beispiel Durchstoß-Gasaufkohlungsanlage

Das Einschleusen von unten und das Ausschleusen in einem Durchtauchbad sind zusätzliche geeignete Maßnahmen um den primären Energiebedarf zu senken. Wie in **Bild 2** zu sehen ist, wird beim Durchstoß-Gasaufkohlungsofen der Schleusenboden abgesenkt und die Charge daraufgestoßen. Während die Schleuse offen ist, brennt ein Flammschleier. Im Gegensatz zum Einschleusen von der Seite, ist die Störung der Ofenatmosphäre geringer. Das Ausschleusen erfolgt in einem Durchtauchölbad. Die heiße Charge wird in die erste Zone des Ölbades abgesenkt und danach mittels Querstoßer auf die zweite Bühne gestoßen. Mit dem Anheben der zweiten Bühne wird das Ölbad abgeschlossen. Eine Stickstoffvorlage verhindert das Altern des Härteöls. Aufgrund dieser verbesserten Ein- und Ausschleuse-

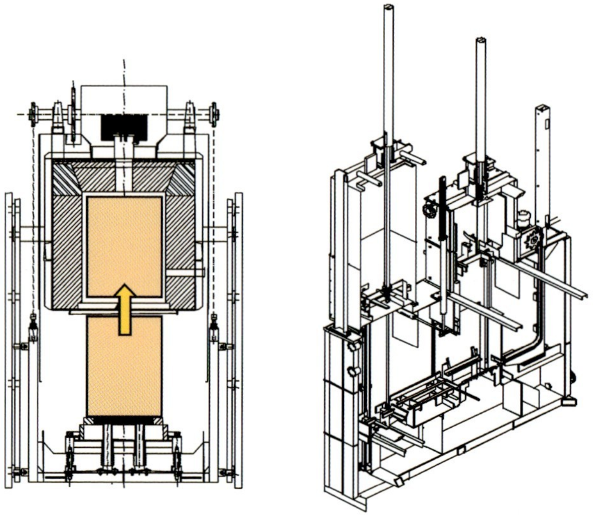

BILD 2:
Links: Einlaufschleuse bei einer Durchstoß-Gasaufkohlungsanlage; rechts: Durchtauchölbad bei einer Durchstoß-Gasaufkohlungsanlage

technik können folgende Vorteile nachgewiesen werden: reduzierter Schutzgasverbrauch, weniger Abstrahlverluste und verringerter Eintrag von Luftsauerstoff.

Abgestimmte Trägergasmenge bei Gasaufkohlungsprozessen am Beispiel Kammerofen

Nach wie vor ist es üblich, die Trägergasmenge für den ungünstigsten Fall – große Chargenoberfläche und kleine Einsatzhärtetiefe (CHD) – zu ermitteln und diese stets konstant zu halten. Mittels moderner Steuerungs- und Regelsysteme ist es jedoch möglich, die Trägergasmenge bzw. Trägergaszusammensetzung an die jeweiligen Erfordernisse anzupassen. Stets muss dabei der notwendige Kohlenstoff-Nachschub für das Wachstum der aufgekohlten Randschicht aufrechterhalten werden.

Die notwendige Absorptionsgeschwindigkeit des Kohlenstoffs und damit der Momentanverbrauch der Aufkohlungsmittel kann wie folgt beschrieben werden:

$$\frac{dm}{dt} = \frac{A \cdot C1}{2 \cdot \sqrt{t}} \tag{1}$$

Darin stellt A die Chargenoberfläche dar, während C1 von den Aufkohlungsbedingungen (Temperatur und C-Pegel) abhängig ist. Der Kohlenstoffbedarf wird durch das Aufkohlungsgas (im Allgemeinen Erdgas oder Propan) gedeckt, wobei der entstehende Wasserstoff die Ofenatmosphäre nicht verändern darf [6], da durch ein Absinken der CO-Konzentration in der Gasphase der Stoffübergang negativ beeinflusst wird. Möglichkeiten zur Prozessgaseinsparung durch Gasrecycling mit Gasaufbereitung wurden bereits in der Vergangenheit aufgezeigt [7], alternativ dazu kann durch eine gezielte Gasmengenreduktion der Prozessgas-

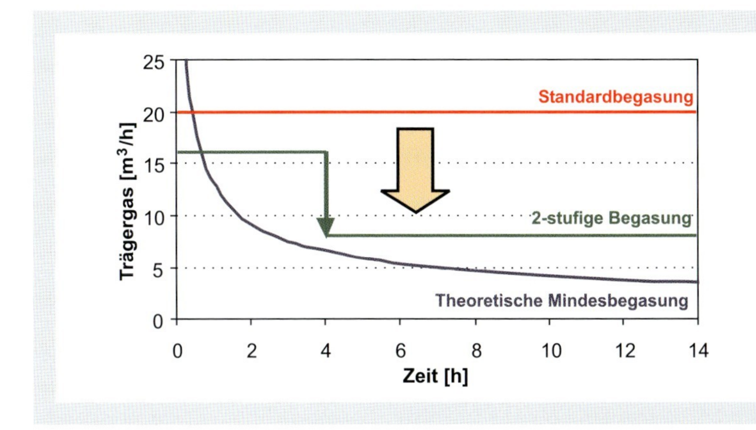

Bild 3: Einsparung von Trägergas durch 2-stufige Begasung

verbrauch dem tatsächlichen Bedarf angepasst werden. Letztere Option zeichnet sich als wirtschaftliche Lösung ohne zusätzliches technisch-technologische Risiko aus, die speziell unter dem Aspekt der Amortisationszeit vorzuziehen ist. Generell zu beachten ist dabei der direkte Zusammenhang zwischen Begasungsmenge und Spülwirkung beim Chargieren.

Nachfolgendes Beispiel aus der Praxis soll das Einsparungspotenzial verdeutlichen:

Kammerofen zur Gasaufkohlung mit Stickstoff-Methanol-/Erdgasbegasung für Ziel CHD von 2 mm. In **Bild 3** ist ein Vergleich zwischen Standardträgergasmenge, 2-stufiger Begasung (welche die einfachste Form einer Gasmengenreduktion darstellt) und theoretisch erforderlicher Trägergasmenge angeführt. Dem zufolge ist eine Einsparung durch die 2-stufige Begasung gegenüber der Standardbegasung von 50 % gegeben.

Überprüfungen mittels Testchargen für eine Ziel CHD von 1 mm bzw. 2 mm unterstreichen das signifikante Einsparungspotenzial, ohne negativen Einfluss auf die Aufkohlungsgleichmäßigkeit. Weiterführende Untersuchungen an einem renommierten deutschen Forschungsinstitut für Werkstofftechnik zeigen ein Einsparungspotenzial in der Größenordnung von 50 bis 60 % bei einer Ziel CHD von 0,7 mm.

Antriebstechnik

Betreffend des Einsparungspotenzials in der Antriebstechnik, sind sowohl der Antriebsmotor selbst, als auch die Ansteuerung zu betrachten. Speziell im Bereich der Dauerläufer (Umwälzer oder Verdichter für Verbrennungsluft und Abgas) bieten Motoren der Effizienzklasse 1 bei zusätzlichen Investitionskosten von 20 bis 30 % einen 2 bis 6 % höheren Wirkungsgrad als konventionelle Elektromotoren. Damit ergeben sich Amortisationszeiten von ca. 3 Jahren.

Üblicherweise ist die installierte Motorleistung größer als erforderlich ausgeführt. Zusätzlich gibt es Betriebszustände (z. B. betriebsbereite Thermoprozessanlage), die eine geringere Leistung / Drehzahl erlauben. Um den optimalen

Betriebsbereich hinsichtlich operativen Wirkungsgrad / Blindstrom sicherzustellen, erlauben Frequenzumrichter die Regelung der Versorgungsspannung in der Frequenz, Spannungshöhe und Phasenzahl in weiten Bereichen. Hinsichtlich zusätzlicher Investmentkosten sind neben dem Frequenzumrichter selbst auch noch Modifikationen der Regelung und Steuerung bzw. Änderungen im Schaltschrank zu berücksichtigen.

Sekundäre Maßnahmen zur Energieeinsparung

Wenngleich Verbesserungen von Anlagenkomponenten hinsichtlich Energieeffizienz (primäre Einsparungsmaßnahmen) die Basis einer rationellen Energienutzung darstellen, so zeigt die Energieflussanalyse den gesamten Energieverbrauch und damit das mögliche Einsparungspotenzial. Sehr oft jedoch schließt das jeweilige Temperaturniveau, aber auch die zeitlichen Abhängigkeiten, eine anlageninterne Wärmerückgewinnung – mit einem vertretbaren wirtschaftlichen Investitionsaufwand – aus. In diesem Fall sind anlagenübergreifende Lösung (Erwärmen von Betriebsmedien, Gebäudeheizung, etc.) anzustreben. Gerade im Bereich der Gebäudeheizung ist jedoch die saisonale Schwankung der Wärmeabnahme zu berücksichtigen. Als Abwärmequellen sind sowohl die Verbrennungsabgase als auch das Abschreckmedium, welches rückgekühlt werden muss, anzusehen. Exemplarisch dafür zeigt **Bild 4** die Nutzung der Abwärme des Verbrennungsabgases vom Hochtemperaturofen einer Schutzgas-Rollenherd-Ofenanlage mit 3000 kg/h Durchsatzleistung. Der Wärmetauscher ist für 225 kW ausgelegt und dient zur Erzeugung von Warmwasser, welches für die Bürogebäudeheizung, aber auch für die Sanitäranlagen verwendet wird.

Weiter Verwendungsmöglichkeiten für rückgewonnene Energie stellen z. B. die Beheizung von Waschmedien oder die Trocknung von Chargen dar.

Bild 4:
Wärmerückgewinnung zur Gebäudeheizung

Potenziale einer Durchstoß-Gasaufkohlungsanlage

Abschließend soll das Einsparungspotenzial an Erdgas zur Beheizung (unter Berücksichtigung der oben angeführten Maßnahmen und Verbesserungen) anhand eines konkreten Fallbeispiels veranschaulicht werden. **Bild 5** zeigt das Layout einer Durchstoß- Gasaufkohlungsanlage mit einer Durchsatzleistung von 1.000 kg/h. Folgende Maßnahmen zur Energieeinsparung wurden modellhaft gesetzt:

a. primäre Maßnahmen
   » verbesserte Isolierung für den Gasaufkohlungsofen
   » optimierte Ein- und Ausschleusetechnik
   » Vorwärmofen mit offenen Rekuperatorbrennern
b. sekundäre Maßnahmen zur anlageninternen Wärmerückgewinnung:
   » Beheizung der Wasch- und Spüllösungen mittels Abwärme Ölbad
   » Chargentrocknung in der Nachwaschmaschine mittels Abwärme Ölbad
c. sekundäre Maßnahmen zur anlagenübergreifenden Wärmerückgewinnung:
   » Gebäudeheizung und Warmwassergewinnung mittels Restabwärme Ölbad und Brennerabgas

Die erreichten Einsparungen an Erdgas zur Beheizung gegenüber einer Anlage ohne Rückgewinnungsmaßnahmen betragen 35 %, wobei 22 % auf anlagenübergreifende Wärmerückgewinnungsmaßnahmen entfallen. Hierbei wurde

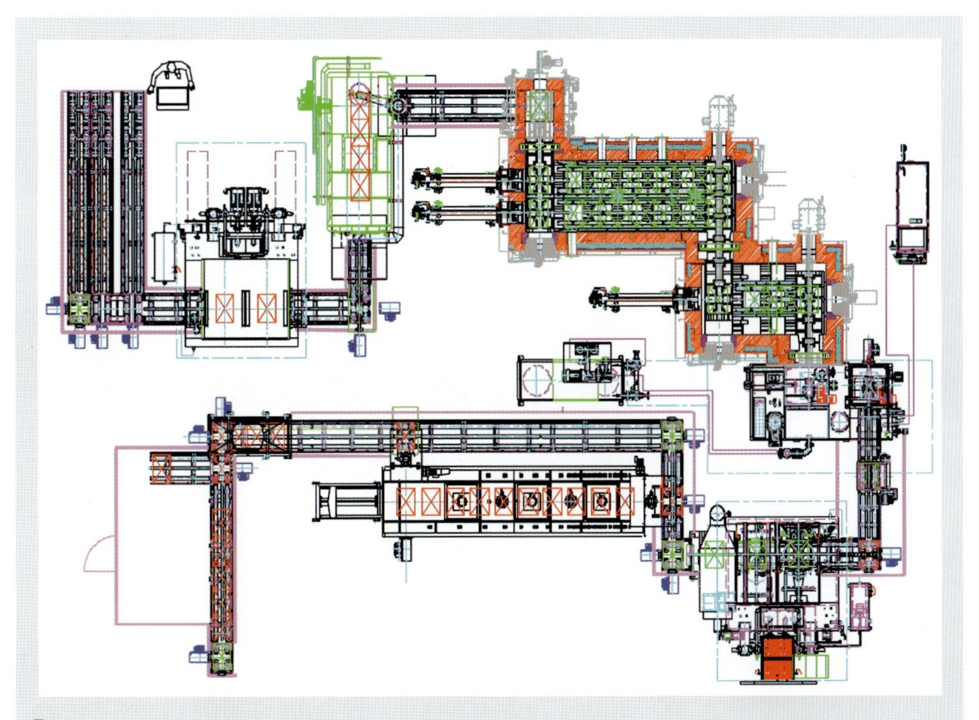

Bild 5: Layout einer Durchstoß-Gasaufkohlungsanlage

aber aufgrund von wirtschaftlichen Überlegungen bzw. möglichen technisch-technologischen Unsicherheiten bewusst nicht das gesamte Einsparungspotenzial ausgeschöpft.

Fazit

Aufgrund steigender Energiepreise und veränderter Rahmenbedingungen (Gesetze, Verordnungen, Richtlinien und Förderungen) gewinnen Maßnahmen zur Optimierung der Energieeffizienz von Thermoprozess Anlagen zunehmend an Bedeutung. Neben der Weiterentwicklung von Anlagenkomponenten ist zusätzlich ein anlagenübergreifendes Energiekonzept anzustreben und in die energetische Gesamtbetrachtung mit einzubeziehen. Dadurch sind Einsparungen an Heizenergie in der Größenordnung von 30–40 %, bei gleichzeitig vertretbarer Amortisationszeit, realisierbar, ohne das gesamte Einsparungspotenzial auszuschöpfen. Bewusst ausgeklammert wurden jene Maßnahmen, wo es gilt technisch-technologisches Neuland zu betreten bzw. lange Amortisationszeiten in Kauf zu nehmen. Trotzdem ist an dieser Stelle anzuführen, dass bei steigenden Energiepreisen auch aufwändigere Verfahren, wie z. B. die Beheizung von Vorwärmofen mit Brennerabgas, die Speicherung der Abwärme mit Wärmeträgeröl oder sogar die Stromerzeugung aus Abwärme an Bedeutung gewinnen.

Literatur

[1] Bundesministerium für Wirtschaft und Technologie: Internationaler Energiepreisvergleich für Industrie, 2008 – Homepage

[2] Umweltbundesamt: Integrated Pollution Prevention and Control (IPPC) – Reference Document on Best Available Techniques in the Ferrous Metal Processing Industry, 2001

[3] VDMA Thermoprozesstechnik: Leitfaden Energieeffizienz von Thermoprozessanlagen. Verband deutscher Maschinen- und Anlagenbau e.V., Fachverband Thermoprozesstechnik, 2009

[4] Flamme, M.; Grohmann, P.: Effizienzsteigerung von Thermoprozessanlagen durch Sauerstoffeinsatz. Gaswärme International 56 (2007) Nr. 8, S. 565–570

[5] Schare, C.: Einsparung von Brenngas in der Industrie durch optimale Brennereinstellung. Gaswärme International 56 (2007) Nr. 7, S. 495–497

[6] Wyss, U.: Verbrauch an Trägergas bei der Gasaufkohlung. HTM 38 (1983) Nr. 1, S. 4–9

[7] Klix, J.; Daimler Benz AG: Verfahren zum Einsparen von Aufkohlungsgas in einer Durchstoß-Gasaufkohlungsanlage. Patentschrift DE 3522769 C1

Veröffentlicht in:
Gaswärme International · Heft 3/2010 · Seiten 129–133

Energieeffizienz in Industrieofenbau und Wärmebehandlung – Maßnahmen und Potenziale

Von Olaf Irretier

Energieeffizientes Wirtschaften hat in den letzten Jahren und Jahrzehnten in allen Bereichen unseres Handelns Einzug gehalten. Die energieintensive Thermprozesstechnik bietet dabei eine Reihe von Möglichkeiten, die im folgenden Beitrag dargestellt werden. Neben dem Einsatz optimierter Isolierwerkstoffe und Beheizungssystemen werden auch die Möglichkeiten der Energierückgewinnung angesprochen.

In den letzten Jahren hat das Thema der Energieeffizienz in nahezu allen Bereichen der Produktion Einzug gehalten. Der generelle Ansatz der Ressourcenschonung und des Umweltschutzes und das mit steigendem Energiepreis verbundene Streben nach Kostenreduzierung lösen derzeit eine Reihe von Diskussionen und Maßnahmen aus. Zukünftig wird insbesondere auch aufgrund der gesetzlichen nationalen und internationalen Bestimmungen mit einem weiter zunehmenden Handeln nach energieeffizienten Anlagen und Verfahren zu rechnen sein.

Energieeffizienz in Ofenbau und Wärmebehandlung – Stand und Ausblick

In den letzten 30 Jahren ist der weltweite Verbrauch an Rohstoffen zur Primärenergiegewinnung um etwa 70 % gestiegen. Bis zum Jahr 2030 wird gegenüber 2006 ein Anstieg des weltweiten Primärenergieverbrauchs um weitere 45 % erwartet (World Energy Outlook 2008). Demgegenüber macht sich die Bundesrepublik in dem in Kyoto verabschiedeten Protokoll für Deutschland den Rückgang der Treibhausemissionen für 2012 um 21 % gegenüber 1990 zum Ziel. Bis 2020 soll sogar eine Reduzierung des Treibhausgases um 40 % erzielt werden. Die weiteren „Langfristziele" wurden 2008 auf dem G8-Gipfel in Japan mit einer Halbierung der Emissionen bis 2050 manifestiert, was eine Steigerung der Energieeffizienz um etwa 3 % jährlich erforderlich macht – derzeit liegt die jährliche Steigerung der Energieeffizienz bei unter 2 %.

Während in den letzten 15 bis 20 Jahren der Energieverbrauch in der BRD in den Bereichen Verkehr und Haushalt um etwa 10 % gestiegen ist, konnte im Bereich Industrie ein Rückgang von etwa 15 % verzeichnet werden. Dieses

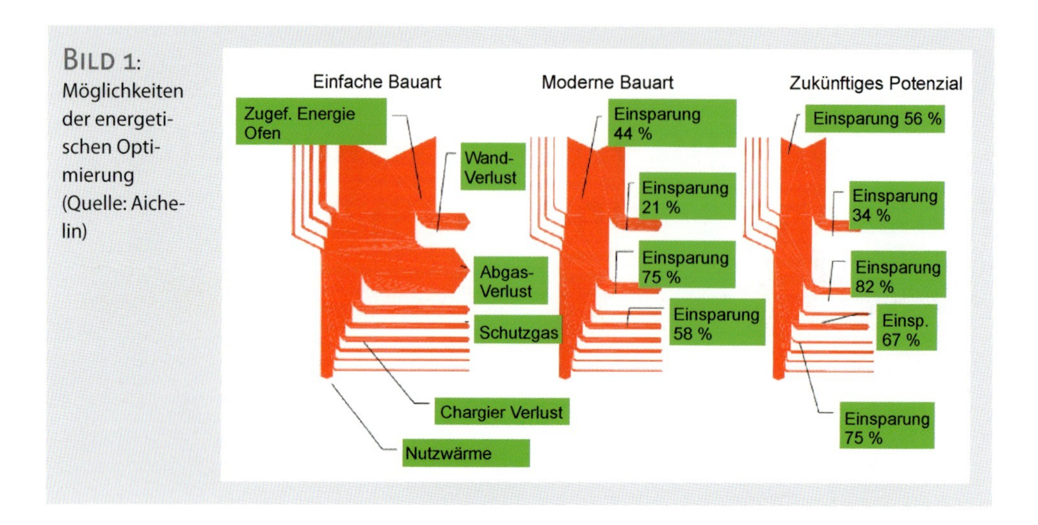

BILD 1: Möglichkeiten der energetischen Optimierung (Quelle: Aichelin)

nicht auch zuletzt durch ansteigende Produktivität und Energieeffizienz der Prozesse.

Die Emissionsbelastung in der Bundesrepublik hat dabei eine besondere Entwicklung durchlaufen und konnte in den Jahren von 1990 bis 2005 drastisch reduziert werden – etwa die Gesamtbelastung durch Stäube von etwa 2,5 Mio. t (1990) auf etwa 200.000 t in 2004. Die Preise für Erdgas haben sich im gleichen Zeitraum etwa verdoppelt.

Es liegt „auf der Hand", dass die europäische Gesetzgebung handelt und weiter handeln wird, um die Effizienz insbesondere der energieintensiven Prozesse weiter zu steigern. Durch die Richtlinie 2006/23/EG wurden weitere Anforderungen an die umweltgerechte Gestaltung energiebetriebener Produkte (Ökodesign-Richtlinie) festgelegt. Für die Zukunft hat die EU mit dem EU-Energie- und Klimapaket weitere Ziele, u. a. die Steigerung der Energieeffizienz um 20 %, die Reduzierung der Treibhausemissionen um 20 % und die generelle Förderung erneuerbarer Energien festgelegt. Mit dem „New-Approach-Ansatz" der EU (EU-Harmonisierung, CE-Kennzeichnung, Konformitätsbewertung etc.) dürfen dann nur noch Produkte in den Handel gebracht werden, die dieser Richtlinie entsprechen.

Derzeit erarbeitet die EU-Kommission für den Bereich der Industrieöfen eine entsprechende Studie und ggf. daraus folgende Richtlinie, die u. a. auch die Definition und Festlegung eines Wirkungsgrads für Industrieöfen beinhaltet.

Bei jeder Art von Verbrennungsprozess entsteht eine mehr oder weniger große Menge an CO_2. Bei genauer Betrachtung ist daher insbesondere die Branche der Thermprozesstechnik zum weiteren Handeln aufgerufen – werden doch aufgrund der vielen unterschiedlichen Anwendungsbereiche etwa 40 % der industriell genutzten Energie für Thermprozessanlagen und Industrieöfen verbraucht, entsprechend einem Kostenvolumen von etwa 30 Milliarden Euro. Trotz Energieeinsparung in den letzten Jahrzehnten betrug 2005 der Verbrauch im Bereich Thermprozesstechnik etwa 270 Terawattstunden – ein Energiepoten-

Bild 2: Rohstahlerzeugung (Quelle: IWT Bremen)

Bild 3: Wärmebehandlung (Quelle: IWT Bremen)

zial, um Bayern ein Jahr mit Energie zu versorgen. Hinzu kommt, dass die Lebensdauer von Thermprozessanlagen bei 30 Jahren und mehr liegt und insofern gerade auch der langfristige „Lebenszyklusgedanke" in die Überlegungen zur Energieeffizienzsteigerung berücksichtigt wird. Der Energieverbrauch einer modernen Ofenanlage ist gegenüber einer „alten" Anlagen um etwa 30 % geringer. Die in Europa führenden Industrieofenbauunternehmen haben dieses erkannt und bereits vor einigen Jahren damit begonnen, die Energieeffizienz ihrer Anlagen in den Bereichen Ofenisolierung, Beheizungssysteme, Abwärmenutzung und Stromverbrauch oder auch der „integrierten" Nutzung im thermischen Prozess zu verbessern. Gemäß **Bild 1** sparen moderne Ofenanlagen gegenüber „älteren", einfachen Ausführungen etwa 20 % im Bereich der Wand-Isolierung, 75 % im Bereich der Abgase und etwa 60 % im Bereich der Schutzgase. Die Nutzung weiterer zukünftiger Potenziale ermöglicht Energieeinsparungen im Mittel von weiteren 10 % (**Bilder 2 und 3**).

Die Durchführung energieeffizienter Maßnahmen ist dabei durch Nachrüstung an bestehenden Anlagen oder entsprechenden Maßnahmen an Neuanlagen möglich. Die Wirtschaftlichkeit dieser Maßnahmen hängt dabei vor allem auch von der zeitlichen Betrachtungsweise ab. Kurzfristige Amortisationen sind dabei vor allem durch Maßnahmen im Bereich der Isolierung, der Brennertechnik oder auch der direkten Abwärmenutzung zu erwarten (siehe Leitfaden VDMA-Thermprozesstechnik).

Energiebilanzierung im Ofenbau

Die Bewertung einer effizienteren Energienutzung in der Thermprozesstechnik ist mit der Frage verbunden, wie die vorhandene Wärme, d. h. der Energieinhalt

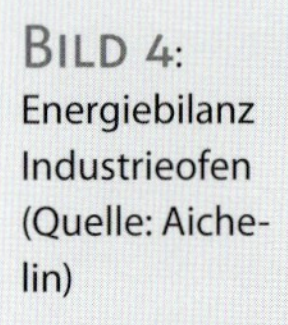

BILD 4: Energiebilanz Industrieofen (Quelle: Aichelin)

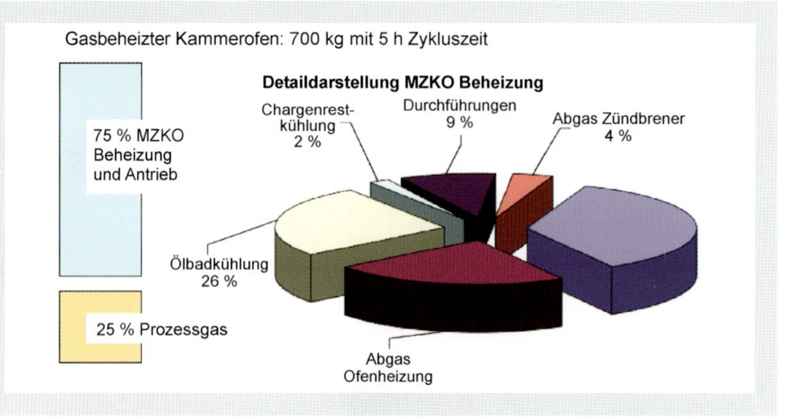

eines Bauteils, einer Atmosphäre oder eines Stoffes durch ein Temperaturgefälle an ein anderes Medium oder die Umgebung übertragen werden kann. Das Problem, welches hierbei zu lösen ist, ist, dass die zur Verfügung stehende Wärmemenge diskontinuierlich anfällt und von Tages- bzw. Jahreszeiten abhängig ist, während die Abwärme oder Energie bedarfsgerecht bereitgestellt werden muss.

Investitionsentscheidungen jeder Art werden nach technischen, kaufmännischen oder umweltrelevanten Gesichtspunkten gefällt. Nutzwert-Kosten-Analyse vereinfachen Auswahlentscheidung zwischen verschiedenen Alternativen, selbst dann, wenn eine Vielzahl von Kriterien, die nicht oder nur mit unverhältnismäßig hohem Aufwand monetär quantifiziert werden können, erfasst werden müssen. Sollen Wärmebehandlungsprozesse, die ohnehin durch eine große Anzahl von Einflussfaktoren gekennzeichnet sind, hinsichtlich der energieeffizienten Möglichkeiten (prozess-, betriebsintern oder Abgabe an Dritte) bewertet werden, sind derart ganzheitliche Betrachtungsweisen der thermischen Prozesse unter Berücksichtigung aller Einflussgrößen unerlässlich. Schlussendlich entscheidet aber die Amortisationsdauer darüber, ob eine Investition getätigt werden soll oder nicht.

Die **BILDER 4 UND 5** zeigen exemplarisch für einen in Wärmebehandlungsbetrieben eingesetzten Mehrzweckkammerofen die entsprechende Energiebilanz für einen Prozess bei 700 °C und ein Chargengewicht von 700 kg. 75 % der Gesamtenergie werden für Beheizung und Antriebe aufgebracht, wobei Durchführungen, Wandverlust und Ölbadkühlung etwa 70 % ausmachen.

Die relevanten Energieströme werden über Sankey-Diagramme erfasst und dargestellt:

Für eine systematische, energietechnische Bewertung von Thermprozessen wird die folgende Herangehensweise empfohlen:

- Erfassung Energieverbraucher (Betriebsdaten, -zeiten und Wirkungsgrad)
- Erfassung Energiekosten (Gas, Strom, Wasser)
- Lastmanagementanalyse (Netzqualität)
- Erstellung „Energiesparkonzept ESK" (Zielsetzung, Schwerpunkte)

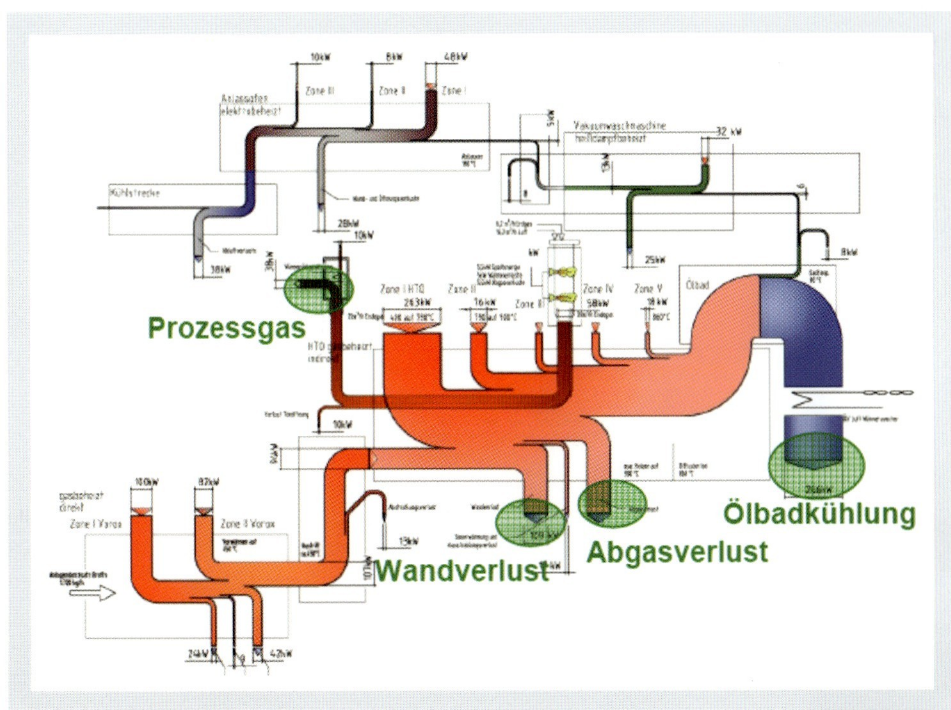

Bild 5: Energiebilanz über Sankey-Diagramm (Quelle: Aichelin)

- Analyse und Erstellung von Energieeinsparmaßnahmen, Konzepte, Angebote
- „Energetische Anlagenoptimierung“ (Erfassung der Anlagenparameter, Überprüfung der eingesetzten Komponenten, Analyse der Produktionsprozesse, Schwachstellenanalyse)
- Nutzwert-Kosten-Analse, Wirtschaftlichkeitsanalyse, Budgetplanung

Energieeffizienz – Optimierung durch Wärmeübertragung

Bei der Wärmebehandlung werden Bauteile zunächst auf hohe Temperaturen erwärmt und nach einer entsprechenden Haltedauer wieder abgekühlt. Der Wärmeübergang auf das Bauteil geschieht bei Temperaturen bis 700 °C fast ausschließlich durch (erzwungene) Konvektion. Es ist daher nachvollziehbar, dass insbesondere in diesem Temperaturbereich einer forcierten Umwälzung ein hohes Maß an Interesse zukommt. Neben der „konventionellen“ Umwälzung durch Heißgasventilatoren hat sich in den letzten Jahren vor allem auch die Erwärmung durch „Prallstrahlung“ durchgesetzt. Durch diese Technologie sind Öfen in kompakter Bauweise mit hoher Temperaturgleichmäßigkeit und somit auch erheblich geringere Energiekosten möglich.

Durch Prallstrahlung kann ein um bis zu 4-facher Wärmeübergang (Alpha-Wert) erzielt werden, was zu einer deutlich verkürzten Erwärmungs- und Durchwärmdauer führt (**Bild 6**).

Bild 6:
Prinzip Prallströmung
(Quelle BSN)

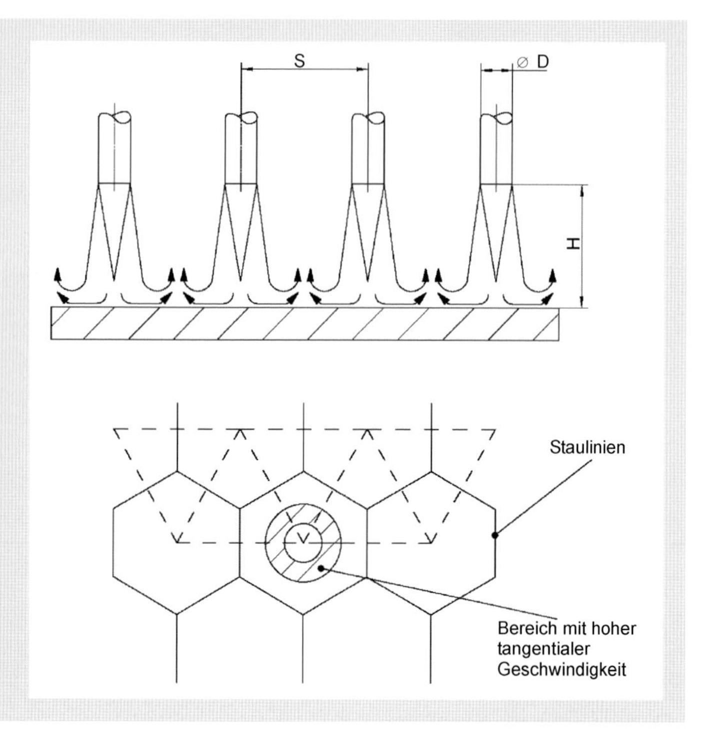

Bei konventionellen und vor allem großen Umwälzöfen nimmt die Temperatur der das Bauteil umströmenden Heißluft oder des das Bauteil umströmenden Gases während des Überströmens kontinuierlich ab. Beim Erwärmen mittels Prallströmung („Jet-Heating") werden alle Teile einer Charge immer mit gleicher Temperatur und Strömungsgeschwindigkeit beaufschlagt.

Die Geometrie und Anordnung der Düsenfelder wird durch Form und Größe des Bauteils bestimmt – auch beidseitig der Transportebene können Düsenfelder entsprechend angeordnet werden, um ein durchlaufendes Wärmgut beidseitig und damit effektiver mit Heißluft oder -gas zu beaufschlagen. Die Energiezuführung an eine Temperaturregelzone bzw. ein einzelnes Düsenfeld geschieht beispielsweise durch Hochgeschwindigkeitsbrenner (ggf. mit integriertem Rekuperator) oder elektrischer Beheizung. Die gleichmäßige Verteilung der zugeführten Heißgase im Umwälzstrom erfolgt durch ein spezielles Verteil- und Mischsystem.

Neben der hohen Erwärmungseffizienz zeichnet sich das Erwärmungsprinzip durch Prallströmung durch eine äußerst hohe Temperaturgleichmäßigkeit am Bauteil von nur ±1 K aus. Diese Genauigkeit erreichen „klassische" Umwälzöfen in der Regel nicht.

Das Prinzip der „Prallströmung" kann in der Regel in allen Ofenanlagen (Kammeröfen, Rollenherdöfen, Förderbandöfen, Drehherdöfen etc.) eingesetzt werden. In **Bild 7** ist das Düsenfeld einer Ofenanlage dargestellt. Aufgrund der großen Ofenbreite sind hier 2 Düsenfelder nebeneinander angeordnet. Beide

BILD 7: Düsenfeld für Prallströmung (Quelle BSN)

Düsenfelder sind jeweils mit Umwälzaggregat und eigenem Gasbrenner ausgestattet.

Bei dieser Anordnung blasen alle Gasbrenner in spezielle Misch- bzw. Düsenrohre, um die zugeführten Heizgase mit dem Umwälzstrom zu vermischen. Die Anordnung der Brenner bzw. der Düsenrohre saugseitig zu den Ventilatoren ergeben eine sehr gute Vermischung und vermeidet somit das Entstehen von heißen Strähnen und damit örtlichen Übertemperaturen am Wärmgut. Der Einsatz von Brennern und damit das Einblasen von extrem heißen Gasen ins Umwälzsystem haben damit auch keinen negativen Einfluss auf die Genauigkeit der Temperaturführung.

Neben dem sehr gleichmäßigen und schnellen Erwärmen (verzugsreduzierend) ist analog natürlich auch ein sehr gleichmäßiges Abschrecken (Jet-Cooling) durch Abkühlen im Strahlungskanal möglich.

Die Intensität der Wärmestrahlung erfolgt in 4ter Potenz der absoluten Temperatur. Damit tritt eine intensive Wärmeübertragung durch Strahlung erst bei Temperaturen ab ca. 700 °C auf. Ein weiterer Aspekt bei der Betrachtung der Wärmeübertragung und damit auch der Energieeffizienz ist die Tatsache, dass bei konvektiver Erwärmung eine über den gesamten Temperaturbereich vorliegende geringe Leistungsdichte vorhanden ist. Der Wärmeübertragungswert α fällt mit steigender Temperatur, da mit steigender Temperatur auch die Dichte des Heißgases/der Heißluft abnimmt.

Bei der Prallströmung (Jet-Heating) unterliegt der Verlauf des Wärmeübergangs natürlich den gleichen physikalischen Gesetzen – das Niveau ist aber um den Faktor 3 bis 4 höher.

Der „Nutzen" der Prallströmung ist dann besonders hoch, wenn das Aufnahmevermögen des Bauteils an Wärmestrahlung (ε etwa 0,4 bis 0,5 bei z. B. 600 °C) gering ist. Mit Prallströmung ergibt sich in diesem Fall ein Wärmetransfer von ca. 140 W/m^2 und K sowie zuzüglich des Strahlungsanteils des Ofeninnenraumes

BILD 8: „Jet-Heating"-Kammerofenanlage für Aluminiumbauteile (Quelle BSN)

von ca. 50 W/m^2 K. Die Wärmeübertragungswerte der reinen Strahlungserwärmung von 50 W/m^2 K und der von Konvektion von 40 W/m^2 K sind somit etwa um die Hälfte geringer.

Die Optimierung und die Steigerung der Umwälzung und der Strömung im Industrieofen sind daher wesentliche Aspekte der Energieeffizienzsteigerung. Ofenanlagen können somit in ihren Dimensionen deutlich kleiner ausgeführt werden; thermische Prozesse laufen entsprechend schneller ab.

Damit beträgt die Baulänge des Ofens mit Jet-Heating (bei den hier vorgegebenen kurzen Temperaturhaltezeiten von 5 Minuten) für dickwandige Tafeln nur ca. 30 % von dem eines reinen Strahlungsofens bzw. nur ca. 50 % eines klassischen Konvektionsofens (**BILD 8**).

Die Unterteilung der Ofennutzlänge in entsprechende Regelzonen und damit Düsenfelder ermöglicht eine sehr feine Einstellung des Temperaturprofils über die beheizte Ofenlänge. Über stufenlos in der Drehzahl einstellbare Ventilatoren kann zusätzlich die Erwärmungsintensität stetig gesteuert werden. Umwälzaggregate können in Phasen geringerer Durchsatzleistung auf geringere Drehzahl und damit energiesparend eingestellt werden. Sämtliche Heizzonen sollten mit Gasbrennern ausgestattet werden, die entsprechend der Anforderungen in den ersten Zonen durch höhere Anzahl der Brenner eine höhere Heizleistung abgeben. Außerdem ist der Einsatz von Brennern mit integriertem Rekuperator in den ersten 5 Zonen des Ofens energieeffizient und damit wirtschaftlich. In der zweiten Ofenhälfte werden nur ca. 10 % der Gesamtwärmeleistung gefordert, sodass dort „einfache" Kaltluftbrenner eingesetzt werden können.

Die bei Temperaturen von bis zu 1.000 °C stattfindenden thermischen Prozesse des Einsatzhärtens oder Vergütens werden hinsichtlich der Wärmeübertragung im Wesentlichen durch die im Ofen von den Brennern oder auch elektrischen Beheizungen (ggf. Strahl- oder Mantelrohre) ausgehenden Strahlung beeinflusst.

Energieeffizienz – Optimierung des Isolieraufbaus

Bei Hochtemperaturprozessen kommt der Ofenisolierung eine ganz besondere Rolle zu, der durch den optimierten Einsatz von Isoliermaterialien (Faser, Wolle, Steine) in den letzten Jahrzehnten mit Reduzierung der Energieverbräuche von bis zu 30 % entsprochen wurde.

Durch die Wahl bzw. Kombination der Isolierstoffe wird die Eigenschaft des Ofens hinsichtlich Energieverbrauch, Aufheiz- und Abkühlgeschwindigkeit, Energieverluste, Speicherwärme und somit Energieeffizienz wesentlich beeinflusst. Es gilt: Leichte Isolierstoffe weisen eine geringe mechanische Festigkeit, hingegen ein hohes Isoliervermögen und eine geringe Wärmespeicherkapazität auf. Die maximalen Betriebstemperaturen sind (ausgenommen die keramische Faser) relativ niedrig. Schwere Isolierstoffe sind mechanisch hoch belastbar, haben eine große Wärmespeicherkapazität und eine geringere Isolierwirkung. Rein faserisolierte Öfen haben bei gleicher Isolierstärke zwar eine geringere Speicherwärme, jedoch einen höheren Abstrahlungsverlust. Es hängt demnach von der Betriebsweise ab, ob eine Faserisolierung wirtschaftlich ist oder nicht.

Die Lebensdauer (Wartungsfreiheit) der Faseröfen ist gegenüber anderen Isolierungen geringer, da faserisolierte Öfen regelmäßig nachgearbeitet bzw. gestopft werden müssen, um das Isoliervermögen zu erhalten. Durch eine optimale Kombination verschiedener Isolierstoffe (Ausnutzung des Isoliervermögens, der Speicherkapazität, der mechanischen Festigkeit und der max. Anwendungstemperatur) kann man somit den Ofen auf seinen jeweiligen Einsatz optimal anpassen und hinsichtlich der Energieeffizienz optimieren.

So können beispielsweise durch den Einsatz mikroporöser Wärmedämmplatten (0,025 W/m K) als Hinterisolierung die Ofenwandverluste um etwa 20 % reduziert werden, womit in der Regel eine Herabsetzung der äußeren Ofenwandtemperatur von etwa 10 °C verbunden ist. Die Amortisationszeiten liegen je nach Betrachtungsfall bei 3 bis 5 Jahren. In **Bild 9** sind exemplarisch für unterschiedliche Isolieraufbauten die Verlustwärmemengen bzw. Speicherwärmemengen dargestellt.

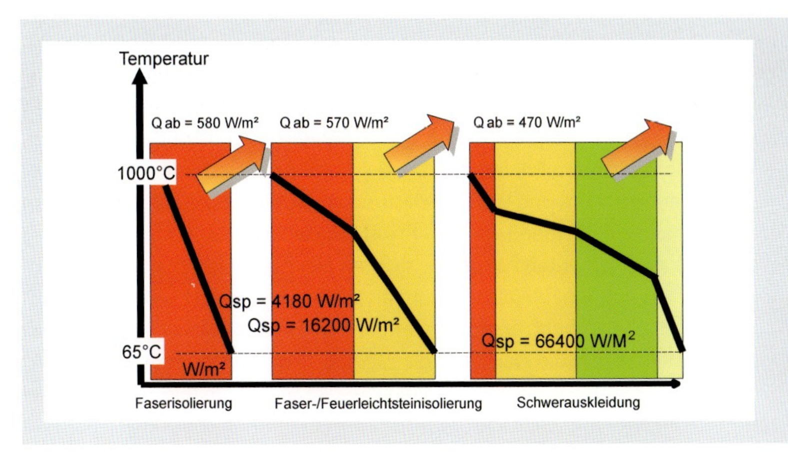

Bild 9: Unterschiedliche Isolieraufbauten im Ofenbau

Energieeffizienz – Optimierung der Brennertechnik

Die Wirtschaftlichkeit und Effizienz eines Wärmebehandlungsprozesses hängt insbesondere vom Energieverbrauch pro Bauteile oder Gewicht ab. Moderne Industrieöfen erfüllen diese Anforderungen, und sie sind in der Regel mit rekuperativen oder regenerativen Gasbrennern ausgestattet. Die derzeit im Markt eingesetzten Gasbrenner mit in den Brennern integrierten Rekuperatoren erreichen Wirkungsgrade von etwa 75 %. Die im Bereich der Wärmebehandlung bislang erst selten verwendeten Brenner mit integrierten Regeneratoren haben sogar Wirkungsgrade von 85 % und mehr (**Bild 10**).

BILD 10: Rekuperatorbrenner (Quelle Noxmat)

Rekuperative und regenerative Brennersysteme stellen bei der Beheizung diskontinuierlicher und kontinuierlicher Ofenanlagen den Stand der Technik dar. Neben hohem Wirkungsgrad ermöglichen diese Brennerarten vor allem auch den Ofenbetrieb mit sehr niedriger CO_2-Ausstoßreduktion bei gleichzeitiger Minimierung der NO_x-Emission.

Neben der generellen Verwendung von Hochleistungsbrennern ist in diesem Zusammenhang auch eine dem Prozess angepasste optimale Brennereinstellung notwendig. Ein (darüber hinausgehendes) sogenanntes „integratives Instandhaltungsmanagement“ hilft neben der Vermeidung von Maschinenschäden und ungeplanten Anlagenstillständen auch die in der Regel immer optimale Einstellung der Brenner unter Umwelt- und Energiegesichtspunkten zu gewährleisten.

Energieeffizienz – Optimierung der elektrischen Beheizung

Elektrische Widerstandsheizelemente werden je nach Anwendungsfall und -temperatur in einer Vielzahl unterschiedlicher Materialien realisiert. Dabei unterliegt die geometrische Gestalt der Werkstücke kaum Einschränkungen. In wirtschaftlicher Hinsicht zeichnen sich die elektrisch widerstandsbeheizten Öfen durch geringe Investitionskosten aus, die Betriebskosten sind in Deutschland in der Regel höher als bei gasbeheizten Öfen, der Einsatz der Öfen sehr flexibel und die Zuverlässigkeit sehr hoch. Elektrisch widerstandsbeheizte Öfen bedürfen keiner speziellen Genehmigung, wie sie für die Aufstellung brennstoffbeheizter Öfen erforderlich ist. Im Hinblick auf den Umwelt- und Arbeitsschutz sind insbesondere die geringe Lärm- und Wärmebelastung am Betriebsort zu nennen. Zudem treten hier keine Emissionen von Brennstoffabgasen auf.

Bei den Heizelementen handelt es sich um elektrische Leiter, die so konstruiert sind, dass von ihnen ein Maximum an Wärme freigesetzt wird. Diese wird durch Wärmeübertragung dem zu erwärmenden Gut zugeführt. Die Erwärmung erfolgt mittelbar, d. h. die Wärme wird außerhalb des Gutes erzeugt und gelangt über dessen Oberfläche in das Werkstückinnere. Die in Industrieöfen eingesetzten Heizelemente unterscheiden sich vor allem in Form und Material. Letzteres

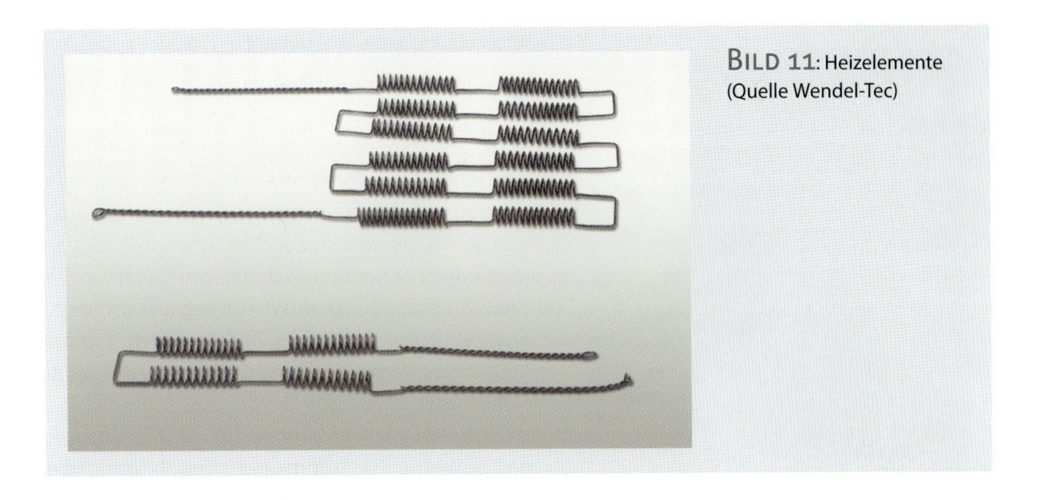

BILD 11: Heizelemente (Quelle Wendel-Tec)

bestimmt die maximale Anwendungstemperatur. Heizleitermaterialien lassen sich in zwei Hauptgruppen einteilen: metallische und keramische (**BILD 11**).

Zu den metallischen Heizleiterwerkstoffen gehören die seit langem genutzten Chrom-Nickel-Legierungen (CrNi), die bis etwa 1.200 °C verwendbar sind, ferritische Chrom-Eisen-Aluminium-Legierungen (CrFeAl) für Temperaturen bis 1.400 °C und die reinen Metalle Molybdän (Mo) und Wolfram (Wo), die bis über 1.400 °C unter Schutzgas betrieben werden (**BILD 12**). Metallische Heizelemente (CrNi und CrFeAl) sind in einer Vielzahl von Ausführungsformen in Industrieöfen einzusetzen. Die wohl bekannteste und hinsichtlich maximaler Anwendungstemperatur, Lebensdauer und Energieeffizienz zu favorisierende Form ist die Platzierung auf keramischen Tragerohren. Das Einlegen der Heizelemente in Rillen im Isoliermaterial ist fertigungstechnisch gesehen die oft kostengünstigere

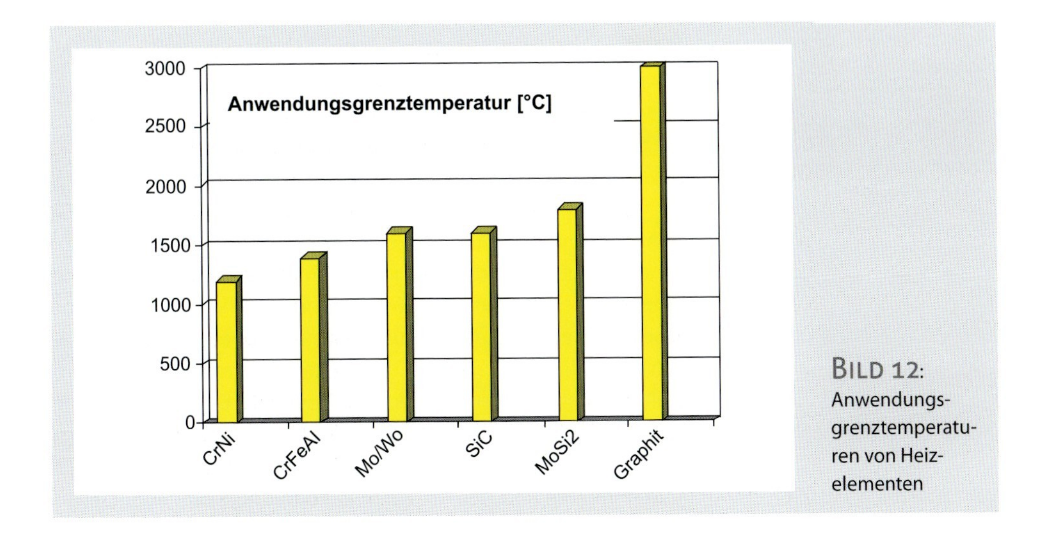

BILD 12: Anwendungsgrenztemperaturen von Heizelementen

BILD 13: Energieeffizienzsteigerung, freie Abstrahlung der Heizemente (Quelle Wendel-Tec)

Variante, aber eben auch mit einer um etwa 50 °C reduzierten Ofentemperatur und dem Verzicht auf freie Wärmeabstrahlung verbunden.

Neben dem Material unterscheiden sich Heizelemente durch ihre Form. Metallische Elemente werden aus Drähten oder Bändern in verschiedenen Durchmessern und Breiten hergestellt. Metallelemente zeichnen sich durch ihre mechanische Robustheit aus, sind einfach zu regeln und preiswert. Sie können frei aufgehängt werden, auf Unterstützungskonstruktionen gelagert oder aber in Träger eingebettet werden (**BILD 13**).

Um eine möglichst hohe Energieeffizienz der elektrischen Beheizung zu erreichen, ohne die Oberflächenbelastung zu überschreiten, muss deren maximal zulässige Elementtemperatur eingehalten werden. Die Elementhersteller geben hierfür einzuhaltende Richtwerte für zwei Kenngrößen, die Elementbelastung und die Wandbelastung, vor. Die Elementbelastung ist die Leistungsdichte auf der Elementoberfläche. Grundsätzlich wächst die maximale Leistungsdichte an der Elementoberfläche nach dem Gesetz von Stefan-Boltzmann mit der vierten Potenz der Temperatur. Praktisch wird sie durch Rückstrahlung von den Ofenwänden und vom Erwärmungsgut stark begrenzt. Die Wandbelastung ist die auf die Wandfläche des Ofens konzentrierte Leistungsdichte. Für eine richtige und gleichmäßige Temperaturverteilung im Ofen müssen ausreichende Wandflächen zur Verfügung stehen. Die zulässigen Werte für die Element- und Wandbelastung sinken mit zunehmender Ofentemperatur. Zudem hängen sie von der Art und Anordnung der Heizelemente ab.

Energieeffizienz – Optimierung durch Wärmerückgewinnung

Die im Bereich der Thermprozesstechnik vorliegenden großen Abwärmemengen gilt es besonders hinsichtlich der Energieeffizienz zu nutzen. Entsprechend einer ausgeglichenen Energiebilanz oder auch einer „Pinch"-Analyse, die eine Überlagerung aller wärmeaufnehmenden und wärmeabgebenden Stoffströme im System erfasst, muss der Abwärmeleistung an Thermprozessanlagen eine erforderlich äquivalente Kühlleistung entgegengestellt werden. Dieses geschieht in der Regel durch zwei unterschiedlich voneinander unabhängigen geschlossenen Kühlkreisen, um die für die Kühlung des Ofens (Dichtungen, Flansche etc.), der Ofensteuerung und Elektrik und der Kühl- bzw Abschreckeinrichtungen erfor-

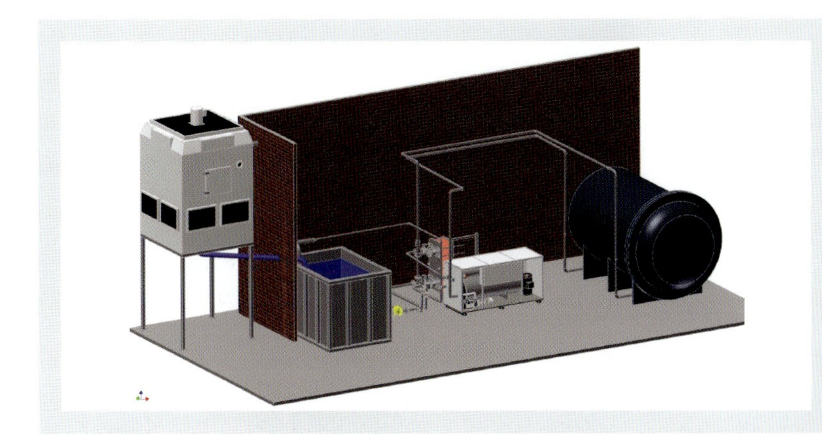

BILD 14: Kühlwassereinrichtung im Ofenbau (Quelle Annen)

derliche Kühlleistung bereitzustellen. Für die Auslegung und Bewertung dieser Rückkühleinrichtungen sind sowohl der Wasserbedarf der zu kühlenden Verbraucher, die erforderliche Kühltemperatur am Verbraucher und die zulässige Temperaturerhöhung zu berücksichtigen. In **BILD 14** ist z. B. eine Kühlwassereinrichtung mit Wasseraufbereitung für eine Vakuumofenanlage dargestellt.

Die Kühlung erfolgt in diesem Fall über einen außen aufgestellten zentralen Kühlturm (**BILDER 15 UND 16**), der einen entsprechenden Tank speist und über einen Wasser-Wasser-Plattenwärmetauscher die

BILD 15: Zentrale Kühlturmeinrichtung (Quelle Annen)

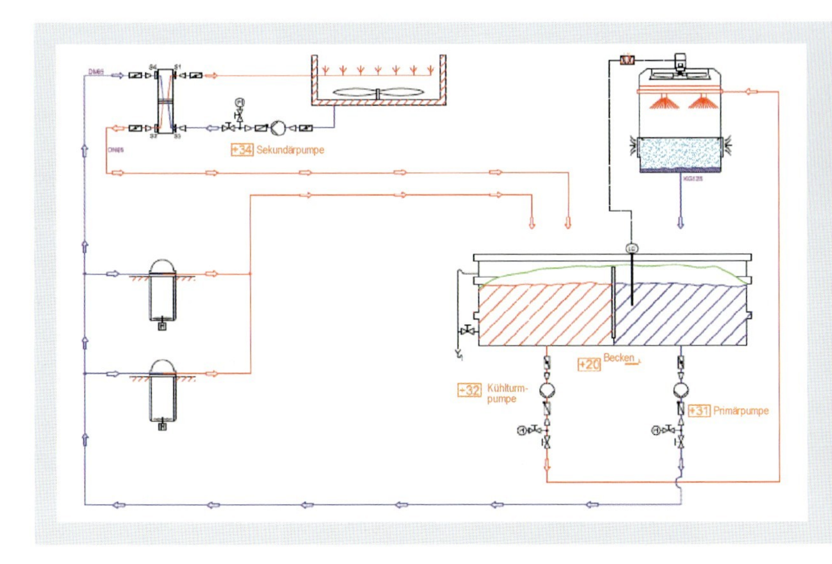

BILD 16: Fließbild zur Abwärmenutzung an Industrieöfen (Quelle Annen)

BILD 17: Hallenheizung mit Rückkühlleistung von 350 kW (Quelle Aichelin)

Ofenanlage versorgt. Im Falle besonders hoher Umgebungstemperaturen bietet sich der Einsatz sogenannter geschlossener Verdunstungskühltürme an, die mit „Feuchtkugeltemperaturen" bei etwa 25 °C betrieben werden. Luft-Wasser-Kühler, die nach dem Autokühlerprinzip betrieben werden, werden bei Umgebungsbedingungen bis etwa 35 °C wirtschaftlich eingesetzt.

Abwärmemengen und entsprechende Kühlleistungen an Industrieöfen betragen nicht selten bis zu einigen Megawatt. Damit Wärme übertragen werden kann, muss eine thermodynamische Triebkraft vorliegen – das bedeutet, die „warme" Temperatur muss immer über der kalten Temperatur liegen. Gegebenenfalls ist mit einer Niedertemperatur-Wärmepumpe die Abwärme auf ein höheres Niveau zu transferieren, um die Wärmeenergie für Folgeprozesse auf niedrigerem thermischen Niveau überhaupt erst nutzbar zu machen.

Die „Wärmeenergie" im Kühlwasser kann durch entsprechende Maßnahmen direkt genutzt werden. Die Nutzung hinsichtlich Hallenbeheizung hat sich bei Neuinstallationen bereits durchgesetzt (**BILD 17**). Zu berücksichtigen ist in diesem Fall, dass für eine Raumbeheizung verhältnismäßig große Luftmengen bewegt werden müssen, die wiederum die Bereitstellung von Förderenergie erforderlich machen. Einfacher und energieeffizienter ist die Beheizung über Fußbodenbeheizung, die darüber hinaus auch im Außenbereich (Parkplatz, Auffahrten) interessante Perspektiven bietet.

Auch die Nutzung des warmen Wassers für den Sanitärbereich ist hinsichtlich Abwärmenutzung eine vor allem auch betriebswirtschaftlich sehr interessante Variante. In diesem Fall wird über einen zusätzlichen Wasser-Wasser-Wärmetauscher Dusch- und Heizwasser mit verhältnismäßig hoher Temperatur an einen Heißwasserspeicher für den genannten Bedarf abgegeben. Bei größeren Wärmemengen ist auch die Einspeisung in öffentliche Fernwärmenetze sinnvoll.

Energetisch betrachtet lassen sich grundsätzlich alle über Kühlwasser/ Wärmetauscher betriebenen Maßnahmen durch Erhöhung der zulässigen Kühlwassertemperatur an den Verbrauchern verbessern.

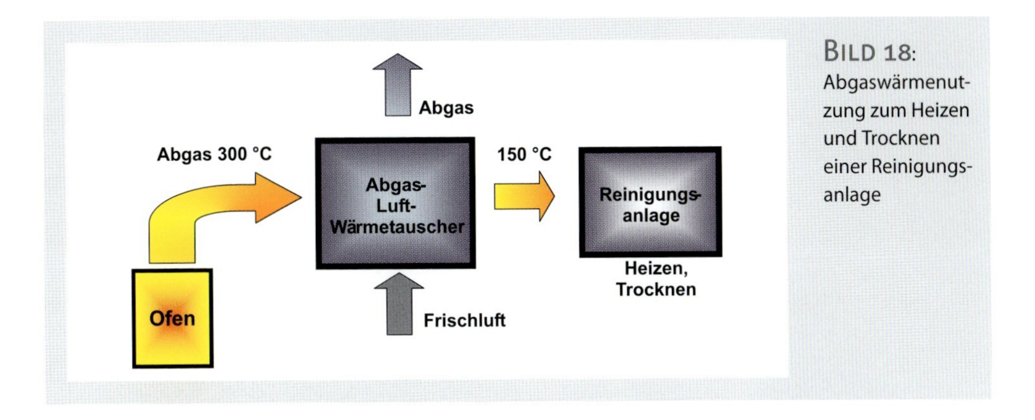

BILD 18: Abgaswärmenutzung zum Heizen und Trocknen einer Reinigungsanlage

Die Rückkühlung von Ölabschreckbädern erfolgt über Öl-Wasser- oder Öl-Luft-Plattenwärmetauscher, die entsprechend der Kühlung von Wasser in die Kreisläufe zu integrieren sind. Der weitere Abwärmenutzen kann analog oben Genanntem erfolgen.

Die Beheizung von Reinigungsanlagen (40–80 °C) oder die Bauteiltrocknung nach der Reinigung kann durch Abwärmenutzung aus Ölabschreckbädern in gleicher Art über Wärmetauscher erfolgen. Dabei sollten Temperaturdifferenzen zwischen Öl- und Reinigungsbad von größer 20 °C vorliegen, welches bei Wahl geeigneter Systeme in der Regel kein Problem darstellt und zu Amortisationszeiten von 3 bis 5 Jahren führt (**BILD 18**).

Bei Abwärmenutzung von Ölbädern zur Trocknung (mit oder ohne Schwadenkondensator) an Durchstoßanlagen, die einen jährlichen Kühlwasserbedarf von etwa 20.000 m³ ist eine Energieeinsparung von etwa 15 bis 20 kW möglich, sodass mit Amortisationszeiten für diese Maßnahmen von 3 Jahren zu rechnen ist (**BILD 19**).

Konzepte zur energetischen Nutzung von Brennerabgasen (Abgastemperatur vor dem Wärmetauscher größer 300 °C / nach dem Wärmetauscher kleiner 150 °C), die über Bypass und Luft-Wasser-Wärmetauscher zur Beheizung von beispielsweise Reinigungsanlagen eingesetzt werden können, amortisieren sich üblicherweise derzeit nach 4 bis 6 Jahren.

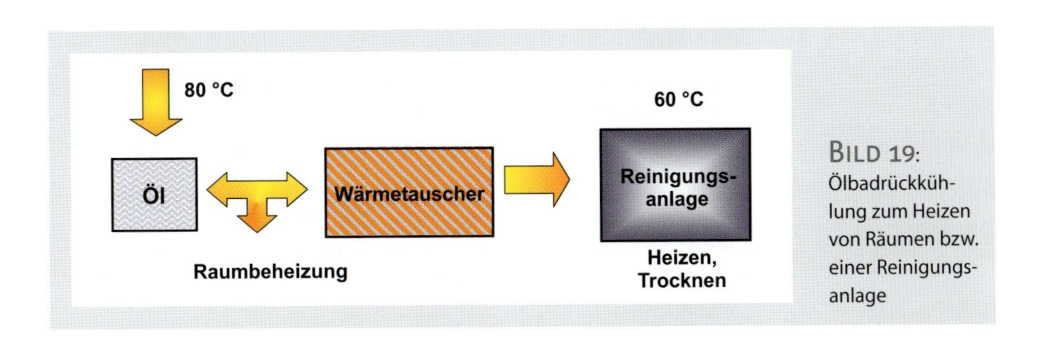

BILD 19: Ölbadrückkühlung zum Heizen von Räumen bzw. einer Reinigungsanlage

Fazit

Die umweltrelevante und vor allem effiziente Nutzung von Energie hat in den industriellen Prozessen zunehmend an Bedeutung gewonnen. Die Möglichkeiten der Effizienzsteigerungen ergeben sich zum einen aus der Optimierung von Einzelprozessen, zum anderen aus dem weitaus größeren Potenzial der „ganzheitlichen" Betrachtung und Verbesserung von verketteten Prozess- und Fertigungsabläufen.

Die „anspruchsvolle" Aufgabe besteht darin, prozessübergreifende Stoff- und Energieflüsse zu erfassen, zu bilanzieren und die technischen und wirtschaftlichen Möglichkeiten der Energieeinsparung durch z. B. Verkürzung von Prozesszeiten, Energiespeicherung, Abwärmenutzung oder Energierückgewinnung zu nutzen. Dabei gilt es nicht nur die Wärme-, sondern auch die Kühlprozesse zu verstehen und entsprechende Strategien unter Berücksichtigung des technisch Machbaren und der Einhaltung der Regelwerke und umweltrelevanten Anforderungen umzusetzen. Ganzheitliche Betrachtungsweisen der thermischen Prozesse unter Berücksichtigung aller Einflussgrößen sind dabei unerlässlich und ermöglichen schlussendlich technisch machbare und kaufmännisch interessante Lösungen zum Thema „Energieeffizienz". Hier gilt es die Potenziale aus Wärmebehandlung, Ofenbau, Beheizungs- und Kühltechnik systemgrenzenübergreifend zu erkennen und zu nutzen. Möglichkeiten gibt es genug!

Literatur

[1] Beneke et al.: VDMA/TPT: Seminar Energieeffizienz für Thermoprozessanlagen, 2009

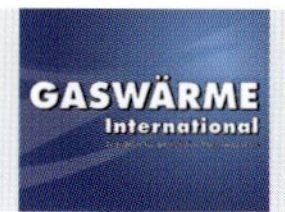

Veröffentlicht in:
Gaswärme International · Heft 3/2010 · Seiten 134–141

Steigerung der Energieeffizienz graphitisolierter Vakuum-Kammeröfen

Von Björn Zieger

Wie bei Wärmebehandlungsprozessen jeglicher Art wird auch in graphitisolierten Vakuum-Härteöfen nicht nur das Wärmebehandlungsgut mit den zugehörigen Chargiermitteln, sondern auch die Heizelemente und die komplette Heizkammer auf die erforderliche Prozesstemperatur aufgeheizt. Hierbei wird ein beträchtlicher Bestandteil der zugeführten Energie in die Totmassen der Heizkammer geleitet. Bei anschließender Überdruck-Gasabschreckung wird wiederum mit hohem energetischen Aufwand die sowohl in der Charge als auch die in der Heizkammer gespeicherte Wärmeenergie abgebaut. Vakuum-Kammeröfen mit innovativem Heizkammeraufbau wie dem SCHMETZ System *eSS* erreichen durch geringere Leerverluste einen geringeren Stromverbrauch. Parallel dazu werden kürzere Aufheizzeiten realisiert. Gewichtsoptimierte Gasleiteinrichtungen mit Einströmdüsen realisieren darüber hinaus auch noch mögliche höhere Abschreckgeschwindigkeiten.

Nicht zuletzt aufgrund der immer deutlicher werdenden ökologischen Veränderungen der letzten 50 Jahre ist heute der Umweltschutz neben der Produktqualität sowie einem angemessenen Preis-Leistungs-Verhältnis zu einem wettbewerbsbestimmenden Faktor geworden.

Dabei muss Umweltschutz aber nicht gleichzeitig auch höhere Kosten und/oder Verzicht auf Produktivität bedeuten. Insbesondere vor dem Hintergrund ständig steigender Energiekosten gewinnt die Steigerung der Energieeffizienz von Industrieofenanlagen rasant an Bedeutung. Hier zahlen sich Investitionen doppelt aus: für die Betriebskosten und für die Umwelt.

„Die umweltfreundlichste und sicherste Kilowattstunde ist die, die nicht verbraucht wird" (Umweltminister Sigmar Gabriel). Das Thema Energieeffizienz rückt zurzeit nicht nur durch die Überprüfung möglicher Einsparpotenziale während der Finanz- und Wirtschaftskrise in den Mittelpunkt, sondern auch durch neue Gesetzgebungen. So durchläuft momentan eine neue „Energy using Products"-Richtlinie (EuP-Richtlinie) der Europäischen Union das Genehmigungsverfahren. Diese wird dann künftig neben der bereits bestehenden Öko-Design-Richtlinie 2005/32 EG für Hersteller von Thermoprozessanlagen einzuhalten sein.

Wärmeenergetische Vorgänge bei der Heizphase im Vakuumofen

Bei Wärmebehandlungsprozessen jeglicher Art wird nicht nur das Wärmebehandlungsgut mit den zugehörigen Chargiermitteln, sondern auch die Heizelemente und/oder die komplette Heizkammer auf die erforderliche Prozesstemperatur aufgeheizt. Ein hohes Maß an Energieeffizienz ist daher generell bei den Aufheizmechanismen zu forcieren.

Auch beim Aufheizprozess in graphitisolierten Vakuum-Härteöfen (**Bilder 1 und 2**) wird ein beträchtlicher Bestandteil der zugeführten Energie in die Totmassen der Heizkammer geleitet. Je größer die Masse der Heizkammer und Charge ist, desto mehr Energie muss zur Erwärmung zugeführt werden. Ziel ist es natürlich, innerhalb der Zyklen möglichst viele Bauteile zu fahren. Die Massenreduzierung beschränkt sich also nur auf die konstruktiven Merkmale der Heizkammer und ggf. der Chargiermittel.

Als Isolationswerkstoff der Heizkammer von Vakuum-Kammeröfen wird vornehmlich Graphitmaterial wegen der hohen Temperaturbeständigkeit und Formstabilität eingesetzt. Alle Bauteile der Heizung sind funktions- und gewichtsoptimiert. Die Heizstäbe und Heizungsbrücken sind möglichst leicht ausgelegt, ohne Risiken bei der Festigkeit und Lebensdauer einzugehen.

Während der Aufheiz- und Temperaturhaltephasen muss zugeführte elektrische Heizenergie Leerverluste ausgleichen. Diese Leerverluste der Heizkammer werden durch einen konstruktiv möglichst dichten Isolierungsaufbau reduziert. Üblicherweise wird hier als Basis eine 40 mm dicke Graphitfilzplatte eingesetzt. Die Eigenschaften des jeweiligen Graphitfilzmaterials spielen hierbei eine entscheidende Rolle. So können bei den vielen auf dem Markt angebotenen Materialqualitäten, welche für den Laien nicht zu unterscheiden sind, sehr unterschiedliche Isolationseigenschaften festgestellt werden. Die Verwendung von ausschließlich OEM-Qualität ist daher dringend erforderlich.

Bild 1: Vakuum-Härteofen

Bild 2: Heizkammer mit Graphit-Auskleidung

Durch den Einsatz einer verstärkten Isolierung ergeben sich bessere Isolationswerte. Eine Verstärkung der Heizkammerisolation von üblichen 40mm (z. B. „SIGRATHERM") auf 60mm reduziert Leerverluste in den Temperaturhaltephasen um ca. 15 %.

Wärmeenergetische Vorgänge bei der Kühlphase im Vakuumofen

Auch bei der Kühlphase wird neben der eigentlichen Charge ebenfalls die komplette Heizkammer heruntergekühlt (**Bild 3**). Der hierfür notwendige Energieaufwand sollte also ebenfalls so weit wie möglich reduziert werden. Das heißt, die aktiv abzukühlenden Totmassen sind zu minimieren.

Bei der Kühlung der Charge sind nicht nur der Kühlgasdruck und die Kühlgasgeschwindigkeit ausschlaggebend, sondern auch der Volumenstrom des Gases und die Gasverteilung über den Chargennutzraum. Um eine möglichst gleichmäßige und verzugsminimierte Abschreckung sicherzustellen, wird der Gasstrom über spezielle Gasleiteinrichtungen über den gesamten, der Charge zur Verfügung stehenden Nutzraum verteilt. Die hierfür in die graphitisolierte Heizkammer integrierten Gasleiteinrichtungen – Gasverteilerplatten aus Hartgraphit oder CFC (**Bild 4**) – müssen dabei zum einen optimale Strömungsverhältnisse sicherstellen, zum anderen aber auch den Erfordernissen an geringer Eigenmasse bei gleichzeitig hohen Standzeiten gerecht werden.

Bei den Gasleiteinrichtungen können statt der bisher üblichen Verteilerplatten neu entwickelte isolierte Düsenplatten (**Bild 5**) eingesetzt werden. Diese haben den Vorteil eines deutlich geringeren Eigengewichtes. Bei einer typischen

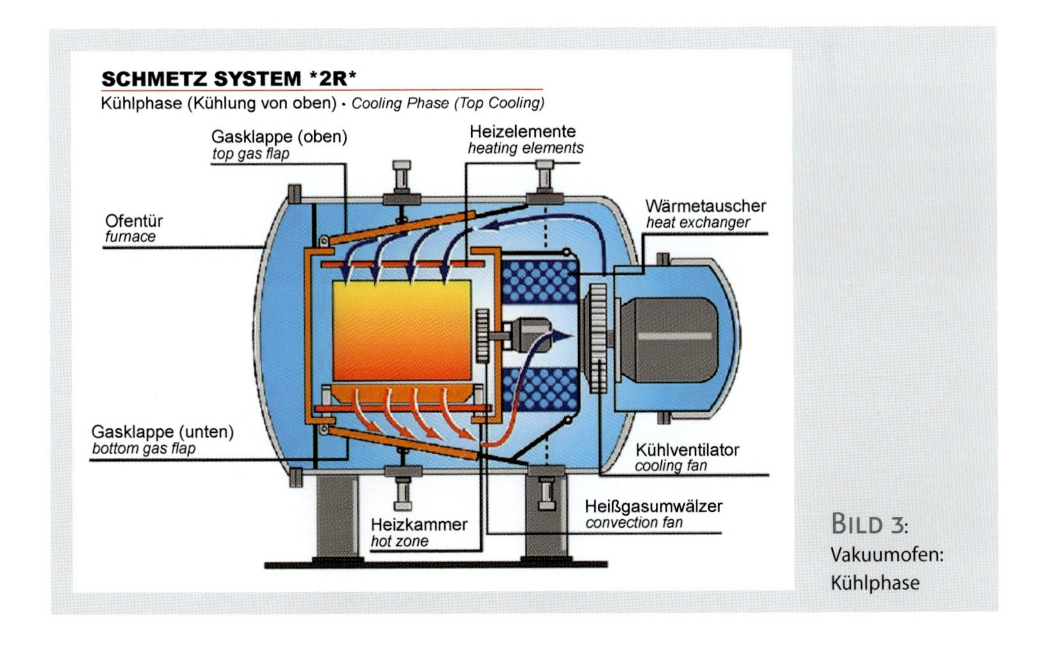

Bild 3: Vakuumofen: Kühlphase

BILD 4: Standard Gas-Leiteinrichtung aus Hartgraphit

BILD 5: Optimierte Gas-Leiteinrichtung mit Düsenplatte

Vakuum-Ofenanlage mit Nutzraum 600 x 900 x 600 (B x L x H) mit jeweils einer Gaseintritts- und einer Gasaustrittsöffnung bedeutet dies zum Beispiel eine Massenreduzierung von 26kg. Hierdurch wird der Energiebedarf der Totmassen sowohl beim Heizen als auch beim Kühlen reduziert.

Energiesparsystem eSS

Um ein hohes Maß an Energieeffizienz sowohl beim Aufheizen als auch beim Abkühlen darzustellen, vereinigt das SCHMETZ-System *eSS* (Energie-Spar-System oder Energy-Saving-System) die anlagentechnischen Optimierungen einer verstärkten Heizkammerisolation und der gewichtsoptimierten Düsenplatten als Gasleiteinrichtungen.

Grundsätzlich ist der Stromverbrauch im Vakuum-Wärmebehandlungsprozess neben Prozesstemperaturen auch von Faktoren wie z. B. Aufheizrampen, Haltezeiten, Kühlgasdrücken, Motordrehzahlen, etc. abhängig. Ein Aufheizen auf hohe Härtetemperatur (z. B. von Schnellarbeitsstahl) und eine schroffe Überdruck-Gasabschreckung haben einen relativ hohen Stromverbrauch. Hingegen benötigt der Aufheizvorgang auf eine niedrige Anlasstemperatur (z. B. von rostfreiem Edelstahl) oder ein langsames Herunterkühlen (z. B. bei einem Vakuum-Lötprozess) erheblich weniger elektrische Energie.

Das Maß der Stromverbrauchsreduzierung durch das Energiesparsystem *eSS* hängt also von der Applikation ab und unterscheidet sich darüber hinaus in den einzelnen Phasen eines Wärmebehandlungsprozesses sehr.

Durch die genannten Effekte beim Heizen und Kühlen erreichen Vakuum-Kammeröfen mit dem innovativem Heizkammeraufbau SCHMETZ-System *eSS* Einsparungen in Höhe von 10 bis 20 % des normalen Stromverbrauchs. Parallel dazu werden aber auch kürzere Aufheizzeiten realisiert.

Eine Lohnhärterei betreibt u.a. zwei Vakuum-Härteofen mit derselben Nutzraumabmessung von 900 x 1200 x 700 mm (B x L x H). Die ältere Anlage verfügt

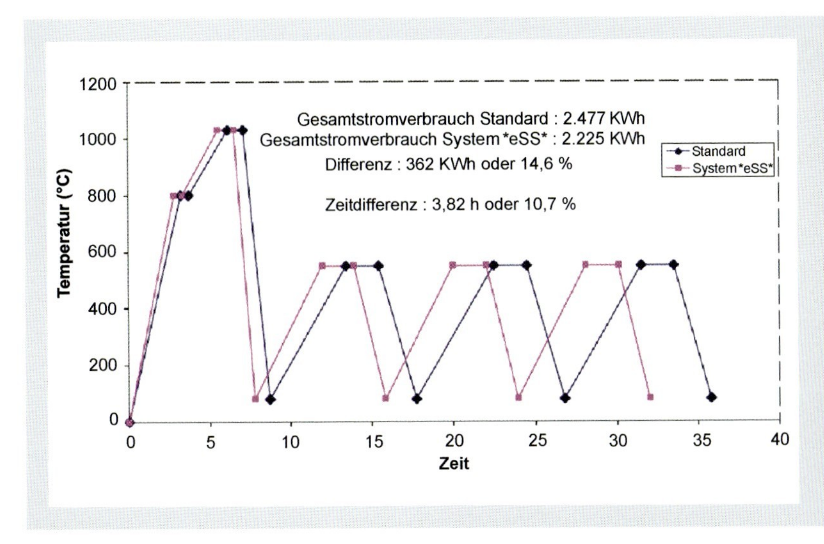

Bild 6: Wärmebehandlungszyklus Charge 1.500 kg, Härten und 3 x Anlassen im Vakuumofen mit Standardausführung und Vakuumofen mit Energiesparsystem *eSS*

über herkömmliche Graphitisolationsdicke und Standard-Gasverteilerplatten, der neuere Ofen ist mit dem Energiesparsystem *eSS* ausgerüstet. In beiden Ofenanlagen wurden identische Vergütungs-Chargen mit 1.500 kg Werkzeugstahl wärmebehandelt. Bei dieser sehr guten Chargenbelegung konnte mit dem neuen System über das komplette Härten und dreimalige Anlassen eine Stromersparnis von 36 KW ≈ 14,6 % ermittelt werden. Parallel betrug die Prozesszeitverkürzung mit knapp 4 Stunden 10,7 % (**Bild 6**).

Zusätzliche Kapazität

Bei Wärmebehandlungsprozessen verschiedenster Art in unterschiedlich großen Ofenanlagen konnte eine deutliche Prozesszeitverkürzung festgestellt werden. Im oben genannten 36-h-Vergüteprozess wird die Prozesszeit um 10,7 % auf rund 32 Std. reduziert.

Der Betreiber hat bei diesen beiden Anlagen eine durchschnittliche effektive Anlagen-Auslastung von etwa 5.800 Std. im Jahr. Das bedeutet, in der Standard-Anlage wären für die Prozessführung mit 36 h Laufzeit ca. 161 Chargen pro Jahr möglich. Bei verkürzter Prozessführung mit 32 h Laufzeit wird mit dem System *eSS* auf ca. 181 Chargen pro Jahr erhöht.

Maximierung der Kühlgeschwindigkeit am Bauteil und der Abschreckhomogenität

Die gewichtsoptimierten Gasleiteinrichtungen mit Einströmdüsen (Düsenplatten) erzielen höhere Abschreckgeschwindigkeit am Bauteil. Vergleichsmessungen wurden in entsprechenden Ofenanlagen mit Nutzraumabmessung 600 x 900 x 600 mm (B x L x H) und einer 340 kg (brutto) Bolzencharge durchgeführt. Thermoelementmessungen in Referenzbolzen diverser Durchmesser belegen hierbei eine Kühlgeschwindigkeitserhöhung um etwa 10 %.

Darüber hinaus konnten bei Untersuchungen an der Berner Fachhochschule – HFT Biel, Schweiz, bei Untersuchungen auch an einer kleineren Vakuum-Ofenanlage mit der Nutzraumabmessung 400 x 600 x 400mm (B x L x H) mit der neuen Düsenplatte auch eine höhere Abschreckhomogenität als mit Standard-Gasverteilerplatten nachgewiesen werden.

Wirtschaftlichkeit und Amortisation

Die europäischen Industriestrompreise differieren zwischen den lokalen Anbietern und hängen stark von der Abnahmemenge ab. Liegt beispielsweise der typische Strompreis (inkl. Leistungsanteil) für eine größere Lohnhärterei bei 0,12 €/kWh, so kann eine kleine Inhouse-Wärmebehandlungsabteilung mit 0,18 €/kWh rechnen müssen.

Die Wirtschaftlichkeit des *eSS*-Systems wird am Beispiel einer Vakuum-Härteofenanlage mit der häufig eingesetzten Nutzraumabmessung 600 x 900 x 600 mm (B x L x H) untersucht. Im Betrieb Härten ist bei dieser Anlagengröße mit einer Standardausführung von einem gemittelten Stromverbrauch von etwa 70 kWh/Std. auszugehen.

Beispielhafte Wirtschaftlichkeitsbetrachtung für einen Vakuum-Härteofen

Geht man bei einem Vakuum-Härteofen dieser Größe und guter Auslastung von 7.000 Ofenlaufstunden pro Jahr aus, so entspricht dies einem Stromverbrauch von 490.000 kWh. Bei einem angenommenen Strompreis von 0,15 €/kWh (inkl. Leistungsteil des Versorgers) beträgt der jährliche Stromkostenaufwand für den Härtebetrieb dieser Standardanlage 73.500 € pro Jahr.

Eine gemittelte Stromverbrauchsreduzierung von 15 % spart hier also 11.025 € pro Jahr. Der Mehrpreis für die Ausrüstung mit verstärkter Heizkammerisolation und Düsenplatten beträgt bei dieser Ofengröße etwa 25.000 €. Die Amortisationszeit liegt also bei < 2,5 Jahre.

Die Standzeit des Graphiteinsatzes der Heizkammer kann durch diverse Faktoren beeinträchtigt werden (z. B. Abbrand durch Sauerstoffeinbruch, mechanischer Verschleiß durch nicht gereinigte Bauteile, Einbringung von Metallspänen, Beschädigung beim Chargiervorgang). Bei ordnungsgemäßen Betrieb und sorgfältiger Anlagenpflege kann jedoch eine durchschnittliche Heizkammerstandzeit von acht Jahren erreicht werden.

Die gesamte Kosteneinsparung über den Lebenslauf der Heizkammer würde in diesem Beispiel durch den reduzierten Stromverbrauch 8 x 11.025 € = 88.200 € betragen. Unter Berücksichtigung der Mehrinvestkosten ergibt sich damit ein Gewinn von 63.200 €. (88.200 € – 25.000 €). Hiermit könnten z. B. nach acht Jahren Betrieb die Kosten für eine anfallende Heizkammerrevision abgedeckt werden.

Bei einer kompletten Wirtschaftlichkeitsbetrachtung wäre natürlich noch die bereits geschilderte erhöhte Anlagenverfügbarkeit durch die kürzeren Prozesszeiten näher zu berücksichtigen.

Mit der investierten Ofenanlage könnten also größere Chargenzahlen durchgesetzt werden.

Energieeffizienz nachrüsten

Das SCHMETZ System *eSS* wurde in neuen Vakuumöfen fast aller Standard-Nutzraumabmessungen international in Betrieb genommen. Das neue Konzept mit verstärkter Heizkammerisolation und Gasverteilung mit Düsenplatten ist aber auch bei fast allen SCHMETZ-Einkammer-Vakuumöfen nachrüstbar. Speziell im Zuge einer ohnehin anstehenden Heizkammerrevision in OEM-Qualität zahlt sich eine Nachrüstung ökologisch und ökonomisch schnellstens aus.

Fazit

Vakuum-Kammeröfen mit dem innovativem Heizkammeraufbau SCHMETZ-System *eSS* erreichen geringere Stromverbräuche. Es können 10 bis 20 % des normalen Stromverbrauchs und damit direkte Betriebskosten gespart werden. Parallel dazu können Prozesszeitverkürzungen um 10% erzielt und damit eine deutliche Kapazitätserhöhung realisiert werden.

Zudem erzielen die gewichtsoptimierten Gasleiteinrichtungen mit Einströmdüsen (Düsenplatten) eine mögliche schnellere und noch homogenere Abschreckgeschwindigkeit am Bauteil. Vergleichsmessungen belegen eine Kühlgeschwindigkeitserhöhung um etwa 10 %.

Von der energieeffizienten Anlagentechnik können sowohl Anlagenbetreiber als auch Wärmebehandlungskunden ökonomisch partizipieren. Ökologisch gilt zudem: „Die umweltfreundlichste und sicherste Kilowattstunde ist die, die nicht verbraucht wird."

Veröffentlicht in:
Gaswärme International · Heft 3/2010 · Seiten 143–146

Energieverluste von Industrieöfen infolge durchströmter wanddurchbrechender Strukturen

Von Robert Eder, Björn Fischer, Volker Uhlig, Dimosthenis Trimis und Hans Windsheimer

Die technische Entwicklung führt bei Industrieöfen zu einer steigenden Zahl von Strukturen, die die Ofenwand durchdringen. Diese Strukturen bewirken eine Steigerung der Durchgangsverluste gegenüber einer glatten Ofenwand. Frühere Arbeiten haben sich bereits mit zusätzlichen Wärmeverlusten von wanddurchbrechenden Strukturen beschäftigt, jedoch ohne die Durchströmung zu berücksichtigen. In dieser Arbeit wurde es mit Hilfe der Kombination aus numerischer Simulation und experimentellen Untersuchungen zum Strömungswiderstandsbeiwert möglich gemacht, für die verschiedensten wanddurchbrechenden Strukturen die zusätzlichen Wärmeverluste bei Durchströmung quantitativ zu bestimmen. Es wurde ein deutlicher Unterschied der Wirkung einströmender Falschluft oder ausflammender Ofenatmosphäre auf die Energiebilanz der Öfen ermittelt. Dem Praktiker stehen Diagramme zur Verfügung, mit deren Hilfe die zusätzlichen Wandverluste der Ofenstrukturen bei verschiedenen Betriebsweisen abgeschätzt werden können.

Während bei Industrieöfen der Prozesssicherheit und Qualität der Erzeugnisse seit jeher das größte Interesse galt, tritt der Aspekt der Energieeffizienz aufgrund der steigenden Energiepreise und des zusätzlichen Kostendrucks durch den Emissionshandel immer stärker in den Vordergrund. Sind alle Möglichkeiten der Effizienzsteigerung bezüglich der Nutzenergie, Abgasverluste und Beheizung ausgeschöpft, müssen die Bemühungen in Richtung der Reduzierung der Wandverluste gehen.

Durch die Verringerung der stationären Wandverluste aufgrund der Entwicklung hochwärmedämmender Wandmaterialien und durch den Trend zu einer wachsenden Zahl von Einbauten und Durchbrüchen durch die Ofenwände von Industrieöfen hat die relative Bedeutung der strukturbedingten Wärmeverluste zugenommen. Wanddurchbrechende Strukturen können erhöhte Energieverluste infolge der im Allgemeinen höheren Wärmeleitfähigkeit der eingebauten Teile, infolge der Strahlungsleitfähigkeit und der freien Konvektion in Hohlräumen sowie infolge der Durchströmung von Undichtheiten verursachen. Die Bedeutung für den Energieverbrauch von Industrieöfen ergibt sich aus der oft großen Zahl solcher Strukturen, z. B. bei Rollendurchführungen.

Durch eine Befragung einer Reihe von Ofenbaufirmen wurden diejenigen Wandeinbauten identifiziert, welche besonders im Fokus des Interesses stehen (**Tabelle 1**).

TABELLE 1: Bearbeitete Strukturen, deren Variationsmöglichkeiten und Interesse der Firmen

Geometrie	Firmeninteresse	Variationsmöglichkeit	Bemerkung
Rollen-durchführung	Hoch	Rollenmaterial Ein- und Ausströmen Spaltweite der Ringspalte Atmosphärentemperatur	Ringspalt um eine hohlzylindrische Rolle
Dehnfuge	Mittel	Porosität des Füllmaterials Spaltweite Atmosphärentemperatur	Leere oder unvollständig geschlossene Dehnfuge
Stahlgehäuse	Mittel	Länge der Schweißnaht Länge der Überlappung Spaltweite Atmosphärentemperatur	Einfacher Spalt mit geringen Abmessungen; typisch unterbrochene Kehl-Schweiß-naht und Variationen ihrer Maße
Thermoelement-durchführung bzw. Durchführung elektrischer Leiter	Sehr hoch	Spaltweite der Ringspalte Atmosphärentemperatur Flansch und Rohrmuffe	Ringspalt mit kleinen Abmessunge
Türen und Arbeits-öffnungen	Hoch	Spaltweite Atmosphärentemperatur Dichtschnur unterschiedli-cher Porosität Öffnungswinkel der Türzu-stellung	Prinzipielle Untersuchung einer geschlossenen, undichten Tür (Fläche der Türöffnung: 1 m x 1 m)
Brennerdurchfüh-rung	Mittel bis hoch		Brenner ragen aus der Ofenwand heraus; zusätzliche Wärmeverluste am Stutzen; Modellierung einer typischen Einbau-situation eines Rekuperatorbrenners mit Verbrennungsluft- und Abgasströ-mung

Für die hier vorgestellten Untersuchungen wurden folgende Strukturen in Industrieöfen ausgewählt:

- Wanddurchführungen von Transportrollen,
- unvollständig geschlossene Dehnfugen und Spalte,
- Blechgehäuse mit unterbrochenen Schweißnähten,
- Thermoelementdurchführungen und Durchführungen elektrischer Leiter,
- Türen und Arbeitsöffnungen sowie Brennerdurchführungen.

In früheren Arbeiten [1] wurde der Wärmedurchgang an Strukturen ohne Durchströmung untersucht. In der vorliegenden Arbeit werden die Betrachtungen auf Strukturen mit Durchströmung erweitert. Dieser Aufsatz erläutert schrittweise den Weg von experimentellen und numerischen Untersuchungen zur quantitativen Beurteilung der zusätzlichen Wärmeverluste mit Durchströmungen. Für die Struktur der Rollendurchführung werden die Ergebnisse und konstruktive Verbesserungsvorschläge vorgestellt und bewertet.

Durchgehende oder zirkulierende Strömungen verändern die Energieverluste undichter und poröser Strukturen wesentlich. Ebenso wie schon die Wärmeverluste nicht durchströmter Strukturen durch einfache Maßnahmen deutlich verringert werden konnten, lassen sich auch die Strömungsverhältnisse durch einfache Maßnahmen (Sperrschichten, enge Spalte, Umlenkungen und Labyrinthe) gegenüber dem Ist-Stand beeinflussen. Neben dem Ziel der Verringerung von Energieverlusten können mit der Verringerung der Durchströmung von Undichtheiten weitere negative Auswirkungen (Verfälschung der Prozessatmosphäre, Qualitäts- und Verschleißprobleme, Arbeitsschutzprobleme) gemindert werden.

Im Fall einer ungewollten Durchströmung (zum Beispiel die Durchströmung einer Ofenrolle von der einen Ofenseite zur anderen) findet außer dem Energieverlust durch Wärmeleitung, Strahlung und Konvektion auch ein Energieverlust durch die fühlbare Wärme des austretenden Gasstromes statt. Der Wärmedurchgang und die Durchströmung der Wand beeinflussen sich gegenseitig, so dass eine einfache Addition nicht möglich ist. Für den eindimensionalen Fall der homogen durchströmten porösen Wand ist die gegenseitige Beeinflussung der Wärmeleitung und der Spaltdurchströmung für vereinfachte Randbedingungen analytisch gelöst worden. Man kann sich leicht überzeugen, dass bei üblichen Ofenkonstruktionen der Wandverlust um mehrere zehn Prozent gegenüber einer gleich aufgebauten, aber nicht durchströmten Wand ansteigen kann.

Allgemeines zur Simulation und Modellerstellung

Mit Hilfe der Versuchs- und Simulationsergebnisse können Gebrauchsdiagramme für die Ofenbauer und Ofenbetreiber erstellt werden. In diesen Diagrammen ist der zusätzliche Wärmeverlust gegenüber der ungestörten Wand für die jeweilige Konfiguration und deren Variationen gegenüber der Druckdifferenz zwischen Umgebungs- und Ofenatmosphäre aufgetragen.

Für die einzelnen Strukturen wurden die in Tabelle 1 aufgeführten Ausgangskonfigurationen und Variationsmöglichkeiten untersucht.

Nach Festlegung aller interessierenden Parameter wurden die einzelnen geometrischen Modelle, welche für die Simulation vorgesehen waren, zunächst in einem herkömmlichen CAD-Programm erzeugt. Im Anschluss wurden für jedes Modell die folgenden wesentlichen Punkte festgelegt:

WESENTLICHE PUNKTE FÜR DIE MODELLERSTELLUNG

- Definition der zu variierenden Parameter wie Temperatur, Strömungsgeschwindigkeit oder Druck und des Bereiches der Variation,
- Festlegung der Randbedingungen

Für die numerische Simulation wurde ein stationäres Berechnungsmodell gewählt. Es wurden Experimente zur Bestimmung des Strömungswiderstandsbeiwerts der Öffnungen durchgeführt. So konnte bei gegebener Druckdifferenz die Strömungsgeschwindigkeit berechnet werden. Dies war notwendig, da in der Simulation die Wandrauigkeiten nicht erfasst werden konnten. Die Ergebnisse der Versuche an physikalischen Modellen lieferten kleine Reynoldszahlen, so dass von einer laminaren Strömung ausgegangen werden konnte und somit auch kein Turbulenzmodell angewendet wurde. Um diese Annahme validieren zu können, wurden Vergleichsrechnungen mit einem standardmäßig implementierten Turbulenzmodell durchgeführt. Es ergaben sich vernachlässigbar kleine Unterschiede.

Bei der Modellerstellung wurden alle Mechanismen der Wärmeübertragung (Wärmeleitung, Konvektion und Festkörperstrahlung) berücksichtigt. Im Gegensatz zu vorangegangenen Arbeiten wurde auch der konvektive Wärmeübergang an bzw. in den Spalten berücksichtigt. Zur Modellierung der Festkörperstrahlung innerhalb des Ofens und innerhalb der Strukturen wurde immer das „Discrete-Transfer"-Modell verwendet. Hierbei handelt es sich um ein Verfahren mit Strahlenverfolgung ähnlich der Monte-Carlo-Methode, bei dem die Anzahl der Strahlen zur Erhöhung der Genauigkeit angepasst werden kann [2]. Dadurch ist es besonders für Medien mit geringen optischen Dicken ($a \cdot L \ll 1$) geeignet. Im Bereich der äußeren Ofenwand wurde ein temperaturabhängiger Gesamtwärmeübergangskoeffizient α gemäß (1) genutzt.

VERWENDUNG DES „DISCRETE-TRANSFER-MODELLS"

$$\alpha = 7{,}4 + 0{,}054 \cdot \vartheta_{\text{Oberfläche}} \qquad (1)$$

gültig für $50\ ^\circ\text{C} < \vartheta_{\text{Oberfläche}} < 300\ ^\circ\text{C}$

Damit werden sowohl Strahlung als auch freie Konvektion im angegebenen Temperaturbereich berücksichtigt.

Die Stoffwerte der Materialien wurden für die Parametervariationsrechnungen als konstant über der Temperatur angenommen, da jedes einzelne in der Praxis verwendete Material andere Eigenschaften hat, die Berechnungen aber allgemeine Tendenzen aufzeigen sollen. Ein weiterer Unterschied zu vorangegangenen Arbeiten ist neben der Berücksichtigung der Durchströmung die numerische Simulation mit dreidimensionalen Modellen. Hierbei wurden strukturierte statt unstrukturierte Gitter für die Vernetzung vorgezogen. Vorteil einer Vernetzung mit Tetraedern ist der geringe Aufwand bei der Erstellung des Netzes. Zu den Vorteilen einer strukturierten Vernetzung zählt die überaus effiziente Erstellung komplexer Rechengitter höchster Qualität, welche die Rechenzeit erheblich verkürzen und höhere Genauigkeiten ermöglichen. Weiterhin bieten die Hexaeder den Vorteil von gegenüberliegenden, nahezu gleich großen Flächen, was zu einer schnelleren, stabileren und somit effizienteren Berechnung von Strömungsvorgängen führt.

Zur Minimierung des Rechenaufwandes werden unter Ausnutzung von Symmetrien die Modelle entsprechend verkleinert.

Die Wandrauigkeit muss bei der Modellierung in der Größenordnung von 1/10 der Elementgröße des an die Wand angrenzenden Fluidelements liegen. Die Wandrauigkeiten der Wärmedämmmaterialen im gewählten zweischichtigen Wandaufbau sind wesentlich größer. Dies hätte bei gleichen Druckunterschieden in der Simulation und im Versuch zur Folge gehabt, dass die Simulationsergebnisse wesentlich höhere Masseströme erzeugen. Deshalb wurde in der Simulation als Randbedingung die Strömungsgeschwindigkeit am Einlass gewählt. Ergebnis ist, dass die Simulationsrechnungen die zusätzlichen Wärmeverluste gegenüber der ungestörten Wand in Abhängigkeit von der Strömungsgeschwindigkeit des Gases angeben wird. Daraus ergibt sich ein Problem für die Auswertung und Übertragung der Ergebnisse in die Praxis. Der Ofenbauer/-betreiber kennt in den meisten Fällen nur den Druck im Ofenraum und nicht die Strömungsgeschwindigkeit am Einlass oder Auslass der durchströmten Struktur. Für eine praxistaugliche Auswertung wurden daher Messungen an physikalischen Modellen der Strukturen mit Luft vorgenommen.

Die experimentellen Messungen am Versuchsstand ergeben den Volumenstrom der Wandstruktur in Abhängigkeit von der Druckdifferenz. Mit den Ergebnissen aus den Versuchen und Simulationen können dann Gebrauchsdiagramme erstellt werden.

Auswertung und Ergebnisvalidierung

ZUSÄTZLICHER WÄRMEVERLUST

Nach Abschluss der Parametervariationsrechnungen werden für jede Rechnung der Wärmestrom sowie die Wärmestromdichte des Wandgebietes mit der eingebauten Struktur ermittelt. Die Ergebnisdateien ermöglichen weiterhin den Vergleich mit der Wärmestromdichte einer „ungestörten Wand", das heißt, einer Wand ohne zusätzliche Einbauten. Unter dem „zusätzlichen Wärmeverlust" soll die Differenz zwischen dem Wärmeverlust der eingebauten Struktur und ihrer Umgebung sowie dem Wärmeverlust eines gleich großen Gebietes ungestörter Wand verstanden werden. Die Ergebnisse der Simulation haben gezeigt, dass sich der zusätzliche Wärmeverlust bei besonders filigranen Strukturen wie Thermoelementen in der Größenordnung von 2 bis 5 % des gesamten Wärmestroms bewegt. Bei größeren Strukturen kann der zusätzliche Wandverlust je Struktur ca. 20 % vom Wandverlust je m^2 der ungestörten Wand erreichen. Aufgrund der vereinfachenden Annahmen, was die Materialeigenschaften anbetrifft, sind zwar Größenordnungen und Tendenzen richtig wiedergegeben, die Absolutwerte sollten jedoch nicht überbewertet werden. Hier spielen der tatsächlich gewählte Wandaufbau und die Randbedingungen der jeweiligen Anlage eine wesentlich bedeutendere Rolle für den Wandverlust.

Vorgehensweise am Beispiel Rollendurchführung: Ringspalt und Rollenbohrung

Simulation

Transportrollen stellen wegen ihrer großen Anzahl eine sehr wichtige Form der wanddurchbrechenden Strukturen dar. Bei der Betrachtung der Transportrolle müssen sowohl der Ringspalt zwischen Ofenrolle und Ofenwand als auch die Bohrung der Rolle betrachtet werden (**Bild 1**).

Im Folgenden werden die Ergebnisse der Simulationsrechnungen der Rollendurchführung dargestellt. Bei einem Ofenunterdruck ergeben sich die Verluste durch das Einströmen von Falschluft, welche auf Ofentemperatur erwärmt werden muss (**Bild 2**). Bei Ofenüberdruck ergibt sich ein Energieverlust durch Ausströmen der Ofenatmosphäre mit erhöhter Temperatur.

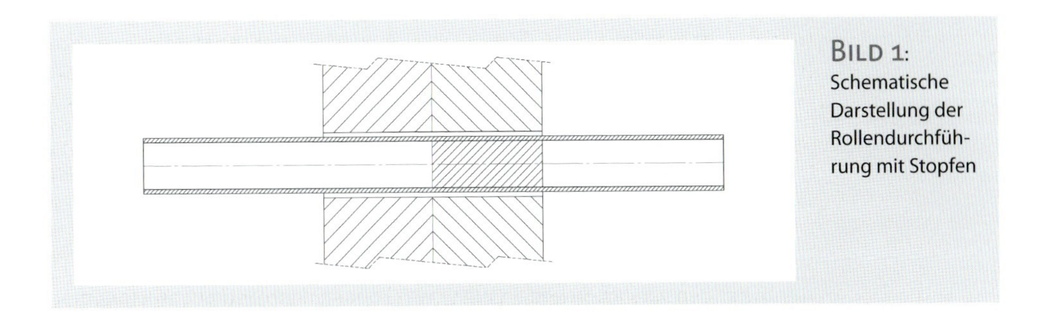

BILD 1: Schematische Darstellung der Rollendurchführung mit Stopfen

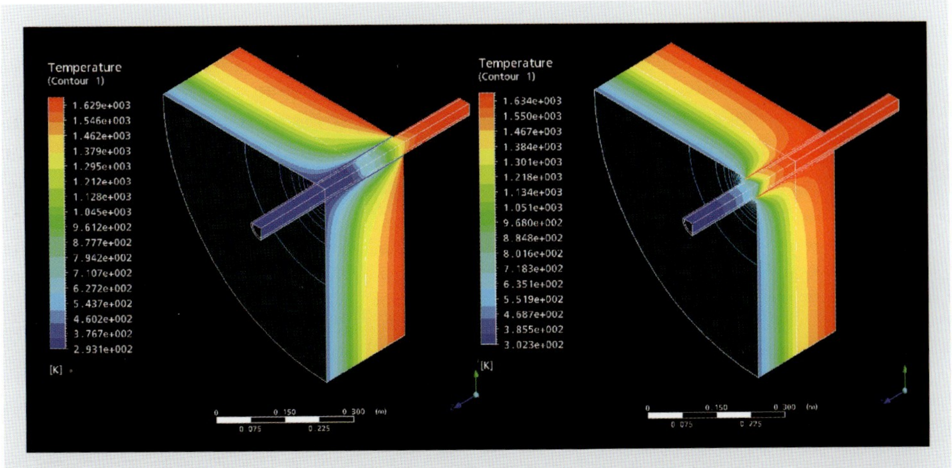

BILD 2: Links: Temperaturverteilung einer Rollendurchführung mit Ofenunterdruck; rechts: Temperaturverteilung einer Rollendurchführung mit Ofenüberdruck

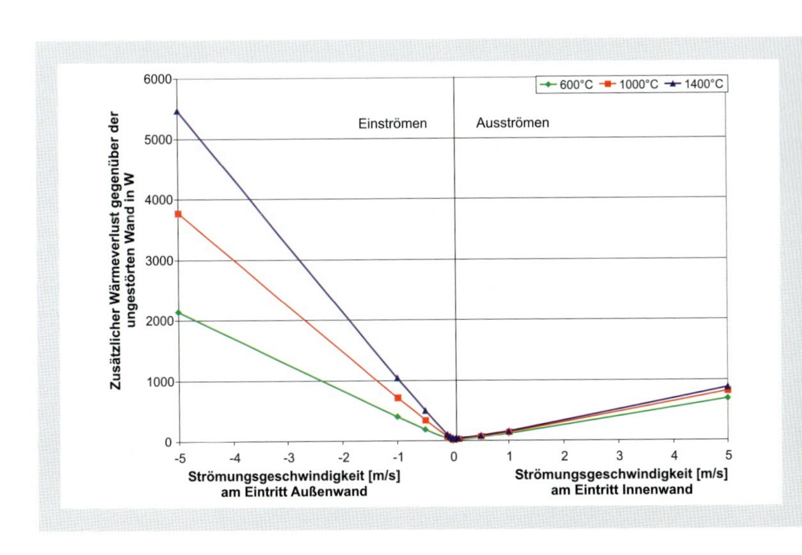

BILD 3: Zusätzlicher Wärmeverlust einer Rollendurchführung mit Spaltbreite 3mm für unterschiedliche Strömungsgeschwindigkeiten, -richtungen und Ofentemperaturen

TABELLE 2: Vergleich der Masseströme bei Über- und Unterdruck und konstanter Eintrittsgeschwindigkeit von 0,1 m/s

	ϑ Gas in °C	ρ in kg/m3	h in Pa s	Δp in Pa	Massestrom in kg/s
Überdruck	1400	0,211	$5{,}75 - 10^{-5}$	1,292	$3{,}13 \cdot 10^{-6}$
Unterdruck	20	1,204	$1{,}84 - 10^{-5}$	6,462	$17{,}9 - 10^{-6}$

Als Ergebnis der Rechnungen werden für jede Variation die Wärmeverluste der Struktur durch Leitung, Konvektion und Strahlung bestimmt und mit dem Wärmeverlust einer ungestörten Wand (zweischichtiger Wandaufbau ohne Öffnung) verglichen (**BILD 3**).

Aus den Berechnungen ergibt sich ein deutlicher Unterschied zwischen ein- und ausströmendem Gas bei einem gleichen Betrag der Strömungsgeschwindigkeit. Dies ist auf die unterschiedlichen Stoffeigenschaften von kaltem und heißem Gas zurückzuführen. Ein Beispiel für eine Al_2O_3-Rolle mit einer Ofentemperatur von 1.400 °C bei einer Strömungsgeschwindigkeit von 0,1 m/s und Spaltbreite 3 mm ist in **TABELLE 2** zu finden.

Der Einfluss des Rollenmaterials wurde ebenfalls untersucht. Unterschiede sind nicht nur auf die unterschiedlichen Wärmeleitfähigkeiten zurückzuführen, sondern auch auf unterschiedliche Emissionsgrade und damit unterschiedlichen Strahlungsaustausch zwischen Rolle und Umgebung (**BILD 4**).

Es wurden Simulationsrechnungen zu Möglichkeiten der Verringerung der zusätzlichen Wärmeverluste durchgeführt. Mögliche konstruktive Änderungen sind das Anbringen einer Ringscheibe an die Rolle im äußeren Ofenbereich sowie Aussparungen im Bereich der Feuerfestschicht. Durch Variation der Geometrie

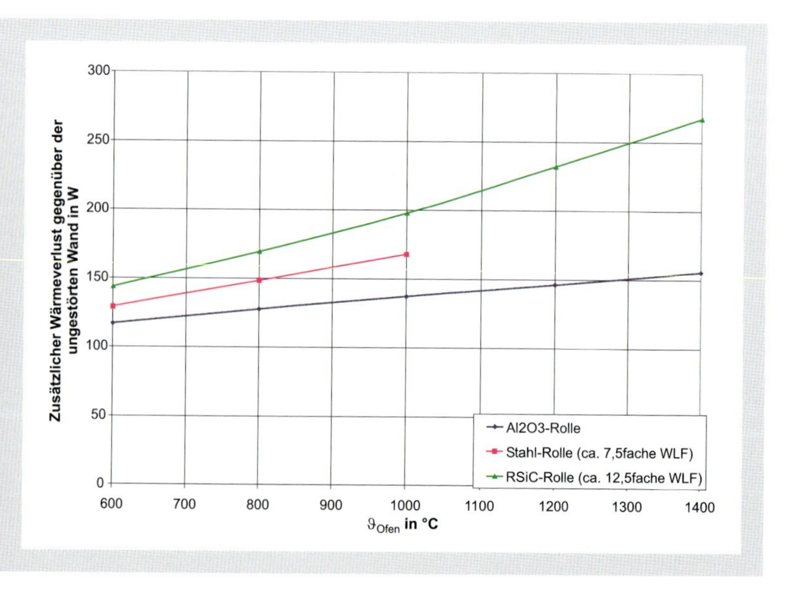

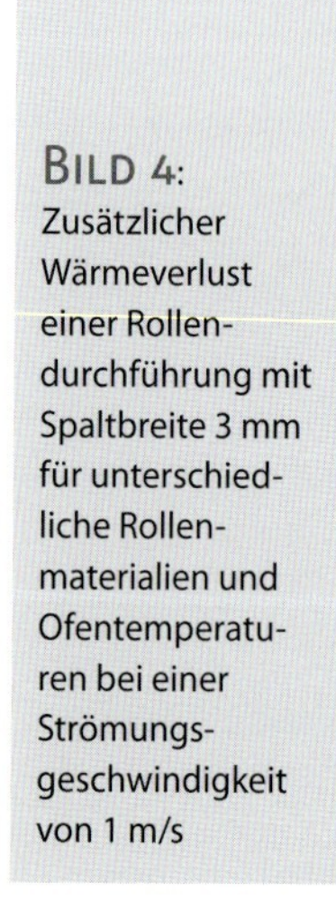

BILD 4: Zusätzlicher Wärmeverlust einer Rollendurchführung mit Spaltbreite 3 mm für unterschiedliche Rollenmaterialien und Ofentemperaturen bei einer Strömungsgeschwindigkeit von 1 m/s

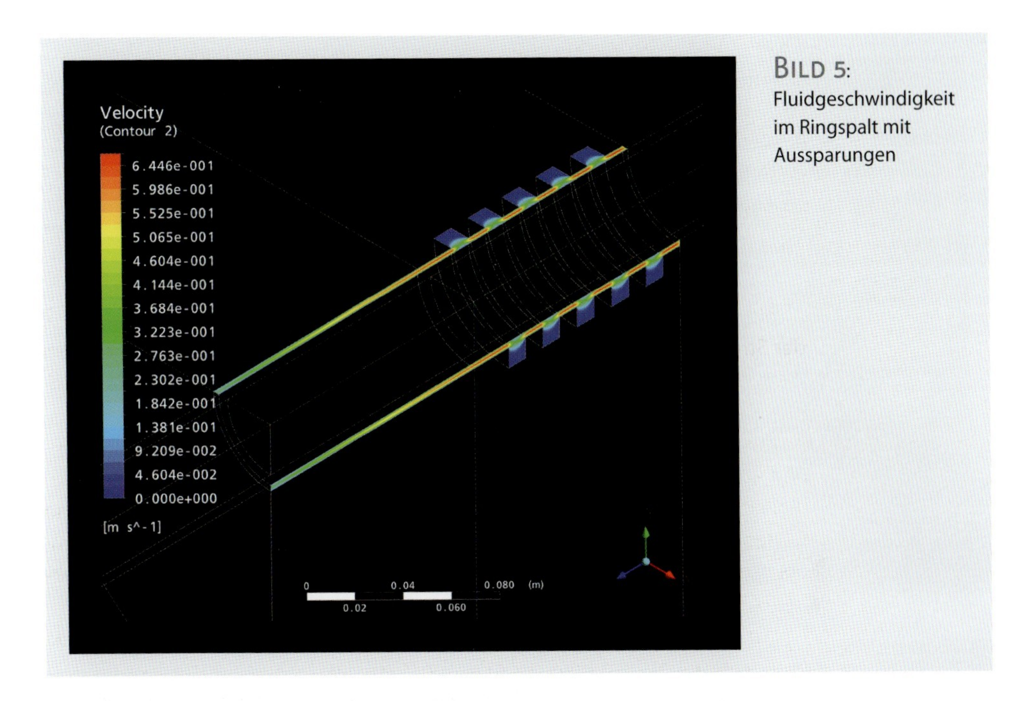

Bild 5: Fluidgeschwindigkeit im Ringspalt mit Aussparungen

sollte eine geeignete Lösung ermittelt werden, bei der die Wärmeverluste der Struktur minimal sind. Als Randbedingung am Einlass des Ringspalts auf der Innenseite der Wand wurde der Druck gewählt, welcher bei den vorangegangenen Simulationen mit vorgegebener Geschwindigkeit berechnet wurde. Sollten jetzt bei gleichem Druck geringere Strömungsgeschwindigkeiten berechnet werden, so kann ein Einsparungspotenzial hinsichtlich der zusätzlichen Wärmeverluste angenommen werden.

Ziel bei der ersten Variante mit ringförmigen Aussparungen (**Bild 5**) war eine Erhöhung des Strömungswiderstandsbeiwerts, wodurch sich bei konstanter Druckdifferenz der Volumenstrom und somit der Enthalpiefluss reduziert. Die Aussparungen bewirken nur eine geringe Erhöhung des Strömungswiderstandsbeiwerts, welcher dann durch den ungehinderten Strahlungsaustausch zwischen den Wänden der Aussparung wieder kompensiert wird. Die Ergebnisse zeigten keine nennenswerten Verringerungen des Volumenstroms und des zusätzlichen Wärmeverlustes. Als Ursache hierfür kann die laminare Strömung entlang des Ringspaltes angesehen werden.

Die zweite Variante mit einer Ringscheibe an der Außenseite der Ofenwand sollte zum einen die Strömung durch eine abrupte Querschnittsänderung behindern und zum anderen soll die Strahlung entlang des Ringspaltes nach außen verhindert werden (**Bild 6**). Das Einsparungspotenzial liegt im Bereich von 20 Prozent für geringe Strömungsgeschwindigkeiten bis 5 Prozent für hohe Strömungsgeschwindigkeiten bzw. Druckdifferenzen (**Bild 7**). Dies lässt die Schlussfolgerung zu, dass die Ringscheibe zwar als Strahlungsschild Vorteile bringt, aber

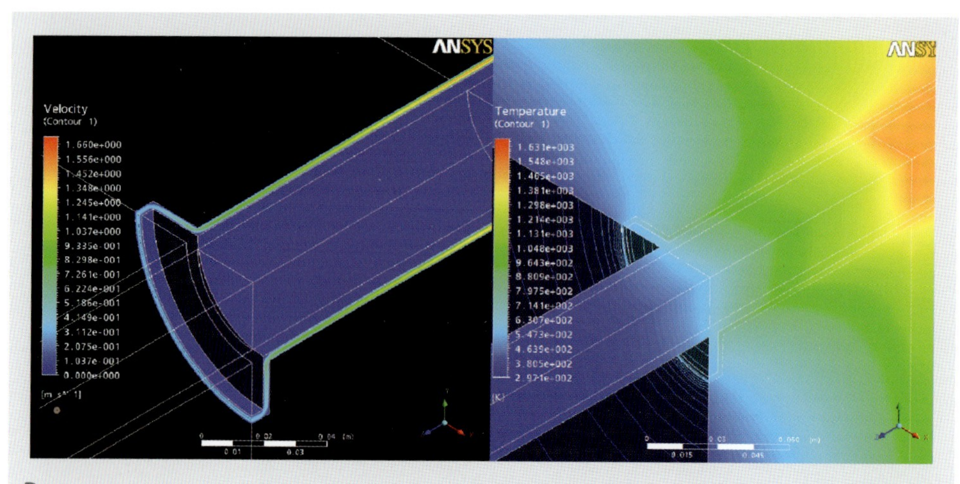

BILD 6: Fluidgeschwindigkeit (links) und Temperaturverteilung (rechts) im Ringspalt mit Ringscheibe auf der Außenseite

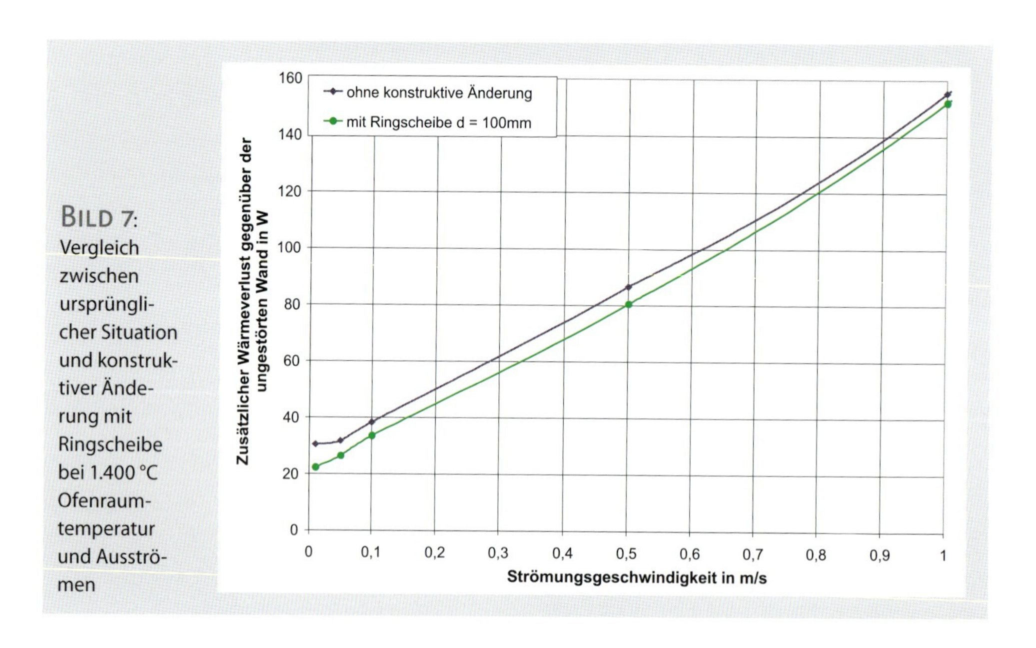

BILD 7: Vergleich zwischen ursprünglicher Situation und konstruktiver Änderung mit Ringscheibe bei 1.400 °C Ofenraumtemperatur und Ausströmen

die durch die Strömungsumlenkung hervorgerufene Erhöhung des Druckverlusts relativ wirkungslos ist.

Experimentelle Bestimmung der Strömungswiderstandsbeiwerte

Für die Bestimmung der Strömungswiderstandsbeiwerte wurde ein variabler Versuchsstand entwickelt, an welchem die unterschiedlichen wanddurchbrechenden Strukturen vermessen wurden. Bei diesem Versuchsstand wurde die Druckdifferenz der verschiedenen Konfigurationen bei unterschiedlichen Volumenströmen gemessen. Der Strömungswiderstandsbeiwert kann aus dem Druckverlust über die Öffnung sowie der mittleren Strömungsgeschwindigkeit durch die Öffnung bestimmt werden:

$$z = \frac{p_1 - p_2}{\frac{\rho}{2} \cdot u^2}$$

z = Widerstandsbeiwert
$p_1 - p_2$ = Druckverlust
ρ = Dichte des Fluids
u = mittlere Strömungsgeschwindigkeit

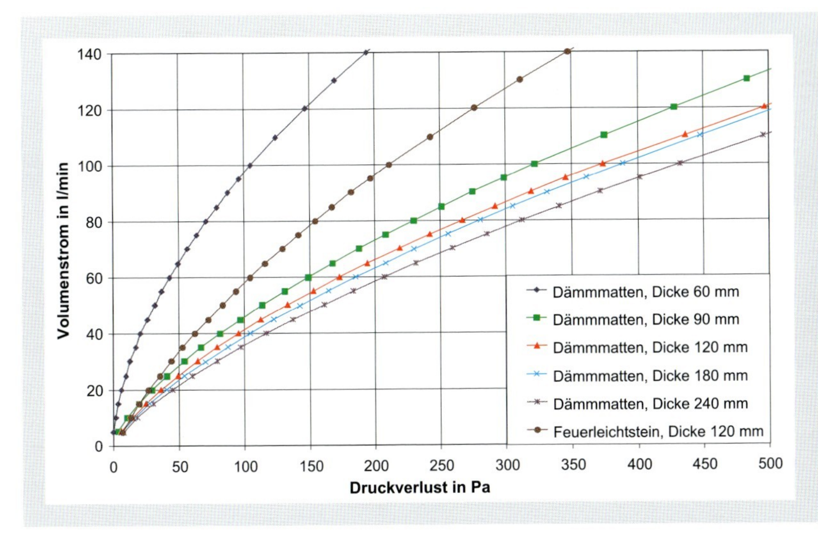

BILD 8: Volumenstrom in Abhängigkeit von der Druckdifferenz für eine Rollendurchführung mit einer Spaltbreite von 1 mm bei verschiedenem Wandaufbau

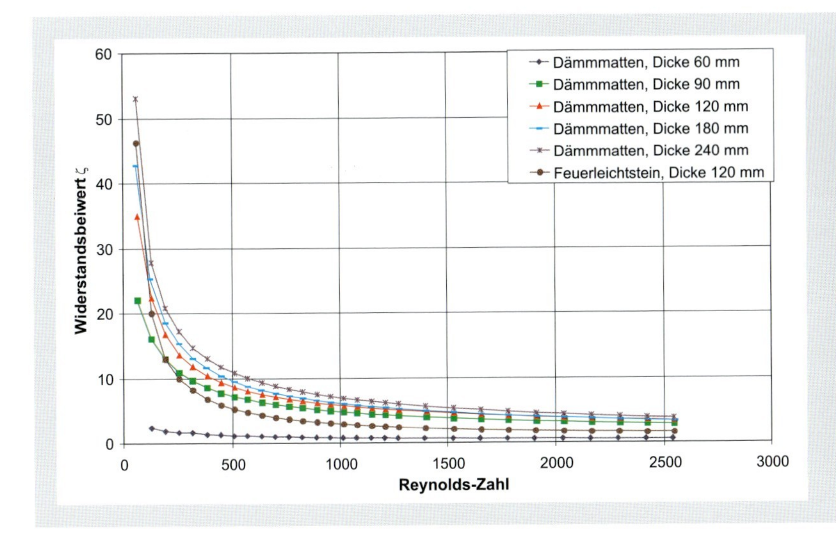

BILD 9: Strömungswiderstandsbeiwerte einer Rollendurchführung mit einer Spaltbreite von 1 mm bei verschiedenem Wandaufbau

Diese Werte wurden experimentell ermittelt. In einem Probenhalter wurden der zweischichtige Wandaufbau sowie die verschiedenen Wandstrukturen realisiert. Ausgewählte Ergebnisse der Messungen für die Rollendurchführung sind in **Bild 8** dargestellt.

Über den Volumenstrom ist mit der Querschnittsfläche der Öffnung eine Bestimmung der mittleren Strömungsgeschwindigkeit möglich. Die Messergebnisse belegen qualitativ typische, aus der Literatur bekannte Verläufe. Mit größeren Reynoldszahlen nähern sich die Kurven asymptotisch einem Grenzwert an (**Bild 9**).

Gebrauchsdiagramme

Allgemeines Vorgehen

Nachfolgend wird die Vorgehensweise zur Erstellung von Gebrauchsdiagrammen um die zusätzlichen Wärmeverluste gegenüber der ungestörten Wand in Abhängigkeit von der Druckdifferenz zu berechnen erläutert. Die Spanne der Druckdifferenz wurde von 0 bis 100 Pa gewählt. Für jeden beliebigen Druck konnte mit Hilfe der Funktion der Strömungswiderstandsbeiwerte aus den Versuchen eine Strömungsgeschwindigkeit berechnet werden. In diese Berechnung sind die temperaturabhängigen Stoffwerte Dichte und Viskosität eingeflossen. Die Temperaturen dieser Stoffwerte wurden mit Hilfe von Regressionskurven der mittleren Temperatur entlang des Strömungsweges iterativ bestimmt. Für diese Geschwindigkeit kann im Anschluss der zusätzliche Wärmeverlust mittels Regressionsgleichungen aus den Simulationsergebnissen berechnet werden. **Bild 10** veranschaulicht das Schema der Berechnung.

Gebrauchsdiagramm für Rollendurchführung/Ringspalt

Die **Bilder 11 bis 13** zeigen die Gebrauchsdiagramme für die Rollendurchführung mit einem Ringspalt von 2 mm, 3 mm und 5 mm für den Fall von Ofen-

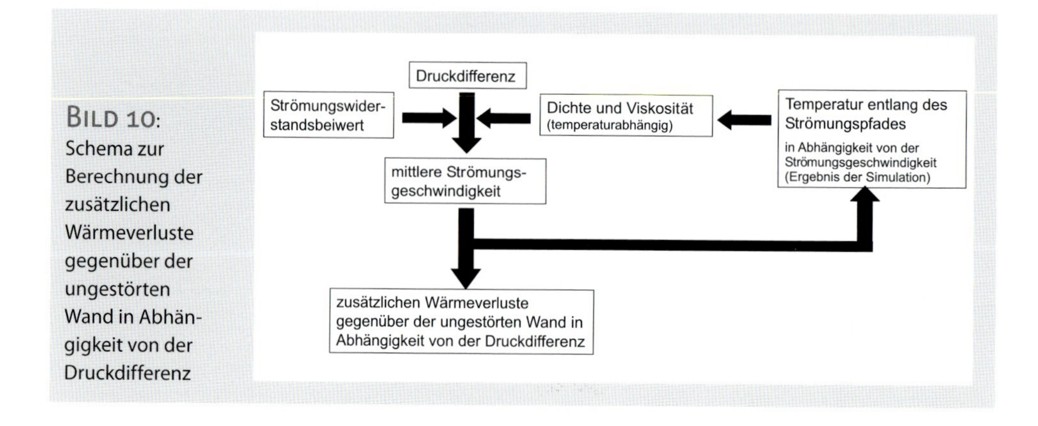

Bild 10: Schema zur Berechnung der zusätzlichen Wärmeverluste gegenüber der ungestörten Wand in Abhängigkeit von der Druckdifferenz

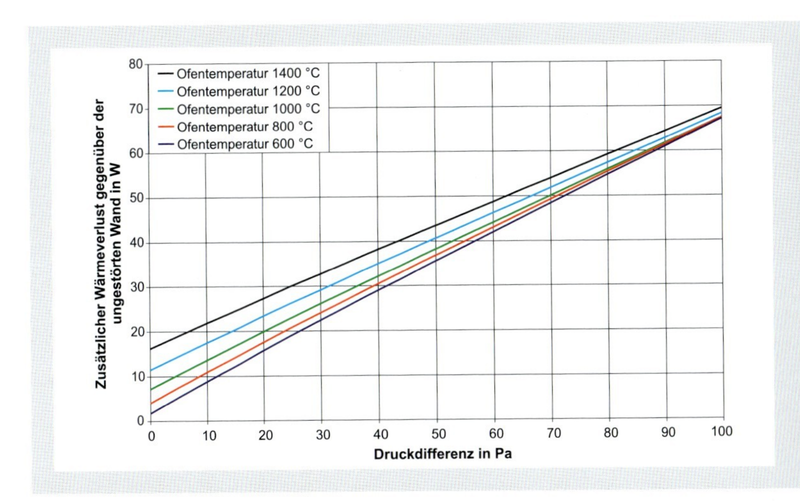

Bild 11: Gebrauchsdiagramm für eine Rollendurchführung mit 2 mm Ringspalt; Ausflammen

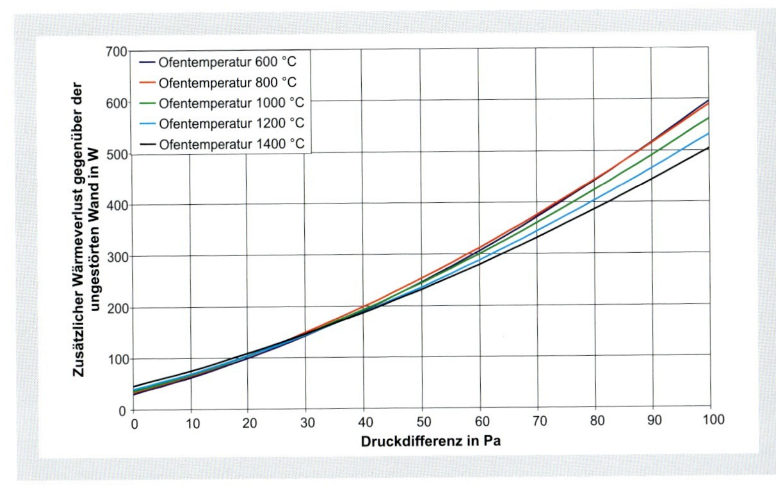

Bild 12: Gebrauchsdiagramm für eine Rollendurchführung mit 3 mm Ringspalt; Ausflammen

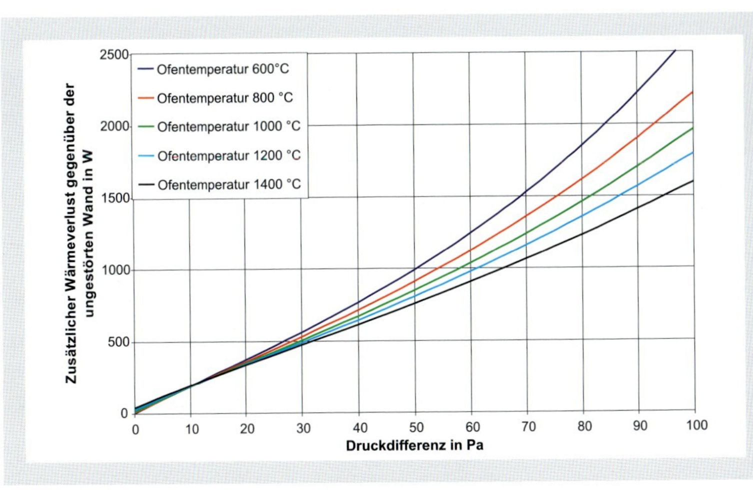

Bild 13: Gebrauchsdiagramm für eine Rollendurchführung mit 5 mm Ringspalt; Ausflammen

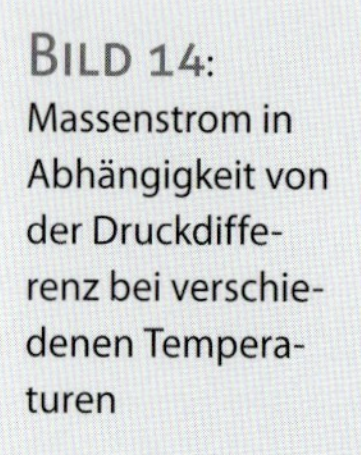

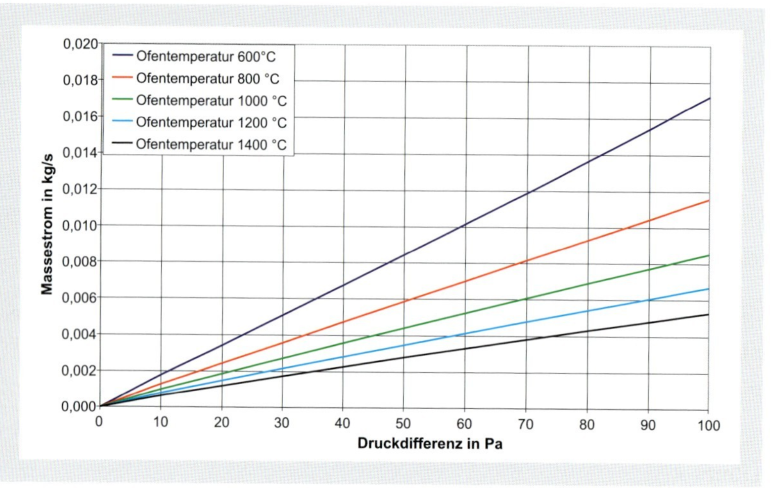

Bild 14: Massenstrom in Abhängigkeit von der Druckdifferenz bei verschiedenen Temperaturen

überdruck, d. h. Ausflammen. Mit zunehmender Druckdifferenz steigt der zusätzliche Wärmeverlust bei geringeren Ofentemperaturen mehr an als der zusätzliche Wärmeverlust bei höheren Temperaturen. Das hat zur Folge, dass sich die Kurven schneiden. So verursacht zum Beispiel der 3 mm Ringspalt ab ca. 35 Pa Druckdifferenz bei geringeren Ofentemperaturen höhere zusätzliche Wärmeverluste. Die Ursache hierfür liegt in den temperaturabhängigen Stoffwerten. Die Viskosität steigt mit zunehmender Temperatur, dadurch verringert sich die Strömungsgeschwindigkeit. Zusätzlich verringert sich die Dichte des Fluids ebenfalls mit zunehmender Temperatur. Die Folge ist ein wesentlich geringerer Massestrom und damit verbundener Enthalpiestrom bei höheren Temperaturen (**Bild 14**).

Schlussbetrachtungen

Im Vergleich zu den Ergebnissen vorangegangener Arbeiten kann festgestellt werden, dass bei einer Strömungsgeschwindigkeit oder Druckdifferenz von 0 mit dem dreidimensionalen Modell ähnliche Ergebnisse erzielt wurden wie zuvor mit zweidimensionaler Betrachtung ohne Durchströmung.

Die Durchströmung aller betrachteten Geometrien wurde in einer dreidimensionalen Simulation implementiert und mit den Ergebnissen von experimentellen Versuchen konnten richtige Randbedingungen im Bezug auf den erwarteten Massenfluss durch die Spalte gesetzt werden. Es wurde festgestellt, dass die betrachteten naheliegenden Maßnahmen zur Reduzierung der zusätzlichen Wärmeverluste zwar die Strahlungswärmeverluste reduzieren, aber nur geringen Einfluss auf den Wärmeverlust aufgrund von Durchströmung haben. Hier gilt, wie auch bei den Verlust durch Strahlung, die Spaltweiten so gering wie möglich zu halten.

Danksagung

Dieser Bericht ist das wissenschaftliche Ergebnis einer Forschungsaufgabe, die von der Forschungsgemeinschaft Industrieofenbau e.V. (FOGI) in Frankfurt über das Forschungskuratorium Maschinenbau e.V. gestellt und am Lehrstuhl für Gas- und Wärmetechnische Anlagen unter der Leitung von Herrn Prof. Dr.-Ing. D. Trimis bearbeitet wurde. Die Arbeit wurde durch das Bundesministerium für Wirtschaft (BMWi, Bonn) über die Arbeitsgemeinschaft industrieller Forschungsvereinigung e.V. (AiF-Nr. 15397 BR/1) finanziell gefördert.

Ein Arbeitskreis der Forschungsgemeinschaft Industrieofenbau e.V. (FOGI) unter der Leitung von Herrn Windsheimer, Linn High Therm GmbH, Eschenfelden hat das Vorhaben begleitet. Diesem Arbeitskreis gebührt unser Dank für die große Unterstützung.

Literatur

[1] Dög, A.; Walter, G.; Krause, H.: Minimierung der Wärmeverluste in Industrieöfen. Gaswärme International 51 (2002) Nr. 8, S. 353–358

[2] Ansys CFX Dokumentation for Release 11

Veröffentlicht in:
Gaswärme International · Heft 3/2010 · Seiten 155–163

Kaufmännische Kennzahlen und deren Basisdaten bei Investitionen

Von Peter Klatecki

Zur Bewertung, ob eine Investition für das Unternehmen sinnvoll und somit ertragreich ist, werden in der Betriebswirtschaft unterschiedliche kaufmännische Kennzahlen genutzt. Bei technisch (nicht kaufmännisch) ausgebildetem Personal bestehen jedoch teilweise Unsicherheiten über die Berechnung und die Aussagen dieser Kennzahlen – ja, es werden sogar Inhalte aus den Begriffen abgeleitet, die nicht zutreffend sind. Zusätzlich ist es manchmal schwierig, die Daten, die diesen Kennzahlen zu Grunde liegen, sinnvoll auszuwählen.

Im Folgenden sollen Hinweise auf die Datenauswahl gegeben und einige wichtige Kennzahlen erläutert werden. Betrachtet werden ausschließlich sogenannte „Analytische Verfahren", also Betrachtungen für das einzelne Investitionsgut. Das „Synthetische Verfahren", welches einen ganzheitlichen Ansatz über das Unternehmen inklusive der Unternehmensfinanzierung und sogar Devestition verfolgt, ist nicht Thema dieses Artikels und auch Aufgabe des Firmen-Controllings. Im Einzelnen werden folgende Kennzahlen erläutert:

- **Return on Investment (ROI)**
- **Statische Amortisation**
- **Kapitalwert/Dynamische Amortisation**

Die Auswahl der zu Grunde gelegten Daten ist ausschlaggebend für die Ergebnisse der Berechnungen. Während die Kennzahlen in der Regel über einfache mathematische Verhältnisse ausgedrückt werden, ist die Auswahl (Berücksichtigung) der Basisdaten immer wieder Auslöser für Diskussionen. Diese jedoch sind maßgeblich bestimmend für die Aussagekraft der Untersuchung. Es ist essentiell, dass ausschließlich Kosten und Erträge berücksichtigt werden, die im direkten Zusammenhang mit der Investition stehen. Gleichzeitig sind die zu wählenden Daten immer „erwartete" Daten. Die gesamte Betrachtung stellt also eine Prognose dar. Besteht die Alternative zwischen erwarteten und garantierten Daten, so sind die garantierten Daten zu wählen. Dies ist zum Beispiel beim Brennstoffverbrauch so; hier werden die Garantiewerte im Regelfall über den tatsächlichen Werten liegen.

Die Investitionssumme

Hiermit ist nicht nur der Anschaffungspreis der Investition gemeint. Berücksichtigt werden müssen auch zusätzliche, im direkten Zusammenhang mit der Investition stehende Kosten, wie:

- Arbeiten zur Vorbereitung der Installation (Baumaßnahmen wie Fundamente, eine neue Halle oder Anpassung logistischer Anforderungen etc.)
- Kosten, die durch Veränderung im Personalstand entstehen
- Kosten für Genehmigungsverfahren, rechtliche Rahmenbedingungen
- Produktionsausfall während der Bauzeit, wenn die Maßnahme nicht während der jährlichen Revision durchgeführt werden kann, was zu bevorzugen ist
- ...

KOSTEN IM DIREKTEN ZUSAMMENHANG MIT INVESTITIONEN

Als investitionssummenmindernd kann unter bestimmten Umständen der Preis für eine aktuell nötige Ersatzinvestition berücksichtigt werden. Nämlich dann, wenn eine Reparatur notwendig ist, um die bisherige Produktion mit einer bestehenden Anlage aufrechtzuerhalten und eine komplette Modernisierung oder Neuanlage die Alternative darstellt.

Der kalkulatorische Zins

Bei jeder Investition besteht grundsätzlich die Möglichkeit, als Alternative eine langfristige Geldanlage zu wählen (und die Investition zu unterlassen). Dies ist die Basis der Betrachtung (Berechnung) bei einigen Kennzahlen, unabhängig davon, ob die Investitionssumme als Barmittel zur Verfügung steht oder ob finanziert werden muss. Dies stellt also die Berücksichtigung eines „entgangenen Zinsertrages am Kapitalmarkt" dar. Zu Grunde gelegt wird hier sinnvollerweise der zu erzielende Zins für eine langfristige Geldanlage für die Laufzeit des Abschreibungszeitraumes des anzuschaffenden Wirtschaftsgutes. Also etwa für Staatsanleihen mit 10-jähriger Laufzeit. Die Staatsanleihen in Deutschland bieten hierfür zur Zeit eine Verzinsung von etwas über 3 %. Entsprechende Anleihen in anderen europäischen Ländern teilweise deutlich mehr, allerdings mit jeweils entsprechend gesteigertem Risiko.

Zusätzlich wird vom Unternehmen in der Regel die Forderung nach einer höheren Verzinsung erhoben. Dies ist eine Management-Entscheidung. Üblich ist hier eine geforderte Verzinsung von 8–10 % per anno. Dieser Wert wird also als „alternativ erzielbar" gesetzt. Darüber hinausgehende Zinsforderungen müssen als nicht mehr im Zusammenhang mit der Investition gewertet werden.

Der kalkulatorische Zins ist also:

- Die gewünschte (angestrebte) Verzinsung des eingesetzten Kapitals
- Abhängig vom Unternehmen
- In der Regel höher als der Marktzins für eine Geldanlage
- Berücksichtigt zusätzliche Einflüsse wie:
  - Zusätzliche Risiken (im Unternehmen)
  - ...

MERKMALE DES KALKULATORISCHEN ZINSES

Der Liquidationserlös

Der Liquidationserlös ist der „virtuelle" Verkaufspreis der Anlage am Ende des Betrachtungszeitraums (Wiederverkaufswert, Schrottpreis). Diesen findet man in der einschlägigen Literatur und auch in der Kennzahlberechnung für den Kapitalwert (s. u.).

Während z. B. bei einer Anschaffung eines Kraftfahrzeuges hier der Wiederverkaufswert am Ende der Nutzungsdauer anzusetzen ist, ist bei Ofenanlagen normalerweise hier nur der Schrottpreis (Metallwert) der Anlage zu berücksichtigen. Im letzteren Fall ist die Auswirkung auf die Betrachtung marginal und kann daher auch entfallen.

Der Betrachtungszeitraum/Die Periode

Der Betrachtungszeitraum ist in der Regel der Abschreibungszeitraum des Investitionsgutes und in eine gegebene Anzahl von Perioden eingeteilt. Üblicherweise ist die Periodendauer ein Jahr (Geschäftsjahr). Abhängig vom Investitionsgut ist hier aber auch eine Abweichung möglich (z. B. monatsweise), aber selten. Es muss allerdings sichergestellt werden, dass *alle* Basisdaten auf dieselbe Periodenlänge bezogen werden. Der gewählte Betrachtungszeitraum hat Einfluss auf die Berechnung des Kapitalwertes, da dieser in die Formel eingeht.

Die laufenden Kosten

Hier werden alle Kosten erfasst, die aus dem Betrieb des Investitionsgutes entstehen und hiermit also im direkten Zusammenhang stehen.

Kosten im direkten Zusammenhang mit dem Betrieb des Investitionsgutes

- Wartung
- Personalkosten
- Brennstoffe/Betriebsstoffe/evtl. CO_2-Abgabe
- Finanzierungskosten (s. u.)
- …

Zusätzlich zu berücksichtigen sind aber auch die Unternehmenssteuern. Werden durch den Betrieb der Investition (Produktion oder auch Einsparungen) höhere Erträge und damit auch höhere Gewinne erzielt, so wirkt sich dies natürlich auch auf die zu zahlende Steuerlast aus. Die Investitionsausgabe selbst wirkt im Jahr der Anschaffung steuermindernd.

Speziell bei den eingesetzten Brennstoffen ist auch eine zu erwartende Preiserhöhung zu berücksichtigen. Hier sind in der Zukunft deutliche Preissteigerungen zu erwarten, mit entsprechendem Einfluss auf die Betrachtung.

Sind Abschreibungen Kosten?

Die AfA (Abschreibung für Anlagen) dient der Bewertung von Anlagevermögen. Mit dieser wird die Wertminderung eines betrieblichen Produktionsmittels erfasst, um in der Buchhaltung einen möglichst realen (angepassten) Wert des Produktionsmittels abzubilden. Allgemein sind die über die AfA gebuchten Kosten bei der Investitionsbewertung *nicht* als Ausgabe oder auch Kosten in dem jeweils betrachteten Jahr zu sehen. Dies ist eine buchhalterische Wertminderung von

Anlagevermögen oder auch die Verteilung des Anschaffungspreises auf die Nutzungsdauer.

Bei der Berechnung des Kapitalwertes einer Investition geht der Kaufpreis bereits direkt mit ein (als Basiswert). Eine zusätzliche Berücksichtigung von AfA würde das Ergebnis verfälschen, da die Anlage dadurch quasi doppelt bezahlt würde bzw. ihren Anschaffungspreis zweifach erwirtschaften müsste. Die Auswirkungen auf die Berechnung des Amortisationszeitpunktes liegen auf der Hand.

Es ist natürlich grundsätzlich denkbar, die Abschreibungswerte in den jeweiligen Perioden als Kosten zu berücksichtigen (und damit die Investitionssumme I gleich 0 zu setzen). Dies führt jedoch zu den gleichen mathematischen Problemen wie bei der Vollfinanzierung (s. u. „Varianten mit Finanzierung, Amortisation, Kapitalwert") und die Berechnungsmethoden sind nicht mehr sinnvoll anwendbar.

Die periodischen Einzahlungsüberschüsse

Hier sind die Rückflüsse (Erträge) aus dem Betrieb der Investition aufzunehmen. Dies sind die Beträge, die die Investition refinanzieren.

Erträge aus dem Betrieb der Investition

Im Speziellen zu nennen sind:

- Ausbringung (Produktion) bei Neuanlagen
- Ausbringungssteigerung (Produktionssteigerung) bei Modernisierungen
- Energieeinsparung (und damit CO_2-Minderung) bei Modernisierungen
- Evtl. Abbrandminderung (im Schmelzbetrieb) bei Modernisierungen
- Einsparung von Personalkosten
- …

Die kumulierten Überschüsse

Dies ist der Saldo aus den periodischen Einzahlungsüberschüssen und den laufenden Kosten, gebildet für den gewählten Betrachtungszeitraum.

Für einen Überblick über die Entwicklung der Investition kann mit Hilfe eines Kalkulationsprogramms dieser Wert für jede einzelne Periode gebildet werden. Bei grafischer Aufbereitung wird die Entwicklung leicht erfassbar.

Die Kennzahlen

Bei den untenstehenden Erläuterungen wird davon ausgegangen, dass Amortisation grundsätzlich erreicht werden kann.

ROI – Return On Investment

Der ROI ist eine der am häufigsten zitierten Kennzahlen, wenn über die Wirtschaftlichkeit von Investitionen gesprochen wird. Allerdings ist dies auch die, meiner Erfahrung nach, am häufigsten missverstandene Kennzahl. Gesprochen wird von einem ROI von „5 Jahren" oder von 157.000 € oder ähnlichem.

Richtig ist: Der ROI wird immer als Prozentwert ausgedrückt und ist damit dimensionslos! Zudem wird er immer für einen bestimmten Zeitpunkt (Periode) innerhalb der Betrachtungsdauer ermittelt.

In der Literatur findet man verschiedene Berechnungen des ROI, die alle für unterschiedliche Betrachtungen in Unternehmensbereichen, bis hin zum Gesamtunternehmen, durchgeführt werden können. Am besten geeignet erscheint für industrielle Investitionen mit namhafter Investitionssumme und längerem Betrachtungszeitraum folgende Berechnung:

$$\text{ROI} = \frac{\text{kumulierte Überschüsse}}{\text{Investitionssumme}} \; (\cdot\, 100)$$

Eine elegante Möglichkeit ist die direkte Berücksichtigung der Investitionssumme als negativer „Startwert" im Zähler, also:

$$\text{ROI} = \frac{-\text{Investitionssumme} + \text{kumulierte Überschüsse}}{\text{Investitionssumme}} \; (\cdot\, 100)$$

In diesem Fall läuft der ROI analog zur statischen Amortisation (s. u.). Der absolut ausgewiesene Wert ist natürlich um exakt 100 Prozentpunkte geringer als bei der herkömmlichen Berechnung, allerdings wird jetzt der ROI erst in der Periode positiv, in der auch die statische Amortisation erreicht wird (!).

Die Vorgehensweise ist wie folgt:

Es wird eine Periode (Jahr) gewählt. Die laufenden Kosten und die periodischen Einzahlungsüberschüsse (Erträge/Einsparungen) bis zu diesem Zeitpunkt werden saldiert und zur Investitionssumme in Beziehung gesetzt (Division). Dies ergibt den ROI zum gewählten Zeitpunkt.

RETURN ON INVESTMENT ALS ENTSCHEIDUNGSKRITERIUM

In einigen Unternehmen dient dieser Wert als Entscheidungskriterium. Durch das Management wird in diesem Fall ein mindestens zu erreichender ROI in einer bestimmten Periode festgesetzt, um eine Investition durchzuführen.

Beispiel: ROI nach dem dritten Jahr größer als 100 %

Wird dies nicht erreicht, unterbleibt die Investition.

Als allgemeine Aussage gilt:

- Bei einem ROI > 0 ab einer Periode im Betrachtungszeitraum ist die Investition grundsätzlich lohnend (über den Betrachtungszeitraum).
- Wird über den ROI gesprochen, so sollte sichergestellt werden, dass die gleiche Berechnungsformel (Basis) verwendet wird.

Die statische Amortisation

Dies ist eine überschlägige Betrachtung. Es wird nur der Zeitpunkt t ermittelt, wann die kumulierten Überschüsse die Investitionssumme decken.

$$t \Leftrightarrow \text{Investitionssumme} = \text{kumulierte Überschüsse}$$

t gibt die überschlägige Information, wann die Investition durch die erwirtschafteten Überschüsse „bezahlt" (amortisiert) ist. Mit der statischen Amortisation wird immer ein Zeitpunkt ermittelt, der vor dem eigentlichen Amortisationszeitpunkt liegt, da Einflüsse wie die Verzinsung (kalkulatorischer Zins) unberücksichtigt bleiben.

Der Kapitalwert

Mit Hilfe dieser Methode wird der Wert der Investition für das Unternehmen zum Zeitpunkt der Investition (!) ermittelt. Verglichen wird die Investition mit einer alternativen Geldanlage zum Kalkulationszins.

Alle zukünftig zu erwartenden Aufwendungen und Erträge im Zusammenhang mit der Investition werden auf den Startzeitpunkt bezogen. Der berechnete Kapitalwert (C_0) ist somit abhängig von:

ABHÄNGIGKEITEN DES BERECHNETEN KAPITALWERTES

- I der Investitionssumme
- T dem Betrachtungszeitraum
- E den erwirtschafteten Erträgen
- A den nötigen Aufwendungen
- i dem kalkulatorischen Zins
- L dem Liquidationserlös

$$C_0 = -I + \sum_{t=1}^{T}\left((E_t - A_t) \cdot (1 - i)^{-t}\right) + Lx(1 - i)^{-T}$$

Erläuterung (Beispiel):

Bei einer Investition wird ein jährlicher kumulierter Überschuss von 150.000 € erwartet (in t1 bis t4). Der Betrachtungszeitraum beträgt also 4 Perioden (Jahre). Der kalkulatorische Zins ist mit 8 % angegeben. Der Liquidationserlös bleibt unberücksichtigt ($\Lambda \cdot (1 - \iota)^{-T} = 0$).

Es wird nun ermittelt, welchen Wert die einzelnen kumulierten Überschüsse zum heutigen Zeitpunkt (angenommener Tag der Investition) unter Berücksichtigung der Verzinsung jeweils darstellen (**BILD 1**).

Die addierten Ergebnisse zeigen den sogenannten Barwert (Bw) der Investition.

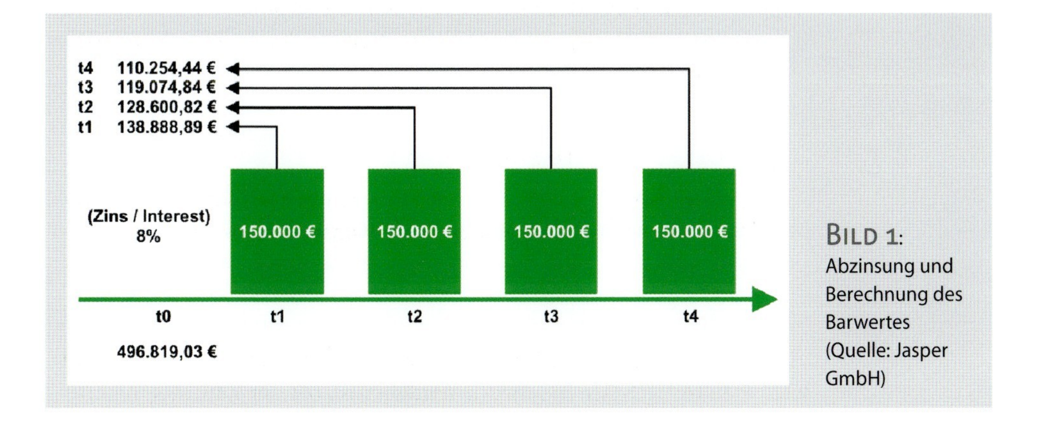

BILD 1: Abzinsung und Berechnung des Barwertes (Quelle: Jasper GmbH)

$$Bw = \sum_{t=1}^{T}((E_t - A_t) \cdot (1 - i)^{-t})$$

In diesem Fall sind die insgesamt erzielten Überschüsse von 600.000 € bei 8 % Verzinsung zum heutigen Tag 496.819,03 € wert. Oder umgekehrt ausgedrückt: Bei einer heutigen Geldanlage von 496.819,03 € zu einem Zins von 8 % wird in vier aufeinanderfolgenden Perioden (Jahren) jeweils eine Auszahlung von 150.000 €, insgesamt 600.000 €, erzielt. Ein Kauf zum Barwert liefert also genau die beabsichtigte Verzinsung.

Ist es nun möglich, zu einem niedrigeren Betrag als zum Barwert zu kaufen, etwa zu 450.000 € (Investitionssumme I), bildet die Differenz von 46.819,03 € den Kapitalwert (C_0). In diesem Fall wird eine höhere Verzinsung als gewünscht erzielt, hier 12,59 % statt 8 %.

INVESTITION LOHNT BEI KAPITALWERT GRÖSSER 0

Als allgemeine Aussage gilt:

Bei einem Kapitalwert > 0 ist die Investition grundsätzlich lohnend (über den Betrachtungszeitraum), also ertragreicher als die alternative Geldanlage zum kalkulatorischen Zins.

Die dynamische Amortisation

Bei der Berechnung des dynamischen Amortisationszeitpunktes wird der Zeitpunkt gesucht, bei dem der Kapitalwert mit den gegebenen Basisdaten gleich 0 ist. Somit werden auch alle sonstigen Einflüsse, im Speziellen der kalkulatorische Zins, berücksichtigt.

$$t \Leftrightarrow C_0 = 0$$

Diese Berechnung baut also auf der Kapitalwertberechnung auf. Die Mathematik dahinter ist deutlich komplexer als die bisherigen Berechnungen. Die Formel für den Kapitalwert müsste gleich 0 gesetzt und anschließend nach t aufgelöst werden. Dies ist nicht trivial und wird heute allgemein mit iterativen Verfahren in der Datenverarbeitung gelöst. Es gibt jedoch eine Methode, die ein ausreichend genaues Ergebnis liefert und die komplexe Mathematik oder Programmierung vermeidet.

Obwohl es immer nur genau einen Kapitalwert für eine Betrachtungsdauer gibt, ist es doch möglich, für jede einzelne Periode innerhalb eines Betrachtungszeitraumes diesen zu bestimmen. Werden diese Werte grafisch dargestellt, ist der Zeitpunkt der dynamischen Amortisation der Schnittpunkt dieses Graphen mit der X-Achse.

Nimmt man nun die beiden Werte aus den Perioden um diesen Schnittpunkt herum, so kann mit Hilfe der Zweipunkteform die Geradengleichung hierzu bestimmt und anschließend der Wert für den Schnittpunkt dieser Geraden mit der X-Achse mit ausreichender Genauigkeit ermittelt werden (**BILD 2**).

In Bild 2 sind die kumulierten Periodenüberschüsse und die Kapitalwerte für eine (willkürliche) Beispielanlage dargestellt. Der Schnittpunkt des blauen Graphen (kumulierte Periodenüberschüsse) mit der X-Achse stellt den statischen

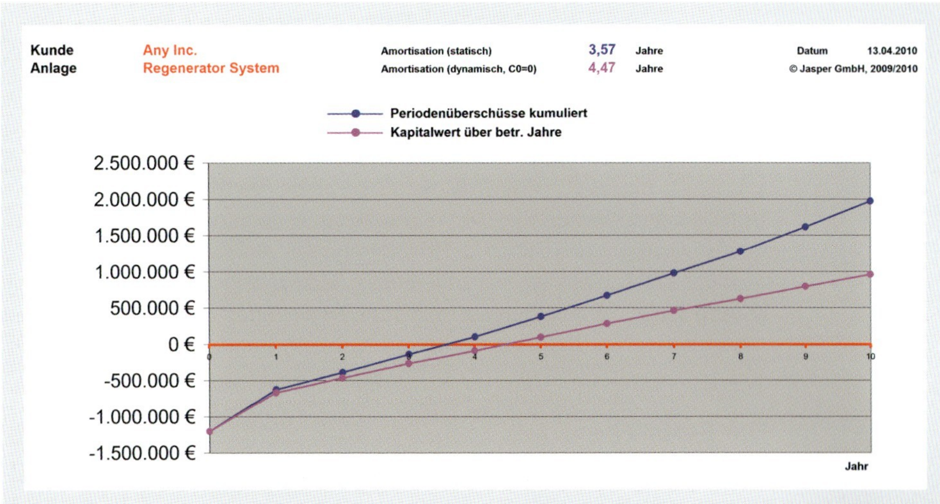

BILD 2: Zeitpunkte der Amortisation (Quelle: Jasper GmbH)

Amortisationszeitpunkt dar, der Schnittpunkt des lila Graphen den dynamischen Amortisationszeitpunkt.

Je später die Amortisation innerhalb des Betrachtungszeitraumes eintritt, desto weiter liegen diese beiden Punkte auseinander. Es kann sogar dazu kommen, dass eine statische Amortisation erreicht wird, eine dynamische jedoch nicht mehr. In diesem Fall wird der angestrebte kalkulatorische Zins nicht erreicht. Liegen beide Graphen für den betrachteten Zeitraum komplett unterhalb der X-Achse, amortisiert sich die Anlage nicht. Anzumerken ist, dass heute in der Regel Amortisationszeiten unterhalb von 3 Jahren oder weniger gefordert werden.

Varianten mit Finanzierung, Auswirkung auf Amortisation und Kapitalwert

Für die Betrachtung spielt es wie gesagt keine Rolle, ob die Mittel zum Kauf zur Verfügung stehen oder nicht, also der Kauf eventuell finanziert werden muss. Es wird also vorerst so gerechnet, als ob die Mittel vorhanden wären, um Vergleichbarkeit zu schaffen. Wird finanziert, so sind zumindest die Zinsen für den Kredit (oder Leasing) als laufende Kosten zu berücksichtigen. Faktisch wird aber eine komplett neue Situation aus Sicht des Unternehmens geschaffen.

Setzt man Zins und Tilgung für den Kredit in die laufenden Kosten und reduziert dafür die Investitionssumme, so führt dies in der Regel zu extrem kurzen Amortisationszeiten.

Um die o. g. Berechnungen überhaupt noch durchführen zu können, ist eine gewisse Grund-Investitionssumme jedoch unbedingt erforderlich. Andernfalls liefern die Berechnungen sinnlose Ergebnisse oder sind nicht durchführbar. Bei Vollfinanzierung (Raten und Zinsen werden in den Kosten berücksichtigt, ≥ Investitionssumme = 0) würde beim beschriebenen Ansatz z. B. bei der Berechnung des ROI durch 0 dividiert, was nicht zulässig ist.

Beim Kapitalwert wird –I = 0, was zu sinnlosen Ergebnissen (Amortisation direkt bei Kauf) führt.

Auf der anderen Seite zeigt dieser Ansatz, dass Betriebe nahezu unmittelbar von den zusätzlichen Erträgen/Einsparungen einer sinnvollen Investition profitieren können (Amortisation der verminderten angesetzten Investitionssumme deutlich unter einem Jahr). Bei Finanzierung fällt der Gesamtertrag natürlich geringer aus, da Kapitaldienst zu leisten ist, jedoch stehen die Periodenerträge schneller dem Unternehmensergebnis zur Verfügung und Liquidität wird nicht gebunden.

Das Beispiel

Eine Ofenanlage soll modernisiert werden. Der Preis für die Modernisierung beträgt 400.000 €. Der angenommene Liquidationserlös nach der Nutzungsdauer (Schrottpreis) 15.000 €. Die Anlage hat eine Produktion von 35.000 Tonnen Aluminium pro Jahr. Durch den Einsatz von Regeneratoren wird der spezifische Verbrauch von Brennstoff pro Tonne von 1.100 kWh auf 700 kWh (Garantiewert des Lieferanten, der tatsächliche Wert kann darunter liegen) gesenkt. Die geschätzten Kosten für die Wartung betragen 2 % der Investitionskosten pro Jahr. Der Brennstoff kostet 0,0244 € pro kWh. Es wird eine Brennstoffpreissteigerung von 5 % pro Jahr erwartet (erscheint momentan realistisch). Die Anlage steht in Deutschland, der Unternehmenssteuersatz (allgemein) beträgt demnach 29,44 %. Alle vier Jahre erfolgt ein Austausch des Regeneratorbesatzes für jeweils 30.000 €. Eine eventuelle Minderung des Verlustes durch Abbrand durch den Einsatz der Regeneratoren bleibt unberücksichtigt. Dieser ist zwar zu erwarten, wird aber vom Lieferanten nicht garantiert (**Bild 3**).

Aus Bild 3 sind die oben beschriebenen Kennzahlen zu entnehmen. Der Verlauf der Kosten und Erträge über den Betrachtungszeitraum ist abzulesen. Interessant ist die Entwicklung der Brennstoffkosten in % bzw. der Einsparung bei diesen Kosten durch die Investition.

Der ROI nach dem dritten Jahr beträgt 115 %, hat also den Investitionspreis mehr als 2-fach erwirtschaftet (–I wurde als Startwert gesetzt). Die statische Amortisation liegt bei 1,19 Jahren, die dynamische bei 1,34 Jahren. Der Kapitalwert stellt sich mit 1.616.671 € dar.

Während eine Geldanlage von 400.000 € (mit 8 % Verzinsung!) nach zehn Jahren einen Wert von 863.570 € liefert, stellt sich das Unternehmen mit einem kumulierten Wert von 2.650.664 € durch die Investition deutlich besser.

Der Betrachtungszeitraum entspricht der Abschreibungsdauer. Anschließend wird die Anlage „virtuell" verschrottet (Liquidationserlös). Allerdings sind die Betriebszeiten einer solchen Anlage in der Realität deutlich länger. Aus diesem Grund wird noch der halbe Betrag für den auszutauschenden Regeneratorbesatz im letzten Jahr berücksichtigt, da in den letzten zwei Perioden hierfür Kosten zu berücksichtigen sind.

Kosten und Erträge | Datum 13.04.2010

Renovierung / Modernisierung / Vergleich

Kunde	Any Inc.				
Anlage	Regenerator System				
Anzahl betrachteter Jahre	10	Auswahlfeld		Finanzierung	Nein / No · Auswahlfeld
Systempreis	400.000 €	← + ←	0 €	Zusätzlich nötige Investition	
Laufende Kosten (Wartung, etc.)	2,00%	← - ←	0 €	Aktuell nötige Ersatzinvestition	
Jahrestonnen	35.000	to			
Kalkulationszins	8,00%		8000	Jahresstunden	333 Tage
Liquidationserlös	15.000 €	(Schrottpreis)			
Brennstoffpreis, pro kWh	0,02440 €	<----------------	5,00%	Erwartete Preissteigerung/Jahr	
Brennstoffpreis vor Wechsel, pro kWh	0,02440 €		62,89%	im 11. Jahr (10 Erhöhungen, Jahreswechsel)	
Garantiewert pro to, (Brennstoff)	700	kWh			
Erwartete Einsparung (Brennstoff, in %)	36,36%				
Verbrauch (vorher)	1100	kWh <------------	1.100	kWh <-----------	
Minderung Metall-Verlust (in % Punkte)	0,00%				
Kilopreis	1,00 €	<----------------	1,00%	Erwartete Preissteigerung/Jahr	Year 2009
Unternehmens-Steuersatz	29,44%		Germany	Company Tax: 29,44%	VAT: 19,00%

	Start 0	Jahr 1	Jahr 2	Jahr 3	Jahr 4	Jahr 5	Jahr 6	Jahr 7	Jahr 8	Jahr 9	Jahr 10	Summen
Investitionsauszahlung (Kauf)	-400.000 €											-400.000 €
Laufende Kosten (Wartung, etc.)		-8.000 €	-8.000 €	-8.000 €	-8.000 €	-8.000 €	-8.000 €	-8.000 €	-8.000 €	-8.000 €	-8.000 €	-80.000 €
Kreditkosten		-	-	-	-	-	-	-	-	-	-	
Leasingkosten		-	-	-	-	-	-	-	-	-	-	
Übernahme bei Leasingende		-	-	-	-	-	-	-	-	-	-	
Sonstige Kosten (-) / Erträge (+) in Periode		-	-	-	-30.000 €	-	-	-	-30.000 €	-	-15.000 €	-75.000 €
Einzahlungsüberschüsse (Brennstoff)		341.600 €	358.680 €	376.614 €	395.445 €	415.217 €	435.978 €	457.777 €	480.666 €	504.699 €	529.934 €	4.296.610 €
Preissteigerung Brennstoff, bezg. auf Jahr 1		0,00%	5,00%	10,25%	15,76%	21,55%	27,63%	34,01%	40,71%	47,75%	55,13%	
Einzahlungsüberschüsse (Metall-Verlust)		-	-	-	-	-	-	-	-	-	-	
Liquidationserlös (Verkauf)											15.000 €	15.000 €
Steuern (Veränderung)		19.548 €	-103.240 €	-108.520 €	-105.232 €	-119.885 €	-125.997 €	-132.414 €	-130.321 €	-146.228 €	-153.657 €	-1.105.946 €
Periodenüberschüsse	-400.000 €	353.148 €	247.440 €	260.094 €	252.213 €	287.332 €	301.981 €	317.363 €	312.345 €	350.471 €	368.277 €	2.650.664 €
Periodenüberschüsse kumuliert	-400.000 €	-46.852 €	200.588 €	460.682 €	712.895 €	1.000.228 €	1.302.209 €	1.619.571 €	1.931.916 €	2.282.387 €	2.650.664 €	
ROI (pro spezf. Periode)	-100%	-12%	50%	115%	178%	250%	326%	405%	483%	571%	663%	
Amortisation (statisch)		-	1,19	-	-	-	-	-	-	-	-	
Kapitalwert über betr. Jahre	1.616.671 €											
Amortisation (dynamisch, C0=0)		-	1,34	-	-	-	-	-	-	-	-	
Annuität	240.932 €											
Endwert bei Geldanlage	400.000 €	-	-	-	-	-	-	-	-	-	863.570 €	

BILD 3: Beispielrechnung (Quelle: Jasper GmbH)

Kosten und Erträge — Datum 14.04.2010

Renovierung / Modernisierung / Vergleich

Kunde Any Inc.

Anlage Regenerator System

Anzahl betrachteter Jahre	10	Auswahlfeld		
Systempreis	400.000 €	← + ←	0 €	Zusätzlich nötige Investition
Laufende Kosten (Wartung, etc.)	2,00%	← - ←	0 €	Aktuell nötige Ersatzinvestition
Jahrestonnen	35.000	to		
Kalkulationszins	8,00%		8000	Jahresstunden 333 Tage
Liquidationserlös	15.000 €	(Schrottpreis)		
Brennstoffpreis, pro kWh	0,02440 €	<------------------	5,00%	Erwartete Preissteigerung/Jahr
Brennstoffpreis vor Wechsel, pro kWh	0,02440 €		62,89%	im 11. Jahr (10 Erhöhungen, Jahreswechsel)
Garantiewert pro to, (Brennstoff)	700	kWh		
Erwartete Einsparung (Brennstoff, in %)	36,36%			
Verbrauch (vorher)	1100	kWh <------------	1.100	kWh <-----------
Minderung Metall-Verlust (in % Punkte)	0,00%			
Kilopreis	1,00 €	<------------------	1,00%	Erwartete Preissteigerung/Jahr
Unternehmens-Steuersatz	29,44%	Germany	Company Tax: 29,44%	VAT: 19,00% (Year 2009)

Finanzierung	Kredit / Loan	Auswahlfeld
Kredit		
Laufzeit	60	Monate
Kredit Zinssatz	7,50%	
Systempreis	400.000	EUR
Zusätzlich nötige Investition	0	EUR
Auszahlung (%)	100,00%	
Eigenmittel	100.000	EUR
Kreditsumme (benötigt)	300.000	EUR
Rückzahlung gesamt	360.683	EUR

	Start 0	Jahr 1	Jahr 2	Jahr 3	Jahr 4	Jahr 5	Jahr 6	Jahr 7	Jahr 8	Jahr 9	Jahr 10	Summen
Investitionsauszahlung (Kauf)												
Laufende Kosten (Wartung, etc.)		-8.000 €	-8.000 €	-8.000 €	-8.000 €	-8.000 €	-8.000 €	-8.000 €	-8.000 €	-8.000 €	-8.000 €	-80.000 €
Kreditkosten	-100.000 €	-72.137 €	-72.137 €	-72.137 €	-72.137 €	-72.137 €	-	-	-	-	-	-460.683 €
Leasingkosten		-	-	-	-	-	-	-	-	-	-	
Übernahme bei Leasingende		-	-	-	-	-	-	-	-	-	-	
Sonstige Kosten (-) / Erträge (+) in Periode		-	-	-	-30.000 €	-	-	-	-30.000 €	-	-15.000 €	-75.000 €
Einzahlungsüberschüsse (Brennstoff)		341.600 €	358.680 €	376.614 €	395.445 €	415.217 €	435.978 €	457.777 €	480.666 €	504.699 €	529.934 €	4.296.610 €
Preissteigerung Brennstoff, bezg. auf Jahr 1		0,00%	5,00%	10,25%	15,76%	21,55%	27,63%	34,01%	40,71%	47,75%	55,13%	
Einzahlungsüberschüsse (Metall-Verlust)		-	-	-	-	-	-	-	-	-	-	
Liquidationserlös (Verkauf)											15.000 €	15.000 €
Steuern (Veränderung)		-47.535 €	-82.003 €	-87.283 €	-83.995 €	-98.648 €	-125.997 €	-132.414 €	-130.321 €	-146.228 €	-153.657 €	-1.088.081 €
Periodenüberschüsse	-100.000 €	213.929 €	196.540 €	209.195 €	201.313 €	236.433 €	301.981 €	317.363 €	312.345 €	350.471 €	368.277 €	2.607.846 €
Periodenüberschüsse kumuliert	-100.000 €	113.929 €	310.469 €	519.663 €	720.977 €	957.410 €	1.259.391 €	1.576.753 €	1.889.098 €	2.239.569 €	**2.607.846 €**	
ROI (pro spezf. Periode)	-100%	114%	310%	520%	721%	957%	1259%	1577%	1889%	2240%	2608%	
Amortisation (statisch)		0,47	-	-	-	-	-	-	-	-	-	
Kapitalwert über betr. Jahre	**1.631.666 €**											
Amortisation (dynamisch, C0=0)		0,50	-	-	-	-	-	-	-	-	-	
Annuität	**243.166 €**											
Endwert bei Geldanlage	100.000 €	-	-	-	-	-	-	-	-	-	215.892 €	

BILD 4: Beispielrechnung mit Finanzierung (Quelle: Jasper GmbH)

Das Beispiel, finanziert

Die gleiche Anlage wird unter Berücksichtigung einer Kreditaufnahme erneut durchgeführt. Wie oben dargelegt, werden Tilgung und Zinsen als laufende Kosten berücksichtigt. 100.000 € (neue Investitionssumme I für die Berechnung) werden als Eigenmittel eingesetzt, damit sind 300.000 € zu finanzieren (**Bild 4**). Die neuen Werte sind in Bild 4 abzulesen. Ebenso die Grunddaten des Kredites.

Die dynamische Amortisation liegt jetzt nur noch bei einem halben Jahr! Während über 60.000 € für die Zinszahlungen aufgebracht werden mussten, sind die kumulierten Periodenüberschüsse (über die Betrachtungszeit) nur um ca. 43.000 € gesunken. Der ROI im Jahr 3 liegt jetzt bei 520 % (!). Der Kapitalwert ist nahezu unverändert.

Dies ist natürlich keine generelle Aussage, sondern muss von Fall zu Fall geprüft werden.

Fazit

Die oben genannten kaufmännischen Kennzahlen lassen bei realistischer Auswahl von Basisdaten eine Beurteilung von anstehenden oder geplanten Investitionen zu; und das mit überschaubarem Aufwand. Die hier beschriebenen Kennzahlen beurteilen allerdings nur die einzelne Investition und somit keine weiteren Zusammenhänge mit eventuellen anderen Projekten im Gesamtunternehmen. Dies ist Aufgabe des Controllings bzw. der Unternehmensführung.

Literatur

[1] Klatecki, P.: Investitonsbewertung bei der Modernisierung von Thermoprozessanlagen. Gaswärme International (2008) Nr. 6

Veröffentlicht in:
Gaswärme International · Heft 5/2010 · Seiten 335–340

Effiziente Feuerungssysteme für Industrieprozesse mit besonderen Anforderungen

Teil 2: Feuerungssysteme für Multi-Fuel-Anwendungen

Von Ahmad Al-Halbouni und Friedrich Schmaus

Die Clyde Bergemann Brinkmann GmbH (CBBM) entwickelt, baut und liefert seit mehreren Jahrzehnten Feuerungssysteme für den Einsatz an Öfen- und Brennkammeranlagen von Industrieprozessen mit besonderen Anforderungen. In einem ersten Beitrag im GWI-Heft 1-2/2010 wurde über ein Feuerungssystem für Kohlevergasungsprozesse ausführlich berichtet [1]. In diesem zweiten Beitrag werden aus dem umfangreichen Produktionsprogramm zwei Feuerungssysteme für Multi-Fuel-Anwendungen ausgewählt und vorgestellt. Dabei stehen die CBBM-Entwicklungs- und Optimierungsaktivitäten zur Anpassung des Gesamtsystems an diejenigen Prozessanforderungen im Vordergrund. Deshalb wird zusätzlich zu den Fragen des Strömungs-, Vermischungs- und Verbrennungsverhaltens der Brenner insbesondere auf deren Aufbau, Funktionsweise und die für den sicheren und kontinuierlichen Anlagenbetrieb erforderlichen Peripherieparameter und Armaturen eingegangen.

Im GWI-Heft 1-2/2010 haben die Autoren in einem Beitrag dargelegt, welche Industrieprozesse energieintensiv sind und für ihre besonderen Betriebsanforderungen den Einsatz geeigneter und effektiver Feuerungssysteme bedingen [1]. Während im genannten Beitrag das CBBM-Feuerungssystem für den Anfahrvorgang des Kohlevergasungsprozesses mit seinen spezifischen Bedingungen (hohe Drücke, hohe Temperaturen, inerte Atmosphäre, etc.) vorgestellt wurde, werden in den folgenden Ausführungen CBBM-Feuerungssysteme behandelt, welche für den Einsatz in Industrieprozessen entwickelt wurden, wo einerseits der Prozessablauf durch die Verbrennung unterschiedlicher Brennstoffe (gasförmig, flüssig, fest) effektiver wird und andererseits die Produktqualität verbessert und der Energieverbrauch optimiert wird. Solche sogenannten Multi-Fuel-Feuerungssysteme müssen in der Lage sein, nicht nur die verschiedenen Brennstoffarten zu verwerten, sondern auch flexibel hinsichtlich Brennstoffzusammensetzung und -qualität zu reagieren und gleichzeitig die betrieblichen Prozessparameter und ökologischen Vorgaben (Emissionsgrenzwerte für NO_x, CO, Schwefeloxide und Staub laut TA Luft 2002 [2]) zu erfüllen. Hierbei muss den unterschiedlichen Problemen der verschiedenen Brennstoffe Rechnung getragen werden, wie z. B. der Rußbildung bei der Ölverbrennung oder der Verbrennungsstabilität bei wechselnder Qualität und Menge gasförmiger Brennstoffe.

Aus dem umfangreichen CBBM-Produktionsprogramm werden nachfolgend zwei Multi-Fuel-Brennersysteme für den kombinierten Betrieb „Kohlenstaub-Erdgas" bzw. „Kohlenstaub-Öl" vorgestellt. Es sei hier darauf hingewiesen, dass diese Feuerungssysteme keine Serienprodukte sind, sondern verfahrens-, produkt- und kundenspezifisch angefertigt werden; sie haben ihre energetischen, ökonomischen und ökologischen Vorzüge im jahrelangen Praxiseinsatz an verschiedenen Industrieanlagen unter Beweis gestellt.

Multi-Fuel-Feuerungssysteme

Multi-Fuel-Feuerungssysteme sind kombinierte Brennersysteme, welche für den Betrieb mit gasförmigen, flüssigen und festen Brennstoffen konzipiert und in der Lage sind, mit einem Einzelbrennstoff bzw. in Mehrstoffbetrieb stabil und sicher zu arbeiten. Solche Systeme decken einen Leistungsbereich von wenigen kW bis mehrere MW ab. Sie kommen sowohl aus technisch-betrieblichen als auch aus wirtschaftlich-ökonomischen Gründen häufig in Industrieprozessen zum Einsatz. So bestimmen die Voraussetzungen für den Anfahrvorgang der Industrieanlage (z. B. Trocknung des Feuerfestmaterials, Schaffung der erforderlichen Betriebsatmosphäre), aber auch prozessbedingte Anforderungen, schwankende Rohstoffpreise, instabile Brennstofflieferungen sowie die Nutzung intern anfallender Produktionsreststoffe das passende Multi-Fuel-Feuerungssystem für den spezifischen Industrieprozess. Neben dem Kraftwerkssektor, Trockenmahlanlagen und Hüttenwerken werden kombinierte Brennersysteme in Drehrohrofen- und Industriekesselanlagen, HKWs und verschiedenen thermischen Prozessanlagen eingesetzt.

a) Kohlenstaub-Erdgas-Feuerungssystem

Bild 1 veranschaulicht schematisch den Aufbau des CBBM-Multi-Fuel-Brenners für den Kohlenstaub-Erdgas-Betrieb. Während der Kohlenstaub von der Förderluft (Transportluft) in den Brenner transportiert wird, wird das Erdgas separat im Zylinderring in den Brennraum geführt. Sowohl der Kohlenstaub als auch das Erdgas vermischen sich am Brenneraustritt mit der herangeführten Verbren-

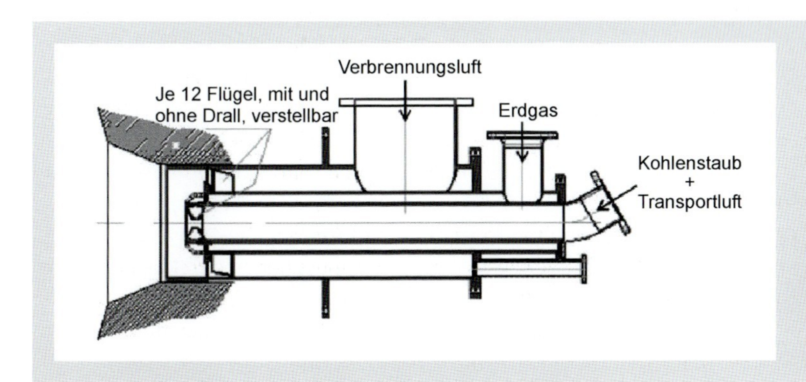

Bild 1: Schematische Darstellung des Kohlenstaub-Erdgas-Brenners

nungsluft. Durch den in beiden Luftströmen befindlichen regelbaren Drallflügel ist es möglich, mit Linksdrall, Rechtsdrall oder gegenläufigem Drall zu arbeiten, so dass Form und Länge der Flamme den jeweiligen Betriebserfordernissen angepasst werden können. Dieses Multi-Fuel-Feuerungssystem wird für Leistungen von wenigen kW bis mehreren MW hergestellt und arbeitet seit vielen Jahren erfolgreich in Kohletrocken- und Kalkanlagen.

b) Kohlenstaub-Öl-Feuerungssystem

Der CBBM-Multi-Fuel-Brenner für den Kohlenstaub-Öl-Betrieb ist, wie **Bild 2** schematisch veranschaulicht, ähnlich dem kombinierten Kohlenstaub-Erdgas-Brenner aufgebaut. Während das Öl in einer zentralen Lanze bis an den Brennermund geführt und dort durch eine Düse in den Brennraum zerstäubt eingedüst wird, wird der Kohlenstaub ringförmig um die Öllanze von der Förderluft in den Brenner transportiert und am Brennermund mit Hilfe von einstellbaren Drallflügeln mit dem Öl vermischt. Anhand von Sekundärluftströmen (verdrallt oder unverdrallt) kann Einfluss auf den Vermischungsvorgang genommen werden, so dass die gewünschte Flammengeometrie eingestellt wird. Dieses Multi-Fuel-Feuerungssystem wird von CBBM für unterschiedliche Leistungen angefertigt. Eingesetzt wird es in Hüttenwerken, Drehrohröfen bzw. als Aktivkohlebrenner.

c) Kohlenstaubzuteilung und -dosierung

Die richtige und genaue Zuteilung und Dosierung des Kohlenstaubes für die unter a) und b) genannten Multi-Fuel-Feuerungssysteme ist ein wichtiger Parameter für einen zuverlässigen Betrieb des Brenners; sie erfolgt über die in **Bild 3** dargestellten Zuteiler- und Dosiereinrichtung. Der Kohlenstaubzuteiler, dessen Hauptelement eine schnelllaufende Schnecke ist, sorgt für den Transport des Kohlenstaubes, der für die Verbrennung bestimmt ist. Der Kohlenstaub gelangt über die stufenlos regelbare Dosierschnecke in die Primärluftleitung. Dort wird er in der Staubeinfalldüse von der Förderluft erfasst und dem

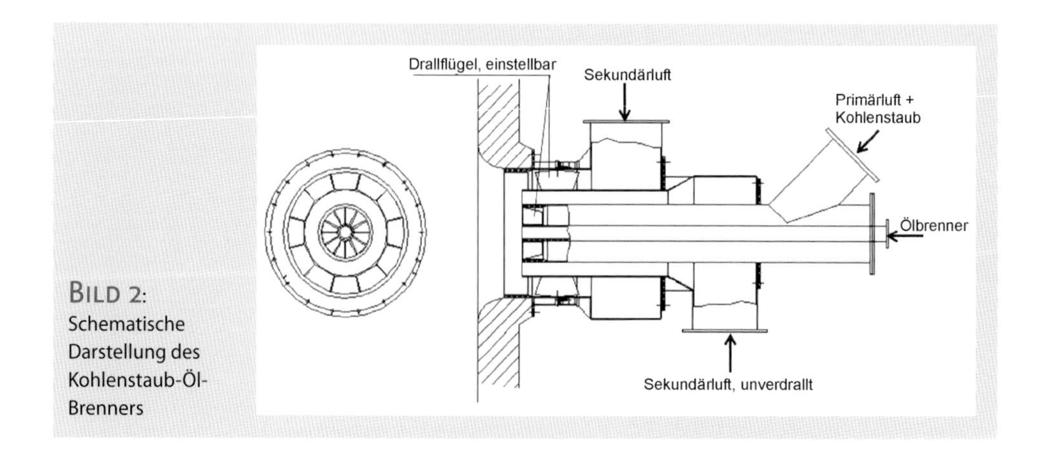

Bild 2: Schematische Darstellung des Kohlenstaub-Öl-Brenners

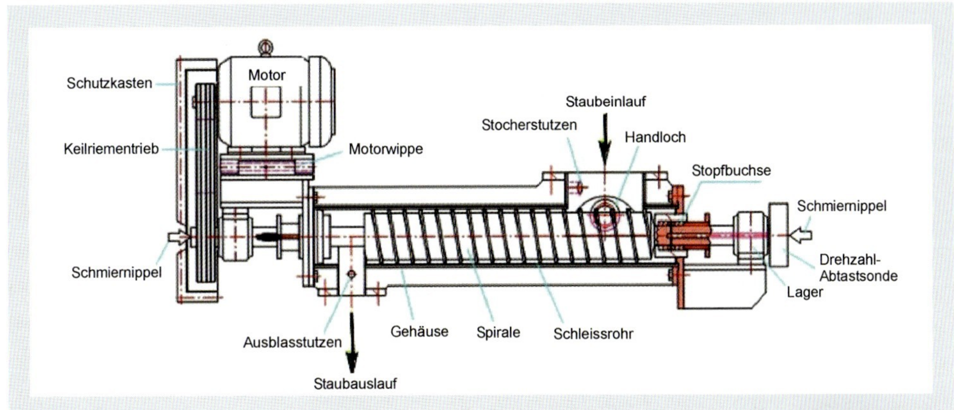

BILD 3: Kohlenstaubzuteiler mit stufenlos regelbarer Dosierschnecke

Staubbrenner zugeführt. Die erforderliche Verbrennungsluft ergibt sich aus der Staubförderluft (Transportluft) und der in die Brenner gesondert zugeführten Sekundärluft.

Zur Veranschaulichung der Funktionsweise des Kohlenstaubzuteilers wird in **BILD 4** ein Fließschema für die Strecken Kohlenstaub/Transportluft und Sekundärluft/Drallluft des Kohlenstaub-Öl-Brenners dargestellt. Darauf ist die Platzierung des Kohlenstaubzuteilers mit der Dosierschnecke sichtbar. Das Fließschema zeigt weiterhin alle zugehörigen Armaturen der Mess-, Regel- und Sicherheitseinrichtungen und verdeutlicht deren Reihenfolge für den sicheren und zuverlässigen Brennerbetrieb.

BILD 4: Fließschema für das kombinierte Kohlenstaub-Öl-Brennersystem

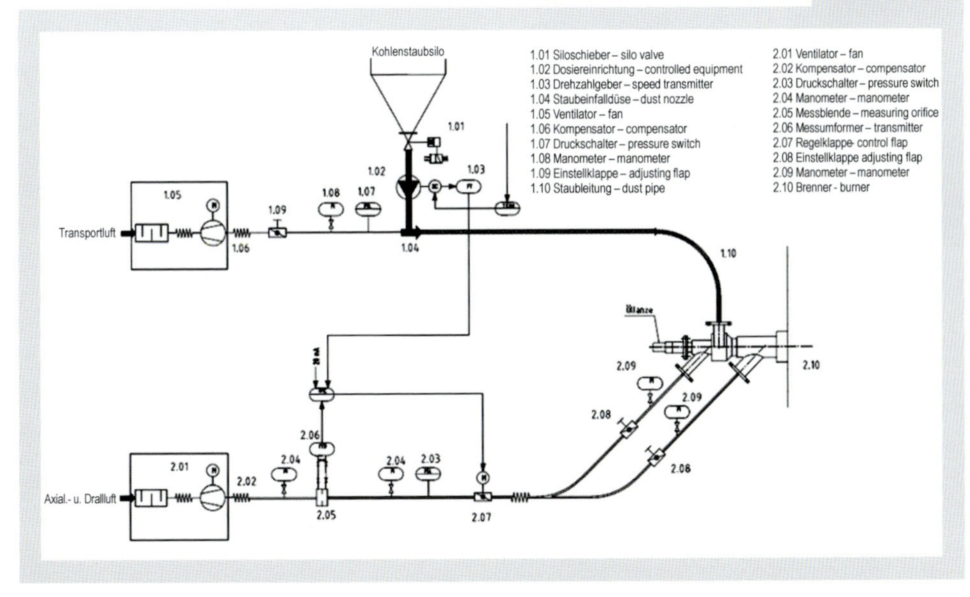

Brennerbetrieb und -optimierung

Nachfolgend wird anhand des Multi-Fuel-Feuerungssystems „Kohlenstaub-Erdgas-Brenner" auf die CBBM-Aktivitäten zur Optimierung des Brennerbetriebs für den Einsatz in einer Kalzinationsanlage eingegangen und die dabei gewonnenen Betriebserfahrungen erläutert.

Zwei des oben dargelegten Kombi-Kohlenstaub-Erdgasbrenners befeuern seit einem Jahr zwei Heißgasöfen einer Kalzinationsanlage mit einer Leistung von 5 bzw. 12 MW_{th}. Es wurden zwei Feuerungssysteme mit Erdgas- und Kohlenstaubstrecken sowie den zugehörigen Sicherheits- und Regeleinrichtungen von CBBM ausgelegt, gebaut, installiert und in Betrieb genommen. Die Staubstrecken wurden überdies mit dem kompletten Zubehör für die Staublagerung (Silos), den Staubtransport (Wiege- und Dosierschnecken, Zuteiler), die Staubförderung (Luftgebläse), etc. ausgestattet. Die Brenner sind in den Brennkammerdeckel als Sturzbrenner eingebaut, wie **Bild 5** veranschaulicht. Somit wird die Ausbrandrichtung von oben nach unten realisiert. Auf diese Weise ist sichergestellt, dass jedes Kohlenstaubkorn das gesamte Reaktionsgebiet durchläuft, sodass ein optimaler Ausbrand erfolgt.

Der Erdgasbrennerbetrieb war zunächst für die Trocknung des Feuerfestmaterials der Brennkammer erforderlich, danach ist er für den Anfahrvorgang vorgesehen sowie für betriebsbedingte Situationen. Die Zündung des Erdgases erfolgt elektrisch, wobei die Zündflamme durch eine Ionisationseinrichtung und die Flamme des Hauptbrenners durch einen kombinierten UV/IR Flammenfühler überwacht werden. Bei evtl. erfolgloser Zündung wird ein Nachströmen des Erdgases durch Schließen bzw. Nichtöffnen der Magnetventile automatisch verhindert. Nach Erreichen der für die Zündung des Staubes erforderlichen Zündtemperatur erfolgt die Zugabe des Staubes. Die Verbrennungstemperatur

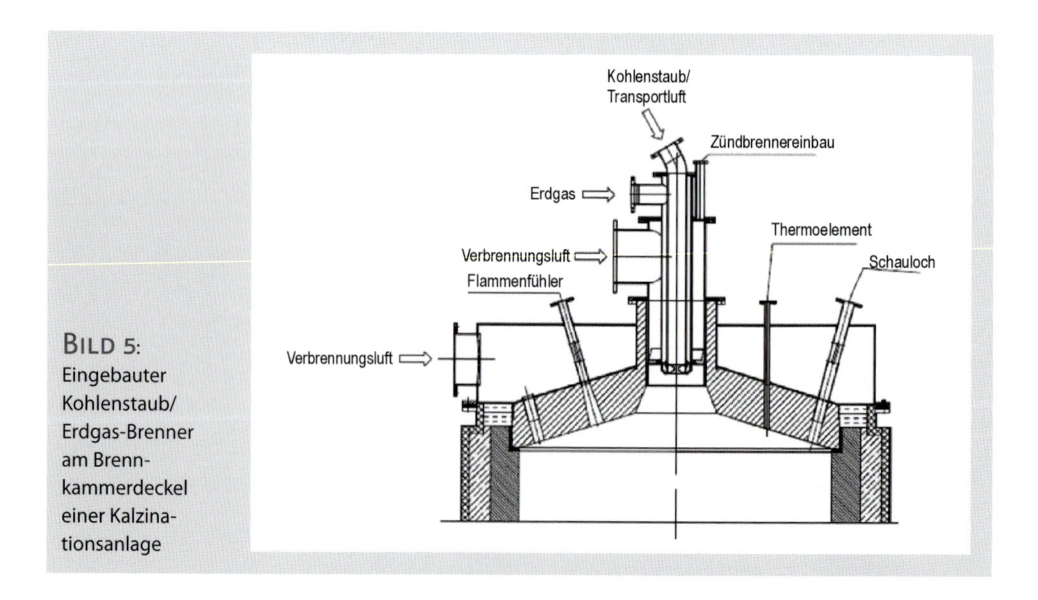

Bild 5: Eingebauter Kohlenstaub/Erdgas-Brenner am Brennkammerdeckel einer Kalzinationsanlage

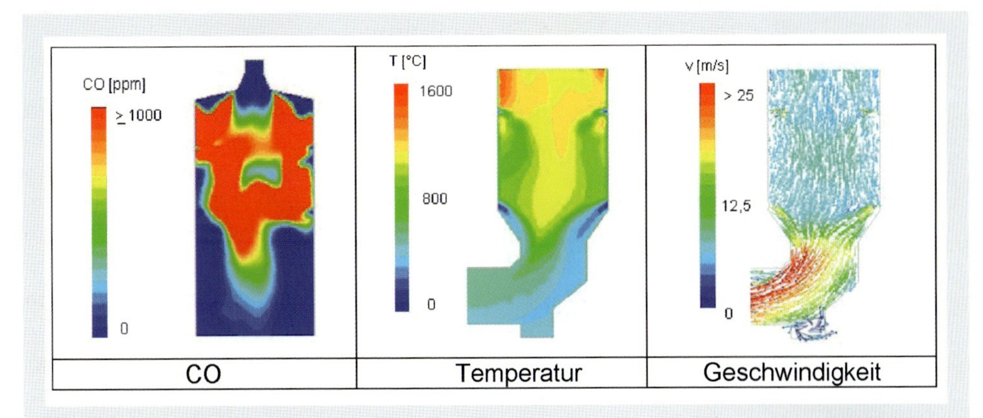

Bild 6: Simulationsergebnisse für die Verteilung von CO in der oberen Ofenhälfte und Temperatur und Geschwindigkeit in der unteren Ofenhälfte

wird unterhalb des Ascheschmelzpunktes gehalten, damit die unerwünschte Schlackenbildung vermieden wird. Dies wird durch Beimischung von Kühlluft erreicht. Zur Optimierung der Verbrennung und Verbesserung des Ausbrandes wird ein Teil der Sekundärluft später tangential in die Brennkammer eingeblasen. Des Weiteren wird Frischluft an einer weiteren stromabwärts liegenden Stelle tangential eingebracht. Somit wird der Kohlenstoffträger, der durch die Förderluft und Sekundärluft verdrallt in die zylindrische Brennkammer eintritt, auf eine rotierende, kreisähnliche Bahn gebracht. Dadurch verlängern sich die Ausbrandwege der Kohlenstaubkörner. Ein vollständiger Ausbrand sowie eine gleichmäßige Heißgasverteilung mit einer dem Prozess angepassten Temperatur am Ofenaustritt sind die Folge.

Das von den Brennern erzeugte Heißgas wird in Richtung Ofenausgang abgeleitet und kurz vor Austritt aus der Brennkammer durch Beimischung von Rückgasen auf die erforderliche Menge und Temperatur gebracht. Danach wird es für die Trocknung des Produktes verwendet.

Im CBBM-Auftrag durchgeführte CFD-Simulationsrechnungen für einen Referenzfall haben diese Ergebnisse bestätigt, wie aus **Bild 6** hervorgeht. Während die CO-Konzentration schon ab Ofenmitte kaum noch nachweisbar ist (Bild 6, links), wird ein gleichmäßiges Temperatur- und Geschwindigkeitsprofil am Ofenaustritt berechnet (Bild 6, Mitte/rechts). Die optimale Brennervariante wurde in der CBBM-Werkstatt gebaut und an der Kalzinationsanlage eingesetzt. **Bild 7** zeigt eine Fotoaufnahme des Brennerkopfes. Darauf sind folgende Komponenten sichtbar: die Drallschaufel im Innenrohr für die Transportluft mit dem Kohlenstaub, die Erdgasdüsen auf dem Zylinderring und die Drallschaufel für die Sekundärluft am Außenrohr.

Der Brenner funktioniert störungsfrei. Er liefert eine stabile Verbrennung und erfüllt die für das Produkt geforderten Heißgaseigenschaften. Das Flammenfoto (**Bild 8**), aufgenommen durch ein Beobachtungsfenster am Deckel der Brennkammer, vermittelt die gute, homogene und stabile Verbrennung des Kohlenstaubes.

BILD 7: Fotoaufnahme des Kohlenstaub-Erdgas-Brennerkopfes

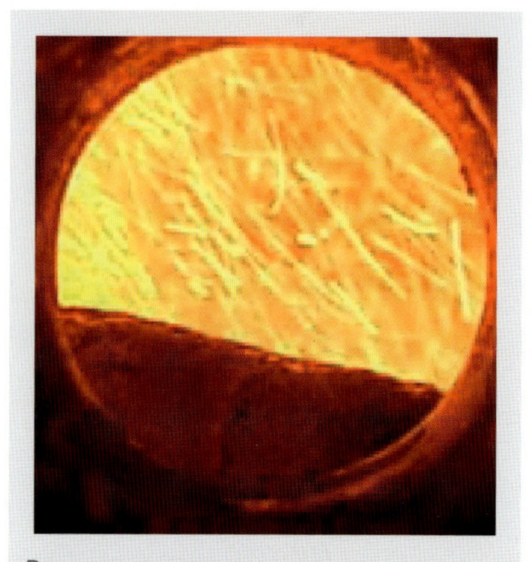

BILD 8: Fotoaufnahme der Kohlenstaubverbrennung

Schlussfolgerungen

Bisher gewonnene Betriebserfahrungen bestätigen, dass

- die Brenner stabil und zuverlässig mit beiden Brennstoffarten (Erdgas und Kohlenstaub) nah-stöchiometrisch arbeiten (l = 1,05 – 1,1),
- ein großer Regelbereich fahrbar ist,
- der Brennerbetrieb bedienfreundlich und wartungsarm ist,
- ein optimaler und nahezu vollständiger Ausbrand erreicht wird,
- erzeugtes Heißgas die gewünschte Trocknungstemperatur gewährleistet.

Literatur

[1] Al-Halbouni, A.; Schmaus, F.: Effiziente Feuerungssysteme für Industrieprozesse mit besonderen Anforderungen: Teil 1: Feuerungssystem für Kohlevergasung. GASWÄRME International 59 (2010) Nr. 1-2, S. 27–30

[2] TA Luft 2002

Veröffentlicht in:
Gaswärme International · Heft 5/2010 · Seiten 373–377

Modernisierung und Effizienz von Thermoprozessanlagen

Von Peter Wendt und Friedhelm Kühn

Ziel dieses Fachbeitrages ist es an Beispielen der Wärmebehandlungsindustrie und der dort eingesetzten Thermoprozessanlagen (Haubenglühanlagen, Drehherd-, Hubherd-, Hubbalken-, Stoßöfen und Gasaufkohlungsanlagen sowie Einsatzhärteanlagen) zu zeigen, welche Effizienzsteigerungen heute innerhalb und außerhalb des eigentlichen Wärmebehandlungsprozesses und der notwendigen Thermoprozessanlagen zur Verfügung stehen. Aus den daraus resultierenden Möglichkeiten der Reduzierung des Energieeinsatzes lässt sich ein hohes Potenzial zur Entlastung der Umwelt ableiten. Dabei wird auch die wirtschaftliche Auswirkung bezüglich des Energieeinsatzes und der Einsparmöglichkeiten beleuchtet. Zum Abschluss wird an Beispielen des Einsatzhärtens gezeigt, welche Varianten einer Verfahrensänderung sich partiell zukünftig anbieten, um erhebliche Produktionssteigerungen und damit Energiekostenreduzierungen zu erreichen.

Aktuell wird in allen Bereichen der Industrie neben den Qualitätsaspekten [1] auch das Thema der rationellen Energieanwendung diskutiert, so auch im Bereich der Wärmebehandlungsanlagen im Allgemeinen sowie der Haubenglühanlagen im Speziellen.

Möglichkeiten und Grenzen der rationellen Energieanwendung in Haubenglühanlagen

Modernisierungen älterer Haubenglühanlagen

Durch eine Modernisierung älterer Haubenglühanlagen lassen sich wesentliche Einsparungen hinsichtlich Energieeffizienz, Leistung und Qualität erzielen. Diese sind hinreichend bekannt, stellen den Stand der Technik dar und sollen an dieser Stelle nur kurze Erwähnung finden:

a. Umrüstung älterer HNX-Anlagen auf die moderne HPH-Technologie. Dabei kommt eine 100-prozentige Wasserstoffatmosphäre als Schutzgas bei gleichzeitiger Nutzung von Hochkonvektion zum Einsatz. Frequenzgesteuerte Sockelmotoren mit Umwälzerdrehzahlen von 2.500 U/min sind Stand der Technik.
b. Einsatz von faserisolierten Heizhauben anstelle von Steinzustellungen, ggf. Tapezieren von vorhanden Steinzustellungen mit 1 bis 2 Lagen Fasern.
c. Einsatz von Abgasrekuperatoren an den Heizhauben zur Verbrennungsluftvorwärmung bis zu maximal 450 °C ist Stand der Technik.

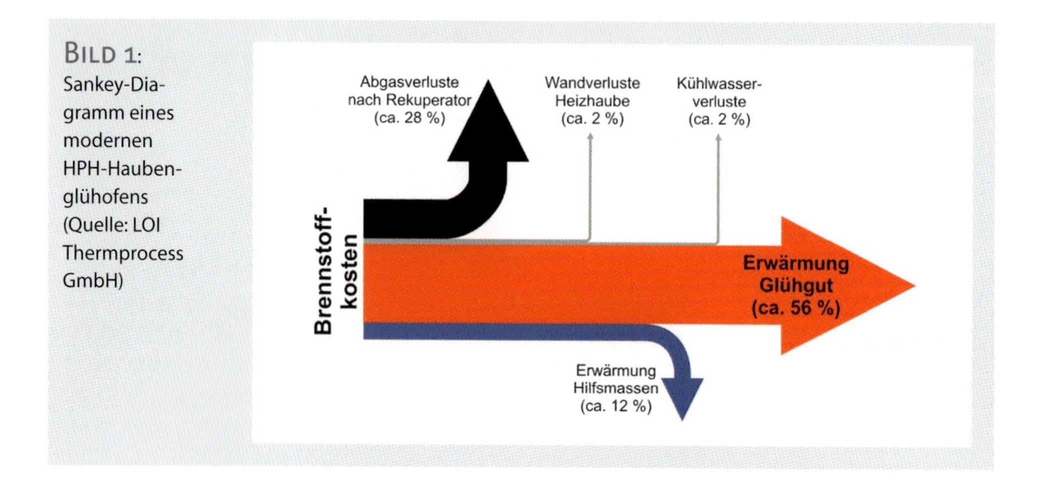

BILD 1: Sankey-Diagramm eines modernen HPH-Haubenglühofens (Quelle: LOI Thermprocess GmbH)

d. Ein mit spezieller Software installiertes stapelabhängiges optimiertes Spülen zur Verringerung des Verbrauches an Stickstoff und Wasserstoff ist inzwischen üblich.

Energetische Betrachtungen bei modernen Haubenglühanlagen

Werden mögliche Einsparpotenziale untersucht, muss zu Beginn der Betrachtungen die Wärmebilanz bis zum Ziehen der Heizhaube diskutiert werden. Dabei wird sichtbar, dass der überwiegende Anteil der Energie mit ca. 56 % für die Erwärmung des Glühgutes (Coils) benötigt wird (**BILD 1**). Den zweitgrößten Anteil mit ca. 28 % stellen die Abgasverluste (Abgas nach Reku) dar. Zur Erwärmung der Hilfsmassen (Zwischenkonvektoren, Schutzhaube, Glühsockel) werden immerhin noch 12 % der zugeführten Energie benötigt. Die Wandverluste der Heizhaube bzw. über das Kühlwasser sind mit jeweils ca. 2 % eher gering einzuschätzen.

Wird eine mittlere Haubenglühanlage mit ca. 20 Glühsockeln und 10 Heizhauben betrachtet, ergibt sich die in **TABELLE 1** dargestellte Kostenstruktur für eine erdgasbeheizte Haubenglüherei. Daraus folgt, dass signifikante anlageninterne Energieeinsparungen an modernen Haubenglühanlagen nur durch eine bessere

TABELLE 1: Aufteilung der Brennstoffkosten (Quelle: LOI Thermprocess GmbH)

	Anteil der Brennstoffkosten	Jährliche Brennstoffkosten einer Haubenglüherei mit 20 Sockeln & 10 Heizhauben
Energie zur Erwärmung des Glühgutes	ca. 56 %	ca. 1.302.000 €/a
Abgasverluste (nach Reku)	ca. 28 %	ca. 651.000 €/a
Energie zur Erwärmung der Hilfsmassen	ca. 12 %	ca. 279.000 €/a
Wandverluste Heizhaube	ca. 2 %	ca. 46.500 €/a
Kühlwasserverluste	ca. 2 %	ca. 46.500 €/a

TABELLE 2: Jährliche Medienkosten einer Haubenglüherei mit 20 Glühsockeln, 10 Heizhauben und 10 Kühlhauben (Quelle: LOI Thermprocess GmbH)

	Prozentualer Anteil	Jährliche Medienkosten einer Haubenglüherei mit 20 Sockeln & 10 Heizhauben
Jährliche Erdgaskosten	ca. 76,3 %	ca. 2.325.000 €/a
Jährliche EE-Kosten	ca. 9,4 %	ca. 285.000 €/a
Jährliche H_2-Kosten	ca. 11,5 %	ca. 350.000 €/a
Jährliche N_2-Kosten	ca. 2,8 %	ca. 85.000 €/a
Medienkosten Gesamt	100 %	ca. 3.045.000 €/a

Nutzung der Energie zur Glühguterwärmung und durch geringere Abgasverluste erzielt werden können. Bei der Energie zur Erwärmung der Hilfsmassen sind Grenzen gesetzt, die in der Stabilität der Anlage begründet sind. Ungeachtet dessen sollte man nach Möglichkeiten von Gewichtseinsparungen dieser Hilfsmassen suchen. Die Wandverluste sowie die Kühlwasserverluste während des Heizprozesses werden an dieser Stelle nicht weiter betrachtet.

Neben den Brennstoffkosten sind ebenfalls die Kosten für Elektroenergie, Stickstoff und Wasserstoff zu betrachten. In **Tabelle 2** sind die jährlichen Medienkosten für eine Anlage mit 20 Glühsockeln, 10 Heizhauben sowie 10 Kühlhauben dargestellt. Nachfolgend werden einige Maßnahmen zur Verbesserung der Energieeffizienz vorgestellt:

Stapelwärme-Rückgewinnung beim Kühlen

In **Bild 2** ist ein Sockel mit schematisch angeordneter BYPASS-Kühlung dargestellt. Bisher ist solch eine Kühlung für jeden Sockel einzeln installiert worden. Durch die Kühlung des Glühgutes mittels Kühler wurde die während des Glühprozesses zugeführte Energie an das Kühlwasser abgegeben. Es besteht jedoch auch die Möglichkeit, zwei benachbarte Glühsockel miteinander zu koppeln, wodurch die Energie des „heißen Sockels" an den benachbarten „kalten Sockel" abgegeben wird. Dies setzt jedoch voraus, dass beide Sockel nicht mehr individuell, sondern als Sockelpaar betrieben werden, wodurch die Flexibilität der Gesamtanlage etwas eingeschränkt wird. Es kann eine direkte Kopplung beider BYPASS-Systeme erfolgen, allerdings ist eine indi-

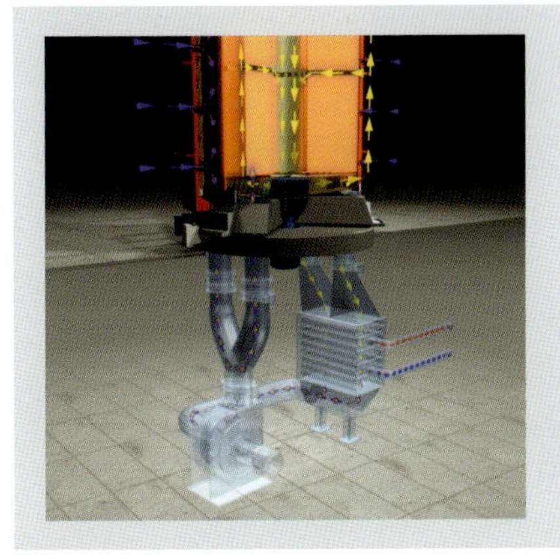

BILD 2: HPH-Sockel mit BYPASS-Kühlung (Quelle: LOI Thermprocess GmbH)

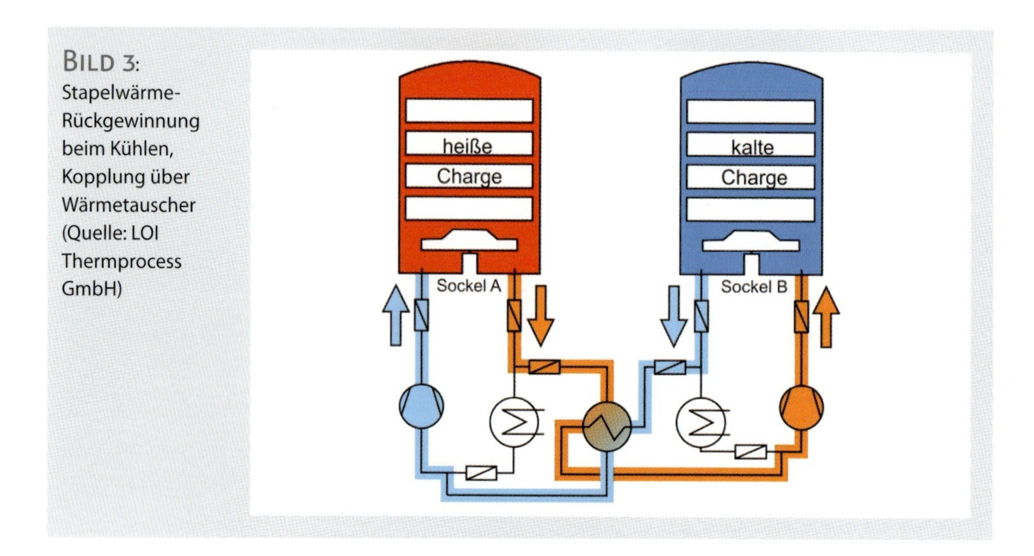

BILD 3: Stapelwärme-Rückgewinnung beim Kühlen, Kopplung über Wärmetauscher (Quelle: LOI Thermprocess GmbH)

rekte Kopplung über einen zusätzlichen Wärmetauscher zu bevorzugen, weil dadurch ein Mischen von Glühatmosphären der beiden benachbarten Glühsockel vermieden wird.

In **BILD 3** ist diese Kopplung mittels Wärmetauscher schematisch dargestellt. Nach dem Ziehen der Heizhaube wird auf Sockel A eine Kühlhaube gesetzt. Die Kühlhauben-Ventilatoren bleiben zunächst abgeschaltet. Der benachbarte Sockel B wurde gerade mit einer neuen Charge beladen. Es wurde bereits vorgespült und die Heizhaube wurde gesetzt. Die Sockelumwälzer und die BYPASS-Ventilatoren auf Sockel A und B sind eingeschaltet. Der Schnellkühlventilator fördert das Schutzgas von Sockel A durch den Gas/Gas-Wärmetauscher, kühlt es dabei ab und überträgt die Wärme auf den Schutzgaskreislauf des Sockel B.

Nach sechs Stunden kühlt sich die Charge A auf ca. 550 °C Kerntemperatur ab, die Charge B erwärmt sich dabei auf ca. 200 °C. Der Sockel B kann dabei mit Wasserstoff gespült werden und der verschmutzte Wasserstoff wird unter der Heizhaube in einem speziellen H_2-Brenner verbrannt. Nach sechs Stunden werden beide Sockel entkoppelt, wobei bei Sockel A die BYPASS-Kühlung als Schnellkühlung zugeschaltet wird. Am Sockel B wird die Heizhaube gezündet und der normale Glühprozess beginnt. Im nächsten Zyklus erfolgt die Vorwärmung der Charge am Sockel A mit dem Wärmeinhalt der Charge von Sockel B.

Durch die Kopplung von zwei benachbarten Sockeln muss im praktischen Betrieb eine um ca. 15 % geringere Anlagendurchsatzleistung in Kauf genommen werden, wodurch der spezifische Strombedarf geringfügig (um ca. 1,6 kWh/t) ansteigt. Dem gegenüber steht ein Brennstoff-Einsparungspotenzial in der Größenordnung von immerhin 20 %, was bei einer Haubenglüherei mit 20 Glühsockeln und 10 Heizhauben immerhin noch eine Betriebskosteneinsparung von über 420.000 € pro Jahr ergibt.

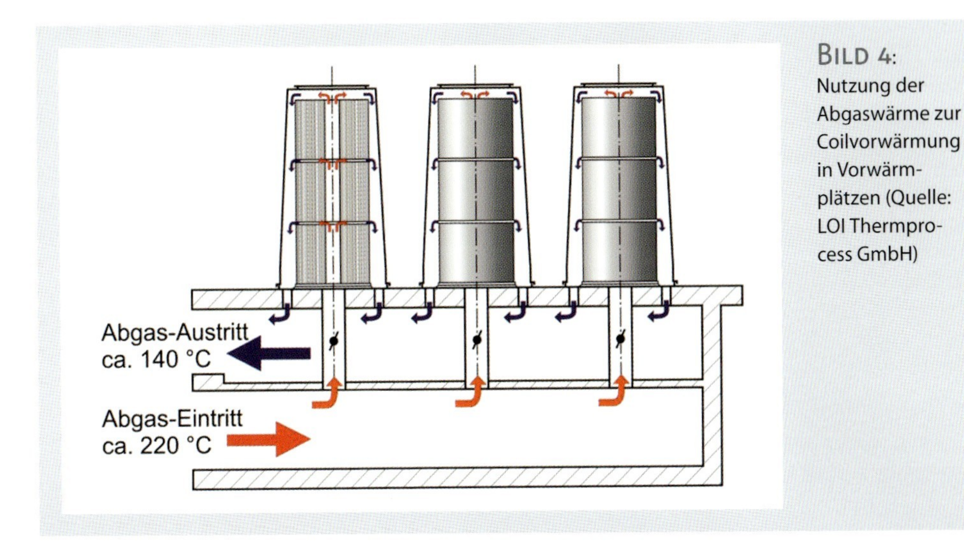

Bild 4: Nutzung der Abgaswärme zur Coilvorwärmung in Vorwärmplätzen (Quelle: LOI Thermprocess GmbH)

Nutzung der Abgaswärme zur Coilvorwärmung

Eine weitere Möglichkeit zur besseren Nutzung der Abgaswärme ist die Installation spezieller Vorwärmplätze in Anlehnung an die allgemein bekannten Schlusskühlplätze. In **Bild 4** sind solche Vorwärmplätze schematisch dargestellt. Über spezielle Gaskanäle wird das von der Haubenglühanlage kommende Abgas mit ca. 220 °C unter eine Haube mit den walzharten und kalten Coils geleitet, die dadurch bis auf ca. 120 °C Kerntemperatur vorgewärmt werden können. Durch diese Vorwärmung kann eine Brenngaseinsparung in der Größenordnung von ca. 11 % erreicht werden, was einer Betriebskosteneinsparung von ca. 256.000 € pro Jahr für eine Haubenglüherei mit 20 Glühsockeln und 10 Heizhauben entspricht. Dem stehen erhöhte Aufwendungen für die Logistik (Krantransporte warmer Coils), eine erhöhte Kondensationsgefahr an den Coils sowie ein größerer Platzbedarf gegenüber.

Nutzung der Abgasenthalpie zur besseren Luftvorwärmung

In modernen Haubenglühanlagen werden leistungsstarke brennerbezogene Einzelrekuperatoren bzw. Zentralrekuperatoren zur Verbrennungsluftvorwärmung verwendet, wobei bisher max. Luftvorwärmtemperaturen in der Größenordnung von maximal 450 °C erreicht werden. Die über den Glühprozess gemittelte Luftvorwärmtemperatur liegt bei ca. 360 °C oder knapp darunter. In **Bild 5** ist der Zusammenhang zwischen Luftvorwärmtemperatur, dazu benötigter Reku-Fläche und dem Einfluss auf den Brenngasverbrauch dargestellt. Daraus wird ersichtlich, dass man zur Erhöhung der Luftvorwärmtemperatur bis auf 600 °C die Reku-Fläche mindestens verdreifachen muss und sich dadurch der Brenngasverbrauch in der Größenordnung von ca. 11 % reduzieren lässt, was einer Betriebskosteneinsparung von über 250.000 € pro Jahr für 20 Glühsockel entspricht. Es muss allerdings beachtet werden, dass durch die erhöhte Luftvorwärmung auch erhöhte

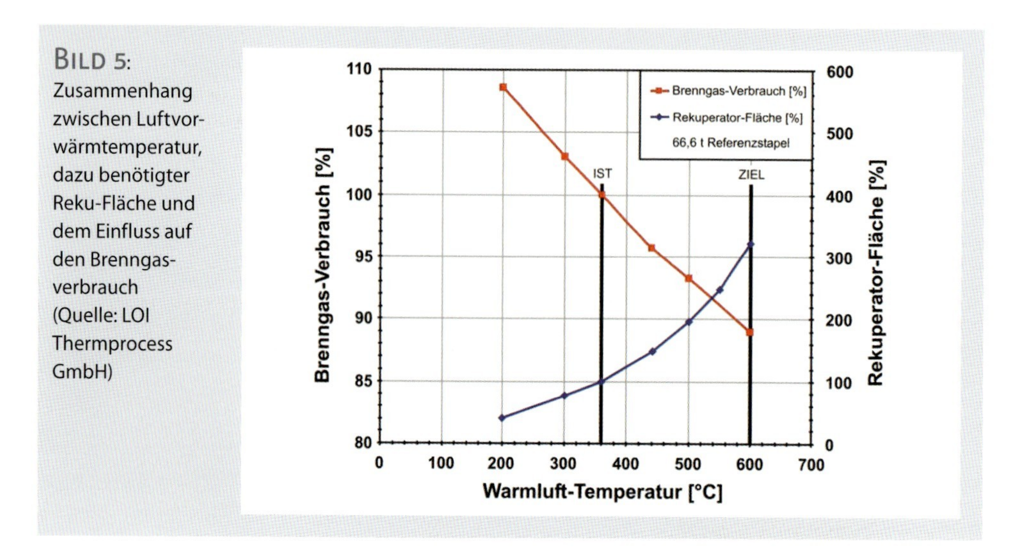

Bild 5: Zusammenhang zwischen Luftvorwärmtemperatur, dazu benötigter Reku-Fläche und dem Einfluss auf den Brenngasverbrauch (Quelle: LOI Thermprocess GmbH)

NO_X-Werte zu erwarten sind. Es müssen deshalb Änderungen am Verbrennungskonzept erfolgen, zumal bisherige Haubenbrenner aller Anbieter nicht mit solch hohen Lufttemperaturen gefahren werden können.

Wasserstoffrecycling

Selbst bei optimierten Spülzyklen sind die Wasserstoffkosten in einer Haubenglüherei ein nicht zu unterschätzender Kostenfaktor. Bisher ist es Stand der Technik, dass der durch Öldämpfe verschmutzte Wasserstoff einem speziellen, in der Heizhaube installierten H_2-Brenner zugeführt und dort rückstandslos verbrannt wird. Beim Wasserstoffrecycling [2] werden in einem ersten Prozessschritt die Walzölrückstände und festen Partikel entfernt und in einem zweiten Prozessschritt erfolgt eine Entfernung von Fremdgasen durch Druckwechselabsorption. Nachgewiesenermaßen kann durch solch ein Verfahren ca. 70–80 % des eingesetzten Wasserstoffs recycelt und über einen Puffertank (siehe **Bild 6**) der Anlage als Frischgas wieder zugeführt werden. Im Falle einer Rückgewinnungsrate von 75 % ergibt sich für 20 Glühsockel immerhin ein Einsparungspotenzial in der Größenordnung von ca. 235.000 € pro Jahr. Akzeptable Amortisationszeiten errechnen sich allerdings erst für größere Haubenglühanlagen (ab etwa 30 Glühsockel) oder einem mittleren Wasserstoffverbrauch der Gesamtanlage von ca. 150 m^3/h.

Frequenzgeregelte Abgasventilatoren

Herkömmliche Abgassysteme bei Haubenglühanlagen arbeiten oftmals noch mit einer Klappenregelung, wobei der Abgasventilator die gesamte Zeit mit Nennlast betrieben wird. Eine Umrüstung auf eine Druckregelung mittels frequenzgesteuerter Abgasventilatoren ist größtenteils mit wenig Investitionsaufwand möglich, wobei bei konservativer Schätzung eine Energieeinsparung von 25 %, bezogen auf die Nennleistung des Abgasventilators, möglich ist. Eine solche Umrüstung

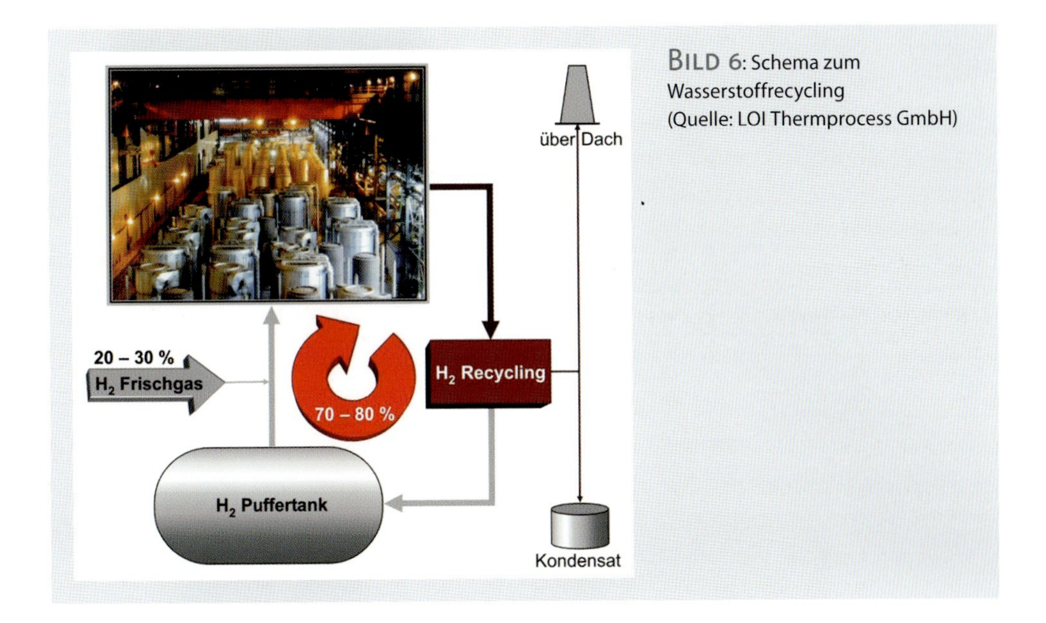

BILD 6: Schema zum Wasserstoffrecycling (Quelle: LOI Thermprocess GmbH)

ist bereits an mehreren Anlagen mit einer Amortisationszeit von deutlich unter drei Jahren realisiert worden.

Kühlen auf Glühsockeln bis 160 °C oder bis 60 °C Materialtemperatur

Aktuell wird oft diskutiert, welche Kühlphilosophie die günstigste Technologie darstellt. Traditionell erfolgt in den wasserstoffbetriebenen Haubenglühanlagen eine Kühlung der Bunde bis zu einer Materialtemperatur kleiner 160 °C (hot spot), um Randoxidationen bzw. Anlauffarben sicher zu vermeiden. Anschließend werden die Bunde zu sogenannten Schlusskühlplätzen transportiert, wo eine Kühlung bis auf Dressiertemperatur (kleiner 60 °C Materialtemperatur) bei gleichzeitiger Lagerung der Bunde vor dem Dressiergerüst erfolgt. Eine alternative Lösung ist das Abkühlen der Bunde bis auf 60 °C direkt in der Haubenglühanlage, wodurch man auf die Schlusskühlplätze verzichten könnte. Ein Lagerplatz vor dem Dressiergerüst wird dennoch notwendig. Beide Versionen werden in **TABELLE 3** aus energetischer Sicht gegenübergestellt.

Aus energetischer Sicht ist eine direkte Kühlung der Bunde auf den Haubenglühsockeln nicht sinnvoll. Wenn man des Weiteren berücksichtigt, dass man im Falle einer Vollauslastung der Haubenglühanlage einen Durchsatzverlust in der Größenordnung von ca. 15 % hinnehmen muss, wenn man die Bunde direkt bis auf 60 °C auf den Glühsockeln abkühlt, dann empfiehlt sich umso mehr die Installation von Schlusskühlplätzen. Der vermeintliche Vorteil einer geringeren Anzahl von Kranmanipulationen und eine daraus resultierend geringere Anzahl von Bandkantenbeschädigungen entfällt, wenn man die Schlusskühlplätze gleichzeitig zur Schlußkühlung und zur Lagerung vor dem Dressiergerüst nutzt. Die Investkosten für die sehr einfachen und preiswerten Schlusskühlplätze kann

TABELLE 3: Vergleich der Kühlung auf 160 °C oder 60 °C aus energetischer Sicht (Quelle: LOI Thermprocess GmbH)

	Variante 1	Variante 2
	Kühlen auf den Sockeln bis 160 °C	Kühlen auf den Sockeln bis 60 °C, anschließend Kühlen auf den SKP bis 60 °C
Leistung Sockelumwälzer		22 kW
Leistung KH-Ventilatoren		2 x 7,5 kW
Leistung Schlusskühlplatz	2,2 kW	
Kühlzeit 160 °C – 60 °C	auf Schlusskühlplätzen: ca. 20 h	auf Glühsockeln: ca. 7 h
Stromverbrauch für Kühlung 160 °C – 60 °C	ca. 0,628 kWh/t	ca. 2,50 kWh/t
Mehrkosten durch erhöhten Stromverbrauch für eine Anlage mit 20 Glühsockeln	0	ca. 45.700 €/Jahr

man bei dieser Betrachtung praktisch vernachlässigen, zumal sie bei vielen Betreibern vorhanden sind. Ebenfalls nicht betrachtet wurden die geringfügig erhöhten Wartungs- und Instandhaltungsaufwendungen für das Betreiben der Haubenglühanlage beim Kühlen bis 60 °C.

Grenzen der rationellen Energieanwendung bei Haubenglühanlagen

Wärmeauskopplung

Es ist unstrittig, dass die Abwärmenutzung dann am effektivsten ist, wenn sie für den jeweiligen Prozess selbst genutzt wird. Externe Verbraucher haben ihr Eigenleben, was dazu führt, dass das Abwärme-Angebot und der Abwärme-Verbrauch in Umfang und Zeit unterschiedlich sind, also nur ein Teil der Abwärme genutzt werden kann. Trotzdem wird häufig die Frage nach einer externen Abwärmenutzung gestellt. Die beispielhaft betrachtete Haubenglühe erzeugt Abgas mit einer Temperatur von ca. 450 °C nach Reku bei einem Volumenstrom i. N. von 10.000 m^3/h, was einem Enthalpiestrom von 1.920 kW entspricht.

Betrachtet man eine Warmwasserbereitung zwischen 60 °C Eintrittstemperatur und 95 °C am Austritt, so können mit einer Rippenrohr-Fläche von ca. 300 m^2 etwa 30 m^3/h Wasser erwärmt werden. Dies entspricht einem Wärmestrom von ca. 1.170 kW. Würde man diesen Wasserstrom mit Erdgas erwärmen, würden Erdgaskosten von ca. 490.000 € pro Jahr anfallen, die als Ersparnis anzusetzen wären. Wird dagegen Sattdampf mit ca. 160 °C benötigt, könnten aus Kondensat am Siedepunkt ca. 1,2 t/h Dampf erzeugt werden, was einem Wärmestrom von ca. 1.040 kW entspricht. Diese Dampfmenge aus Erdgas zu erzeugen, würde ca. 520.000 € pro Jahr kosten.

Ohne im Einzelnen auf die notwendigen Investitionen einzugehen, kann festgestellt werden, dass derartige Abwärmenutzungen wirtschaftlich meistens sehr sinnvoll sind, unter der Voraussetzung, dass die Abwärme immer abgenommen werden kann.

Ideale Abwärme-verbraucher

Die dankbarsten Abwärmeverbraucher

- arbeiten kontinuierlich,
- haben einen Wärmebedarf, der das Angebot an Abwärme deutlich übersteigt,
- konsumieren geringwertige Wärme, wie z. B. Warmwasser, bestenfalls Dampf,
- und sind örtlich in der Nähe.

Dies trifft am ehesten auf Bandreinigungsanlagen oder Beizen im gleichen Betrieb zu.

Mechanische Energie/Stromerzeugung

Da die Abwärme nur mit 400 °C vorliegt, ist ein wirtschaftlicher Dampfturbinenprozess nicht darstellbar. Auch Stirling-Motoren brauchen dafür mindestens 600 °C und scheiden allein dadurch schon aus. Alternativ wird ein Hochtemperatur-ORC-Prozess betrachtet, der im vorliegenden Beispiel eine Maximaltemperatur des Arbeitsmediums von ca. 250 °C erreichen könnte [3]. Der erzielbare Wirkungsgrad in mechanische Arbeit liegt dabei im Bereich zwischen 20 und 25 %.

Beispiel-Annahmen:
Abwärmestrom 1900 kW als Abgasenthalpie bei 450 °C
Wirkungsgrad der Wandlung in elektrische Energie 18 %
Spezifischer Investitionsaufwand 2800 €/kWh
Zinssatz 0 %
Einspeisevergütung 0,06 €/kWh
Jährliche Betriebszeit 8000 h

Es ergeben sich eine elektrische Leistung von knapp 350 kW, Investkosten in der Größenordnung von 970.000 € und eine Vergütung von ca. 166.000 € pro Jahr. Daraus folgt, selbst ohne Berücksichtigung der unvermeidlichen Betriebskosten der Anlage, eine Kapitalrücklaufzeit von ca. sechs Jahren. Dies ist nur in wenigen Sonderfällen wirtschaftlich, zumal der Betreiber eines Kaltwalzwerkes sich dann zusätzlich als Kraftwerker betätigen müsste.

Leistungssteigerung durch Regenerativbrenner bei direkt beheizten Drehherdofen-(DHO), Hubherd-(HHO), Hubbalken-(HBO) und Stoßofenanlagen (STO)

Nutzung der Abgaswärme zur Steigerung der Verbrennungsluftvorwärmung

Zur Erwärmung von Blöcken, Brammen und Grobblechen werden die oben genannten Thermoprozessanlagen eingesetzt. An einem Beispiel von zwei Drehherdöfen wird die Leistungssteigerung durch den Wechsel von Rekuperatorbrennern zu Regenerativbrennern gezeigt. **Bild 7** zeigt das Prinzip einer Regenerativbrennereinheit für z. B. einen DHO. Dabei werden Verbrennungslufttemperaturen von über 1.000 °C erreicht. Einen Leistungsnachweis von DHO1 mit vorher

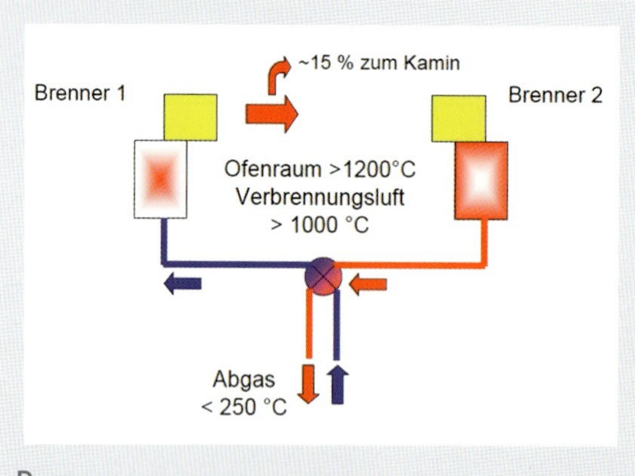

BILD 7: Funktionsprinzip einer Regenerativbrennereinheit (Quelle: LOI Thermprocess GmbH)

TABELLE 4: Leistungsnachweis eines 32-t/h-Drehherdofens (Quelle: LOI Thermprocess GmbH)

Blöcke Ø 210 mm x 630 mm; Einsatztemperatur ca. 100–120 °C	
Zielstellung	
Ofenleistung	32 t/h
spez. Wärmeverbrauch	348 kWh/t
Emissionen	300 mg/m^3
Ziehtemperatur	1.300 °C ± 15 °C
Leistungsnachweis gemäß Richtlinien VDEh Nr.545	
Vorlauf	1,75 h
Leistungstest	1,7 h
Nachlauf	1,0 h

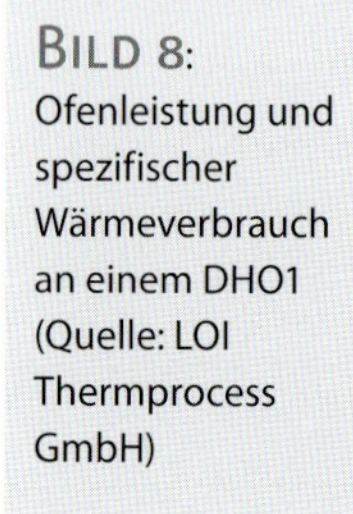

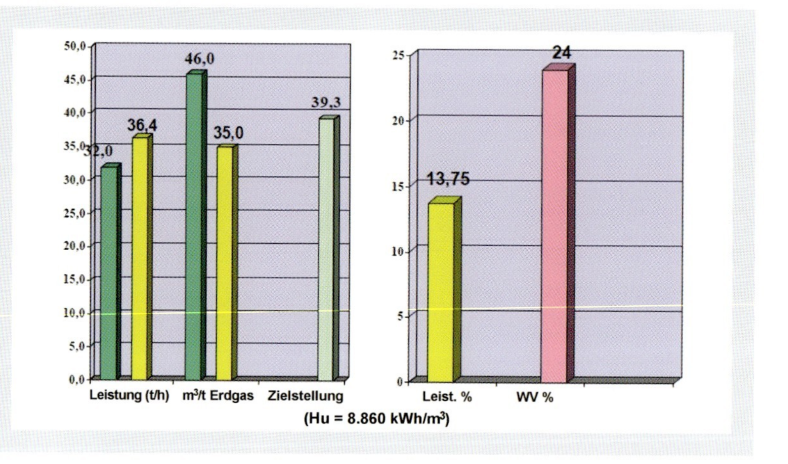

BILD 8: Ofenleistung und spezifischer Wärmeverbrauch an einem DHO1 (Quelle: LOI Thermprocess GmbH)

32 t/h Ofenleistung zeigt **TABELLE 4**. Die Betriebsergebnisse für die Ofenleistung und den spezifischen Wärmeverbrauch zeigt das Balkendiagramm in **BILD 8**. In der ersten Umrüstphase konnte schon eine Leistungssteigerung von ca. 14 % und eine Senkung des Wärmeverbrauchs um 24 % erreicht werden. In **BILD 9** wird ein Blick auf die Regenerativbrennereinheiten einzelner Zonen geworfen.

Die **BILDER 10 UND 11** geben die Daten einer Umrüstung einer zweiten DHO-Anlage von 75 t/h auf 108 t/h Ofenleistung wieder. Es ist erkennbar, dass nicht nur die Ofenleistung und der spezifischer Energieeinsatz verbessert werden sondern auch die Zunderverluste und Emissionen wesentlich reduziert werden. Das Balkendiagramm **BILD 12** gibt einen Überblick der Leistungssteigerung in t/h für die verschiedenen Erwärmungsanlagen mit aufsteigender Leistungsmöglichkeit der jeweiligen Anlagentype für die Umrüstung von einer konventionellen auf eine regenerative Beheizung.

BILD 9: Anordnung einer Regenerativbrennereinheit der DHO-Zonen 2 und 3 (Quelle: LOI Thermprocess GmbH)

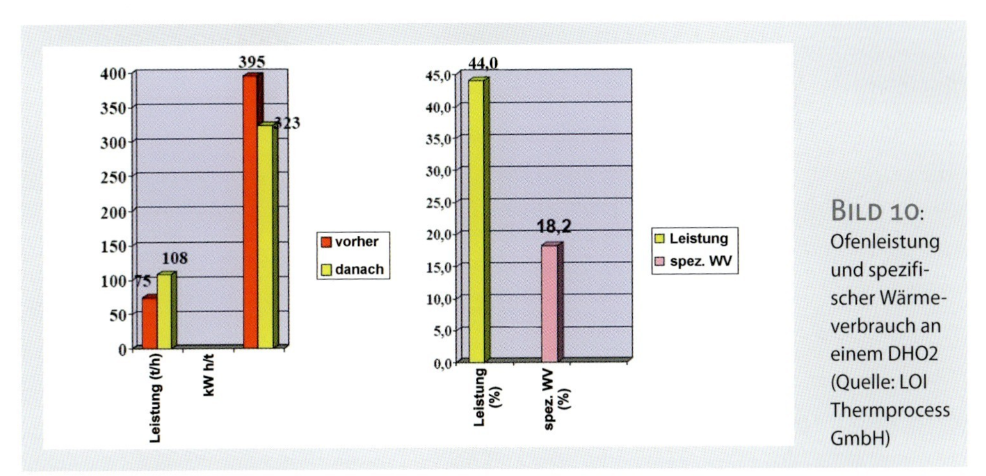

BILD 10: Ofenleistung und spezifischer Wärmeverbrauch an einem DHO2 (Quelle: LOI Thermprocess GmbH)

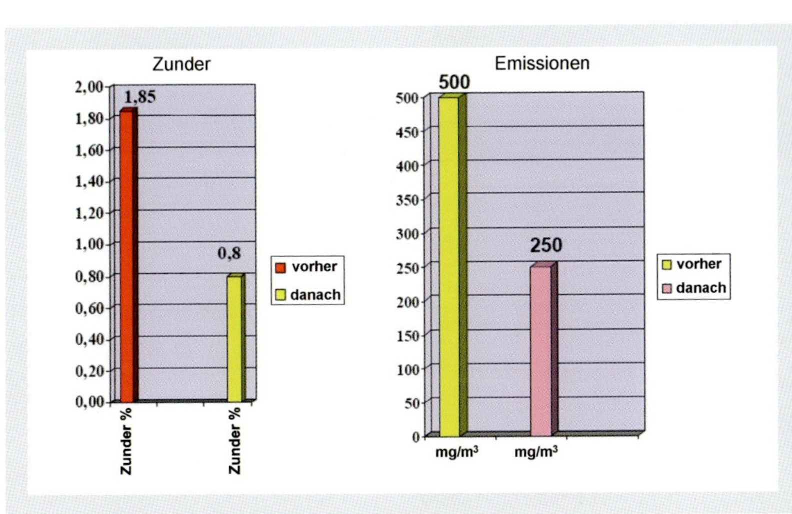

BILD 11: Zunderanfall und Emissionswerte für den DHO2 (Quelle: LOI Thermprocess GmbH)

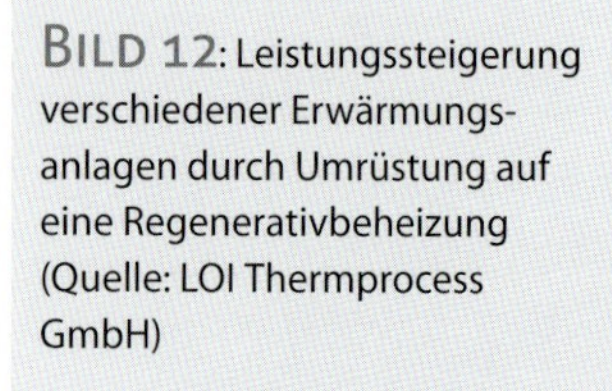

BILD 12: Leistungssteigerung verschiedener Erwärmungsanlagen durch Umrüstung auf eine Regenerativbeheizung (Quelle: LOI Thermprocess GmbH)

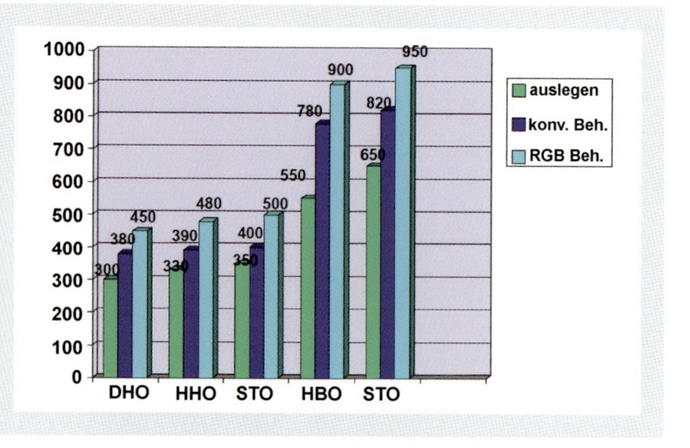

Abgaswärmenutzung zur Heißwasser- und Dampf- und Fernwärmeerzeugung

Heißwassererzeugung über Wärmetauscher

TABELLE 5 zeigt eine erste Orientierung mit welchen Wärmerückgewinnungsleistungen, abhängig vom Abgasmassenstrom und der Anzahl der Rohrreihen des Wärmetauschers bei diesem Wärmetauscherprinzip, gerechnet werden kann. Diese Art der Restabgaswärmenutzung wird dort eingesetzt, wo innerhalb der Produktionskette heißes Wasser für Beheizungszwecke oder Spülvorgänge benötigt wird.

Dampferzeugung

Beim Blankglühprozess von Rohren in Rollenherdofenanlagen unter Schutzgas ist es teilweise notwendig zur Erreichung eines bestimmten Gefüges die Rohre

TABELLE 5: Abwärmenutzung mittels eines Röhrenwärmetauschers zur Heißwassererzeugung (Quelle: LOI Thermprocess GmbH)

Technische Daten Typ ECO-Norm			1	2	3	4	5
Abgas Massenstrom [kg/s]			0,1–0,6	0,3–1,2	0,4–2,0	1,0–4,0	1,8–5,0
Rückgewinnungsleistung Q_{WRG} [kW]	Rohrreihen	4	10–200	30–420	50–650	–	–
		6	10–260	50–550	80–870	150–1500	150–1300
		8	auf Anfrage	80–800	100–1000	180–1900	200–2100
		10	–	auf Anfrage	auf Anfrage	300–2500	400–3600
Rauchgasseitiger Druckverlust [Pa]			6–280	30–300	30–400	100–800	25–600
Wasserseitiger Druckverlust [mbar]			20–500	50–500	50–850	150–1300	130–1400
Anschlussnennweite [mm]			DN 40	DN 65	DN 64	DN 80	DN 80

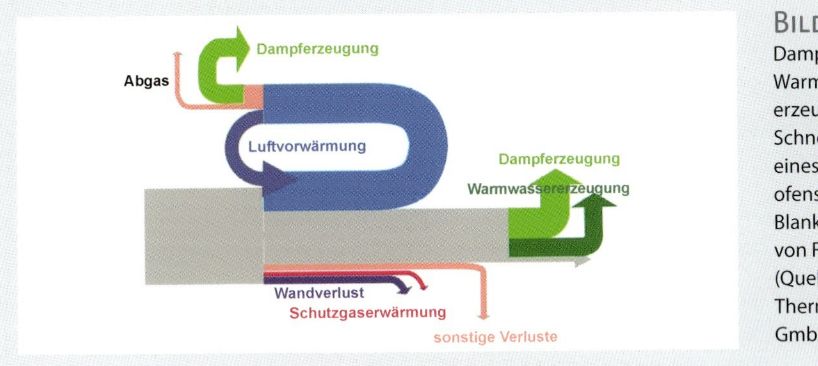

Bild 13: Dampf- und Warmwassererzeugung im Schnellkühlteil eines Rollenherdofens zum Blankglühen von Rohren (Quelle: LOI Thermprocess GmbH)

nach dem Hochtemperaturbereich durch eine Schnellkühleinrichtung zu fahren. Diese Abwärme lässt sich in vorteilhafter Weise für die Dampferzeugung einsetzen. **Bild 13** gibt ein Sankeydiagramm eines derart betriebenen Rollenherdofens wieder. Es zeigt sich, dass die Abwärmeverluste immer dort auf ein Minimum reduziert werden können, wo es ihre Verwendung innerhalb der Prozesskette oder der angrenzenden Bereiche ermöglicht.

Fernwärmeerzeugung

Bei größeren meist kontinuierlich betriebenen Wärmebehandlungsanlagen ist zu prüfen, welche Möglichkeiten die Nutzung der Restabgaswärme zur Unterstützung eines Fernwärmenetzes bietet. So zeigt **Bild 14** eine Pendelspeicheranlage für ein Fernwärmenetz und zum Einsatz als Spitzenlastpuffer. Die Anlage besteht aus 156 Paraffinspeicherzellen. Mit diesem System wird auch die Latentwärme des Paraffins bei ca. 60 °C nutzbar. Durch die Restabgaswärme einer Wärmebehandlungsanlage und Zwischenschaltung eines Abgas-Wasserwärmetauschers kann das Paraffin in den Zellen auf 80 °C erwärmt werden. Die gezeigte Anlage ist für eine nutzbare Wärmemenge von 1,6 MWh ausgelegt. Je nach den örtlichen Energiekosten wird sogar ein Transport von Containern mit geladenen Wärmezellen zum Verbraucher wirtschaftlich. Dabei ist zu berücksichtigen, dass der Betrieb

Bild 14: Paraffin-Pendelspeicheranlage für ein Fernwärmenetz mit rechnergestützten Lade- und Entladeprozessen (Werkfoto Powertank GmbH)

und die Investition eines mit normalen Brennstoffen betriebenen Heizkessels und den damit verbundenen Kosten eingespart werden kann.

Steigerung der Effizienz von Gasaufkohlungsanlagen und Einsatzhärteanlagen durch Maximierung des Kohlenstofftransportes, Einsatz des Restkohlungsgases bei der Beheizung und Nutzung der Abgaswärme beim Anlassprozess

Wie die Praxis gezeigt hat, lässt sich für Aufkohlungstiefen bis maximal 0,8 mm der Kohlenstoffübergangskoeffizient mit einer Aufkohlungsgaszusammensetzung von nahe 50 % CO und nahe 50 % H_2, Rest-H_2O und CO_2 derart anheben, dass eine um ca. 20 % kürzere Aufkohlungszeit und damit eine Produktionssteigerung um 20 % ermöglicht wird [4].

Bild 15 zeigt das Sankey-Diagramm einer derartigen Gasaufkohlungsdrehherdofenanlage. Bei dieser Verfahrensvariante wird aus dem Abgas der Beheizung das CO_2 zurückgewonnen und dem Aufkohlungsgasgenerator als Sauerstofflieferant wieder zugeführt. Außerdem wird das üblicherweise abzufackelnde Aufkohlungsgas in der Beheizungseinrichtung für den Gasaufkohlungsofen nachverbrannt.

Für Anlagen, welche auf diese Verfahrensvariante umgerüstet werden sollen, muss im Aufheizbereich die Aufheizleistung nachgerüstet werden. Bei der Betrachtung einer derartigen Wärmebilanz fällt auf, dass die restliche Abgaswärme meist ausreicht, um die Haltezone eines anschließenden Anlassofens zu beheizen.

Steigerung der Energieeffizienz durch Verfahrensänderung mittels Hochgeschwindigkeitsabschreckverfahren beim Härten

Bei diesem Abschreckverfahren [5] wird Wasser als Abschreckmedium eingesetzt. Vorteilhafterweise gilt dieses Abschreckverfahren für die Chargenab-

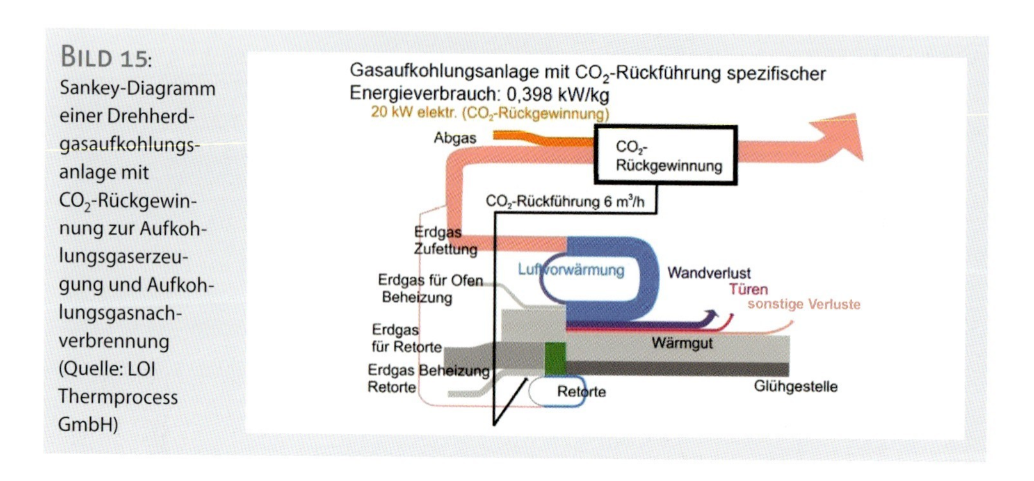

Bild 15: Sankey-Diagramm einer Drehherdgasaufkohlungsanlage mit CO_2-Rückgewinnung zur Aufkohlungsgaserzeugung und Aufkohlungsgasnachverbrennung (Quelle: LOI Thermprocess GmbH)

schreckung bei relativ einfachen Bauteilgeometrien und insbesondere für die Einzelteilabschreckung. Dabei werden die unterschiedlichen Volumenzustände der einzelnen Gefüge während der Abschreckung sowie die Ausdehnungskoeffizienten abhängig von der Temperatur der einzelnen Schichten im Abstand von der Oberfläche bei der überkritischen Abschreckung mit Wasser ausgenutzt, um eine hohe Restdruckspannungsverteilung an der Oberfläche der Teile zu erhalten. Dies wird, wenn nötig, noch durch den Abbruch der Wasserabschreckung mit nachfolgender Gasabschreckung unterstützt.

Die hierdurch erreichbaren wesentlich höheren Härtetiefen und Restdruckspannungsverteilungen im Vergleich zur Ölhärtung lassen eine Reduzierung der Aufkohlungstiefen um bis zu 40 % zu oder lassen die Aufkohlung ganz vermeiden, wenn es der Werkstoffkohlenstoffgehalt zulässt. Damit kann in bestimmten Fällen die Produktionsleistung der Anlagen wesentlich erhöht werden, da die langen Aufkohlungszeiten wegfallen können. Eine Rissgefahr an den Teilen besteht nicht, da dies die hohe Restdruckspannungsverteilung verhindert. Außerdem nimmt die Lebensdauerbelastungsgrenze zu. Gleichzeitig zeigen sich verminderte Verzüge im Vergleich zur Ölabschreckung. Ferner können die Legierungsbestandteile im Stahl abgesenkt werden.

Der ganze Prozess kann nur mit einer entsprechenden Software vorausberechnet sowie gesteuert und geregelt werden, da die Abschreckvorgänge in sehr kurzen Zeitabschnitten ablaufen. Mit dieser Verfahrensvariante ist es möglich, die Leergewichte der Fahrzeuge weiter zu reduzieren und den Speicherkapazitäten der Elektrobatterien entgegenzugehen.

Literatur

[1] Wendt, P.; Maschler, F.; Wang, P.: Quality aspects of hydrogen annealed steel strip. Metallurgical Plant and Technology 6 (2007), pp. 54–162

[2] Wendt, P.; Dengel, U.: Wasserstoffrecycling – Eine Maßnahme zur Steigerung der Effizienz von HPH-Haubenglühanlagen. Gaswärme International 58 (2009) Nr. 3, S. 125–130

[3] Fraunhofer-Institut UMSICHT Oberhausen, interne Information W. Althaus

[4] Kühn, F.: Positive Energiebilanz und niedrige CO_2-Emissionswerte durch innovative Drehherdofentechnologie. Gaswärme International (2006) Nr. 7

[5] Aronov, M. A.; Kobasko, N. I.; Powell, J. A.; Wallace, J. F.; Zhu, Y.: Effect of Intensive Quenching on Mechanical Properties of Carbon and Alloy Steels. Proceedings of 23rd ASM Heat Treating Conference, Pittsburgh, Pennsylvania, 2005

Veröffentlicht in:
Gaswärme International · Heft 6/2010 · Seiten 445–453

Fachberichte – Teil 2

Energieeffizienz elektrothermischer Prozesse

Energieeffizienz in der elektrothermischen Prozesstechnik

Von Egbert Baake und Franz Beneke

Der industrielle Verbrauchssektor Prozesswärme dominiert mit einem Anteil von etwa 2/3 den gesamten Endenergieverbrauch der deutschen Industrie. Davon werden etwa 13 % entsprechend 65 TeraWatt-Stunden [1] durch elektrischen Strom und der Rest durch direkte Nutzung fossiler Brennstoffe gedeckt. Hieraus resultiert, dass die Prozesswärme mit einen Anteil von 27 % hinter der mechanischen Energie den zweitgrößten industriellen Stromverbraucher darstellt. Trotz des hohen Entwicklungsstandes der heute eingesetzten Elektroprozessverfahren- und technologien bestehen nach wie vor vielfältige energetische Einsparpotenziale, die aus betriebs- und volkswirtschaftlicher Sicht zukünftig systematisch genutzt werden müssen. Im folgenden wird gezeigt, wie durch unterschiedliche Ansätze Energieeffizienz-Steigerungspotenziale in der elektrothermischen Prozesstechnik quantitativ erkannt und genutzt werden können.

Energieeinsparung und Energieeffizienz sind Begriffe, die aus dem privaten, häuslichen Bereich bekannt sind und bei jedem Erwerb von Kühlgeräten oder Heizungsanlagen als Verkaufsargumente und Entscheidungsargument vorgeschlagen werden.

Es gibt unterschiedliche Gründe Energie einzusparen oder besser die eingesetzte Energie zu reduzieren:

- Steigende Energiepreise
- Ressourcenschonung
- Klimaschutzpolitik
- Gesetzliche Anforderungen
- (Brüssel, Berlin, ...)
- Reduzierung der Importabhängigkeit
- Wachstum und Beschäftigung

In der produzierenden Industrie entwickelt sich der Energieverbrauch mehr und mehr zum wettbewerbskritischen Faktor. Gerade aus betriebswirtschaftlicher Sicht wächst daher der Druck, Thermoprozessanlagen auf ihre Effizienz zu prüfen.

Entwicklung und Struktur des industriellen Endenergieverbrauchs in der BRD

Aus **Bild 1** ist zu ersehen, dass der Endenergiebedarf sowohl in der Industrie als auch im Gewerbe, Handel und Dienstleistung seit 1990 deutlich gesunken ist.

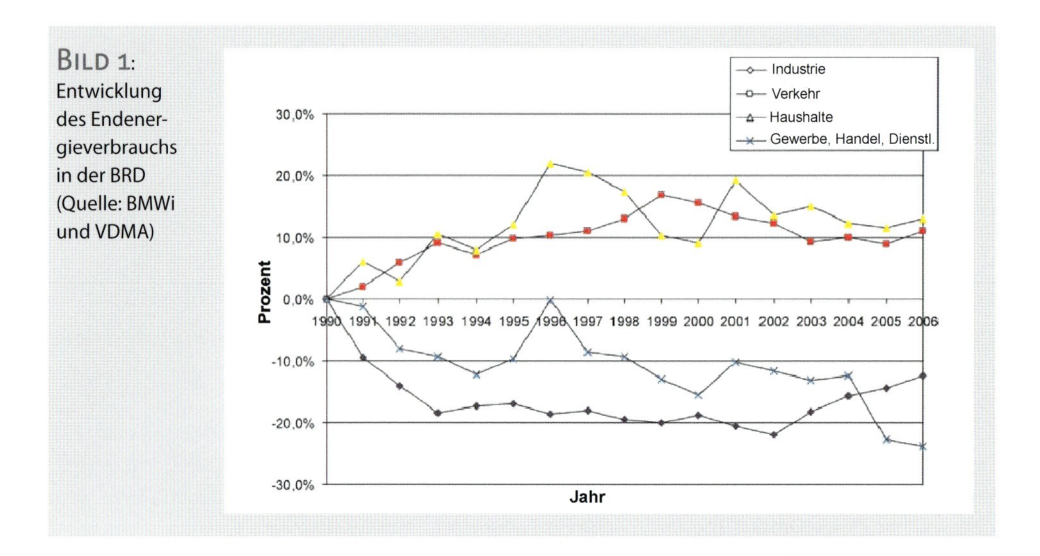

Bild 1: Entwicklung des Endenergieverbrauchs in der BRD (Quelle: BMWi und VDMA)

Zugleich änderte sich der Energiemix für industrielle genutzte Prozesswärme im Laufe der Jahre (**Bild 2**). Dabei ist eine Abnahme von Öl oder Kohle und eine Zunahme von Gas und insbesondere Strom festzustellen.

Eine differenzierte Betrachtung zeigt, dass der Stromeinsatz im Verbrauchssektor industrielle Prozesswärme in den letzten 10 Jahren um rund 4 % zunahm, obwohl der Verbrauch der Grundstoff schaffenden Industrie in Deutschland abnahm. Gründe hierfür sind neben der verstärkten Automatisierung auch die Zunahme elektrothermischer Verfahren, die bei der Produktion von besonders hochwertigen Produkten in komplexen Produktionsprozessen, wie z. B. in der optischen Industrie oder bei der Herstellung von speziellen metallischen Werkstoffen und Bauteilen sowie in der Halbleiterindustrie verstärkt eingesetzt werden.

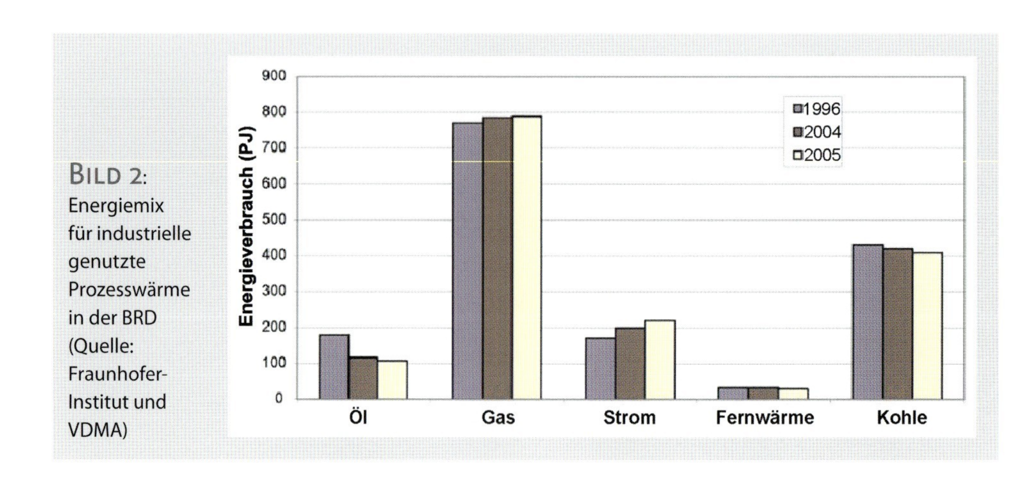

Bild 2: Energiemix für industrielle genutzte Prozesswärme in der BRD (Quelle: Fraunhofer-Institut und VDMA)

Etwa 4/5 des industriellen Stromeinsatzes für Elektroprozessenergie wird heute in den Sektoren Chemie, Nichteisen-Metallindustrie und eisenschaffende Industrie eingesetzt. Aus produktspezifischer Sicht dominieren mit einem Anteil von etwa 50 % die Elektrolyseprozesse zur Herstellung von Chlor, Hüttenaluminium und anderen Grundstoffe wie Phosphor, Calciumkarbid deutlich den industriellen Prozessstromverbrauch. Hierbei handelt es sich im eigentlichen Sinne nicht um eine wärmetechnische, sondern elektrochemische Verwendung des Stroms. Der Stromeinsatz für Elektroprozesswärme mit einem Anteil von etwa 30 TWh verteilt sich auf eine Vielzahl industrieller Bereiche und Anwendungen. Der größte Verbrauchssektor dabei ist die Herstellung von Elektrostahl mit einem Anteil von rund 7 TWh.

Energieeinsparung und Energieeffizienz

Im industriellen Bereich werden die Begriffe Energieeinsparung und Energieeffizienz und deren Umsetzung immer mehr mit dem Maschinenbau und insbesondere der Thermoprozesstechnik und der entsprechenden Zulieferindustrie in Verbindung gebracht.

Thermoprozessanlagen (umgangssprachlich: Industrieöfen) sind in den letzten Jahren immer wieder in den Fokus der Öffentlichkeit geraten, da diese verfahrenstechnisch bedingt in der Summe zu den großen Energieabnehmern gehören. Deshalb gibt es – ausgehend von der Europäische Kommission – Aktivitäten, die den Energieverbrauch von Thermoprozessanlagen einschränken sollen.

THERMOPROZESSANLAGEN IM FOKUS

In Brüssel mehren sich die Stimmen, die die europäischen Betreiber von Thermoprozessanlagen zu mehr Energieeffizienz verpflichten wollen. Die Einführung eines Energieeffizienz-Labels für Industrieöfen – analog zu den Hausgeräten – steht ebenso im Raum wie ein Energie-Benchmark innerhalb der Branche. Darüber hinaus sind Energie-Audits für Industrieöfen geplant [2].

Über die „Ökodesign-Richtlinie“ [3] gibt die Europäische Union Regeln für die umweltfreundliche Konstruktion und Entwicklung von Produkten vor. Industrieöfen sind in diesen Fokus gerückt. Studien zur zukünftigen Anpassungen der Energie-Grenzwerte und/oder konkrete Auflagen zur Energieverbrauchreduzierung sind in Kürze geplant.

Die Vereinbarungen des Kyoto-Protokolls laufen im Jahr 2012 aus. Noch sind Industrieöfen in der Regel nicht vom Handel mit CO_2-Emmissionsrechten betroffen. Allerdings kann nicht ausgeschlossen werden, dass die Europäische Union in Zukunft ihre Bewertungskriterien verändert. Ineffiziente Anlagen würden dann – je nach Branche – mit einer zusätzlichen Abgabe belegt.

Die Energiekosten steigen

Die Energiekosten steigen und werden es auch weiterhin tun. So explodierten die Strompreise für die deutsche Industrie seit dem Jahr 2000 um 60 Prozent, die Gaspreise sogar um 250 Prozent (**Bild3**).

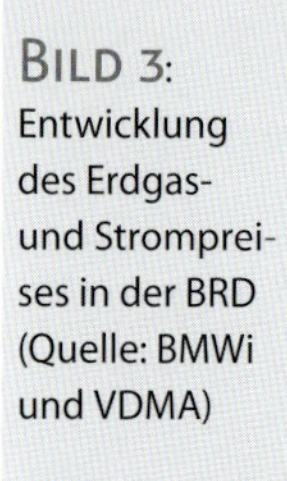
BILD 3: Entwicklung des Erdgas- und Strompreises in der BRD (Quelle: BMWi und VDMA)

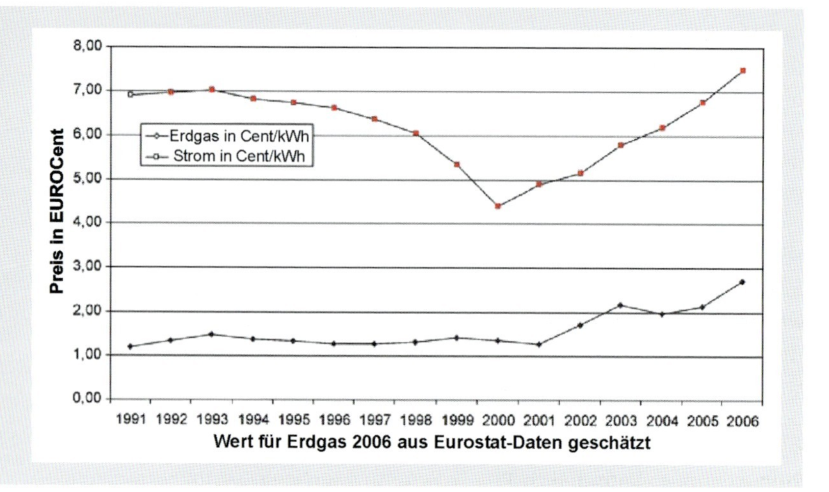

Branchenübergreifende Potentiale

Neben branchenbezogenen Potentialen, z. B. in der Thermoprozesstechnik, gibt es in der industriellen Produktion branchenübergreifende Themenfelder, so genannte Querschnittstechnologien, zur Energieeffizienzsteigerung. Dazu können gezählt werden:

- Pumpen und -systeme
- Ventilatoren und -systeme
- Motorische Antriebe (z. B. Elektromotore)
- Dampf- und Kälteerzeugung
- Drucklufttechnik
- Industrielle Lichtanwendung
- Industrielle Heizung und Klimatisierung
- Kraft-Wärme-Kälte-Kopplung

Vielfach finden sich Komponenten aus diesen branchenübergreifenden Themenfelder auch in Thermoprozessanlagen wieder, wie z. B. Pumpen, Ventilatoren oder Elektromotore. Das Energieeinsparpotential wird meistens unterschätzt und darf einer eingehenden Analyse [4].

Einsparpotenziale in der elektrothermischen Prozesstechnik

Die elektrothermische Prozesstechnik ist eine Querschnittstechnologie und nimmt bei vielen industriellen Herstellungs- und Bearbeitungsprozessen aus technologischer und energetischer Sicht eine zentrale Bedeutung ein. Trotz des hohen Entwicklungsstandes der eingesetzten elektrothermischen Technologien bestehen nach wie vor energetische und wirtschaftliche Einsparpotenziale gerade in energieintensiven Branchen, wie z. B. in der Stahlindustrie, in Eisen- und

Nichteisen-Giessereien sowie in der Glas- und Keramikindustrie. Die energetischen und wirtschaftlichen Einsparpotenziale der Erwärmungs- und Schmelzprozesse unterliegen einer Vielzahl von anlagen- und insbesondere prozessspezifischen Einflussfaktoren, deren quantitative Wirkungen dem Betreiber oft unbekannt sind. Infolgedessen arbeiten zahlreiche Anlagen und Prozesse aus energetischer, wirtschaftlicher und damit ressourcenschonender Sicht nicht optimal. Dies gilt sowohl für die mittelständische Industrie als auch für die großen Industrieunternehmen.

Die Verbesserung der Energieeffizienz im Bereich der industriellen Prozesswärme erfordert eine anwendungsspezifische, umfassende Analyse und Bewertung des jeweiligen thermischen Prozesses, d. h. Ansätze zur Steigerung der Energieeffizienz sind überwiegend „prozessorientiert". Da die Produktionsprozesse zunehmend komplexer werden, ist zur Bewertung und gezielten Nutzung der Einsparpotenziale die Betrachtung und Analyse der gesamten Prozess- bzw. Produktionskette erforderlich. Die isolierte Untersuchung und Verbesserung einzelner Anlagen oder Prozessstufen führt oft nicht zu den gewünschten Einspareffekten. Vor diesem Hintergrund ist eine allgemein gültige, auf eine Branche oder auf ein elektrothermisches Verfahren bezogene, Aussage zu den spezifischen Einsparpotentialen durch Optimierung elektrothermischer Prozesse nur näherungsweise möglich.

Zur Verbesserung der Energieeffizienz bei elektrothermischen Prozessen lassen sich drei Ansatzpunkte nennen:

Drei Ansatzpunkte zur Energieeffizienzsteigerung

I. Optimierung vorhandener Prozesse und Anlagen

Zur Bestimmung möglicher Einsparpotenziale müssen alle erforderlichen energietechnischen und energiewirtschaftlichen Prozess- und Produktionsparameter über bestimmte Zeiträume erfasst und analysiert werden. Durch den Vergleich mit theoretischen und branchentypischen Kennzahlen (Benchmarking) können energetische Einsparpotenziale aufgedeckt, bewertet und Maßnahmen zum Heben dieser Potenziale unter Berücksichtigung ihrer Wirtschaftlichkeit eingeleitet werden.

In vielen Fällen lässt sich die Energieeffizienz durch eine verbesserte Abstimmung bzw. Anpassung der Erwärmungs- oder Schmelzprozesse an die vor- bzw. nachgeschalteten Produktionsschritte erheblich verbessern. Durch geeignete technische und/oder organisatorische Maßnahmen lassen sich oft energetisch ungünstige Betriebszustände, wie Leerlaufbetrieb, Teillastbetrieb, der so genannte Warmhaltebetrieb oder das zweimalige Erwärmen oder Schmelzen von Kreislaufmaterial vermeiden oder zumindest einschränken. Praktische Untersuchungen haben gezeigt, dass hierdurch mitunter Einsparpotentiale von bis 40 % möglich sind [5].

Die vorhandenen Erwärmungs- und Schmelzanlagen müssen in regelmäßigen Abständen auch hinsichtlich ihres spezifischen Energiebedarfs ggf. messtechnisch überprüft werden. Bei älteren Anlagen lassen sich durch die Verbesserung der thermischen Isolierung, durch den Einbau verbesserter Temperaturmesstechnik, durch die Optimierung der Ofensteuerung und Ofenregelung erhebliche Einsparpotenziale erzielen. Leistungs- und Energiespitzen lassen sich durch Einbindung der Ofenanlagen in ein Lastmanagement- und Energiecontrolling-System reduzieren [6]. Daneben ist die richtige Betriebsweise durch das Bedienpersonal bei wärmetechnischen Anlagen besonders wichtig. Das simple Abschalten von nicht genutzten Geräten oder das Schließen des Ofendeckels nach dem Chargieren führt zu erheblichen Energieeinsparungen von bis zu 20 %.

Viele Elektrowärmeanlagen werden über Frequenzumformer an das Versorgungsnetz angeschlossen. Dabei werden Frequenzen von wenigen hundert Hertz (Induktions-Schmelzöfen) über einige bis einige hundert Kilohertz (Induktions-Durcherwärmungsanlagen und -Oberflächenhärteanlagen) bis hin zum Mega-Hertz-Bereich (Kristallzüchtungsanlagen) verwendet. Der Einsatz moderner Frequenz-Umrichter bei der Versorgung von Mittel- und Hochfrequenz-Induktionsanlagen führt zum Teil zu erheblichen Energieeinsparungen und zusätzlich zu einer Verbesserung der Prozesskontrolle.

MASSNAHMEN ZUR ENERGIEEINSPARUNG

Ein besonders elektroenergieintensiver Prozess ist die Herstellung von Elektrostahl im Lichtbogenofen, wobei sich durch verschiedene Maßnahmen der spezifische Einsatz elektrischer Energie reduzieren lässt. Hierzu gehören die Zufuhr von fossilen Brennstoffen, die energetische Prozessoptimierung durch Reduzierung der Rauchgasverluste, die Energierückgewinnung durch Schrottvorwärmung sowie die Prozessdampferzeugung und Heizenergieauskopplung. Hierdurch lassen sich technische Einsparpotenziale von bis zu 30 % realisieren, wobei aus wirtschaftlicher Sicht bis zu 15 % gegenwärtig umsetzbar sind [7, 8].

II. Substitution oder Ergänzung konventioneller thermischer Prozesse und Anlagen

Grundsätzliche Umstellungen von Produktionsprozessen sind ein zentraler Ansatzpunkt zur Optimierung der Energieeffizienz in der thermischen Prozesstechnik. Dies schließt insbesondere auch die Substitution des Endenergieträgers, d. h. Brennstoffe durch Strom oder umgekehrt, mit ein, wobei auch Verminderungen des Primärenergieeinsatzes und Reduzierung der klimarelevanten Emissionen möglich sind. Auch die geeignete Kombination unterschiedlicher thermischer Verfahren in Form von Hybridanlagen führt oftmals zu erheblichen energetischen Einsparungen [9].

Für das Recycling von Aluminiumschrott werden verbreitet große gasbeheizte Schmelzöfen mit Fassungsvermögen von bis zu 120 t eingesetzt. Da die Brennflammen direkt auf die Schmelzenoberfläche gerichtet sind, führt dies zu hohen Abbrandverlusten und stark inhomogener Temperaturverteilung in der Schmelze, da eine kontinuierliche Durchmischung fehlt. Diese Nachteile können durch den Einsatz eines elektromagnetischen Rührers, der beispielsweise unter dem Schmelzofen angebracht ist, vermieden werden (**BILD 4**). Der elektromagnetische Rührer bewirkt eine intensive Schmelzenbewegung, die das stückige Einsatzmaterial gut einrührt und eine schnelle Homogenisierung der Schmelze hinsichtlich der Temperaturverteilung und der chemischen Zusammensetzung bewirkt. Hieraus resultieren eine Reduzierung der Schmelzzeit um bis zu 20 %,

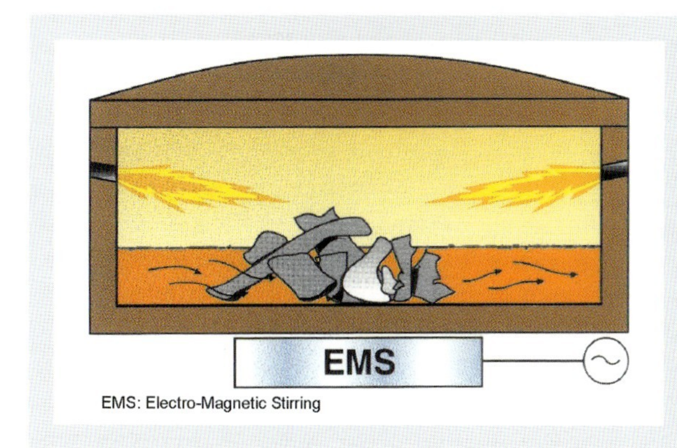

BILD 4: Hybrid-Technologie: Elektromagnetischer Rührer im gasbeheizten Aluminiumschmelzofen (Quelle: ABP Induction Systems)

eine Verringerung der Abbrandverluste um 20 bis 40 % und die Verringerung des spezifischen Energiebedarfs um 10 bis 15 %.

In vielen industriellen Prozessen sind Trocknungsvorgänge erforderlich, die heute überwiegend durch Konvektionstrocknung in mit Gas oder elektrisch betriebenen Öfen stattfindet. Hier können gezielt auf das Produkt abgestimmte Trocknungsprozesse, die beispielsweise mit Mirkowellen- oder Infraroterwärmung realisiert werden, erhebliche energetische Einsparungen bringen. Durch den Einsatz dieser direkt wirkenden Trocknungsverfahren kann der spezifische Energiebedarf um durchschnittlich 40 bis 70 % im Vergleich zu konventionellen Umlufttrockner gesenkt werden [10].

III. Entwicklung und Einführung neuer hocheffizienter Verfahren

Auch bei neu zu entwickelnden Prozessen sollte grundsätzlich eine mögliche Kombination von unterschiedlichen Technologien im Hinblick auf eine optimierte Lösung in Betracht gezogen werden. Ein innovatives Beispiel hierfür ist die Lasermaterialbearbeitung, die insbesondere in der Automobilindustrie zunehmend an Bedeutung gewonnen hat. Neue effiziente Anwendungen der Lasermaterialbearbeitung eröffnen sich auch durch die Kombination des Lasers mit der induktiven Erwärmung in einem Prozessschritt (BILD 5). Anwendungen sind das Auftragschweißen von hochlegierten Stählen, das Randschichtumschmelzen hochbeanspruchter Bauteile und das Verschweißen von Blechen aus hochlegierten Stählen. Die hohe Prozessgeschwindigkeit des Lasers in Kombination mit der konzentrierten hohen Leistungsübertragung bei der

BILD 5: Induktiv unterstützte Lasermaterialbearbeitung

induktiven Erwärmung führen insgesamt zu einem hocheffizienten und wirtschaftlichen Prozess [11].

Die Nutzung von energetischen Einsparpotenzialen kann bei vielen industriellen thermischen Prozessen durch die Verkürzung von Prozesslinien und Einsparung von Prozessschritten erfolgen. Die Herstellung endabmessungsnaher Halbzeuge und Produkte in nur wenigen Prozessschritten führt zu Energie-, Zeit- und Kosteneinsparungen. Ein eindrucksvolles Beispiel hierfür ist die kontinuierlich weiterentwickelte Prozessverkürzung bei der Warmbandherstellung. In den letzten Jahren wurden große Anstrengungen unternommen, um die endabmessungsnahe Herstellung von Flachprodukten industriell umzusetzen. Bandgießanlagen, die bereits in Pilotanlagen realisiert sind, ermöglichen das direkte Gießen von Blechen im Millimeterbereich, so dass nur wenige Walzprozessschritte erforderlich sind.

Neue Entwicklungen und Verfahren mit Energieeinsparpotenzial

Hierbei bekommt der Einsatz von Elektroprozesswärme und insbesondere die elektromagnetische Prozessbeeinflussung einen besonderen Stellenwert. Beispielsweise können nur induktive Verfahren das elektromagnetische Rühren, Bremsen, Reinigen oder berührungslose Abstützen der Schmelze während des Gießvorgangs bewirken. Auch die gezielte Einstellung der Temperaturverteilung im Band vor dem Einlaufen in das Fertiggerüst ist aufgrund gegebener Platzverhältnisse, der hohen Gießgeschwindigkeiten, der wechselnden Bandbreiten und Banddicken und insbesondere der geforderten Temperaturverteilungen über der Bandbreite oftmals nur durch eine Induktionserwärmungsanlage optimal möglich. Bei dünnen Bändern im Millimeterbereich bietet hier die induktive Querfeld-Erwärmung Möglichkeiten zur optimalen Anpassung des Erwärmungsprozesses. So kann beispielsweise die Temperaturverteilung über der Bandbreite gezielt eingestellt werden, um eine Bandkantenüberhitzung, eine homogene Temperaturverteilung oder eine Bandkantenunterkühlung zu realisieren [12].

Eine herausfordernde Entwicklung ist der Einsatz von supraleitenden Induktionsspulen, da bei induktiven Erwärmungs- und Schmelzprozessen die größten Energieverluste von 20 bis 40 % in der Induktionsspule auftreten. In aktuellen Forschungsprojekten wird der Einsatz von verlustfreien supraleitenden Spulen untersucht [13]. Die erste industrielle Anlage zum hocheffizienten Erwärmen von Aluminiumbolzen zum Strangpressen unter Einsatz von supraleitenden Spulen ist in diesem Jahr in Betrieb gegangen [14].

Ausblick

Die Bedeutung des Endenergieträgers Strom für thermische Verfahren nimmt zu, insbesondere an hoch entwickelten Industriestandorten in Europa, durch die Forderung nach innovativen Prozessen und hochqualitativen Produkten. Dabei wird der spezifische Energiebedarf, also der Energiebedarf bezogen auf die jeweilige Produktionseinheit, durch hocheffizienten Stromeinsatz in der thermischen Prozesstechnik abnehmen.

Die Hersteller von Thermoprozesstechnologien sind die erste Ansprechadresse für Energieeffizienz industrieller thermischer Verfahren und Anlagen. Jahrelange Entwicklung und Erfahrung im Bau von Neuanlagen, in der Sanierung und dem Umbau von Altanlagen und der Integration von Thermoprozessanlagen in die Fertigung liefern das Rüstzeug zur kompetenten Beratung. Die zukünftige Aufgabe der Entwickler und Hersteller von Thermoprozessanlagen besteht aber vor allem darin, entsprechend den unterschiedlichen Problemstellungen, jeweils die optimale Anlage für einen speziellen Prozess zu liefern. Dabei muss die Erwärmungs- oder Schmelzanlage nicht als Einzelaggregat betrachtet, sondern bezüglich Materialtransport, Wärmeverbund, Automation usw. in die Gesamtanlage und in den Gesamtprozess optimal integriert werden.

Die Mitglieder des Fachverbandes Thermoprozesstechnik im Verband deutscher Maschinen- und Anlagenbau (VDMA) haben einen Leitfaden erstellt, in dem Energieeffizienzsteigerungs-Maßnahmen vorgeschlagen werden (www.vdma.org/thermoprocessing). Fragen Sie hierzu Ihren Ofenbauer.

Literatur

[1] Tzscheutschler, P.; Nickel, M.; Wernicke. I.: Energieverbrauch in Deutschland. BWK 60 (2008) Nr. 3, S. 46–51

[2] Richtlinie 2006/32/EG des Europäischen Parlaments und des Rates vom 5. April 2006 über Endenergieeffizienz und Energiedienstleistungen

[3] Richtlinie 2005/32/EG des Europäischen Parlaments und des Rates vom 6. Juli 2005 zur Schaffung eines Rahmens für die Festlegung von Anforderungen an die umweltgerechte Gestaltung energiebetriebener Produkte

[4] Jasper, R.: Möglichkeiten der Energieeinsparung an Thermoprozessanlagen. Gaswärme International 56 (2007) Nr. 4, S. 279

[5] Baake, E.: Einsparpotenzial beim Schmelzen von Metallen. Giesserei Erfahrungsaustausch (2008) Nr. 6, S. 13–17

[6] Behrens, T.; Baake, E.: Kostenreduzierung durch betriebliches Lastmanagement in einer Gießerei. elektrowärme international 60 (2002) Nr. 3, S. 96–101

[7] Starck, A. v.; Mühlbauer, A.; Kramer, C. (Hrsg.): Praxishandbuch Thermprozess-Technik, Band II Prozesse, Komponenten, Sicherheit. Vulkan-Verlag Essen 2003, S. 44–53

[8] Energieagentur NRW (Hrsg.): Energieverschwendung? Handbuch zum rationellen Einsatz von elektrischer Energie. Klartext-Verlag Essen 2000, S. 247–261

[9] Baake, E.: Neue Marktchancen durch innovativen Stromeinsatz im Prozesswärmebereich. elektrowärme international 63 (2005) Nr. 1, S. 14–19

[10] Möller, M.; Linn, H.: Innovative Mikrowellenerwärmung: Schmelzen und Erstarren von Metallen, Erwärmen und Trocknen von Feuerfestmaterialien. elektrowärme international, 65 (2007) Nr. 3, S. 177–179

[11] Schülbe, H.; Mach, M.; Nacke, B.: Induktive Unterstützung von Schweißprozessen. elektrowärme international 65 (2007) Nr. 3, S. 181–184

[12] Schülbe, H.; Nikanorov, A.; Nacke, B.: Flexible Anlagen zur Erwärmung dünner Bänder im induktiven Querfeld. elektrowärme international 62 (2004) Nr. 2, S. 69–73

[13] Ulferts, A.; Nacke, B.: Aluheat- A Superconducting Approach of Aluminium Billet Heater. Proceedings of the International Scientific Colloquium Modelling for Electromagnetic Processing. Hannover, Oct. 27-29, 2008, pp. 71–76

[14] Zenergy Power GmbH (Hrsg.): Hermes-Award für Zenergy-Induktionsheizer mit Hochtemperatur-Supraleitertechnik. elektrowärme international 66 (2008) Nr. 2, S. 72

elektro wärme international

Veröffentlicht in:
elektrowärme international · Heft 4/2008 · Seiten 243–247

Neue Marktchancen durch innovativen Stromeinsatz im Prozesswärmebereich

Von Egbert Baake

Prozesswärmeverfahren nehmen bei vielen industriellen Herstellungs- und Bearbeitungsprozessen aus technologischer und energetischer Sicht eine zentrale Bedeutung ein, wobei für die Endenergiebereitstellung grundsätzlich sowohl fossile Brennstoffe als auch elektrische Energie oder deren Kombination eingesetzt werden. Die Wahl des technologisch und wirtschaftlich optimalen Energieträgers erfordert eine anwendungsspezifische umfassende, detaillierte Analyse und Bewertung der Prozesse. Die zahlreichen anwendungstechnischen Vorteile der elektrothermischen Prozesstechnik bieten bei der Substitution von konventionellen Prozessen und Anlagen aber insbesondere bei der Realisierung neuer zukunftsweisender Verfahren und Technologien ein großes Potenzial für den Stromeinsatz im Prozesswärmebereich. So spielen Elektroprozesstechnologien eine Schlüsselrolle beispielsweise bei der Realisierung neuer endabmessungsnaher Fertigungsverfahren, bei der Weiterentwicklung der thermischen Oberflächenbehandlung von Werkstücken oder bei der Herstellung von innovativen Werkstoffen.

Der Endenergieverbrauch in Deutschland betrug im Jahr 2003 insgesamt 9218 PJ, wobei die Industrie mit einem Anteil von 25,2 % einen großen Verbrauchssektor hinter den Sektoren Haushalt und Verkehr darstellt (**Bild 1**) [1]. In der Industrie nehmen bei vielen Bearbeitungs- und Produktionsprozessen Prozesswärmeverfahren aus technologischer und energetischer Sicht eine

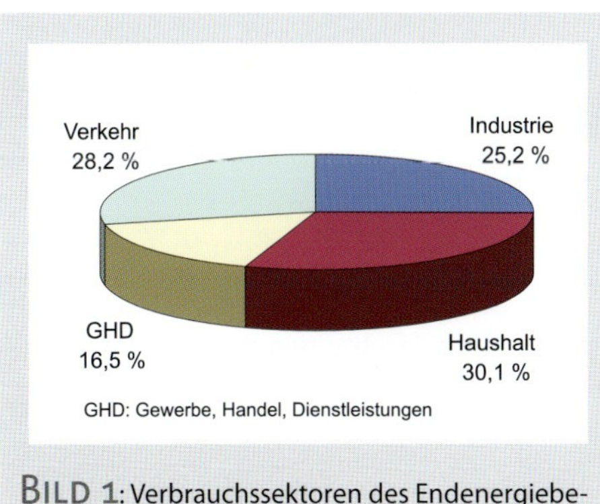

Bild 1: Verbrauchssektoren des Endenergiebedarfs in Deutschland in 2003 [1]

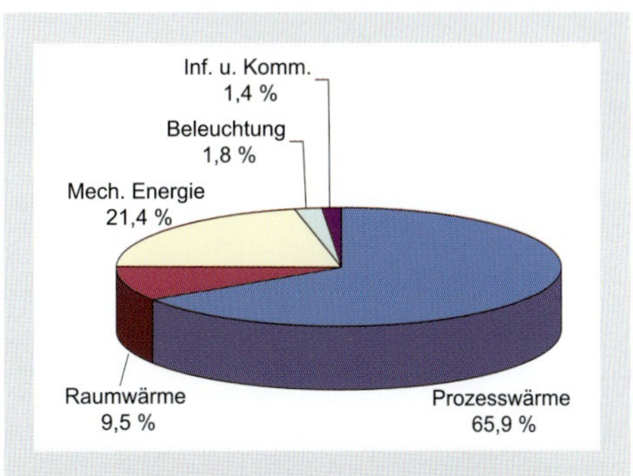

Bild 2: Anwendungsbereiche des Endenergiebedarfs der deutschen Industrie in 2003 [1]

BILD 3: Endenergieträger im Anwendungsbereich Prozesswärme in der deutschen Industrie in 2003 [1]

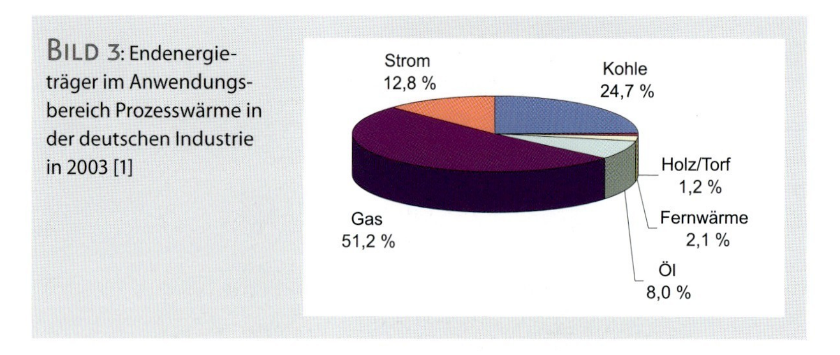

zentrale Bedeutung ein, so dass die Prozesswärme mit einem Anteil von 65,9 % am gesamten Endenergieverbrauch der deutschen Industrie deutlich dominiert (**BILD 2**). Mit Abstand folgt der Energieeinsatz für mechanische Zwecke (21,4 %) und Raumwärme (9,5 %). Bemerkenswert ist ebenso, dass die Informations- und Kommunikationstechnik mit einem Anteil von 1,4 % heute einen vergleichbaren Energieverbrauch wie die Beleuchtung hat und auch aus energetischer Sicht zunehmend an Bedeutung gewinnt. Energieeinsparpotenziale sollten daher auch in der Informations- und Kommunikationstechnik konsequent genutzt werden.

Die Anwendungsbereiche der industriellen Prozesswärmeverfahren sind vielseitig und erstrecken sich von der Nahrungsmittelindustrie über die Textil- und Papierindustrie bis hin zur chemischen Industrie, wo überwiegend Prozesstemperaturen bis etwa 500 °C zu finden sind und daher in vielen Fällen die besonders wirtschaftliche Bereitstellung der Endenergie durch Prozessdampf erfolgt. Hochtemperatur-Prozesswärme im Bereich zwischen 1.000 °C und 1.500 °C wird beispielsweise in der Zementindustrie, der Stahlindustrie, in den Eisen- und Nichteisengießereien, in Schmieden, in der Glas- und Keramikindustrie sowie in der Halbleiterindustrie benötigt.

Der Endenergiebedarf der industriellen Prozesswärme von insgesamt 1.531 PJ wurde im Jahr 2003 zu 84,9 % durch direkte Nutzung fossiler Energieträger, d. h. Erdgas, Kohle und Öl, und nur zu 12,8 % durch elektrische Energie gedeckt (**BILD 3**). Diese Situation ist nur zum Teil verfahrenstechnisch oder technologisch bedingt, sondern begründet sich vor allem durch die deutlich geringeren Energiekosten für Brennstoffe gegenüber Strom.

Entscheidungskriterien für Prozesstechnologien

Die industrielle thermische Prozesstechnik ist ein globaler Markt, der durch internationale Anbieter und Kunden geprägt ist. Heute mehr denn je sind interdisziplinär branchenübergreifende Lösungen gefragt. Die isolierte Betrachtung und Optimierung einzelner Prozessschritte ist unzureichend. Indessen werden technisch und wirtschaftlich optimierte Lösungen unter Einbeziehung der gesamten Produktionskette gesucht. Dabei werden kundenspezifische, einfach bedienbare, zuverlässige Komplettlösungen gefordert („Alles aus einer Hand"),

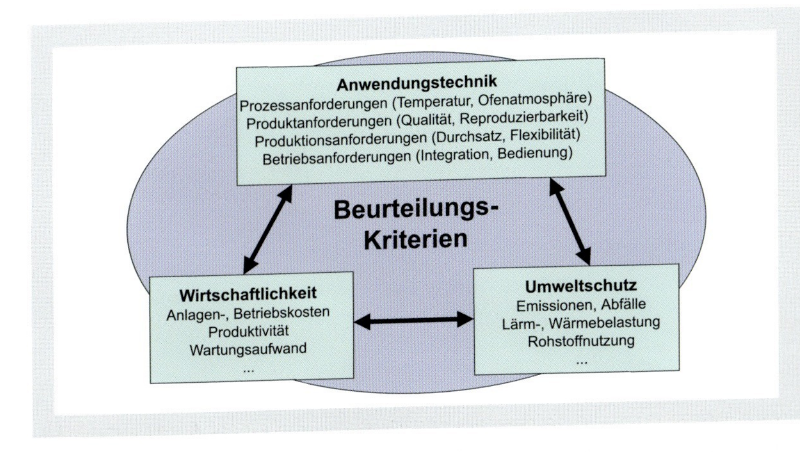

Bild 4: Beurteilungs- und Entscheidungskriterien für Prozesstechnologien

die ein umfassendes Dienstleistungsangebot („Full-Service-Konzepte") beinhalten. Forderungen, wie hohe Zuverlässigkeit und Verfügbarkeit einer Anlage bei minimalen Betriebs- und Wartungskosten, sowie insbesondere geringer Personaleinsatz für den Betrieb werden verstärkt die Investitionsentscheidungen bei der Auswahl einer bestimmten Prozesstechnologie maßgeblich mitbestimmen. Ein weiterer wichtiger Aspekt ist der zunehmende Einsatz von Informations- und Automatisierungstechnik, z. B. in Form von Robotern, intelligenter Sensorik und Bildverarbeitung, in der Prozesstechnik. All dies wird die Entscheidung für oder gegen eine bestimmte thermische Prozesstechnologie beeinflussen.

Bei vielen industriellen Prozesswärmeverfahren können grundsätzlich für die Endenergiebereitstellung sowohl elektrische Energie als auch fossile Brennstoffe eingesetzt werden. Die Wahl des technologisch und wirtschaftlich optimalen Energieträgers erfordert eine anwendungsspezifische, umfassende, detaillierte Analyse und Bewertung der Prozesse. Neben der Wirtschaftlichkeit des Gesamtprozesses und den anwendungstechnischen Aspekten ist die Umweltverträglichkeit bei der Beurteilung von Prozesstechnologien zu berücksichtigen (**Bild 4**).

Die Wirtschaftlichkeitsanalyse umfasst alle monetär zu bewertenden Faktoren und berücksichtigt insbesondere die Investitions- und Betriebskosten der in Betracht kommenden Anlagenvarianten. Aufgrund ständig zunehmender gesetzlicher Auflagen wird die Beurteilung der Umweltverträglichkeit einer Prozesstechnologie immer wichtiger. Hierzu gehören beispielsweise die prozessbedingten Abgase oder die Lärmbelastung während des Betriebs einer Anlage. Einen besonderen Stellenwert haben in diesem Zusammenhang die vor Ort verursachten CO_2-Emissionen bekommen, da ab dem 01.01.2005 mit dem Emissionshandel in der Europäischen Union ein neues klimapolitisches Instrument eingeführt wurde. Am Emissionshandel werden in Deutschland zunächst rund 2.350 große Energiewirtschaftsanlagen und emissionsintensive Industrieanlagen teilnehmen. Gemäß dem nationalen Allokationsplan sind hiervon auch energieintensive industrielle Prozesswärmeverfahren direkt nach dem Verursacherprinzip oder möglicherweise indirekt über die Strompreisgestaltung betroffen [2].

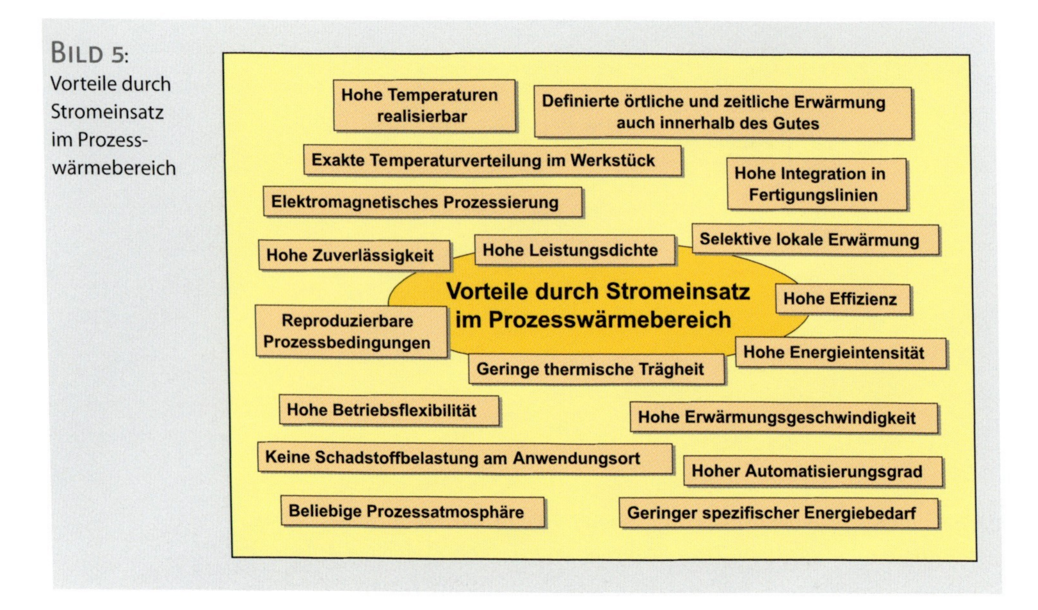

Bild 5: Vorteile durch Stromeinsatz im Prozesswärmebereich

Entscheidend für die Auswahl geeigneter Technologien sind aber letztendlich verfahrensspezifische anwendungstechnische Kriterien. Diese können eindeutig quantitativ formuliert sein, wie z. B. Prozessanforderungen in Form einer definierten zeitlichen und räumlichen Temperaturverteilung im Erwärmungsgut. Ebenso sind in der Regel die reproduzierbar einzustellenden Produkteigenschaften oder die Produktionsrate eindeutig festgelegt. Darüber hinaus sind in vielen Fällen oft nur qualitativ zu erfassende anwendungstechnische Aspekte mit einzubeziehen. Hierzu gehören beispielsweise die Flexibilität eines Prozesses hinsichtlich Produktvielfalt und wechselnder Produktionsauslastung, die Integration einer neuen Anlage in eine bestehende Fertigungslinie oder die Bedienbarkeit einer Anlage. Für diese eher qualitativ erfassbaren Bewertungskriterien eignet sich ein Verfahren nach DIN 2225, das in [3] detailliert beschrieben und beispielhaft angewendet wurde.

Aus anwendungstechnischer Sicht bieten Elektroprozessverfahren aufgrund der vielfältigen physikalischen Möglichkeiten für viele technologische Aufgaben im Prozesswärmebereich einen optimal angepassten Prozess (**Bild 5**). Dies gilt insbesondere bei innovativen zukunftsorientierten Technologien und Prozessen, da hier gerade die anwendungstechnischen Anforderungen an das Verfahren ausschlaggebend sind. Die zahlreichen anwendungstechnischen Vorteile der elektrothermischen Prozesstechnik bieten bei der Substitution von konventionellen Prozessen und Anlagen aber insbesondere bei der Entwicklung und Einführung neuer zukunftsweisender Verfahren und Technologien ein großes Potenzial für den Stromeinsatz im Prozesswärmebereich. Hierzu wird im Folgenden entlang einiger Entwicklungstrends in der industriellen Prozesstechnik beispielhaft aufgezeigt, dass Elektroprozesstechnologien vielfach eine Schlüsselrolle spielen.

Entwicklungstrends in der Prozesstechnik

Prozesslinienverkürzung

Die Verkürzung von Prozesslinien und die Einsparung von Prozessschritten sind das Ziel vieler zukunftsweisender Entwicklungen in der industriellen Prozesstechnik. Die Herstellung endabmessungsnaher Halbzeuge und Produkte in nur wenigen Prozessschritten führt zu Zeit- und Kosteneinsparungen. Ein eindrucksvolles Beispiel hierfür ist die kontinuierlich weiterentwickelte Prozessverkürzung bei der Warmbandherstellung (Bild 6). Bei einer konventionellen Brammen-Stranggießanlage werden Stahlbrammen mit einer Dicke von z. B. 250 mm gegossen, die in zahlreichen Walzgerüsten auf die erforderlichen Enddicken niedergewalzt werden müssen, wobei mehrere Zwischenerwärmungen notwendig sind. In den letzten Jahren wurden daher große Anstrengungen unternommen, um die endabmessungsnahe Herstellung von Flachprodukten industriell umzusetzen. Bandgießanlagen, die bereits in Pilotanlagen realisiert sind, ermöglichen das direkte Gießen von Blechen im Millimeterbereich, so dass nur wenige Walzprozessschritte erforderlich sind. Hierbei bekommt der Einsatz von Elektroprozesswärme und insbesondere die elektromagnetische Prozessbeeinflussung einen besonderen Stellenwert. Beispielsweise können nur induktive Verfahren das elektromagnetische Rühren, Bremsen, Reinigen oder berührungslose Abstützen der Schmelze während des Gießvorgangs bewirken. Auch die gezielte Einstellung der Temperaturverteilung im Band vor dem Einlaufen in das Fertiggerüst ist aufgrund gegebener Platzverhältnisse, der hohen Gießgeschwindigkeiten, der wechselnden Bandbreiten und Banddicken und insbesondere der geforderten Temperaturverteilungen über der Bandbreite oftmals nur durch eine Induk-

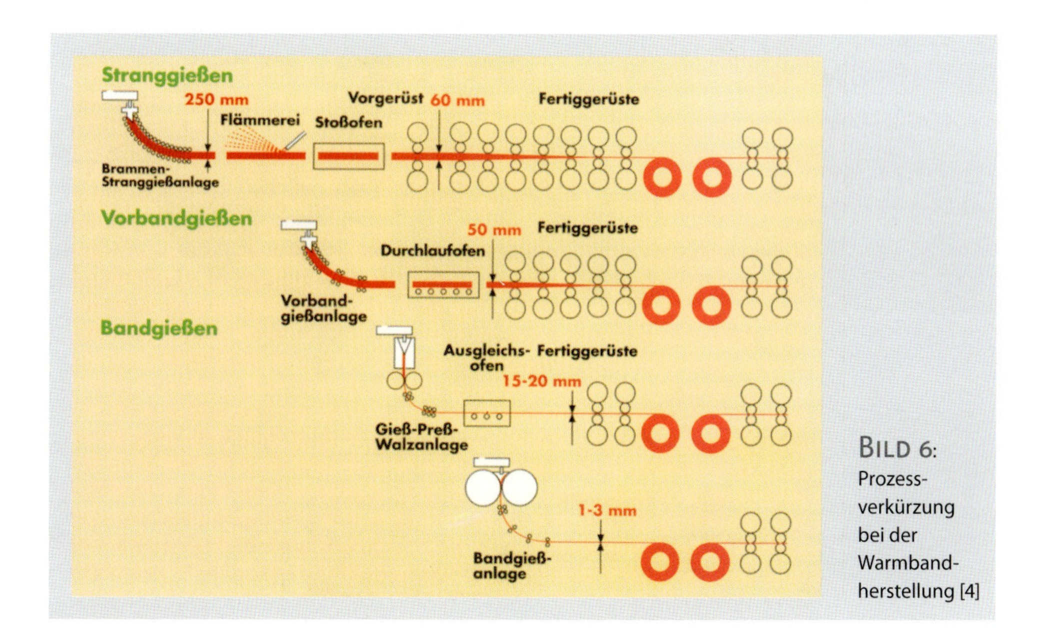

Bild 6: Prozessverkürzung bei der Warmbandherstellung [4]

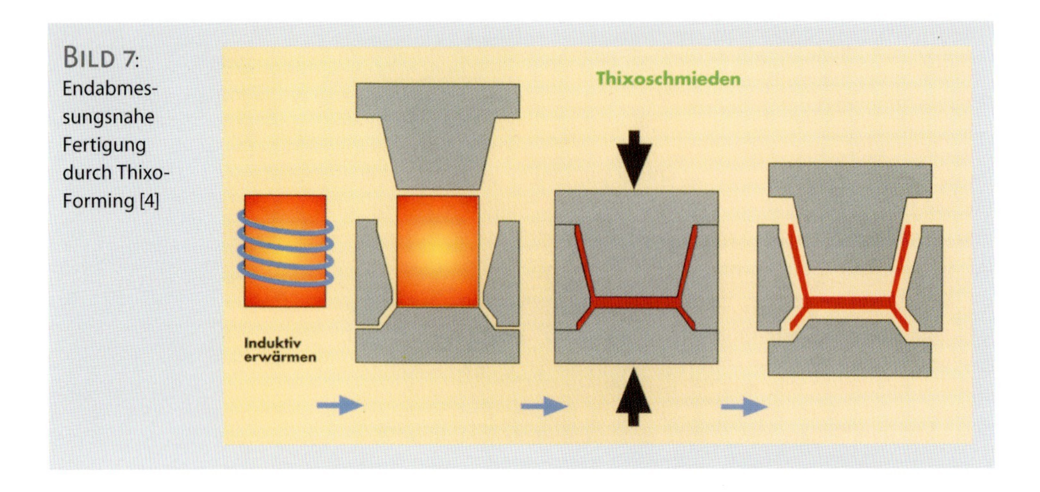

BILD 7: Endabmessungsnahe Fertigung durch Thixo-Forming [4]

tionserwärmungsanlage optimal möglich. Bei dünnen Bändern im Millimeterbereich bietet hier die induktive Querfeld-Erwärmung Möglichkeiten zur optimalen Anpassung des Erwärmungsprozesses. So kann beispielsweise die Temperaturverteilung über der Bandbreite gezielt eingestellt werden, um eine Bandkantenüberhitzung, eine homogene Temperaturverteilung oder eine Bandkantenunterkühlung zu realisieren [5].

Weitere innovative Beispiele für endabmessungsnahe Fertigungsprozesse sind das Präzisionsschmieden und das sogenannte Thixoforming für Aluminium oder Stahl. So ist beim Präzisionsschmieden eine besonders schnelle zunderarme Erwärmung der umzuformenden Bauteile erforderlich, wobei eine gezielte Temperaturverteilung im Werkstück erforderlich ist. Diese Anforderungen lassen sich vorteilhaft mit einem induktiven Erwärmungsprozess erfüllen. Beim Thixoforming werden Werkstücke aus Legierungen mit thixotropen Eigenschaften auf eine definierte Temperatur zwischen Solidus und Liquidus erwärmt und anschließend umgeformt (**BILD 7**). Der Formgebungsprozess erfolgt im teilerstarrten Zustand des Werkstücks und kann als Kombination zwischen Gieß- und Schmiedeprozess betrachtet werden. Die sehr hohen Anforderungen an den reproduzierbaren Erwärmungszeitverlauf aufgrund des sehr kleinen Prozessfensters für den Semi-Solid-Bereich sind nur mit der induktiven Erwärmung wirtschaftlich realisierbar.

Hybrid-Lösungen und Verfahrenskombinationen

Eine weitere Verbesserung bestehender Prozesse ist oftmals nur durch eine Kombination verschiedener Technologien möglich. Hierbei werden die verfahrensspezifischen Vorteile verschiedener Technologien gezielt eingesetzt. Dabei können entweder brennstoffbeheizte und elektrothermische Technologien oder unterschiedliche elektrothermische Verfahren vorteilhaft kombiniert werden. Eine effiziente Verfahrenskombination bietet sich beim Einschmelzen von Aluminiumschrott an. Für das Recycling von Aluminiumschrott werden ver-

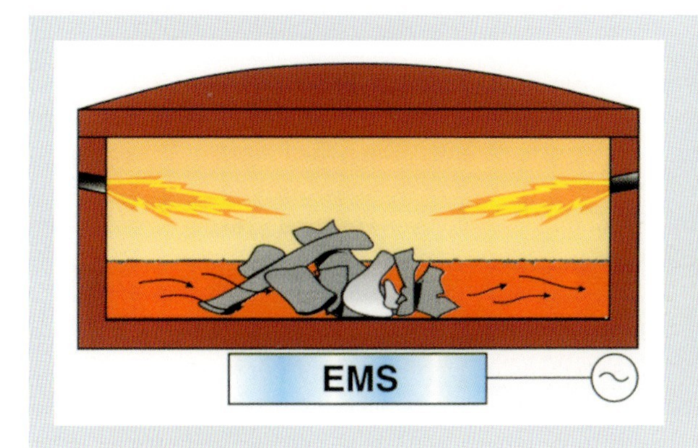

Bild 8: Hybrid-Technologie: Elektromagnetischer Rührer im gasbeheizten Aluminiumschmelzofen (Quelle: ABB)

breitet große gasbeheizte Schmelzöfen mit Fassungsvermögen von bis zu 120 t eingesetzt. Da die Brennerflammen direkt auf die Schmelzenoberfläche gerichtet sind, führt dies zu hohen Abbrandverlusten und stark inhomogener Temperaturverteilung in der Schmelze, da eine kontinuierliche Durchmischung fehlt. Diese Nachteile können durch den Einsatz eines elektromagnetischen Rührers, der beispielsweise unter dem Schmelzofen angebracht ist, vermieden werden (**Bild 8**). Der elektromagnetische Rührer bewirkt eine intensive Schmelzenbewegung, die das stückige Einsatzmaterial gut einrührt und eine schnelle Homogenisierung der Schmelze hinsichtlich der Temperaturverteilung und der chemischen Zusammensetzung bewirkt. Hieraus resultieren eine Reduzierung der Schmelzzeit um bis zu 20 %, eine Verringerung der Abbrandverluste um 20 bis 40 % und die Verringerung des spezifischen Energiebedarfs um 10 bis 15 %.

Auch bei neu zu entwickelnden Prozessen sollte grundsätzlich eine mögliche Kombination von unterschiedlichen Technologien im Hinblick auf eine optimierte Lösung in Betracht gezogen werden. Ein innovatives Beispiel hierfür ist die Lasermaterialbearbeitung, die insbesondere in der Automobilindustrie zunehmend an Bedeutung gewonnen hat.
Neue effiziente Anwendungen der Lasermaterialbearbeitung eröffnen sich auch durch die Kombination des Lasers mit der induktiven Erwärmung in einem Prozessschritt (**Bild 9**). Beim Laserschweißen oder Laser-Randschichtveredeln können aufgrund der hohen konzentrierten Leistungsdichte des Laserstrahls große Temperaturgradienten und demzufolge hohe thermische Spannungen im Material auftreten. Mit Hilfe der induktiven Zusatzerwärmung ist eine Reduzierung der hohen Temperaturgradienten im

Bild 9: Verfahrenskombination: Induktiv unterstützte Lasermaterialbearbeitung [5]

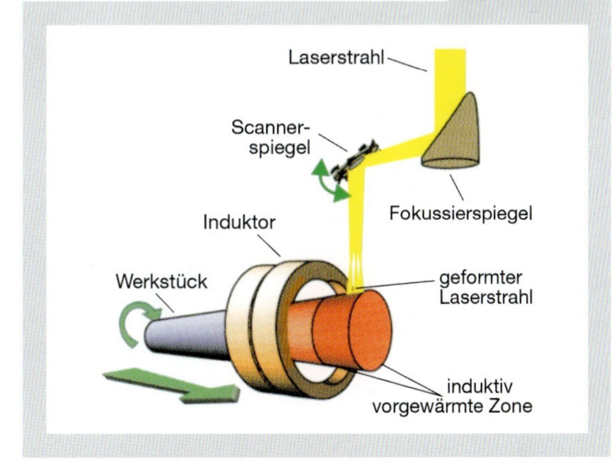

Werkstück möglich, und die mechanischen Eigenschaften werden deutlich verbessert. Anwendungen sind das Auftragschweißen von hochlegierten Stählen, das Randschichtumschmelzen hochbeanspruchter Bauteile und das Verschweißen von Blechen aus hochlegierten Stählen. Die hohe Prozessgeschwindigkeit des Lasers erfordert hierbei eine konzentrierte hohe Leistungsübertragung bei der Nacherwärmung, die nur mit der induktiven Erwärmung in der gewünschten Form realisiert werden kann.

Thermische Oberflächenbehandlung

Die thermische Oberflächenbehandlung ist eine zukunftorientierte ausgeprägte Querschnittstechnologie mit enormen Wachstumspotenzialen. Hierbei werden bereits seit Jahren bewährte Verfahren, wie das induktive Randschichthärten, gezielt weiterentwickelt. So können mit dem innovativen Zwei-Frequenz-Härten auch komplexe Geometrien, wie z. B. Antriebsschnecken, optimal gehärtet werden [7]. Durch die mögliche Integration des induktiven Härteprozesses in die Prozesslinie ergeben sich deutliche Zeit- und Kostenvorteile gegenüber dem klassischen Einsatzhärten. Auch die Laserbearbeitung eröffnet neue Möglichkeiten für die thermische Oberflächenbehandlung. Ein Beispiel hierfür ist eine neu entwickelte Laseroberflächen-Behandlung von Zylinderlaufbuchsen [8].

Besonders innovativ sind multifunktionale Oberflächen, die beispielsweise hart, korrosionsbeständig und gleichzeitig verschleißfest sind. Hier hat sich die industrielle Plasmatechnik unter den modernen Oberflächentechnologien zu einem bedeutenden, innovativen Universalwerkzeug entwickelt. Die plasmagestützten Oberflächentechniken werden heute in so unterschiedlichen Bereichen wie der Herstellung von Datenträgern und Anzeigesystemen für die Kommunikationstechnik, der biokompatiblen Beschichtung medizinischer Implantate, der Vergütung optischer Komponenten und vor allem beim Verschleiß- und

BILD 10: Plasma-Oberflächenbehandlung einer Kurbelwelle

BILD 11: Schmelzprozess im Kaltwand-Induktionstiegelofen

Korrosionsschutz an Werkzeug- und Maschinenbauteilen industriell eingesetzt (**Bild 10**).

In Plasma-Wärmebehandlungsverfahren von Stählen werden an den Randzonen des Grundwerkstoffes durch Diffusion von Stickstoff, Kohlenstoff, Bor oder Sauerstoff neue Phasen unter Einbeziehung des Grundwerkstoffes aufgebaut. Zu den thermochemischen Oberflächenveredelungsverfahren gehören das Plasmanitrieren und Plasmacarburieren. Diese umweltfreundlichen Prozesse zeichnen sich gegenüber konventionellen Nitrierverfahren, wie Pulver-, Salzbad- und Gasnitrieren u.a. durch eine bessere Verschleiß- und Dauerfestigkeit, genauere Maßhaltigkeit und geringere Rauhigkeitszunahme der behandelten Oberflächen aus. Ein besonders zukunftsorientierter Anwendungsbereich der Plasmaoberflächentechnik sind Oberflächenstrukturen im Nanometer-Maßstab. Durch Nanostrukturen erzeugt mit Hilfe von Plasmatechniken lassen sich besondere Produkteigenschaften wirtschaftlicher herstellen, wie z. B. reflexfreie Brillen durch Oberflächenstrukturen, die kleiner sind als die Lichtwellenlänge und einen sanften Übergang des Brechungsindex an der Grenzfläche von Luft und Glas bewirken.

Neue Werkstoffe und Materialien

Innovative Werkstoffe und Materialien spielen branchenübergreifend bei vielen zukunftsweisenden Prozessen und Produkten eine zentrale Rolle. Beispiele hierfür sind hochtemperaturfeste und gleichzeitig leichte Werkstoffe, wie Titan-Aluminium-Legierungen, Leichtbauwerkstoffe, wie Magnesium, Verbundwerkstoffe (SiC), Hochleistungskeramiken oder optische Gläser. Die Herstellung von vielen Produkten durch die Verarbeitung dieser zukunftsweisenden Werkstoffe ist oft nur durch den Einsatz elektrothermischer Technologien überhaupt möglich oder wirtschaftlich vertretbar.

Im Bereich des Leichtmetallgusses bietet der Gradientenguss innovative Möglichkeiten für die Herstellung hoch beanspruchbare aber leichte Bauteile. Gradientengussteile sind inhomogene Gussteile, die aus mehreren Legierungen mit verschiedenen Eigenschaftspotenzialen bestehen. Der Vorteil besteht darin, dass sich örtlich definierte Eigenschaften im Gussteil gezielt einstellen lassen. So lassen sich beispielsweise bei einem Zylinderkopf ein zäher und fester Gusskörper mit hitze- und verschleißbeständigen Zonen in den Brennkammern optimal kombinieren. Die Herstellung von Gradientenwerkstoffen, z. B. aus Aluminium-Silizium-Werkstoffen, erfordert die gezielte Einwirkung von elektromagnetischen Feldern auf die schmelzflüssige Phase während des Gießprozesses, um mit Hilfe elektromagnetischer Kraftwirkungen lokale Silizium-Anreicherungen und damit verschleißfestere Schichten zu erzielen.

Aufgrund seiner hervorragenden physikalischen Eigenschaften gewinnt die Anwendung von Titan-Aluminium (TiAl) eine immer größere Bedeutung. Mit seiner hohen Temperaturfestigkeit sowie geringen Dichte eignet sich TiAl insbesondere für hochtemperaturbelastete Bauteile wie Turbinenschaufeln oder Turbolader. Für das hochreine Schmelzen dieses hochreaktiven Werkstoffes ist der Kaltwand-Induktionstiegelofen hervorragend geeignet (**Bild 11**) [9]. Aufgrund des wassergekühlten Kupfertiegels bildet sich am Tiegelboden und der Tiegel-

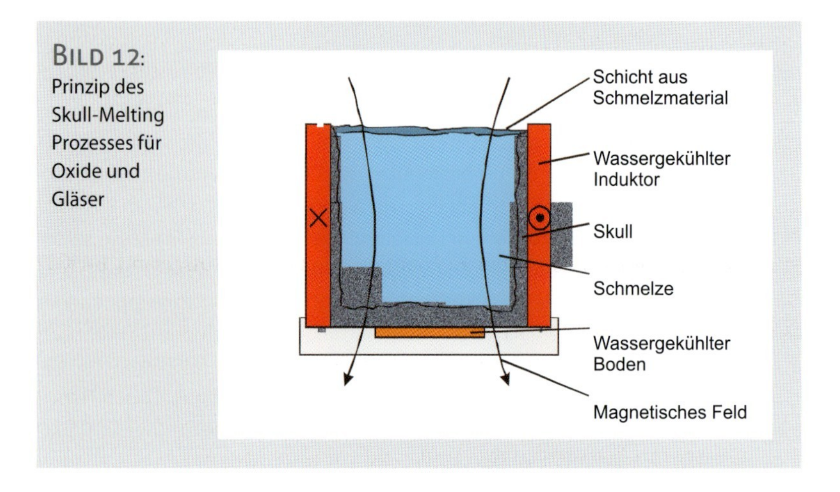

Bild 12: Prinzip des Skull-Melting Prozesses für Oxide und Gläser

wand eine Schale aus arteigenem Material, der sogenannte Skull, und es findet keine Verunreinigung der Schmelze statt. Der KIT ermöglicht das wirtschaftliche Schmelzen durch Verwendung eines hohen Schrottanteils, den Aufbau der Legierung während des Schmelzprozesses sowie das Überhitzen und Abgießen in einem Arbeitsgang. Gerade das induktive Schmelzen im KIT ermöglicht hierbei ein Herstellungsverfahren, das den Einsatz von TiAl auch in Massenmärkten erlaubt. Zukünftige Forschungsanstrengungen zielen dabei auch auf eine Steigerung des Wirkungsgrades unter der Prämisse, die Produktionskapazität der Aggregate zu erhöhen.

Nichtmetallische Werkstoffe, wie Oxide, Gläser und Keramiken finden beispielsweise in Form von optischen Gläsern, in der Lasertechnik oder in elektronischen Bauelementen ihre Anwendung. Ein wichtiger Prozessschritt bei der Produktion dieser Materialien ist das Schmelzen, wobei Temperaturen von zum Teil bis zu 3000 °C erforderlich sind. Für das Hochtemperaturschmelzen dieser reaktiven Werkstoffe bietet die induktive Skull-Melting Technik im Induktortiegel eine zukunftsorientierte Technologie (**Bild 12**) [11]. Ein hoher Wirkungsgrad, große Leistungsdichten sowie praktisch keine Verunreinigungen aufgrund der Skullbildung an der wassergekühlten einwindigen Spule zeichnen diesen Prozess aus.

Fazit

Etwa zwei Drittel des gesamten Endenergiebedarfs der deutschen Industrie entsteht durch die Bereitstellung von Prozesswärme, wobei knapp 13 % dieses Bedarfs durch elektrische Energie gedeckt wird. Für die optimale Wahl des Endenergieträgers und der Prozesstechnologie sind wirtschaftliche, ökologische und insbesondere technische Bewertungskriterien ausschlaggebend. Die elektrothermische Prozesstechnik bietet vielseitige Anwendungen und ein hohes Innovationspotenzial. Der Bedeutungszuwachs des Endenergieträgers Strom für thermische Verfahren ist insbesondere in Deutschland durch innovative Prozesse und hochqualitative Produkte zu erwarten. Die Nutzung dieser neuer Marktchancen setzt eine systematische, kompetente und kundenspezifische Beratung zum innovativen und effizienten Stromeinsatz voraus und ist nicht zuletzt auch eine Wettbewerbsstrategie im industriellen Energiemarkt.

Literatur

[1] Geiger, B.; Nickel, M.; Wittke, F.: Energieverbrauch in Deutschland. BWK 57 (2005) Nr. 1/2, S. 48–56

[2] Umweltbundesamt (Hrsg.): Information zur Anwendung der gesetzlichen Regelungen zur Zuteilung von Kohlendioxid-Emissionsberechtigungen in der Periode 2005 bis 2007. Berlin 09/2004

[3] Baake, E.; Jörn, K.-U.; Mühlbauer, A.: Energiebedarf und CO_2-Emission industrieller Prozeßwärmeverfahrren. Vulkan-Verlag Essen 1996

[4] Ministerium für Wirtschaft, Mittelstand und Technologie des Landes Nordrhein-Westfalen (Hrsg.): Endabmessungsnahes Gießen und kombinierte Gieß-/Umformverfahren, Düsseldorf 1995

[5] Schülbe, H.; Nikanorov, A.; Nacke, B.: Flexible Anlagen zur Erwärmung dünner Bänder im induktiven Querfeld. elektrowärme international (2004) Nr. 2, S. 69–73

[6] Fraunhofer Institut für Werkstoff- und Strahltechnik (Hrsg.): Informationsschrift Induktiv unterstützte Lasermaterialbearbeitung, Dresden 1999

[7] Schwenk, W.; Peter, H.-J.: Anwendungen des Zweifrequenz-Simultan-Verfahrens zum induktiven Randschichthärten. elektrowärme international (2002) Nr. 1, S. 13–18

[8] Gezarzick, W.; Amiri, F.: UV photon laser technology for the treatment of grey-cast cylinder bores. Heat Processing 2 (2004) Nr. 3, pp. 145–147

[9] Vogt, M.: Einsatz des Kaltwand-Induktions-Tiegelofens zum Schmelzen und Gießen von TiAl-Legierungen. Fortschritt-Berichte VDI, Reihe 19, Nr. 132, VDI-Verlag Düsseldorf 2001

[10] Behrens, T.; Kudryash, M. Nacke, B.: Induktive Skull-Melting-Technologie für Oxide und Gläser. elektrowärme international (2004) Nr. 4, S. 161–166

Veröffentlicht in:
elektrowärme international · Heft 1/2005 · Seiten 14–19

Energie- und Kostenvergleich von elektrischen und gasbeheizten Prozessen für Härten und Schmiedeblockerwärmung

Von Astrid Rebmann

Erwärmungsprozesse in der Metallverarbeitung wie Härten und Schmiedeblockerwärmung sind sehr energieintensiv. Dabei stehen oft sowohl Elektrowärme- als auch gasbeheizte Verfahren zur Auswahl. In den letzten Jahren gab es durch die Liberalisierung des Energiemarktes einerseits und staatlich veranlasste Umlagen (Energieeinspeisegesetz, Strom- und Erdgassteuer) andererseits sowie eine weltweit verstärkte Nachfrage (Ölpreisbindung für Erdgas) eine große Bewegung in den Preisen. Dieser Bericht zeigt auf, in welchem Verhältnis Energie-Verbrauch und -Kosten konkurrierender Verfahren stehen und welche Einflussgrößen dabei zu beachten sind.

Im Rahmen einer in den Jahren 1998/99 in Zusammenarbeit mit dem regionalen Energieversorger – heute E.ON Thüringer Energie AG – erstellten Diplomarbeit der Fachhochschule Schmalkalden wurde untersucht, für welche industriellen Erwärmungsprozesse sich Elektrowärme- und Gasanwendungen gegenüber stehen und welche Vor- und Nachteile für die Investitionsentscheidung des Kunden bedeutsam sind. Dazu wurden speziell die Prozesse Härten und Anlassen und Schmiedeblockerwärmung betrachtet.

Es wurden bei geeigneten Thüringer Unternehmen Messungen für die verschiedenen angewandten Energieträger an den vorhandenen Anlagen durchgeführt. Zu ermitteln waren dabei zunächst die Energieverbräuche für vergleichbare Erwärmungsprozesse. In den untersuchten Betrieben wurden die indirekte Widerstandserwärmung, die induktive Erwärmung und die Erwärmung durch eine Gasflamme eingesetzt. Die gemessenen Verbrauchswerte wurden mit den damaligen (1999) und aktuellen (November 2006) Thüringer Energiepreisen bewertet. Um die Vergleichbarkeit der Kosten zu gewährleisten, wurden dabei ausschließlich Standardpreise für Industriekunden der E.ON Thüringer Energie AG zugrunde gelegt. Weiterhin waren anwendungstechnische Vor- und Nachteile der konkurrierenden Verfahren zu untersuchen.

Messungen und Ergebnisse für das Härten und Anlassen

Lohnhärterei

Die Firma A ist eine kleine Lohnhärterei. Die zeitliche Flexibilität im Dienste seiner Kunden ist für den Fortbestand der Geschäftsbeziehungen dieses Unternehmens oberstes Gebot. Somit ist es nur in geringem Maße möglich, die Produktion vorherzusagen oder gar zu planen. Die Firma A ist im Besitz eines Vakuumhärteofens (Ofen 2) und eines Schutzgasanlassofens (Ofen 3). Der Ofen 2 beruht auf dem Prinzip der indirekten Widerstandserwärmung, Ofen 3 ist gasbeheizt. Zum direkten Vergleich wurden nur Anlass-Chargen mit gleicher Werkstückmenge (Körbe mit Kleinteilen), Temperatur und Material herangezogen. Für den widerstandsbeheizten Härteofen 2 ergaben sich die in **Tabelle 1** dargestellten Verbrauchswerte.

Beim Härten und Anlassen entstehen beim Aufheizen deutliche Leistungsspitzen, die in **Bild 1** dargestellt sind.

Die Lohnhärterei wird über eine eigene Transformatorenstation aus dem Mittelspannungsnetz versorgt. Für die Ermittlung des aktuellen Vergleichspreises

Tabelle 1: Verbrauch des widerstandsbeheizten Härteofens 2 der Lohnhärterei Firma A

Chargennummer	Dauer [h]	Temperatur [°C]	Verbrauch [kWh]
1	4:30	540	96,85
2	4:45	560	91,08
3	6:45	620	113,48
4	4:40	610	11,25
5	4:00	620	101,05
6	4:15	550	69,5

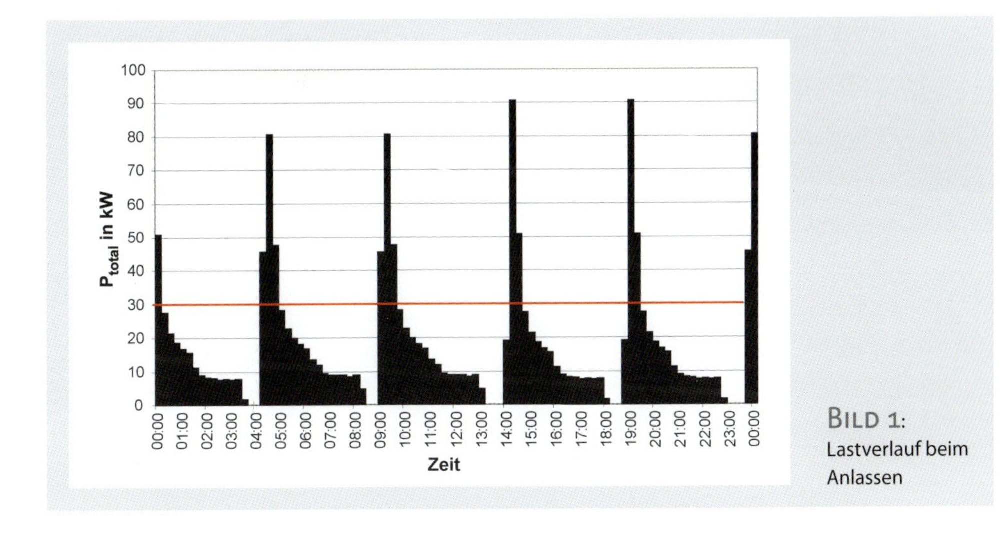

Bild 1: Lastverlauf beim Anlassen

TABELLE 2: Berechnung des Strompreises für die Lohnhärterei Firma A

Preis-kurve	Spitzen-leistung [kW]	Arbeit HT [kWh/Tag]	Arbeit NT [kWh/Tag]	Leistungs-preis [€/W·Mon.]	Arbeitspreis HT [Ct/kWh]	Arbeitspreis NT [Ct/kWh]	D-Preis ohne Umlagen [Ct/kWh]	Umlagen: EEG, KWK* [Ct/kWh]	D-Preis mit Umlagen [Ct/kWh]
steil	85	275.2	264.3	9,86	6,5	5,05	10,76	0,72	11,48
%				46				6	
flach	85	275,2	264,3	6,99	7,65	6,20	10,46	0,72	11,18
%		34		34				6	

wurde der Strompreis „ThüringenStrom.Profi" für Mittelspannung der E.ON Thüringer Energie AG heran gezogen (**TABELLE 2**).

Berechnungsformeln für den Strompreis (netto):

Arbeitspreis (Ct/kWh) = (Anteil-HT · AP-HT) + (Anteil-NT · AP-NT)

Leistungspreis (Ct/kWh) = (P_{max} · 1 Tag · LP · 12 · 100) · 0,8 (Gleichzeitigkeitsfaktor)/ (Arbeit · 300 Tage)

Durchschnittspreis ohne Umlagen (Ct/kWh) = Arbeitspreis (Ct/kWh) + Leistungspreis (Ct/kWh)

Aufgrund der Lastspitzen entfällt ein hoher Anteil (flach: 34 %, steil: 46 %) auf den Leistungspreis. Auf die staatlichen Umlagen entfallen nach der Änderung des Stromsteuergesetztes im August 2006 nur noch 6 %. Kostenreduzierungen sind mit dem Einsatz eines Energiemanagers zur Lastoptimierung möglich (kurzzeitiges Abschalten von Nebenanlagen in den Spitzenlastzeiten). Der widerstandsbeheizte Vakuum-Härteofen wird in jedem Fall für das Härten im Vakuum bei bis zu 1.200 °C benötigt. Gasbeheizte Öfen standen für diese Anwendung nicht zur Verfügung, Ofen 3 erreicht maximal 800 °C. Die Verbrauchswerte des gasbeheizten Anlassofens 3 sind in **TABELLE 3** dargestellt.

TABELLE 3: Verbrauchswerte für den gasbeheizten Anlassofen 3 der Lohnhärterei Firma A

Chargen-nummer	Dauer [h]	Temperatur [°C]	Verbrauch [kWh]	weitere Angaben
1	4:45	540	275,90	540 °C ca. 100 kg
2	5:15	560	275,90	560 °C ca. 150 kg
3	6:30	630	374,20	
4	4:45	610	388,72	Anlassen 610 °C
5	4:15	630	348,50	620 °C ca. 50 kg + 2 Körbe
6	4:15	550	260,26	540 °C ca. 100 kg

TABELLE 4: Kostenvergleich pro Anlasscharge der Lohnhärterei A

	Ofen 2 – widerstandsbeheizt			Ofen 3 – gasbeheizt		Verbrauch	Kosten
Chargen-nummer	Tempera-tur [°C]	Verbrauch [kWh]	Kosten €/Charge	Verbrauch [kWh]	Kosten [€/Charge]	Strom/Gas	Strom/Gas
1	540	96,9	10,83	275,9	11,95	0,35	0,91
2	560	91,1	10,18	275,9	11,95	0,33	0,85
3	620	113,5	12,69	374,2	16,20	0,30	0,78
4	610	111,3	12,44	388,7	16,83	0,29	0,74
5	620	101,1	11,30	348,5	15,09	0,29	0,75
6	550	69,5	7,77	260,3	11,27	0,27	0,69
Durch-schnitt			**10,87**		**13,88**	**0,30**	**0,78**

Für den Gasverbrauch der Lohnhärterei wurde der derzeitige Sondervertragspreis der E.ON Thüringer Energie AG mit Tagesleistung angenommen: 3,97 Ct/kWh (Ho) ohne Erdgassteuer und 86,31 Ct/kWh für den höchsten Tagesverbrauch des Jahres ergibt ca. 4,33 Ct/kWh netto als Mischpreis. Damit ergibt sich der in **TABELLE 4** dargestellte Kostenvergleich.

Wie Tabelle 4 zeigt, ist der Energieverbrauch im Schutzgasanlassofen bei vergleichbarer Bestückung durchschnittlich um den Faktor 3,3 größer als im Vakuumhärteofen. Der größte Verbrauchsunterschied ergibt sich für den Chargentyp 6. Die Ursache für den wesentlich höheren Energieverbrauch des gasbeheizten Ofens liegt – neben den Abgasverlusten – im notwendigen Einsatz einer Retorte (feuerfester Einsatz aus Edelstahl oder speziellen Keramiken), um das direkte Auftreffen von Flammen auf das Werkstück zu verhindern. Diese Retorte muss mit erwärmt werden. Bedingt durch den geringeren Energieverbrauch, sind die Energiekosten des widerstandsbeheizten Ofens trotz höherem Strompreis immer günstiger. Im Jahre 1999 ergaben sich mit einem Durchschnitts-Strompreis von 16,39 Pf/kWh und Erdgaspreis von 3,67 Pf/ kWh noch durchschnittliche Mehrkosten von 36 % oder 4,26 DM pro Charge bzw. 16,33 DM/ Tag für den widerstandsbeheizten Ofen.

Werkzeughersteller

Firma C ist ein Werkzeughersteller. Sie betreibt einen Gaskammerofen zum Anlassen von Werkzeugen. Die Gasverbräuche wurden vom Bedienpersonal durch Ablesen an einem am Ofen befindlichen Zähler erfasst. Bei einem aktuellen Gaspreis von ca. 4,0 Ct/kWh mit Stundenleistungspreis (3,97 Ct/kWh und 10,42 €/kW · a für die höchste Stundenleistung im Jahr) entstehen Kosten von durchschnittlich 8,66 €/Charge von ca. 1 t Werkzeug (1999: 6,49 DM/Charge). Verglichen mit dem gasbeheizten Anlassofen der Firma A, der mit wesentlich weniger Material (100…150 kg) bestückt Kosten von durchschnittlich 15,10 €/Charge verursacht, ergeben sich hier deutlich günstigere Werte (**TABELLE 5**).

TABELLE 5: Erdgasverbrauch und Kosten des Kammerofens der Firma C

Dauer [h]	Verbauch Erdgas [m³]	[kWh]	Gaspreis [Ct/kWh]	Kosten [€/Charge]
5:00	19,7	220,0	4,0	8,80
5:40	24,1	269,2	4,0	10,77
4:50	18,5	206,6	4,0	8,27
5:00	17,2	192,1	4,0	7,68
4:45	20,4	227,9	4,0	9,11
5:00	15,3	170,9	4,0	6,84
4:50	17,2	192,1	4,0	7,86
5:10	18,4	205,5	4,0	8,22
5:30	20,7	231,2	4,0	9,25
5:15	23,3	260,3	4,0	10,41
5:10	14,7	164,2	4,0	6,57
5:00	17,3	193,2	4,0	7,73
4:50	18,5	206,6	4,0	8,27
3:15	26	290,4	4,0	11,62
			8,66	

Größere Lohnhärterei

Die Firma D ist eine größere Lohnhärterei, die unter anderem auch als Dienstleister für die Automobilindustrie tätig ist. In dieser Firma wurden zum Vergleich der durch die Anlagen entstehenden Kosten pro Kilogramm zwei Gasdurchlauföfen (Ofen 1 und 2) und ein widerstandsbeheizter Durchlaufofen (Ofen 3) erfasst. Diese Durchlauföfen umfassen sowohl die Vorgänge Härten, Abschrecken in Öl, Reinigen vom Öl und Anlassen. Da auch bei den gasbeheizten Anlagen einige elektrische Prozesse vorhanden sind, mussten diese ebenfalls erfasst werden. Dies sind die gesamten Antriebe, die Waschmaschinen zum Reinigen vom Öl und die Spaltretorten für das Schutzgas (Indexo). Die Messung erfolgte mittels Stromzangen an den Zuleitungen. Der Gasverbrauch wurde am Zähler des Gasversorgers abgelesen. Den gemessenen Lastgang des widerstandsbeheizten Ofens 3 zeigt **BILD 2**.

Ein wesentlicher Nachteil des widerstandsbeheizten Ofens liegt im notwendigen Leerlaufbetrieb an Sonn- und Feiertagen, da bei einer Abschaltung die Heizelemente von 800 °C auf Raumtemperatur abkühlen und dabei beschädigt werden. Die gasbeheizten Durchlauföfen 1 und 2 sind mit einer Bandbreite von 50 cm ausgestattet. Der widerstandsbeheizte Durchlaufofen 3 besitzt lediglich eine Bandbreite von 15 cm. Laut Herstellerangaben ist der Durchsatz der Öfen 1 und 2 pro Anlage 10 mal so groß wie bei Ofen 3. Deshalb wird der widerstandsbeheizte Durchlaufofen 3 nur für kleinere Chargengrößen genutzt, um die gasbeheizten Durchlauföfen 1 und 2 für große Chargen freizuhalten.

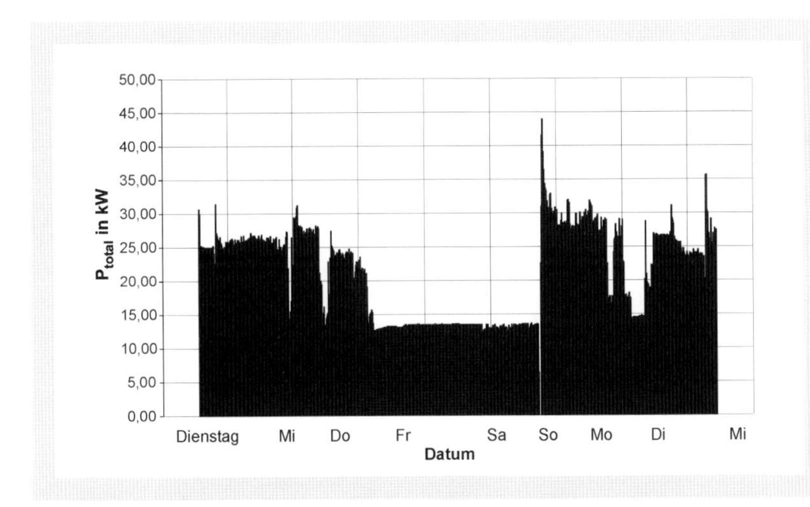

BILD 2: Lastgang des widerstandsbeheizten Durchlauf-Härteofens 3 der Lohnhärterei D

Für den widerstandsbeheizten Durchlaufofen 3 ergibt sich im Erfassungszeitraum ein durchschnittliches Viertelstundenmaximum von 37 kW und für die elektrische Peripherie der gasbeheizten Öfen 1 und 2 ein durchschnittliches Viertelstundenmaximum von 33 kW. Bei einem Stromliefervertrag „ThüringenStrom. Profi" mit niederspannungsseitiger Messung und einer flachen Preisregelung (ON_F) ergibt sich aufgrund der erfassten Verbrauchswerte und insgesamt guter Benutzungsstunden des Betriebes ein Durchschnittspreis von 10,72 Ct/kWh. Als aktueller Gaspreis wurden 4,01 Ct/kWh angenommen. Als Ergebnis zeigt sich (**TABELLE 6**), dass die widerstandsbeheizte Variante den 1,55-fachen Energiebedarf aufweist und um das 3,9-fache teuerer ist (1999: 5,0). Gründe dafür sind die kleinere Bauform und schlechte Auslastung (ca. 60 %) des widerstandsbeheizten Ofens sowie der Leerlaufbetrieb mit fast 50 % der Leistung.

Zusammenfassung für das Härten und Anlassen

Die elektrische Energie ist zum Härten eine saubere und Platz sparende Lösung. Die Anschaffungskosten widerstandsbeheizter Anlagen zum Härten und Anlassen sind gegenüber der gasbeheizten Lösung geringfügig günstiger. Für kleine

TABELLE 6: Vergleich der Durchlauföfen 1+ 2 (gasbeheizt) und 3 (widerstandsbeheizt) der Firma D

Anlage	Verbrauch			Chargen-masse	spez. Verbrauch	Kosten		Kosten
	Strom [kWh]	Gas [m³]	gesamt [kWh]	[kg]	[kWh/kg]	Strom [€]	Gas [€]	[Ct/kg]
Ofen 1+2	5.617,91	5.138,20	57.393,69	33.663,60	1,70	539,88	1.934,17	7,35
Ofen 3	4.012,56	438,36	4.896,48	1.850,20	2,65	425,73	281,06	38,20
Faktor					**1,55**			**5,20**

Anschlusswerte (< 75 kW) und geringe Mengen sind gasbeheizte Kammeröfen gar nicht erhältlich. Hohe Temperaturen (> 800 °C) können mit gasbeheizten Anlagen nicht erreicht werden. Die Analysen zeigten weiterhin, dass elektrisch beheizte Kammeröfen im Vergleich zur gasbeheizten Variante auch wesentlich günstigere Energieverbräuche aufweisen.

Diese Fakten wurden durch die betreibenden Firmen als positiv herausgehoben. Allerdings ist im Preisvergleich die elektrische Energie meist kostenintensiver als eine gasbeheizte Lösung. Die Ursachen hierfür liegen im höheren Preis der elektrischen Energie und bei den Vorgängen Härten und Anlassen, bedingt durch die hohen Lastspitzen beim Aufheizen, weiterhin in dem hohen Anteil des Leistungspreises am Strom-Durchschnittspreis. Gegenüber den Werten von 1999 ist, bedingt durch deutlich gestiegene Erdgaspreise, jedoch eine Annäherung zu verzeichnen.

Schmiedeblock-Erwärmung

Herstellung von Press- und Stanzteilen

Die Firma E ist mit der Herstellung von Press- und Stanzteilen beschäftigt. Hierfür wird Rundeisen verschiedener Durchmesser erwärmt und mit Hilfe von Pressen zum Fertigprodukt verarbeitet. Zum Erwärmen der Rundteile werden die Energieträger Propangas und Strom angewendet. Eine Erwärmung durch Gas ist aber nur bis zu einem bestimmten Durchmesser möglich. Durch die hauseigenen Erfassungsgeräte der Firma E wurden der Verbrauch der induktiven Anlage und der gasbeheizten Brennstelle aufgezeichnet und mit den jeweiligen Mischpreisen bewerte (TABELLE 7).

Es zeigt sich, dass bei der Induktionsanlage nur 68 % der Energie verbraucht wird. Bedingt durch Einschichtbetrieb und Leistungsspitzen (geringere Benutzungsstunden) hat die Firma E einen relativ hohen Durchschnittspreis für Elektroenergie. Trotzdem zeigt Tabelle 9, dass die Energiekosten der Induktionsanlage nur geringfügig teurer sind (Faktor 1,29 – 1999: 1,26). Die Firma E stellte ab 1999 stückweise die Produktion auf den Energieträger Strom um. Dies wird mit den höheren Durchsätzen dieser Technologie, der wesentlich höheren Qualität des Endproduk-

TABELLE 7: Vergleich der Energieträger für Firma E (Press- und Stanzteile)

Anlagentyp	Verbrauch		Menge	Verbrauch	Preise		Kosten	
	Propan [kWh]	Strom [kWh]	[Stück]	[kWh/St.]	Propan [Ct/kWh]	Strom [Ct/kWh]	Absolut [€]	spezifisch [Ct/St.]
Propangasanlage	6.789	500	4.000	1,82	6,0	12,16	468	11,70
Induktionsanlage		5.200	4.200	1,24		12,16	632	15,06
Faktor				**0,68**				**1,29**

tes und den besseren Arbeitsbedingungen begründet. Trotz des erheblich höheren Anschaffungspreises der Induktionsanlagen ist die höhere Qualität der Produkte auf dem Absatzmarkt entscheidend. Die Leiter der Firma E fühlen sich aufgrund der nur geringen Mehrkosten für Strom in ihren Entscheidungen bestärkt.

Werkzeughersteller

Die Firma F stellt schon seit vielen Jahren Werkzeuge her. Ein wesentlicher Produktionsteil der Firma ist mit der Schmiedeblockerwärmung beschäftigt. Hier konkurrieren die Energieträger Strom (Induktionsanlage) und Erdgas miteinander. Im Gegensatz zur Firma E ist bei der Firma F vor allem der Preis am Absatzmarkt entscheidend. Die elektrisch beheizte Anlage ist ein induktiver Durchstoßerhitzer. Dabei werden nur die zu erwärmenden Teile durch die Anlage gefördert. Bei der Erdgas-Anlage handelt es sich um eine Durchlaufanlage, wo die Werkstücke auf ein so genanntes Förmchen gelegt werden müssen. Die Werkstücke werden inklusive Förmchen durch die Anlage geführt. Der Lastverlauf Wirk- und Blindleistung der Induktionsanlage wurde an der Zuleitung erfasst (**Bild 3, Tabellen 8 und 9**).

Aufgrund des kurzen Messzeitraumes konnten die Energiekosten nur mit einem aus dem Gesamtverbrauch des Betriebes ermittelten Strom-Durchschnittspreis berechnet werden.

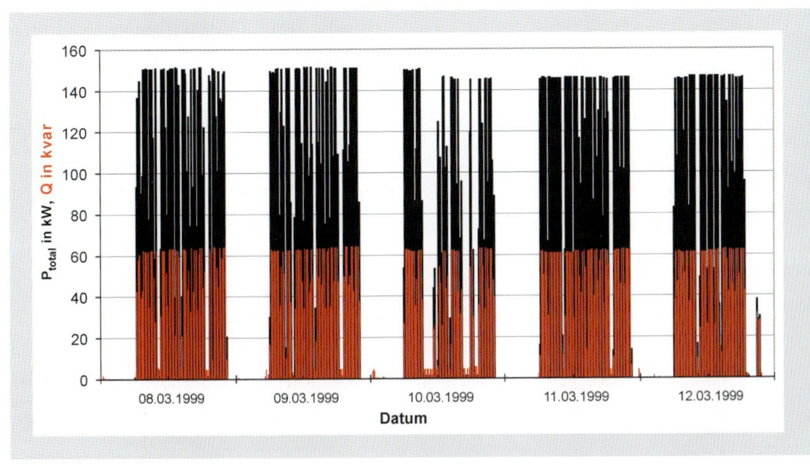

BILD 3: Messung der induktiven Schmiedeblock-Erwärmung bei Firma F

TABELLE 8: Chargen der Induktionsanlage des Werkzeugherstellers F

Abmaße	Stück	Gewicht [kg]	verrechnete elektrische Energie		Verbrauch [kWh/kg]
			Arbeit [kWh]	Leistung [kW]	
Rd. 20 x 230	17.940	5.086			
Rd. 20 x 220	17.650	4.225			
Rd. 18 x 230	14.650	4.000			
Summe:	**50.240**	**13.311**	**10.061,09**	**152,00**	**0,76**

TABELLE 9: Chargen der Erdgas-Durchlaufanlage des Werkzeugherstellers F

Charge	Masse gesamt inkl. Förmchen	Masse gesamt o. Förmchen	Verbrauch		Verbrauch [kWh/kg]
			[m³]	[kWh]	
1	1.699,78	1.492,64	145	1.619,65	1,09
2	2.344,18	2.093,38	146	1.630,82	0,78
3	3.049,90	1.292,75	140	1.563,80	1,21
4	1.550,13	506,93	136	1.519,12	3,00
5	787,19	672,80	95	1.061,15	1,58
6	868,80	742,40	91	1.016,47	1,37
7	675,64	577,68	82	915,94	1,59
8	499,52	427,84	84	938,28	2,19
9	847,40	725,80	80	893,60	1,23
Summe:	**12.322,53**	**8.532,22**	**999**	**11.158,83**	**1,31**

TABELLE 10: Energieverbrauch und Kosten des Werkzeugherstellers F

Anlagentyp	Verbrauch [kWh]	Menge [kg]	Verbrauch [kWh/kg]	Mischpreis [Ct/kWh]	Kosten [€]	Kosten [Ct/kg]
Erdgasanlage	11.158,83	8.532,22	1,31	4,22	470,90	5,52
Induktions-anlage	10.060,64	13.311,00	0,76	11,05	1.111,70	8,35
Faktor	**Strom/Gas:**		**0,58**			**1,51**

Die Energiekosten beider Verfahren zeigt **TABELLE 10**. Obwohl die Induktionsanlage gegenüber der gasbeheizten nur 58 % Energie verbraucht, ist sie doch in den Verbrauchskosten 1,5-fach teurer (1999: 2,34). Der Betreiber hat sich also bei der anstehenden Erweiterung für eine gasbeheizte Anlage entschieden.

Zusammenfassung für die Schmiedeblockerwärmung

Die Anwendung der induktiven Erwärmung zur Schmiedeblockerwärmung bringt den betreibenden Unternehmen Vorteile in der Geschwindigkeit, der Qualität und den Arbeitsbedingungen. Weiterhin wird bei einer Erwärmung mit Strom vergleichsweise weniger Energie pro kg benötigt. Trotzdem zahlt sich der wesentlich geringere Preis des Energieträgers Gas pro kWh dahingehend aus, dass niedrigere Betriebskosten für diese Variante zu verzeichnen sind. Weiterhin sprechen die geringeren Anschaffungskosten für die gasbeheizte Technologie.

Eine partielle Erwärmung ist durch gasbefeuerte Brenner jedoch nur teilweise möglich, da die offene Flamme zu einer Verzunderung an der Werkstückoberfläche führt. Ab einem bestimmten Querschnitt kann durch gasbeheizte Anlagen eine Erwärmung gar nicht mehr durchführt werden. Der durch den Abbrand vernichtete Querschnitt wäre zu groß, um das Produkt noch verkaufen zu können.

Dies liegt zum einen daran, dass sich mit einer Gasflamme nur eine vergleichsweise geringe Leistungsdichte übertragen lässt, und zum anderen daran, dass im Regelfall die bearbeiteten Stähle einen hohen Kohlenstoffanteil besitzen. Da die übertragbare maximale Leistungsdichte ein nur anlagentechnisch variierender Parameter ist, bestimmt der Kohlenstoffanteil des Stahls maßgeblich, ab welchem Querschnitt nur noch eine induktive Erwärmung möglich ist. Je höher der Kohlenstoffanteil ist, umso kleiner werden die möglichen Querschnitte. In einer untersuchten Schmiede (Firma E) lag dieser maximale Querschnitt bei 18 bis 18,5 mm.

Fazit

Elektrowärmeanlagen für das Härten und die Schmiedeblock-Erwärmung haben meist einen deutlich geringeren Energieverbrauch als vergleichbare gasbeheizte Anlagen. Es entstehen keine Abgasverluste, bei den direkten Verfahren (Induktion) wird die Wärme direkt im Werkstück erzeugt. Trotz höherer kWh-Preise für Elektroenergie gegenüber Erdgas sind die Energiekosten daher oft vergleichbar oder nur geringfügig höher. Zudem liegt selbst bei energieintensiven Betrieben der Anteil der Energiekosten bei nur ca. 2 bis 4 % des Umsatzes. Die Energiekosten sind immer von mehreren Faktoren abhängig, z. B. Netzkosten (Spannungsebene, regionale Verbrauchsdichte, Benutzungsstunden), Größe und Auslastung der Anlagen, Verbrauchsmengen, Zeitpunkt des Vertragsabschlusses (Börsenpreise, Ölpreisbindung), staatlich veranlasste Umlagen (Strom- und Erdgassteuer, Umlagen für erneuerbare Energien und Kraft-Wärme-Kopplung). Mit der Änderung des Energiesteuergesetzes im August 2006 kann die Strom- und Erdgassteuer für bestimmte energieintensive Verfahren vollständig erstattet werden.

Eine elektrisch beheizte Anlage kommt immer dann zum Einsatz, wenn qualitativ hochwertige Lösungen gefragt sind oder eine Realisierung mit anderen Energieträgern nicht möglich ist (sehr hohe Temperaturen, große Werkstück-Durchmesser, partielle Erwärmung). Weiterhin besitzen Elektrowärmeanlagen technologische Vorteile wie höherer Durchsatz, geringerer Platzbedarf, problemlose Aufstellbarkeit, bessere Arbeitsbedingungen und geringere Umweltlastungen. Vor einer anstehenden Investitionsentscheidung sollten deshalb alle Randbedingungen sorgfältig geprüft werden.

Quelle:

„Erstellung und Beurteilung von technisch-wirtschaftlichen Vergleichen für industrielle Wärmeprozesse in der metallverarbeitenden Industrie", Diplomarbeit, vorgelegt von Marco Beyer, Fachhochschule Schmalkalden, am 05.07.1999

Veröffentlicht in:
elektrowärme international · Heft 4/2006 · Seiten 224–229

Entwicklung kundenspezifischer Lösungen – eine interessante Herausforderung der modernen Induktionserwärmung

Von Jens-Uwe Mohring und Elmar Wrona

Der Beitrag beginnt mit energetischen Betrachtungen der Induktionserwärmung. Anschließend werden die Methoden zur Entwicklung kundenspezifischer Lösungen diskutiert. Exemplarisch wird hierzu die induktive Erwärmung bei modernen Anlagen zur Kristallzüchtung mittels Epitaxy betrachtet. Es werden Ergebnisse numerischer Simulationen präsentiert, die zur Anpassung an den Generator genutzt werden. Das numerische Simulationsmodell wird mittels experimenteller Untersuchungen, d. h. Messungen mit einer Infrarot-Kamera, verifiziert. Am Ende des Beitrags wird die moderne Generatorfamilie BIG SC (→ TruHeat MF 3010-7040) vorgestellt, die für induktive Erwärmungsaufgaben hervorragend geeignet ist.

Die induktive Erwärmung ist eine zuverlässige und innovative Technologie, die sich in den verschiedensten Märkten einen Platz erobert hat. Heute reichen die Anwendungen von klassischer Wärmebehandlung in der Metallindustrie bis hin zu modernen Kristallzüchtungsprozessen in der Halbleiterindustrie. Die induktive Erwärmung ist dadurch gekennzeichnet, dass die benötigte Energie berührungslos auf das Werkstück übertragen wird, welche schließlich in Wärmeenergie umgesetzt wird. Die größten Vorteile gegenüber indirekten Erwärmungsverfahren liegen in sehr hohen Erwärmungsgeschwindigkeiten, hohen Wirkungsgraden, einer hervorragenden Reproduzierbarkeit der Erwärmungsergebnisse sowie der Möglichkeit zur Prozessautomatisierung. Um alle Vorteile voll ausnutzen zu können, müssen Spulendesign und Generatortechnik hand in hand gehen. Diese beiden Punkte werden in diesem Beitrag besonders herausgearbeitet.

Effiziente Entwicklung kundenspezifischer Lösungen für industrielle Anwendungen

Definition des Wirkungsgrads

Die Lösung induktiver Erwärmungsaufgaben beginnt mit der Berechung der benötigten Leistung P_u, die im Wesentlichen von der in einer bestimmten Zeit zu erwärmenden Masse abhängt. Bei Prozessen, in denen das Werkstück bewegt wird, kann die Erwärmung pro Zeit in den Durchsatz der Masse pro Zeit übertra-

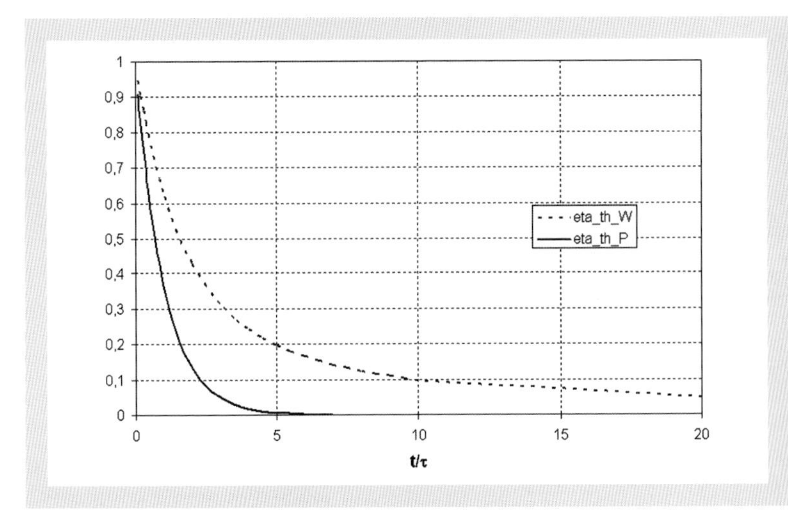

BILD 1: Thermischer Wirkungsgrad für Leistung (η_{th}_P) und Energie (η_{th}_W) über t/τ. t bezeichnet die Erwärmungszeit und τ eine das Werkstück charakterisierende Zeitkonstante. Strahlungsverluste sind vernachlässigt

gen werden. Um die benötigte thermische Leistung P_{th} zu ermitteln, müssen zusätzliche Verluste durch Wärmestrahlung und Konvektion berücksichtigt werden. Bis zu einer Temperatur von 100 °C sind Konvektionsverluste dominierend. Da die Wärmestrahlung mit der vierten Potenz der Temperatur steigt, kann ab einer Temperatur von ca. 900 °C die Konvektion vernachlässigt werden. Das Verhältnis zwischen benötigter und thermischer Leistung/Energie wird als thermischer Wirkungsgrad η_{th} bezeichnet, welches eine zeitabhängige Größe ist (**BILD 1**). Um den Energiebedarf zu optimieren, sollte die Erwärmungszeit möglichst kurz gewählt werden. Auf der anderen Seite steigen die Installationskosten durch eine größere benötigte Generatorleistung. Letztlich muss hier der Kunde entscheiden, welche Vorteile für ihn entscheidend sind.

Bei einem induktiven Erwärmungsprozess setzt sich die benötigte Generatorleistung P_G aus der thermische Leistung P_{th} und den ohmschen Verlusten in der Induktionsspule P_I zusammen, die über das Kühlwasser abgeführt werden. Das Verhältnis aus P_{th} zu P_G wird als elektrischer Wirkungsgrad η_I der Induktionsspule bezeichnet. Der Wert von η_I wird stark von den Materialeigenschaften und dem Spulendesign beeinflusst. Typische Werte liegen zwischen 0,2 für Materialien wie Kupfer und 0,9 für magnetischen Stahl unterhalb des Curie-Punktes. Der Generator selbst muss die Leistung P_G liefern und zieht vom Netz eine Leistung P_N. Das Verhältnis zwischen P_G und P_N wird als Wirkungsgrad des Generators bezeichnet. Moderne Energieversorgungen erreichen Wirkungsgrade von $\eta_G > 0{,}85$.

Auslegung von Spulen

Der wichtigste und schwierigste Teil während der Entwicklung einer Applikation ist die Spezifikation der Induktionsspule. Um diese Aufgabe zu lösen, muss der Applikationsingenieur verschiedene Aspekte betrachten. Im Wesentlichen sind dies die Erreichung der benötigten Prozesstemperaturen, die Maximierung des Spulenwirkungsgrads η_I sowie die Anpassung der Impedanz aus Spule und Werkstück an den Generatorausgang. Eine zylindrische Spule ist definiert durch die Anzahl der Windungen, ihrer Länge und dem Innendurchmesser. Diese Parameter können nicht direkt ermittelt werden. Die Berechnung kann nur in einer Richtung erfolgen: von einem speziellen Spulendesign zum erzielten Erwärmungsergebnis. Deshalb müssen die Spulenparameter iterativ ermittelt werden. Hierzu sind drei Vorgehensweisen denkbar: die analytische Berechnung, die numerische Simulation und die experimentelle Untersuchung. Analytische Berechnungsmethoden für zylindrische Anordnungen von Spule und Werkstück wurden z. B. von Nemkov [1] und Sluchotsky [2] vorgestellt.

Vorgehensweisen zur Ermittlung der Spulenparameter

Bei komplizierten Geometrien hat sich die numerische Simulation zu einem wichtigen Hilfsmittel des Applikationsingenieurs entwickelt. Es gibt einige kommerzielle Programme, die auf der Methode der Finiten Elemente (FEM) beruhen. Seitdem die PCs in den letzten Jahres leistungsstärker geworden sind, können Berechnungen relativ schnell erfolgen. Um die Simulationszeit weiter zu reduzieren, müssen jedoch Vereinfachungen in das Berechnungsmodell einfließen. Für industrielle Belange muss die Berechung nur so genau sein, wie sie zur Auslegung des Prozesses notwendig ist. Es ist nicht erforderlich, dass eine numerische Simulation – auf Kosten der Berechnungsdauer – so genau wie möglich durchgeführt wird. Typische Vereinfachungen sind beispielsweise die Annahme von Symmetrien zur Reduzierung der Anzahl der Finiten Elemente oder die Vernachlässigung von temperatur- und feldstärkeabhängigen Materialeigenschaften. Bei vielen Applikationen wird die genaue lokale Temperaturverteilung nicht benötigt. Deshalb kann das Temperaturfeld durch die Berechnung der spezifischen Leistungsdichte im Werkstück angenähert werden. Mit dieser Annahme kann die Berechnungszeit erheblich verkürzt werden. Selbstverständlich gibt es Anwendungen, bei denen eine Berechnung mit temperaturabhängigen Materialgrößen erfolgen muss, beispielsweise beim induktiven Härten. Aufgrund der großen Komplexität sollten solche Probleme in erster Linie in wissenschaftlichen Einrichtungen untersucht werden.

Eine weitere Methode zur Lösung kundenspezifischer Problemstellungen sind experimentelle Untersuchungen. Dieser Lösungsweg hat drei Vorteile. Zu aller erst können die Erwärmungsergebnisse sofort am realen Werkstück gemessen werden. Des Weiteren steht nach erfolgreichen Versuchen die Induktorgeometrie fest. Außerdem kann die Erwärmung im Zusammenspiel mit Induktor und Generator eindrucksvoll dem Kunden präsentiert werden. Es ist ein Trend zu erkennen, dass Kunden mehr und mehr experimentelle Untersuchungen in Anspruch nehmen. Deshalb ist ein gut ausgestattetes Applikationslabor mit erfahrenen Ingenieuren ein großer Vorteil für Lieferanten von induktiven Erwärmungssystemen.

Untersuchung eines Epitaxieprozesses

Der Epitaxieprozess

Der Kristallzüchtungsprozess der Epitaxie wird in der Halbleiterindustrie genutzt, beispielsweise zur Herstellung von Leuchtdioden (LED). Meistens kommen so ge-

Bild 2: Typische Reaktoranordnung für Epitaxie-Prozesse

nannte Planeten-Reaktoren zum Einsatz (**Bild 2**), die im Wesentlichen aus einer wassergekühlten Edelstahlkammer und einem austauschbaren Suszeptor aus Graphit bestehen. Der Suszeptor dient als Auflage für die rotierenden Trägerplatten – so genannte Satelliten – auf denen sich das zu beschichtende Substrat befindet.

Der Kunde hat drei unterschiedliche Anforderungen an den Prozess. Als erstes benötigt er eine zuverlässige Energieversorgung, die über Jahre die benötigte Prozessenergie liefert. Des Weiteren muss der Suszeptor in den Bereichen, in denen sich die Satelliten befinden, sehr homogen auf eine Temperatur von über 1.000 °C erwärmt werden, um das gewünschte Prozessergebnis zu erreichen. Letztendlich besteht die dritte Anforderung in einem niedrigen Energiebedarf, d. h. der Wirkungsgrad der Anlage muss sehr hoch sein. Deshalb müssen die zwei Hauptkomponenten eines induktiven Erwärmungssystems, der Generator und der Induktor, sehr gut zusammenspielen. Der Generator muss die volle Leistung bei der gewählten Frequenz zuverlässig zur Verfügung stellen. Darüber hinaus besteht oft die Anforderung, dass der Generator in einem weiten Frequenzbereich arbeiten soll, damit der Kunde die Möglichkeit zur Anpassung an verschiedene Induktoren und Werkstücke hat. Die Verluste innerhalb eines Generators sollten nicht größer sein als 15 % der Nennleistung. Die Produktfamilie BIG SC erfüllt diese Kundenanforderungen.

Dimensionierung eines typischen Systems

Im Folgenden werden die unterschiedlichen Möglichkeiten präsentiert, die zur Entwicklung eines induktiven Erwärmungsprozesses zur Epitaxie bestehen. Der betrachtete Suszeptor ist eine Graphitscheibe mit einer Dicke von 8 mm und einem Durchmesser von 320 mm. Die Induktionsspule muss unterhalb der Scheibe platziert werden. Zunächst muss die benötigte Prozessleistung berechnet werden. Bei einer Zieltemperatur von 1.100 °C können die Konvektionsver-

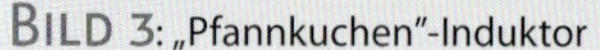

BILD 3: „Pfannkuchen"-Induktor

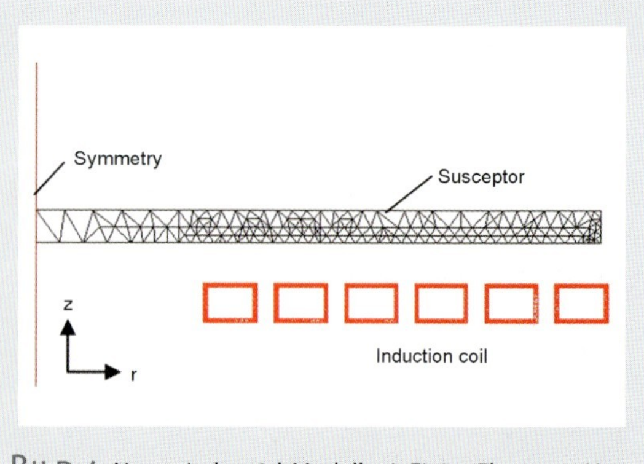

BILD 4: Numerisches 2d-Modell mit Finite-Elemente-Netz

luste gegenüber den Verlusten durch Wärmestrahlung vernachlässigt werden. Bei einem Emissionskoeffizienten von 0,92 betragen diese 30 kW. Diese Leistung muss letztendlich in das Graphit eingebracht werden, damit die Prozesstemperatur gehalten werden kann. Eine passende Induktorgeometrie für scheibenartige Werkstücke ist der so genannte „Pfannkuchen"-Induktor (**BILD 3**). Er besteht aus einem in einer Lage schneckenartig gewickeltem Kupferprofil ($\gamma = 58 \cdot 10^6$ S/m). Es wird eine Spule mit sechs Windungen aus einem Kupferprofil mit den Abmessungen 15 mm x 10 mm mit einer Wandstärke von 1 mm gewählt. Der Anschluss der innersten Windung wird unterhalb der Spule zurückgeführt. Zwischen der Oberfläche der Spule und dem Graphit ($\gamma = 70.000$ S/m [3]) besteht ein Koppelspalt von 10 mm.

Um eine passende Energieversorgung auswählen zu können, müssen der ohmsche Widerstand R und die Induktivität L der Spule und des Werkstücks bestimmt werden. Der effizienteste und genaueste Weg, um diese Werte zu ermitteln, ist die numerische Simulation der elektromagnetischen Feldverteilung. Da es sich bei der Spule nicht um konzentrische Windungen handelt, gibt es rein formal keine exakte Symmetrie. Für die industrielle Anwendungen kann diese Abweichung in Kauf genommen werden, um den Vorteil der Symmetriebedingung und damit der schnellen Berechnung des Problems nutzen zu können. Somit wird ein achsensymmetrisches System in der r-,z-Ebene gelöst. Das verwendete Simulationsnetz zeigt **BILD 4**. Die numerische Simulation wird mit dem kommerziellen Programmpaket MAXWELL durchgeführt. Zu Beginn der Berechnung werden ein bestimmter Strom I und eine bestimmte Frequenz f in der Spule festgelegt. In unserem Beispiel sind dies I = 100 A und f = 50 kHz.

Aus der Simulation erhalten wir die integralen Parameter der gesamten elektrischen Leistung P und der magnetischen Energie W_m. Der ohmsche Widerstand R und die Induktivität L können dann wie folgt berechnet werden:

$$R = \frac{P}{I^2}, \qquad L = \frac{2W_m}{I^2} \qquad \text{(1a, 1b)}$$

Die resultierende Last Z ist eine komplexe serielle Impedanz aus R und L:

$$Z = R + j\omega L \qquad \text{mit } \omega = 2\pi f. \qquad (2a, 2b)$$

Des Weiteren muss berücksichtigt werden, dass der verwendete Generator einen Parallelschwingkreis aufweist, d. h. die Kapazität C befindet sich parallel zur Induktionsspule. Sie kann aus

$$C = 1 / (\omega^2 L + R^2 / L) \qquad (3)$$

berechnet werden. Da das System auf Resonanzfrequenz arbeitet, wird die für den Generator sichtbare resultierende Last R′ durch die Gleichung

$$R' = R\,(1 + Q^2) \qquad \text{mit } Q = \omega L / R \qquad (4)$$

beschrieben. Der Faktor Q wird als Güte des Schwingkreises bezeichnet.

Die benötigte Generatorleistung P_G wird bestimmt durch die im Werkstück benötigte Generatorleistung P_{th} und dem elektrischen Wirkungsgrad der Spule η_I, der über die ermittelten Leistungswerte bestimmt werden kann. Die Nennlast R_G des Generators hängt von der Nennausgangsspannung U_G und P_G ab und sollte gleich R′ sein. Ist $R' > R$, muss die Frequenz reduziert werden. Gilt $R' < R$, muss die Frequenz erhöht werden. In beiden Fällen wird mit der neu ausgewählten Frequenz f ein erneuter Simulationslauf gestartet, bis $R' \approx R_G$ gilt mit $C = n \cdot C_P$, wobei C_P die zur Verfügung stehende Kondensatorgröße bezeichnet (in diesem Fall beispielsweise 0,66 µF).

Bei einer Frequenz von 85 kHz ist der Generator BIG 40/100 SC optimal an die Last angepasst. Bei einer Spannung von 82 % (492 V) wird ein Generatorstrom von 93 % (68 A) zur Verfügung gestellt. Die im Werkstück eingebrachte Leistung beträgt mehr als 31 kW. Der Wirkungsgrad η_I der Induktionsspule ist größer als 90 %. **Bild 5** zeigt die Verteilung der Wärmequellendichte p_v im Suszeptor, die definiert ist zu

$$p_v = J^2 / \gamma\,. \qquad (5)$$

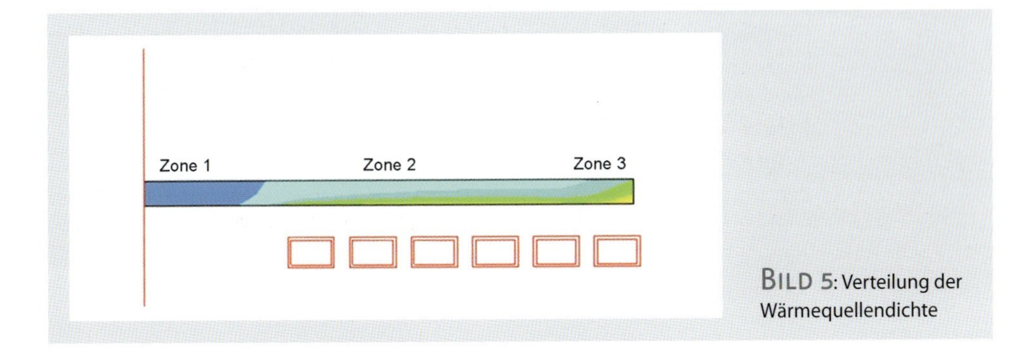

Bild 5: Verteilung der Wärmequellendichte

In (5) ist J die Stromdichte. Prinzipiell können drei Bereiche ausgemacht werden, in den die Werte für p_v verschieden sind. Im Zentrum des Suszeptors wird nur in geringem Maße Energie eingebracht, bedingt durch die Form des Induktors. Der Strom fließt kreisförmig im Suszeptor und beträgt null in der Symmetrieachse. Die zweite Zone ist entscheidend für den Epitaxieprozess, da sich dort die Satelliten mit den Substraten befinden. Für ein gutes Prozessergebnis ist in diesem Bereich ein homogenes Erwärmungsprofil notwendig. In der dritten Zone am äußeren Rand des Suszeptors wird die größte Wärmequellendichte induziert. Dies ist vorteilhaft, da am Rand des Suszeptors die höchsten Verluste durch Wärmestrahlung auftreten.

Validierung des numerischen Simulationsmodells

Zur Validierung des numerischen Simulationsmodells wurden Messungen des Temperaturprofils auf der Suszeptoroberfläche mit einem Infrarot-Kamerasystem durchgeführt. Zur Berechnung des stationären Temperaturfeldes wurde das Programmpaket MAXWELL verwendet. Für die experimentellen Untersuchungen wird ein stationäres Temperaturfeld unterhalb 500 °C gewählt. Die Erwärmung wird bei einer reduzierten Generatorspannung von 20 % (120 V) durchgeführt. Zunächst muss der Emissionsgrad der Graphitoberfläche bestimmt werden. Hierzu werden Kalibrierungsmessungen mit einem Thermoelement durchgeführt. Er beträgt in diesem Fall 0,92.

Um die numerische Simulation unter den experimentellen Bedingungen durchführen zu können, muss der reale Induktorstrom I_I berechnet werden, der sich bei der gewählten Generatorspannung einstellt. Der Strom kann wie folgt berechnet werden:

BERECHNUNG DES REALEN INDUKTORSTROMS I_I

$$I_I = U / \sqrt{(R^2 + \omega^2 L^2)} \,. \qquad (6)$$

Die Werte für R und L können aus der vorherigen Berechnung übernommen werden, da sie frequenzunabhängig sind.

Der 2D-Löser von MAXWELL erlaubt die direkte Kopplung zwischen elektromagnetischem Feld und Temperaturfeld. Die in der elektromagnetischen Berechnung ermittelte Wärmequellendichte dient als direkte Eingabegröße zur Berechnung der Temperaturverteilung. Der elektrische Leitwert des Graphits wurde konstant für eine Temperatur von 400 °C eingegeben (γ = 99200 S/m [3]). Als Randbedingungen wurden an der Oberfläche Konvektion und Wärmestrahlung angenommen. Die Oberflächentemperatur der Induktionsspule ist aufgrund der direkten Wasserkühlung zu 25 °C definiert. Der Konvektionskoeffizient wurde zu 7,1 W/m^2K bestimmt [4].

BILD 6 zeigt die berechnete und die gemessene Temperaturverteilung über den Durchmesser des Suszeptors. Die gemessenen Werte wurden nach einer Erwärmungszeit von 12 Minuten bei konstanter Generatorspannung von 120 V aufgenommen. Messung und Berechnung zeigen eine qualitativ gute Übereinstimmung. Das Temperaturniveau der gemessenen Werte ist jedoch geringer als das der berechneten. Hierfür können zwei Gründe angeführt werden. Der aus

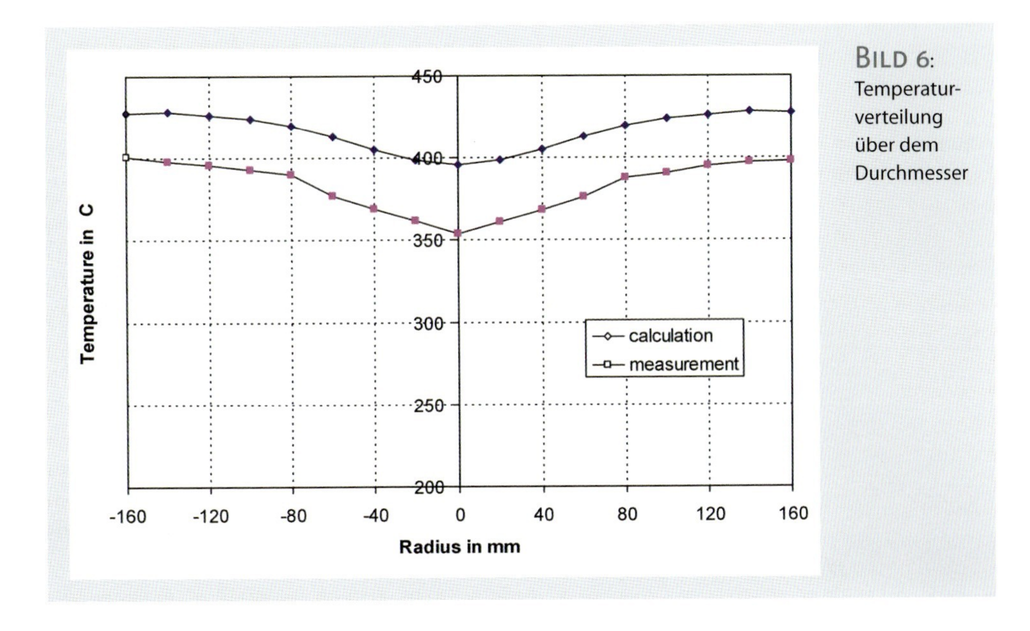

Bild 6: Temperaturverteilung über dem Durchmesser

der Theorie ermittelte Wärmekoeffizient kann, beispielsweise durch Luftbewegungen während des Erwärmungsprozesses, vom realen Wert abweichen. Des Weiteren ist es möglich, dass nach einer 12-minütigen Erwärmung der stationäre Zustand noch nicht erreicht ist. Unter Berücksichtigung dieser Effekte zeigen Simulation und Experiment eine gute Übereinstimmung. Für einen realen Epitaxieprozess ist die erzielte Temperaturverteilung nicht homogen genug. Die Abweichung zwischen maximaler und minimaler Temperatur über den Durchmesser beträgt ca. 10 %. Der Applikationsingenieur hat nun die Möglichkeit, das Temperaturprofil zu optimieren. Lokale Veränderungen des Koppelspaltes sind ebenso möglich wie die Veränderung des Abstandes zwischen zwei benachbarten Windungen. Hierzu bietet sich wiederum die numerischen Simulationen an, um auf diesem Weg ein für den Kunden optimales Prozessergebnis zu erzielen.

Produktfamilie BIG SC

Die experimentellen Untersuchungen wurden mit dem innovativen Induktionsgenerator BIG SC durchgeführt. Diese Produktfamilie ist mit einer Ausgangsleistung von 10, 20, 30 oder 40 kW verfügbar. Der Frequenzbereich erstreckt sich von 5 bis 100 kHz. Der Anwender hat die Möglichkeit, mit jeder Frequenz im Bereich von 5 bis 30 kHz bzw. von 20 bis 100 kHz zu arbeiten. Der BIG SC wurde für Netzspannungen von 400 bis 480 V. Der Generator arbeitet bei jeder Spannung in diesem Bereich.

Prinzipiell sind drei verschiedene Bauformen verfügbar. Das Grundmodell stellt ein 19-Zoll-Einschub dar, der in einem Standard 19-Zoll-Rack integriert werden kann (**Bild 7**). Diese sehr kompakte Variante lässt sich leicht in Anlagen

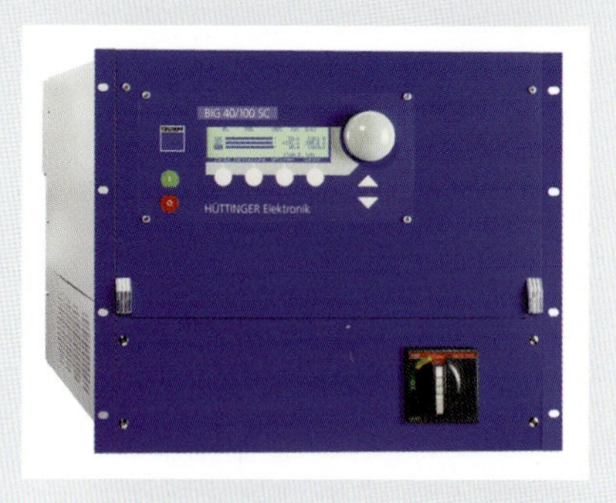

Bild 7: BIG 40/100 SC 19-Zoll-Einschub

integrieren, beispielsweise in Maschinen für moderne Kristallzüchtungsprozesse wie die Epitaxie. Diese Bauform bietet bereits die volle Funktionalität der Produktfamilie.

Eine weitere Bauform ist das Tischgerät, welches der ideale Generator für „Stand-Alone" Anwendungen ist. Kunden sind beispielsweise Laboratorien oder Universitäten mit geringem Platzangebot.

Die dritte Version ist die Schaltschrankvariante. Dies ist die traditionelle Bauform für industrielle Umgebungen, die einen hohen Schutzgrad IP54 erfordern. Somit können raue Umgebungsbedingungen, wie sie beispielsweise beim induktiven Härten auftreten, problemlos gemeistert werden.

Technische Spezifikation

Ein 6-Puls-Gleichrichter wird direkt – ohne einen davor geschalteten platzraubenden Netztransformator – an das Netz angeschlossen. Dies spart Platz und Kosten.

Die DC-Ausgangsspannung wird von einem Tiefsetzsteller geregelt, so dass Ausgangsleistungen (oder Spannungen oder Ströme) von nahezu 0 bis 100 % möglich sind. Aus diesem Grund ist der BIG SC ideal für Anwendungen mit hoher oder mit niedriger Leistung oder für Prozesse, in denen das volle Leistungsspektrum benötigt wird. Eine Beispielanwendung hierfür ist das Erzielen eines definierten zeitlichen Temperaturprofils.

Der Wechselrichter wird durch eine fortschrittliche Steuereinheit geregelt. Sie erkennt die Frequenz des Schwingkreises und wählt die Regelparameter dementsprechend aus. Deshalb kann für den gesamten Frequenzbereich die gleiche Steuerung verwendet werden.

Der MF-Ausgangstransformator erfüllt zwei Funktionen. Er trennt das Netzpotential vom Potential am Anwendungsort und dient zur Lastanpassung. Die Ausgangsspannung kann sehr einfach von 600 V auf 300 V und umgekehrt variiert werden. Somit besitzt der Anwender die volle Flexibilität zur Lösung unterschiedlicher Applikationen.

Die soeben beschriebenen Komponenten befinden sich im so genannten Netzteil. Dieses ist durch flexible Leistungskabel mit einem Parallelschwingkreis verbunden, welcher zwei Vorteile im Vergleich zum Serienschwingkreisen aufweist. Der Strom im Induktor – und damit das elektromagnetische Feld – kann durch Erhöhung der Güte Q vergrößert werden. Zusätzlich kann die Anpassung des Generators an die Last durch Verändern der Kapazität sehr einfach durchgeführt werden. Einen Überblick über die Eigenschaften des Generators und die damit verbundenen Vorteile zeigt **Tabelle 1**.

Eigenschaften	Vorteile
Kompaktes Design, hohe Leistungsdichte	Geringer Platzbedarf für leichte Systemintegration
Länderspannungen zwischen 400 V – 10% und 480 V + 10%	Einsatz in nahezu allen Ländern möglich
Ein MF-Transformator für 300 V und 600 V Ausgangsspannung	Volle Flexibilität zur Lösung unterschiedlichster Erwärmungsaufgaben
Parallelschwingkreis-Technik	Einfach Lastanpassung durch Änderung der Schwingkreiskapazität -> geringe Rüstzeit und große Flexibilität
Ausgangsleistung von nahezu 0% bis 100% regelbar	Idealer Einsatz für temperaturgeführte Prozesse

TABELLE 1: Eigenschaften und Vorteile des BIG SC

Fazit

Die induktive Erwärmung ist eine innovative Technik, die Vorteile gegenüber traditionellen Erwärmungsmethoden besitzt, die auf Wärmeübertragung basieren. Um alle Vorteile der Induktion nutzen zu können, müssen sowohl die Induktionsspule als auch der Generator für die jeweilige Anwendung zugeschnitten sein. Diese beiden Aspekte wurden im vorliegenden Beitrag ausführlich erörtert. Es wurden drei Methoden zur Analyse induktiver Erwärmungssysteme vorgestellt. Es wurde deutlich, dass sich numerische Simulationen des elektromagnetischen und thermischen Feldes zu einem wichtigen Werkzeug des Applikationsingenieurs entwickelt haben. Im Zusammenspiel mit experimentellen Untersuchungen erlauben sie eine rasche Lösung induktiver Erwärmungsaufgaben. Die neu entwickelte Generatorfamilie BIG SC stellt zuverlässig Leistung über einen weiten Frequenzbereich zur Verfügung. Aufgrund des geringen Platzbedarfs und seiner hohen Flexibilität ist es die ideale Energieversorgung für moderne Induktionsanwendungen.

Literatur

[1] Nemkov, W.S.; Demidovich, W.B.: Theory and Computation of Set-ups for Induction Heating. Energoatomisdat, Agency of Leningrad, 1988

[2] Sluchotsky, A.E.; Ruiskin, S.E.: Induction Coils for Induction Heating. Energia, Agency of Leningrad, 1974

[3] Philippow, E.: Taschenbuch Elektrotechnik. Band 6. VEB Verlag Technik Berlin, 1988, S. 440

[4] Gröber; Erk; Grigull: Grundgesetze der Wärmeübertragung. Springer-Verlag Berlin, 1955, S. 274

Veröffentlicht in:
elektrowärme international · Heft 2/2007 · Seiten 110–115

Energiekosteneinsparung mit Parallel-Differenzstrom-Regelung am Beispiel der Gießerei und Glasformenbau Radeberg

Von Ralf Tanneberger und Horst Weigold

Mit einer neuen, zum Patent angemeldeten Parallel-Differenzstrom-Regelung können Gießereien ihre Stromkosten deutlich reduzieren. Durch die Optimierung des Lastgangs und damit auch des Leistungsbezugs kann der Spitzenlastbedarf um bis zu einem Drittel gesenkt werden. In Verbindung mit einem Energiemanagementsystem gewinnen die gesamten Prozessabläufe im Betrieb an Kontinuität, die Gesamtauslastung wird verbessert.

Energie ist zum Reizthema geworden. Gerade für Gießereien gestaltet sich der Stromverbrauch zu einem immer größeren Kostenfaktor. Sind alle offensichtlichen Energiesparpotentiale am Standort und die Verhandlungen mit den Energieversorgern ausgereizt, so kann ein gezieltes Management der Stromverbraucher dazu beitragen, dem wachsenden Kostendruck ein Stück weiter Herr zu werden. Wie Beispiele aus der Praxis zeigen, können Gießereien z. B. mit einer Parallel-Differenzstrom-Regelung den Lastgang und damit den Leistungsbezug weit über das bisher bekannte Maß optimieren.

Vermeidung von Stromspitzen

Die Produktionsprozesse in der Gießerei benötigen zwar eine bestimmte Menge Energie. Doch lässt sich über die Begrenzung des Spitzenlastbedarfs Einfluss auf den Strombezug nehmen. Wichtig ist die – unter Umständen nur einmalig auftretende – kurzzeitige Stromspitze zu begrenzen. Denn ihre Höhe bestimmt den über das ganze Jahr fälligen Leistungspreis. Und dieser kann sich mit etwa 30 % bis 50 % auf dem Gesamtstrompreis niederschlagen.

Wichtig ist, jederzeit einen Überblick sowohl über den Gesamtstromverbrauch als auch über die einzelnen Verbraucher zu haben, z.B. mit einem Energiemanagementsystem. Nach Erreichen vorgegebener Grenzwerte müssen dann Maßnahmen ergriffen werden. Bislang eingesetzte Systeme der Energiekontrolle arbeiten nach dem Begrenzungsprinzip: Wird tendenziell ein Leistungsmaximum erreicht, werden kurzzeitig große elektrische Verbraucher zu 100 % vom Netz genommen. Diese spontane Abschaltung hält zwar vorgegebene Leistungsmaxima ein – sie verursacht aber einen deutlichen Produktionsabbruch.

Optimierung des Strombezugs

Eine neue Alternative bietet die Parallel-Differenzstrom-Regelung Padicon (Parallel-Difference-Power-Control). Bei dieser Lösung findet kein serielles Abschalten mehr statt, sondern alle Öfen werden parallel geregelt – gleichzeitig und stufenlos (**Bild 1**). Der Leistungsbezug jeder einzelnen Anlage wird kontinuierlich und sanft nur um wenige Prozent gesenkt, ohne nachteilige Auswirkungen auf den Schmelzprozess. Durch die Synchronisation der Verbraucher wird der Gesamtstrombezug optimiert und das Stromnetz sogar stabilisiert.

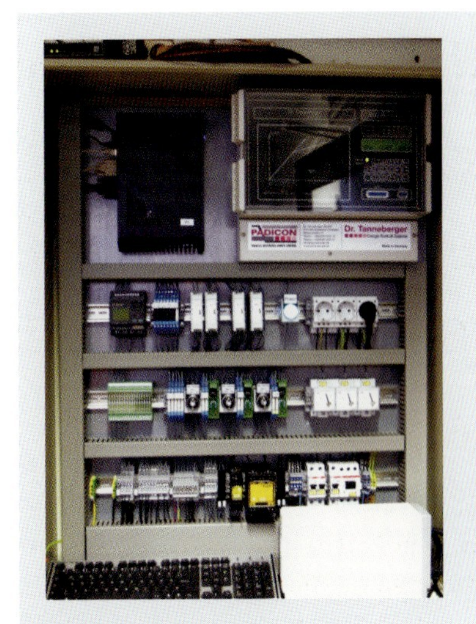

Bild 1: Schaltschrank mit Energiemanagementsystem und integrierter Parallel-Differenzstrom-Regelung Padicon zur Optimierung der Lastgänge einzelner Verbraucher

Padicon ist integrativer Bestandteil eines Energiemanagementsystems. Ein Prozessrechner erfasst sekundengenau Informationen über die angeschlossenen Prozesse (optional neben dem aktuellen Stromverbrauch z. B. auch Schmelztemperatur, -Gewicht oder -Legierung). Leistungsverlauf und Energieverbrauch eines jeden Schmelzofens werden aufgezeichnet und hinterlegt. Bei Mehrfachdurchlauf des Schmelzprozesses entsteht ein charakteristischer Schmelzkurvenverlauf. Hieraus können Zeitzonen definiert werden, in denen ein hoher Leistungsbezug unkritisch reduziert werden kann.

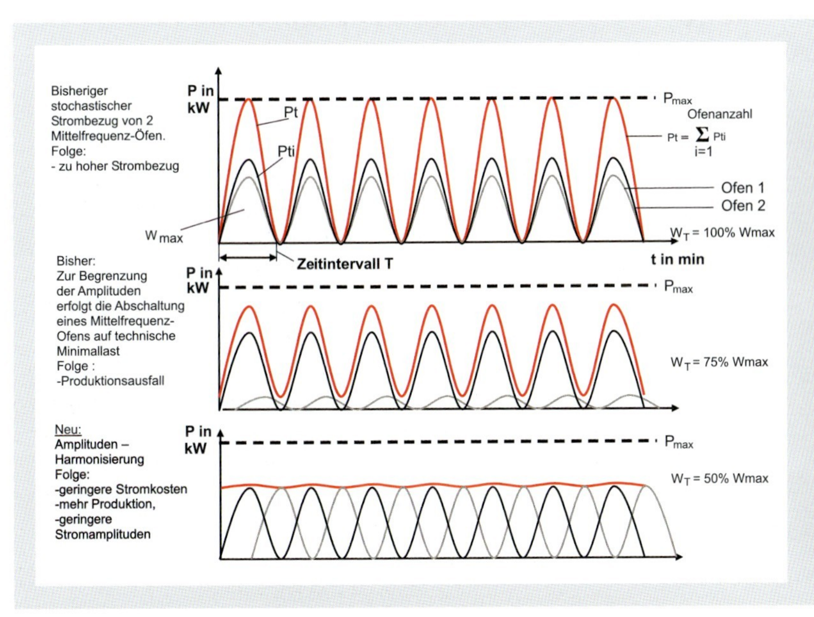

Bild 2: Prinzip des Lastausgleichs durch Parallelsynchronisation mit Padicon am Beispiel von zwei Mittelfrequenzöfen

Mit der gespeicherten Kennlinie im Hintergrund synchronisiert der Prozessrechner die einzelnen Taktzeiten aufeinander und sorgt für einen optimalen, ausgeglichenen Lastgang. Das System harmonisiert sich selbst. Der Schmelzprozess wird so nicht mehr gestört und die Induktionsöfen unterliegen einer geringeren thermischen und elektrischen Belastung, was die Haltbarkeit erhöht und den Verschleiß verringert (**Bild 2**).

Senkung des Maximums – Erhöhung der Anschlussleistung

Mittlerweile setzen bereits einige Gießereien auf Padicon, wie auch die Gießerei und Glasformenbau Radeberg GmbH (**Bild 3**). Sie ist spezialisiert auf die Herstellung von Formen für die Glasindustrie (von Hohlglas und Wirtschaftsglas bis zu Spezialglas) und für den Maschinenbau (hier reicht das Spektrum von div. Gehäusen, Trägern und Rohren bis hin zu Bremsscheiben und Zylinderköpfen). Das mittelständische Unternehmen blickt auf eine langjährige Tradition. Sie geht zurück auf das Jahr 1860 (Gründung als A. Geißler KG – einer Glasformenfabrik und Eisengießerei). Die Stammbelegschaft aus erfahrenen Facharbeitern und Ingenieuren zählt derzeit etwa 70 Mitarbeiter, plus acht Auszubildende. Für 2007 wird ein Umsatz von rund 8,5 Mio. Euro erwartet.

Die Gießerei verfügt über alle klassischen Betriebsteile, vom eigenen Modellbau und dem Schmelzbetrieb, über der Kern-, Maschinen- und Handformerei bis zur Wärmebehandlung und Farbgebung. In den vergangenen Jahren wurden erhebliche Investitionen in die Modernisierung und Erweiterung vorgenommen, u.a. in eine neue Contour-Impuls-Formanlage sowie eine neue Kernschießmaschine. Kernstück war der Neuaufbau des Schmelzbetriebs mit der Installation von drei neuen Mittefrequenz-Induktionstiegelöfen vom Typ FS5 von ABB

Bild 3: Blick in die Produktion bei der Gießerei und Glasformenbau Radeberg

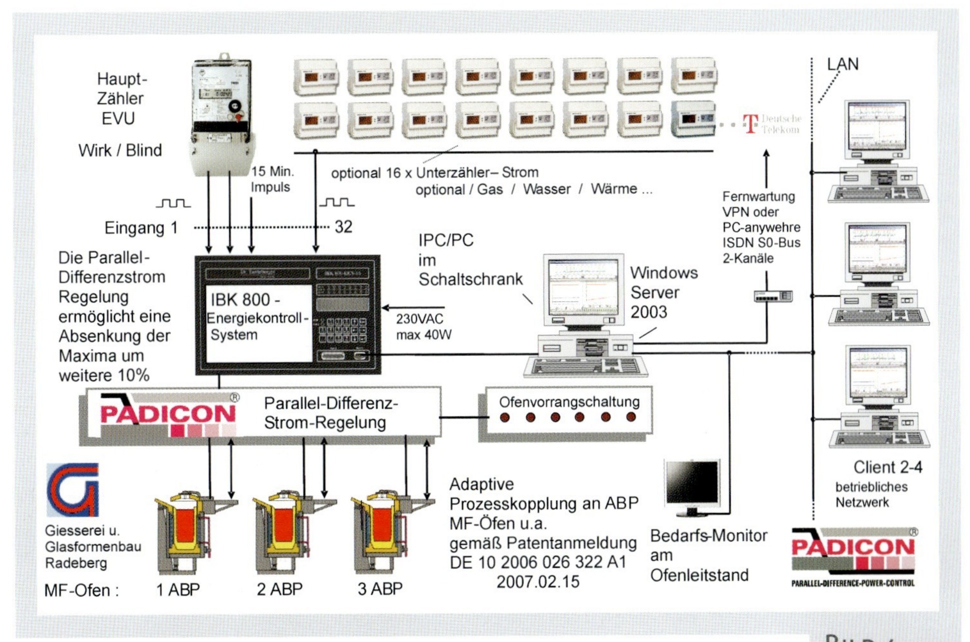

Bild 4: Übersicht über den Anlagenaufbau

(jetzt ABP Induction GmbH). Die Ofenleistung beträgt jeweils 500 kW bei einer Schmelzleistung von 0,6 t/h (**Bild 4**).

Die gesamte installierte Leistung der Gießerei erreichte im vergangenen Jahr etwa 2800 kW, davon entfielen 1500 kW auf die Induktionsöfen. Schon früh beschäftigte sich die Gießerei mit dem Thema Energiekosten. Zur Begrenzung des Spitzenlastbedarfs wurde ein System zur Spitzenlastüberwachung eingeführt und die Stromspitze auf 1500 kW begrenzt.

Dieses System arbeitete jedoch noch mit serieller Abschaltung einzelner Öfen. Um einen kontinuierlicheren Prozessablauf im gesamten Betrieb zu erreichen, wurde im Oktober 2006 ein neues Energiemanagementsystem mit Padicon installiert. Trotz eines weiteren Ausbaus der installierten Leistung auf derzeit über 3.200 kW konnte damit die Spitzenlast sogar noch auf 1.400 kW reduziert werden. Dieser Wert kann nach den bisherigen Erfahrungen auch nach der noch für dieses Jahr geplanten Inbetriebnahme eines weiteren Elektroglühofens mit über 100 kW Leistung eingehalten werden.

Mehr Kontinuität – höhere Auslastung

Wichtig ist neben dem primären Effekt der Energiekostenersparnis – durch die Begrenzung der Spitzenlast – die Optimierung der gesamten Prozesskette der Gießerei über den ganzen Tag. Über die drei Induktionsöfen kann jetzt der Energieverbrauch des gesamten Unternehmens reguliert werden. Durch die Parallel-Differenzstrom-Regelung ist eine verbesserte Schmelzführung möglich, da keine

Unterbrechungen mehr stattfinden. Die Leistungsabsenkungen sind in der Regel so gering, dass der Schmelzprozess insgesamt kaum beeinflusst wird. Nicht nur die Induktionsöfen sind besser ausgelastet, auch die restlichen Betriebsteile können dadurch ungestörter laufen. Somit wird in Summe eine bessere, intensivere Auslastung der gesamten Gießerei erreicht. Wichtig für kleinere, mittelständische Gießereien: Ein kontinuierlicher Betriebsablauf ist gewährleistet.

Hilfreich ist zudem die umfassende Dokumentation durch das Energiemanagementsystem. Sie ermöglicht die transparente Darstellung der Stoff- und Energieflüsse im Tagesverlauf sowie die Ermittlung spezifischer Energiekosten. So bekommt die Gießerei einen besseren Überblick über den Prozess und die Prozesskosten.

Fazit

Die Gießerei und Glasformenbau Radeberg hat durch Einsatz einer Parallel-Differenzstrom-Regelung ihren Spitzenlastbedarf reduzieren, die Auslastung aller Prozesse erhöhen und die Kontinuität im Betriebsablauf verbessern können. Das Verfahren der parallelen, gleichzeitigen und stufenlosen Regelung aller Öfen ist unabhängig vom Ofenhersteller. Gießereien mit Induktionsschmelzöfen sind prädestiniert dafür. Stellen Induktionsöfen doch einen trägen thermischen Prozess dar, den man problemlos regeln kann. Eine ideale Voraussetzung, um einen konstanten Strombezug für die gesamte Gießerei zu realisieren.

Gießereien, die mehr als zwei Induktionsöfen haben, können mit diesem Verfahren mindestens ein Zehntel des Leistungspreises beim Strombezug einsparen. Bei fünf bis zehn Öfen kann das System seine Stärken ideal zur Anwendung bringen. Hier sind Senkungen des Spitzenlastbedarfs um bis zu einem Drittel möglich. Für die Parallel- Differenzstrom-Regelung Padicon besteht u.a. Markenschutz und Gebrauchsmusterschutz, ein Patent ist angemeldet (DE 10 2006 026 322 A1 2007.02.15).

elektro wärme international

Veröffentlicht in:
elektrowärme international · Heft 2/2007 · Seiten 122–124

Optimierung der Konstruktion und Herstellung von Hochleistungs-spulen für Mittelfrequenz-Induktionstiegelöfen

Teil 1: Aufbau, Beanspruchung und Optimierungsansätze

Von Wilfried Schmitz und Dietmar Trauzeddel

Spulen haben in einem Induktionsofen eine wichtige und zentrale Funktion: Sie sind das Kernaggregat des Erwärmungsprozesses, entscheiden über die effiziente Energieübertragung und das sichere Betreiben der Anlage. Der Wirkungsgrad der induktiven Erwärmung, die mechanische Stabilität, der Schutz vor Spannungsüberschlägen und thermischer Überlastung werden von der Konstruktion und Ausführung der Induktionsspule bestimmt. Im industriellen Einsatz der Spulen von leistungsstarken Mittellfrequenzschmelzanlagen konnten hervorragende Standzeiten, eine hohe Betriebssicherheit und Energieeffizienz nachgewiesen werden. Der nachfolgende erste Teil des Beitrages beschreibt Aufbau und Beanspruchungen von leistungsstarken Spulen und erläutert die grundsätzlichen Optimierungsansätze. Im zweiten Teil, der im Heft 1/2008 dieser Fachzeitschrift erscheinen wird, wird an Hand konkreter Anwendungen über die Ergebnisse des industriellen Einsatzes optimierter Induktionsspulen berichtet.

Spulen stellen das Ergebnis langjähriger Erfahrungen verbunden mit neuesten numerischen Berechnungen und Optimierungen dar und werden unter Einsatz hochwertiger Materialien und modernster Fertigungstechniken mit großer Sorgfalt hergestellt.

Der Ofenkörper eines Induktionstiegelofens besteht im Wesentlichen aus der zylindrischen Ofenspule, die den zumeist keramischen Tiegel für die Aufnahme des Schmelzgutes umschließt, den aus Trafo-Blechpaketen bestehenden Jochen zur Führung des elektromagnetischen Feldes sowie einer tragenden Stahlkonstruktion. Der Ofenkörper ist in einem Ofenstuhl gelagert und wird mit Hilfe von Hydraulikzylindern gekippt (**Bild 1**).

Die wassergekühlte Spule besteht in der Regel aus einem Kupferhohlprofil und dient zur Erzeugung des elektromagnetischen Feldes. Gleichzeitig hat sie die vom Tiegel ausgehenden radialen Kräfte aufzunehmen.

Neben den gewickelten, zylindrischen Spulen mit Windungssteigung kommen auch ebene Spulen zum Einsatz. Bei größeren Öfen werden oft mehrere Spulen zur Erhöhung der Leistung parallel geschaltet. Durch eine Wasserkühlung des Kupferprofils wird zunächst die Wärmemenge abgeführt, die aufgrund der

BILD 1: Ofenstuhl mit Ofenkörper

ohmschen Verluste in der Spule entsteht. Die Wasserkühlung sorgt ferner dafür, dass auch die Zustellung ausreichend gekühlt wird.

Die Spule ist durch geeignete Zwischenlagen zwischen den Windungen hinsichtlich der Windungsspannungen und durch entsprechend weitere Isolationselemente gegen die Erdpotential führenden Konstruktionsteile isoliert. An ihrer Außenseite ist die Spule vollständig gegen Staub- und Spritzereinwirkung geschützt. Die Innenseite wird mit einer elektrisch gut isolierenden keramischen Masse verkleidet, die jedoch eine hohe thermische Leitfähigkeit aufweisen soll. Die sich daran anschließende keramische Zustellung – zuweilen bestehend aus einem so genannten Dauerfutter und einem Arbeitsfutter – sorgt für einen ausreichenden thermischen und mechanischen Schutz der Spule. Um eine ausreichende Kühlung der ober- und unterhalb der aktiven, d. h. stromführenden Spule sich befindenden keramischen Zustellung zu erreichen, befinden sich am Ende der aktiven Spule jeweils eine wassergekühlte Spule aus Edelstahl. Dies wird als „Kühlspule" bezeichnet.

Teilweise wird beim Einsatz einer geteilten Spule eine zusätzliche Kühlspule zwischen den beiden Spulen angebracht. Eine weitere Aufgabe dieser Kühlspulen ist die Gewährleistung eines verlustarmen Rückflusses des magnetischen Feldes zwischen dem Schmelzgut und den Jochenden.

Neben den Jochen aus Trafoblech sind zur Vermeidung eines zu starken elektromagnetischen Streufeldes im Umfeld des Ofens weitere Abschirm- und Feldführungselemente im Spulenaggregat installiert. Dies sind zum Beispiel ein oberhalb der Spule angebrachter Kurzschlussring und eine im Bereich des Ofenbodens sich befindende Abschirmplatte aus Kupfer.

Beanspruchungen

Die Beanspruchung der Spule eines Induktionsschmelzofens ist komplexer Natur, sie ist hohen thermischen, elektromagnetischen, elektrischen und mechanischen Belastungen ausgesetzt. Ferner unterliegt die Spule chemischen Angriffen durch das Kühlwasser.

Darüber hinaus ist die Spule in Bezug auf die Wahl des Kupferprofils, der Wanddicke, der Windungszahl und des Windungsabstandes so zu gestalten, dass ein hoher elektrischer Wirkungsgrad erreicht wird [1].

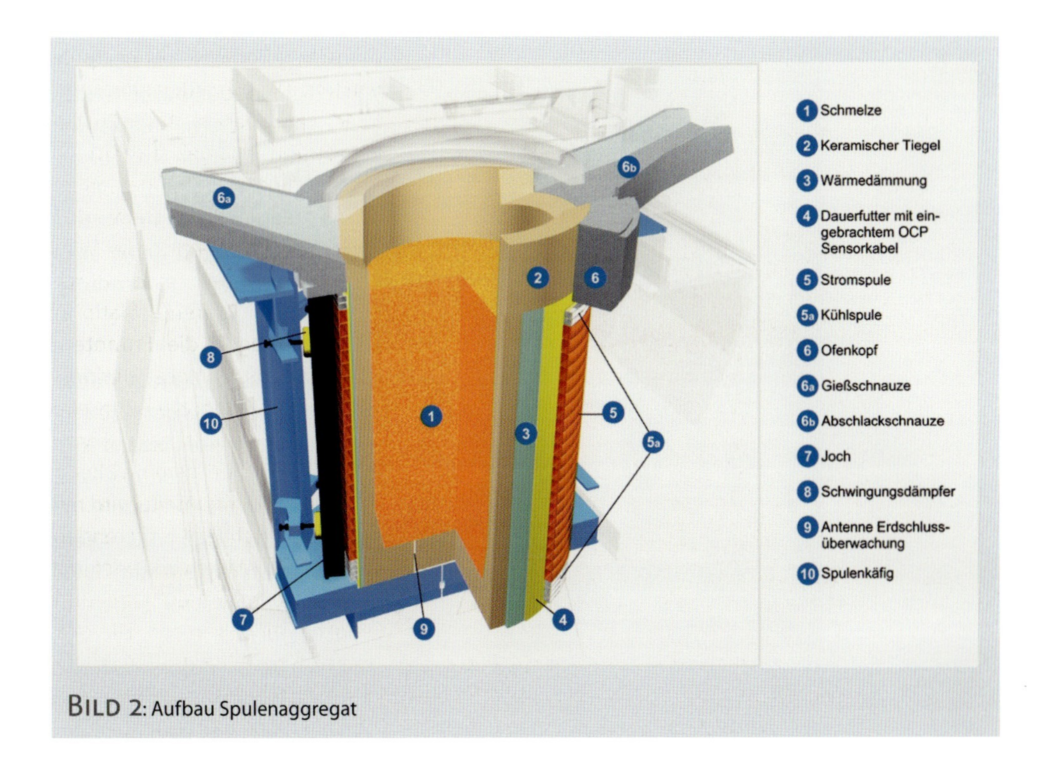

BILD 2: Aufbau Spulenaggregat

Bei leistungsstarken Induktionsöfen wird mit Ofenspannungen bis zu 3.000 V gearbeitet. Das erfordert, dass die zurzeit technisch vertretbare Spannung zwischen zwei Spulenwindungen von 400 V voll ausgeschöpft wird. Um einen Spannungsüberschlag zwischen den Windungen und damit Beschädigungen und Zerstörungen zu vermeiden, muss das spannungsführende Kupferprofil entsprechend isoliert sein. Dies betrifft auch die Verbindungs- und Anschlusspunkte der Spule. Dabei darf die jeweils gegebene hohe thermische Belastung nicht zu einer Beeinträchtigung des elektrischen Isolationswiderstandes führen.

Der Aufbau der feuerfesten Zustellung des Ofens und der keramische Spulenschutz werden so ausgelegt, dass bei zuverlässiger Kühlung der Kupferspule die Temperatur unmittelbar vor der Spulenisolation nicht über 200 °C liegt. Zieht man in Betracht, das die Temperatur des flüssigen Metalls im Tiegel durchaus bis zu 1.700 °C betragen kann, ergibt sich ein sehr hoher Temperaturgradient in der Tiegelwand. Natürlich kann im Bedarfsfall auch eine niedrigere Temperatur an der Spuleninnenseite durch eine entsprechend dickere Zustellung eingestellt werden, damit sinkt jedoch – aufgrund des größeren Abstandes der Spule und der Tiegelinnenseite – der elektrische Wirkungsgrad und der Energieverbrauch steigt an. Auch der Einsatz von Tiegelwerkstoffen mit besseren Isolationswerten ist prinzipiell möglich, bringt aber andere technologische und wirtschaftliche Nachteile mit sich.

Bild 3: Ofenkörper mit Spulenabschnitt zwischen den Jochen

Zusätzlich zu der vom Schmelzgut ausgehenden thermischen Belastung führt die hohe Stromdichte in der Induktionsspule zu erheblichen ohmschen Verlusten und damit einer deutlichen Erwärmung. Diese Verlustwärme – in Verbindung mit der vom Tiegel abgeführten Wärme immerhin in der Größenordnung von bis zu 15 % (beim Schmelzen von Gusseisen, 30 % bei Kupfer) der Nennleistung des Ofens – muss zuverlässig durch das Kühlwasser abgeführt werden.

Die Induktionsspule und die keramische Zustellung haben die radial wirkenden Kräfte des Tiegels aufzunehmen und über die Joche in den Ofenkörper zu leiten. Dabei werden die Spulenabschnitte zwischen den einzelnen Jochen (**Bild 3**) am höchsten belastet.

Wenn man sich vergegenwärtig, dass die keramische Zustellung nur eine dünne Schale darstellt, die zum Beispiel bei einem 10 Tonnen fassenden Ofen mit einem Tiegelinnendurchmesser von 1080 mm nicht mehr als 135 mm dick ist, werden die hohen Anforderungen deutlich.

Zunächst ist der metallostatische Druck des flüssigen Metalls zu verkraften und ferner die durch die so genannten Lorentz-Kräfte verursachten Schwingungen der Spule.

Diese Lorentz-Kräfte versetzen die Spule rhythmische Schwingungen, die sich auf die Ofenkonstruktion übertragen können, wenn nicht für eine mechanische Abkopplung gesorgt wird. Diese mechanische Schwingungen haben die doppelte Frequenz des elektrischen Schwingkreises (Beispiel: Der Frequenzumrichter arbeitet mit 220–250 Hz, die Spule schwingt mit 440–500 Hz).

Die Lorentz-Kräfte sind abhängig von Stromdichte und Induktion und steigen mit Zunahme dieser Größen an.

Schließlich übt der Tiegel selbst auch Kräfte auf die Spule aus: Mit der zunehmenden Erwärmung der Zustellung beim Schmelzen unterliegt diese einer thermischen Ausdehnung, radial und axial; die damit verbundenen Kräfte müssen ebenfalls vom Spulenaggregat abgefangen werden.

Das System muss also nicht nur mechanisch stabil genug sein, sondern auch ausreichend elastisch sein, um thermisch bedingte Maßänderungen und die Schwingungen der Spule zu verkraften.

Grundtypen von Induktionsspulen

Neben vielen Mischformen kann eine Einteilung üblicher Induktionsspulen in zwei Grundkonstruktionen, nämlich die

- Leistenspule und die
- bandagierte Spule

vorgenommen werden.

Aufbau Leistenspule

An den einzelnen Windungen der Spule werden Metallbolzen angebracht, die mittels einer Leiste aus nichtleitendem Material über die gesamte Spulenhöhe fixiert werden. Neben der mechanischen Stabilisierung für die weiteren Fertigungsschritte wird auch der Windungsabstand festgelegt (**Bild 4**).

In Abhängigkeit von der Ofengröße sind über den Spulenumfang 4–6 derartige Leisten vorhanden. Die Kupferspule wird nun in einem Isolationslack getränkt und durch Aufbringen eines feuerfesten Betons zwischen den Windungen und an der inneren Oberfläche zuverlässig isoliert. Der äußere Schutz der Spule wird in der Regel mittels eines kunstharzgetränkten Glasseidengewebes bewerkstelligt.

Aufbau bandagierte Spule

Kennzeichnend ist die hier bis zu 4-fache Bandagierung des Kupferprofils mit einem Bandmaterial mit guten Isolationseigenschaften und das mehrfache

Bild 4: Leistenspule

Bild 5: Bandagierte Spule

Tränken bzw. Imprägnieren mit einem geeigneten Lack. Zwischen den einzelnen Windungen werden Segmente aus einer Verbundkeramik eingesetzt, durch die gleichzeitig auch der Windungsabstand eingestellt wird (**Bild 5**). Der Außenschutz wird ähnlich wie bei einer Leistenspule ausgeführt.

Bei beiden Spulentypen ist es erforderlich, alle Anschluss- und Verbindungsstellen und die Übergänge zu anderen Konstruktionsteilen zuverlässig zu isolieren. Durch das axiale Einspannen zwischen Ofenkopf und Bodenplatte und die radiale Fixierung über die Joche erhält der Spulensatz seinen mechanischen Halt.

Optimierungen

Qualität und Zuverlässigkeit

Betrachtet man die Entwicklung der Induktionstiegelöfen in den letzten Jahrzehnten, so ist diese unter anderem durch den Übergang vom Netzfrequenz- zum Mittelfrequenzofen und damit verbunden durch eine wesentliche Steigerung der spezifischen Leistungsdichte gekennzeichnet.

Auch die spezifischen Leistungsdichten der Mittelfrequenzöfen sind in der Folge kontinuierlich gestiegen, und damit auch die Beanspruchungen der Spule. Beträgt die maximale Leistungsdichte von Netzfrequenzöfen für das Schmelzen von Gusseisenwerkstoffen 250–350 kW je Tonne Ofeninhalt, so liegt der Grenzwert bei Einsatz moderner Mittelfrequenzöfen bei 1.000 kW pro Tonne.

Trotz der daraus resultierenden höheren Belastungen der Spulen von leistungsstarken Öfen ist es durch intensive Arbeit gelungen, diese Anforderungen zu meistern und Spulen höchster Qualität und Zuverlässigkeit bereitzustellen.

Optimierungsschwerpunkte bei der Spulenentwicklung

Bei der Konstruktion und Entwicklung der Spulen standen insbesondere folgende Themen im Mittelpunkt der Optimierungen:

- Erwärmung der Joche
- Temperatur an der Isolation
- Mechanische Stabilität
- Elektrische Isolation

Die Ursachen für auftretende Probleme können in handwerklichen oder fertigungstechnischen Unzulänglichkeiten liegen, oder sie sind in der Dimensionierung und Konstruktion des Spulenaggregates begründet. Letzteres soll im Folgenden betrachtet werden. Fehler bei der Bedienung und Wartung der Anlage oder mechanische Beschädigungen im laufenden Betrieb sind nicht Gegenstand des vorliegenden Beitrages.

Durch gezielte Untersuchungen, numerische Berechnungen und zahlreiche Versuche gelang es, die einzelnen Themen schrittweise erfolgreich zu bearbeiten.

Erwärmung der Joche

Bei leistungsstarken Mittelfrequenzinduktionstiegelöfen muss jeweils anlagenbezogen das elektromagnetische Streufeld in Verlauf und Größe genau bekannt sein.

Mit Hilfe numerischer Berechnungen werden in Abhängigkeit von den Ofenparametern, Verlauf und Größe des elektromagnetischen Feldes berechnet (**Bild 6**).

Daraus kann die thermische Belastung der Joche, insbesondere der Jochköpfe, ermittelt und entsprechende Gegenmaßnahmen können abgeleitet werden.

Zunächst wird untersucht, ob durch eine andere Dimensionierung und Anordnung von Spule, Jochen und Abschirmelementen eine geringere Belastung der Joche erreicht werden kann, da mit einem stärkeren Streufeld auch ein Anstieg der elektrischen Verluste verbunden sein kann [2]. Zeigen die Berechnungen, dass damit noch keine ausreichende Reduzierung erreicht wird, müssen sekundäre Maßnahmen ergriffen werden. Sekundäre Maßnahmen sind z. B. eine entsprechende gezielte Wasserkühlung der Joche bzw. nur einzelner, stärker belasteter Joche.

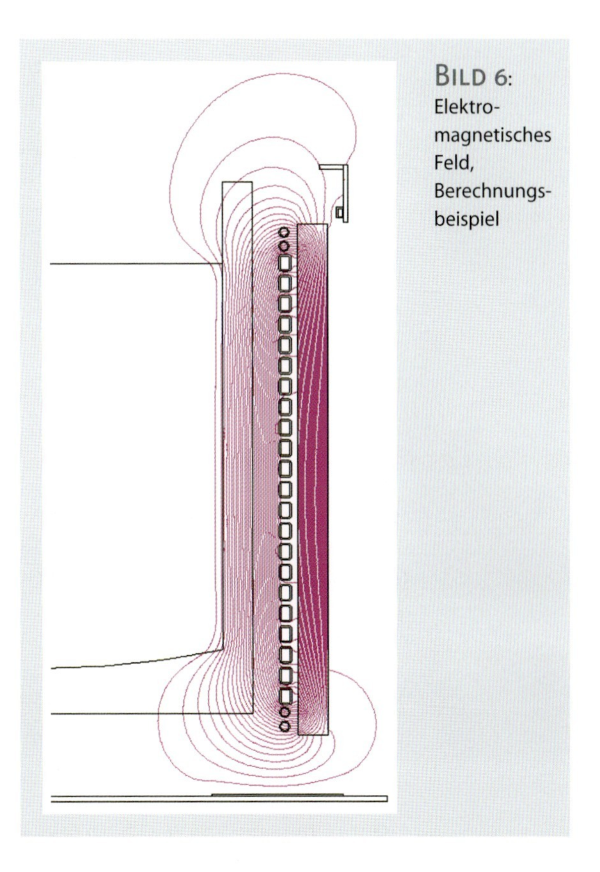

Bild 6: Elektromagnetisches Feld, Berechnungsbeispiel

Temperatur an der Spulenisolation

Auch hier ist zwischen primären und sekundären Maßnahmen zu unterscheiden.

Primär heißt, den Temperaturgradienten in der Tiegelwand durch geeignete Maßnahmen zu beeinflussen und/oder eine noch wirksamere Wasserkühlung des Kupferprofils zu erreichen. Dies ist nur begrenzt möglich, da ansonsten andere Nachteile in Kauf zu nehmen sind (höherer Energieverbrauch, größere Wasserrückkühlanlage usw.). Eine wirksamere Kühlung der Spule kann erreicht werden, ohne dass eine größere Wasserrückkühlanlage eingesetzt werden muss, wenn durch geeignete Gestaltung der Spule die Strömungsverluste gesenkt werden. Auch der innige Kontakt zwischen Spulenisolation und Kupferspule sorgt dafür, dass der Wärmefluss optimal ist.

Der Einsatz von Isolationsstoffen mit einer höheren Temperaturbelastbarkeit sowie temperaturbeständigere Lacke stellen die sekundären Maßnahmen dar.

Mechanische Stabilität

Da die vom metallostatischen Druck der Schmelze, von den elektromagnetischen Kräften und von der thermischen Ausdehnung des Tiegels ausgehenden mechanischen Belastungen der Spule von Größe und Leistung des Tiegelofens

Bild 7: Dämpfungselemente zur Reduzierung des Körperschalls

bestimmt werden, kann eine Erhöhung der Stabilität vorrangig nur durch sekundäre Maßnahmen erreicht werden.

Die radiale Einspannung der Spule über die Joche bestimmt die mechanische Stabilität, damit sind die Anzahl und die Größe der Joche sowie der gewählte Anpressdruck entscheidend. Gleichzeitig ist die Übertragung der mechanischen Schwingungen der Spule auf den Spulenkäfig möglichst zu reduzieren, um den Körperschall und damit den Lärmpegel der Anlage niedrig zu halten [3]. Entsprechende Dämpfungselemente (**Bild 7**) sind daher in modernen Spulenkäfigen angebracht.

Bei der Konstruktion des Ofens ist in Bezug auf die Dimensionierung und Anordnung der Konstruktionselemente darauf zu achten, dass deren Eigenfrequenz nicht in der Nähe der Schwingungsfrequenz der Spule liegt, da es sonst zu gefährlichen Resonanzen kommen kann. Entsprechende numerische Untersuchungen sind hier ein wichtiges Arbeitsmittel in der Konstruktionsphase (**Bild 8**).

Die mechanische Festigkeit der Spule selbst und insbesondere die Biegesteifigkeit werden durch das gewählte Profil und dessen Wanddicke bestimmt.

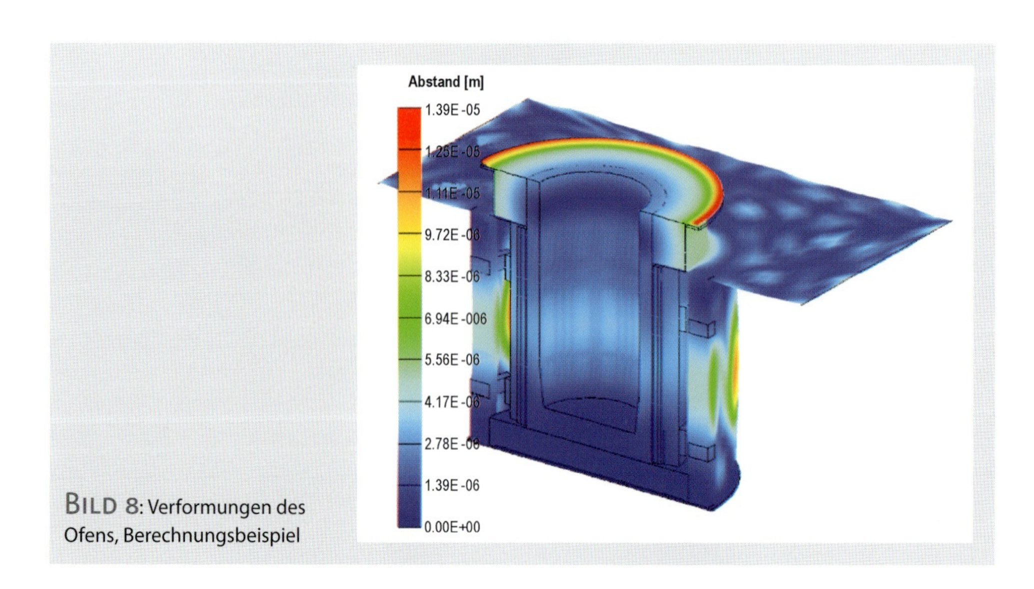

Bild 8: Verformungen des Ofens, Berechnungsbeispiel

Durch eine Erhöhung der Wanddicke des Kupferprofils kann eine deutliche Verbesserung erreicht werden.

Elektrische Isolation

Viele Einzelmaßnahmen und Detailarbeiten sowie sorgfältige handwerkliche Arbeit tragen zu einer guten elektrischen Isolation bei. Der Einsatz von Bandagiermaterial mit hervorragender Isolation (Klasse H), die Verwendung von Bandagiermaschinen zum gleichmäßigen Wickeln, das mehrfachen Tränken bzw. Imprägnieren mit einem hochfestem Lack im Vakuum, zusätzliche Isolationsringe und das Füllen von Hohlräumen mit Verbundkeramik stellen derartige Punkte dar. Auch ein doppelter Außenschutz, der vorrangig vor Schmutz, Funkenflug und mechanischen Beschädigungen schützen soll, trägt zu einer guten elektrischen Isolierung bei.

Ofenwirkungsgrad und Energieverbrauch

Die ohmschen Verluste der Induktionsspule beeinflussen entscheidend den Ofenwirkungsgrad und damit den Energieverbrauch einer Induktionsofenanlage. Bei Mittelfrequenzschmelzanlagen nach heutigem Stand der Technik liegen die Spulenverluste in der Größenordnung bis zu 15 % beim Schmelzen von Gusseisen und bis zu 30 % bei Kupfer, dies bezogen auf die zugeführte Energie (**Bild 9**).

Der ohmsche Widerstand – und damit die Verluste – sind zum einen vom Spulenmaterial und der Arbeitstemperatur abhängig. Zum anderen bestimmen geometrische Parameter wie die stromführende Querschnittsfläche die Größe

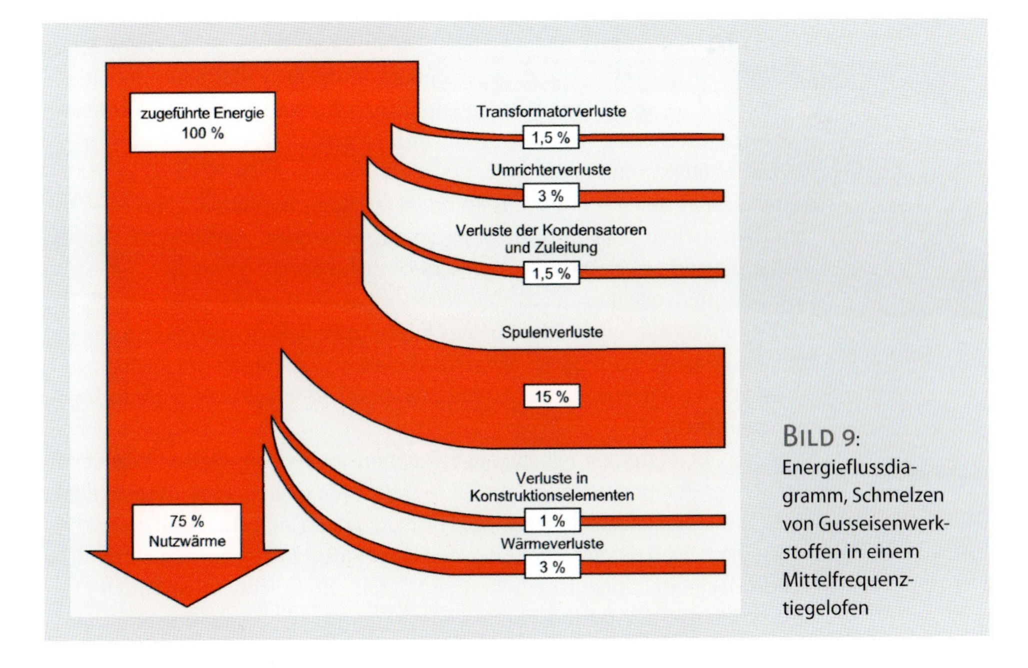

Bild 9: Energieflussdiagramm, Schmelzen von Gusseisenwerkstoffen in einem Mittelfrequenztiegelofen

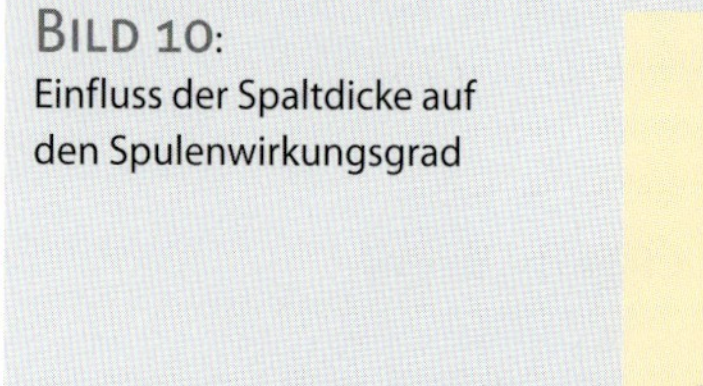

Bild 10:
Einfluss der Spaltdicke auf den Spulenwirkungsgrad

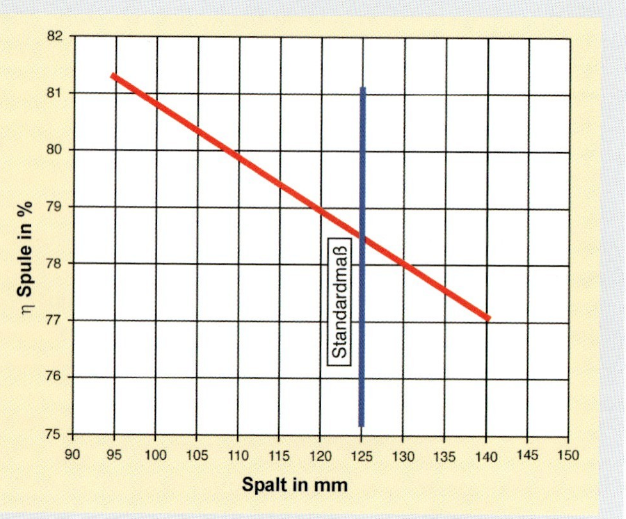

des ohmschen Widerstand und somit Stromdichte und Verluste der Ofenspule. Je kleiner die effektive Querschnittsfläche ist, die den Strom führt, desto höher sind die Verluste.

Zum anderen werden die Verluste von der Größe des Spaltes zwischen Induktionsspule und Schmelzgut beeinflusst. Mit abnehmender Zustelldicke verbessert sich der Spulenwirkungsgrad, die Leistungsaufnahme steigt an, aber gleichzeitig nehmen die thermischen Verluste durch die dünnere Tiegelwand zu. Allerdings sind die Spulenverluste fast eine Zehnerpotenz höher als die thermischen Verluste der Tiegelwand, so dass der Einfluss der Spulenverluste hier dominiert.

Im Ergebnis wird bei abnehmender Zustelldicke eine deutliche Reduzierung des Stromverbrauches festgestellt, wie **Bild 10** zeigt.

Dieser Effekt kann nur begrenzt genutzt werden, da die Wanddicke der keramischen Zustellung des Ofens immer einen Kompromiss zwischen einer guten thermischen Isolierung sowie einem ausreichenden mechanischen Schutz der Spule und einer guten elektromagnetischen Kopplung zwischen Spule und Schmelzgut darstellt.

Da für das Kupferprofil hochreines Kupfer zum Einsatz kommt und ein Material mit einem niedrigeren Widerstandsbeiwert, so zum Beispiel Silber, wirtschaftlich nicht in Frage kommt, sind über diesen Weg keine Verlustreduzierungen realistisch.

Auch Überlegungen, mit einer tiefgekühlten Spule zu arbeiten und damit den bei tieferen Temperaturen geringeren spezifischen Widerstand bis hin zum Effekt der Supraleitfähigkeit zu nutzen, sind nicht, bzw. zurzeit nicht umsetzbar.

Deshalb blieb nur der Weg übrig, durch geeignete Maßnahmen die stromführende Fläche der Spule zu erhöhen und damit Stromdichte und ohmsche Verluste zu senken, um weitere nennenswerte Energieeinsparungen zu erreichen.

Literatur

[1] Dappen, S.: Numerische Verfahren zur Berechnung und Optimierung von Induktionstiegelöfen, Dissertation, RWTH Aachen, 1996

[2] Koller, L.: Wirkung der Abschirmungselemente (Kurzschlussring und Mantel) auf den elektrischen Wirkungsgrad von Induktionstiegelöfen. elektrowärme international (2002) 3

[3] van Riesen, D.: Untersuchungen des Schwingungs- und Geräuschverhaltens an Induktionstiegelöfen, Institut für elektrische Maschinen, RWTH Aachen, 2004

Veröffentlicht in:
elektrowärme international · Heft 4/2007 · Seiten 227–232

Erfolgreiche industrielle Anwendung optimierter Induktionsspulen für Mittelfrequenzschmelzanlagen

Teil 2: Energieeffizienter Einsatz und Anwendungen

Von Wilfried Schmitz und Dietmar Trauzeddel

Ausgehend von den grundsätzlichen Überlegungen zur Optimierung der Konstruktion und Herstellung von Hochleistungsspulen im Teil 1 des Beitrages (elektrowärme international Heft 4/2007) werden in diesem Teil die durchgeführten Detailverbesserungen beschrieben und über den langjährigen industriellen Einsatz wird berichtet. Hinsichtlich der beiden Grundausführungen von Hochleistungsspulen geht die Tendenz bei sehr großen und leistungsstarken Öfen in Richtung Leistenspule, obwohl die bandagierte Spule bei einigen Einsatzfällen durchaus Vorteile bietet und mit beiden Spulenausführungen sehr gute Standzeiten erreicht werden. Grundsätzliche Entwicklungsarbeiten zur Senkung der Spulenverluste führten zu einer neuen Spulenkonstruktion, mit der im ersten industriellen Einsatz eine deutliche Energieeinsparung erzielt werden konnte.

Wie schon in Teil 1 der vorliegenden Arbeit dargestellt, ist die Weiterentwicklung des Induktionstiegelofens in den letzten Jahrzehnten vor allem durch die Forderung nach immer höheren spezifischen Schmelzleistungen gekennzeichnet, dies vornehmlich im Gusseisenbereich. Daraus resultierten immer höhere Leistungsdichten, die nach und nach gewisse Grenzen der bis zu diesem Zeitpunkt bewährten Spulenkonstruktionen aufzeigten. Dies betrifft zunächst nicht die generellen Konstruktionsmerkmale – bandagierte Spule oder Leistenspule; beide Varianten finden in ihrer grundsätzlichen Ausführung nach wie vor ihre Anwendung. Vielmehr zeigten sich die Probleme zumeist im Detail, wie später anhand einiger Fallbeispiele demonstriert werden soll. Zunächst soll jedoch noch einmal auf die grundsätzlichen Unterschiede hinsichtlich der Fertigung und des Einsatzes von Leistenspulen und bandagierten Spulen näher eingegangen werden.

Leisten- oder bandagierte Spule?

Wie die Praxis zeigt, können mit beiden Spulentypen in optimierter Ausführung beim Einsatz in leistungsstarken Tiegelöfen hervorragende Standzeiten und eine hohe Zuverlässigkeit erreicht werden. Die Entscheidung, welcher Spulentyp zum Einsatz kommt, hängt von den Ofenparametern und einigen konstruktiven Faktoren ab.

Für die Leistenspule spricht zunächst eine hohe mechanische Stabilität aufgrund der formschlüssigen Verbindung zwischen der Spule und den Leisten. Zudem werden der Spulenputz bzw. das Dauerfutter werkstattseitig eingebracht und getrocknet, somit kann ein einbaufertiger Spulensatz geliefert werden. Dadurch ergibt sich für den Betreiber eine deutliche Reduzierung der für einen Spulenwechsel notwendigen Zeit.

Ferner zeigte sich in der Vergangenheit bei großen leistungsstarken Öfen, dass es beim Biegen der dort eingesetzten großen Kupferprofile zu einer leichten Verformung der Profilseiten kommen kann. Dabei neigte die dem Tiegel zugewandte Profilseite dazu, sich leicht konkav zu verformen. Wurde dieses Profil nun konventionell bandagiert, bildete sich zwischen dem Profil und der Bandagierung ein geringer Luftspalt aus, der jedoch den Wärmefluss vom Tiegel zur Spule so stark beeinträchtigen konnte, dass eventuelle Isolationsschäden nicht auszuschließen waren. Diesem Problem wurde in den entsprechenden Fällen dadurch begegnet, dass die verformten Flächen mit einem wärmeleitenden Füllstoff geglättet wurden, was mit einem gewissen Aufwand behaftet ist. Die Leistenspule kennt diese Problematik prinzipbedingt nicht, da sie nur lackiert wird; die beschriebene Verformung des Spulenprofils hat also keinen Einfluss auf die Wärmeübergangsverhältnisse.

DIE EIGENSCHAFTEN DER LEISTENSPULE IM VERGLEICH MIT DER BANDAGIERTEN SPULE

Die grundsätzlichen fertigungstechnischen und prinzipiellen Vorteile der Leistenspule lagen schon vor längerer Zeit auf der Hand, allerdings zeigten sich bei dem Schritt zu höheren Leistungsdichten Probleme hinsichtlich der Festigkeit der Leisten an sich sowie der Verbindung zwischen den Bolzen und der Spule, die nach damaligem Stand der Technik als Lötverbindung ausgeführt war. Intensive werkstoffkundliche Untersuchungen und zahlreiche Feldversuche waren erforderlich, um geeignete Materialien für die Leisten zu qualifizieren, die den mechanischen und thermischen Anforderungen bei Hochleistungsöfen genügen.

Schließlich wurde durch eine Halbautomatisierung des Setzens der Bolzen auf das Spulenprofil mittels eines speziellen Bolzenschweißverfahrens bei diesem kritischen Arbeitsschritt eine hohe Prozesssicherheit erzielt. Eine Optimierung des Bolzenwerkstoffes ging damit einher.

Die Entwicklung des völlig neuen Schweißverfahrens in Verbindung mit der Werkstoffentwicklung für die Bolzen wurde gemeinsam mit der FH Aachen durchgeführt [1]. Mit diesem Verfahren wird im Vergleich zur früheren Situation eine 3-fach höhere mechanische Stabilität erreicht.

BILD 1 zeigt eine Leistenspule neuer Bauart in der Fertigung.

Auch wenn die Tendenz nun bei sehr großen und leistungsstarken Öfen in Richtung Leistenspule geht, bietet die bandagierte Spule bei einigen Einsatzfällen durchaus Vorteile:

Handelt es sich beispielsweise um eine Ofenanlage, die mit einer niedrigen Frequenz arbeitet, kommt oft aus elektrischen Gründen ein Spulenprofil zum Einsatz, das auf der Außenseite eine vergleichsweise geringe Wanddicke und Profilhöhe aufweist, so dass die Bolzen für die Leisten nicht ordnungsgemäß angebracht werden können.

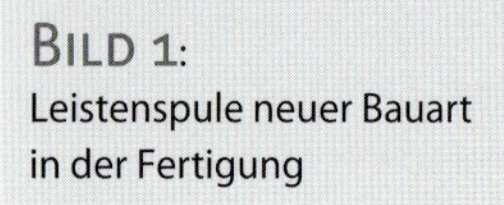

Bild 1:
Leistenspule neuer Bauart in der Fertigung

Zum anderen muss zwischen den Jochen genügend Platz für die Leisten vorhanden sein. Bei Ofenanlagen, die im höheren Frequenzbereich arbeiten, muss zwecks ausreichender Abschirmung des elektromagnetischen Feldes ein größerer Jochquerschnitt gewählt werden, so dass unter Umständen zu wenig Platz für die Leisten vorhanden ist. Dies trifft teilweise auch für die Modernisierung bestehender Ofenanlagen zu. Oft ist der Platz für die Umrüstung auf eine Leistenspule einfach nicht vorhanden.

Schließlich wird für mehrteilige Spulen auch zumeist die bandagierte Ausführung eingesetzt, dies im Besonderen, wenn es sich um sehr große Spulen handelt; hier setzen gelegentlich die Größe der bestehenden Wickelkörper oder generell die räumlichen Verhältnisse der Spulenwerkstatt Grenzen. Eine bandagierte Spule kann aus mehreren einzeln gefertigten Teilspulen zusammengesetzt werden, eine Leistenspule muss als Ganzes auf dem Wickelkörper montiert werden.

Generell muss jedoch vermerkt werden, dass bei leistungsstarken Spulen beider Bauarten die Prozesssicherheit und handwerkliche Präzision der Fertigung höchste Priorität haben – diese Spulen verzeihen keinen Fehler. Entsprechende Verfahrensanweisungen, intensive Kontrollen und Dokumentation sind Voraussetzung dafür, qualitativ hochwertige und langlebige Spulen im Hochleistungsbereich fertigen zu können.

Optimierung der Induktionsspulen an Hochleistungsschmelzanlagen

Seit 14 Jahren wird die Grundversorgung der verschiedenen Formereien bei Flender Guss mit den einzelnen Gusseisenqualitäten durch leistungsstarke Mittelfrequenzöfen zuverlässig gesichert. Zwei Tandemanlagen mit jeweils 8 t Fassungsvermögen und einer Nennleistung von 8.000 kW pro Anlage gewährleisten die erforderliche hohe Schmelzleistung von mehr als 20 t pro Stunde. Anlagen mit einer solch hohen Leistungsdichte bei dieser Ofengröße waren zum damaligen Zeitpunkt ein Meilenstein in der Entwicklung der Mittelfrequenzöfen. Die Anlagen werden in drei Schichten im Dauereinsatz betrieben. Im Jahr 2002 wurde zusätzlich eine 25-t-Mittelfrequenz-Tiegelofenanlage mit einer Nennleistungsaufnahme von 4.000 kW installiert, um kurzfristige Schwankungen im Flüssigeisenbedarf mit periodisch hohen Werten abzudecken; ferner wird durch diese Maßnahme die Eisenversorgung des Handformbereiches bei Abgussgewichten bis zu 25 t gewährleistet.

Für die stabile Bereitstellung des flüssigen Eisens in all den Jahren war der Einsatz von zuverlässigen Induktionsspulen eine unabdingbare Voraussetzung. Allerdings führte auch hier erst ein gewisser Entwicklungsaufwand zu diesem gesteckten Ziel. Die Spulen für diese Öfen wurden zunächst als Leistenspulen ausgeführt. Jedoch zeigten sich recht bald Mängel in der mechanischen Haltbarkeit der verwendeten Leisten. Da zu dieser Zeit alternative Materialien nicht kurzfristig verfügbar waren bzw. nicht in einem vertretbaren Zeitrahmen getestet werden konnten, wurden bandagierte Spulen eingesetzt. Hier ergaben sich jedoch auch Anlaufschwierigkeiten aufgrund zuweilen auftretender Isolationsschäden. Nachdem die oben erwähnte konkave Verformung des Spulenprofils (**Bild 2**, Extrembeispiel) als Ursache erkannt wurde, bestand die Lösung wie beschrieben darin, die verformten Flächen mit wärmeleitendem Material auszugleichen und somit den ordnungsgemäßen Wärmefluss zu gewährleisten.

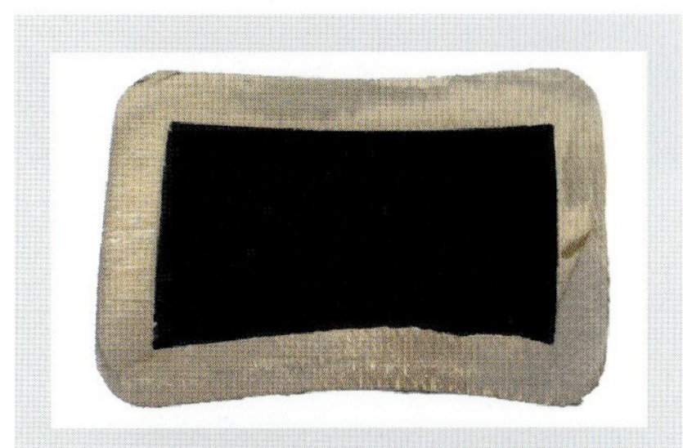

Bild 2: Konkave Verformung des Spulenprofils, Extrembeispiel

Diese und weitere Detailverbesserungen an den Spulen wurden gestützt durch die hohe Sachkenntnis der Fachleute von Flender Guss.

Die nun erreichte Standzeit der Hochleistungsspulen von jetzt bereits drei Jahren im Dreischichtbetrieb ist Beleg der erfolgreichen gemeinsamen Optimierung.

Zusätzlich zu den genannten grundsätzlichen Maßnahmen wurden die folgenden Detailverbesserungen durchgeführt:

Für die Kühlspulen wird ein rundes Profil eingesetzt und die Windungen werden ohne Absatz spiralförmig ausgeführt. Das Rohrprofil wird bandagiert und mit Isolierlack imprägniert, daran schließt sich das Vergießen mit einem feuerfesten Beton an (**Bild 3**).

Bild 3: Bandagierte Spule mit in Beton eingegossener Kühlspule

Für die Stromspule kommt ein mechanisch stabiles Kupferprofil mit einem Querschnitt von 45 x

BILD 4: Bandagierte Spule für die Anlage bei Flender Guss

BILD 5: Einbaufertiger Leistenspulensatz mit Außenschutz für die Anlage bei Fritz Winter

50 mm zum Einsatz. Vor dem Bandagieren wird das blanke Profil mit einem ökologisch hochwertigen Isolationslack der Isolationsklasse H getränkt. Das Profil wird maschinell zweifach überlappend bandagiert und mehrmals mit Lack getränkt (**BILD 4**).

Der Außenschutz der Spule besteht aus einem waagerechten inneren Gewebenetz und einem senkrechten äußeren Glasseidengewebe. Beide Gewebe werden in eine Schicht aus Epoxydharz eingebettet. Der Innenputz der Spule aus feuerfestem Beton wird nicht gespachtelt sondern mit Hilfe einer ziehbaren Schablone vergossen. Das anschließende Trocknen mit einem Gasbrenner hat sich als vorteilhaft erwiesen.

Obwohl die derzeitige bandagierte Spule zuverlässig und mit hoher Standzeit arbeitet, ist seit kurzem zu Testzwecken in einem der Öfen eine Spule in Leistentechnik neuerer Konstruktion im Einsatz, die bisher zur vollen Zufriedenheit funktioniert.

In weiteren Hochleistungsanlagen neueren Datums sind durchweg Leistenspulen im erfolgreichen Einsatz; Beispiele sind die Anlagen bei den Firmen Fritz Winter, Stadtallendorf, D (12 t, 9.000 kW), AFC, Redon, F (12 t, 10.000 kW), Leszczynska Fabryka Pomp, Leszno, PL (12 t, 8.000 kW). **BILD 5** zeigt beispielhaft einen einbaufertigen Leistenspulensatz mit doppeltem Außenschutz für die 12-t-Ofenanlage mit 9.000 kW der Firma Fritz Winter.

Energieeffizienz bei Induktionsspulen

Wie schon in Teil 1 dargelegt, ist der Wirkungsgrad eines Mittelfrequenzofens in erster Linie durch die ohmschen Spulenverluste bestimmt. Die derzeitigen Möglichkeiten, hier Einfluss zu nehmen, sind, wie in Teil 1 beschrieben, begrenzt.

Eine deutliche Energieeinsparung kann nur durch die Senkung des ohmschen Wechselstromwiderstandes der Spule erreicht werden. Die Verluste werden maßgeblich von der Stromdichte und ihrer Verteilung bestimmt. Entsprechend der Gleichung

$$P = \int \frac{J^2}{X} \, dv$$

P = Leistung [W]
J = Stromdichte [A/m²]
X = Widerstandsbeiwert [s/m]
v = Volumenelement [m³]

steigen die Verluste mit höherer Stromdichte exponentiell an. Deshalb besteht ein grundsätzlicher Lösungsansatz darin, durch Vergrößerung der stromführenden Fläche die Stromdichte zu senken. Idealerweise ist eine möglichst homogene Stromdichteverteilung in der Spule anzustreben [2]. Dies klingt einfach, ist aber schwierig zu erreichen, da der Strom sich nicht gleichmäßig über den gesamten Querschnitt verteilt. Entsprechend den allgemein bekannten Gesetzmäßigkeiten der Stromverdrängung konzentriert sich der Strom auf einer kleinen Fläche, und zwar auf der dem Schmelzgut zugewandten Seite des Spulenprofils.

Bild 6 demonstriert diese Gesetzmäßigkeit an einem Berechnungsbeispiel. Es zeigt die Stromdichteverteilung im Spulenprofil einer Hochleistungsspule für einen Ofen mit einer Nennleistung von 8.000 kW und einer Nennfrequenz

Bild 6: Stromdichteverteilung im Spulenprofil für eine Leistung von 8.000 kW (zwei Darstellungen des Spulenquerschnittes)

von 250 Hz. Während in der dem Schmelzgut abgewandten Seite der Spule kein Strom fließt, wird der gesamte Strom im vorderen Bereich geführt. Auch in diesem Bereich liegt ein hoher Gradient der Stromdichteverteilung vor: In der äußersten Randzone treten Werte bis über 80 A/mm^2 auf, im Kernbereich liegen sie bei ca. 20 A/mm^2.

Eine einfache Vergrößerung des leitenden Spulenquerschnittes ergibt damit noch keine Lösung. Eine spezielle Spulenkonstruktion musste entwickelt werden, um die Verteilung des Stromes auf eine größere Fläche zu erreichen. Dabei musste gleichzeitig berücksichtigt werden, dass der Abstand zwischen stromführender Fläche und Schmelzgut nicht zunimmt, damit keine daraus resultierende Verschlechterung des Spulenwirkungsgrades eintritt und den gewünschten Einspareffekt teilweise wieder kompensiert.

Auf Basis der obigen Überlegungen gelang es, eine Spulenkonstruktion zu entwickeln, bei der gegenüber der Normalspule die effektiv stromführende Fläche deutlich erhöht werden konnte, was eine Reduzierung der ohmschen Spulenverluste zur Folge hat. In zahlreichen praktischen Vorversuchen wurde dies verifiziert.

Gesamtwirkungsgrad ist abhängig vom zu schmelzenden Metall

Dabei ist grundsätzlich festzustellen, dass sich die Spulenverluste und damit natürlich auch der Gesamtwirkungsgrad von Induktionstiegelöfen in Abhängigkeit von dem elektrischen spezifischen Widerstandsbeiwert des zu schmelzenden Metalls stark unterscheiden. Werden beim Schmelzen von Gusseisen und Stahl Gesamtwirkungsgrade von 75 % erreicht, liegt der Wirkungsgrad beim Schmelzen von Aluminium bei 65 % und bei Kupfer beträgt der Wert nur 55 % [3], dies bezogen auf eine herkömmliche Spulenkonstruktion. Dementsprechend können beim Einsatz einer Energiesparspule nach obigem Prinzip für die verschiedenen Metalle unterschiedliche Einspargrößen realisiert werden, die größten Einsparungen damit beim Einsatz im Kupferbereich.

Im Mittelpunkt der Konstruktion und Fertigung von Ofenspulen in energiesparender Ausführung stand gleichrangig die Anforderung, eine hohe Zuverlässigkeit und Standzeit des Bauteils zu gewährleisten. Deshalb wurde die neue Spulenkonstruktion vor dem industriellen Einsatz in mehreren Langzeittests ausgiebig erprobt. Danach wurde in der eigenen Stahlgießerei die neue Spule in einem Induktionstiegelofen unter Produktionsbedingungen eingesetzt.

1,5-t-Ofen zum Schmelzen von Stahlguss

Für das Schmelzen und Legieren einer Vielzahl unterschiedlicher hochlegierter Stahlgussqualitäten stehen in der Edelstahlgießerei der Otto Junker GmbH mehrere Induktionstiegel- und Vakuuminduktionsöfen zur Verfügung. Bei der anstehenden Modernisierung einer der Ofenanlagen kam die neu entwickelte Energiesparspule zum Einsatz. Dabei handelt es sich um eine 1,5-t-Ofenanlage mit einer Nennleistung von 1.000 kW und einer Betriebsfrequenz von 150 Hz.

Neben einer modernen IGBT-Umrichteranlage in DUOMELT-Technik mit einer Gesamtleistung von 1.400 kW für zwei Öfen und einer maximalen Leistung pro Ofen von 1.000 kW wurde Mitte 2004 ein Ofen mit der neuen Energiesparspule ausgerüstet. **Bild 7** zeigt den Ofenkörper mit der eingebauten Spule. Die Ofen-

BILD 7: Ofenkörper für eine 1,5-t-Anlage mit eingebauter Energiesparspule

anlage wird einschichtig betrieben und die Abstichtemperatur der Chargen liegt bei bis zu 1.650 °C. In dem Ofen, der mit der neuen Spule ausgerüstet wurde, werden unter sehr konstanten Bedingungen ausschließlich ferritische Stähle geschmolzen, so dass ein exakter Vergleich des Energieverbrauches zwischen Normalspule und Energiesparspule möglich ist.

In diesem direkten Vergleich konnte in den Langzeitmessungen eine Energieeinsparung von 5 % ermittelt werden. Auch die Chargenzeiten wurden entsprechend verkürzt. Aufgrund dieser positiven Ergebnisse wurde Mitte 2005 auch in dem zweiten 1,5-t-Ofen der Anlage eine derartige Spule eingebaut.

Schmelzanlage für Kupferwerkstoffe

Bei einem bekannten Hersteller von Kupferhalbzeugen wurde ein 24 Tonnen fassender Netzfrequenztiegelofen mit einer Energiesparspule ausgerüstet. Da weitere Öfen der gleichen Baugröße mit Normalspulen dort im Einsatz sind, konnte ein direkter Vergleich des Energieverbrauches angestellt werden.

Mit der neuen Spulenkonstruktion konnte in ersten vergleichenden Versuchen für das Überhitzen der Kupferschmelze eine Energieeinsparung von 9 % erreicht werden, ein Wert, der sich recht genau mit den theoretischen Berechnungen deckt. Wie bereits oben erwähnt, weist die neue Spule gegenüber der Normalspule eine deutlich höhere stromführende Fläche auf, in diesem Falle 160 % der Normalausführung. Dies, ohne dass eine wesentliche Zunahme des Kupferprofileinsatzes für die Spule erforderlich wurde; diese beträgt gegenüber der Normalspule nur 10 %.

Die Energiesparspule ist seit mehreren Monaten in ununterbrochenem Produktionseinsatz. Zurzeit werden für unterschiedliche Kupferlegierungen entsprechende Vergleichsdaten gesammelt und ausgewertet.

Literatur

[1] Kopac, B.: Konstruktive Verbindung der Spulenelemente. Diplomarbeit FH Aachen, 2006

[2] Zgraja, J.; Eggers, A.: elektrowärme international 48 (1990) B3, S. B107–B114

[3] Schmitz, W.; Trauzeddel, D.: World of Metallurgy. ERZMETALL 58 (2005), S. 281-285

Veröffentlicht in:
elektrowärme international · Heft 1/2008 · Seiten 19–23

Senkung der Stromkosten in Schmiedebetrieben durch Einsatz von Induktions-Zonenerwärmern

Von Volkhard Schnitzler und Achim Thus

Als Reaktion auf die ständig steigenden Strompreise setzen Produktionsbetriebe mit Elektroanlagen intelligente Energiemanagementsysteme (EMS) ein, die zur zeitlichen Glättung der Stromlast die einzelnen Anlagen zeitweise leistungsmäßig reduzieren oder sogar abschalten, ohne dass dadurch die Produktion beeinträchtigt wird. Im Schmiedebetrieb sollten die Induktionserwärmer als Hauptbezieher der elektrischen Leistung in ein solches Managementkonzept einbezogen werden, was jedoch häufig mit Produktionseinbußen verbunden ist. Dagegen bietet der Einsatz von Zonenerwärmern die Möglichkeit, den Erwärmungsprozess auch bei stark reduzierter Leistung optimal weiter zu führen, so dass es nicht zu produktionsstörenden fehlerwärmten Teilen kommt. Die Ruhrtaler Gesenkschmiede hat zwei, ab Mitte 2008 drei Induktions-Zonenerwärmer mit einer Gesamtleistung von 4.500 kW installiert, deren Betrieb eine erhebliche Reduzierung des Leistungsmaximums und damit der Stromkosten ermöglichte.

Die Ruhrtaler Gesenkschmiede F. W. Wengeler GmbH & Co. KG in Witten produziert hochwertige Schmiedeteile für die Nutzfahrzeugindustrie, den Kranbau und den Schienenverkehr. Dazu sind neben sechs Hammergruppen vier Pressengruppen mit Induktionserwärmern in Betrieb. Die gesamte elektrische Leistung der Schmiede liegt bei über 7.000 kW, der monatliche Energieeinsatz bei 3.700 MWh, so dass zur Senkung der Stromkosten der Einsatz eines EMS sinnvoll erschien.

Der erzielbare Nutzen war jedoch dadurch erheblich eingeschränkt, da die herkömmlichen Induktionserwärmer weitgehend mit einer festen Leistungseinstellung betrieben werden mussten und somit als Hauptbezieher der elektrischen Leistung nicht in das EMS einbezogen werden konnten.

Denn die Reduzierung der Leistung oder sogar das Abschalten der herkömmlichen Erwärmer führen zu fehlerwärmten Blöcken, die aus der Schmiedelinie solange ausgeschleust werden müssen, bis sich der Normalbetrieb wieder eingestellt hat. Dagegen erlauben die Zonenerwärmer, wie sie seit Oktober 2005 mit 1.250 kW und seit April 2006 mit 2.000 kW bei RG eingesetzt werden, deutlich reduzierte Durchsätze bei gleich bleibendem Temperaturprofil. Sie bieten somit für das EMS bei RG mit 3250 kW einen schaltbaren Leistungsbereich von ca. 30 %, durch Installieren eines dritten Zonenerwärmers ab Mitte 2008 mit dann gesamt 4.500 kW von ca. 50 %.

Im Folgenden werden zunächst die Funktion der Induktions-Zonenerwärmer beschrieben, und dann die damit bei RG erzielte Stromkosteneinsparung.

Zonenerwärmung mittels Multiumrichter-Konzept

Der von ABP entwickelte Induktions-Zonenerwärmer mit einem Umrichter je Zone (**Bild 1**) wird an anderer Stelle [1] ausführlich vorgestellt. Eine solche enthalpiegesteuerte Zonenerwärmungsanlage besteht aus zwei bis vier Zonen, die an separate Umrichter angeschlossen sind. Im beschriebenen Fall ist eine Zone gleichbedeutend mit einer Spule. Da somit jede Spule mit einem separaten Mittelfrequenz-Umrichter eingespeist wird, lassen sich bei gleicher Spulenwindungszahl Leistung und Frequenz der Teilspulen an die jeweiligen Erfor-

Bild 1:
Oben: Enthalpiegesteuerter Zonenerwärmer,
unten: Blockerwärmungsanlage

dernisse der einzelnen Abschnitte so anpassen, dass eine optimale Erwärmung der Schmiedeblöcke erreicht wird. Am Eingang der Erwärmungsanlage, wo die Blöcke noch kalt und ferromagnetisch sind, wird hohe Leistung bei niedriger Frequenz installiert, um nicht nur die Randzone, sondern insbesondere das Innere der Blöcke zu erwärmen. Im mittleren Bereich, der zwischen Curie-Temperatur und der Schmiedetemperatur liegt, ist eine höhere Frequenz notwendig, um den Energieeinsatz gering zu halten. Im letzten Abschnitt wird dann nur eine niedrige Leistung bei hoher Frequenz benötigt, um die Temperatur zwischen Oberfläche und Kern auszugleichen und gleichzeitig die Oberflächen-Strahlungsverluste zu decken.

Durch die Möglichkeit, jede Spule individuell beaufschlagen zu können, lässt sich ein optimiertes Temperaturprofil für die unterschiedlichen Schmiedeteile einstellen. Dies gilt sowohl für 100 % Nenndurchsatz als auch für bis auf 20 % reduzierten Teildurchsatz. Somit ist die Voraussetzung gegeben, dass das EMS die Induktionserwärmer in einem großen Leistungsbereich in die Glättung der Gesamtleistung der Schmiede einbeziehen kann, ohne die Qualität des Erwärmungsprozesses zu beeinträchtigt.

Für die optimierte Einstellung der Umrichter steht mit THERMPROF® ein Werkzeug zur Verfügung, das ohne zeit- und kostenintensive Versuche zur gewünschten Erwärmung der Schmiedeblöcke führt [1]. THERMPROF® ist ein Software-Paket, welches den Erwärmungsprozess mit der enthalpiegesteuerten Multi-Umrichter-Technologie für verschiedene, wählbare Blockdurchmesser und Taktzeiten im Voraus berechnet. Dadurch wird sichergestellt, dass die gewünschte mittlere Block-Temperatur bei gleichzeitig vorgegebener maximaler Oberflächentemperatur am Ende jeder separat steuerbaren Zone bei unterschiedlichen Durchsätzen und Blockdurchmessern eingehalten wird. Infolge dessen werden Blocküberhitzungen auch bei sehr geringen Durchsätzen vermieden.

Minimierung des Leistungsmaximums bei RG

Bekanntlich hat der Preis für die bereitgestellte elektrische Leistung einen erheblichen Anteil an den Stromkosten eines Produktionsbetriebs. Maßgebend ist dabei der Leistungsbezug innerhalb einer Viertelstunde, dessen Maximumwert für die Kostenberechnung des Jahres zu Grunde gelegt wird. Bei RG beträgt der Preis für das ¼-h-Maximum 72 €/kW pro Jahr.

Die Funktion des EMS beruht auf einer Trendrechnung, die fortlaufend die am Ende einer ¼-h-Messperiode zu erwartende Gesamtlast der Schmiede ermittelt. Im Falle einer sich abzeichnenden Leistungsspitze über dem zugelassenen Maximum sendet das EMS Signale an die Öfen, deren Leistungsaufnahme entsprechend begrenzt bzw. reduziert wird. Dabei wird nicht nur ein Erwärmer, sondern beide bzw. demnächst drei parallel bis auf Mindestlast vollautomatisch heruntergefahren. Der Schmied stellt erst nach einigen Teilen fest, dass die Taktzeit verlängert worden ist, registriert aber nach kurzer Zeit, dass nach Ablauf der ¼-h-Periode die ursprünglich eingestellte Taktzeit wieder gefahren wird, weil

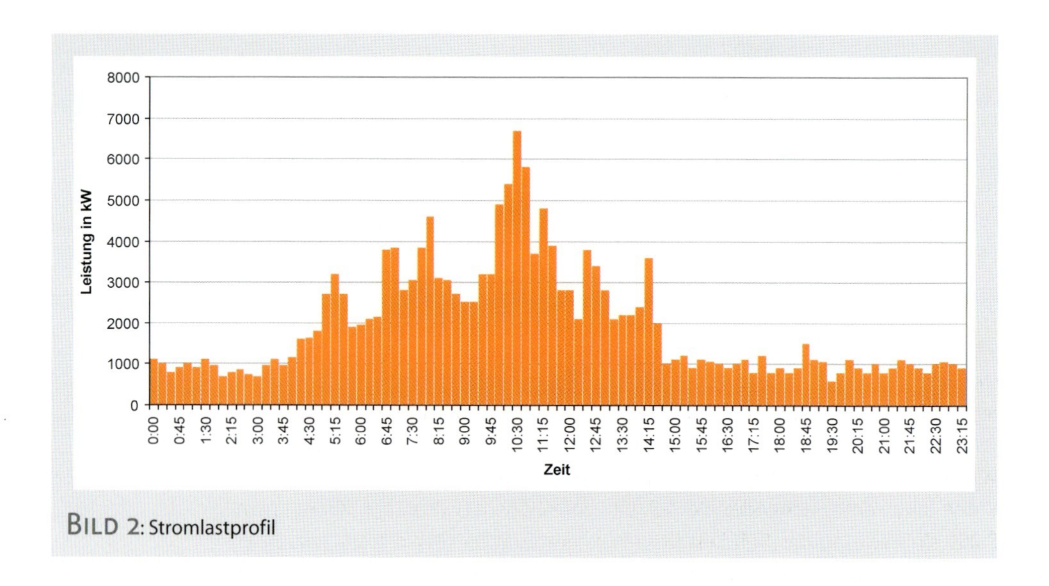

Bild 2: Stromlastprofil

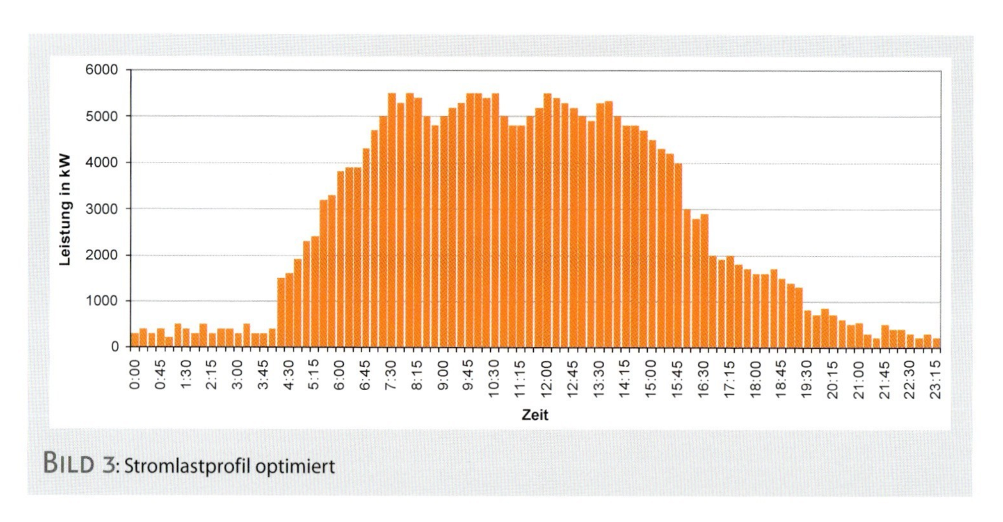

Bild 3: Stromlastprofil optimiert

der Trendrechner keine Maximum-Überschreitung für die nächste Messperiode feststellen kann.

Die erzielte Maximum-Reduzierung und somit Kosteneinsparung geht aus den **Bildern 2 und 3** hervor.

Bild 2 zeigt den Tagesgang der Stromlast über 24 h bei RG vor Einbeziehung der Induktionserwärmer in das EMS. Das zu bezahlende ¼h-Maximum betrug 7.040 kW, das entspricht jährlichen Kosten von 72 €/kW · 7.040 kW = 506.880,- €.

Entsprechend Bild 3 konnte nach Anschluss der Zonenerwärmer an das EMS das Maximum auf 6.200 kW, d. h. um 840 kW abgesenkt werden. Damit ergibt sich eine Ersparnis von 72 · 840 = 60.480 € pro Jahr.

Mit Inbetriebnahme des dritten Zonenerwärmers Mitte dieses Jahres erwartet man eine Reduzierung des Maximums um 1.200 kW, was einer jährlichen Kosteneinsparung von 86.400 € entsprechen wird. Dabei ist von besonderer Bedeutung, dass entsprechend der praktischen Erfahrung die Perioden der Leistungsreduzierung innerhalb der sogenannten sachlichen Verweilzeit von 6–8 % für technische Störungen liegen, so dass die Produktionsleistung einer Schmiedelinie nicht beeinflusst wird.

Fazit

Der Einsatz von ABP-Induktions-Zonenerwärmern in Schmiedebetrieben macht es möglich, die Erwärmer als Hauptbezieher der elektrischen Leistung in die Funktion eines Energiemanagementsystems einzubeziehen. Dadurch wird dessen Effektivität erheblich gesteigert. Ruhrtaler Gesenkschmiede konnte auf diese Weise durch entsprechenden Betrieb von zwei Zonenerwärmern mit insgesamt 3.250 kW Leistung das ¼-h-Leistungsmaximum um 840 kW senken, was einer jährlichen Stromkosteneinsparung von 60.480 € entspricht. Mitte 2008 nimmt RG einen weiteren 1.250-kW-Zonenerwärmer in Betrieb, von dem man das Ansteigen der jährlichen Ersparnis auf über 86.000 € erwartet.

Literatur

[1] Walther, A.; Thus, A.: Innovative Zonenerwärmung mittels Multiumrichterkonzept. elektrowärme international (2006) Nr. 2, S. 86–89

Veröffentlicht in:
elektrowärme international · Heft 1/2008 · Seiten 29–31

Verfahrensoptimierung zur Steuerung oder Regelung der Leistung von Hochtemperatur-Heizelementen

Von Bodo Schmitt

Der JUMO-IPC-Leistungsumsetzer bietet eine intelligente und innovative Lösung zum Steuern bzw. Regeln von elektrisch betriebenen Thermoprozessanlagen. So wird hierdurch eine Platz sparende, Betriebsmittel schonende und Betriebskosten reduzierende, einfache Lösung für den Anlagenbauer und Anlagenbetreiber erreicht. Durch die verschiedenen, einmaligen Eigenschaften des patentierten Ansteuerverfahrens amortisieren sich die Anschaffungskosten in kürzester Zeit. Dieser Bericht beschreibt die mit neuer Technologie und damit optimierte Ansteuerung von Hochtemperaturheizelementen und die hieraus resultierenden Vorteile.

Speziell bei der Fertigung von Sägebändern wird die Qualität des Produktes tagtäglich durch die Kunden auf den Prüfstand gestellt und muss sich den Anforderungen der Praxis stellen. Umso mehr ist es dringend notwendig, die Materialien und Fertigungsverfahren in diesem Prozess zu optimieren und immer wieder zu verfeinern.

Hier gingen JUMO GmbH & Co. KG und Amada Austria eine Kooperation ein, um neueste Technologie und Erfahrung in einem Produkt zu vereinen, das diesen Anforderungen nicht nur gerecht wird, sondern diese übertreffen und neue Maßstäbe in Wirtschaftlichkeit und Effektivität setzen sollte. Aufgrund ihres umfassenden Know-hows und der langjährigen Erfahrung in der Fertigung von qualitativ hochwertigen Sägebändern wurde durch Amada die Planung, das Konzept und die Durchführung übernommen.

Projektbeschreibung

In einem Ofen, der mit insgesamt 164 SIC-Heizelementen der Firma Kanthal ausgerüstet ist, wird über 14 JUMO-IPC-Leistungssteller die Temperatur geregelt. Der Schwerpunkt bei der Konzipierung der Anlage lag darin, dass ein sehr hohes Maß an Wirtschaftlichkeit, Effektivität und Bedienfreundlichkeit erreicht werden sollte. Hier kommt der IPC mit seinen spezifischen Eigenschaften zum Tragen, der einen Großteil dieser Forderungen erst ermöglicht.

Bei der Steuerung bzw. Regelung eines solchen SIC-Niedervolt-Heizelements gibt es verschiedene Punkte zu beachten, die entsprechende Maßnahmen erfordern:

- den technischen Aufbau
- Problematik Widerstandcharakteristik
- Ansteuerverfahren
- Netzbelastung
- Verfügbarkeit der Heizelemente

Anforderungen an die Technik

Für den Einsatz und Betrieb von Hochtemperaturöfen, wie sie in vielen Anwendungsbereichen gefordert werden, sind spezielle Heizelemente wie SIC (Silicium Carbit), Molybdändisilicid (z. B. Kantal Super) oder Carbon bzw. Infrarotheizstrahler die Regel. Diese Elemente, die für Temperaturen von bis zu 2000 °C ausgelegt sind, werden häufig mit einer relativ kleinen Spannung von ca. 5...60 V (Niedervoltelemente) und einem hohen Strom angesteuert.

Im Gegensatz zur Arbeitsweise der Thyristorleistungssteller, die hierfür einen Transformator zum Herabsetzen der Spannung benötigen, arbeitet der IPC mit einer Drossel in Reihe zu den Heizelementen.

Der Nennstrom der Drossel richtet sich nach der maximal möglichen Stromaufnahme des IPCs. Hierzu kommt ein Filter, der die leitungsgebundenen Störungen zur Einhaltung der einschlägigen EMV Normen auf ein Minimum reduziert (**Bild 1**).

Bild 1: Aufbau Schaltschrank (IPC, Drossel, Filter)

IPC Ansteuerverfahren

Der JUMO IPC ist ein Leistungsumsetzer für die Ansteuerung von Heizlasten, die bislang einen Transformator, Stelltransformator oder die Kombination eines Thyristorleistungsstellers mit Trafo benötigt haben. Bedingt durch seine Arbeitsweise spricht man von einem elektronischen Transformator mit einer pulsierenden Gleichspannung am Ausgang. Er verbindet die Vorteile eines herkömmlichen Stelltransformators, wie z. B. die Amplitudenregelung, die sinusförmige Netzbelastung, mit den Vorteilen eines Thyristor-Leistungsschalters, z. B. Strombegrenzung, Lastüberwachung, unterlagerte Regelungen, usw.

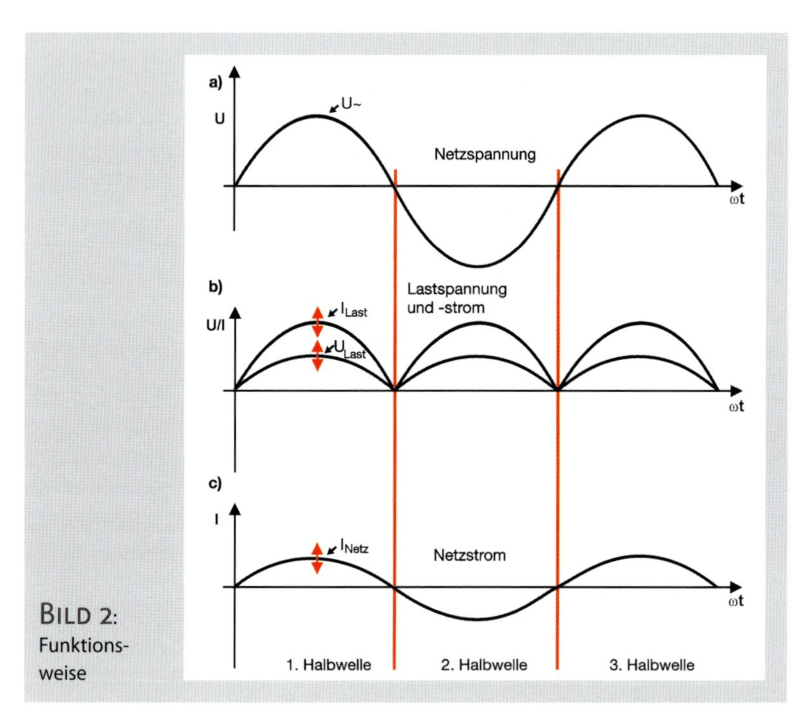

BILD 2: Funktionsweise

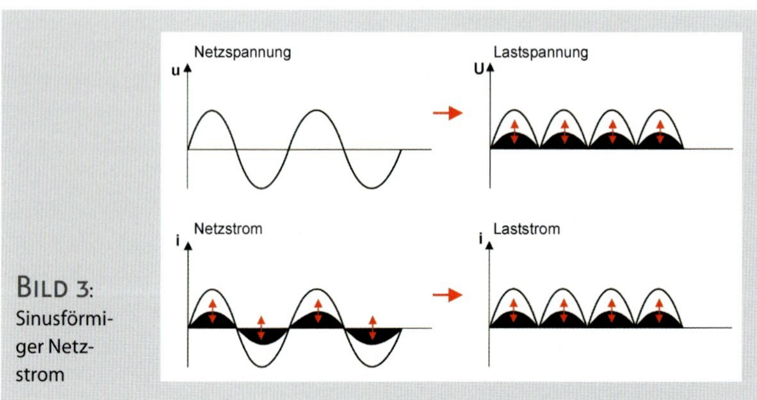

BILD 3: Sinusförmiger Netzstrom

Im Gegensatz zu den konventionellen Betriebsarten Phasenanschnitt- oder Impulsgruppenbetrieb der Thyristorleistungssteller gibt es bei dem IPC Leistungsumsetzer nur eine Betriebsart, die Amplitudenregelung (**Bild 2**).

Hier wird die Leistung durch Verändern der sinusförmigen Stromamplitude gesteuert. Die Höhe dieser Amplitude richtet sich nach der aus dem Netz entnommenen Leistung.

Bedingt dadurch, dass bei dem IPC der Eingangsstrom nahezu sinusförmig ist und in Phase zur Eingangsspannung liegt, wird dem Netz permanent nur die benötigte Wirkleistung entnommen (**Bild 3**).

Alterungsausgleich

Die spezifischen Eigenschaften der eingesetzten SIC-Heizelemente ermöglichen einen sehr hohen Temperaturbereich. Bei allen Elementen dieser Art erhöht sich der elektrische Widerstand bei längerer Betriebsdauer. Man spricht hier von einer Langzeitalterung. Erschwerend kommt hier noch hinzu, dass sich der Widerstand der Elemente in Abhängigkeit von der Temperatur verändert (**Bild 4**).

Die Nennwiderstandswerte des SIC Heizelements basieren auf Messungen, die bei einer Temperatur von 1.070 °C durchgeführt worden sind, und liegen innerhalb einer Toleranzgrenze von +10 % bis –20 %.

Will man die max. Stromaufnahme berechnen, für die der IPC ausgelegt wird, muss man zusätzlich zur Toleranz des Widerstandswertes noch das Widerstandsminimum aus der Widerstandskennlinie (bei ca. 500…600 °C Oberflächentemperatur) berücksichtigen. Nach Bild 4 sind dies ebenfalls –20 % des Nennwiderstandes bei 1.070 °C.

Der minimale Widerstandswert errechnet sich wie folgt:

R_{min} = 1 Ohm (R_{nenn}) x 0,8 (Toleranz) x 0,8 (R_{min}) = 0,64 Ohm

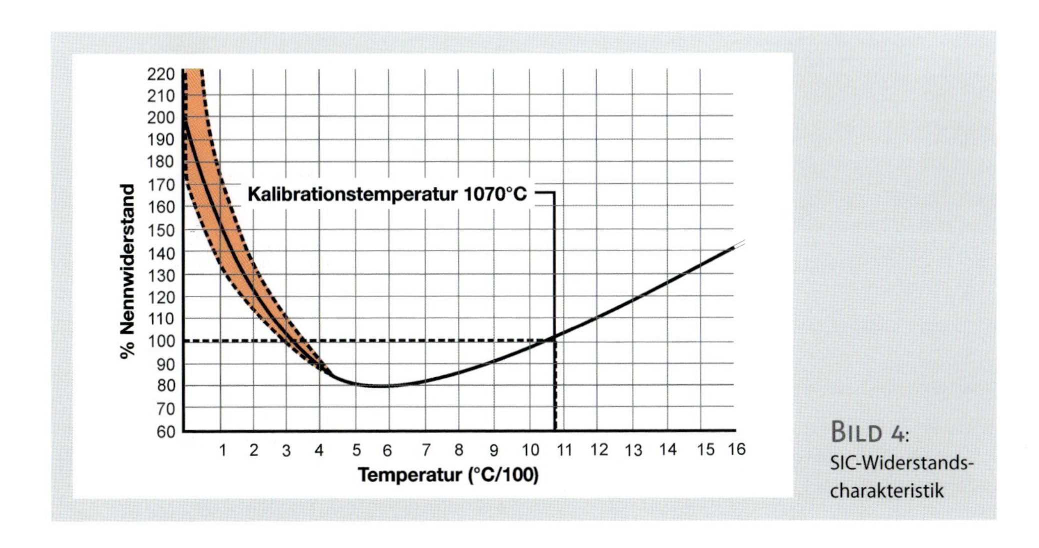

Bild 4: SIC-Widerstandscharakteristik

Durch diese Langzeitalterung wird, um die Temperatur im Ofen konstant zu halten, bei einem größer werdenden Widerstand eine höhere Spannung benötigt:

$$P = U \cdot I = U^2 / R = I^2 \cdot R$$

Die Widerstandscharakteristik kann um den Faktor 4 altern.

Aus diesem Grund wird der Laststrom des IPC Leistungsumsetzers für die Stromaufnahme der SIC-Heizung im Neuzustand ausgelegt, hier fließt der größte Strom. Über den Zeitraum des Alterungsprozesses sinkt der Strom durch den ansteigenden Widerstand auf ca. die Hälfte des Nennstromes. Gleichzeitig muss die Spannung angehoben werden, um die benötigte Leistung zu erlangen.

Hier wird bei dem IPC eine Spannungsreserve für den Alterungsausgleich berücksichtigt, der um die Faktoren von 1,5 bis 2 der Nennspannung der Heizelemente liegt. Durch den automatischen Alterungsausgleich des IPCs wird ein wartungsfreies Arbeiten gewährleistet.

Stromaufnahme

Da beim IPC der Eingangsstrom nahezu sinusförmig ist und in Phase zur Eingangsspannung liegt, wird dem Netz nur die aktuell anfallende Wirkleistung entnommen.

Das bedeutet, der IPC übernimmt die Strom-Spannungs-Transformation und entnimmt dem Netz sowohl im Neu- als auch im Altzustand der Heizelemente stets die benötigte Leistung. Hieraus resultiert, dass der bereitstellende Netzanschluss nicht mehr wie bei den herkömmlichen Ansteuermethoden über Thyristoren im Impulsgruppenbetrieb oder Phasenanschnitt überdimensioniert werden muss.

Bedingt durch die kontinuierliche, gleichmäßige Stromaufnahme des IPC und einer symmetrischen Verteilung der Last kann zudem noch auf eine Netzlastoptimierung, oder auch Syncrotaktsteuerung genannt, verzichtet werden, die bei einer herkömmlichen Ansteuerungsmethode notwendig ist.

Vergleich Phasenanschnitt

Wie schon beschrieben, liegen bei dem IPC die Netzspannung und der Netzstrom in Phase. Hierdurch konnte die Anforderung an die neu konzipierte Anlage zusammen mit dem Know-how des Ofenbauers erfüllt werden. Die Stromaufnahme auf der Netzseite wird im Vergleich zur Stromaufnahme bei Phasenanschnittsteuerung um den Betrag des Blindanteils verringert.

Die Höhe der so genannten Steuerblindleistung richtet sich nach dem Steuerwinkel Alpha, der je nach benötigter Temperatur und somit angeforderte Leistung variieren kann (**Bild 5**).

Wird also die Anlage auf eine verringerte Leistung heruntergefahren, da nicht die gesamte Leistung permanent benötigt wird, dies könnte z. B.

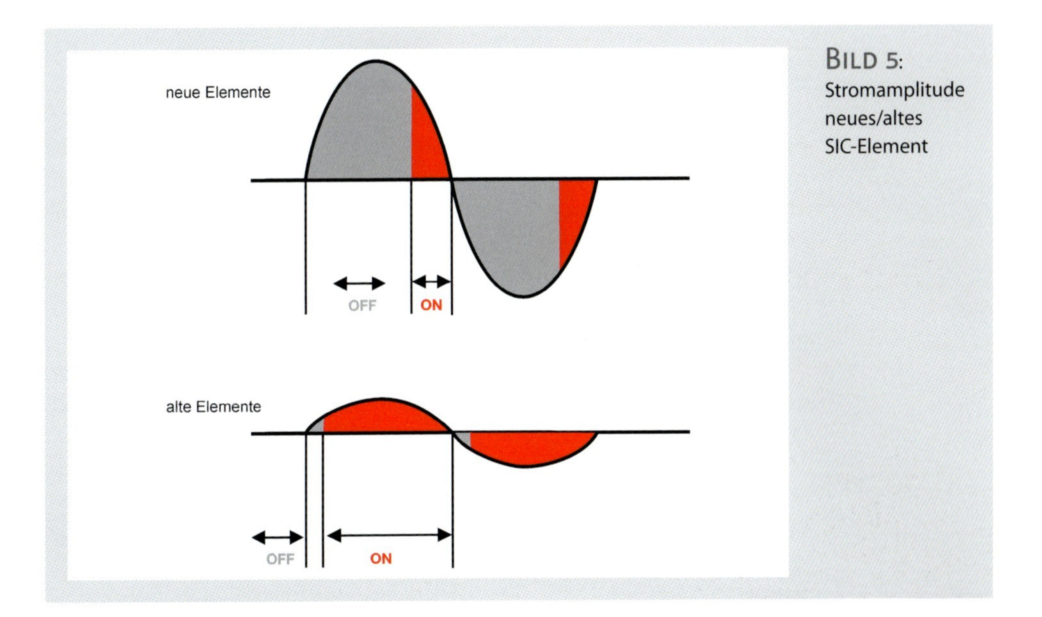

BILD 5: Stromamplitude neues/altes SIC-Element

- ein Schonbetrieb über das Wochenende,
- an Feiertagen oder
- einfach eine geringere Leistung sein,

so ergibt sich durch den größeren Steuerwinkel bei herkömmlicher Methode im Phasenanschnittbetrieb ein verändertes Wirk-Blindleistungsverhältnis.

Durch den Einsatz des IPC Leistungsumsetzers, der den Energiebedarf um den Blindleistungsanteil verringert, wird ein enormer Kostenvorteil erreicht.

Auch auf eine Blindleistungskompensationsanlage kann gänzlich verzichtet werden.

Somit werden durch die Verwendung neuester Technologie Energiekosten eingespart und die Investitionskosten amortisieren sich in kürzester Zeit (**BILD 6**).

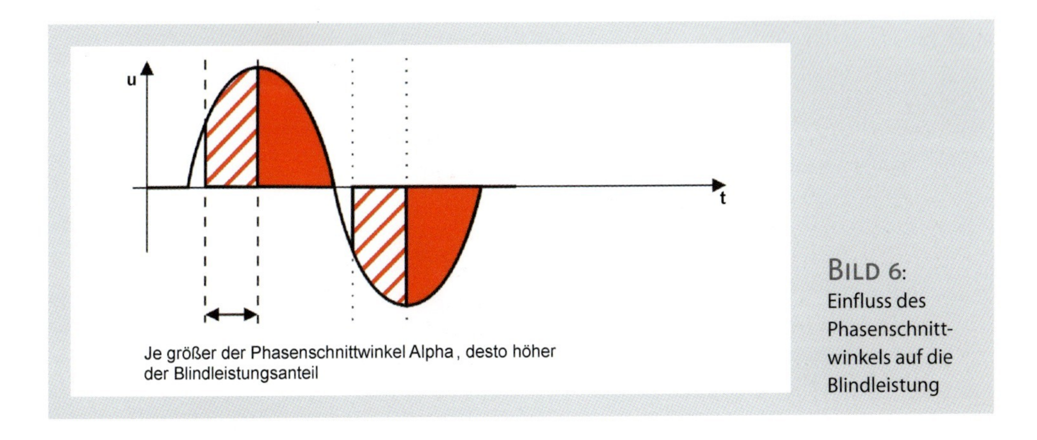

BILD 6: Einfluss des Phasenschnitt-winkels auf die Blindleistung

Vergleich Impulsgruppenbetrieb

Wird ein SIC-Heizelement in herkömmlicher Methode mit einem Thyristorleistungssteller (TLS) im Impulsgruppenbetrieb gefahren, werden komplette Sinuszüge der Netzspannung auf die Last durchgeschaltet bzw. gesperrt. Ein TLS, der z. B. mit 60 % Stellgrad angesteuert wird, schaltet drei Vollwellen der Netzspannung auf den Verbraucher, während zwei Vollwellen gesperrt werden. In dieser Weise erreichen den Verbraucher 60 % der Maximalleistung.

Da hierbei immer die maximal zur Verfügung stehende Spannung durchgeschaltet wird, ist ein kostenintensiver Transformator notwendig, der die Spannung auf die Nennspannung der Heizelemente herabsetzt.

Um das SIC-Heizelement, das über den Betrieb hinweg altert, immer auf der gewünschten Leistung zu halten ($P = U^2/ R$), muss zudem noch ein Trafo mit mehreren Spannungsabgriffen verwendet werden.

Reicht die durch den Trafo zur Verfügung gestellte Spannung nicht mehr aus, muss manuell auf den nächst höheren Spannungsabgriff gewechselt werden. Hierdurch entsteht ein Spannungssprung, der das Heizelement belastet. Zudem reagieren einige Heizelemente empfindlich auf die sich schlagartig ändernde Spannung bzw. Leistung: Bei diesen Heizelementen reduziert sich die Standzeit des Heizelementes. Durch die integrierte Spannungsreserve und Amplitudenregelung wird dieser Ablauf automatisch von dem IPC übernommen bzw. ist gar nicht mehr erforderlich.

Fazit

Durch den Wegfall der Steuerblindleistung (Blindstrom, Blindleistung) und einer Blindleistungskompensationsanlage reduzieren sich die Betriebskosten wesentlich. Der schonende Betrieb erzielt eine erhöhte Lebensdauer der teuren Heizelemente und die Niedervolt-Heizelemente können ohne Anpassungstransformator direkt am Versorgungsnetz betrieben werden. Die Spannungsreserve sorgt für den automatischen Alterungsausgleich bei SIC-Elementen. Da kein Trafo mit Spannungsumschaltung erforderlich ist, können deutliche Platz-, Gewicht- und Kosteneinsparungen erzielt werden. Durch die Amplitudenregelung werden die bestehenden und kommenden Oberwellen- und Flicker-EU-Normen (EN 61000 Teil 3.2 und Teil 3.3) eingehalten.

Veröffentlicht in:
elektrowärme international · Heft 1/2008 · Seiten 33–36

Induktives Hartlöten – eine Betrachtung auch aus energieökonomischer Sicht

Von Hans-Joachim Peter

Die induktive Erwärmung zum Löten bietet gegenüber anderen Lötverfahren den Vorteil, dass sich die Erwärmung auf die Lötzone beschränken lässt. Dadurch bleiben benachbarte Werkstückzonen thermisch unbeeinflusst. Durch die insgesamt geringe Wärmezufuhr ist auch eine schnelle Abkühlung gewährleistet. Das hat insbesondere beim Schutzgaslöten den Vorteil, dass nur eine geringe Oxidation auftritt, die manchmal vom Kunden auch so akzeptiert werden kann. Durch die vielseitigen Möglichkeiten der Induktorgestaltung (neben Ringinduktoren sind auch sogenannte Gabel- oder auch Klappinduktoren gebräuchlich) können auch geometrisch kompliziert erscheinende Werkstücke gelötet werden. Die heute dafür eingesetzten Generatoren können individuell auf die Lötaufgaben eingesetzt werden.

Das induktive Hartlöten wird in der Metall verarbeitenden Industrie als innovatives Fügeverfahren bei meist hohen Stückzahlen seit mehr als 60 Jahren erfolgreich eingesetzt. Dieses Verfahren beruht im Wesentlichen darauf, die erforderliche Erwärmung auf den Teil des Bauteils zu beschränken, an dem die Erwärmung tatsächlich benötigt wird. Andere Lötverfahren wie das Flammlöten oder das Löten in Ofenlötanlagen (z. B. Förderband-Durchlauföfen) haben sich ebenfalls für die Massenproduktion bewährt. Jedes Verfahren hat seine Vor- und Nachteile.

Gerade aber in der heutigen Zeit gewinnt ein beeinflussender Faktor neben anderen zunehmend die Effektivität der thermischen Fügeverfahren, und zwar der spezifische Energieverbrauch. Gerade die steigenden Energiekosten und die CO_2-Problematik werden derzeit diskutiert. Es ist deshalb nur folgerichtig, dass auch die Energieeffizienz der eingesetzten Verfahren zum Löten stärker beachtet werden sollte. Denn gerade hier liegen offensichtlich noch große Energieeinsparpotenziale.

Es gilt deshalb die thermischen Fügeverfahren in den Fokus zu bringen, die eine hohe Energieeffizienz mit hoher Qualität verbinden. Zu diesen Verfahren ist vorrangig das Löten mit induktiver Erwärmung zu zählen. Die Vorteile liegen auf der Hand: hohe Energieeffizienz, Beschränkung der Erwärmung auf die Lötzone und damit keine thermische Beeinflussung der benachbarten Werkstückteile, keine oder nur geringe Nacharbeitskosten (bei Flussmittellötung) sowie hohe Stückzahlen bei gleichbleibend hoher Fertigungsqualität und Integration in den Produktionsprozess.

Einführung

Der industrielle Einsatz der Induktionserwärmung begann in den 1930er Jahren vor allem in den USA, aber auch in Europa und Russland, z. B. mit dem Randschichthärten von Kurbelwellen [1]. Nach dem 2. Weltkrieg setzte sich dann der industrielle Einsatz auch für das Löten sowie Glühen, Schmiedeerwärmung, Vor- und Nachwärmen beim Schweißen, Fügen und Lösen von Schrumpfverbindungen u. a. durch.

Durch die Möglichkeit der kontaktlosen Übertragung einer hohen Energiedichte auf bestimmte Bauteilabschnitte konnte der stetig steigende Bedarf an qualitativ hoch beanspruchbaren Bauteilen Rechnung getragen werden. Mit diesem Verfahren war es erstmalig möglich, Härte- bzw. Lötanlagen in eine Linienfertigung zu integrieren. In Bezug auf die Löttechnik konnten dabei Vorteile gegenüber dem Flamm- und Ofenlöten in Verbindung auf die Umweltfreundlichkeit, die Steuer- und Regelbarkeit errungen werden. Neben diesen Vorteilen kommen weitere hinzu wie geringer Verzug, hoher Bauteildurchsatz, hoher Grad der Reproduzier- und Automatisierbarkeit.

Induktive Erwärmungsmethode

Eine mit einem Wechselstrom durchflossene Induktionsspule (Induktor) erzeugt ein magnetisches Feld wechselnder Richtung. In einem in dieses magnetische Wechselfeld eingebrachten Werkstück (zu betrachten wie eine kurzgeschlossene Spule, Kurzschlussring) wird nach dem Induktionsgesetz eine Spannung induziert, die stets so gerichtet ist, dass ein gegensinniger Stromfluss die Folge ist.

Dieser Stromfluss baut nun seinerseits auch ein magnetisches Wechselfeld auf, das aber dem Primärfeld entgegengerichtet ist. Die beiden Felder überlagern sich und es kommt zu einem Abbau des magnetischen Feldes in radialer Richtung nach innen, so dass in vielen Fällen die magnetische Feldstärke in der Zylinderachse auf Null abgesunken ist. Man spricht hier vom sogenannten Skin-Effekt. Die Tiefe, bei der die Stromdichte auf 37 % ihres Maximalwertes gesunken ist, bezeichnet man als Stromeindringtiefe δ. Der im Werkstück fließende Kurzschlussstrom wird auch Wirbelstrom genannt, er bewirkt nach dem Jouleschen Gesetz die Erwärmung des Werkstücks (**Bild 1**) [2].

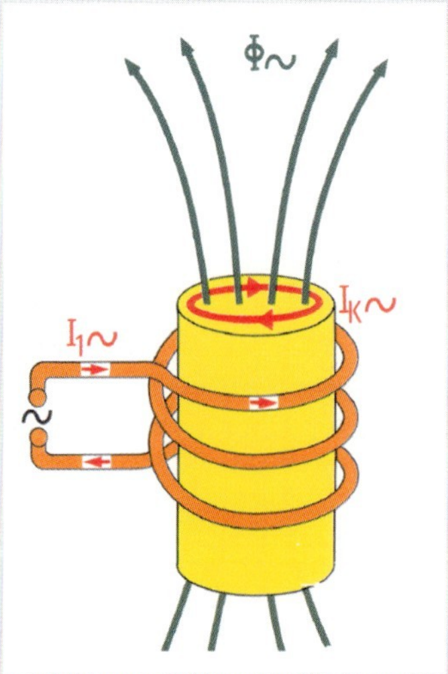

Bild 1: Prinzipielle Darstellung der induktiven Erwärmung eines Metallzylinders

Um bei der Energieübertragung vom Induktor auf das Werkstück einen möglichst hohen Wirkungsgrad zu erreichen, sollte nicht nur der Abstand der Induktorspule zum Werkstück

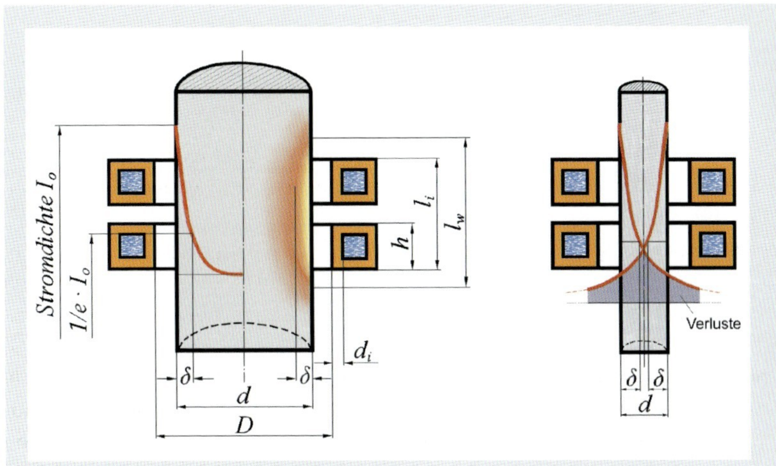

Bild 2: Stromdichteverteilung innerhalb eines Metallzylinders, der von einem zweiwindigen Induktor umschlossen ist. Links im Bild bei einem Verhältnis $d/\delta > 3{,}5$ und rechts bei einem Verhältnis $d/\delta < 3$

möglichst eng sein, sondern es sollte auch das Verhältnis des zu erwärmenden Werkstückdurchmessers zur Frequenz nicht außer acht gelassen werden.

Bild 2 zeigt dazu im linken Teil des Bildes die Verhältnisse der Stromdichteverteilung in einem Metallzylinder bei einem Verhältnis $d/\delta > 3{,}5$. Im rechten Teil ist bei einem Verhältnis $d/\delta < 3$ zu erkennen, dass sich im Kernbereich des Werkstücks die eindringenden Energiewellen überschneiden und damit weniger Energie umgesetzt wird.

Die Eindringtiefe δ kann nach der folgenden Zahlenwertgleichung ermittelt werden:

$$\delta = 503 \cdot \sqrt{\frac{\rho}{\mu_r \cdot f}} \quad [\text{mm}] \tag{1}$$

δ = Stromeindringtiefe [mm]
ρ = spezifischer elektrischer Widerstand in $\Omega \cdot mm^2 / m$
μ_r = relative Permeabilität
f = Frequenz in Hz

Die Beziehung des Werkstückdurchmessers d zur Eindringtiefe des Stroms δ wird durch die Korrekturfunktion $F(d/\delta)$ für vollzylindrische Werkstücke in **Bild 3** dargestellt [2]. Die Funktion zeigt anschaulich, dass jedem Durchmesser eine Minimalfrequenz zugeordnet werden kann, unter der im Werkstück kein oder nur geringer Leistungsumsatz möglich ist. Für Werte größer 10 strebt die Korrekturfunktion $F(d/\delta)$ gegen 1.

Bei dünnwandigen hohlzylindrischen Werkstücken ist die Situation etwas anders. Hier treffen die eindringenden Energiewellen im Werkstückkern nicht aufeinander, sondern werden an der Innenwand des Rohres nach außen reflektiert. Aber auch hier sind Grenzen gesetzt, wie im **Bild 4** zu erkennen ist. Je nach Verhältnis der Rohrwanddicke zum Rohrradius kann die Korrekturfunktion F

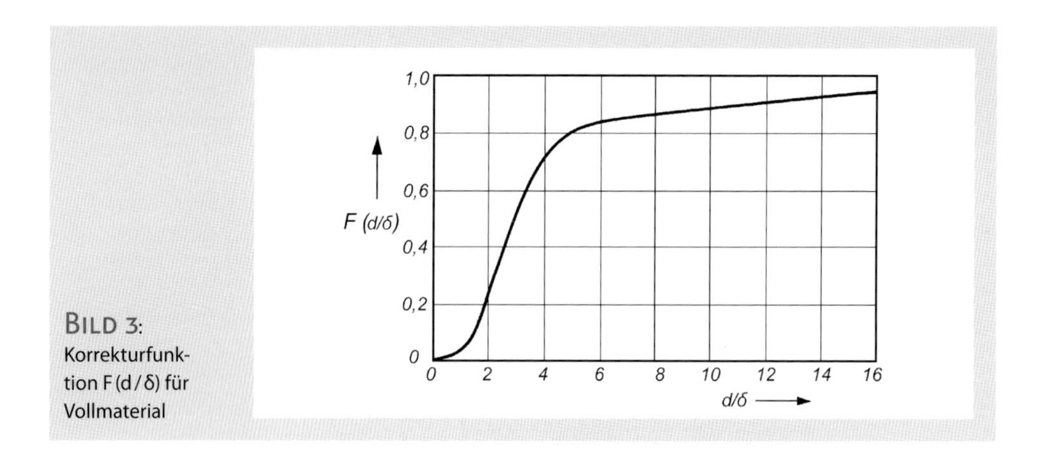

BILD 3: Korrekturfunktion F (d / δ) für Vollmaterial

beim Verhältnis $d/\delta < 1{,}2$ sowohl ansteigen als auch fallen [3], sie geht in die Berechnung des elektrischen Wirkungsgrades η_{el} des Systems Induktor–Werkstück ein:

$$\eta_{el} = \frac{P_i}{P_i + P_{Cu}} = \frac{1}{1 + \frac{D}{d} \cdot \frac{l}{h} \cdot \sqrt{\frac{\rho_{Cu}}{\mu_r \cdot \rho \cdot f_{Cu}} \cdot \frac{1}{F\,\frac{d}{\delta}}}} \tag{2}$$

P_i = im Werkstück induzierte Leistung
P_{Cu} = Stromwärmeverluste in der Induktorspule (aus Cu hergestellt)
d = Werkstückdurchmesser
D = Innendurchmesser der Induktorspule
l = Länge der Induktorspule
h = Höhe des zylindrischen Einsatzes ($h \leq l$)
f_{Cu} = Kupferfüllfaktor der Induktionsspule
ρ_{Cu} = spezifischer elektrischer Widerstand von Kupfer
ρ = spezifischer elektrischer Widerstand des Einsatzwerkstoffs
μ_r = relative Permeabilität
F = Korrekturfunktion

Zu beachten ist dabei, dass Widerstand und Permeabilität temperaturabhängig sind. Der elektrische Wirkungsgrad einer zylindrischen Anordnung Induktor-Werkstück nach Gleichung (2) als Funktion des Verhältnisses d/δ bei verschiedenen Werkstoffen und Temperaturen zeigt **BILD 5**. Um einen guten Wirkungsgrad und damit eine hohe Energieeffizienz bei der Energieübertragung vom Induktor auf das Werkstück zu erhalten, müssen diese physikalischen Bedingungen beachtet werden.

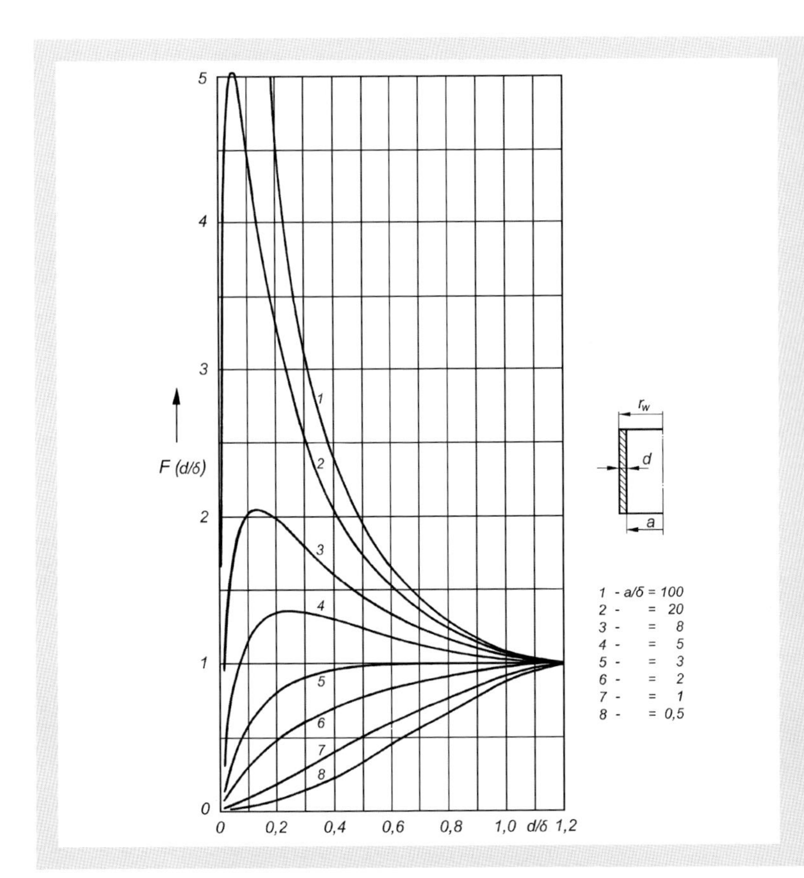

BILD 4: Korrekturfunktion F (d / δ) bei verschiedenen Verhältnissen a / δ für rohrförmige Werkstücke

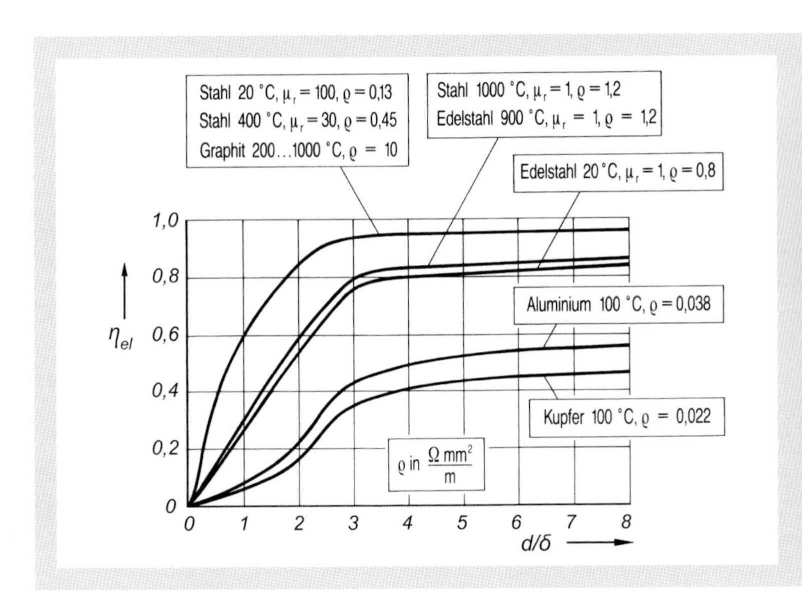

BILD 5: Wirkungsgrad einer zylindrischen Anordnung Induktor – Werkstück nach Gleichung (2) als Funktion des Verhältnisses d / δ für verschiedene Werkstoffe und Temperaturen (l = h; f_{Cu} = 0,9, D / d = 1,1; l ≫ D) [1]

Energiequellen

Die heute eingesetzten Transistor-Umrichter haben gegenüber früheren Bauarten eine geringere Baugröße bei wesentlich besserem Wirkungsgrad und sind sehr flexibel einsetzbar. Es werden Frequenzen sowohl im unteren (Mittelfrequenz mit etwa 10 bis 25 kHz) als auch im höheren (Hochfrequenz mit etwa 150 bis 450 kHz) Bereich abgedeckt. Die erforderliche Leistung für eine bestimmte Lötstelle kann dabei sehr genau gesteuert werden, ob mit verschiedenen nacheinander ablaufenden Zeit-/Leistungsstufen oder über Pyrometersteuerung, so dass mit minimaler Energie die Werkstücke schonend erwärmt und gelötet werden können, wobei die Erwärmungszone auf die Lötzone beschränkt bleibt.

Die Umrichter erreichen bei Volllast einen Wirkungsgrad von ca. 95 %. Heute ist es üblich, statt des festen, am Generator fixierten Leistungsausgangs (Induktoranschluss) einen Leistungsausgang über Kabel mit Koaxialtransformator oder außen liegendem Schwingkreis (bei hohen Leistungen) anzubringen. Damit ist die Möglichkeit gegeben, mit dem am Koaxialtransformator (Koaxtrafo) befestigten Induktor sehr flexibel umzugehen [4].

Werkzeuge der induktiven Erwärmung – Induktoren

Je nachdem welche Zone erwärmt werden soll und wie die Zugänglichkeit zur Lötstelle beschaffen ist, sind verschiedene Induktorformen gebräuchlich. Die optimale Induktorform ist die Spulenform, die das Werkstück umschließen kann. Wenn diese Möglichkeit nicht gegeben ist, können auch gabelförmige Induktoren oder auch so genannte Klappinduktoren verwendet werden. Die Magnetfeldkräfte wirken sowohl auf den Induktor als auch auf das Werkstück, deshalb muss im Allgemeinen das Werkstück eingespannt und der Induktor stabil aufgebaut werden. Da die induzierten Ströme lediglich an der Oberfläche des Induktors als auch des Werkstücks fließen, bedeutet das für den Induktor, dass nicht der Querschnitt maßgebend ist, sondern die Oberfläche. Die Zuleitung muss also möglichst großflächig ausgebildet werden, um die ohmschen Verluste des Induktors gering zu halten. Deshalb sollte die Zuleitung aus Kupferblech (ca. 1,5 bis 2 mm dick bei Leistungen bis ca. 50 kW bzw. 2 mm dick bei Leistungen bis 100 kW) hergestellt werden. Weitere Verluste können in längeren Zuleitungen entstehen, wenn der Abstand zwischen der Hin- und Rückleitung des Induktors zu groß gewählt wird. Es entstehen dann neben den ohmschen Verlusten unnötige induktive Verluste. Der Zwischenraum sollte also möglichst eng gehalten werden. Im Allgemeinen sieht man hier 1 bis 2 mm vor. Der Stromfluss im Induktor ist stets so gerichtet, dass er verstärkt in der Fläche fließt, die der gegenüberliegenden am nächsten ist (Proximity-Effekt).

OHMSCHE UND INDUKTIVE VERLUSTE VERMEIDEN

Mit dem normierten Induktorfuß wird durch Hartlöten der individuelle Induktorkopf durch Hartlöten verbunden. Der so entstandene Induktor wird dann mit der Induktionserwärmungsanlage verbunden. Bewährt hat sich ein elektrischer Anschluss mit Kühlwasserzuführung über O-Ring-Abdichtung. Die Klemmung des Induktors erfolgt mit zwei VA-Klemmstücken. Wasserdurchflusswächter für

Induktor- und Transformatorkühlung bieten Sicherheit für zu geringen Kühlwasserfluss. Durch diese Konstruktion ist ein schneller und leichter Induktorwechsel bei verschiedenen zu lötenden Werkstücken möglich.

Lötbeispiele aus der Praxis

Es können grundsätzlich alle elektrisch leitenden Werkstoffe induktiv gelötet werden, die auch mit anderen Erwärmungsmethoden lötbar sind. Zum Hartlöten von Stahlwerkstoffen werden heute zunehmend Schutzgase als Oberflächenschutz verwendet, um eine sichere Benetzung durch das Lot und um saubere Lötteile ohne Waschprozesse zu erhalten. Dazu können Schutzgaskammern zum Einsatz gelangen, die möglichst klein gestaltet sein sollten. Beim Zuführen des Schutzgases muss darauf Wert gelegt werden, dass es möglichst wirbelfrei und annähernd laminar zum glühenden Werkstück strömen kann, um zu verhindern, dass Sauerstoff an die glühende Oberfläche gelangt.

Zum Werkstückwechsel werden die SG-Kammern manuell oder automatisch geöffnet und haben meist ein Schauglas, um den Lötvorgang gegebenenfalls beobachten zu können. Es können aber auch einfache Lösungen realisiert werden, bei denen das Werkstück in ein einseitig offenes Glasrohr eingeführt wird, das an seinem Ende mit einem Ringinduktor verbunden ist. Bewährt haben sich auch Lösungen, bei denen das Schutzgas direkt aus dem Induktor auf die Lötzone strömt und diese während des Erwärmen und Lötens vor Oxidation schützt.

EINSATZ VON SCHUTZGASEN

Als Schutzgase kommen vorwiegend reduzierende Mischgase zum Einsatz wie zum Beispiel Formiergas mit 5 bis 10 % H_2 Rest N_2, weiterhin auch inerte Schutzgase wie N_2 und Ar.

Je nachdem wie hoch die Forderungen nach einer „sauberen" Oberfläche gestellt werden müssen, können die gelöteten Werkstücke unmittelbar oder nach einer kürzeren oder längeren Verweilzeit in der SG-Kammer dieser entnommen werden. Besonders bei kleinvolumigen Werkstückzonen sorgt eine rasche Abkühlung an Luft für eine Oxidationsschicht, die in vielen Fällen akzeptiert werden kann. Ein typisches Verzundern mit abblätterndem Abbrand entsteht nur beim Aufheizen an Luft oder bei massiven Werkstücken, die eine längere Zeit zum Abkühlen benötigen.

Gerade im Automotivbereich werden viele Bauteile induktiv hart gelötet. Das betrifft u. a. diverse Rohrverbindungen. So sind beim Anlöten verschiedener Endstücke an gebogenen Rohren in Schutzgasdurchlauföfen immer ein Weichwerden und damit ein unkontrollierter Verzug der Rohrleitungen verbunden. Ein nachträgliches Richten ist dabei unerlässlich. Der Energieverbrauch ist hoch, da das gesamte Bauteil längere Zeit auf Arbeitstemperatur gehalten wird. Anders beim Induktionslöten; hier bleiben die Bögen und die Härte der Rohre erhalten, da nur der Lötstellenbereich erwärmt wird, wodurch sich der Energieverbrauch entsprechend gering gestaltet. Als Lote kommen hierbei fast ausschließlich Kupferlote zur Anwendung wie reines Kupfer, verschiedene Bronzelote mit ca. 6 % Sn, aber auch Kupfer-Mangan-Legierungen mit bis zu 12 % Mn (meistens 2 %).

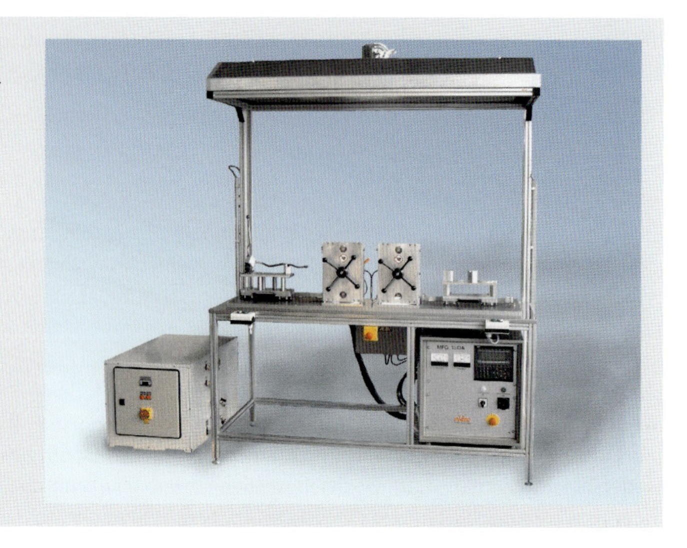

Bild 6:
Lötanlage mit zwei im Wechseltakt arbeitenden Schutzgaslötvorrichtungen, gespeist von einem MFG 15 DA

Ein Beispiel für das Hartlöten von Ringstücken an gebogenen Rohren ist im **Bild 6** zu sehen. Ein 15-kW-MF-Generator Typ MFG 15 DA mit zwei wechselseitig arbeitenden Leistungsausgängen speist zwei Arbeitsplätze, die jeweils mit einer Schutzgaskammer ausgerüstet sind. Die mit Kupferlotringen bestückten Werkstücke werden in eine Werkstückaufnahme gelegt und seitlich in die geöffnete Schutzgaskammer eingeführt. Danach wird die SG-Kammer geschlossen und der Lötvorgang gestartet. Zunächst wird mit einer hohen Leistungsstufe vorgeheizt und nach Erreichen der Arbeitstemperatur auf eine niedrigere Leistungsstufe zurückgeschaltet; bis zu acht verschiedene Zeit-Leistungsstufen können eingestellt

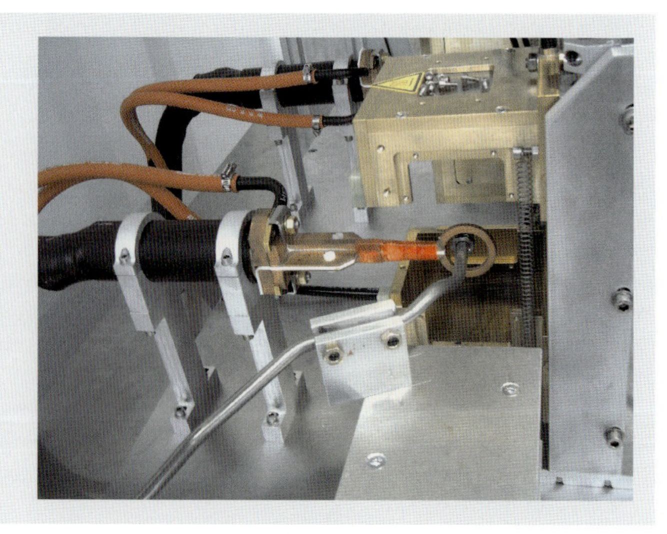

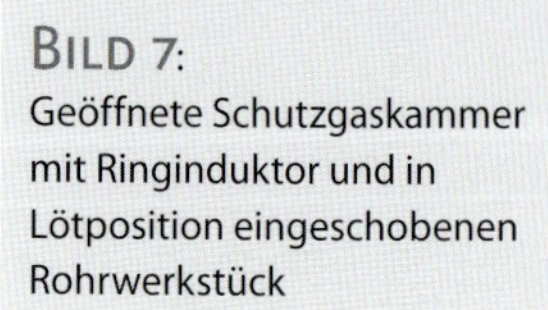

Bild 7:
Geöffnete Schutzgaskammer mit Ringinduktor und in Lötposition eingeschobenen Rohrwerkstück

Bild 8:
Ringstücke in Rohr 12 x 1 mm mit Kupferlot unter Schutzgas induktiv mit 5 kW in 8 s gelötet. Abkühlung unter Schutzgas, von links 60 s, 30 s, 15 s und 0 s

werden. Im Allgemeinen reichen aber zwei Leistungsstufen aus. Während auf der einen Seite gelötet wird, kann auf der anderen Seite ein gelötetes Werkstück gegen ein ungelötetes ausgewechselt werden. Im Bild rechts unten ist der Generator zu erkennen, links neben der Anlage steht das Kühlgerät und oben auf dem Arbeitstisch sind die beiden Schutzgaskammern mit den Werkstückaufnahmen angeordnet (**Bild 7**). Der Energieverbrauch beträgt z. B. beim Löten von Ringstücken in Rohren Ø 12 x 1 mm mit Kupferlot, einer Heizzeit von 8 s bei einer aus dem Netz entnommenen Leistung von 5,5 kW ca. 44 kWs = 0,012 kWh.

Bild 8 zeigt hierzu vier unter Schutzgas gelötete Ringstücke, wobei die Abkühlung unter Schutzgas mit unterschiedlichen Zeiten erfolgte. Von links 60 s, 30 s, 15 s und 0 s. Es ist zu erkennen, dass sich auch bei einer sofortigen Entnahme aus dem Schutzgas kein abblätternder Zunder gebildet hat, sondern eine grauschwarz gefärbte Oberfläche.

Bei einer angenommenen Produktionsmenge von 10.000 Stück würden dann nach den oben angegebenen Werten ca. 122 kWh verbraucht werden.

Bei einem Vergleich mit einem Schutzgasdurchlaufofen muss die gesamte Rohrleitung erwärmt werden. Ein mit Exogas betriebener Förderbandofen kann bei 45 kW Leistung eine Durchsatzleistung von 80 kg/h erreichen [5]. Demnach können 10.000 Rohrleitungen von je 0,5 kg in 12,5 h gelötet werden. Bei 45 kW installierter Leistung wäre damit ein Energieverbrauch von ca. 562 kWh verbunden. Gegenüber dem Schutzgas-Induktionslöten muss in diesem Beispiel mit einem etwa 4,6-mal höheren Elektroenergieverbrauch gerechnet werden. Andere anfallende Kosten wie z. B. für Schutzgas, für Abschreibung usw. sind hierbei nicht enthalten.

Auch Edelstahlverbindungen können induktiv blank gelötet werden wie das Beispiel im **Bild 9** zeigt. Durch Einsatz eines speziellen Klappinduktors konnte die Wärme weitgehend auf die Lötzone beschränkt werden, ohne dass die untere Welle des Wellrohrs thermisch zu sehr belastet wurde. Lötzeit 6 s und Abkühlzeit im Schutzgas ca. 45 s.

Auch kompliziertere Rohrverbindungen können gut induktiv unter Schutzgas gelötet werden. So zeigt das nächste Beispiel eine Rohrverbindung, bei der ein normaler umschließender Induktor nicht verwendet werden kann. Das gebogene Rohr ist mit verschiedenen Abgängen versehenen. In der Mitte wird eine

Bild 9: Edelstahlwellrohr in Rohrfitting Ø 16,5 mm mit Bronzelot unter Schutzgas induktiv gelötet

Bild 10: Lötvorrichtung mit eingespanntem Lötwerkstück und geschlossenen Schutzgasklappinduktor

Steckverbindung gelötet. Dazu wird ein Kupferlotring eingelegt, die einzelnen Lötteile in die Werkstückaufnahmen gespannt und die Klarsicht-Schutzabdeckung geschlossen. Nach dem Startimpuls werden beide Rohrteile automatisch zusammengesteckt, ein spezieller Klappinduktor fährt nach vorn, schließt sich über einen Kontakt und der Generator wird gestartet. Gleichzeitig wird Schutzgas zugeschaltet, das aus dem Induktor direkt auf die Lötzone strömt (**Bild 10**).

Fazit

Neben den beschriebenen Anwendungen des induktiven Lötens von Stahlwerkstoffen, wobei besonders das Hartlöten angesprochen wurde, kommen selbstverständlich weitere Anwendungen hinzu. Gerade im letzten Jahrzehnt wurde eine Reihe von technisch ausgereiften Induktionslötanlagen besonders für das Fügen von Rohrverbindungen entwickelt, wobei mit Schutzgasanwendung attraktive Lösungen angeboten werden konnten. Insbesondere auch mit dem Einsatz von Mittelfrequenz- oder Hochfrequenzgeneratoren mit bis zu 4 Leistungsausgängen, die dann jeweils im Wechseltakt geschaltet werden. Hierdurch ist ein effektiver Einsatz der induktiven Erwärmung gewährleistet. Ein besonders wichtiger Aspekt ist die Möglichkeit der gezielten Beschränkung der Erwärmung auf die Lötzone verbunden mit einer hohen Qualität der Lötverbindung besonders auch bei hohen Stückzahlen. Dieser Punkt wird zukünftig eine immer stärkere Rolle spielen, denn der Senkung des spezifischen Energieverbrauchs bei thermotechnologischen Fertigungsprozessen wird weltweit eine wesentlich stärkere Beachtung geschenkt werden müssen.

Literatur:

[1] Mühlbauer, A.: History of Induction Heating & Melting. Vulkan-Verlag GmbH Essen, 2008

[2] Fasholz, J. u. a.: Induktive Erwärmung. Verfahrensinformation. RWE Energie AG Essen, 1991

[3] Stansel, N. R.: Induction Heating. New York, McGraw-Hill Book Comp. Inc. 1949, Gl. (18)

[4] Peter, H.-J.: Induktionslöten – eine bewährte Fügetechnologie mit innovativem Zukunftspotential. Schweißen und Schneiden 60 (2008), S. 216–221

[5] Janissek, N.; Krappitz, H.: Wirtschaftliches Hochtemperaturlöten im Schutzgas-Durchlaufofen durch Optimierung des Lötsystems. DVS-Berichte Bd. 212, 2001, S. 22–26

Veröffentlicht in:
elektrowärme international · Heft 3/2008 · Seiten 172–178

Vakuum-Mehrzweckkammerofen zum Vakuumaufkohlen und Hochdruck-Gasabschrecken

Von Klaus Löser, Karl Ritter und Bill Gornicki

Zweikammer-Vakuumöfen mit separater Erwärmungs- und Abkühlkammer weisen verschiedene Vorteile gegenüber Vakuum-Einkammeröfen auf, beispielsweise ein schnelleres Aufheizen, einen geringeren Energieverbrauch, eine höhere Abschreckintensität und einen geringeren Wartungsaufwand. Dem entsprechend wurde eine neue, zweite Generation von Zweikammer-Vakuumanlagen für Vakuum- bzw. Niederdruckaufkohlung und Hochdruck-Gasabschreckung, DualTherm®, entwickelt, wobei auf bewährte Technologien der ModulTherm®-Anlage zurückgegriffen wurde. Die erste Anlage dieser Art wurde kürzlich bei einem Lohnwärmebehandler in Betrieb genommen.

Der Einsatz von atmosphärischen Öfen mit separater Beheizungs- und Abschreckeinrichtung reicht zurück bis in die 50er Jahre des letzten Jahrhunderts, wo die ersten atmosphärischen Mehrzweck-Kammeröfen eingesetzt wurden. Auch Vakuumanlagen mit separater Heiz- und Ölabschreckkammer gibt es bereits seit vielen Jahrzehnten auf dem Markt. Das neue Zweikammerkonzept mit kalter Abschreckkammer, genannt DualTherm® (**Bild 1**) verbindet die Vorteile der Vakuumprozesstechnik mit denen der Hochdruck-Gasabschrecktechnik nach drei grundlegenden Prinzipien:

Bild 1: Vakuum-Mehrzweckkammerofen, Typ DualTherm®

- die Behandlungskammer steht immer unter Vakuum und ist immer auf Temperatur
- während der Abschreckung wird nur das abgeschreckt, was wirklich einer Abschreckung bedarf
- Chargentransportsysteme sollten außerhalb der Behandlungs-/Abschreckkammer angeordnet werden

Es ist naheliegend, die Prozesse Abschreckung, Erwärmung und Chargentransport zu separieren. Dadurch ist es möglich, die Anlage so zu konstruieren, dass jede Baueinheit optimal auf die jeweilige Prozessanforderung zugeschnitten ist.

Die Behandlungskammer ständig auf Temperatur und unter Vakuum zu halten bietet eine Vielzahl von Vorteilen:

- die Erwärmung der Charge kann so schnell erfolgen, wie die Bauteile es zulassen
- es muss nur die zur Erwärmung der Charge erforderliche Energie zugeführt werden, da die Heizkammer bereits auf Temperatur ist
- ständiges Aufheizen und Abheizen der Behandlungskammer wird vermieden, wodurch sich die Lebensdauer der Behandlungskammer gegenüber der von Vakuum-Einkammeröfen um viele Jahre verlängert
- das Design der Behandlungskammer kann deutlich vereinfacht werden, da sie nur zum Erwärmen und nicht zum Abschrecken der Charge eingesetzt wird
- die Behandlungskammer wird nicht durch einen unter hohem Druck und hoher Geschwindigkeit stehenden Gasstrom beansprucht, wie dies während der Abschreckung in Vakuum-Einkammeröfen der Fall ist, was deren Lebensdauer deutlich verlängert und den Wartungsaufwand minimiert

VORTEILE VON SEPARATER BEHANDLUNGS- UND ABSCHRECKKAMMER

Die Vorteile einer separaten, kalten Abschreckkammer lassen sich folgt zusammengefassen:

- Bauteile aus niedrig legierten Stählen können auch bei größeren Abmessungen prozesssicher gehärtet werden
- eine optimierte Gasverteilung ermöglicht eine gleichmäßigere Abschreckung
- ein Gasleitsystem mit schwenkbaren Klappen erlaubt es, den Gasstrom während der Abschreckung alternierend durch die Charge zu führen, um Abschreckverzügen vorzubeugen, ohne dass es zu störenden Einflüssen durch ein Transportsystem oder eine Beheizungseinrichtung kommt
- durch das Fluten der Abschreckkammer mit dem Abschreckgas bis auf einem max. Druck von 20 bar innerhalb von 6 s wird eine maximale Abschreckintensität erreicht, ohne, wie im Falle von Vakuum-Einkammeranlagen, eine Zerstörung der Heizkammerisolation befürchten zu müssen

Eine separate Chargentransporteinrichtung außerhalb der Behandlungs- bzw. Abschreckkammer hat folgende Vorteile:

- die Transporteinrichtung wird nur kurzzeitig, während des Be- und Entladevorgangs, hohen Temperaturen ausgesetzt
- die Transporteinrichtung stellt kein Hindernis für den Gasstrom beim Abschrecken dar
- Motoren, Schalter und Sensoren der Transporteinrichtung sind nicht der Prozessatmosphäre ausgesetzt

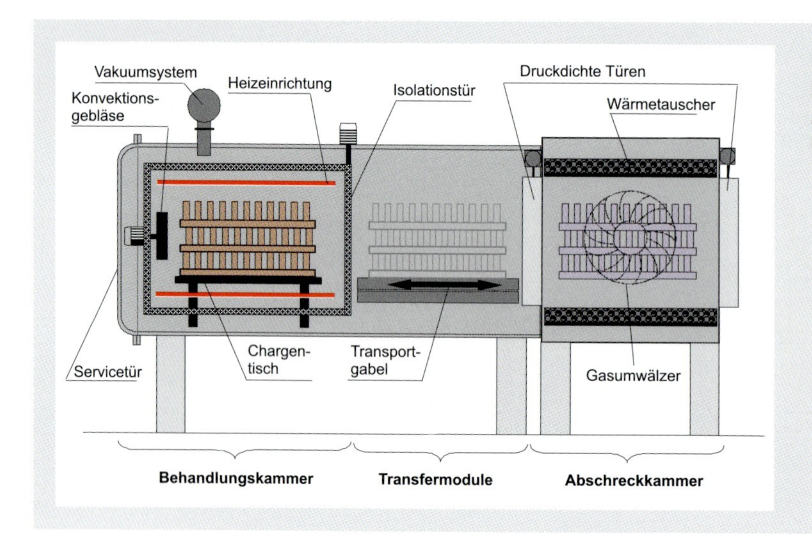

Bild 2: Schematischer Anlagenaufbau DualTherm®

Die neueste Generation von DualTherm®-Anlagen wurde auf Basis von bewährten Anlagenkomponenten des Systems ModulTherm® entwickelt. Mit über 100 in den letzten fünf Jahren weltweit gelieferten Behandlungskammern hat sich dieses modulare System für die Wärmebehandlung von Serienbauteilen aus dem Bereich der Getriebe- und Diesel-Einspritztechnik bewährt.

Anlagenaufbau

Wie bereits erwähnt handelt es sich bei der DualTherm®-Anlage um einen Vakuum-Mehrzweckkammerofen. Eine schematische Schnittzeichnung der Anlage zeigt **Bild 2**. Die Behandlungskammer ist mit einer kompakten Heizkammer (Kühlgaskanäle sind nicht erforderlich) ausgerüstet, die aus einer mehrschichtigen Grafit-Keramikisolation besteht. Die grafitischen Heizstäbe sind radialsymmetrisch um die Charge angeordnet, was eine schnelle und gleichmäßige Erwärmung der Charge sicherstellt und eine Temperaturgleichmäßigkeit von ±5 °C garantiert.

Selbstverständlich ist auch die DualTherm®-Anlage mit einer konvektiven Erwärmungseinrichtung ausgerüstet. Zu diesem Zweck wird die unter Vakuum stehende Behandlungskammer mit Stickstoff auf bis zu 1,2 bar geflutet. Die Umwälzung des Gases erfolgt durch einen internen Gasumwälzer aus kohlefaserverstärktem Grafit (CFC). Eine konvektive Erwärmung bietet eine Reihe von Vorteilen, wie zu Beispiel:

- niedrigere Temperaturgradienten innerhalb einzelner Bauteile bzw. zwischen Bauteilen innerhalb einer Charge
- höhere Erwärmungsgeschwindigkeiten, besonders effektiv bei dicht gepackten Chargen
- gleichmäßige Erwärmung während des gesamten Aufheizvorgangs

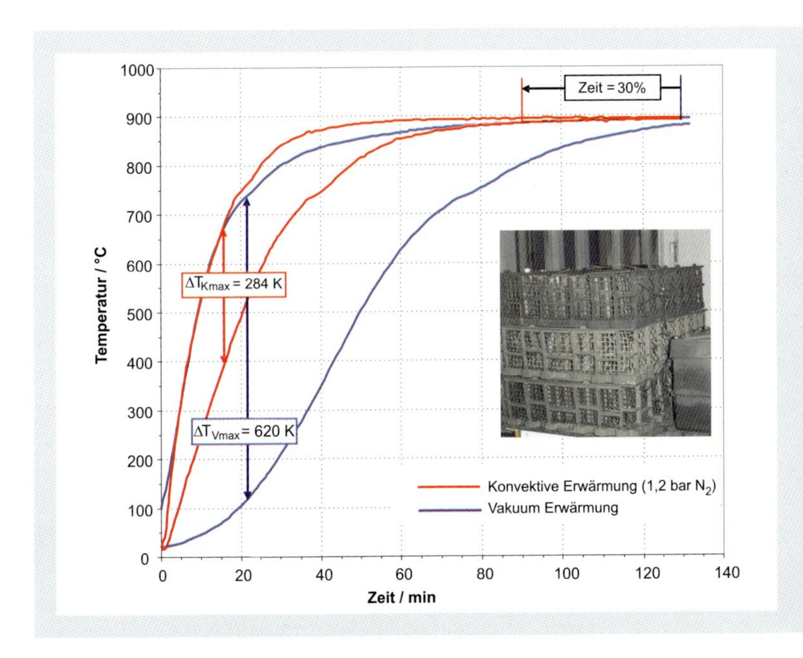

Bild 3: Vergleich des Aufheizverhaltens bei konvektiver Erwärmung bzw. Vakuum-Erwärmung

Bild 3 zeigt den Vergleich zwischen einer konvektiven Erwärmung mit Stickstoff und einer reinen Vakuumerwärmung. Eine dicht gepackte Charge von Bolzen mit 25 mm Durchmesser wurde auf eine Temperatur von 890 °C erwärmt. Mit Hilfe eines Furnace Tracking-Systems wurden Aufheizkurven aufgenommen, wobei die Thermoelemente im Kern der Bolzen angebracht waren. Die Bolzen waren gleichmäßig in der Charge verteilt. Für beide Erwärmungsverfahren sind in Bild 3 die Aufheizkurven der Bolzen mit jeweils höchster und geringster Aufheizgeschwindigkeit dargestellt. Wie gezeigt, führt die konvektive Erwärmung zu einer signifikanten Verbesserung der Aufheizgleichmäßigkeit, während die absolute Aufheizdauer um rund 30 % reduziert werden konnte.

Die Chargenträger in der Heizkammer der DualTherm®-Anlage bestehen aus Siliziumkarbid, das sich durch eine hohe Verschleißfestigkeit, auch bei sehr hohen Temperaturen, auszeichnet. Außer dem Konvektivgebläse gibt es keinerlei bewegte Bauteile in der heißen Kammer. Zum Transport der Chargen in der DualTherm®-Anlage dient eine Teleskopgabel, die im Transportbereich angeordnet ist. Sämtliche Antriebe, einschließlich der entsprechenden Sensorsysteme, sind außerhalb der Vakuum-Atmosphäre angeordnet, was deren Störanfälligkeit reduziert und eine einfache Zugänglichkeit während der Wartung ermöglicht.

Zum Abschrecken der Charge wurde eine modulare Abschreckkammer entwickelt, die sich optimal an die Erfordernisse der Bauteile des Kunden anpassen lässt. Die Abschreckkammer kann mit einem maximalen Abschreckdruck bis 20 bar betrieben werden. Aus den kundenspezifischen Prozessanforderungen kann das Abschrecksystem entsprechend konfiguriert werden:

Konfiguration des Abschrecksystems aus kundenspezifischen Prozessanforderungen

- ein oder zwei Abschreckmotoren
- ein oder zwei Wärmetauscher
- dynamische Abschreckfunktion
- Kühlgasreversierung, insbesondere interessant für die Verzugskontrolle von Bauteilen mit einem Gewicht > 1 kg
- variable Abschreckgasgeschwindigkeiten

Weiterhin besteht die Möglichkeit, ein erstmalig konfiguriertes System im Bedarfsfall zu einem späteren Zeitpunkt nachzurüsten.

Ein Beispiel für die positive Wirkung der Kühlgasreversierung während der Gasabschreckung ist in **Bild 4** dargestellt. Eine Charge von Getrieberädern aus Nutzkraftfahrzeugen wurde von 820 °C mit 18 bar Helium abgeschreckt, wobei die Kühlgasrichtung einmal, wie üblich, von oben nach unten und dann alternativ reversierend, d. h. von oben nach unten bzw. von unten nach oben erfolgte. Es wurden Kühlkurven in der Zahnmitte von Zahnrädern aufgezeichnet, die in der obersten Lage bzw. in der untersten Lage angeordnet waren. Die Abkühlkurven sind in Bild 4a dargestellt. Beim Abschrecken von oben nach unten kühlen die Zahnräder in der obersten Lage (blaue Kurve) deutlich schneller ab als Bauteile in der untersten Lage (rote Kurve). Dies ist zu erwarten, da sich das Gas beim Durchströmen der heißen Charge erwärmt und sich damit der übertragbare Wärmestrom verringert. Beim Abschrecken mit reversierender Gaskühlung erweist sich die Abschreckung als sehr viel gleichmäßiger und es ergibt sich nur ein geringer Unterschied zwischen der Abkühlung von Rädern in der obersten und in der untersten Lage.

Die unterschiedliche Abkühlcharakteristik führt zu unterschiedlichen Härteverteilungen in der Verzahnung, wie dies in Bild 4 unten dargestellt ist. Durch Anwendung der reversierenden Gasabschreckung lässt sich die Härtestreuung im Zahngrund (b) von 29 HV auf 11 HV verbessern. Für die Härte in Zahnmitte (c) ergibt sich nahezu kein Unterschied zwischen Zahnrädern, die in der obersten bzw. in der untersten Lage der Charge angeordnet waren, wie dies gemäß der in (a) dargestellten Abkühlkurven auch zu erwarten war.

Für eine hohe Produktivität sind größtmögliche Chargenabmessungen und ein hohes Chargengewicht von Bedeutung. DualTherm® ermöglicht eine Chargierhöhe von 750 mm im Vergleich zu der Standardhöhe von 600 mm, die es erlaubt, entweder 25 % mehr Bauteile zu beladen oder aber besonders lange Teile, wie z. B. Getriebewellen, zu behandeln. Während das Standard-Chargengewicht in dieser Ofengröße in der Regel auf 500 kg limitiert ist, ermöglicht DualTherm® ein optionales Chargengewicht bis 1.000 kg.

Betriebsweise der Anlage

Wie bereits erwähnt bleibt die Behandlungskammer der DualTherm®-Anlage während der gesamten Prozessdauer auf der vom Anwender definierten Prozesstemperatur und steht, mit Ausnahme des Prozessschrittes Konvektive Erwärmung, immer unter Vakuum. Das Abkühlen der Anlage erfolgt im einfachsten Fall unter Vakuum durch Abschalten der Heizung. Falls erforderlich, kann die Anlage

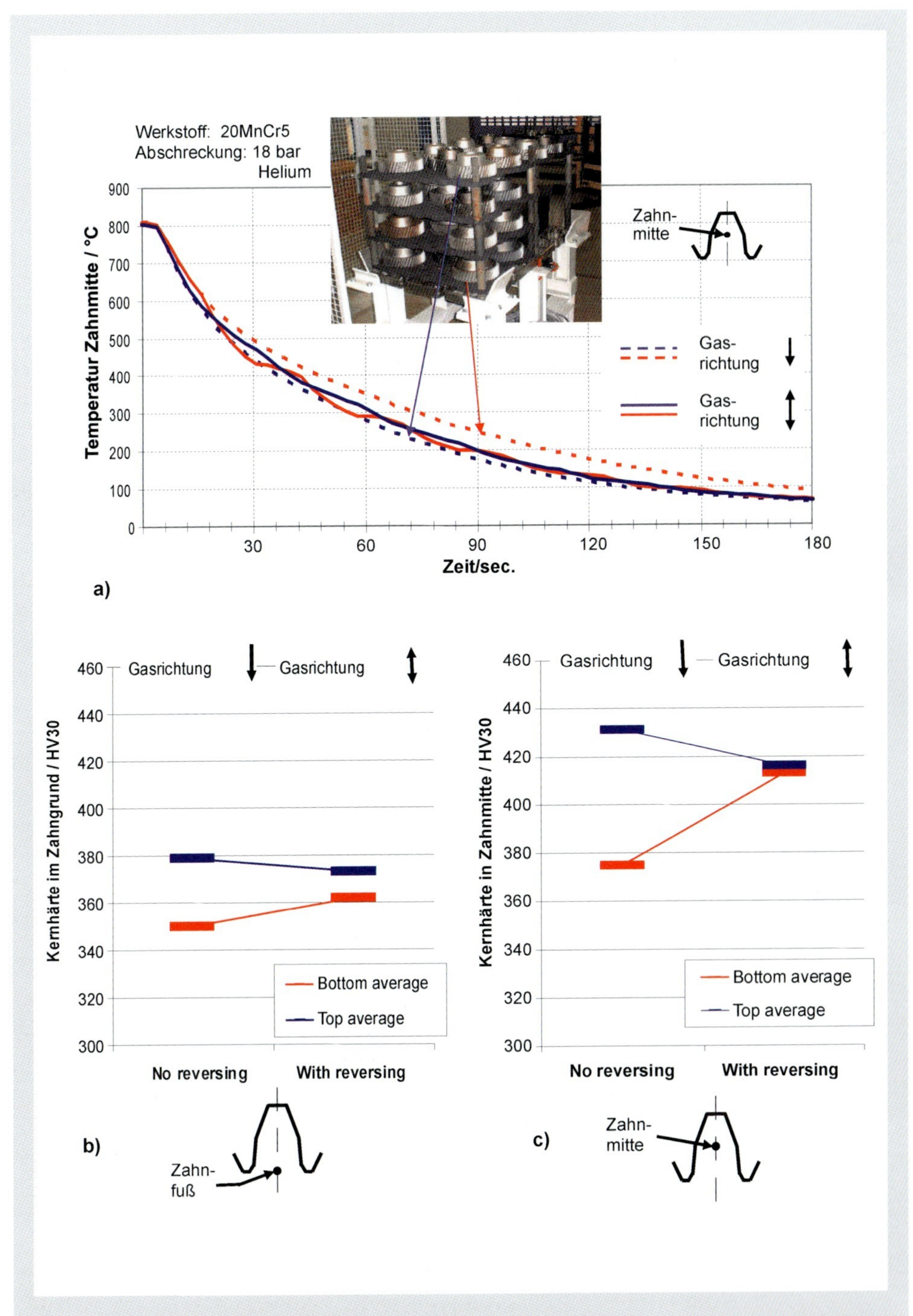

BILD 4: Vergleich verschiedener Gasabschrecktechnologien und resultierende Härteverteilung in einer Charge von Getrieberädern für Nutzfahrzeuge

Bild 5: Gasabschreckung einer Charge mit Getrieberädern in der Abschreckkammer einer DualTherm®-Anlage, links: kurz nach dem Start des Gasumwälzers und rechts: 5 s später

innerhalb von 30 Minuten wieder auf Betriebstemperatur gebracht werden. Zu Beginn des Prozesses wird die Abschreckkammer als Einschleuskammer verwendet, indem die Luft durch einfaches Evakuieren entfernt wird. Danach erfolgt der Transport der Charge in die Behandlungskammer unter Verwendung des bereits beschriebenen Transportsystems. Nach Abschluss der thermischen Behandlung entnimmt die Transportgabel die Charge aus der Behandlungskammer und befördert sie in die Abschreckkammer. Der Transport der Charge erfolgt dabei schnellstmöglich, um sicherzustellen, dass es während des Transportes nicht zu einer unzulässigen Chargenabkühlung kommt. Wenn die Charge die Abschreckkammer erreicht hat, setzt der rezeptgesteuerte Gasabschreckvorgang ein (**Bild 5**). Zusätzlich zu einer Abschreckung mit maximaler Abschreckgeschwindigkeit ist es möglich, den Abschreckvorgang gestuft durchzuführen. Bei diesem, als „Dynamic Quenching" bekannten Prozess werden die Drehzahl des Abschreckgebläses und/oder der Kammerdruck während der Abschreckung geregelt.

Nach dem Gasabschrecken sind die Bauteile sauber und trocken und müssen nicht weiter gereinigt werden.

Prozesse

Die DualTherm®-Anlage kann sowohl für Glühprozesse bis zu Temperaturen von 1250 °C als auch für Vakuum-Aufkohlungsprozesse bis 1050 °C eingesetzt werden. Durch die Möglichkeit der Verwendung unterschiedlicher Abschreckgase (z. B. Stickstoff, Helium, Argon) können neben niedrig legierten Vergütungsstählen und Einsatzstählen auch Werkzeugstähle, Schnellarbeitsstähle oder pulvermetallurgische Stähle (PM) wärmebehandelt werden. Die DualTherm®-Anlage eignet sich für folgende Prozesse:

- Glühprozesse unter Konvektion bis 950 °C
- Glühen unter Partialdruck bis zu 1250 °C
- Härten bei Temperaturen bis 1200 °C mit verschiedenen Abschreckgasen und max. Abschreckdrücken bis zu 20 bar

- Vakuumaufkohlung mit Hochdruckgasabschreckung
- Vakuum-Karbonitrieren
- Vakuum-Lötprozesse

Auch Kombinationen dieser Verfahren können durchgeführt werden, wie zum Beispiel kombinierte Löt/Härteprozesse für Werkzeuge, wo im ersten Prozessschritt Schneidplatten auf einen Werkzeugträger aufgelötet werden und im zweiten Prozessschritt der Werkzeugträger vakuumgehärtet wird.

Ein neu entwickeltes System zur Chargentemperaturerfassung erlaubt es, auch in einer Vakuum-Mehrkammeranlage wie DualTherm® die Chargentemperatur in der Behandlungskammer kontinuierlich zu erfassen, wie dies bei Vakuum-Einkammeranlagen üblich ist.

Anlagensteuerung

Zum „Bedienen und Beobachten" der DualTherm®-Anlage ist in der Nähe der Beladetür ein Panel-PC an einem Schwenkarm befestigt. Auf diesem PC werden alle Wärmebehandlungsrezepte eingegeben, gespeichert und ausgeführt. Wie in vielen Fällen erforderlich, werden dort anwenderspezifische Chargendaten (Bauteilname, Werkstoff, Stückzahlen) für jede spezifische Charge eingegeben.

DATENERFASSUNG UND VERWERTUNG AM PC

Zusätzlich gibt es die Möglichkeit, Chargendaten wie Bauteilnummer, Bauteilname, Stückzahl, Werkstoff oder sonstige Informationen zur jeweiligen Charge einzugeben. Im System werden die Soll- und Istwerte der Behandlung auf einem Zeitstrahl dokumentiert (Schreiberfunktion). Selbstverständlich werden alle auftretenden Störmeldedaten angezeigt, gespeichert und können am PC entsprechend quittiert werden.

Am PC werden neben der Rezeptverwaltung auch die Online-Trends von Temperatur sowie die Druckverläufe angezeigt. Über eine Schnittstelle kann die Anlage an ein vorhandenes Netzwerk angeschlossen werden, um z. B. eine zyklische Speicherung der Behandlungsdaten vorzunehmen. Die Sicherung der Behandlungsdaten kann auch über ein CD/DVD-Laufwerk erfolgen.

Alle Bewegungen der Anlage sowie die Prozess- und Temperatursteuerung erfolgt über die SPS der DualTherm®-Anlage.

Wartung und Service

Bei der Konstruktion der DualTherm®-Anlage wurde besonderen Wert auf Wartungsfreundlichkeit gelegt. Alle zu wartenden Komponenten sind einfach zugänglich. Für Wartungen im Innern des Ofens ist eine Wartungstür an der Rückseite der Anlage angeordnet. Nachdem die Heizkammer heruntergekühlt und die Anlage belüftet ist, kann die Wartungstür geöffnet werden. Dadurch ist eine einfache Zugänglichkeit zur Heizung, dem Bedüsungssystem für das Aufkohlungsgas, dem Konvektionsgebläse sowie den Chargenauflagen gewährleistet.

Der Vakuum-Pumpsatz ist direkt an der Ofenanlage befestigt. Das Pumpenöl wird gefiltert, so dass sich lange Ölwechselintervalle ergeben, selbst wenn die Anlage intensiv für Aufkohlungsprozesse verwendet wird.

Fazit

Der Vakuum-Mehrzweckkammerofen DualTherm® ist einerseits die umweltfreundliche Alternative zum konventionellen atmosphärischen Mehrzweckkammerofen. Andererseits bietet er die gleiche prozesstechnische Vielfalt und Bauteilqualität wie Vakuum-Einkammeranlagen, allerdings ohne den Kompromiss einer kombinierten Heiz- und Abschreckkammer einzugehen, der mit vielen prozess- und anlagentechnischen Problemen verbunden ist.

Bezüglich der Vielfalt der möglichen Verfahren ist die Anlage kaum zu überbieten. Die Bauteile sind nach der Wärmebehandlung sauber und blank und brauchen nicht gewaschen zu werden. An der Anlage sind weder Gasschleier noch Abfackeleinrichtungen erforderlich und die Außenwandtemperatur des Ofens liegt zwischen 30 und 40°C, wodurch eine Fertigungsintegration sehr einfach möglich ist. Die erforderlichen Medienverbräuche sind im Vergleich zur konventionellen Technik gering, insbesondere was den Verbrauch an Prozessgasen angeht.

Die erste DualTherm®-Anlage der „zweiten Generation" wurde Ende 2007 bei Fa. Härte- und Oberflächentechnik Chemnitz in deren Zweigwerk in Hohenstein-Ernstthal installiert. In der Anlage werden im Dreischichtbetrieb Zahnräder und Ritzel für Hydraulikgetriebe im Vakuum aufgekohlt und mit Hochdruck-Gasabschreckung gehärtet.

elektro wärme international
Zeitschrift für elektrothermische Prozesse

Veröffentlicht in:
elektrowärme international · Heft 3/2008 · Seiten 179–184

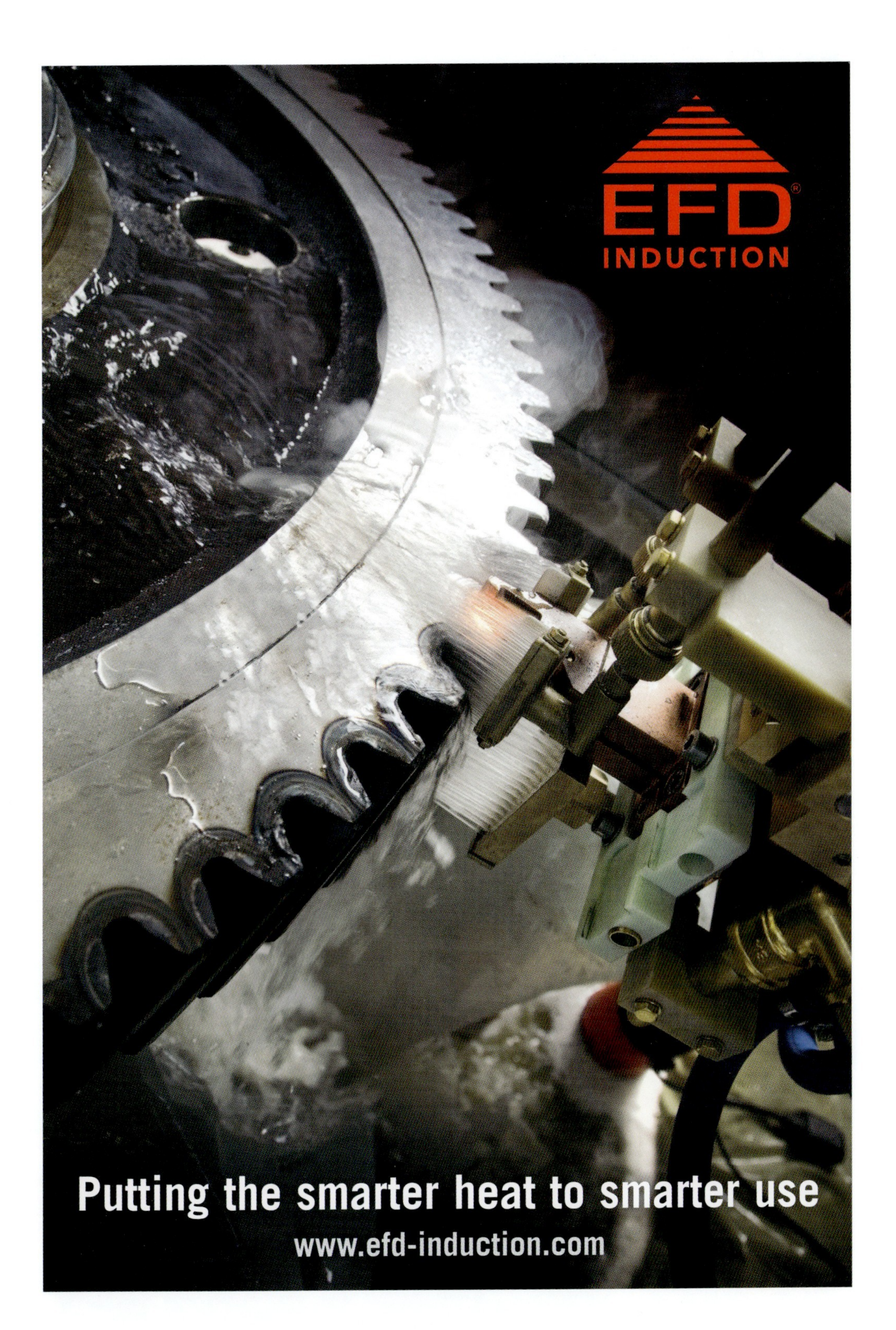
EFD®
INDUCTION
Putting the smarter heat to smarter use
www.efd-induction.com

Induktives Randschichthärten einzelner Komponenten von Windenergieanlagen

Von Hansjürg Stiele und Helmut Schulte

Ständig steigende Ölpreise, globale Erwärmung, alternative Energien – Schlagworte, die wir alle fast täglich hören. Auch wenn dieses Übermaß an Reizwörtern bereits zu einer Sättigung führt, so wird die nach Energie hungernde Welt sich nicht der Tatsache verschließen können, neue alternative und regenerative Energiequellen zu erschließen. Neben Sonnen- und Wasserenergie stellt hierbei die Windenergie die wohl derzeit bedeutendste Energiequelle dar. Sie ist sauber, günstig und beständig. Aber wie kann diese unerschöpfliche Energie „geerntet" werden? Der vorliegende Artikel soll einige Teilaspekte dieser Fragestellung beleuchten und dabei einen Einblick in die Technik moderner Windkraftanlagen geben. Ziel ist es hierbei, die Frage zu beantworten: Was hat Windenergie mit Induktionshärten zu tun?

Windenergie weltweit

Der Wind als Energiequelle wird vom Menschen schon seit Jahrtausenden genutzt. So treibt der Wind seit Menschengedenken Schiffe über die Meere, Windmühlen mahlen Korn, mit Windkraft angetriebene Pumpen bewässern Felder, und es gäbe noch eine Vielzahl an Beispielen für die Nutzung der Windkraft durch den Menschen.

Neu ist allerdings der Aspekt, Wind als Energiequelle zur Gewinnung von elektrischem Strom zu nutzen. Der Gedanke klingt verlockend, eine nicht ver-

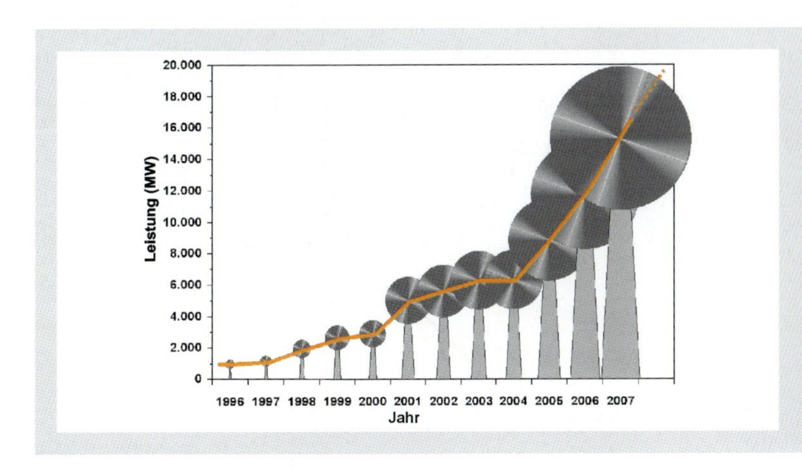

BILD 1: Überblick über die weltweit installierte Kapazität an Windkraftanlagen [1]

siegende Energiequelle zur Erzeugung von Elektrizität für Städte und Industrien zu verwenden. Und in der Tat sprechen die Zahlen für sich. Dies verdeutlicht die in **Bild 1** gezeigte Darstellung der seit 1997 weltweit installierten Windkraftanlagen [1]. Kumuliert ergibt sich derzeit weltweit eine Energiemenge von ca. 94.000 MW, welche durch Windkraft erzeugt wird. Auch zeigt sich an Hand der Darstellung, dass seit dem Jahre 2004 ein weltweites Umdenken in der Energiepolitik stattfindet und dass weiterhin mit einem enormen Wachstum im Bereich der erneuerbaren Energiequellen zu rechnen ist.

Windenergieanlagen

Moderne Windturbinen arbeiten mit mäßigen Drehzahlen und dabei äußerst effektiv. Eine einzige 1,5 Megawatt-Anlage produziert je nach Standort zweieinhalb bis fünf Millionen Kilowattstunden Strom im Jahr. Damit kann eine solche Anlage über 1.000 Vier-Personen-Haushalte versorgen oder in 20 Betriebsjahren umgerechnet circa 90.000 Tonnen Braunkohle ersetzen [1]. Die größten Windturbinen haben mittlerweile Nennleistungen von fünf Megawatt. Sie produzieren jährlich bis zu 17 Millionen Kilowattstunden Strom. Somit kann ein kleiner Windpark bereits eine ganze Kleinstadt mit Strom versorgen [2].

Neben dem Turm aus Stahl oder/und Beton ist der Hauptbestandteil einer Windturbine das sogenannte Maschinenhaus (Gondel). In dessen Innerem befinden sich die Strom erzeugenden Bestandteile der Windkraftanlage. In **Bild 2** sind die für eine Wärmebehandlung in Frage kommenden Hauptbestandteile des Maschinenhausinneren aufgezeigt.

Hauptlager (Nabenlager) und Rotorblattlager

Aufgabe des Hauptlagers ist, die Rotation der Rotorblätternabe sicherzustellen. Die Durchmesser dieser Lager sind abhängig von der Leistung der Windkraft-

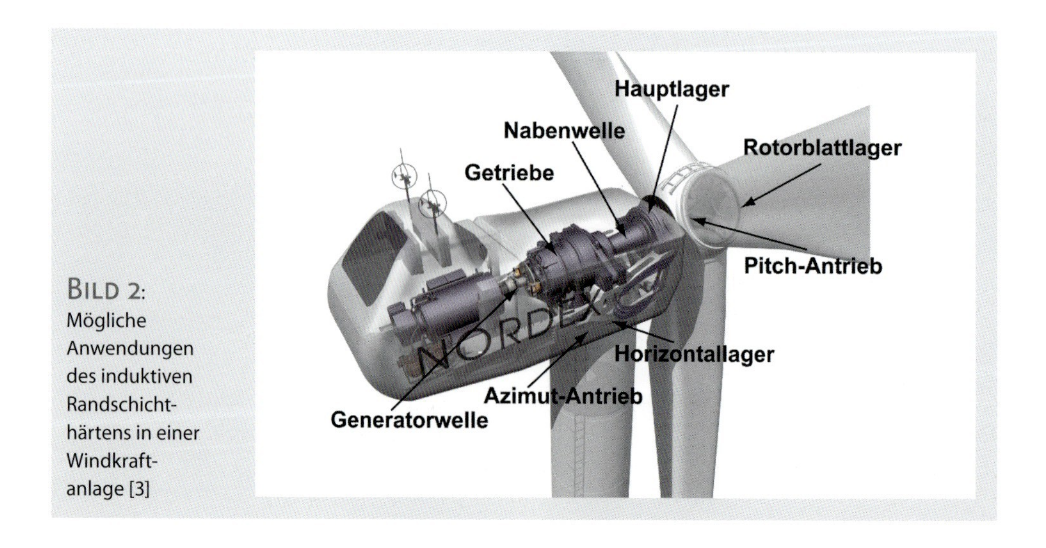

Bild 2: Mögliche Anwendungen des induktiven Randschichthärtens in einer Windkraftanlage [3]

Bild 3: Azimutverstellung des Maschinengehäuses [4]

Bild 4: Elektrische Pitch-Verstellung der Rotorblätter [4]

anlage. Übliche Durchmesser liegen im Bereich von 2000 bis 3000 mm und sollen zukünftig bei 5 MW Anlagen in den Bereich von 4000 bis 5500 mm skaliert werden.

Die Rotorblattlager dienen der Lagerung der Rotorblätter. Abhängig von den auftretenden Belastungen kommen als Lagertypen Kugel- und Rollenlager zur Anwendung.

Horizontales Drehlager (Azimutverstellung)

Alle modernen Windkraftanlagen werden durch aktive Systeme mit Azimutmotoren automatisch nachgeführt. Die Windrichtungsnachführung wird durch hydraulische Motoren oder Elektromotoren (Azimutantrieb) gewährleistet (**Bild 3**). Die Windrichtung wird über Sensoren ermittelt. Das Maschinenhaus wird durch bis zu acht Getriebemotoren mittels eines Zahnkranzes nach dem Wind ausgerichtet.

Die Blattwinkelverstellung

Die große Mehrheit der Windkraftanlagen sind heute Pitch-geregelte Windkraftanlagen: Diese verdrehen die Blätter um die Längsachse, um die Leistung der Anlage zu kontrollieren. Jedes Blatt kann einzeln gedreht und somit als Bremse benutzt werden. Das Blattwinkelverstellsystem dient dazu, die Blätter in der richtigen Position genau einzustellen, aber auch die Blätter im Notfall in eine sichere Position zu bringen. Die Blattwinkelverstellung kann durch mehrere Konzepte realisiert werden. Elektrische Blattwinkelverstellungen werden bei großen Windkraftanlagen (ab einer Nennleistung von 500 kW) verwendet. Hierbei kommen Teilverzahnungen und Elektromotoren, wie sie in **Bild 4** dargestellt sind, zum Einsatz.

Naben- und Generatorwelle

Die Nabenwelle hat die Aufgabe, die niedrigen Umdrehungen und hohen Kräfte der Rotorblätter auf das Getriebe zu übertragen. Demgegenüber überträgt die Generatorwelle die vom Getriebe übersetzten hohen Drehzahlen auf den Generator. Beide Wellentypen werden heute meist aus Vergütungsstählen hergestellt.

Das Getriebe

Die große Mehrheit der Windkraftanlagenhersteller setzt Getriebe ein, welche die Drehzahl und das Drehmoment zwischen dem Rotor und dem Generator verändern: Die Rotorwelle dreht sich langsam mit einem sehr hohen Drehmoment, der Generator sehr schnell mit einem niedrigen Drehmoment. Die Rotordrehzahl einer Megawatt-Windkraftanlage ist nämlich von der Schnelllaufzahl abhängig und liegt im Bereich 6–20 Umdrehungen pro Minute (je größer die Anlage, desto länger die Blätter und langsamer die Rotordrehzahl). Um einen guten Wirkungsgrad zu erreichen, sich an die Netzfrequenz – 50 oder 60 Hz – anpassen zu können und die Größe des Generators zu verkleinern, muss die Generatordrehzahl viel schneller sein als die der Rotorwelle. Die Drehzahl wird über das Getriebe übersetzt. Es gibt unterschiedliche Getriebebauarten:

Stirnradgetriebe

Reine Stirnradgetriebe sind heutzutage nur bei sehr kleinen Windkraftanlagen kosteneffizient. Sie wurden vor allem in alten Windkraftanlagen bis zu einer Nennleistung von 500 kW verwendet.

Planetengetriebe

Planetengetriebe werden mit drei unterschiedlichen parallelen Zahnradtypen gebaut. Die langsame Welle, die an die Rotorwelle gekoppelt ist, wird Hohlrad genannt. In ihrer Mitte liegt das Sonnenrad, das an die schnelle Welle des Generators gekoppelt ist. Diese zwei Zahnräder sind durch drei (oder mehrere) Planetenräder verbunden. Der Planetenträger kann fixiert oder beweglich sein.

Anwendung des induktiven Randschichthärtens

Aus den aufgeführten Darstellungen lassen sich zwei Anwendungen für das induktive Randschichthärten ableiten: zum einen das Härten von großen Zahnrädern und zum anderen das Randschichthärten von Lagerringen.

Zahnradhärten

Die Abmessungen der bei den aufgeführten Hauptkomponenten von Großwindanlagen zum Einsatz kommenden Zahnräder und -kränze liegen im Bereich größer 500 mm mit Modulen größer 4 mm.

Neben dem Einsatzhärten bietet sich deshalb insbesondere das induktive Randschichthärten von Zahnrädern an. Hinsichtlich des Induktionshärtens von Zahnrädern kommen prinzipiell drei unterschiedliche Verfahren zur Anwendung. Einen schematischen Überblick über diese Verfahren gibt **Bild 5**. Neben

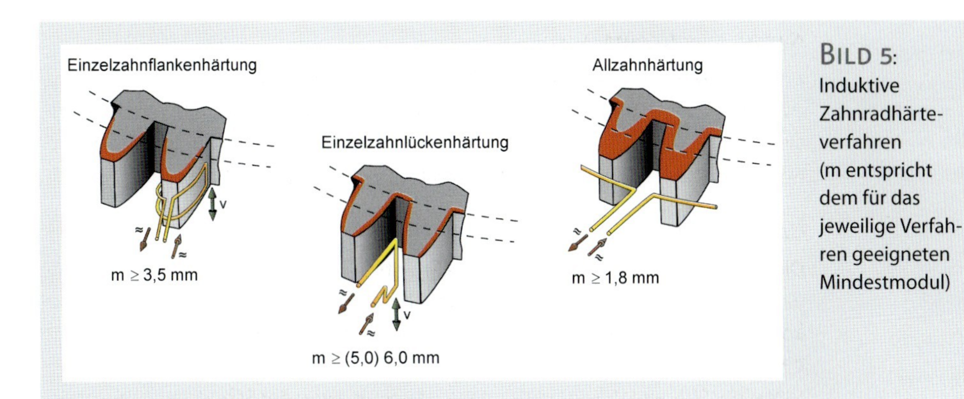

Bild 5: Induktive Zahnradhärteverfahren (m entspricht dem für das jeweilige Verfahren geeigneten Mindestmodul)

den Zahnradabmessungen (Kopfkreisdurchmesser, Zahnbreite usw.), welche als Auswahlkriterien für die Anlagenauslegung dienen, ist der Modul ein wichtiges Kriterium für die jeweilige Eignung eines bestimmten Verfahrens. Nach diesem Modul richtet sich die Auswahl der Umrichterfrequenz. Mit steigender Modulgröße verringert sich dabei die Frequenz. Das Allzahnhärteverfahren ist auf Grund der für die aufgezeigten Zahnradabmessungen benötigten Leistungen technisch nicht sinnvoll darstellbar.

Einzelzahnflankenhärtung

Dieses Verfahren wird bei einer Vielzahl weniger hoch belasteter Räder zur kostengünstigen und dabei verzugsarmen Steigerung der Dauerwälzfestigkeit angewendet. Je nach Werkstoffwahl werden 80–100 % der Wälzfestigkeit der Einsatzhärtung erreicht. Die Zahnfußdauerfestigkeit nimmt jedoch gegenüber einem nur durchvergüteten Rad um bis zu 20 % ab [5]. Die Ursache ist der Härtezonenauslauf in der Nähe des Fußkreises, dessen Eigenspannungsverlauf für die Dauerfestigkeit des Zahnes wie eine mechanische Kerbe wirkt.

Einzelzahnlückenhärtung

Bei diesem Verfahren wird die beschriebene Kerbwirkung am Fußkreis vermieden, da die komplette Zahnlücke annähernd konturähnlich gehärtet wird. Die ungehärtete Zone zwischen zwei Zähnen liegt im Bereich des Zahnkopfes (**Bild 6**). Dadurch können Werte für die Dauerwälzfestigkeit von 80 bis 100 % und für die Zahnfußdauerfestigkeit von ca. 80 bis 85 % der Werte bei Einsatzhärtung erreicht werden [5].

Abhängig von der Umrichterfrequenz beginnt die betriebssichere Einsatzfähigkeit bei Modulen größer 6 mm, in Ausnahmefällen bei Modulen größer 5 mm. Dabei werden hohe Anforderungen an Genauigkeit der Induktorführung und des Teilapparates gestellt (Kopplungsabstand zwischen Induktor und Werkstück teilweise nur wenige Zehntelmillimeter). Diese werden in heutigen Anlagen über aufwändige Messsysteme und CNC-gesteuerte Induktornachführungen sichergestellt. Auch kann der Gesamtverzug der Zahnkränze über komplexe Här-

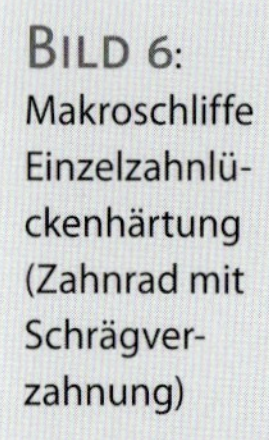

BILD 6: Makroschliffe Einzelzahnlückenhärtung (Zahnrad mit Schrägverzahnung)

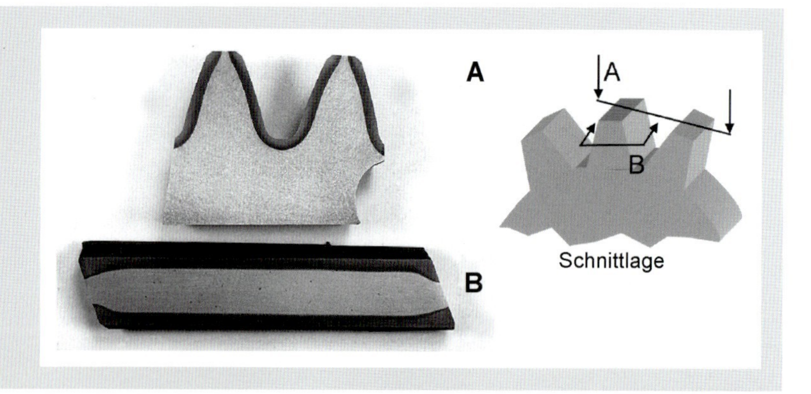

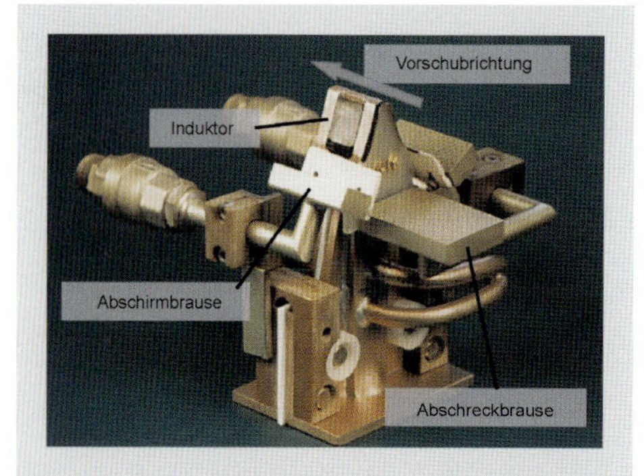

BILD 7: Härtekopf für Einzelzahnlückenhärtung

BILD 8: Detail einer Anlage zum Einzelzahnhärten

testrategien vermindert werden. So werden beispielsweise nicht einzelne Zähne nacheinander in Reihenfolge gehärtet, sondern unterschiedliche Verzahnungspartien im Wechsel. **BILD 7** zeigt einen bei der Zahnlückenhärtung im Vorschub verwendeten Härtekopf.

Ein Ausschnitt einer Anlage zum Härten solcher großen Zahnräder ist in **BILD 8** dargestellt. Auf dieser Anlage können sowohl Innen- als auch Außenverzahnungen gehärtet werden.

Großlagerringe

Aufgrund des Lageraufbaus besteht ein Kugel- oder Wälzkörperlager aus einem Außen- und einem oder zwei Innenringen, welche zu härten sind. Den schematischen Aufbau eines Großwälzlagers zeigt **BILD 9**.

Zur Erhöhung der Randschichtfestigkeit werden Wälzlagerringe und Wälzkörper wärmebehandelt. Diese Wärmebehandlung dient unter anderem zur Erhöhung der Wälzfestigkeit und zur Verbesserung des Verschleißwiderstandes. Die bei größeren Lagern für Rotationsanwendungen zum Einsatz kommenden Wärmebehandlungsverfahren sind derzeit Einsatzhärten oder Durchhärten.

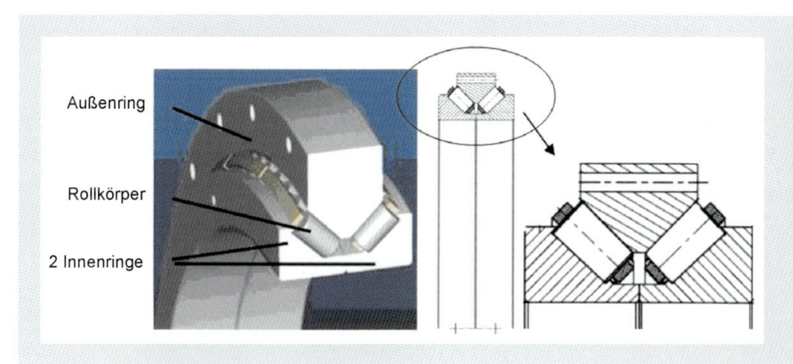

BILD 9: Schematischer Aufbau und Profil eines Großwälzlagers [6]

Beide Verfahren besitzen allerdings hinsichtlich einer weiteren Skalierung der Ringabmessungen gravierende Nachteile.

Beim Einsatzhärten kann abhängig von der geforderten Einhärtungstiefe die Verweildauer für das Aufkohlen Stunden bis hin zu Tagen betragen. Nach dem Aufkohlen werden die Teile üblicherweise im Salz- oder Ölbad abgeschreckt, einer Wasserstoffaustreibung unterzogen und in einem separaten Ofen angelassen.

Beim Durchhärteverfahren werden Bauteile über den gesamten Querschnitt gehärtet. Die Verweildauer im Härteofen liegt für größere Bauteile im Bereich von Stunden.

Bei beiden Verfahren führen Maß- und Formänderungen zu erhöhtem Materialeinsatz und zu längeren Prozesszeiten bei den nachfolgenden Arbeitsgängen und damit zu höheren Herstellkosten und zu höherem Energieeinsatz. Außerdem sind konventionelle Härteanlagen vom Größenbereich der zu härtenden Werkstücke technisch limitiert und unwirtschaftlich.

Diese Nachteile könnten durch die Anwendung des induktiven Randschichthärtens überwunden werden. Die Hauptvorteile der induktiven Randschichthärtung sind gegenüber dem Einsatzhärten und Durchhärten hierbei unter anderem:

- Niedrigere Investitionskosten
- Niedrigere Prozess- (Energie-) Kosten
- Qualitätsüberwachung des Prozesses am Einzelbauteil
- Möglichkeit der Eingliederung des Härteprozesses in eine Produktionslinie aufgrund der guten Automatisierbarkeit
- Verkürzte Behandlungszeiten
- Geringerer Verzug der Bauteile.

Dem stehen allerdings auch Nachteile gegenüber:

- Komplexe Anlagentechnik
- Aufwändige Induktorentwicklungen
- Teilweise sehr komplexe Verfahrenstechniken
- Werkstoffauswahl und Werkstoffentwicklung
- Bisher teilweise nicht bekannte Kennwerte der Gebrauchseigenschaften.

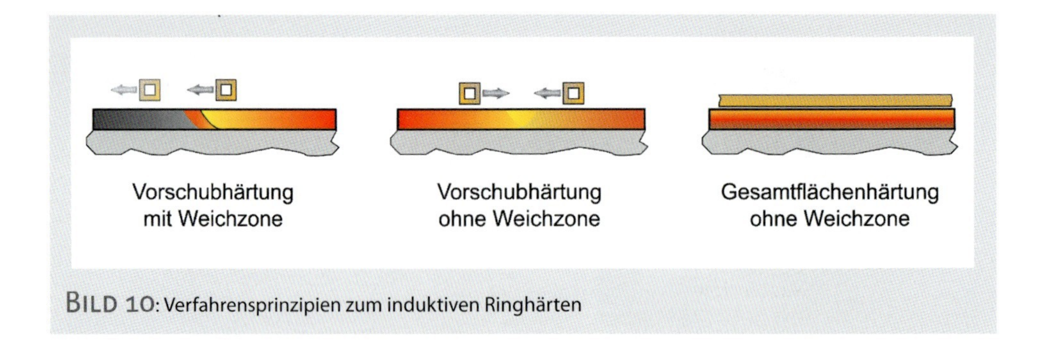

Bild 10: Verfahrensprinzipien zum induktiven Ringhärten

Tabelle 1: Übersicht Maschinenkonzepte Ring- und Verzahnungshärten

Verfahren			Maschinenkonzept	Bauteile
	mit Weichzone	Vorschub	Horizontale Sondermaschine	- Verzahnungen - Ringe
	mit Weichzone	Vorschub	Vertikale Sondermaschine	- Ringe
	ohne Weichzone	Vorschub	Horizontale Portalmaschine	- Verzahnungen - Ringe
	ohne Weichzone	Vorschub	Horizontale Sondermaschine	- Ringe
	ohne Weichzone	Gesamtfläche	Horizontale Sondermaschine	- Ringe (Verzahnungen)

Prinzipbedingt sind beim induktiven Randschichthärten drei Verfahren zu unterscheiden: Vorschubhärten mit Weichzone, Vorschubhärten ohne Weichzone, Gesamtflächenhärten (**Bild 10**). Eine Übersicht über die für dieses Verfahren zur Anwendung kommenden Anlagekonzepte gibt **Tabelle 1** wieder. Die Verfahren und die damit verbundenen Anlagenkonzepte werden im Folgenden erläutert.

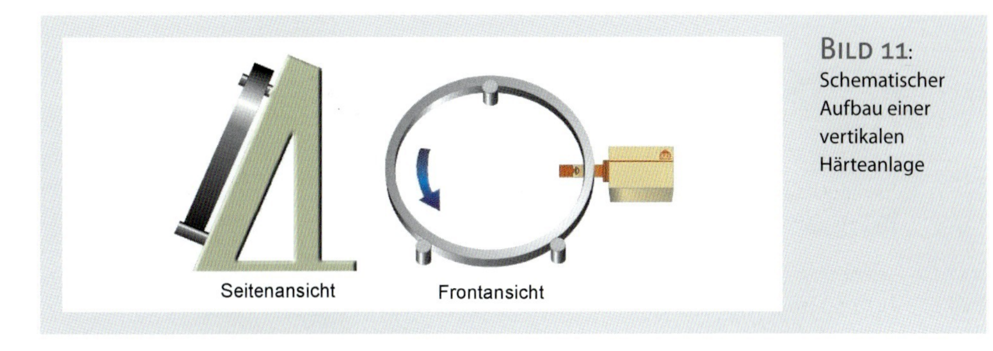

Bild 11: Schematischer Aufbau einer vertikalen Härteanlage

Vorschubhärten mit Weichzone

Das Vorschubverfahren ist das am weitesten verbreitete Verfahren und wird beispielsweise für Schwenklager (Kugellager) erfolgreich angewendet. Nachteilig dabei ist, dass prozessbedingt eine weiche Zone (Schlupf) entsteht.

Diese wirkt sich bei reinen Schwenklagern nicht nachteilig aus, da hier das Belastungsregime so gewählt werden kann, dass im Bereich der Schlupfzone keine oder nur eine geringe Belastung auftritt. Bei drehenden Anwendungen kann diese Weichzone allerdings zu einem vorzeitigen Ausfall des Lagers führen und ist deshalb bei Wälzlagern nicht zulässig. Als Maschinenkonzepte kommen sowohl horizontale Portalanlagen als auch Sondermaschinen zum Einsatz. Sehr häufig werden für diese Verfahrensvariante allerdings vertikal- bzw. schräggestellte Maschinen eingesetzt. Der Vorteil dieses Konzeptes liegt in einem gegenüber horizontalen Maschinenkonzepten geringeren Platzbedarf sowie der vorteilhaften Wasserführung und der Ausrichtung des Werkstücks. Den prinzipiellen Aufbau eines solchen vertikalen Anlagentyps zeigt **Bild 11**.

Vorschubhärtung ohne Weichzone

Das von EFD Induction patentierte induktive schlupflose Vorschubhärten [7] mit gegenläufigen Induktoren vermeidet (wie das Gesamtflächenhärteverfahren) die Ausbildung einer ausgeprägten Weichzone und kann für sehr große Ringe angewendet werden.

Den prinzipiellen Ablauf dieses Verfahrens zeigt **Bild 12**. Im ersten Schritt erfolgt eine Erwärmung eines begrenzten Ringabschnittes mit zwei Induktoren (Step 1). Nachdem in diesem Bereich die Härtetemperatur erreicht wird, setzt das Abschrecken ein, und die beiden Induktoren härten in gegenläufiger Vorschubrichtung gleichzeitig die ungehärteten Ringbereiche. Entsprechend den Ringdimensionen wird zeitgleich oder verzögert mit einem weiteren Induktor der Endbereich vorgewärmt (Step 2). Bevor die beiden Vorschubinduktoren den Endbereich erreichen, wird dieser Induktor aus dem Endbereich entfernt (Step 3). Nachdem mit Hilfe der beiden Vorschubinduktoren der Endbereich ebenfalls auf Härtetemperatur gebracht wurde, entfernen sich diese ebenfalls und es erfolgt die Abschreckung (Step 4). Durch diese Verfahrensabfolge ist es möglich, sowohl im Anfangs- als auch im Endbereich ein Härtegefüge ohne Weichzone zu

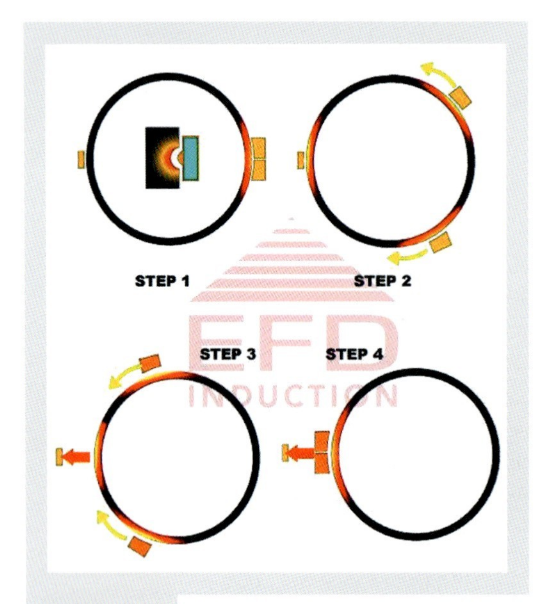

BILD 12: Verfahrensprinzip Vorschubhärten ohne Weichzone

BILD 13: Härtevorgang Vorschubhärten ohne Weichzone

erzielen. Allerdings ist anzumerken, dass hierzu der Einhaltung einer Vielzahl von Verfahrensparametern bedarf.

In **BILD 13** ist der Härtevorgang im Vorschubbereich (Step 2) zu sehen.

Gesamtflächenhärteverfahren

Das Gesamtflächenhärteverfahren als eine weitere Form des induktiven Randschichthärtens vermeidet ebenfalls die Ausbildung einer Weichzone. Es ist jedoch nur für Durchmesser bis ca. 2.000 mm sinnvoll. Für einen Ring mit 2.000 mm Durchmesser muss eine Umrichterleistung von ca. 2 MW installiert werden. Die Kosten für Umrichter und Induktoren sowie Abschreckvorrichtung steigen erheblich mit zunehmender Bauteilgröße, was das Verfahren für die Herstellung von großen Wälzlagern unwirtschaftlich macht. Des Weiteren werden große Abschreckmittelmengen und eine umfangreiche Peripherie benötigt.

Zusammenfassung

Die Windenkraft als Energiequelle besitzt ein hohes Zukunftspotential. Allerdings stellt sie hinsichtlich der dafür notwendigen technischen Lösung eine große Herausforderung dar. Einen (wenn auch geringen Beitrag) zur Lösung der damit verbundenen Fragestellungen stellt das induktive Randschichthärten dar. So werden bereits heute und zukünftig sicherlich vermehrt große Komponenten wie Zahnräder, Zahnkränze und Lagerringe von Großwindanlagen mit Hilfe der induktiven Erwärmung randschichtgehärtet. Bei den Verzahnungen kommen hierfür hauptsächlich Einzelzahnhärteverfahren zum Einsatz. Bei den Lagerringen können – abhängig vom Anforderungsprofil – die Laufbahnen mittels Vorschubverfahren mit und ohne Weichzone oder bei kleineren Abmessungen im Gesamtflächenverfahren gehärtet werden.

Literatur

[1] Global Wind 2007 Report. Global Wind Energy Council, 1040 Brussles, Belgium, 9/2008
[2] Bundesverband WindEnergie e.V.: Technische Informationen, www.wind-energie.de; 2008
[3] Nordex AG: Pressebilder, www.nordex-online.de; 2008
[4] Bosch Rexroth AG: Pressebilder, www.boschrexroth.com; 2008
[5] Weiß, T.: Zum Festigkeits- und Verzugverhalten von randschichtgehärteten Zahnrädern. Dissertation Technische Universität München, 1983
[6] SKF Linearsysteme GmbH: Interne Firmeninformation, 2008
[7] EFD Induction GmbH, Rothe Erde GmbH: Verfahren zum Herstellen eines Lagerrings für Großwälzlager. Patentschrift DE 10 2005 006 701 B3 2006.03.30

Veröffentlicht in:
elektrowärme international · Heft 3/2008 · Seiten 185–190

Effiziente magnetische Blockerwärmung mit Gleichstrom

Von Carsten Bührer, Heinz Hagemann, Jürgen Kellers, Bardo Ostermeyer und Werner Witte

Wechselstrom-Induktionsheizverfahren zur Erwärmung von Metallblöcken sind in der Industrie seit den 1920er Jahren gebräuchlich [1]. Bereits in den 1950er Jahren wurden gleichstrombetriebene Systeme diskutiert, doch vergingen drei Jahrzehnte bis SINTEF 1985 ein Induktionsheizverfahren unter Verwendung starker Magnete publizierte. Diese Lösung versprach klare Vorteile, der Entwicklungsstand der Magnetdraht- und Antriebstechnologie verhinderte zunächst aber eine kommerzielle Anwendung [2]. Inzwischen machen supraleitende Drähte und die Weiterentwicklung der Antriebstechnik [3, 4] das magnetische Heizen mit Gleichstrom wirtschaftlich attraktiv. Das technisch einfache Verfahren gewährleistet eine schnelle Einzelblockerwärmung ohne Überhitzungsrisiken und eine sehr gute Temperaturhomogenität der erwärmten Blöcke. Mit diesen Eigenschaften können gleichstrombetriebene Magnetheizer die Materialanforderung der Strangpressanlage taktkonform abdecken. Sie sind für ein breites Materialspektrum einsetzbar, gewährleisten eine nahezu perfekte homogene Blockerwärmung, ermöglichen präzise Keilerwärmungen und zeichnen sich durch hohe Energieeffizienz aus.

Optimierungsbedarf beim Induktionsheizen

Elektrisch leitende Objekte, wie Metallblöcke für die Extrusion, können erwärmt werden, indem man sie einem zeitlich veränderlichen Magnetfeld aussetzt. Konventionelle Induktionsheizer verfügen über eine Erregerspule aus Kupfer, die den zu erwärmenden Block ringförmig umschließt (**Bild 1**). Mit Wechselstrom beaufschlagt, erzeugt diese Spule ein magnetisches Feld wechselnder Richtung, dessen Induktionswirkung Wirbelströme innerhalb des Blocks hervorruft.

Nach dem Joule'schen Gesetz führt dies zur Aufheizung des Materials. Allerdings entstehen bei dieser Anordnung auch Wirbelströme in der Erregerspule. Um ein Durchschmelzen der Spule zu verhindern, besteht diese aus Kupferrohr, das von Kühlwasser durchströmt wird. Das Aufheizen der Induktorspule ist die Hauptursache für die Energieverluste, die beim Induktionsheizen mit Wechselstrom auftreten. Ihr Umfang hängt davon ab, wie sich der elektrische Widerstand der Spule und des Blocks zueinander verhalten. Bei der Erwärmung von Nichteisenmetallen verteilt sich die eingesetzte Energie zu annähernd gleichen Anteilen auf beide Objekte. Dies begrenzt den Wirkungsgrad von Wechselstrom-Induktionsheizern auf 50–60 % [5]. Verbesserungsbedarf ergibt sich auch bei der Materialerwärmung: Anlagen, die mit den üblichen Netzfrequenzen von 50–60 Hz betrieben werden, erzeugen Wirbelströme vorwiegend nahe der Oberfläche der Metallblöcke. Dieser „Skin-Effekt" verzögert die Weiterverarbeitung des Materi-

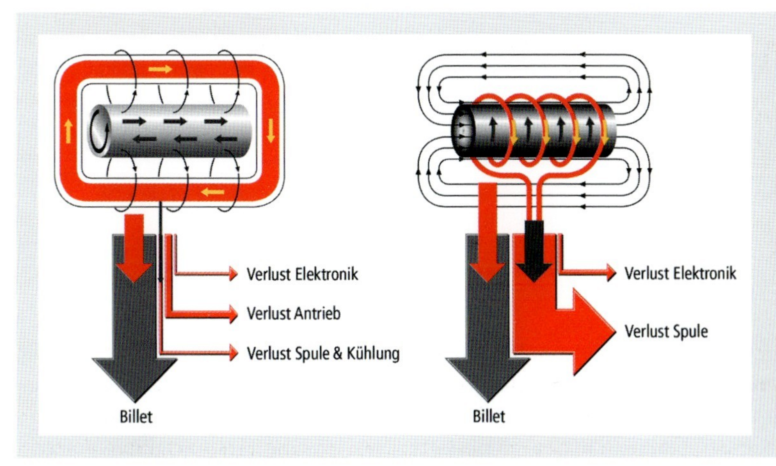

Bild 1: Vergleich der Energieflüsse bei magnetischen Heizverfahren (links) und konventionellen Wechselstrom-Induktionsheizverfahren (rechts)

als, die erst möglich ist, wenn sich die Wärme innerhalb des Blocks gleichmäßig verteilt hat. Ändert sich die Größe der verarbeiteten Blöcke, die Legierung des Materials oder die Heizleistung, müssen wechselstrombetriebene Systeme angepasst werden. Eine größere Mittelspannungs-Stromversorgung und die Blindleistungskompensation bestehend aus Kondensatorbänken sowie große Kühlaggregate inklusive der Bereitstellung des benötigten Kühlwassers, die für den Betrieb dieser Anlagen erforderlich sind, bedeuten weiteren Aufwand.

Induktionsheizen mit Gleichstrom

Die im Bild 1 dargestellte Konzeption des magnetischen Heizers vermeidet diese Nachteile [6, 7]. Sie ermöglicht eine deutliche Verringerung der Energieverluste sowie eine genau steuerbare, homogene Blockerwärmung. Die massive Spulenkühlung und die aufwändigen Installationen zur Energieversorgung herkömmlicher Systeme entfallen. Auch zeitaufwändige Anpassungen an das zu verarbeitende Material sind nicht mehr notwendig.

Der neue Anlagentyp, der seit 2008 in der Aluminiumverarbeitung eingesetzt wird, verfügt über eine gleichstrombetriebene Induktorspule mit supraleitenden Eigenschaften. Supraleiter sind Materialien, die Strom widerstands- und damit verlustfrei übertragen, wenn sie auf tiefe Temperaturen heruntergekühlt werden. Da in einer supraleitenden Spule keine elektrische Verluste auftreten, erzeugt sie bereits mit 10 Watt ein hinreichend starkes Magnetfeld für die induktive Blockerwärmung. Der Magnetheizer arbeitet nach dem Prinzip einer Wirbelstrombremse: Da ein mit Gleichstrom erzeugtes Magnetfeld nicht zeitlich veränderlich ist, wird der zu erwärmende Block in dem Magnetfeld gedreht. Die Wirbelströme, die dadurch in dem Material entstehen, wirken der Rotationsbewegung entgegen. Sie erzeugen ein starkes Bremsdrehmoment, das durch drehzahlgeregelte Elektromotoren überwunden wird. Die Energie für die Blockerwärmung wird bei diesem Verfahren also nicht von der Magnetspule, sondern von effizient arbeitenden Elektromotoren geliefert: Die von den Motoren aufgenommene Leistung wird in dem rotierenden Metallblock direkt in Wärme umgewandelt. In den Frequenzumrichtern, die synchronisiert zum Antrieb der Motoren dienen, entstehen bei dieser Anordnung geringe Verluste. Das Kühlsystem der Induktorspule und ihre Energiezuführung verbrauchen etwa 13 kW. Unter Berücksichtigung aller in der technischen Peripherie auftretenden Verluste liegt der Wirkungsgrad des Magnetheizers bei 80 % und darüber.

Anlagenaufbau

Das zentrale System des Magnetheizers ist eine supraleitende Induktorspule, die in einem Kryostaten gekapselt ist. Dieses thermisch hocheffektiv isolierte Gehäuse wird von einer aus Standardkomponenten bestehenden Kühlung auf Betriebstemperatur gehalten (**Bild 2**).

Die Induktorspule erzeugt in zwei thermisch isolierten Heizschächten ein Magnetfeld, in dem die zu erwärmenden Metallblöcke von zwei links und rechts angeordnete Elektromotoren gedreht werden. Die Antriebseinheiten können vor- und zurückgefahren werden. Dies erlaubt die Verarbeitung von Objekten unterschiedlicher Länge. Die Blöcke werden für den Rotationsvorgang in entsprechenden Aufnahmen fixiert. Der Kraftschluss zwischen Block und Antrieb wird durch Reibschluss hergestellt. Die gleichstrombetriebene Anlage heizt ausschließlich die eingebrachten Metallblöcke auf. Im Unterschied zu konventionellen Induktionsheizern ist hier bauartbedingt kein kritisches Bauteil wesentlichen Temperaturbelastungen, Vibrationen oder sonstigen potenziell schädlichen Einflüssen ausgesetzt.

Bild 2: Magnetofen im Betrieb bei der weseralu GmbH & Co. KG

Effektivere Blockerwärmung

Der Energieverbrauch beim Erhitzen von Aluminiumblöcken beläuft sich mit dieser Anordnung auf ca. 150 kW/h pro Tonne Material. Zugleich verbessert das Magnetheizen die Qualität der Blockerwärmung. Wechselstrom-Induktionsheizer erzeugen Wirbelströme mit 50–60 Hz vorwiegend im oberflächennahen Bereich des Metallblocks. Erfolgt der Induktionsprozess mit niedrigeren Frequenzen, werden ein tieferes Eindringen der Wirbelströme in das Material und ein entsprechend tieferer Energieeintrag erzielt. Beim Magnetheizen haben sich Drehzahlen des Blocks im Feld der Induktorspule zwischen 240 U/min und 750 U/min bewährt. Dies entspricht einer Frequenz zwischen 4 Hz und 12,5 Hz.

Bild 3 stellt die Tiefe des Wärmeeintrags beim Induktionsheizen mit Gleichstrom und Wechselstrom am Beispiel eines Messingblocks von 180 mm Durchmesser gegenüber. Gezeigt wird die Intensität der Erwärmung (y-Achse) bezogen auf den Abstand von der Mittelachse des Blocks (x-Achse).

Der Energieeintrag ist bei beiden Erwärmungsverfahren gleich hoch. Bei einer Frequenz von 50 Hz ergibt sich ein starker Energieeintrag nahe an der Oberfläche des Blocks, der bereits 15 mm unter der Oberfläche auf weniger als 20 % zurückgeht. Bei einer Frequenz von 4 Hz ist der Energieeintrag gleichmäßiger und sinkt erst 50 mm unter der Blockoberfläche auf unter 20 % ab. Gleichartige Effekte ergeben sich beim Erwärmen von Aluminium- und Kupferblöcken.

Der dreifach tiefere Wärmeeintrag beim Magnetheizen ergibt eine wesentlich gleichmäßigere Blockerwärmung und entsprechend bessere Voraussetzungen für die nachfolgende Extrusion. Der Heizprozess kann zudem schneller durchgeführt werden, ohne dass lokale Überhitzungen oder Anschmelzungen des Materials auftreten.

Die Wartezeit, die der Temperaturausgleich in konventionell erwärmten Blöcken teilweise erfordert, entfällt beim Magnetheizen. **Bild 4** stellt die Ergebnisse eines Versuchs dar, bei dem ein Messingblock in einem Magnetheizer auf 675 °C erwärmt wurde. Durch Bohrungen wurden zwei Thermoelemente an der Mittelachse des Blocks und in unmittelbarer Nähe der Oberfläche positioniert. Der Heizprozess wurde zum Auslesen der Messwerte viermal unterbrochen. Wie das

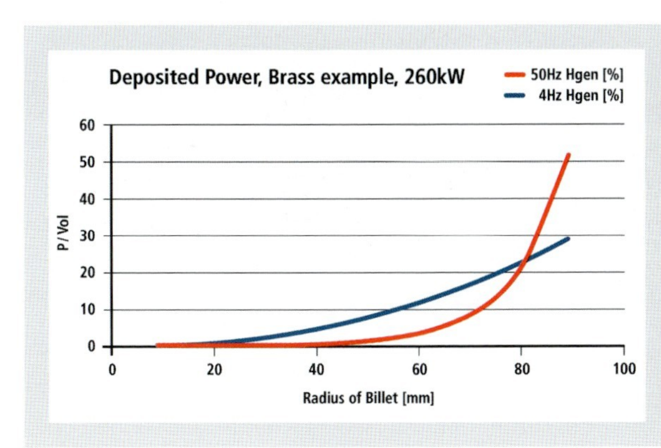

Bild 3: Vergleich der volumenbezogenen Heizleistung in Abhängigkeit von der radialen Position in einem 7"-Pressblock. Auftragung einerseits für eine Netzfrequenz von 50 Hz und für eine Drehfrequenz des magnetischen Induktionsheizers von 4 Hz

Bild 4:
Vergleich der Temperaturen in der Blockmitte und an der Blockoberfläche. Ein radialer Gradient ist nicht erkennbar

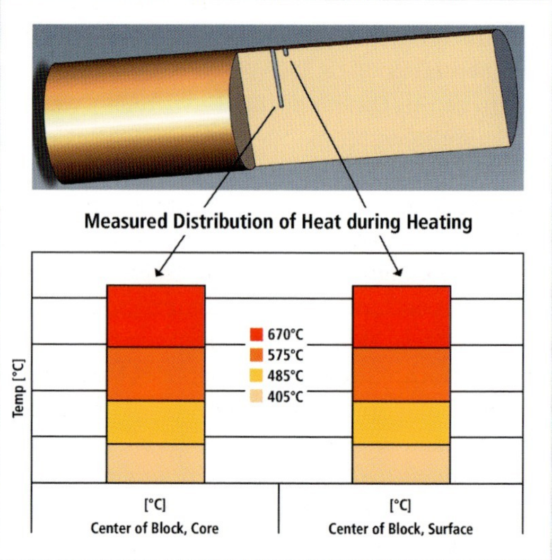

Diagramm zeigt, registrierten die Thermoelemente im Kern und nahe der Oberfläche des Blocks nahezu identische Temperaturen. Hier ist zu berücksichtigen, dass Messing deutlich schlechtere Wärmeleiteigenschaften aufweist als Aluminium oder Kupfer.

Präzise Keilerwärmung

Mit dem Magnetheizer können sehr gut justierbare Keilerwärmungen durchgeführt werden. Der Anlagenbetreiber hat so die Möglichkeit, die Austrittstemperatur des zu extrudierenden Metalls während des gesamten Pressvorgangs konstant zu halten. Durch isothermes Pressen lässt sich eine homogene Mikrostruktur des Produkts gewährleisten. So ergeben sich eine bessere Oberfläche und konstantere mechanische Eigenschaften über die gesamte Stranglänge. Um Keilerwärmungen zu erzeugen, kann die Intensität des auf den Block einwirkenden Magnetfelds in axialer Richtung verändert werden. Da die Magnetwirkung umso stärker ist, je geringer der Abstand zwischen Magnet und Block gewählt wird, verfügt der Magnetheizer über eine mechanische Stelleinrichtung, mit der die Position des Magneten relativ zum Metallblock in Neigung und Abstand verändert werden kann. Innerhalb des Blocks lässt sich so ein magnetischer Gradient erzeugen. Wird der Block in dem Magnetfeld gedreht, erfolgt die Erwärmung in Abhängigkeit von der Intensität der Magnetwirkung. Das Verfahren erlaubt eine nahezu lineare Keilerwärmung des Materials (**Bild 5**).

Um den Temperaturverlauf (Taper) zu modifizieren, muss lediglich der Anstellwinkel des Magneten verändert werden. Dies ist für den Maschinenführer ohne Schwierigkeit möglich. Für Blöcke unterschiedlicher Abmessungen oder

Legierungen müssen nur die entsprechenden Taper gewählt werden. Das einfach zu bedienende System ermöglicht eine flexible Batch-Verarbeitung mit unterschiedlichen Blockformaten und Legierungen.

Erweitertes Materialspektrum

Das Magnetheizverfahren mit supraleitender Induktorspule wurde vor der Installation der ersten Anlage in der Industrie fast ein Jahr lang bei den Herstellern Zenergy Power GmbH und Bültmann GmbH für verschiedenste Materialien optimiert. Neben Aluminium, Kupfer und Messing umfasst das Spektrum der testweise erwärmten Werkstoffe Magnesium, Titan, Inconel und eine Vielzahl von Sonderlegierungen. Versuche mit speziell erzeugten Pressbolzen zeigten, dass der Magnetheizer aufgrund des homogenen Energieeintrags für die Erwärmung sprüh- oder plasmakompaktierter Werkstoffe eingesetzt werden kann, ohne dass es durch thermische Belastungen zum Aufreißen oder schaligen Abplatzen des Materials kommt. Das Verfahren ist damit für eine breitere Palette von Werkstoffen einsetzbar als die konventionelle Induktionserwärmung. Bei der seriellen Schnellerwärmung gleicher Materialblöcke ist die Temperaturabweichung in der Bolzenfolge erheblich besser als 10 °C.

Reduzierter Wartungsaufwand

Bedingt durch ihren einfachen Aufbau ist der Wartungsbedarf bei dem Magnetheizer verglichen mit bisherigen Systemen erheblich geringer. Neben den elektrischen Komponenten verfügen die Anlagen über ein Hydrauliksystem, das für den Kraftschluss zwischen Block und Antriebsmotoren verantwortlich ist. Das wartungsarme Kühlsystem, das die supraleitende Magnetspule auf Betriebstemperatur hält, besteht aus handelsüblichen kältetechnischen Bauteilen. In der Heizkammer der Anlage befinden sich keine komplexen beweglichen Teile für den Transport der Blöcke. Die Antriebe sind, ebenso wie die Spule, thermisch gegen den erhitzten Block abgeschirmt.

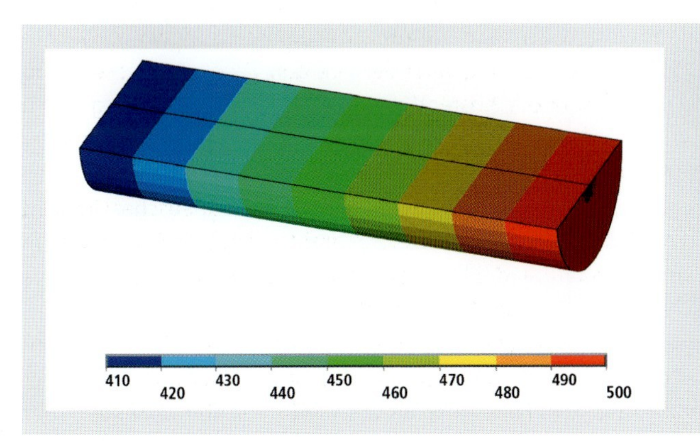

Bild 5: Numerische Betrachtung der Keilerwärmung eines Aluminium-Pressbolzens mit magnetischer Induktionsheizung

Insbesondere wirkt sich die Langlebigkeit der supraleitenden Induktorspule positiv aus: Die Spule ist weder hohen Temperaturen noch Vibrationen oder Reibung ausgesetzt und arbeitet dadurch nahezu verschleißfrei: Sie ist in einem Kryostaten gekapselt und wird bei einer Temperatur im Bereich von 25° Kelvin betrieben. Vibrationen, wie sie bei wechselstrombetriebenen Spulen auftreten, entstehen bei einer Beaufschlagung mit Gleichstrom nicht. Die Leistungsaufnahme der supraleitenden Spule allein ist mit ca. 10 W so gering, dass die Belastung der Leiterisolation durch mechanische Reibung vernachlässigt werden kann. Aufgrund dieser Faktoren ist von einer operativen Betriebsdauer der Induktorspule von über zwanzig Jahren auszugehen. Während der Gesamtlebensdauer der Anlage dürfte ein Austausch nicht erforderlich sein. Arbeiten an der Spule, die bei konventionellen Induktionsheizern den größten Teil des Wartungsbedarfs ausmachen, entfallen.

Zuverlässigkeit der Anlage

Im Dauerbetrieb des Magnetheizers erreicht kein Bauteil außerhalb der Heizkammer eine Temperatur von mehr als 70 °C. Die Temperatur der meisten Kompo-

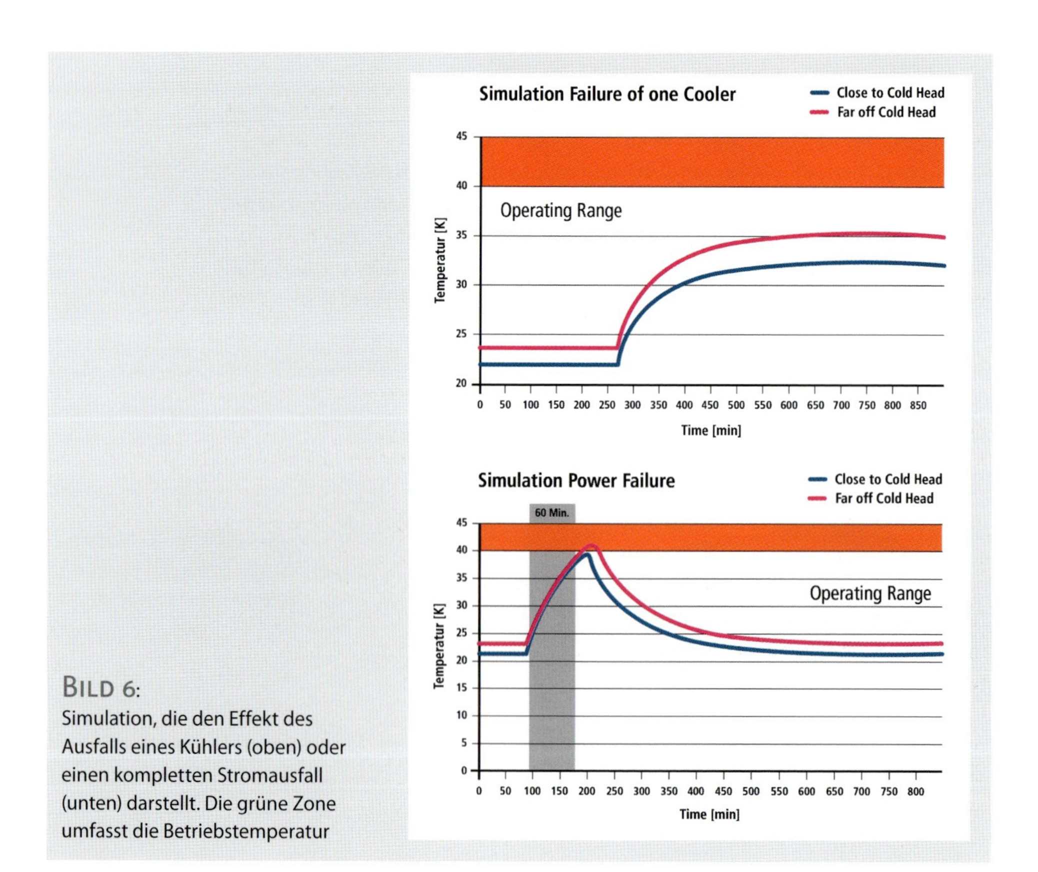

BILD 6:
Simulation, die den Effekt des Ausfalls eines Kühlers (oben) oder einen kompletten Stromausfall (unten) darstellt. Die grüne Zone umfasst die Betriebstemperatur

nenten liegt dauerhaft unter 50 °C. Im industriellen Betrieb dürfte das Kühlsystem in der Regel die einzige neue Baugruppe sein. Die Kühlung, die den Kryostaten mit der supraleitenden Induktorspule auf Betriebstemperatur hält, ist redundant mit zwei Kühleinheiten ausgeführt, so dass der unvorhergesehene Ausfall eines Systems oder planmäßige Wartungsarbeiten an einem der Kühlkompressoren die Betriebsfähigkeit der Anlage nicht beeinträchtigen.

Bild 6 zeigt ein Diagramm des Temperaturverlaufs im Kryostaten über die Zeit. Die grüne Zone bezeichnet den Betriebstemperaturbereich, bei Erreichen des rot markierten Temperaturniveaus schaltet die Anlage automatisch ab. Wird eine der beiden Kühleinheiten außer Funktion gesetzt, hält die Anlage eine Temperatur im normalen Betriebsbereich aufrecht (Bild 6 oben).

Im Fall eines kompletten Stromausfalls, der beide Kühleinheiten außer Betrieb setzt, vergeht aufgrund der effektiven thermischen Isolierung des Magnetsystems über eine Stunde, bis dessen Temperatur in den roten Bereich ansteigt. Wird der Stromausfall innerhalb dieser Zeit behoben, kann die Anlage sofort weiter betrieben werden (Bild 6 unten). Fällt die Stromversorgung über eine Stunde aus, ist eine Wartezeit erforderlich, bis das Magnetsystem seine Betriebstemperatur wieder erreicht hat und der Magnetheizer angefahren werden kann.

Installation und Betriebserfahrungen

Der erste Magnetheizer wurde im Juli 2008 im deutschen Aluminium-Presswerk weseralu GmbH & Co. KG installiert und in Betrieb genommen. Die Installation konnte bauartbedingt schneller und Aufwand sparender erfolgen als bei konventionellen Systemen, da die Anlage weder eine Mittelspannungs-Stromversorgung noch eine Blindleistungskompensation benötigt. Zudem entfiel die aufwändige Spulenkühlung wechselstrombetriebener Systeme. In Verbindung mit den kompakten Abmessungen begünstigten diese Faktoren eine problemlose Integration des Induktionsheizers in die bestehende Fertigungsarchitektur. Die Anlage hat eine Antriebsleistung von 360 kW und ist für die Verarbeitung von 6"- und 7"-Blöcken mit einer Länge von 690 mm ausgelegt. Der Materialdurchsatz dieser Anlage liegt beim Erwärmen von Aluminium bei 2,2 t/h. Im produktiven Regelbetrieb erweist sich das Magnetheizen unter prozesslogistischen und wirtschaftlichen Aspekten als vorteilhaft.

Die Einzelblockerwärmung ermöglicht eine taktkonforme Materialversorgung der Strangpresse. Die Schnellerwärmung von Aluminiumblöcken im Format 6" x 690 mm nimmt jeweils 75 Sekunden in Anspruch. Aufgrund der verfahrensbedingt hohen Temperaturhomogenität konnte die Zieltemperatur der Blockerwärmung gegenüber konventionellen Heizverfahren deutlich reduziert werden. Verbesserungen ergaben sich speziell in der Herstellung komplexer und sehr feiner Profile, sowie bei der Optimierung des Oberflächenfinishs. Insgesamt wird bei der Aluminiumextrusion ohne nennenswerten wirtschaftlichen Zusatzaufwand eine Produktivitätssteigerung von 20–25 % erzielt. Im Vergleich mit der konventionellen Induktionserwärmung von Aluminiumblöcken sind die Erwärmungskosten signifikant reduziert.

Literatur

[1] Tudbury, C. A.: Basics of Induction Heating. John F. Rider, Inc., New Rochelle, NY, 1960

[2] Moore, G. R.: Industrial Heating Magazine, May, 1990, 24

[3] Runde, M.; Magnusson, N.: 2003 IEEE Trans. Appl. Supercond. 13 1612

[4] Magnusson, N: EP 1582091 B1

[5] Runde, M.; Magnusson, N.: Physica C 372-267 (2002) 1339-1341

[6] Magnusson, N.; Runde, M.: Journal of Physics: Conference Series 43 (2006) 1019–1022

[7] Masur, L. J.; Kellers, J.; Kalsi, S.; Thieme, C.; Harley, E.: 2004 Inst. Phys Conf. Ser. 181 219

Veröffentlicht in:
elektrowärme international · Heft 1/2009 · Seiten 19–23

MF-Umrichtertechnologie zur Vereinfachung induktiver Erwärmprozesse

Von Marcus Nuding

Die passende Frequenz für einen Härteprozess zu finden, kann mit vielen Problemen behaftet sein. Da dabei die Änderung der Frequenz umständlich ist, wurde ein neuer Umrichter entwickelt, mit dem es möglich ist die Frequenz, zum Beispiel über ein CNC-Programm, stufenlos und während des Erwärmprozesses einzustellen und zu verändern. Der Härteprozess kann somit mit verschiedenen Frequenzen den Gegebenheiten des Werkstücks angepasst werden.

Wirkprinzip

Damit ein Umrichter bei einer Wärmebehandlungsaufgabe optimal arbeitet, muss dieser an seine Last angepasst werden. Dies wird heutzutage meist dadurch erreicht, dass zum einen seine Schwingkreiskapazität verändert wird, um die gewünschte Arbeitsfrequenz des Umrichters zu erhalten, und zum anderen die Größe der Umrichterausgangsspannung mit Hilfe eines Ausgangstransformators verändert wird, um die maximal mögliche Ausgangsleistung zu erhalten.

Im Allgemeinen werden diese Anpassarbeiten am Umrichter nicht systematisch ausgeführt, sondern meistens durch „Probieren", also empirisch, da für diese Anpassarbeiten detaillierte Kenntnisse des entsprechenden Umrichters nötig sind. Da in der Praxis dieses Fachwissen meist nicht vorhanden ist, führt dies oft zu Problemen und erhöhten Aufwendungen. Zunehmende Rüstzeiten und eine vermehrte Anzahl von Einstellteilen ist die Folge dieser erhöhten Aufwendungen.

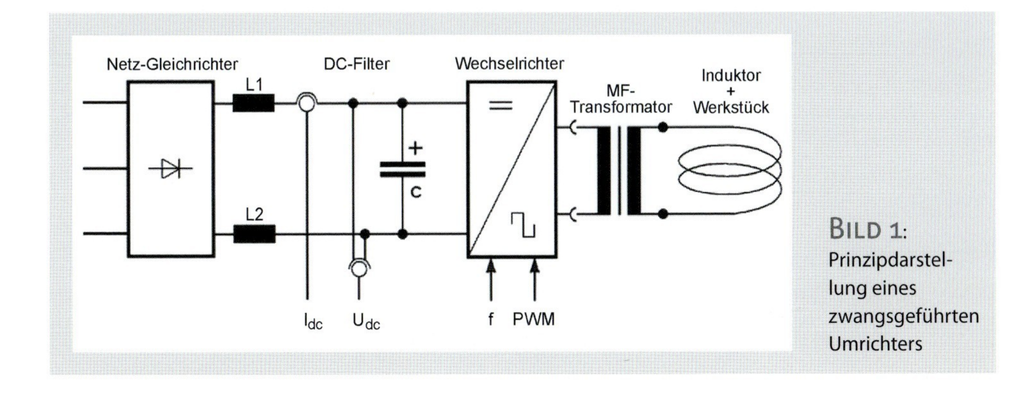

BILD 1: Prinzipdarstellung eines zwangsgeführten Umrichters

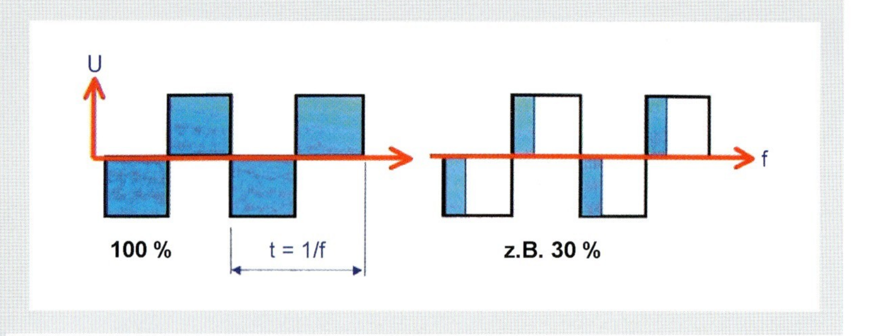

Bild 2: Modulationsverhalten eines zwangsgeführten Umrichters: links: Frequenzmodulation zur Steuerung der Umrichterarbeitsfrequenz rechts: Pulsweitenmodulation zur Steuerung der Umrichterausgangsleistung

Es wird ein neuartiger Umrichtertyp vorgestellt, an dem eine Frequenzanpassung nicht mehr notwendig ist. Hierbei handelt es sich nicht um einen Schwingkreisumrichter, sondern um einen zwangsgeführten Umrichter (IFP):
I = Independent controlled
F = Frequency and
P = Power

Mit ihm ist es möglich Frequenz und Leistung unabhängig voneinander, zum Beispiel über ein CNC-Programm, und innerhalb des Erwärmprozesses stufenlos zu verändern (**Bild 1 und 2**).

Anwendung und Beispiele

Durch die hohe Flexibilität und Reproduzierbarkeit im Prozess ist der IFP-Umrichter für neue Entwicklungen bestens geeignet. Viele verschiedene Härtespezifikationen können schnell und gezielt getestet werden, um die optimale Einstellung zu finden. Dies reduziert langfristig die Anzahl der Einstellteile und spart somit Zeit und Geld.

Komplexe Konturen

Hier zeigt der IFP-Umrichter einen großen Vorteil für das Induktionshärten von geometrisch schwierigen Werkstücken. Bei herkömmlichen Umrichtern neigen die Kantenübergänge, Ecken und Bohrungen meist zu Überhitzungen und damit zu Anschmelzungen. Die bisherige Lösung besteht darin, dass der Vorschub geändert oder der Härteprozess kurz unterbrochen wird, um eine neue, meist niedrigere, Leistung vorzugeben. Eine Veränderung des Vorschubes oder eine Verringerung der Leistung hat meist zur Folge, dass an dieser Stelle die benötigte Oberflächentemperatur für den restlichen Härteprozess nicht ausreicht und dadurch die geforderte Härte oder Randhärtetiefe nicht erreicht wird.

Mit dem IFP-Umrichter ist es nicht mehr nötig solche Nachteile in Kauf zu nehmen. Mit ihm ist es möglich die Frequenz und die Leistung den geometrischen Gegebenheiten des Werkstücks direkt während des Prozesses anzupassen. Dadurch können leicht Anschmelzungen vermieden und trotzdem die geforderte Härte oder Randhärtetiefe erreicht werden (**Bild 3**).

Bild 3: Mehrere Kantenübergänge ohne Durchhärtung an einer Schaltstange

Frequenzanpassung

Die Frequenz wird bei den herkömmlichen Umrichtern durch Hinzufügen oder Entfernen von Kondensatoren geändert. Hierbei wird der Härteprozess unterbrochen. Wenn nach einer solchen Frequenzänderung mit demselben Induktor gearbeitet wird, kommt es in der Regel zu einer Fehlanpassung der Ausgangsspannung des Umrichters. Eine Reduzierung der verfügbaren Ausgangsleistung ist die Folge. Um diese Problematik zu kompensieren, muss entweder die Ausgangsspannung zusätzlich angepasst werden, oder ein Umrichter mit entsprechender Leistungsreserve eingesetzt werden.

Der IFP-Umrichter bietet über seinen kompletten Frequenzbereich bis zu 100 % seiner Leistung. Das Einstellen der Frequenz kann beispielsweise unkompliziert über ein CNC-Programm erfolgen. Es kommt bei diesem Umrichter zu keiner Verlustleistung und es entfällt der Bedarf von Leistungsreserven. Kosten können eingespart werden, da keine Notwendigkeit besteht prozessbedingt einen leistungsstärkeren Umrichter zu verwenden (**Bild 4 und 5**).

Bild 4: Drei verschiedene Frequenzen in einem Härteprozess

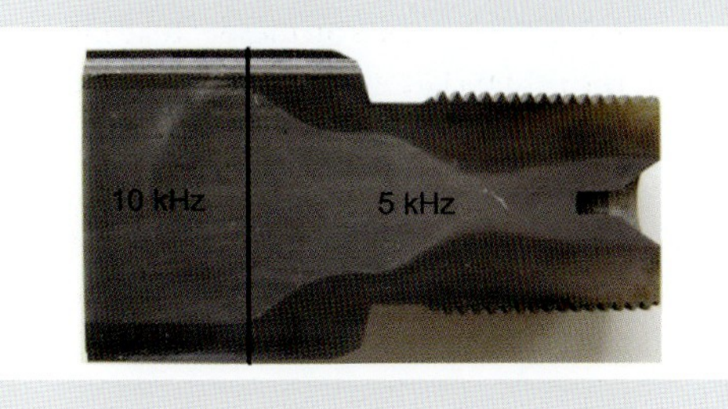

Bild 5: Zwei verschieden Frequenzen in einem Härteprozess

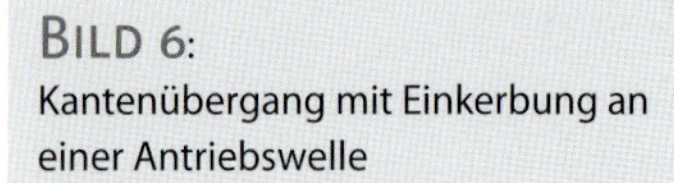

Bild 6:
Kantenübergang mit Einkerbung an einer Antriebswelle

Anlassen in derselben Arbeitsstation

Wenn ein Werkstück nach dem Härteprozess noch angelassen werden muss, findet dies meist in einer weiteren Arbeitsstation statt. Für diese Arbeitsstation wird ein weiterer Umrichter, mit einer anderen Frequenz, benötigt.

Der IFP-Umrichter kann beide Arbeitsschritte, das Härten und das Anlassen, bewältigen. Über ein CNC Programm können die Frequenz und die Leistung stufenlos verändert werden, der Einsatz eines zweiten Induktors sowie einer weiteren Mehrfachstation entfällt.

Reduzierung der Rissempfindlichkeit

Durch ein Vorwärmen mit einer niedrigen Frequenz kommt es im Werkstück zu einer Verringerung von Zug- und Druckspannungen. Somit können rissempfindliche Werkstücke (z.B. Sintermaterial oder hochlegierter Werkzeugstahl) schonender gehärtet werden. Bei rissunempfindlichen Werkstücken kann man durch ein solches Verfahren eine deutlich höhere Randhärtetiefe erreichen. Das Vorwärmen führt auch zu einer homogeneren Wärmeverteilung, die sich positiv auf den Härteprozess und das entsprechende Ergebnis des Werkstücks auswirkt (**Bild 6**).

Technische Spezifikationen

- Eingangsspannung:
  3~400/480 VAC 50/60 Hz
- Frequenzbereich:
  Min.: 5 kHz
  Max.: 40 kHz
- Gütefaktor:
  Max.: 7.0
- Ausgangsleistung:
  Bei 5 kHz: 0–300 kW
  Bei 40 kHz: 0–300 kW

- Umrichter mit folgenden Leistungen und benötigtem Kühlwasserbedarf verfügbar:
  75 kW: 80 l/min
  150 kW: 160 l/min
  225 kW: 220 l/min
  300 kW: 280 l/min
- Ansteuerung:
  Über CNC der jeweiligen Anlage
  Separat über Umrichtersteuerungspanel mit CNC-Schnittstelle

Fazit

Folgende Vorteile der neuen Umrichtertechnologie lassen sich zusammenfassen:

- Hohe Reproduzierbarkeit des Härteergebnisses durch exakte Vorwahl an Frequenz und Leistung
- Leichtes Einstellen des Umrichters auf neue Applikationen – Verringerung von Einstellteilen
- Härten und Anlassen mit demselben Induktor in nur einer Arbeitsstation – kürzere Prozesszeiten
- Eliminiert bei vielen Applikationen die Notwendigkeit von Mehrfachstationen
- Eliminiert den Einsatz eines zweiten Umrichters mit einer anderen Frequenz
- Hohe Prozessflexibilität
- Kontrollierbare Stromeindringtiefe zwischen ca. 2,5 und 7,5 mm unter Verwendung desselben Induktors
- Unterschiedlichste Härteanforderungen durch Frequenzwahl an einem Werkstück realisierbar
- Reduzierung von Zug- und Druckspannungen im Material durch Vorwärmen mit niedriger Frequenz
- Energieeinsparung durch Anwendung niedrigerer Leistung bei Applikationen mit geringer Einhärtetiefe durch Verwendung einer höheren Frequenz anstelle einer höheren Leistung

Veröffentlicht in:
elektrowärme international · Heft 1/2009 · Seiten 24–26

Kosten- und ressourceneffiziente Randschichtwärmebehandlung in der Getriebe- und Werkzeugindustrie mittels Plasma-Nitrieren

Von Reinar Grün und Dietmar Voigtländer

Das PulsPlasma®-Nitrieren von Bauteilen zur Verbesserung des Verschleiß- und Korrosionsverhaltens und zur Verlängerung der Lebensdauer findet auf Grund einiger verfahrenstechnischer Vorteile zunehmend Anwendung in der Randschichtwärmebehandlung. Insbesondere gegenüber dem Einsatzhärten und klassischem Gasnitrieren ermöglicht dieses Nitrierverfahren eine ressourcenschonende Bauteilwärmebehandlung und führt oftmals zur Senkung der Fertigungskosten. Technisch ausgereifte Anlagenkonzepte und der Einsatz der PulsPlasma®-Technologie erlauben sowohl die gleichmäßige Behandlung großer Stückzahlen kleinerer Bauteile in einer Charge, als auch das Nitrieren großer Werkzeuge oder Getrieberäder.

Zur Erhöhung der Verschleißfestigkeit hochbeanspruchter Funktionsflächen von Werkzeugen und Getriebekomponenten aus Stahl werden diese heutzutage oftmals einsatzgehärtet. In Abhängigkeit vom speziellen Einsatzfall und der zu erwartenden Bauteilbeanspruchung legt der Konstrukteur sowohl den Werkstoff, als auch die verfahrensüblichen Kennwerte wie Oberflächenhärte und Einsatzhärtetiefe fest. Das bedeutet, dass Getrieberäder, z. B. für hochbeanspruchte Windkraftgetriebe, vor dem Härten bei Temperaturen von über 900 °C zum Teil länger als 90 Stunden aufgekohlt werden müssen, um Einsatzhärtetiefen zwischen 1 und 2 mm zu realisieren. Das Einsatzhärten führt zu Gefügeänderungen im behandelten Werkstoff und damit auch zu Maß- und Formänderungen. Die behandelten Bauteile müssen in einem zusätzlichen Wärmebehandlungsschritt angelassen werden, um die wärmebehandlungsbedingten inneren Spannungen abzubauen. Zum Einstellen der geforderten Oberflächenqualität und der Bauteilendmaße ist nach der Wärmebehandlung eine aufwändige mechanische Bearbeitung der Teile notwendig.

Ein alternativ zum Einsatzhärten einsetzbares Randschichtwärmebehandlungsverfahren ist das Nitrieren. Dabei handelt es sich um ein thermochemisches Diffusionsverfahren zur Anreicherung der Werkstückrandzone mit Stickstoff. Dieser geht dabei mit dem Grundwerkstoff und seinen Legierungsbestandteilen chemische Verbindungen ein. Im Ergebnis der Nitrierbehandlung entsteht in der Bauteilrandzone eine Nitrierschicht mit einem äußeren Bereich, der so genannten Verbindungsschicht (VS), und der sich in Richtung Werkstückkern anschließenden Diffusionszone (DZ). Durch die mit dem Nitriervorgang einhergehende Aufhärtung im Bauteilrandbereich und durch die Ausbildung verfahrenscharakteristischer Druckeigenspannungen wird es möglich, das Verschleißverhalten, die Korrosionsbeständigkeit und die Dauerfestigkeit eines Werkstückes zu beeinflussen, ohne die werkstoffabhängigen Festigkeitseigenschaften des Bauteils zu verändern. Denn ein wesentlicher Vorteil des Nitrierens im Gegensatz zum Einsatzhärten besteht darin, dass die zur Stickstoffdiffusion notwendige Erwärmung der Bauteile unterhalb der Anlasstemperatur handelsüblicher Vergütungs- und vieler Werkzeugstähle erfolgen kann. Gefügeumwandlungen und der damit verbundene Verlust an Maßhaltigkeit und Festigkeit werden beim Nitrieren vermieden. Nitrierte Bauteile sind sofort einsetzbar und bedürfen, von wenigen Ausnahmen abgesehen, keiner spanenden Nacharbeit.

Überblick Nitrierverfahren

Nitrierverfahren werden häufig nach dem Aggregatzustand der Stickstoff abgebenden Ausgangsverbindungen unterschieden:

- flüssig: Salzbadnitrocarburieren
- gasförmig: Gasnitrieren, Gasnitrocarburieren
- ionisiertes Gas: Plasmanitrieren, Plasmanitrocarburieren

Die genannten Nitrierverfahren haben jeweils Vor- und Nachteile, die vor der Entscheidung zugunsten einer möglichen Nitrierbehandlung alternativ zum Einsatzhärten im Hinblick auf die geforderten Bauteileigenschaften und erreichbare Nitrierkennwerte abgewogen werden müssen.

SALZBADNITROCARBURIEREN – VOR- UND NACHTEILE

Das Salzbadnitrocarburieren ist auf Grund der kurzen Behandlungszeiten ein sehr flexibles Nitrierverfahren. Es ist vorteilhaft für all jene Anwendungen einsetzbar, bei denen es in erster Linie auf die Erhöhung der Verschleißfestigkeit und/oder Korrosionsfestigkeit der Bauteiloberfläche ankommt. Mehr oder weniger schwerwiegende Verfahrensnachteile begrenzen jedoch die Anwendbarkeit insbesondere für die Behandlung großer Bauteile:

- hoher Waschaufwand nach der Nitrierbehandlung,
- hoher Regenerations- und Entsorgungsaufwand für Salze und Waschlauge,
- hoher Energieaufwand zum Betreiben eines Bades, deshalb Badgröße begrenzt,
- Behandlungstemperaturbereich stark eingeschränkt,
- partielles Nitrieren ist schwierig.

GASNITRIEREN UND GASNITROCARBURIEREN – VOR- UND NACHTEILE

Gasnitrieren und Gasnitrocarburieren sind universell einsetzbare Nitrierverfahren, die in den vergangenen 10 Jahren eine intensive anlagen- und regelungstechnische Weiterentwicklung erfahren haben. Beide Verfahrensvarianten sind sehr gut alternativ zum Einsatzhärten einsetzbar. Insbesondere bei der Behandlung großer Werkzeuge und Getrieberäder sind auf Grund der deutlich geringeren Behandlungstemperaturen sowie der sofortigen Weiterverarbeitbarkeit der nitrierten Komponenten Kostenvorteile gegenüber dem Einsatzhärten zu erwarten.

Trotz des erreichten hohen technologischen Niveaus dieser Verfahrensgruppe resultieren aus den zur Behandlung notwendigen Ausgangsgasen Ammoniak und Kohlendioxid sowie einigen prozesstechnischen Randbedingungen Nachteile, die die Anwendbarkeit unter technischen, wirtschaftlichen und umweltpolitischen Gesichtspunkten in einigen Fällen einschränken:

- hoher Gaskonsum (m^3/h)
- Verwendung brennbarer Gase, d. h. spezielle Maßnahmen zur Gewährleistung eines sicheren Ofenbetriebes notwendig,
- keine Möglichkeit natürliche Passivschichten bzw. aus der Teilefertigung herrührende Passivschichten während des Nitrierens zu entfernen,
- Nitrieren von Rost- und säurebeständigen Stählen nicht möglich,
- hoher Aufwand zum Abdecken nicht zu nitrierender Bereiche und nach dem Nitrieren zum Entfernen der Abdeckmittel.

PulsPlasma®-Nitrieren

Erste Anwendungen des Plasmanitrierens reichen zurück bis in die dreißiger und vierziger Jahre des vergangenen Jahrhunderts. Später, in den sechziger/siebziger Jahren, wurde das Verfahrens bis zur Industriereife weiterentwickelt. Erste Gleichstrom-Kaltwandanlagen zum Plasmanitrieren nahmen den Produktionsbetrieb auf. Einen weiteren Entwicklungsschub erfuhr das Plasmanitrieren Mitte der achtziger Jahre mit der Einführung der so genannten Pulstechnik.

Hierbei erfolgt die Plasmaanregung mittels einer im µs-Bereich gepulsten Gleichspannung. Das Entstehen von Lichtbögen wird durch die ständige Unterbrechung des Spannungsflusses vermieden. Und, last, but not least, ermöglicht die gepulste Gleichspannung das notwendige Aufheizen der Teile auf Behandlungstemperatur von der zuzuführenden Plasmaleistung zu entkoppeln. Das bei Gleichstromanlagen notwendige Kühlen der Behälterwand zur Abführung der überschüssigern Wärmeenergie (Kaltwandanlagen) kann entfallen. Warmwandanlagen mit separater Heizung der Behälterwand sind heute Stand der Technik beim Plasmanitrieren.

PulsPlasma®-Nitrieren im Vergleich mit klassischen Nitrierverfahren

Beim klassischen Salzbadnitrocarburieren und dem Gasnitrieren/Nitrocarburieren erfolgt die Dissoziation der stickstoffabgebenden Spendermedien und die Bildung der Nitridschicht in einem thermochemisch aktivierten Prozess unter atmosphärischen Druckbedingungen bzw. im niedrigen Überdruckbereich. Die zur Aktivierung des Prozesses und zur Bildung der Nitride benötigte Energie wird auf thermischen Wege zugeführt. Zur Aufrechterhaltung des Nitrierens ist eine bestimmte Mindesttemperatur erforderlich, unterhalb der der Nitrierprozess nicht mehr, oder nur noch unwirtschaftlich langsam abläuft. Gebräuchliche Verfahrenstemperaturen sind in **Tabelle 1** genannt.

Im Gegensatz dazu wird beim PulsPlasma®-Nitrieren die Energie einer stromstarken Gasentladung (Glimmentladung) genutzt, um die zur Verbindungsschichtbildung notwendigen Reaktionen, den Zerfall des Stickstoffmoleküls in seine Atome, zu aktivieren.

Die zu nitrierenden Teile (Charge) werden in eine beheizbare Vakuumkammer geladen. Nach dem Evakuieren der Kammer auf Arbeitsdruck (50 bis 400 Pa) wird zwischen der Charge (Kathode) und der Behälterwand (Anode) eine gepulste

TABELLE 1: Gegenüberstellung verschiedener Nitrierverfahren

Nitrierverfahren	Nitriermittel	Behandlungs-temperatur [°C]	Behandlungsdauer [h]	Ergebnis
Salzschmelze	Cyanit/Cyanat	(480) 560 – 580	0,2 – 3	Carbonitride
Gas	NH_3 $NH_3 + CO_2$	510 – 540 550 – 620	20 – 120 1,5 – 6	Nitride Carbonitride
Plasma	$N_2 + H_2$ $N_2 + H_2 + CH_4$	300 – 590 500 – 590	5 – 60 0,2 – 6	Nitride Carbonitride

Spannung von mehreren hundert Volt angelegt, so dass das die in der Kammer befindlichen Prozessgase ionisiert und dadurch elektrisch leitend werden. In Abhängigkeit von der Höhe der angelegter Spannung kommt es zwischen den Bauteilen und der Kammerwand zur Zündung der Glimmentladung, welche durch einen charakteristischen, druck-, temperatur- und gasartabhängigen Leuchterscheinung, dem Glimmsaum (Plasma) gekennzeichnet ist (**BILD1**).

Die reaktiven Stickstoffionen im Behandlungsgasgemisches können mit den Eisenatomen des zu nitrierenden Stahles eine chemische Verbindung eingehen. Außerdem diffundieren Stickstoffatome temperatur- und zeitabhängig in den Randbereich des zu nitrierenden Stahles. Das Schema einer Anlage zur PulsPlasma®-Diffusionsbehandlung ist in **BILD 2** dargestellt.

Zum PulsPlasma®-Nitrieren und/oder -nitrocarburieren werden Stickstoff-/Wasserstoffgasgemische und Gase mit Kohlenstoffzusätzen, wie z. B. Methan, eingesetzt. Im Verlaufe des Nitrierprozesses kommt es an der Oberfläche der behandelten Bauteile zur Ausbildung einer Fe_xN_y-(Eisennitrid)-Verbindungsschicht. In Abhängigkeit von Behandlungsdauer und -temperatur diffundieren Stickstoffatome in die Bauteilrandzone ein und bilden die Diffusionszone. Diese kann Stickstoff sowohl atomar, im Eisengitter gelöst, als auch in Form von Nitrid-

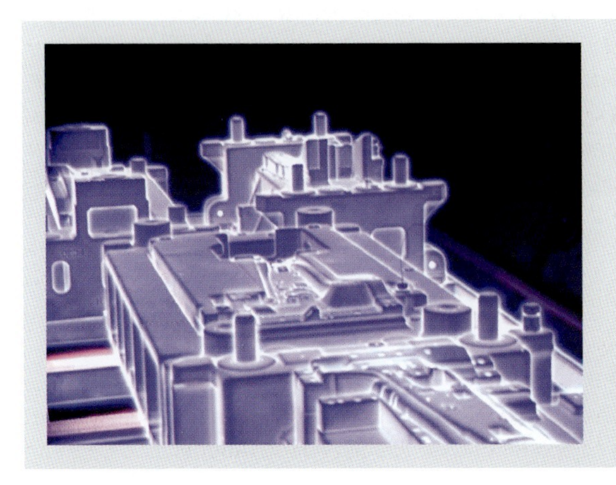

BILD 1:
Glimmentladung an einem Werkzeug während einer PulsPlasma®-Nitrierbehandlung

Bild 2: Schema einer PulsPlasma®-Nitrieranlage

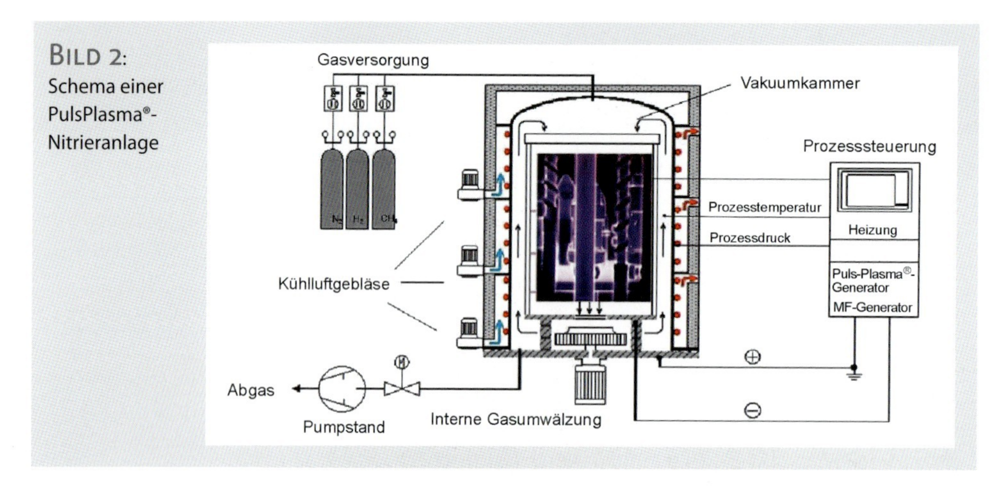

Bild 3: Randschichtaufbau PulsPlasma®-nitrierter Bauteile

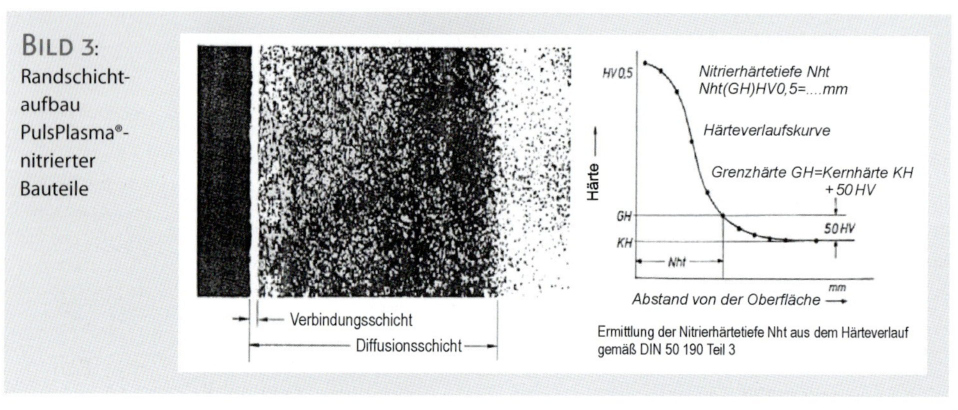

ausscheidungen enthalten. Die durch PulsPlasma®-Nitrieren erzeugten Schichten haben grundsätzlich den gleichen Aufbau wie Nitrierschichten, die durch andere Nitrierverfahren hergestellt wurden. Die Verbindungsschichtdicken liegen werkstoff- und verfahrensabhängig im Bereich zwischen ca. 1 bis 20 µm. Die Dicke der Diffusionszone, charakterisiert durch den Kennwert Nitrierhärtetiefe, kann unter Standardnitrierbedingungen bis zu 0,6 mm betragen (**Bild 3**).

Das Nitrieren von Bauteilen mit Nitrierhätetiefen größer als 0,6 mm, z. B. für hochbeanspruchte Getriebekomponenten, ist bei Wahl geeigneter Werkstoffe möglich.

Verfahrensvorteile PulsPlasma®

Temperaturverteilung

Die Nutzung einer Kammer mit elektrisch beheizter Wand hat neben Energieeinspareffekten auch einen erheblichen Einfluss auf die Temperaturverteilung

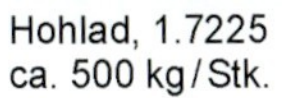

Hohlad, 1.7225
ca. 500 kg / Stk.

Kettenradad, 1.7131
8000 Stk. / Charge

Bild 4: Getrieberadchargen

innerhalb einer Charge. Um bei einer Kaltwandkammer eine deutliche Temperaturüberhöhung im Innern einer Charge zu vermeiden, wird in vielen Fällen darauf verzichtet, diesen Raum zu nutzen. Stattdessen wird die Charge ringförmig in einer zylindrischen Kammer angeordnet. Bei Warmwandanlagen kann durch die reduzierte Energiezufuhr über das pulsierende Plasma eine Nitrierbehandlung für eine komplett bestückte Charge ohne die Gefahr des Überheizens für bestimmte Chargierplätze durchgeführt werden. Sowohl das Nitrieren dicht gepackter Chargen, als auch die Behandlung großer Bauteile ist auf Grund der guten Temperaturverteilung in PulsPlasma®-Nitrieranlagen realisierbar (**Bild 4**).

PulsPlasma®-Nitrieranlagen werden oft auf Grund von Handlingvorteilen gegenüber Schacht- und Kammerofen als Haubenöfen gefertigt (**Bild 5**).

Die Charge wird auf einer vorhandenen Grundplatte direkt oder unter Zuhilfenahme eines Chargiergestelles aufgebaut. Ein solches Gestell kann bei Bedarf auch außerhalb der Kammer vorbereitet und dann komplett in die Anlage gestellt werden.

Bild 5: PulsPlasma®-Nitrieranlage Ø 1200 x 3500 mm in Tandemausführung

Bild 6: PulsPlasma®-Nitrieranlage Ø 4300x10500 mm in Kammerausführung

Im Falle besonders großer, schwerer Werkzeuge oder Getriebekomponenten kann es sinnvoll sein, von Haubenofenprinzip abzuweichen und die Anlage als Kammerofen auszuführen. Eine derartige PulsPlasma®-Nitrieranlage zur Behandlung von Seitenwandwerkzeugen mit Stückgewichten von bis zu 40 t ist in **Bild 6** gezeigt.

Bei einer solchen Anlage werden die zu nitrierenden Werkzeuge mittels Kran auf einen ausfahrbaren Chargenwagen geladen und zusammen mit diesem in die Kammer eingefahren. Auf diese Weise lassen sich große, unhandliche Bauteile einfach handeln und optimal für den Nitrierprozess in der Anlage platzieren.

Prozessgasverbrauch

Beim PulsPlasma®-Nitrieren wird je nach Anwendungsfall und geforderten Schichteigenschaften mit Stickstoff-Wasserstoff-Methan-Gasgemischen gearbeitet. Während des Nitrierens entstehen keine umweltschädlichen Reaktionsprodukte, so dass die Prozessabgase ohne weitere Nachbehandlung an die Umwelt abgegeben werden können. Aufgrund der Plasmaunterstützung des Nitrierprozesses und der Tatsache, dass bei vermindertem Druck gearbeitet wird, ist der Prozessgasverbrauch gering. Eine Anlage mit den Kammermaßen Ø 1.200 x 2.000 mm benötigt durchschnittlich 180 l/h Prozessgasgemisch. Eine gleich große Gasnitrieranlage müsste mit 6.000 bis 10.000 l/h ammoniak- und kohlendioxidhaltigem Prozessgasgemisch versorgt werden. Beim klassischen Einsatzhärten sind ähnlich hohe Prozessgasmengen nötig.

Resultierend daraus entstehen beim Gasnitrieren und Einsatzhärten große Mengen brennbarer, zum Teil umweltschädigender Abgase, die unter Aufwendung zusätzlicher Energie, z. B. durch Nachverbrennung, entsorgt werden müssen.

Variable Behandlungstemperaturen

Auf Grund der zusätzlichen Plasmaanregung des Nitrierprozesses und der Dosierbarkeit der Plasmaleistung durch die gepulste Arbeitsweise ist es möglich, PulsPlasma®-Nitrierbehandlungen in einem breiten Temperaturbereich zwischen 350 °C und 600 °C durchzuführen.

Verzugsgefährdete Teile können unter optimalen Bedingungen nitriert werden. Maßänderungen von Bauteilen durch das Freiwerden innerer Spannungen auf Grund hoher Behandlungstemperaturen werden vermieden.

Die Bauteilfestigkeit der nitrierten Komponenten bleibt erhalten, da die Nitriertemperaturen unterhalb der für den Festigkeitsverlust des Grundwerkstoffes zulässigen Anlasstemperatur gewählt werden können. Nach dem Nitrieren ist keine weitere Wärmebehandlung notwendig. PulsPlasma®-nitrierte Bauteile können sofort eingesetzt werden.

Stähle mit höheren Chromgehalten, die im Salzbad nur unter Verlust der Korrosionsbeständigkeit und beim Gasnitrieren nur mit erhöhtem Verfahrensaufwand nitrierbar sind, lassen sich durch PulsPlasma®-Nitrieren problemlos behandeln. Die vor der eigentlichen Behandlung notwendige Entpassivierung der Oberfläche ist bedingt durch den Ionenbeschuss der Oberfläche prozesstechnisch vorgegeben. Durch Wahl der Nitriertemperatur unterhalb 450 °C und durch exakte Regelung der Gaszusammensetzung lassen sich Nitrierbedingungen einstellen, die es ermöglichen, an der Oberfläche der Bauteile eine harte, verschleißbeständige Nitrierschicht zu erzeugen, ohne dass die Korrosionsbeständigkeit des Werkstoffes verloren geht.

Behandlung von Sinterstahl

Die Behandlung von Bauteilen aus Sinterstahl durch Einsatzhärten, Salzbadnitrocarburieren und Gasnitrieren/-nitrocarburieren ist auf Grund der Verfahrensbedingungen und des mehr oder weniger großen Porenanteiles im Sintermaterial nur bedingt möglich.

Bei der Behandlung im Plasma wird tatsächlich nur die außen liegende Oberfläche, welche der Glimmentladung ausgesetzt ist, behandelt. Auf Grund des niedrigen Druckes (Vakuum) und der geringen Prozessgasmenge beim Plasmanitrieren besteht nicht die Gefahr einer Übernitrierung oder Durchhärtung. In den Bauteilen vorhandene Kalibriermittelrückstände müssen vor Beginn der Nitrierbehandlung mittels geeigneter Me-

BILD 7: PulsPlasma®-nitrierte Sinterteile

BILD 8: PulsPlasma®-nitrierte Kolbenstangengewinde

thoden aus den Bauteilen entfernt werden. Eine Nachbehandlung bzw. Reinigung der Teile nach der Behandlung ist nicht erforderlich. Als Beispiel sind in **BILD 7** Getriebeteile aus Sinterstahl nach einer PulsPlasma®-Nitrierbehandlung abgebildet.

Partielle Behandlung

Kein anderes Randschichtwärmebehandlungsverfahren bietet so einfache Möglichkeiten der partiellen Behandlung wie das PulsPlasma®-Nitrieren. Bereiche, die nicht nitriert werden dürfen, lassen sich häufig mit einfachen Mitteln mechanisch abdecken. Ein Einstreichen mit speziellen Pasten, die nach der Behandlung wieder aufwändig entfernt werden müssen ist oft nicht nötig. Die Oberflächenqualität der abgedeckten Bereiche bleibt unbeeinflusst.

BILD 8 zeigt Kolbenstangen, bei denen lediglich die Gewinde zur Reduzierung der Adhäsion beim Lösen der Schraubverbindung zu behandeln waren. Dies konnte durch eine Hülsenabdeckung der Kolbenstangenfläche erreicht werden, die ebenfalls die Voraussetzung dafür war, dass die Oberflächenrauheit dieser Fläche nicht beeinträchtigt wurde.

Prozesskombinationen

Auf Grund verwandter Verfahrensabläufe und fast identischer Anlagentechnik ist es möglich, in speziell dafür vorgesehenen PulsPlasma®-Nitrieranlagen mehrere Oberflächenbehandlungen in einem Prozess zu kombinieren. Zur weiteren Verbesserung der Korrosionsbeständigkeit nitrierter Bauteile kann einer PulsPlasma®-Nitrierbehandlung, lediglich durch die Veränderung der Prozessparameter und der Prozessgase, eine PulsPlasma®-Oxidationsbehandlung angeschlossen werden. Diese Oxidationsbehandlung bewirkt die Ausbildung einer 1 bis 3 µm starken Fe_3O_4-Schicht auf der Verbindungsschicht. In Abhängigkeit von der Stahlqualität und dem vorangegangenen Nitrierprozess können Korrosionbeständigkeiten von bis zu 200 Stunden im Salzsprühnebeltest nach DIN erreicht werden. Ein nicht zu unterschätzender Vorteil der nachträglichen Oxidationsbehandlung ist die Verbesserung der Gleiteigenschaften der behandelten Oberflächen, so dass unter bestimmten Umständen auch der Schmiermitteleinsatz bei derartig behandelten Reibpaarungen reduziert werden kann.

Weitere Anwendungsfelder lassen sich durch die Kombination des PulsPlasma®-Nitrierens mit der Plasma-CVD-Hartstoff- bzw. DLC-Beschichtung (Diamond like Carbon) erschließen. Durch die vorgelagerte Nitrierbehandlung wird u. a. erreicht, dass die mittels der CVD-Behandlung erzeugten extrem harten, verschleißbeständigen und nur wenige µm dünnen Schichten mit einer Unterstützung durch die nitrierte Randschicht versehen werden können. Ein Ergebnis einer derartigen Behandlung ist die oftmals erhebliche Standzeiterhöhung bei Werkzeugen und Maschinenteilen.

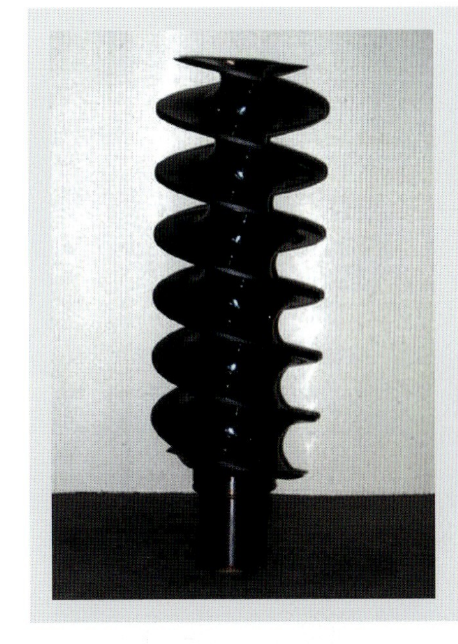

Bild 9: Extruderschnecke nach Duplexbehandlung

Bild 9 zeigt ein Extrudierwerkzeug aus der Kunststoffverarbeitung nach einer Duplexbehandlung aus PulsPlasma®-Nitrieren und PulsPlasma®-CVD-DLC-Beschichtung.

Einsatzhärten vs. PulsPlasma®-Nitrieren

Die vorstehenden Ausführungen sollten deutlich machen, dass PulsPlasma®-Nitrieren aus den unterschiedlichen aufgeführten Gründen durchaus eine ernst zu nehmende Alternative zu klassischen Randschichtwärmebehandlungsverfahren wie Einsatzhärten, Salzbadnitrocarburieren oder Gasnitrieren darstellt.

Ein weiterer, nicht zu unterschätzender Aspekt kommt hinzu, der wirtschaftliche. An einem Praxisbeispiel soll gezeigt werden, dass es durchaus sinnvoll sein kann, die Bauteilfertigung so umzustellen, um auf das energie- und kostenintensive Einsatzhärten von Getriebekomponenten zu Gunsten einer PulsPlasma®-Nitrierbehandlung verzichten zu können. Es ist zu berücksichtigen, dass Randschichteigenschaften wie Oberflächenhärte, Verschleißfestigkeit, Dauerfestigkeit nach einer Nitrierbehandlung ähnlich gut, teilweise sogar deutlich besser sind verglichen mit dem Einsatzhärten.

Die verfahrensbedingte, im Gegensatz zur Einsatzhärtetiefe geringere Nitrierhärtetiefe relativiert sich, da auf Grund der temperaturbedingten Maßänderungen nach dem Einsatzhärten ein Großteil davon spanend zur Einstellung der Bauteilmaße wieder abgearbeitet werden muss.

Festigkeitsforderungen, die sich in Kombination mit dem gewählten Wärmebehandlungsverfahren auf das Verschleiß- und Lebensdauerverhalten einer Verzahnung auswirken, können durch Wahl eines geeigneten Grundwerkstoffes auch mittels Nitrieren realisiert werden.

Bild 10: Festigkeitsberechnung für Gertrieberäder aus unterschiedlichen Werkstoffen

Festigkeitsberechnung einer Zahnradpaarung nach FVA

		15 CrNi 6 E einsatzgehärted	31 CrMo V 9 V PulsPlasma® nitriert
Getriebeleistung	kW	130	130
Wälzpressung Ritzel/Rad	N/mm²	6,35/6,11	6,35/6,11
Flankendauerfest. Ritzel/Rad	N/mm²	38,6	40
Grübchensicherheit (rechn.) Ritzel/Rad		5,21/5,42	5,4/5,62
zul. Zahnfußspannung Ritzel/Rad	N/mm²	96,1/85,0	96,1/85,0
Zahnfußdauerfestigkeit Ritzel/Rad	N/mm²	360	450
Zahnbruchsicherheit (rechn.) Ritzel/Rad		3,74/4,23	4,68/5,29

Im geschilderten Beispiel [1] sollte das Einsatzhärten von Getrieberädern für Druckmaschinen aus dem Einsatzstahl 15 CrNi 6 E durch PulsPlasma®-Nitrieren ersetzt werden. Vorab wurde dazu auf rechnerischem Weg und durch Praxistests ein geeigneter Werkstoff ermittelt. **Bild 10** gibt einen Überblick über die errechneten Werkstoffkennwerte.

Im Ergebnis der Verfahrensumstellung konnten neben besseren Laufleistungen der Getrieberäder Kostenersparnisse in der Bauteilfertigung von bis zu 30 % realisiert werden.

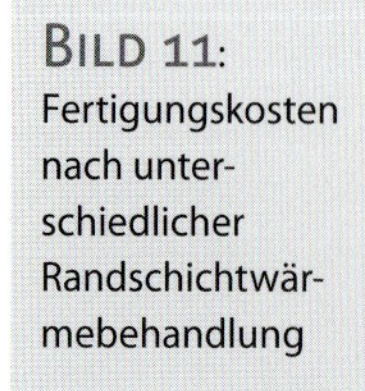

Bild 11: Fertigungskosten nach unterschiedlicher Randschichtwärmebehandlung

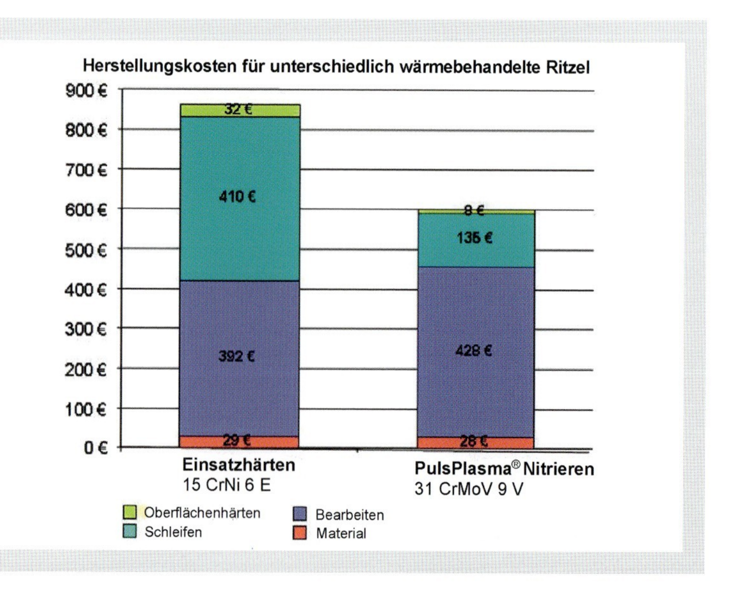

Zusammenfassung

Das PulsPlasma®-Nitrieren von Bauteilen zur Verbesserung des Verschleiß- und Korrosionsverhaltens und zur Verlängerung der Lebensdauer findet auf Grund einiger verfahrenstechnischer Vorteile zunehmend Anwendung in der Randschichtwärmebehandlung. Insbesondere gegenüber dem Einsatzhärten und klassischem Gasnitrieren ermöglicht dieses Nitrierverfahren eine ressourcenschonende Bauteilwärmebehandlung und führt oftmals zur Senkung der Fertigungskosten als Ganzes.

Technisch ausgereifte Anlagenkonzepte und der Einsatz der PulsPlasma®-Technologie erlauben sowohl die gleichmäßige Behandlung großer Stückzahlen kleinerer Bauteile in einer Charge, als auch das Nitrieren großer Werkzeuge oder Getrieberäder.

Durch Verfahrenskombination mit einer Nachoxidationsbehandlung oder einer plasmagestützten Hartstoff- bzw. DLC-Beschichtung in einer Anlage lassen sich Bauteileigenschaften weiter optimieren.

Literatur

[1] Spatz, U.: Festigkeitsnachweis einsatzgehärteter und plasmanitrierter Zahnräder für Druckmaschinen. Diplomarbeit, Fachhochshule Augsburg, 1995

Veröffentlicht in:
elektrowärme international · Heft 2/2009 · Seiten 97–103

„Hart am Wind" – Induktionshärten von Großringen für Windkraftanlagen

Von Otto Carsen, Stefan Dappen und Dirk M. Schibisch

Die Rolle der Windkraft als Hauptquelle erneuerbarer Energie wird sich durch die Zunahme an Offshore-Windparks weiter verstärken. Um diese wirtschaftlich betreiben zu können, müssen vor allem die dynamisch belasteten Komponenten wie Drehverbindungen und Lager nahezu wartungsfrei sein. Das Fertigungsverfahren der Wahl zur Erzeugung harter und damit verschleißresistenter Oberflächen ist das induktive Härten. Durch induktive Erwärmung und gezieltes Abkühlen (Abschrecken) wird die Gefügestruktur definiert verändert – der Werkstoff wird hart. Dieser physikalische Effekt wird sowohl für Verzahnungen als auch für Laufbahnen genutzt. Zur Erreichung optimaler und reproduzierbarer Härteergebnisse sind unterschiedliche Maschinenkonzepte verfügbar, die Universallösung stellt dabei eine schwenkbare Bauform dar, die sowohl Verzahnungen als auch Laufbahnen mit optimierter Kühlwasserführung bearbeiten kann. Weitere von SMS Elotherm patentierte Systeme wie die Werkstückwirkleistungsmessung oder sensorunterstützte Lagekorrektur des Induktionswerkzeugs machen das induktive Härten insgesamt zu einem Fertigungsverfahren, das sich durch hohe Reproduzierbarkeit und einfache Integration in die Produktion auszeichnet.

Die Bedeutung der Windenergie

Heute deckt die Windenergie bereits den Strombedarf von fast 8 Millionen Haushalten. Bis 2025 sollen schon 25 % der elektrischen Energie in Deutschland von Windkrafträdern bereitgestellt werden – davon, so die Planung, rund die Hälfte aus küstenfernen Offshore-Anlagen. Auf dem Meer sind die Windgeschwindigkeiten höher und kontinuierlicher. Die Energieausbeute liegt deshalb offshore um bis zu 40 Prozent höher als an Land.

Auf der anderen Seite ist die Reparatur und Wartung auf hoher See deutlich aufwendiger und somit kostenintensiv. Hier können induktiv gehärtete Komponenten helfen, die Verschleißfestigkeit des Gesamtsystems zu erhöhen und Servicekosten zu minimieren.

Wo findet die Induktionstechnik in der Windkraft Anwendung?

In Windkraftanlagen werden an mehreren Stellen Lager benötigt, die über die Betriebszeit von mehr als 20 Jahren wartungsfrei laufen müssen. An diese Großwälzlager zur Bewegung des Turmes (Azimutlager), zur Rotation der Flügel (Hauptlager) und zu deren Verstellung (Pitchlager) werden hohe Anforderungen gestellt.

TABELLE 1: Oberflächenhärteverfahren

Oberflächenhärteverfahren:

Induktionshärten	Flammhärten	Einsatzhärten	Nitrieren
• Gleichmäßiges Aufheizen der zu härtenden Stellen • Kurze Erwärmungszeiten (geringe Zunderbildung, keine Grobkornbildung) • Kaum Nacharbeit nötig; geringer Verzug • Sichere Beherrschung der Wärmezufuhr, Temperatureinhaltung • Partielle Härtung auch bei schwierigsten Formen • Induktoren beliebig formbar • Auch sehr große und schwere Bauteile können gehärtet werden • Einfach in Fertigungslinie integrierbar, Automatisierung • Geringer Platzbedarf, einfache Bedienung, betriebssicher • Umweltfreundlich	• Kurze Erwärmungszeiten • Kaum Nacharbeit nötig; geringer Verzug • Partielle Härtung möglich • Geringer Platzbedarf, einfache Bedienung • Temperaturungenauigkeit wegen schwankenden Gasdruck und – zusammensetzung (Unterhärtung, Überhitzungsgefahr) • Schlechte Reproduzierbarkeit der Einhärtungstiefe • Verschiedene Brenner für einzelne Bauteile	• Dünne, aber gleichmäßige Härteschicht • Partielle Härtung möglich • Hohe Betriebskosten, hoher Energieaufwand • Lange Glühzeiten • Evtl. stärkerer Verzug • Abdeckung nicht zu härtender Stellen • Zentrale Härterei ist erforderlich (Transportkosten) • Nacharbeit (säubern) nötig • Härte- und Härtetiefenabfall zum Zahngrund bei großen Zahnrädern	• Wegen der geringen Einhärtung ist die Anwendung des Nitrierens im Bereich des Ringhärtens eingeschränkt

Um die Bauteil- und Verschleißeigenschaften zu verbessern, werden zum einen die Verzahnungen und zum anderen die Laufbahnen an den Stellen gehärtet, an denen sie im späteren Betrieb mit anderen Komponenten in Kontakt kommen.

Die Induktionshärtung leistet hier einen entscheidenden Beitrag: kurze, energiesparende Bearbeitungszeiten in der Fertigung durch exzellente und reproduzierbare Härteergebnisse.

Kennzeichen verschiedener Oberflächenhärteverfahren

Unterschiedliche Wärmebehandlungen werden zur Verbesserung der Bauteileigenschaften von Großwälzlagerringen eingesetzt.

Nachstehend sind die Merkmale unterschiedlicher Verfahren kurz beschrieben (**Tabelle 1**).

Durch die sichere Prozessführung bilden sich beim Induktionshärten die Härtezonen gleichmäßig und reproduzierbar aus. Der hohe Automatisierungsgrad des Prozesses gewährleistet dabei eine gleichbleibende Qualität.

Induktionsprinzip

Das induktive Randschichthärten basiert auf dem Induktionsgesetz. Unter dem Einfluss eines zeitlich veränderlichen magnetischen Feldes wird eine elektrische Spannung induziert, die einen Stromfluss im Werkstück und damit eine Erwärmung verursacht.

Durch die Stromverdrängung nimmt die Erwärmung von der Oberfläche zum Werkstückinneren ab. Dieser Effekt kann durch die Wahl der Frequenz gesteuert werden. In dem Bereich der Einwärmtiefe, in dem das Material auf Austenitisierungstemperatur gebracht wird, entsteht nach dem Abschrecken die gewünschte Härteschicht durch eine Gefügeumwandlung zum Martensit.

Verzahnungen

Für die induktive Randschichthärtung der Zähne von Innen- und Außenringen an Großwälzlagern wird die Zahnlückenhärtung eingesetzt (**Bilder 1 und 2**). Die Zahnflanken sowie der Zahngrund werden gehärtet, im Zahnkopfbereich verbleibt eine Weichzone. Je nach Einhärtungstiefe wird eine Frequenz zwischen 4 und 30 kHz eingestellt. Zur Durchsatzerhöhung ist eine zeitgleiche induktive Härtung von mehreren Zähnen möglich.

Laufbahnen

Für die induktive Randschichthärtung der Laufbahnen kommen drei Verfahrensprinzipien zur Anwendung:

1. Vorschubhärtung mit Weichzone
2. Vorschubhärtung ohne Weichzone
3. Gesamtflächenhärtung ohne Weichzone

BILD 1: Einzelzahnhärtung

BILD 2: Fertig gehärtete Verzahnung

Vorschubhärtung mit Weichzone

Die Vorschubhärtung mit Weichzone ist das Standardverfahren für die Laufbahnhärtung. Der Induktor ist mit einer Brause ausgestattet und, abgesehen von den Stellachsen zur Anpassung an das Werkstück, weitgehend ortsfest. Der Ring dreht in langsamer Geschwindigkeit daran vorbei. Wenn Einhärtetiefen oberhalb von 6mm erreicht werden sollen, wird mit einer vorlaufenden induktiven Erwärmung gearbeitet. Als Folge entsteht prinzipbedingt am Ende des Umlaufs eine Weichzone.

Die **BILDER 3 UND 4** zeigen einige Maschinen, auf denen sowohl Verzahnungen als auch Innen- und Außenlaufbahnen gehärtet werden können. Sie unterschei-

BILD 3:
Induktionshärteanlage Typ ZHM, Werkstück liegt horizontal

BILD 4: Induktionshärteanlage Typ RHM, Werkstück liegt schräg (70°)

BILD 5: Induktionshärteanlage Typ RHM-S mit Vorwärmung, Werkstück ist von 0–70° schwenkbar

den sich im Wesentlichen durch die Werkstücklage, um das Abschreckmedium in Abhängigkeit der Härteaufgabe optimal zu führen.

Bei der Härtung der Verzahnung ist eine horizontale Werkstücklage, bei Laufbahnen eine schräge oder vertikale Werkstücklage vorteilhaft.

Auf der automatisch schwenkbaren Maschinenvariante ist eine optimale Prozessführung für beide Anwendungsfälle gewährleistet (**Bild 5**). Heute werden bereits Maschinen für Ringabmessungen bis 6.000 mm Außendurchmesser und einem Stückgewicht bis 20 Tonnen realisiert.

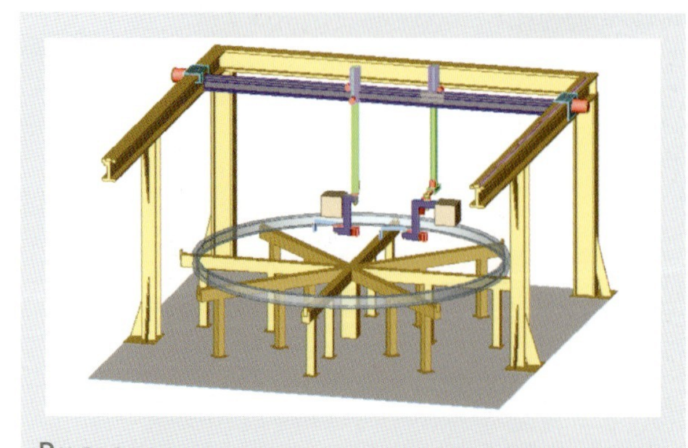

BILD 6: Ringhärtemaschine zum schlupffreien Härten (Prinzip)

Vorschubhärtung ohne Weichzone

Bei der von SMS Elotherm patentierten [1] induktiven Vorschubhärtung ohne Weichzone wird mittels induktiver Erwärmung das Werkstück an einer Startposition mit zwei Induktoren auf Härtetemperatur gebracht und nachlaufend abgeschreckt (**Bild 6**). Beide Induktoren mit Abschreckbrausen bewegen sich gegenläufig entlang des Werkstückes und härten dabei

Bild 7: Induktionshärteanlage Typ UVH, Werkstück liegt horizontal

im Vorschub jeweils die Hälfte der Laufbahn. Gegenüber der Startposition laufen die Heizzonen beider Induktoren zusammen. Dort wird durch eine stationäre Brause abgeschreckt. So entsteht ein gehärtetes Werkstück ohne Weichzone. Dabei ist die Anlagentechnik durch das Vorschubverfahren hinsichtlich der installierten Leistung auch bei großen Ringen noch wirtschaftlich darstellbar.

Gesamtflächenhärtung ohne Weichzone

Bei der Gesamtflächenhärtung rotiert der Ring mit höherer Umfangsgeschwindigkeit am Induktor vorbei, wird in mehrfachen Umläufen auf Härtetemperatur erwärmt und danach komplett abgeschreckt (**Bild 7**).

Die induktive Gesamtflächenhärtung ist in der Regel für kleine Ringdurchmesser sinnvoll. Die Kosten der Härteanlage und des Umfeldes steigen mit zunehmendem Durchmesser durch den hohen Bedarf an elektrischer Leistung und Kühlung erheblich.

Bild 8: Doppelinduktor (Beipiel)

Doppelreihige Kugellaufbahnen

Bei der Laufbahnhärtung von doppelreihigen Wälzlagern ist die Verwendung eines Doppel-

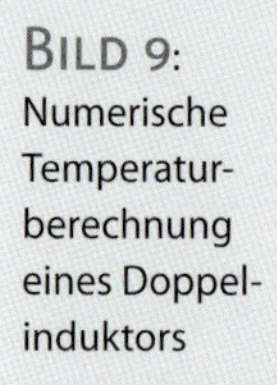

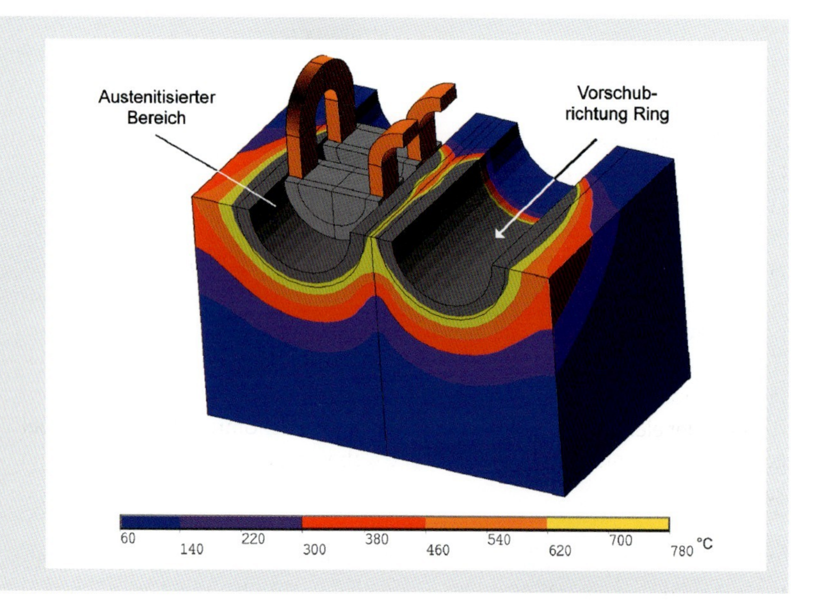

BILD 9: Numerische Temperaturberechnung eines Doppelinduktors

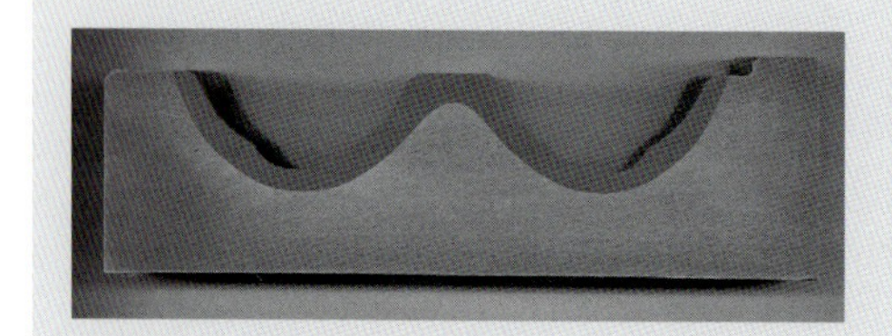

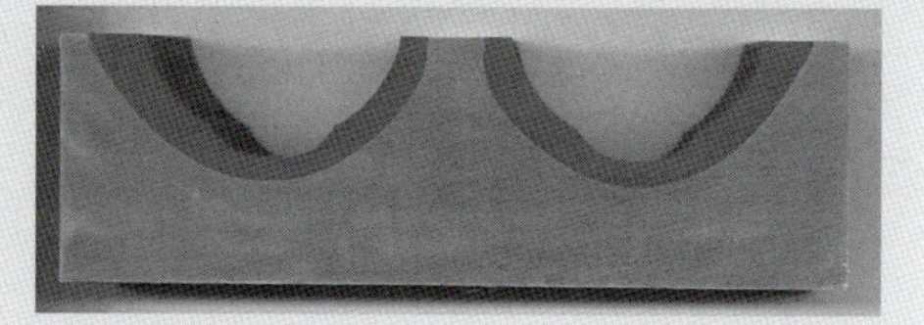

BILD 10: Optimierte Härtung mit Doppelinduktor bei schmalen Stegen

induktors besonders interessant, da die Produktivität nahezu verdoppelt werden kann. Der Doppelinduktor ermöglicht bei ausreichender Anlagenleistung die gleichzeitige Vorschubhärtung beider Laufbahnen. **BILD 8** zeigt beispielhaft einen Heizleiter für eine solche Anwendung.

Beim Einzelinduktor besteht immer wieder die Gefahr, dass beim Härten der zweiten Bahn die erste Bahn angelassen wird. Dies kann beim Doppelinduktor nicht passieren.

Der Trend zu kompakten Ringbauformen bei gleichzeitig hohen Einhärtetiefen führt allerdings zu schmalen Mittelstegen zwischen den Laufbahnen. Hier kann es zu einer Durchhärtung des Stegs kommen, was aber in den meisten Anwendungen unerwünscht ist. Durch ein von SMS Elotherm zum Patent angemeldetes Induktordesign wird dies sicher und zuverlässig verhindert.

In der numerischen Simulation (**BILD 9**) zeigt sich die Ausbildung der austenitisierten Zone (grau). Eine Durchhärtung wird vermieden.

Ergänzt durch eine Stegkühlung kann der Doppelinduktor sogar bei sehr dünnen Stegen Einsatz finden (**BILD 10**).

Werkstückwirkleistungsmessung als Mittel zur Qualitätssicherung

Neben fertigungsbedingten Toleranzen gibt es eine thermische Verformung des Rings im Verlauf der Laufbahnhärtung. Um eine gleichbleibende Härtequalität zu erzielen, wird die Induktorposition der Lage der Laufbahn zwar nachgeführt; verbleibende Streuungen in der Ringhärtequalität können aber mit konventionellen Techniken prozessbegleitend nicht ermittelt werden. Da die technischen Anforderungen z. B. Standzeit und Flächendruck an die Lagerlaufbahnen kontinuierlich steigen, besteht die Notwendigkeit diese verbleibende Streuung in der Härtequalität weiter zu minimieren. Hierzu ist es erforderlich, elektrische Prozessparameter online während des Härteprozesses zu erfassen. Die Beeinflussung der elektrischen Messwerte, insbesondere der Umrichterleistung, ist bei konventionellen Anlagen zwar zu erkennen, aber wegen der kleinen Signalpegel kaum auswertbar.

Mit Hilfe des von SMS Elotherm patentierten Verfahrens der Werkstückwirkleistungsmessung [2] ergibt sich demgegenüber eine sichere Qualitätsbewertung. Bisherige Leistungsmessungen nutzen die phasenrichtige Multiplikation von Umrichterstrom und -spannung. Allerdings sind in dieser Leistung noch die Verluste aller Bauteile einschließlich des Induktors enthalten. Mit der Messung der Werkstückwirkleistung können diese Verluste erfasst und von der Umrichterleistung abgezogen werden. Man erhält nur die für den Härteprozess relevante und ins Werkstück induzierte Leistung.

In **Bild 11** ist dargestellt, wie sich dieser Leistungseintrag bei einer manuell herbeigeführten Abstandsvariation ändert. Während die Umrichterleistung fast

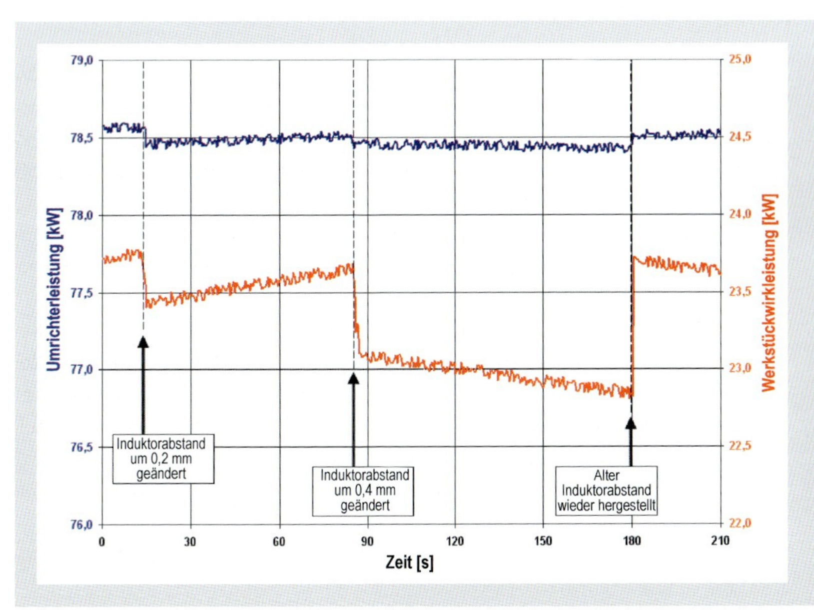

Bild 11: Einfluss einer veränderten Induktorposition auf Umrichter- und im Werkstück umgesetzte Wirkleistung

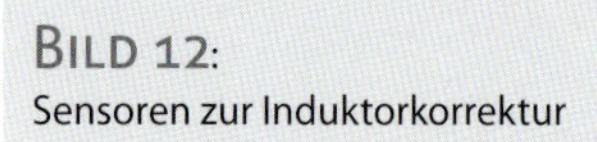

BILD 12:
Sensoren zur Induktorkorrektur

konstant bleibt, zeigt die Werkstückwirkleistung deutliche Einbrüche. Die Werkstückleistung wirkt somit wie eine Lupe, da sinkende Werkstückleistungen sonst zum Teil durch steigende Schwingkreisverluste überdeckt werden. Durch diesen „Lupeneffekt" können auch kleinste Unregelmäßigkeiten und Lageveränderungen des Induktors erkannt und ihrer Position am Umfang des Werkstücks zugeordnet werden.

Berührungslose Induktorlagekorrektur durch Sensoren

Mittels der patentierten, automatischen Abstandsregelung [3] der Härteinduktoren zum Werkstück werden Verzüge des Werkstückes während des Härteablaufes ausgeregelt, eine Qualitätskontrolle erfolgt durch die begleitende Wirkleistungsmessung (**BILD 12**). Ergebnis ist eine gleichbleibende Oberflächenhärte und Härtetiefe. Diese sorgen für eine hohe Tragfähigkeit und lange Lebensdauer der Großwälzlager.

Fazit und Ausblick

Der Fertigungsprozess Härten leistet einen entscheidenden Beitrag, um die anspruchsvollen Bauteil- und Verschleißeigenschaften von Drehverbindungen für Windkraftanlagen sicherzustellen.

Dabei kommt dem Verfahren des induktiven Härtens ein ganz besonderer Stellenwert zu. Neben dem einfach zu führenden Prozess mit reproduzierbaren Ergebnissen, zeichnet sich das Verfahren insgesamt als energieeffiziente Möglichkeit aus, auch komplexe Bauteile unterschiedlicher Größe wirtschaftlich zu härten.

Mit zunehmender Verbreitung der Windenergie als Lieferant umweltfreundlichen Stromes, vor allem auch offshore, wird auch das Induktionshärten zunehmend an Bedeutung gewinnen und sich neuen Herausforderungen stellen. Dabei geht es einerseits um die Erhöhung der Produktivität durch optimierte Vorschubtechniken oder reduzierte Nebenzeiten. Andererseits bietet das Verfahren Lösungen zur Härtung komplexerer und kompakter Geometrien bei gleichzeitiger gezielter Einstellung definierter Weichzonen zur Erhöhung der Schwingfestigkeit der Komponenten.

Literatur

[1] SMS Elotherm Patent DE 10 2006 003 014 B3, Verfahren zum Härten eines einen geschlossenen Kurvenzug beschreibenden Werkstücks

[2] SMS Elotherm Patent EP 0 427 879 B1, Vorrichtung und Verfahren zum induktiven Erwärmen von Werkstücken

[3] SMS Elotherm Patent DE100 34 357 C1, Verfahren und Vorrichtung zum Härten von Flächen an Bauteilen

Veröffentlicht in:
elektrowärme international · Heft 3/2009 · Seiten 179–184

Kühlsysteme für den effizienten Betrieb von Induktionsschmelzanlagen

Von Erwin Dötsch und Jürgen Schmidt

Die elektrischen und thermischen Verluste in den Anlagenkomponenten von Induktionsschmelzanlagen werden zum größten Teil durch Kühlwasser abgeführt. Die Auslegung und Wartung der entsprechenden Kühleinrichtungen haben entscheidenden Anteil an der Betriebssicherheit der Induktionsanlagen. Die Kühlung des Ofens und der Elektrikkomponenten erfolgt wegen der unterschiedlichen Anforderungen an die Wasserqualität im Normalfall in zwei von einander unabhängigen geschlossenen Kühlkreisen, die im Folgenden beschrieben werden. Dabei wird auch auf die Abwärmenutzung eingegangen, die eine besondere Bedeutung für die Energieeffizienz hat, da beim Schmelzen von Eisenwerkstoffen mehr als ein Viertel, bei NE-Metallen sogar über die Hälfte der Ofenleistung als Verlustleistung anfallen.

Elektrische und thermische Verluste beim induktiven Schmelzen

Wie an anderer Stelle [1] ausführlich dargestellt, treten beim Betrieb von Induktionsschmelzanlagen elektrische und thermische Verluste auf. Das Energieflussdiagramm in **Bild 1** zeigt am Beispiel des Schmelzens von Gusseisen, dass elektrische Verluste in Höhe von etwa 6 % der Anschlussleistung zunächst bei der Übertragung der elektrischen Energie vom Netzanschluss bis zur Ofenspule im Transformator und Umrichter, sowie in den Kondensatoren und Stromleitungen entstehen, dass der Hauptanteil aber mit 15 bis 19 % in der Induktionsspule auftritt [2]. Dieser Verlustanteil ist beim Schmelzen von NE-Metallen noch höher, wie aus der Darstellung in **Bild 2** hervorgeht, wo der elektrische Wirkungsgrad der Ofenspule über dem Verhältnis des Schmelzgutdurchmessers zur Eindringtiefe aufgetragen ist [3]. Man erkennt, dass ab etwa dem gegenüber der Eindringtiefe vierfach größeren Durchmesser des Schmelzguts ein elektrischer Wirkungsgrad zwischen 40 und 85 % erreicht wird, abhängig vom zu schmelzenden Werkstoff.

Die thermischen Verluste sind bei Hochleistungsöfen (mit geschlossenem Deckel) mit circa 3 % relativ gering. **Bild 3** zeigt sie in Abhängigkeit vom Ofenfassungsvermögen bei offenem und geschlossenen Deckel für Gusseisen bei 1500 °C [3].

Für die Auslegung der Rückkühleinrichtungen zur Aufnahme der beschriebenen Verluste sind der Wasserbedarf der zu kühlenden Komponenten, die maximale Vorlauftemperatur und die zulässige Temperaturerhöhung Basisparameter.

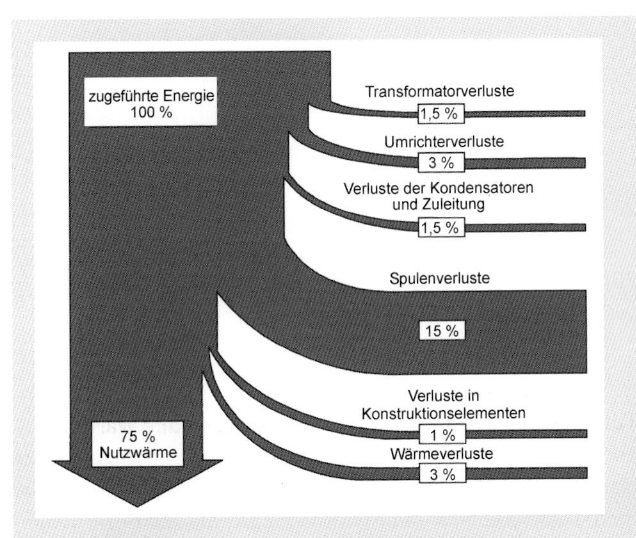

BILD 1: Energieflussdiagramm für das Schmelzen von Gusseisen im MF-Tiegelofen [2]

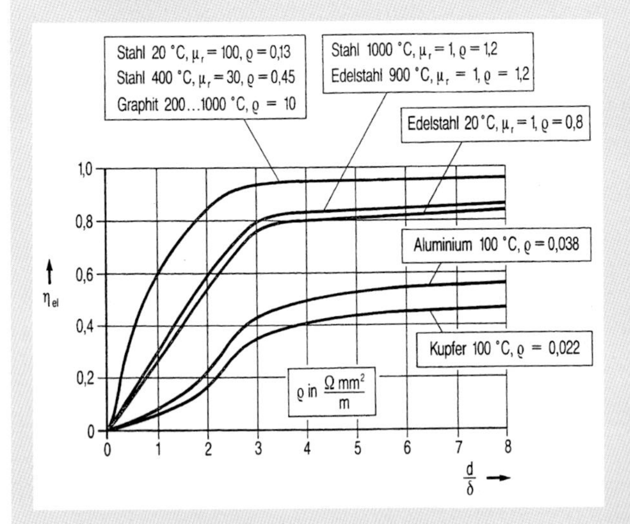

BILD 2: Ofenwirkungsgrad eines Induktionstiegelofens als Funktion des Verhältnisses von Einsatzdurchmesser d zur Eindringtiefe δ für verschiedene Materialien [3]

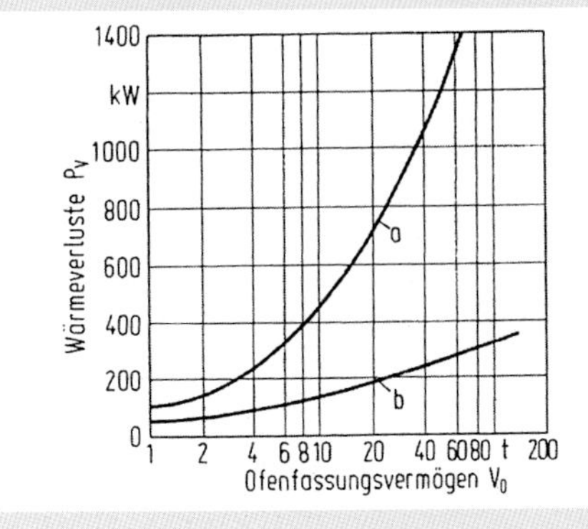

BILD 3: Wärmeverluste von Induktionstiegelöfen bei 1500 °C Schmelztemperatur: a) bei offenem, b) bei geschlossenem Deckel [3]

Tabelle 1: Auslegung der Ofenkühlanlage für das Schmelzen verschiedener Metalle in Prozent der Umrichterleistung [4]

Kühlleistung für Ein-Ofen-Anlagen	
Gusseisen und Stahl	27–30 %
Aluminium	35–38 %
Bronze	42–45 %
Kupfer	52–55 %
Kühlleistung für Tandem-Anlagen	
1- bis 10-t-Öfen: Kühlleistung Ofen 1 plus	75 kW
12- bis 40-t-Öfen: Kühlleistung Ofen 1 plus	150 kW

Dabei sind die klimatischen Verhältnisse am jeweiligen Standort und die dort gegebene Wasserqualität zu beachten.

Ofenkühlkreis

Die Auslegung der Leistungsfähigkeit des Ofenkühlkreises lässt sich aus den Daten der **Tabelle 1** für das Schmelzen der verschiedenen Metalle entnehmen [4]. Darin sind die in Bild 2 dargestellten elektrischen Wirkungsgrade und die in Bild 3 beschriebenen thermischen Verluste zusammen mit einem Sicherheitszuschlag zu Grunde gelegt. Demnach liegt die Kühlleistung für Ein-Ofen-Anlagen für Eisenwerkstoffe bei etwa 30 % der Umrichterleistung, für NE-Metalle steigt sie auf 35 bis 55 %.

Bild 4 zeigt schematisch den Aufbau des Ofenkühlkreises für eine Tandemanlage; er ist gekennzeichnet bei 40 °C Einlauf- und maximal 70 °C Auslauftemperatur durch einen Tank mit automatischem Auffüllen mittels Niveausonden und Abschalten bei Wassermangel, eine zweite Pumpe zur Betriebssicherheit bei Ausfall der Hauptpumpe, die separate Überwachung der Wasserverteilung an beiden Öfen sowie durch den Rohrtrenner für automatisch einzuschaltende Notwasserversorgung.

Zur Vermeidung von Spulenschäden ist es zwingend erforderlich, bei Stromausfall, Druckabfall oder Übertemperatur den Induktionsofen mit Notwasser zu kühlen, wobei die Kühlzeit des stillgesetzten Ofens bei 8 bis zu 16 Stunden liegt. Meist ist die Notwasserstrecke an das Stadtwassernetz angeschlossen; entspre-

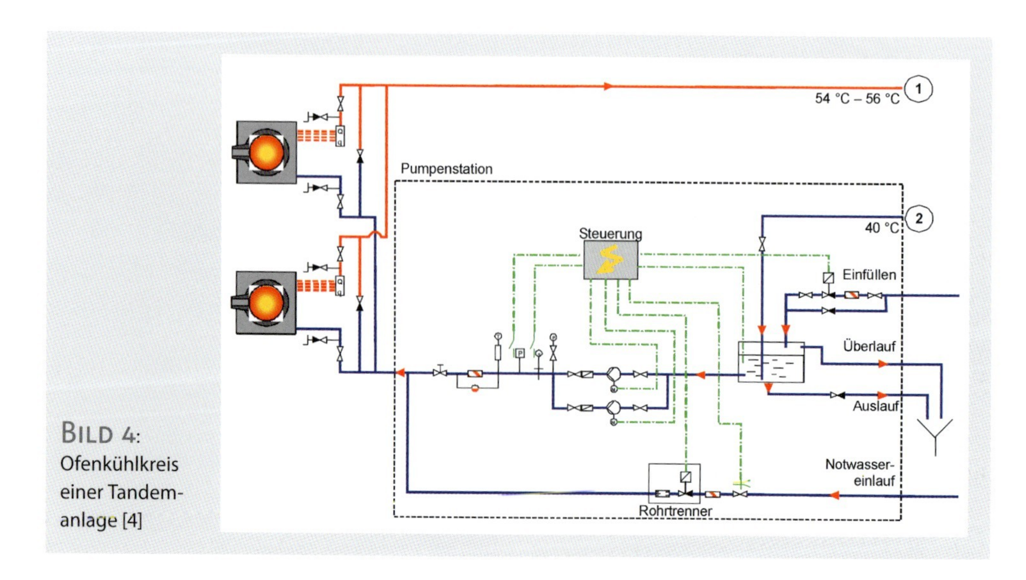

Bild 4: Ofenkühlkreis einer Tandemanlage [4]

chend Bild 4 gehört dazu ein Kugelhahn mit Endlagenkontakt, ein Filter und ein Systemtrenner nach dem Wasserhaushaltsschutzgesetz (DIN 1988, Teil 8.5.1). Alternativ wird ein Notstromgenerator eingesetzt, der eine Pumpe der Kühlwasserstation und den jeweiligen Wärmetauscher weiter betreibt.

Für die Abführung der Wärme stehen an den Anschlusspunkten 1 und 2 entsprechend **Bild 5** drei Systeme zur Verfügung [4]:

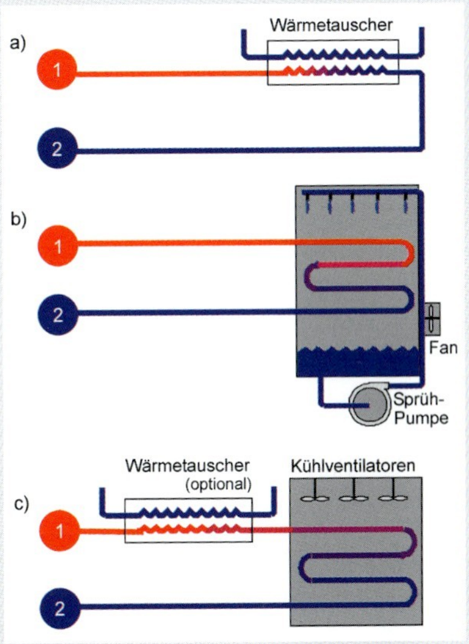

a. Wasser/Wasser-Plattenwärmetauscher, der die Verfügbarkeit von werkseigenem Kühlwasser voraussetzt. Dieses kann aus einem zentralen Kühlturm oder als Fluss- bzw. Brunnenwasser bereitgestellt werden, wobei dann die Wasserqualität und örtliche Vorschriften besonders zu beachten sind.
b. Geschlossener Verdunstungskühlturm, besonders geeignet für Betrieb bei hohen Umgebungstemperaturen bei Feuchtkugeltemperaturen zwischen 22 °C und 28 °C. Nachteilig ist dabei der relativ hohe Wasserverbrauch und der Wartungsaufwand für das Abschlämmen.
c. Luft/Wasser-Kühler, der als Trockenkühler nach dem Autokühlerprinzip arbeitet und bei Umgebungstemperaturen bis 32 °C sinnvoll eingesetzt wird. Bei höheren Außentemperaturen sind Zusatz-Kühler notwendig. Die Vorschriften zur Lärmemission sind zu beachten und bei der Auslegung der Ventilator-Antriebe zu berücksichtigen.

Bild 5: Abführung der Verlustwärme über a) Wasser/Wasser-Wärmetauscher, b) geschlossenen Kühlturm, c) Luft/Wasser-Kühler [4]

Elektrikkühlkreis

Das Schema des Kühlkreises für den Umrichter und die Kondensatoren ist in **Bild 6** dargestellt. Der Aufbau entspricht im Wesentlichen dem des Ofenkühlkreises mit Ausnahme der Notwasserversorgung, die für die Schaltanlagenkühlung nicht benötigt wird, da bei Stromausfall keine Restwärme abzuführen ist. Bei 34 °C Eingangstemperatur ist die Ausgangstemperatur auf 40 °C begrenzt. Für die Wärmeabfuhr stehen wie beim Ofenkreis die bei Bild 5 beschriebenen Alternativen zur Verfügung. Die Parameter für die Auslegung des Elektrikkühlkreises sind in **Tabelle 2** angegeben. Demnach betragen die Kühlleistungen zur Kühlung von Umrichter und Kondensatorbatterie für Ein-Ofen-Anlagen (Single Power) 6 bis 9 %, für Tandemanlagen (Twin Power) 8 bis 12 % der Umrichterleistung.

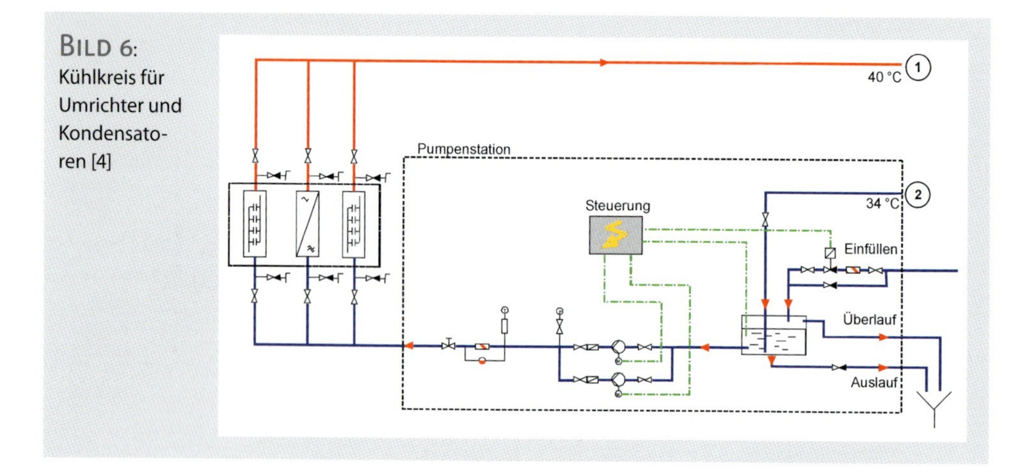

Bild 6: Kühlkreis für Umrichter und Kondensatoren [4]

Tabelle 2: Auslegung der Elektrik-Kühlanlage (Umrichter und Kondensatorbatterie) in Prozent der Umrichterleistung [4]

Umrichter	Single Power	Twin Power
mit 250–500 Hz	6 %	8 %
mit 65–200 Hz	9 %	12 %

Frostsicherheit und Einstellung der Wasserqualität

Bei Außentemperaturen unter 0 °C besteht beim Stillstand der Induktionsanlage beispielsweise während des Wochenendes die Gefahr, dass das Kühlwasser einfriert, was erhebliche Schäden zur Folge hat. Zu deren Vermeidung wurde bis vor einigen Jahren dem Kühlwasser Glykol zugesetzt. Problematisch war dabei, dass das abgeführte Glykol-Wasser-Gemisch aufgefangen und entsorgt werden muss. Weitere Nachteile des Einsatzes von Glykol sind neben den höheren Betriebskosten der höhere Kontrollaufwand und die Reduzierung des Wärmeübergangs in Spule und Wärmetauscher.

Als fortschrittliche Verfahren für die Frostsicherheit gibt es inzwischen die Möglichkeit, mit geeigneten Zusatzeinrichtungen das Kühlsystem leer laufen zu lassen oder den Wassertank mittels Heizstäben mit automatischer Regelung bei Bedarf zu beheizen. Das Beheizungsverfahren ist mehr oder weniger wartungsfrei, kostet allerdings zusätzliche Energie; beim Entleerverfahren ist nachteilig, dass es zur zusätzlichen Oxidbildung und Korrosion führen kann.

Generell lassen sich Korrosionsreaktionen im Kühlsystem durch geeignete Einstellung der Wasserqualität weitgehend vermeiden. In **Bild 7** ist dazu der Aufbau einer Einheit zur Entsalzung und zum Korrosionsschutz des Kühlwassers im Ofen- und Elektrikkreis dargestellt. Sie besteht aus einer Entsalzungspatrone und einem Behälter mit Korrosionsschutzmittel, das mit einer Dosierpumpe dem Kühlwasser in geeigneten Mengen zugegeben wird. Die unterschiedlichen Leitfähigkeiten des Ofen- und Elektrik-Kühlwassers werden manuell eingestellt, dann automa-

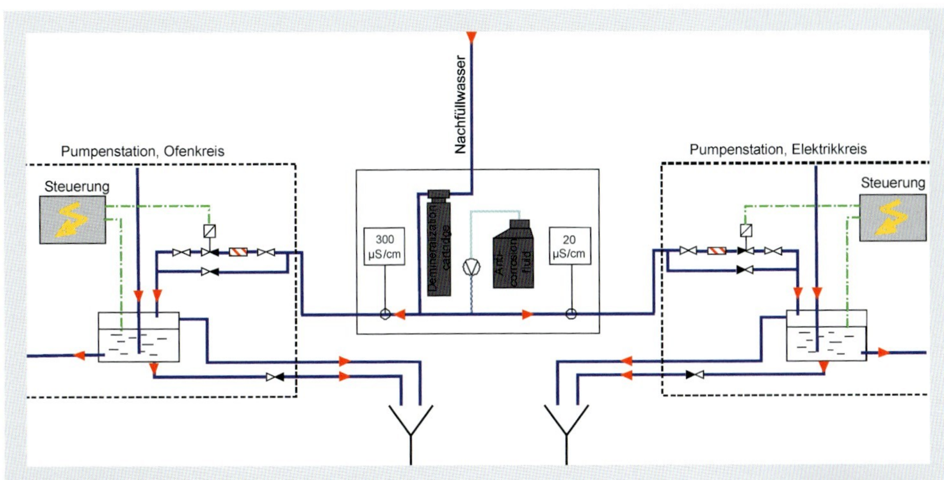

Bild 7: Aufbau einer Entsalzungs- und Korrosionsschutzeinheit [4]

tisch kontrolliert und konstant gehalten. Nachfüllen und Abschlämmen erfolgen ebenfalls automatisch.

Abwärmenutzung

Es liegt nahe, die beim induktiven Schmelzen anfallenden großen Abwärmemengen, im Sinne der Energieeffizienz zu nutzen. Von Vorteil ist dabei, dass die Wärme im Kühlwasser „greifbar“ vorliegt; nachteilig ist aber ihr niedriges Temperaturniveau. Mit dieser Einschränkung liegen zur Nutzung der Abwärme des Ofenkreises bisher mit den beiden folgenden Systemen Erfahrungen vor:

- Nutzung der warmen Luft, wie sie beim im Bild 5c dargestellten Autokühlerprinzip anfällt, zur Schrotttrocknung oder zur Hallenheizung. Bei der Schrotttrocknung ist der Nutzen relativ gering, da für einen effektiven Wärmeübergang in der Schrottschüttung große Luftmengen mit Druck bewegt werden müssen; dazu wird Energieaufwand benötigt, der die Energiebilanz wesentlich verschlechtert. Bei der Hallenheizung wirken sich die großen bewegten Luftmengen als Zugluft aus, was zusätzliche Maßnahmen notwendig macht.
- Nutzung von warmem Wasser zum Duschen oder zum Heizen. Dazu wird entsprechend dem Schema in **Bild 8** ein zusätzlicher Wasser/Wasser-Wärmetauscher in den Ofenkühlkreis eingebaut, der in automatischer Schaltung ab einem bestimmten Temperaturniveau mit dem Auslaufwasser der Spule beschickt wird und Dusch- oder Heizwasser mit einer relativ hohen Temperatur an einen Heißwasserspeicher abgibt. Der Rücklauf wird durch Frischwasser des Speichers oder/und aus der Heizung zurückkommendes Wasser gespeist.

Die Effektivität des Abwärmekreises lässt sich erheblich steigern, wenn man bei dem aus der Ofenspule austretenden Wasser eine höhere Temperatur als die üblichen 70 °C zulässt. Dazu liegen Erfahrungen bei der Gießerei der M. Jürgensen GmbH & Co KG in Sörup (nahe Flensburg) vor, wo die Verlustwärme der

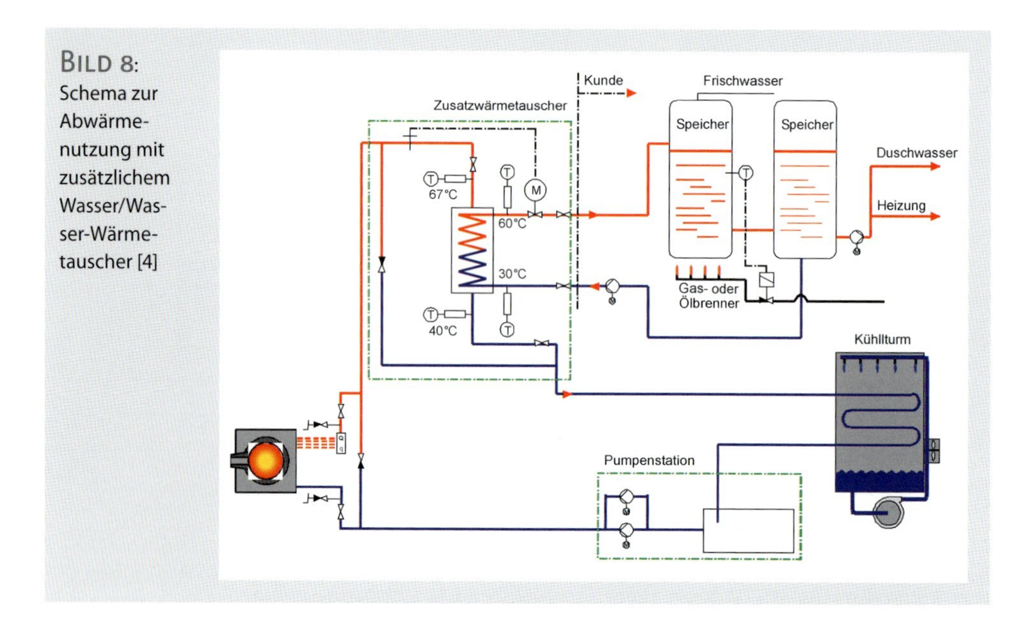

BILD 8: Schema zur Abwärmenutzung mit zusätzlichem Wasser/Wasser-Wärmetauscher [4]

Ofenkühlkreise von zwei MF-Öfen und mehreren NF-Öfen mit gesamt 4,7 MW Anschlussleistung entsprechend dem in Bild 8 dargestellten Schema in ein Fernwärmenetz eingespeist wird [5]. Das Fernwärmesystem wird außerdem von der Abwärme der Stromerzeugung einer Biogasanlage versorgt, sowie von der Kesselanlage eines örtlichen Versorgers

Das Energieaufkommen der Gießerei für das Fernwärmenetz mit maximal 1 MWh/h ist relativ gering, da seitens des Fernwärmesystems ein Temperaturniveau des in den in Bild 8 dargestellten Zusatz-Wärmetauscher eintretenden Wassers von mindestens 75 °C gefordert wird. Das bedeutet, dass das Zulaufwasser bei Austritt aus der Ofenspule eine Temperatur von mindestens 80 °C haben muss. Daraus resultieren erhöhte Wartungskosten für das Ofen-Rückkühlsystem vor allem aufgrund kürzerer Haltbarkeit der Kühlwasserschläuche. Außerdem müssen eine kürzere Standzeit für die Spulenisolierung und das erhöhte Betriebsrisiko mit dem nahe am Siedepunkt befindlichen Kühlwasser in Kauf genommen werden. Aus Sicht der Energieeffizienz der Schmelzanlage ist die Nutzung der Ofenabwärme trotzdem sinnvoll.

Fazit

Die zur Abführung der beim induktiven Schmelzen entstehenden elektrischen und thermischen Verluste eingesetzten Wasser-Rückkühlsysteme sind technisch ausgereift. In getrennten geschlossenen Kühlkreisen werden am Ofen die Induktionsspule (und fallweise die Trafo-Blechpakete) an der Stromversorgungseinrichtung der Umrichter und die Kondensatoren mit hochwertigem Kühlwasser gekühlt. Für die Frostsicherheit und für die Einstellung der Wasserqualität zur

Vermeidung von Korrosion gibt es geeignete Zusatzeinrichtungen. Noch am Anfang ihres Erfolgs stehen die bisherigen Bemühungen zur Abwärmenutzung. Hauptgrund dafür ist das relativ niedrige Temperaturniveau der im Kühlwasser anfallenden Wärme, das im Normalfall bei etwa 70 °C liegt. Erste Erfahrungen mit Temperaturen von 80 bis 100 °C zeigen, dass damit höhere Wartungskosten und ein zusätzliches Betriebsrisiko in Kauf genommen werden müssen. Es bleibt abzuwarten, in wieweit laufende Entwicklungen zur Abwärmenutzung zu besseren Ergebnissen im Sinne der Energieeffizienz führen.

Literatur

[1] Dötsch, E.: Induktives Schmelzen und Warmhalten. Vulkan-Verlag Essen, 2009

[2] Schmitz, W.; Trauzeddel, D.: Energiesparpotential beim induktiven Schmelzen und Gießen von Gusseisenwerkstoffen. Gießerei 95 (2008) Nr. 6, S. 24–26, 28–31 und Nr. 7, S. 24–27.

[3] Fasholz, J.; G. Orth: Induktive Erwärmung. RWE Energie, Essen 1991.

[4] Schmidt, J.: Rückkühlung beim induktiven Schmelzen einschließlich Wärmerückgewinnung. Vortrag beim VDG-Arbeitskreis „Industrieöfen" am 1. April 2009 in Düsseldorf

[5] Elbracht, B.: Wärmerückgewinnung bei M. Jürgensen GmbH & Co KG. Vortrag beim VDG-Arbeitskreis „Induktionsöfen" am 4. November 2009 in Pirna.

Veröffentlicht in:
elektrowärme international · Heft 4/2009 · Seiten 255–259

Energieeinsparung und Qualitätssicherung durch den Einsatz von Induktionsgießöfen

Von Dietmar Trauzeddel

Die ständig steigenden Anforderungen an die Qualität der Gussstücke aus Gusseisen erfordern immer engere Toleranzen der Gießparameter und der Dosiergenauigkeit. Außerdem werden Energieverbrauch, Wirtschaftlichkeit und Produktivität einer Gießerei nicht zu letzt auch von der Gestaltung und Betriebsweise des Gießprozesses mit bestimmt.
Der Einsatz druckbetätigter Gießöfen zum Speichern und Gießen des flüssigen Eisens kann in entsprechenden Fällen zur Energieeinsparung beitragen und helfen, die Gussqualität zu verbessern und die Kapazitätsausnutzung zu steigern.

Aufgabenstellung

Die generelle Aufgabenstellung für den Gießprozess von Gusseisenwerkstoffen kann wie folgt in einen Satz zusammengefasst werden:

Mit geringem Aufwand und niedrigem Energieverbrauch das flüssige Eisen in hoher Analysen- und Temperaturgenauigkeit zeitgerecht und in der richtigen Menge an der Gießstrecke bereitzustellen und mit exakter Einhaltung der vorgegeben Gießkurve die Form abgießen.

Daraus leiten sich die Anforderungen auch für den Einsatz von druckbetätigten Induktionsgießöfen ab (**Bild 1**).

- Mit niedrigem Energieverbrauch gießen
  Betrachten wir den Energieaufwand, so muss man sich vergegenwärtigen, dass für den Schmelz- und Gießprozess mehr als 70 % des Gesamtenergiebedarfes einer Gießerei verbraucht werden – das stellt ein großes Einsparpotenzial dar [1]. Der Anteil für den Warmhalte- und Gießprozess ist dabei nicht unerheblich. Geht man von Durchschnittswerten aus, so sind bei Verbrauchswerten für das Schmelzen der Einsatzstoffe auf 1.500 °C von 510 bis 550 kWh/t durchaus üblich, aber fast 150–250 kWh/t werden noch einmal für den nachfolgenden Warmhalte-, Transport- und Gießprozess benötigt. Dabei liegt nach einer englischen Studie [2] das Einsparpotenzial für diese Prozessstufe bei 10 % des Gesamtenergieverbrauches für das Schmelzen und Gießen.
- Das flüssige Eisen zeitgerecht und in der richtigen Menge bereitstellen
  Das ist wichtig für die gesamte Fertigungskette, wenn man bedenkt, dass mehr als 10 % der Ausfälle an Formanlagen auf das Fehlen von gießfertigem Metall zurückzuführen sind.
- Hohe Analysen- und Temperaturgenauigkeit erreichen

Es ist festzustellen, dass nach vorsichtiger Schätzung circa ein Drittel des Gießereiausschusses durch Fehler im Schmelz- und Gießprozess verursacht werden.

Fakt ist, dass Energieverbrauch und Gussqualität, Wirtschaftlichkeit und Produktivität einer Gießerei nicht zuletzt auch von der Gestaltung und Betriebsweise des Gießprozesses mit bestimmt werden.

Bild 1: Druckbetätigter Gießofen im Einsatz an einer automatischen Formanlage

Anforderungen und Einsatzkriterien

Die ständig steigenden Anforderungen an die Qualität der Gusstücke erfordern immer engere Toleranzen der Gießparameter und der Dosiergenauigkeit. So sind z. B. Toleranzen von 15 K für die Gießtemperatur und eine Dosiergenauigkeit von weniger als 1 Gewichtsprozent bei anspruchsvollen Gussteilen für den Fahrzeugbau durchaus keine Seltenheit. Hinzu kommt, dass bei Hochleistungsformanlagen, die bei der Großserienfertigung überwiegend zum Einsatz kommen, alle 10–15 Sekunden ein Formkasten genau dosiert zu füllen ist. Dabei ist eine dem Schluckvermögen der Form entsprechende Dosierung des flüssigen Eisens zu gewährleisten und eine hohe Reproduzierbarkeit der optimierten Gießkurve zu erreichen. Ferner muss dazu die jeweilige Position des Eingusstrichters exakt angefahren werden.

Für das Gießen und Dosieren des flüssigen Gusseisens bei der Herstellung von Formguss gibt es im Wesentlichen nur drei alternative Aggregate: die traditionelle handbetätigte Gießpfanne in Tiegel- oder Trommelform (**Bild 2**), unbeheizte Gießeinrichtungen alternativ mit Entleerung über einen Bodenstopfen (**Bild 3**) oder durch Kippen über eine Ausgussschnauze und den druckbetätigten Induktionsgießofen mit Rinnenbeheizung und Stopfenentleerung (**Bild 4**).

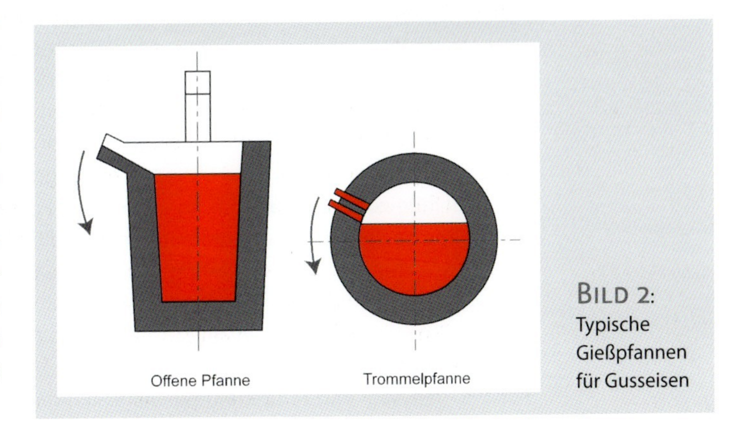

Bild 2: Typische Gießpfannen für Gusseisen

Bild 3: Schema einer unbeheizten Gießeinrichtung mit Bodenstopfen (Typ Otto Junker)

Bild 4: Schema eines druckbetätigten Induktionsgießofens

Die beiden zuletzt genannten Aggregate ermöglichen die Automatisierung des Gießprozesses. Für diese Automatisierung stehen zwei grundsätzliche Systeme zur Verfügung: das Nachfahren einer gespeicherten, sortimentsspezifischen Gießkurve mit Hilfe eines Teach-in-Systems oder die Regelung der Gießleistung über die Erfassung des Niveaus des flüssigen Eisens in dem Gießtrichter des Formkastens mittels Kamera oder Laser. Ferner wird die jeweilige Gießposition von den Aggregaten selbständig und exakt angefahren.

Beim manuellen Gießen aus der Gießpfanne ist dagegen der Gießvorgang von dem individuellen handwerklichen Können des Gießers und seiner Tagesform abhängig. Insbesondere beim Einsatz von Hochleistungsformanlagen stellt es keine zukunftsträchtige Lösung dar, im hohen Rhythmus die Formkästen per Hand abzugießen.

Werden Kleinserien und Einzelteile in einer Handformerei oder auf einer mechanisierten Formanlage hergestellt, ist das Abgießen aus einer Pfanne nach wie vor eine sinnvolle Lösung. Eine genaue Kontrolle der Gießtemperatur ist dafür allerdings eine unabdingbare Notwendigkeit. Die Anzahl der Abgüsse aus einer Pfanne wird dabei, neben dem Abgussgewicht, von der zulässigen Toleranz der Gießtemperatur bestimmt. Gleichgültig wie gut eine Gießpfanne isoliert und konstruiert ist, der Temperaturabfall kann nur minimiert aber nicht vermieden werden.

Eine Alternative, um auch bei längeren Haltezeiten des flüssigen Metalls in der Gießpfanne eine annähernd konstante Gießtemperatur zu erreichen, stellen induktive Pfannenbeheizungen dar [3, 4]. Allerdings haben diese Systeme aus unterschiedlichen Gründen keine breite industrielle Anwendung gefunden.

Unbeheizte Giesseinrichtung und druckbetätigter Induktionsgiessofen im Vergleich

Moderne, unbeheizte Gießeinrichtungen erfüllen zwar die Anforderungen an die Automatisierung des Gießprozesses, nicht aber in Bezug auf die Temperaturgleichmäßigkeit und die Möglichkeit der längeren Speicherung von magnesiumbehandelter Schmelze. Der druckbetätigte Induktionsgießofen ermöglicht mit seiner in der Regel als Rinneninduktor ausgeführten Beheizung nicht nur den Ausgleich der Wärmeverluste und damit eine konstante Eisentemperatur, sondern auch das Überhitzen des flüssigen Eisens. Damit kann, bei zu niedrigerer Temperatur des zugeführten Eisens, eine Überhitzung auf die erforderliche Gießtemperatur erreicht werden. In Abhängigkeit von der installierten Nennleistung der elektrischen Schaltanlage ist eine Temperaturerhöhung von 50–100 K in einer Stunde möglich.

Gegenüber einem Gießofen hat die unbeheizte Gießeinrichtung die Vorteile, dass ein Eisenwechsel (andere Werkstoffqualität) einfach und schnell erfolgen kann, die Aufwendungen für die Investition und das Betreiben (Zustellung, Wartung) geringer sind und die Anlage schnell und unproblematisch angefahren werden kann.

Beide Aggregate stellen einen zusätzlichen Puffer zwischen Schmelzbetrieb und Formerei dar, allerdings in unterschiedlicher Größe. Während ein Gießofen in der Regel so ausgelegt wird, dass sein Nutzfassungsvermögen in der Größenordnung des Eisenbedarfes einer halben bis zu einer Stunde liegt, kann aus einer unbeheizte Gießeinrichtung aufgrund des Temperaturabfalls maximal 15–20 Minuten die gespeicherte Eisenmenge vergossen werden. Dementsprechend wird auch das Fassungsvermögen der unbeheizten Gießeinrichtung gewählt. In einem Induktionsgießofen kann das flüssige Metall bei Störungen in der Eisenabnahme fast unbegrenzt lange warmgehalten werden. Natürlich muss der Energiebedarf für das Warmhalten aufgebracht werden.

Tabelle 1 bringt einen technischen Vergleich der beiden Gießaggregate.

TABELLE 1: Technischer Vergleich: unbeheizte Gießeinrichtung/druckbetätigter Induktionsgießofen

Gießen und Dosieren
Vergleich zwischen Gießofen und unbeheizter Gießeinrichtung

	Gießofen	Unbeheizte Gießeinrichtung (Typ: Entleerung über Stopfen, drucklos)
Temperaturverlust	0,5 °C/min	2,5° C/min
Automatisches, exaktes Dosieren	sehr gut	sehr gut
Anfahren unterschiedlicher Eingusspositionen	sehr gut	sehr gut
Speicherung von Mg-behandeltem Eisen	längere Zeit	nur kurze Zeit
Einsatz an automatischen Formanlagen	sehr geeignet	sehr geeignet
Schlackefreies Gießen	geeignet	geeignet
Analysen- und Temperaturausgleich	sehr gut	ungünstig
Einsatz als Zwischenspeicher	ja	zeitlich begrenzt
Eisen- und Qualitätswechesl	kompliziert	einfach
Zustellung	kompliziert	einfach
Temperaturgenauigkeit	sehr gut	gut
Gleichzeitiges Befüllen und Abgießen	sehr gut	möglich

Der Einsatz druckbetätigten Induktionsgießöfen ermöglicht insbesondere

- das exakte Anfahren unterschiedlicher Eingusspositionen,
- das genaue Nachfahren der vorgegebenen Gießkurve,
- die exakte Dosierung der benötigten Eisenmenge,
- das Warmhalten und Überhitzen,
- die Einhaltung einer gleichmäßigen Gießtemperatur,
- den Analysenausgleich,
- das schlackenfreie Gießen und
- die längere Speicherung magnesiumbehandelter Schmelze.

Energieeffizienz

Der Einsatz von druckbetätigten Induktionsgießöfen bietet neben entscheidenden technologischen auch deutliche energetische Vorteile.

Neben der direkten Energieeinsparung durch die geringeren Wärmeverluste des Gießofens wird eine indirekte Einsparung erreicht durch

- die Reduzierung der Temperaturverluste aufgrund weniger Umschüttvorgänge,
- die geringere Menge an Rest- und Spritzeisen,
- die Minimierung des Kreislaufmaterials (kleinere Eingusstrichter),
- die Senkung der organisatorisch bedingten Ausfallzeiten und
- die bessere und kontinuierlichere Nutzung der Schmelzkapazität.

Damit verbunden ist eine Senkung der Herstellkosten und eine bessere Kapazitätsausnutzung.

Der statische Temperaturverlust des flüssigen Eisens in einem Gießofen mittlerer Größe liegt mit 0,5 K pro Minute sehr niedrig und dementsprechend wird

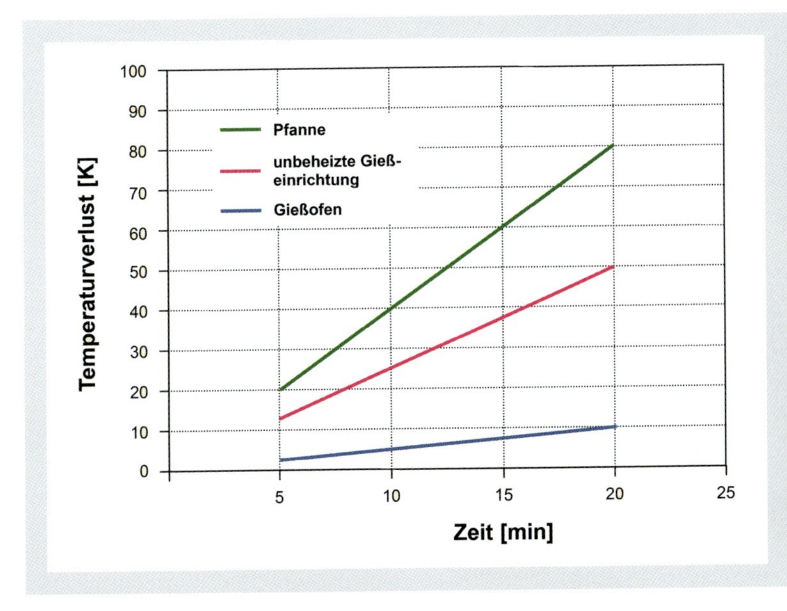

BILD 5: Temperaturverluste: Gießpfanne, unbeheizte Gießeinrichtung und druckbetätigter Induktionsgießofen

eine geringe Energiemenge zum Warmhalten benötigt. Verglichen mit dem Temperaturverlust in einer üblichen Tiegelpfanne ohne Deckel von durchschnittlich 4 K pro Minute reduziert sich der Temperaturverlust bei einer Haltezeit von 20 Minuten von 80 K auf 15 K. Damit wird die Energie für den Ausgleich des höheren Temperaturverlustes eingespart: 65 K geringeren Temperaturverlust ergeben einen Vorteil von mehr als 30 kWh/t (siehe **BILD 5**). Dies deckt sich mit der Aussage, dass durch Einsatz eines Gießofens die Abstichtemperatur aus dem Schmelz- bzw. Warmhalteofen um 30–60 K gesenkt werden kann [5].

Zu erwähnen ist noch, dass der spezifische Warmhaltewert mit steigender Ofengröße deutlich sinkt. Ein größerer Gießofen würde damit einen zusätzlichen energetischen Vorteil bieten. Dieser Vorteil kann allerdings nur bedingt genutzt werden, da die fertigungstechnischen Anforderungen vorrangig über die Größe des Gießofens entscheiden.

Wird ein Tiegelinduktor als Alternative zum Rinneninduktor für die Beheizung von Gießöfen eingesetzt, so muss mit einem um ca. 15 % höheren Energieverbrauch für das Warmhalten und Überhitzen gerechnet werden, bedingt durch den schlechteren elektrischen Wirkungsgrad [6]. Aus diesem und anderen Gründen hat sich diese Beheizungsvariante für die Induktionsgießöfen nicht so durchgesetzt, wie man am Anfang der Entwicklung es erwartet hatte.

Beim Vergleich eines Gießofens mit einer unbeheizten Gießeinrichtung hinsichtlich des Gesamtenergieverbrauches und damit der Energieeffizienz sind die Vorteile und Nachteile gegeneinander abzuwägen. Für die unbeheizte Gießeinrichtung spricht die Tatsache, dass das Warmhalten am Wochenende und den produktionsfreien Schichten entfällt. Allerdings wird auch Energie für Aufheizen der unbeheizten Gießeinrichtung nach jeder freien Schicht verbraucht.

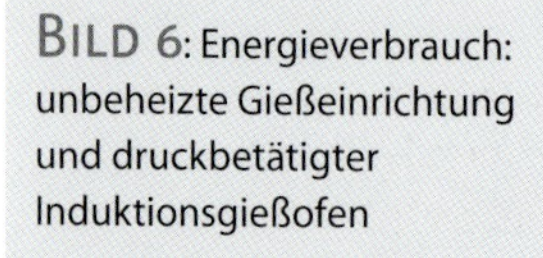

BILD 6: Energieverbrauch: unbeheizte Gießeinrichtung und druckbetätigter Induktionsgießofen

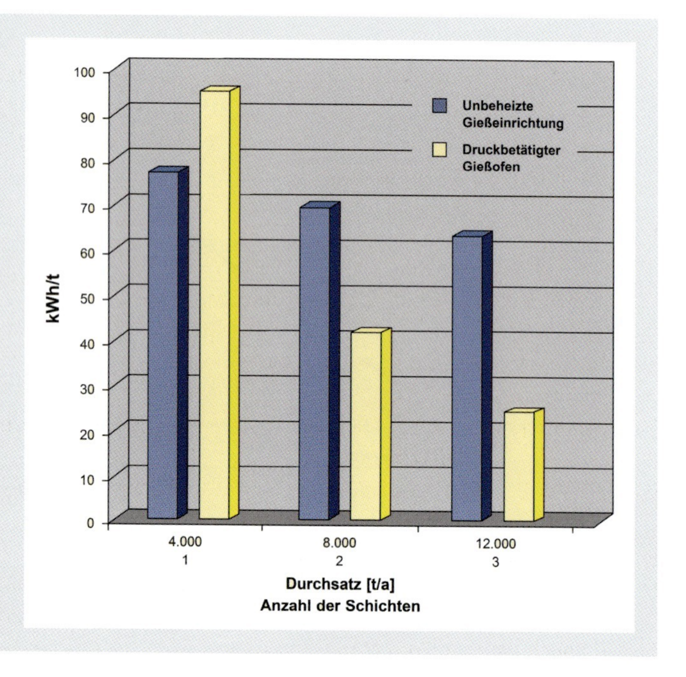

Andererseits ist im Produktionseinsatz der Temperaturverlust einer unbeheizten Gießeinrichtung wesentlich höher als der eines Gießofens: Liegen die Werte beim Gießofen bei ca. 0,5 K pro Minute, so erreichen sie bei einer unbeheizten Gießeinrichtung einen weit höheren Wert. Nach eigenen Messungen beträgt der Temperaturverlust der unbeheizten Gießeinrichtung Typ OTTO JUNKER ca. 2,5 K/min, die Angaben anderer Hersteller von unbeheizten Gießeinrichtungen schwanken je nach Konstruktion und Ausführung zwischen 1–1,5 K/min [7] und 5–10 K/min [8]. Für die weiteren Betrachtungen wurde mit einem mittleren Wert von 2,5 K/min gearbeitet. Damit ergibt sich, siehe Bild 5, nach 20 Minuten Haltezeit ein Temperaturverlust von 50 K.

Eindeutig ist, dass unbeheizte Gießeinrichtungen nur dann einen energetischen Vorteil im Vergleich zum Gießofen bieten, wenn nur in einer Schicht gearbeitet wird oder es häufiger zu einem Eisenwechsel oder längeren Unterbrechungen kommt.

Die durchgeführte Berechnung des durchschnittlichen Energieverbrauches in kWh/t für einen Durchsatz von 4 t/h und die unterschiedliche Schichtsysteme bestätigt diese qualitative Aussage (**BILD 6**). Bereits im 2-Schichtsystem wird beim Einsatz eines Induktionsgießofens eine deutliche Energieeinsparung im Vergleich zu einer unbeheizten Gießeinrichtung erreicht.

Auch wenn bei höheren Durchsatzleistungen sich niedrigere spezifische Energieverbrauchswerte einstellen, das angewendete Schichtsystem bleibt die bestimmende Einflussgröße und damit bleiben auch die grundsätzlichen Unterschiede im Energieverbrauch zwischen beiden Gießaggregaten bestehen.

Fazit

Druckbetätigte Gießöfen bieten bei der Herstellung von Gussteilen aus Gusseisenwerkstoffen verfahrenstechnische, energetische und wirtschaftliche Vorteile. Insbesondere bei der Formherstellung auf Hochleistungsformanlagen stellen sie daher das bevorzugte Gießaggregat dar.

Literatur

[1] Schmitz, W.; Trauzeddel, D.: Gießerei 96 (2008), Nr. 6, S. 24–31

[2] Metal distribution and handling in iron foundries; GOOD PRACTICE GUIDE Nr. 63 ETSU, Harwell, Didcot, Oxfordshire, OX11 OQJ, January 2001

[3] Eidem, M.; Sjörgen, B.: CALIDUS – Induktiv beheizter Pfannenkörper. 12. Internationale ABB-Ofentagung, Dortmund 1991

[4] Patentschrift DE 10 2004 008 044 A1, Anmelder: INDUGA Industrieofen und Giesserei-Anlagen GmbH & Co. KG

[5] Dötsch, E. : Induktives Schmelzen und Warmhalten. Vulkan-Verlag GmbH, 2009

[6] Dötsch; E.: Giesserei (2009) Nr. 6, S. 26–36

[7] ABP Induction Systems GmbH: Prospekt „Druckbetätigte, induktiv beheizte und unbeheizte Gießeinrichtungen zum automatischen Gießen"

[8] Heinrich Wagner Sinto Maschinenfabrik GmbH: Technische Beschreibung Gießautomat Typ P 10

Veröffentlicht in:
elektrowärme international · Heft 4/2009 · Seiten 261–264

CO_2-Reduktion durch effiziente elektrothermische Prozesstechnik

Von Egbert Baake

Der industrielle Verbrauchssektor Prozesswärme dominiert mit einem Anteil von etwa 2/3 den gesamten Endenergieverbrauch der deutschen Industrie. Daher müssen neben der energetischen Bewertung und kontinuierlichen weiteren Verbesserung der Energieeffizienz der verschiedenen Erwärmungs- und Schmelztechnologien bereits heute auch die entstehenden CO_2-Emissionen unter Berücksichtigung der gesamten energetischen Prozesskette bilanziert und reduziert werden, um für die zukünftigen Herausforderungen im Bereich der thermischen Prozesstechnik frühzeitig gerüstet zu sein.
Im Folgenden wird zunächst dargestellt, wie in Abhängigkeit von der eingesetzten Endenergie in Form von Strom, Gas oder Kohle die verschiedenen energetischen Prozessketten zu unterschiedlichen CO_2-Emissionswerten führen. Es wird deutlich, dass der zunehmende Anteil von regenerativ erzeugter elektrischer Energie zukünftig zu einer weiteren Reduzierung der CO_2-Emissionen beim Einsatz von elektrothermischen Prozesstechnologien führen wird. Diese Entwicklungen werden in diesem Beitrag beispielhaft anhand des energieintensiven Schmelzens von Metallen aufgezeigt.

Die Reduzierung des Energiebedarfs in allen Lebensbereichen des Menschen hat in der heutigen Zeit nicht nur unter ökologischen sondern zunehmend auch unter ökonomischen Gesichtspunkten eine herausragende Bedeutung erlangt. Ein schonender Umgang mit der Ressource „Energie" bedingt neben einem Umdenken in der Bevölkerung eine ständige Weiterentwicklung der Produktionsprozesse. Die alarmierenden Zahlen zur weltweiten Situation des Treibhausgases Kohlendioxid zeigen, dass bei der Untersuchung von industriellen Prozessen die Bewertung der entstehenden CO_2-Emissionen einen zunehmenden Stellenwert bekommt.

Ein zusätzlicher, wirtschaftlicher Anreiz zur Reduzierung der CO_2-Emissionen und des Energiebedarfs durch den rationellen Einsatz des optimalen Endenergieträgers in energieeffizienten Prozessen und Anlagen soll durch den Handel mit CO_2-Emmissionsrechten geschaffen werden. Noch sind Industrieöfen in der Regel nicht vom Handel mit CO_2-Emmissionsrechten betroffen. Allerdings kann nicht ausgeschlossen werden, dass die Europäische Union in Zukunft ihre Bewertungskriterien verändert. Ineffiziente Anlagen würden dann – je nach Branche – mit einer zusätzlichen Abgabe belegt. Über die „Ökodesign-Richtlinie" [1] gibt die Europäische Union Regeln für die umweltfreundliche Konstruktion und Entwicklung von Produkten vor. Industrieöfen sind in diesen Fokus gerückt. Studien zur zukünftigen Anpassungen der Energie-Grenzwerte und/oder konkrete Auflagen zur Energieverbrauchreduzierung sind in Kürze geplant.

Von der in der deutschen Industrie insgesamt eingesetzten Endenergiemenge, also der Energie, die dem Endnutzer vorliegt, hat die industriell genutzte Prozesswärme mit etwa 68 % einen dominierenden Anteil [2]. Trotz dieser Bedeutung existieren wenige vergleichende Untersuchungen industrieller Prozesswärmeverfahren in Bezug auf den End- und Primärenergiebedarf sowie die Emission des klimarelevanten CO_2-Gases beim Einsatz unterschiedlicher Endenergieträger, wie Strom, Erdgas, Öl oder Kohle.

Energetische Prozessketten und CO_2-Emissionen

Zur ökologischen Beurteilung der energetischen Effizienz eines Produktionsverfahrens muss die am Ort des Bedarfs in definierter Form zur Verfügung stehende Endenergie auf den Primärenergieeinsatz zurückgeführt werden. Dabei bezieht der Begriff der Primärenergie alle relevanten Aktivitäten zur Bereitstellung der Energie, also die gesamte energetische Prozesskette, mit ein (**Bild 1**). Diese Prozessketten enthalten somit alle Aufwendungen, die mit Energie- und Transport-

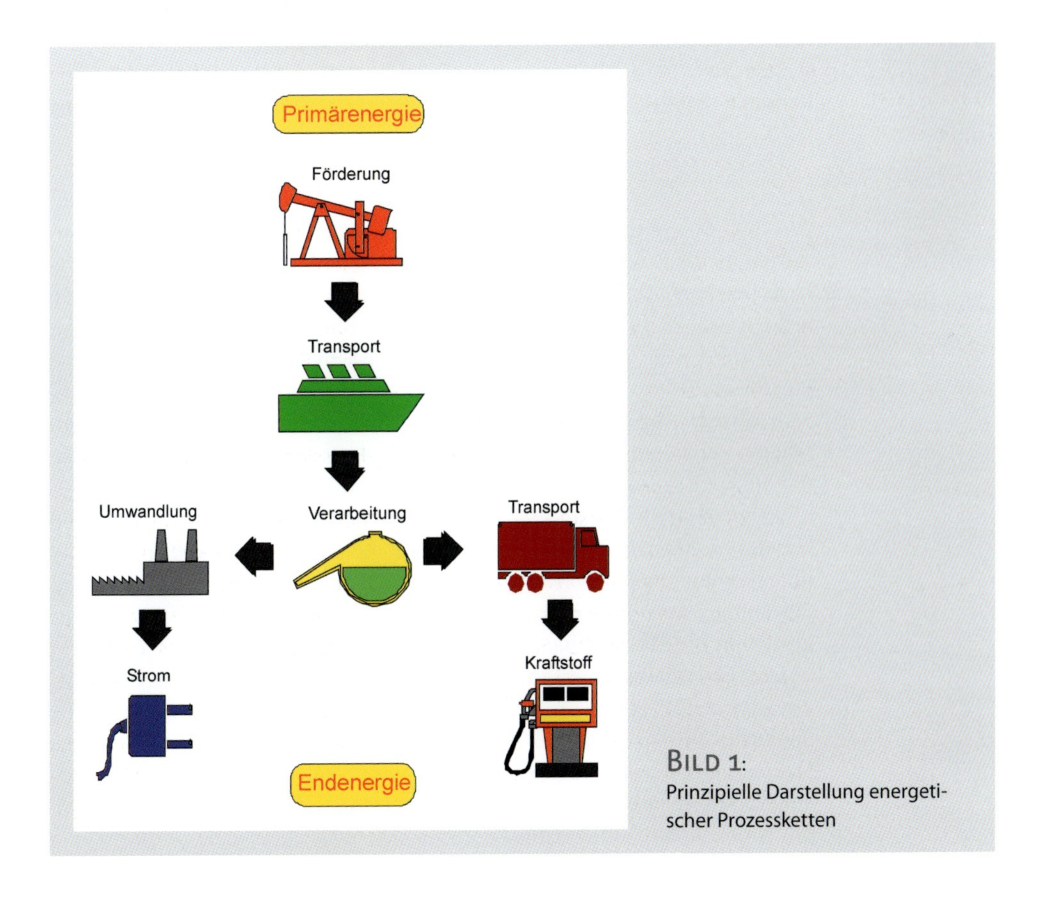

Bild 1: Prinzipielle Darstellung energetischer Prozessketten

dienstleistungen sowie der Material- und Hilfsproduktherstellung verbunden sind. Der so ermittelte Primärenergiebedarf, der zur Bereitstellung der Endenergie erforderlich ist, dient als Grundlage zur Bestimmung der Emissionen. Die hier dargestellten Faktoren für die Prozessketten wurden [3] entnommen und durch aktuelle zusätzliche Daten und eigene Berechnungen ergänzt.

Die Prozessketten für fossile Brennstoffe beinhalten den Energie- und Materialaufwand, der für die Bereitstellung der Endenergie beim Verbraucher erforderlich ist. Dieser besteht im Wesentlichen aus der Förderung, den Transporten, den Transportverlusten und den Umwandlungs- bzw. Verarbeitungsaufwendungen. Da die Brennstoffe aus verschiedenen Fördergebieten stammen, sind diese Aufwendungen in Abhängigkeit von Förderbedingungen und Transportweg sehr unterschiedlich. Um dennoch aussagekräftige Daten zu erhalten, wird aus den Aufwendungen ein gemäß dem Anteil des Fördergebiets an der Deckung des bundesdeutschen Energiebedarfs gewichteter Mittelwert gebildet. Die ermittelten Aufwendungen werden auf den Heizwert des Endenergieträgers bezogen und als Verhältnis von Primär- und Endenergie dargestellt.

Bewertung von Endenergieträgern unter Berücksichtigung der Prozesskette

Zusätzlich zum Energiebedarf und den Emissionen, die bei der Energiebereitstellung und Verteilung entstehen, führt die Verbrennung fossiler Brennstoffe zu weiteren Emissionen. Zur einheitlichen heizwertbezogenen Berechnung der CO_2-Emission der fossilen Brennstoffe und um eine einheitliche Basis zur energetischen Bewertung verschiedener Prozesswärmeverfahren zu erhalten, muss die bei der Verbrennung entstehende CO_2-Menge auf die dabei freigesetzte Energie bezogen werden.

Die Bereitstellung von elektrischem Strom als Endenergie stellt die komplexeste hier vorgestellte Prozesskette dar. Zur Bestimmung des Primärenergiebedarfs und der Emissionen muss die Verteilung nach Kraftwerkstypen und Brennstoffen gemäß ihrem Anteil an der Stromerzeugung bewertet werden. Hierbei ist zu beachten, dass im Fall der Kraftwerke, die mit fossilen Brennstoffen arbeiten, auch die oben beschriebenen Prozessketten für die Bereitstellung fossiler Brennstoffe einbezogen werden müssen. Zusätzlich zu berücksichtigen sind die Verluste im Bereich der Stromverteilung.

Zusätzlich ist zu beachten, dass der Stromerzeugungsmix in den nächsten Jahrzehnten durch einen zunehmenden Anteil von regenerativ erzeugter elektrischer Energie, wie beispielsweise Windenergie, geprägt sein wird. Diese Entwicklungen werden zu einer weiteren Reduzierung der CO_2-Emissionen beim Einsatz von elektrischen Prozesswärmeverfahren führen und sollten schon heute für eine zukünftige Bewertung unterschiedlicher Endenergieträger berücksichtigt werden, da es sich bei wärmetechnischen Anlagen in vielen Fällen um sehr langlebige Investitionen handelt.

Ebenso ist zu beachten, dass bei der energetischen Bewertung von Materialverlusten, z. B. in Form von Abbrand beim Schmelzen von Sekundäraluminium, die einen nicht unwesentlichen Anteil am Energiebedarf der verschiedenen Schmelzverfahren verursachen (s. unten), die zutreffenden Prozessketten herangezogen werden. Der Verlust beim Schmelzen von Sekundäraluminium durch den sogenannten Abbrand muss durch die sehr energieaufwendige Gewinnung

Umrechnungsfaktoren verschiedener Endenergieträger	Endenergie / Primärenergie	Endenergiebezogener CO_2-Emissionsfaktor [kg/kWh]
Strom, Deutschland	0,327	0,615
Strom, westliche Welt	0,540	0,293
Steinkohle	0,933	0,406
Steinkohlenkoks	0,897	0,473
Braunkohle	0,963	0,413
Erdgas	0,932	0,227
Heizöl, leicht	0,913	0,301
Heizöl, schwer	0,878	0,318
Flüssiggas	0,878	0,268
Dieselkraftstoff	0,884	0,301

TABELLE 1: Zusammenstellung der Umrechnungsfaktoren zwischen End- und Primärenergie sowie endenergiebezogener CO_2-Emissionen für verschiedene Energieträger (Stand 1996) [3]

von Primäraluminium ausgeglichen werden. Aufgrund des hohen Strombedarfs für die Primäraluminiumgewinnung wird diese im wesentlichen in Ländern durchgeführt, die durch einen hohen Anteil von Wasserkraft in der Stromversorgung günstige Strompreise bieten können. Um eine energetische Beurteilung des Aluminiumabbrandes zu ermöglichen, wird daher die Zusammensetzung der Elektrizitätsversorgung bei der Aluminiumgewinnung in der westlichen Welt verwendet.

Eine Zusammenstellung der Umrechnungsfaktoren zwischen der End- und Primärenergie sowie der endenergiebezogenen CO_2-Emissionen für verschiedene Energieträger zeigt die **TABELLE 1** [3].

Die aus den dargestellten Prozessketten ermittelten Daten geben den Stand der Technik zu einem bestimmten Zeitpunkt wieder. Für eine Bewertung müssen auch die für die Zukunft absehbaren Entwicklungstendenzen beachtet werden. Bei der Betrachtung der fossilen Energieträger ist vor allem die Endlichkeit der gewinnbaren Ressourcen von Bedeutung. Langfristig ist hier mit einem steigenden Aufwand für die Ausbeutung der zunehmend erschöpften Lagerstätten zu rechnen, so dass sich das Verhältnis zwischen Primär- und Endenergie auch bei einer Optimierung der eingesetzten Fördertechniken ungünstig entwickeln wird. Diesem Effekt kann durch die Verwendung effizienterer Verfahren beim Anwender der Energie begegnet werden.

Bei der Erzeugung elektrischer Energie ist mit einer weiteren Steigerung des Wirkungsgrads der Energiewandlung in den Kraftwerken zu rechnen. Dies wird vor allem durch neue Techniken erreicht, die sich in der Entwicklung oder bereits in der Einführung befinden. Stand der Technik sind das Gas- und Dampfverfahren (GuD) und die Kraft-Wärme-Kopplung, die immer stärker ausgebaut werden und gerade in der Kombination beider Verfahren zu einer besonders effizienten Brennstoffausnutzung führen.

Im Bereich der Stromerzeugung ist aber insbesondere mit der zunehmenden Nutzung regenerativer Energiequellen zu rechnen. Diese zeichnen sich durch ei-

TABELLE 2: Zusammenstellung der Umrechnungsfaktoren für die endenergiebezogenen CO_2-Emissionen für Strom [3]

Umrechnungsfaktoren für den Endenergieträger Strom	Endenergiebezogener CO_2-Emissionsfaktor [kg/kWh]
Strom, westliche Welt	0,293
Strom, Deutschland (1996)	0,615
Strom, Deutschland (2007)	0,509
Strom, Deutschland (2020) [1]	0,345

[1] Branchenprognose 2020 mit 47 % regenerativ erzeugtem Strom

nen emissionsfreien bzw. emissionsarmen Betrieb aus. Bei der Nutzung von nachwachsenden Rohstoffen werden die meisten klimarelevanten Emissionen von der nächsten Pflanzengeneration wieder aufgenommen. Die Stromerzeugung aus Windkraft wurde in den letzten 10 Jahren zunehmend ausgebaut und wird durch die geplanten Offshore-Anlagen konventionelle Kraftwerksblöcke weiter ersetzen. Die Photovoltaik kann theoretisch auch in unseren Breiten einen nicht geringen Beitrag zur Stromerzeugung liefern, jedoch ist die Grenze der Wirtschaftlichkeit noch nicht erreicht. Ein Ausbau der Wasserkraft ist zumindest in Deutschland kaum mehr möglich ist. Die Entwicklung der endenergiebezogenen CO_2-Emissionsfaktoren für den Endenergieträger Strom in Deutschland von 1996 bis 2020 zeigt die **TABELLE 2**. Es ist davon auszugehen, dass der Emissionsfaktor für die elektrische Energie zukünftig weiter abnimmt.

Zusammenfassend kann festgehalten werden, dass bei der Verwendung von fossilen Energieträgern langfristig mit einem steigenden Primärenergiebedarf und einer Erhöhung der klimarelevanten Emissionen zu rechnen ist. Im Gegensatz dazu wird elektrische Energie in zunehmenden Maße effizienter und damit emissionsärmer erzeugt und eingesetzt, so dass bei der Bewertung konkurrierender thermischer Verfahren unter dem Gesichtspunkt der Klimarelevanz eine Verschiebung der Bewertungsfaktoren zugunsten der elektrisch betriebenen Verfahren zu erwarten ist.

Entscheidungskriterien für Prozesstechnologien

In der Industrie nehmen bei vielen Bearbeitungs- und Produktionsprozessen Prozesswärmeverfahren aus technologischer und energetischer Sicht eine zentrale Bedeutung ein, so dass die Prozesswärme mit einem Anteil von 67,7 % am gesamten Endenergieverbrauch der deutschen Industrie deutlich dominiert (**BILD 2**). Mit Abstand folgt der Energieeinsatz für mechanische Zwecke (21,3 %) und Raumwärme (8,2 %). Bemerkenswert ist ebenso, dass die Informations- und Kommunikationstechnik mit einem Anteil von 1,3 % heute einen vergleichbaren Energieverbrauch wie die Beleuchtung hat und auch aus energetischer Sicht zunehmend an Bedeutung gewinnt. Energieeinsparpotenziale sollten daher auch in der Informations- und Kommunikationstechnik konsequent genutzt werden.

Die Anwendungsbereiche der industriellen Prozesswärmeverfahren sind vielseitig und erstrecken sich von der Nahrungsmittelindustrie über die Textil- und

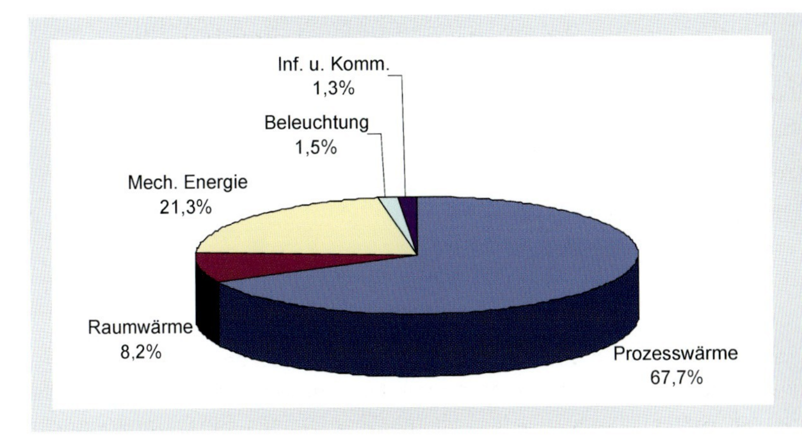

BILD 2: Anwendungsbereiche des Endenergiebedarfs der deutschen Industrie (2006) [2]

Papierindustrie bis hin zur chemischen Industrie, wo überwiegend Prozesstemperaturen bis etwa 500 °C zu finden sind und daher in vielen Fällen die besonders wirtschaftliche Bereitstellung der Endenergie durch Prozessdampf erfolgt. Hochtemperatur-Prozesswärme im Bereich zwischen 1000 °C und 1500 °C wird beispielsweise in der Zementindustrie, der Stahlindustrie, in den Eisen- und Nichteisengießereien, in Schmieden, in der Glas- und Keramikindustrie sowie in der Halbleiterindustrie benötigt.

Der Endenergiebedarf der industriellen Prozesswärme von insgesamt 1824 PJ wurde im Jahr 2006 zu 87 % durch direkte Nutzung fossiler Energieträger, d.h. Erdgas, Kohle und Öl, und nur zu 13 % durch elektrische Energie gedeckt (**BILD 3**). Diese Situation ist nur zum Teil verfahrenstechnisch oder technologisch bedingt sondern begründet sich vor allem durch die deutlich geringeren Energiekosten für Brennstoffe gegenüber Strom.

Bei vielen industriellen Prozesswärmeverfahren können grundsätzlich für die Endenergiebereitstellung sowohl elektrische Energie als auch fossile Brennstoffe eingesetzt werden. Die Wahl des technologisch und wirtschaftlich optimalen Energieträgers erfordert eine anwendungsspezifische, umfassende, detaillierte Analyse und Bewertung der Prozesse. Neben der Wirtschaftlichkeit des Gesamt-

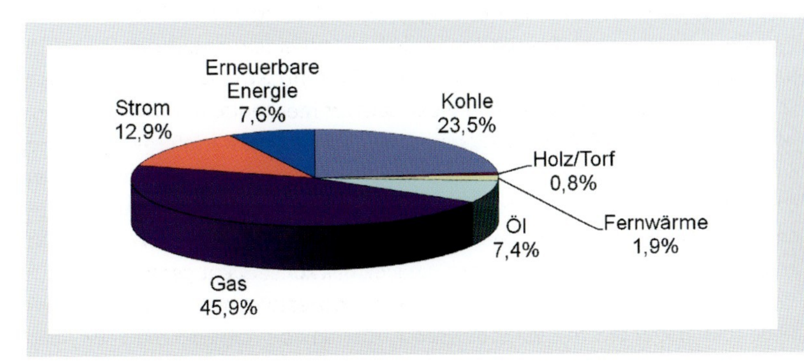

BILD 3: Energieträger für den Endenergiebedarf der deutschen Industrie (2006) [2]

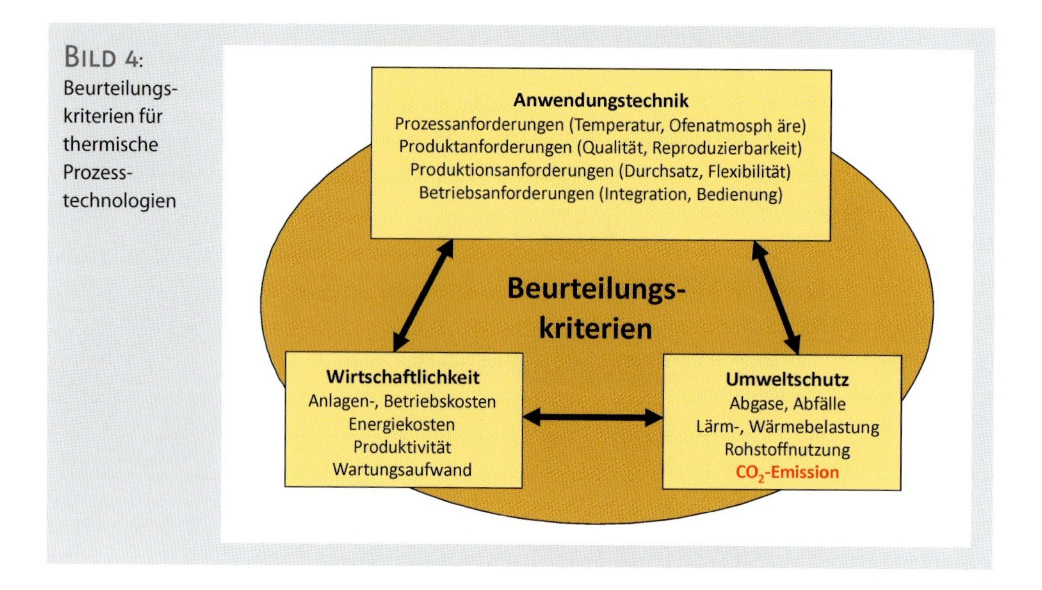

BILD 4: Beurteilungskriterien für thermische Prozesstechnologien

prozesses und den anwendungstechnischen Aspekten ist die Umweltverträglichkeit bei der Beurteilung von Prozesstechnologien zu berücksichtigen (**BILD 4**).

Die Wirtschaftlichkeitsanalyse umfasst alle monetär zu bewertenden Faktoren und berücksichtigt insbesondere die Investitions- und Betriebskosten der in Betracht kommenden Anlagenvarianten. Aufgrund ständig zunehmender gesetzlicher Auflagen wird die Beurteilung der Umweltverträglichkeit einer Prozesstechnologie immer wichtiger. Hierzu gehören beispielsweise die prozessbedingten Abgase oder die Lärmbelastung während des Betriebs einer Anlage. Einen besonderen Stellenwert haben in diesem Zusammenhang die vor Ort verursachten CO_2-Emissionen bekommen, da ab dem 01.01.2005 mit dem Emissionshandel in der Europäischen Union ein neues klimapolitisches Instrument eingeführt wurde. Am Emissionshandel nehmen in Deutschland derzeit nur die großen Energiewirtschaftsanlagen und emissionsintensive Industrieanlagen teil. Gemäß dem nationalen Allokationsplan sind hiervon auch energieintensive industrielle Prozesswärmeverfahren direkt nach dem Verursacherprinzip oder möglicherweise indirekt über die Strompreisgestaltung betroffen.

Entscheidend für die Auswahl geeigneter Technologien sind aber letztendlich verfahrensspezifische anwendungstechnische Kriterien. Diese können eindeutig quantitativ formuliert sein, wie z. B. Prozessanforderungen in Form einer definierten zeitlichen und räumlichen Temperaturverteilung im Erwärmungsgut. Ebenso sind in der Regel die reproduzierbar einzustellenden Produkteigenschaften oder die Produktionsrate eindeutig festgelegt. Darüber hinaus sind in vielen Fällen oft nur qualitativ zu erfassende anwendungstechnische Aspekte mit einzubeziehen. Hierzu gehören beispielsweise die Flexibilität eines Prozesses hinsichtlich Produktvielfalt und wechselnder Produktionsauslastung, die Integration einer neuen Anlage in eine bestehende Fertigungslinie oder die Bedienbarkeit einer

Anlage. Für diese eher qualitativ erfassbaren Bewertungskriterien eignet sich ein Verfahren nach DIN 2225, das in [4] detailliert beschrieben und in [3] angewendet wurde.

Bild 5: Induktionstiegelofen zum Schmelzen von Gusseisen beim Abguss

Energieeinsatz beim Schmelzen von Metallen

Das Schmelzen von Metallen gehört zu den besonders energieintensiven industriellen Prozessen (**Bild 5**), und die kontinuierliche Verbesserung der Energieeffizienz der im Wettbewerb stehenden Schmelztechnologien steht zunehmend im Blickpunkt des Interesses.

Der Aufschmelzvorgang sollte stets mit möglichst hoher Leistungsdichte und damit möglichst schnell durchgeführt werden, was zu einer Verbesserung des thermischen Wirkungsgrades durch Verringerung der Wärmeverluste führt. Danach muss die Schmelze möglichst schnell vergossen oder dem Warmhalteofen zugeführt werden. Eine weitere und einfache Maßnahme zur Senkung des Energiebedarfs besteht in einer ständigen Kontrolle der Temperatur der Schmelze, um eine unnötig hohe Überhitzung der Schmelze und den damit einhergehenden Energieverlust zu vermeiden. Hierbei bieten moderne temperaturgeführte Regelungen der Schmelzöfen, etwa durch den Einsatz eines Schmelzprozessors und eine messtechnische Überwachung der Temperatur sehr gute Möglichkeiten.

Nebenzeiten, in denen die Schmelze nur warm gehalten wird, sollten auf ein Minimum beschränkt werden, um einen erhöhten Energiebedarf aufgrund des Wärmeverlustes des Tiegels zu vermeiden. Der Schmelzzyklus der Öfen sollte optimal an den Durchsatz der Gießanlage angepasst sein, so dass die Öfen ohne längere Betriebspausen möglichst im Batch-Betrieb oder kontinuierlich gefahren werden können und der Ofen keine Gelegenheit zum Auszukühlen hat, da beispielsweise eine ausgekühlte Ofenzustellung in einen Induktionstiegelofen den Energiebedarf für die jeweilige Charge um bis zu etwa 15 % erhöht. Mit der Realisierung der beschriebenen Maßnahmen für eine energetisch optimierte Ofenfahrweise lässt sich in vielen Fällen eine Energieeinsparung von bis zu 30 % erzielen.

Schmelzen von Aluminium

Theoretisch ist zum Schmelzen und Überhitzen von einer Tonne Aluminium auf 750 °C eine Wärmemenge von etwa 330 kWh nötig. Der tatsächliche Energiebedarf liegt in vielen Schmelzbetrieben zwischen etwa 400 kWh/t bis hin zu

TABELLE 3: Gegenüberstellung des Energieaufwands und der damit verbundenen CO_2-Emissionen für den Ersatz der Abbrandverluste durch Primäraluminium beim Schmelzen von Sekundäraluminium (Schmelzöfen mit Fassungsvermögen von etwa 50 t Aluminium) [3]

	Gasbeheizter Schmelzofen	Induktions-Rinnenofen
Abbrandverluste	1–5%	0,3–1 %
Endenergie	310–1.550 kWh/t	93–310 kWh/t
Primärenergie	1.700–8.500 MJ/t	510–1.700 MJ/t
CO_2-Emission	91–455 kg/t	27–91 kg/t

850 kWh/t. Dabei zeigt sich, dass der zum Teil sehr hohe Energiebedarf durch das Schmelzaggregat selbst, durch die ungünstige Ofenfahrweise und produktionstechnische Randbedingungen verursacht wird.

Einen nicht unerheblichen Einfluss auf den Energiebedarf und insbesondere auf die Kosten für den Materialeinsatz beim Schmelzen von Aluminium hat der Metallabbrand, also der Verlust von Aluminium durch Oxidation. Die Höhe des Abbrands hängt im Wesentlichen vom verwendeten Ofentyp, der Art und Beschaffenheit sowie der Verunreinigung des einzuschmelzenden Aluminiums ab. Auch die Höhe der Temperatur, Dauer und Verlauf des Schmelzvorgangs, die Einwirkdauer und Art der Ofenatmosphäre sowie der Betrieb im Vakuum oder mit vermindertem Druck beeinflussen den Abbrand. Dieser Abbrand geht für den Materialkreislauf verloren und muss durch energiereiches Primäraluminium ersetzt werden.

Ausgangspunkt für eine materialschonende Verarbeitung ist die Wahl eines geeigneten Schmelzaggregates. Dabei zeigt sich, dass in brennstoffbeheizten Öfen der Kontakt des Materials mit den Abgasen und das gerade bei leichtem Einsatzmaterial erschwerte Einrühren in die Schmelze zu erhöhten Abbrandver-

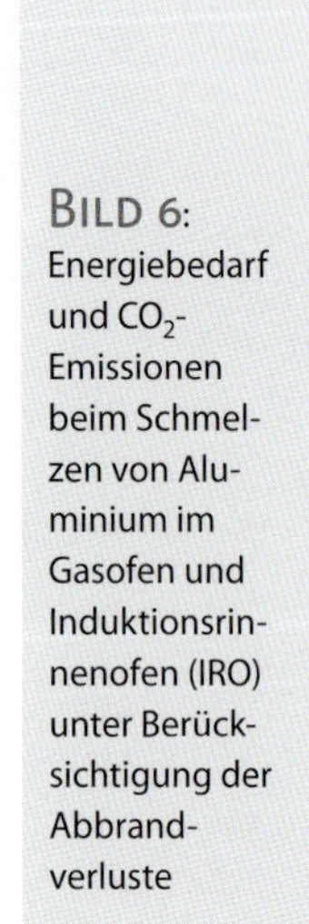

BILD 6: Energiebedarf und CO_2-Emissionen beim Schmelzen von Aluminium im Gasofen und Induktionsrinnenofen (IRO) unter Berücksichtigung der Abbrandverluste

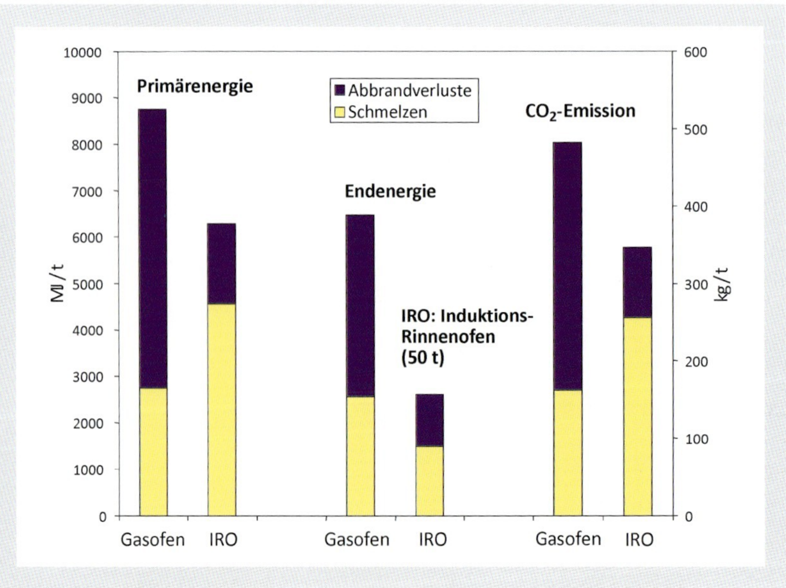

lusten führen. Die ausgeprägte Badbewegung gerade des Induktionstiegelofens hingegen macht ihn zu einem idealen Aggregat für das Einschmelzen leichter Produktionsabfälle, wie z.B. Folien und Späne. Das Material wird bei der Zugabe schnell in die Schmelze eingerührt und aufgeschmolzen ohne zu oxidieren. Durch den Einsatz von Induktionsöfen sind aufgrund der geringen Abbrandverluste von unter einem Prozent erhebliche Materialeinsatzkosten einzusparen.

Die energetische Bedeutung des Abbrands beim Schmelzen von Aluminium in einem gasbeheizten Ofen gegenüber einem Induktionsofen wird anhand der **Tabelle 3** deutlich. Die Reduzierung des Abbrands durch den Einsatz des elektrisch betriebenen Schmelzaggregats bewirkt erhebliche Einsparung des End- und Primärenergiebedarfs und eine deutliche Reduzierung der CO_2-Emissionen.

Der beispielhafte Vergleich des Energieaufwands von brennstoffbeheizten und elektrisch betriebenen Öfen mit einem Fassungsvermögen von etwa 50 t zum Schmelzen von Aluminium, einschließlich der energetischen Berücksichtigung der Materialverluste durch Abbrand zeigt, dass der Induktionsrinnenofen aufgrund seines guten Wirkungsgrads einen geringeren spezifischen Endenergiebedarf aufweist (**Bild 6**). Betrachtet man den Bedarf an Primärenergie für das reine Schmelzen des Aluminiums, so ist der Induktionsrinnenofen durch einen höheren Primärenergiebedarf und entsprechenden CO_2-Emissionen gekennzeichnet. Bei der zusätzlichen energetischen Berücksichtigung der Materialverluste durch den Abbrand (Tabelle 3) zeigt sich aber, dass der Gasofen insgesamt einen höheren Primärenergiebedarf und auch höhere CO_2-Emissionen für das Schmelzen von 1 Tonne Sekundäraluminium verursacht.

Eine Verbesserung der brennstoffbeheizten Schmelzprozesse für Aluminium ist durch den Einsatz elektromagnetischer Rührer möglich. Für das Recycling von Aluminiumschrott werden verbreitet große gasbeheizte Schmelzöfen mit Fassungsvermögen von bis zu 120 t eingesetzt. Da die Brennerflammen direkt auf die Schmelzenoberfläche gerichtet sind, führt dies zu hohen Abbrandverlusten und stark inhomogener Temperaturverteilung in der Schmelze, da eine kontinuierliche Durchmischung fehlt. Diese Nachteile können durch den Einsatz eines elektromagnetischen Rührers, der beispielsweise unter dem Schmelzofen angebracht ist, vermieden werden (**Bild 7**). Der elektromagnetische Rührer bewirkt eine intensive Schmelzenbewegung, die das stückige Einsatzmaterial gut einrührt und eine schnelle Homogenisierung der Schmelze hinsichtlich der Temperaturverteilung und der chemischen Zusammensetzung bewirkt. Hieraus resultieren eine Reduzierung der Schmelzzeit um bis zu

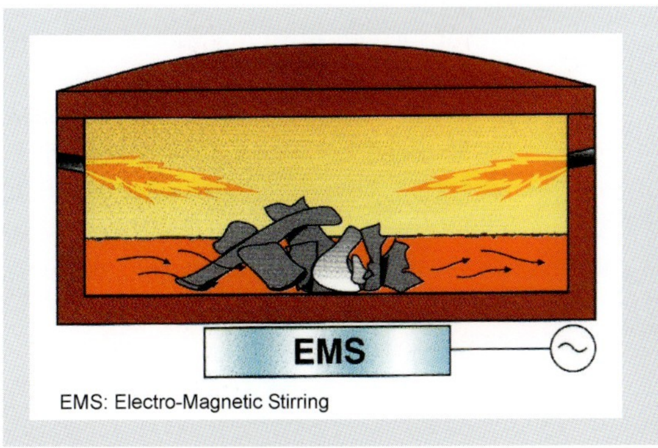

Bild 7: Elektromagnetischer Rührer im gasbeheizten Aluminiumschmelzofen (Quelle: ABB)

20 %, eine Verringerung der Abbrandverluste um 20 bis 40 % und die Verringerung des spezifischen Energiebedarfs um 10 bis 15 %, was letztendlich zu einer Reduzierung der CO_2-Emissionen durch den Einsatz dieser Hybridtechnologie führt.

Schmelzen von Gusseisen

Für das Erwärmen, Schmelzen und Überhitzen von Gusseisen auf 1.500 °C müssen theoretisch rund 390 kWh/t reine Nutzenergie aufgebracht werden. Diese spezifische Enthalpie setzt sich aus der Erwärmungs- und Überhitzungswärme sowie der Schmelzwärme von 68 kWh/t zusammen.

Unter Berücksichtigung der heute üblichen Stromwärmeverluste in der Induktionsspule von etwa 15 % ergibt sich ein durchschnittlicher elektrischer Ofenwirkungsgrad von etwa 0,85. Die thermischen Verluste von Induktionstiegelöfen sind für die gleiche Schmelztemperatur überwiegend vom Ofenfassungsvermögen und der Zeit zum Aufschmelzen einer kompletten Charge bis zur Abstichtemperartur einschließlich des Überhitzungvorgangs abhängig. Darüber hinaus spielen auch das Oberflächen-Volumenverhältnis und das Isolationsvermögen der Ofenauskleidung und des Deckels eine Rolle. Für moderne Mittelfrequenz-(MF-)Tiegelöfen liegt der thermische Prozesswirkungsgrad bei ca. 0,95. Hinzu kommen Verluste im Ofentransformator, in Zuleitungen und Kondensatoren und im Umrichter von zusammen etwa 5 %, so dass sich ein Gesamtwirkungsgrad von ungefähr 0,75 beim Schmelzen von Gusseisen bei optimaler Ofenfahrweise ergibt.

Einflussgrößen für den spezifischen Energieverbrauch

Einflussgrößen für den spezifischen Energieverbrauch einer Induktionstiegelofen-Schmelzanlage sind die Ofengröße und -konstruktion (Netz- oder Mittelfrequenzofen) sowie der Aufbau der Schmelzanlage, z. B. Mono- oder Tandembetrieb. Darüber hinaus beeinflussen die Ofenfahrweise einschließlich der Chargenzusammensetzung, Chargierung, Deckelbetrieb und insbesondere zusätzliche Warmhaltezeiten den Energiebedarf. Letzteres stellt sich als organisatorische Frage bezüglich der Abstimmung zwischen Schmelz- und Gießbetrieb dar.

MF-Induktionsöfen zeigen im Chargenbetrieb mit vollständiger Entleerung die günstigste Leistungsaufnahme und den geringsten spezifischen Energieverbrauch. Bei ausschließlich kleinstückigen Einsatzmaterial ist der leere Ofen nach jedem Abstich bis etwa oberhalb der Spulenhöhe aufzufüllen und entsprechend dem Schmelzfortschritt nachzuchargieren. Netzfrequenz-(NF-)Tiegelöfen weisen die niedrigsten spezifischen Stromverbräuche auf, wenn sie mit mindestens 50 bis 60 % Sumpf gefahren werden, d. h. quasi-semikontinuierlich geschmolzen wird. Unter Praxisbedingungen beträgt der Energiebedarf bei optimaler Ofenfahrweise für typische NF-Tiegelöfen mit einem Durchsatz von 10 t/h etwa 630 kWh/t. Dieser Wert beinhaltet rund 560 kWh/t Schmelzenergie und zusätzlich 70 kWh/t für den Aufkohlungsvorgang. Moderne Hochleistungs-MF-Tiegelöfen weisen unter realen Betriebsbedingungen einen spezifischen Energiebedarf von etwa 600 kWh/t zum Schmelzen, Aufkohlen und Überhitzen von Gusseisen auf.

Betrachtung des Energieverbrauchs

Beim Schmelzprozess von Gusseisen im Induktionsofen ergibt sich der resultierende Endenergiebedarf als Summe aus dem Energieverbrauch für das Schmelzen, der energetischen Berücksichtigung der Materialverluste durch Abbrand sowie dem Energieaufwand für die Überhitzung und den zusätzlichen Aufkohlungsprozess, der bei den koksbefeuerten Verfahren im Schmelzprozess integriert ist. Die in den Bildern 8 bis 10 dargestellten Werte sind auf der Basis praktischer Betriebsdaten ermittelt und beinhalten beispielsweise zusätzliche Warmhalteenergie bei Unterbrechungen des Produktionsablaufs [3].

In Bezug auf den Energiebedarf der Mittelfrequenzöfen sind nur geringe Unterschiede zu erkennen, während der Netzfrequenzofen (NF-ITO) etwa 8 % mehr Energie benötigt. Der Vergleich mit den Kupolöfen (Kaltwind, Heißwind, kokslos) zeigt, dass das Niveau des Endenergiebedarfs der Induktionstiegelöfen geringer ist. Den geringsten Endenergiebedarf zum Schmelzen und Überhitzen von einer Tonne Gusseisen benötigt der Mittelfrequenzofen (MF-ITO) mit etwa 640 kWh (**Bild 8**).

Beim Vergleich des Primärenergiebedarfs verschiebt sich das Bild zu ungunsten der elektrischen Öfen. Sie benötigen rund 6.200 MJ/t aufgrund der im Bereich

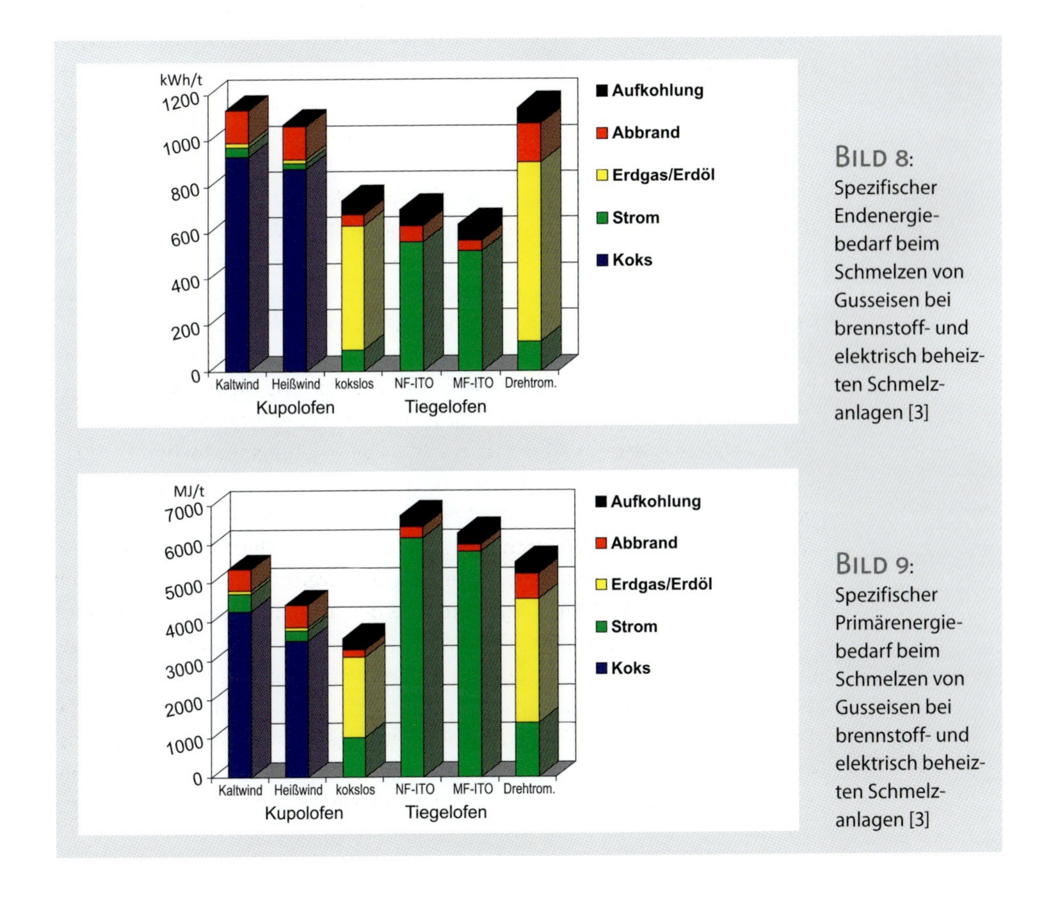

Bild 8: Spezifischer Endenergiebedarf beim Schmelzen von Gusseisen bei brennstoff- und elektrisch beheizten Schmelzanlagen [3]

Bild 9: Spezifischer Primärenergiebedarf beim Schmelzen von Gusseisen bei brennstoff- und elektrisch beheizten Schmelzanlagen [3]

der Elektrizitätsversorgung größeren Verluste der Energiebereitstellung und -verteilung (**Bild 9**). Der Primärenergiebedarf der Induktionsöfen wird zu etwa 90 % durch die elektrische Schmelzenergie verursacht. Der übrige Anteil wird für den Aufkohlungsvorgang (5–6 %) und für den Ersatz des Abbrands (3–4 %) benötigt. Der NF-Ofen benötigt wiederum 8 % mehr Energie als die MFÖfen. Durch den Wirkungsgrad der Kraftwerke fällt der Primärenergiebedarf höher aus als beispielsweise der der Heißwindkupolöfen.

Der spezifische Energiebedarf von Schmelzanlagen unterliegt einer Vielzahl von Einflussfaktoren. Aufgrund von unterschiedlichen Betriebsweisen bzw. technischen und betriebsorganisatorischen Umständen streut der Energiebedarf für vergleichbare Prozesse zum Teil erheblich. Es ist zu beachten, dass Faktoren wie Anlagengröße, Durchsatz, Beschaffenheit des Einsatzmaterials oder Produktionsunterbrechungen den Energiebedarf stark beeinflussen, so dass eine individuelle Analyse erforderlich ist.

Betrachtung der Emissionen

Entsprechend des jeweiligen Energiebedarfs, denen unterschiedliche Energieträger zugrunde liegen, werden die Kohlendioxidemissionen berechnet. Die spezifischen CO_2-Emissionen beim Schmelzen von Gusseisen in Induktionsöfen sind mit einer mittleren Emission von 370 kg/t niedriger im Vergleich zu den Kalt- und Heißwindkupolöfen, obwohl beim Primärenergiebedarf gerade umgekehrte Verhältnisse vorliegen (**Bild 10**). Zu begründen ist diese Tatsache mit dem hohen CO_2-Emissionsfaktor für Koks, der primärenergiebezogen doppelt so groß ist wie der für die energetische Prozesskette des Endenergieträgers Strom. Beim Schmelzen von Gusseisen im Kupolofen fallen etwa 93 % der spezifischen CO_2-Emissionen vor Ort in der Gießerei an, der Rest wird bei der Erzeugung von Gießereikoks freigesetzt. In Gegensatz hierzu entsteht beim elektrischen Schmelzprozess verfahrensbedingt nur ein vernachlässigbar kleiner CO_2-Ausstoß am Aufstellungsort.

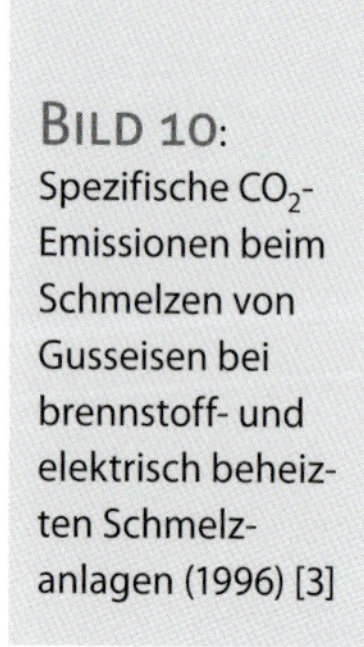

Bild 10: Spezifische CO_2-Emissionen beim Schmelzen von Gusseisen bei brennstoff- und elektrisch beheizten Schmelzanlagen (1996) [3]

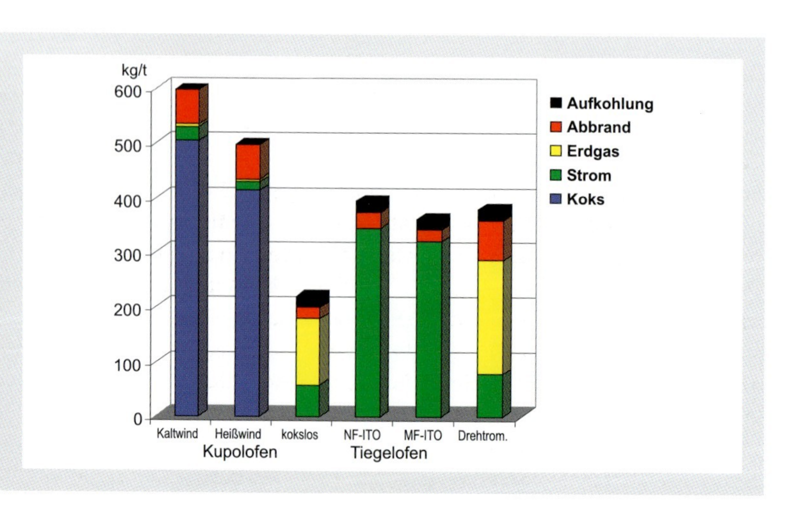

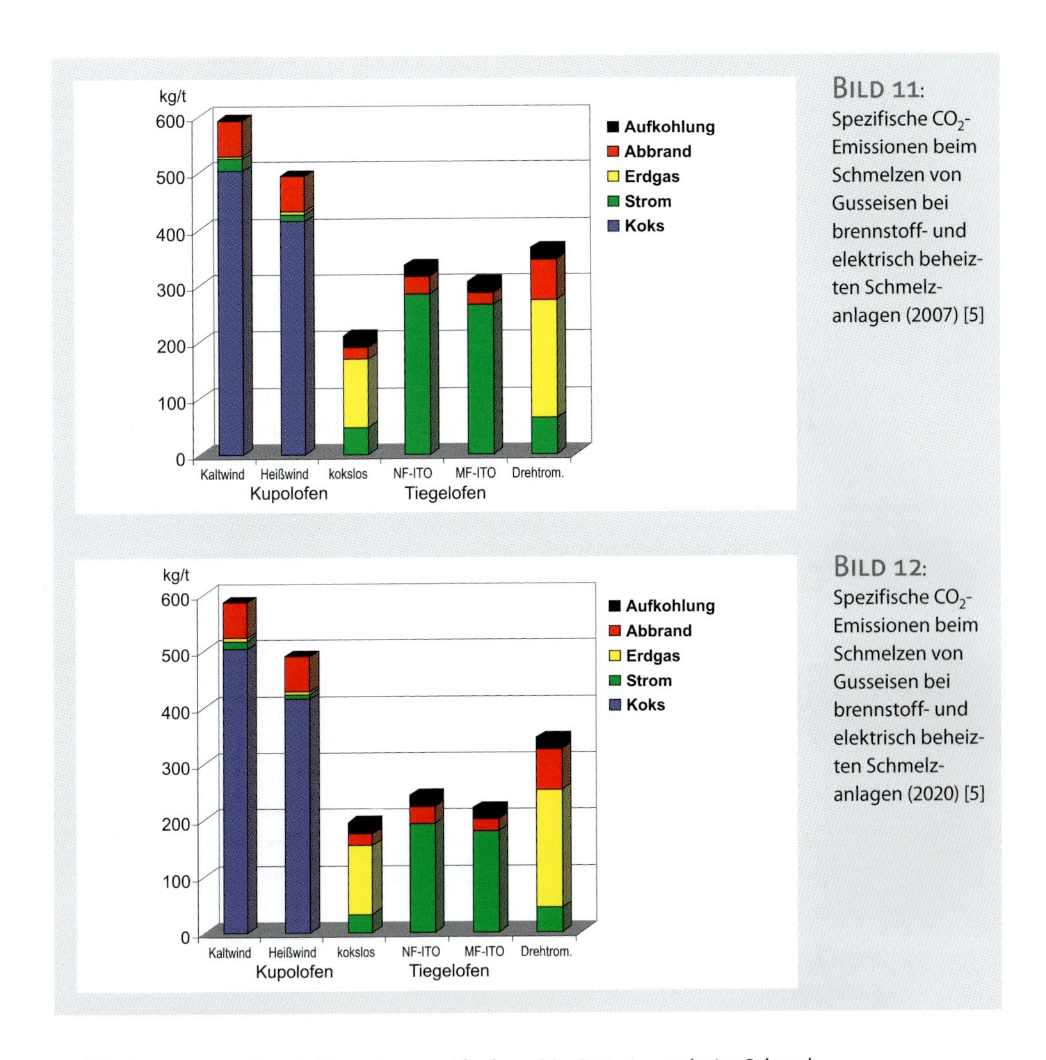

Bild 11: Spezifische CO_2-Emissionen beim Schmelzen von Gusseisen bei brennstoff- und elektrisch beheizten Schmelzanlagen (2007) [5]

Bild 12: Spezifische CO_2-Emissionen beim Schmelzen von Gusseisen bei brennstoff- und elektrisch beheizten Schmelzanlagen (2020) [5]

Eine interessante Entwicklung der spezifischen CO_2-Emissionen beim Schmelzen von Gusseisen zeigt sich bei der Betrachtung der vergangenen und zukünftigen Entwicklungen der Umrechnungsfaktoren der endenergiebezogenen CO_2-Emissionen für die elektrische Energie in Deutschland (Tabelle 2). Unter Berücksichtigung dieser Entwicklungen ist ausgehend von 1996 (Bild 10) bis zum Jahr 2007 (**Bild 11**) bereits eine Abnahme der spezifischen CO_2-Emissionen beim Schmelzen von Gusseisen im Induktionstiegelofen zu verzeichnen. Dieser Trend wird sich in Zukunft durch den zunehmenden Anteil an emissionsfreien bzw. emissionsarmen Energiequellen in unserem Stromerzeugungsmix verstärkt fortsetzen. Bereits 2020 könnte laut Branchenprognosen ein Anteil von 47 % regenerativ erzeugtem Strom in Deutschland realisiert sein, was zu dem in **Bild 12** dargestellten Vergleich der resultierenden spezifischen CO_2-Emissionen beim Schmelzen von Gusseisen in brennstoffbeheizten und elektrisch betriebenen Schmelzöfen führt. Es ist zu erkennen, dass beim Schmelzen im

Mittelfrequenz(MF)-Induktionstiegelofen weniger als 50 % spezifische CO_2-Emissionen im Vergleich zum koksbefeuerten Kupolofen entstehen. Diese Entwicklungen zeigen, dass die resultierenden CO_2-Emissionen durch den effizienten Einsatz von elektrothermischen Prozesstechnologien zukünftig weiter abnehmen werden.

Literatur

[1] Richtlinie 2005/32/EG des Europäischen Parlaments und des Rates vom 6. Juli 2005 zur Schaffung eines Rahmens für die Festlegung von Anforderungen an die umweltgerechte Gestaltung energiebetriebener Produkte

[2] Tzscheutschler, P.; Nickel, M.; Wernicke. I.: Energieverbrauch in Deutschland. BWK 60, 2008 Nr. 3, S. 46–51.

[3] Baake, E., Jörn, U.; Mühlbauer, A.: Energiebedarf und CO_2-Emission industrieller Prozesswärmeverfahren. Vulkan-Verlag Essen 1996

[4] Verein Deutscher Ingenieure (Hrsg.): Konstruktionsmethodik: Technisch-wirtschaftliches Konstruieren, Technisch-wirtschaftliche Bewertung VDI 2225 Blatt 3, 09/1990

[5] Nacke, B.; Baake, E.: CO_2-Reduktion durch hocheffiziente Schmelztechnologie. 16th International Customer Conference, ABP Induction, Dortmund, 1.–2. Oktober 2009

elektro wärme international

Veröffentlicht in:
elektrowärme international · Heft 1/2010 · Seiten 25–32

Dynamisches Energiemanagement in modernen Induktionsanlagen zur Steigerung der Energieeffizienz

Von Robert Jürgens und Martin Gerhard Scholles

Permanent steigender Kostendruck fordert viele Anwender von Induktionserwärmungsanlagen heraus, die eigenen Produktionsprozesse zu hinterfragen und hinsichtlich ihrer Effizienz zu überprüfen. Obgleich schon grundsätzlich hocheffizient, kann durch gezielte Optimierung der Wirkungsgrad der induktiven Erwärmung weiter gesteigert werden. Der Einsatz hochmoderner Umrichter mit LLC-Schwingkreis sowie die Weiterentwicklung der Zonentechnologie ermöglichen sehr flexible und effiziente Produktionsstrategien und unterstützen die Anwender dabei, ihre Fertigungsabläufe produktspezifisch individuell zu gestalten und Stückkosten zu reduzieren.

Vor dem Hintergrund stetig steigender Energiekosten sowie nachhaltigem und schonendem Umgang mit den zur Verfügung stehenden Ressourcen wird seitens der Anwender von Induktionserwärmungsanlagen der Ruf nach weitergehender Optimierung der Anlageneffizienz immer lauter. Insbesondere der permanent herrschende Kostendruck im Bereich der industriellen Fertigung erfordert neue, intelligente Strategien zur Senkung der Herstellkosten bei gleichzeitiger Steigerung der Flexibilität sowie Reduzierung der in Halbfertigerzeugnissen und Ersatzteilen gebundenen finanziellen Mittel. Neben der Reduzierung der Personalkosten durch weitestgehende Anlagenautomation kommt dabei der Steigerung der Energieeffizienz die größte Bedeutung zu.

Auch die Bundesregierung hat bereits dieses Thema aufgegriffen und bis 2020 eine Verdoppelung der Energieproduktivität gegenüber 1990 als Zielsetzung ausgegeben. Das Bundesministerium für Umwelt, Naturschutz und Reaktorsicherheit postuliert in seiner Informationsschrift zur Energieeffizienz in der Industrie aus 07/2009, dass eine Reduzierung des Energieverbrauches von 20 bis 40 Prozent zu wirtschaftlich vernünftigen Bedingungen bis 2020 gegenüber heutigem Niveau zu erreichen ist.

Hierfür leistet das dynamische Energiemanagement moderner Induktionsanlagen in der Kette des Produktionsprozesses einen wesentlichen Beitrag. Selbst geringe Verbesserungen des elektrischen und thermischen Wirkungsgrades bewirken aufgrund des für die Erwärmung von Metall per se hohen Energiebedarfs eine erhebliche Reduzierung des Energieverbrauchs.

Steigerung des Wirkungsgrades als Schüssel zur Verbesserung der Anlageneffizienz

Der Wirkungsgrad ist allgemein definiert als Verhältnis von abgegebener Leistung P_{ab} (= Nutzleistung) zu zugeführter Leistung P_{zu}, wobei die zugeführte Leistung P_{zu} der Summe aus abgegebener Leistung P_{ab} und Verlustleistung P_{Verl} entspricht.

Die Betrachtungen zum Wirkungsgrad der induktiven Erwärmung zeigen, dass der Gesamtwirkungsgrad aus dem Produkt der Wirkungsgrade der einzelnen Komponenten folgt (**Bild 1**):

$$\eta_{Gesamt} = \eta_{Transformator} \cdot \eta_{Umrichter} \cdot \eta_{Kondensatorschrank} \cdot \eta_{Induktor}$$

Der Wirkungsgrad des Induktors wiederum setzt sich zusammen aus thermischem und elektrischem Wirkungsgrad. Es gilt daher:

$$\eta_{Induktor} = \eta_{th} \cdot \eta_{el}$$

Elektrischer Wirkungsgrad η_{el}

Der elektrische Wirkungsgrad η_{el} wird im Wesentlichen durch das Verhältnis von Wärmgutdurchmesser di zu Spulendurchmesser D bestimmt. Um einen hohen elektrischen Wirkungsgrad realisieren zu können, sollten beide Durchmesser möglichst optimal aufeinander abgestimmt sein. Im Idealfall gäbe es somit für jeden Materialdurchmesser einen optimal angepassten Induktor. Da dies jedoch für die meisten Anwendungsfälle nicht praktikabel ist, gilt es, das Produktspektrum des Anwenders genau zu analysieren und zu sinnvollen Durchmesserbereichen zusammenzufassen. Die Auslegung des Induktors stellt daher stets einen Kompromiss aus optimaler Anpassung und hoher Flexibilität dar.

Thermischer Wirkungsgrad η_{th}

Der thermische Wirkungsgrad η_{th} dagegen wird maßgeblich von der Erwärmungsdauer und somit von der Länge der Erwärmungsstrecke beeinflusst. Die Strahlungsverluste nehmen dabei proportional zur vierten Potenz der absoluten Oberflächentemperatur zu (Stefan-Boltzmann-Gesetz). Bei vorgegebener Durchwärmung ist der thermische Wirkungsgrad umso höher, je kürzer die Verweilzeit des Wärmgutes auf der Zieltemperatur ist. Die Zielsetzung besteht daher darin, einerseits eine gute Durchwärmung des Wärmgutes zu gewährleisten und andererseits die Haltezeit auf Erwärmungstemperatur möglichst kurz zu wählen. Über Dämmung und Auskleidung der Spule können die Abstrahlverluste zusätzlich beeinflusst werden. Eine Optimierung der Induktorstrecke resultiert somit in einem optimierten thermischen Wirkungsgrad.

Der Wirkungsgrad des Induktors hat erhebliche Auswirkungen auf den Wirkungsgrad der Gesamtanlage. Zur Erwärmung des Wärmgutes von Raumtemperatur auf die Enthalpietemperatur von 1.250 °C beträgt der spezifische Energiebedarf ca. 240 kWh/t. Bei optimaler Anpassung von Induktor und Wärmgut lassen sich hinsichtlich des spezifischen netzseitigen Energieverbrauchs Werte unter 345 kWh/t erreichen. Der Induktorwirkungsgrad kann somit einen Wert von mehr als 75 Prozent erreichen.

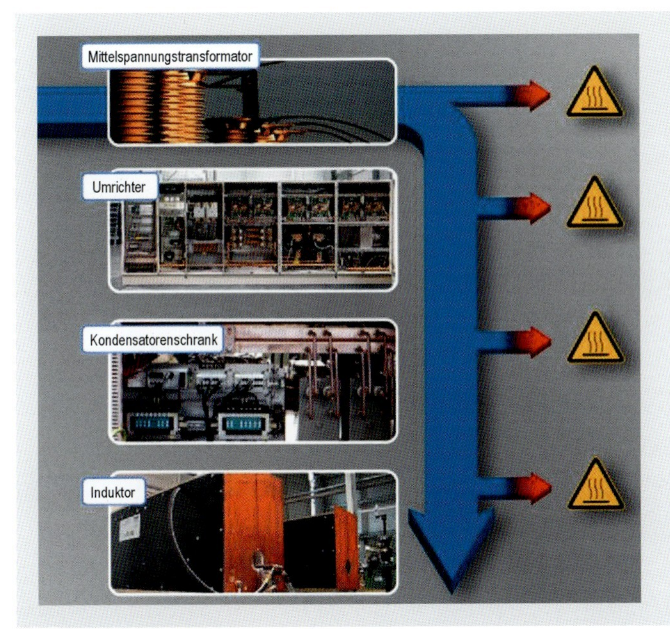

Bild 1: Den Wirkungsgrad beeinflussende Komponenten bei Induktionserwärmungsanlagen

Der Wirkungsgrad des Schwingkreises ist direkt abhängig von der konstruktiven Gestaltung der Kondensatorenbatterie sowie der stromführenden Elemente und sollte 97 Prozent nicht unterschreiten. Hier besteht eine direkte Relation zur Dimensionierung der einzelnen Bauteile.

Hinsichtlich des Wirkungsgrades des Transformators gilt, dass aufgrund des bereits bei Standardtransformatoren vorhandenen Wirkungsgrades von 99 Prozent eine nennenswerte Verbesserung nicht zu erzielen ist.

LLC-Umrichtertechnologie mit Effizienzvorteilen bei Teildurchsätzen

Als Schlüssel zur Verbesserung des Umrichter-Wirkungsgrades erweist sich in diesem Zusammenhang die Entwicklung einer völlig neuen Umrichtergeneration mit LLC-Schwingkreis. LLC bezeichnet dabei die Beschaltung am Ausgang des Wechselrichters. Aufgebaut aus ungesteuertem Gleichrichter, Zwischenkreiskondensator, IGBT-Wechselrichter und Ausgangsdrossel hat der Wechselrichter die Charakteristik einer Spannungsquelle. Die Ausgangsdrossel entkoppelt dabei den Wechselrichterausgang vom Parallelschwingkreis und passt die Lastimpedanz an die Ausgangsimpedanz des Wechselrichters an (**Bild 2**).

Die Ausgangsdrossel, die den Frequenzbereich des Umrichters begrenzt, muss an den Schwingkreis angepasst werden. Die Betriebsfrequenz des LLC-Umrichters wird nur durch die Last bestimmt. Der Umrichter passt sich dabei der Resonanzfrequenz dieser Last an.

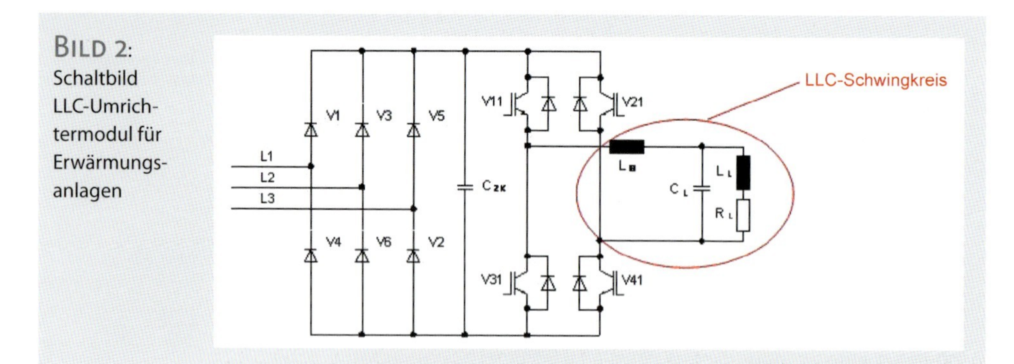

BILD 2: Schaltbild LLC-Umrichtermodul für Erwärmungsanlagen

Im Gegensatz zu gesteuerten Gleichrichtern, die mit Thyristoren oder MOSFET ausgerüstet sind, können hier ungesteuerte, mit Dioden bestückte, Gleichrichterbrücken eingesetzt werden. Der Spannungszwischenkreis hat dabei die Aufgabe, eine konstante Gleichspannung aufrecht zu halten. Durch den Einsatz von Spannungszwischenkreisumrichtern und LLC-Technologie wird der netzseitige cos φ auf einen Wert > 0,95 gesteigert. Dieser Wert ist konstant und gilt auch für den Teillastbereich. Darüber hinaus wird der Wirkungsgrad des Umrichters von 0,95 auf 0,97 verbessert.

Modulare Umrichterarchitektur für individuell angepasste Erwärmungsstrategien

Die Begrenzung auf sinnvolle Umrichtereinheitsgrößen ermöglicht den Aufbau einer modularen Anlagenarchitektur. Dabei wird jeder Induktor von einem separaten Mittelfrequenzumrichter versorgt. Wurde bislang eine Anpassung der Induktorteilstrecke an die spezifischen Erfordernisse der Erwärmung über den Einsatz von Induktoren mit unterschiedlicher Windungszahl realisiert, so können nun Leistung und Frequenz für jeden Teilinduktor individuell geregelt werden. Dem Anwender wird hierdurch die Möglichkeit gegeben, den Energieeintrag an seine Erfordernisse anzupassen und individuelle, an die Erwärmungsaufgabe optimal angepasste Erwärmungsstrategien zu nutzen. Strategien zur Zundervermeidung können dabei ebenso realisiert werden wie verbrauchsoptimierte Erwärmungsstrategien bei reduziertem Materialdurchsatz. Darüber hinaus kann der Anwender durch Verwendung von Gleichteilen seine Ersatzteilbevorratung reduzieren. SMS Elotherm bietet die Umrichtermodule mit IGBT-Wechselrichterbrücken mit 400 kW oder 800 kW Ausgangsleistung an.

Entscheidendes Kriterium für die Auslegung von Anlagen zur induktiven Erwärmung ist nach wie vor der seitens des Anwenders geforderte maximale Durchsatz, der die Länge der benötigten Spulenstrecke bedingt. Mit Entwicklung der neuen Erwärmungstechnologie „ι Zone" besteht nun die Möglichkeit, die Spulenstrecke flexibel an die geforderten Teildurchsätze anzupassen. Das Gesamtkonzept dieser Technologie beruht auf der Weiterentwicklung der bereits seit den frühen 90er Jahren exklusiv von SMS Elotherm eingesetzten Zonentechnik, die heute unter „i Zone" bekannt ist und im vergangenen Jahr auf der Hannover Messe zum ersten Mal der Weltöffentlichkeit präsentiert wurde. Seither erfreut sich diese neuartige Erwärmungstechnologie, die speziell für die Prozesssteuerung moderner induktiver Zonen-Erwärmungsanlagen entwickelt wurde, eines stetig steigenden Interesses.

„i Zone" als datenbankgestütztes Expertensystem zur Optimierung der Prozessparameter

Ausgehend vom Grundgedanken, dass jede Erwärmungsaufgabe im Hinblick auf eine optimale Energieeffizienz einen individuell angepassten Prozeß erfordert, ermöglicht die Zonentechnologie eine optimale Ausrichtung des Erwärmungsprofils auf den nachfolgenden Prozessschritt. Aus den von der Fertigungssteuerung erstellten Erwärmungskurven sowie weiterer Material- und Maschinendaten kalkuliert „i Zone" automatisch unter Verwendung eines datenbankgestützten Expertensystems die Prozessparameter online innerhalb der Steuerung (**Bild 3**) – immer unter den Aspekten größtmöglicher Prozessstabilität und Energieeffizienz.

Die „i Zone"-Technologie leistet somit einen wesentlichen Beitrag zur Reduzierung der CO_2-Emissionen und ermöglicht so dem Anwender, der Forderung vieler OEM's und 1st-Tier Supplier nachzukommen und seinen CO_2-Footprint nachhaltig zu verkleinern.

Darüber hinaus bietet die „i Zone"-Technologie dem Anwender viele weitere Möglichkeiten, seinen Erwärmungsprozess zu optimieren. So ermöglicht das intelligente Energiemanagement beispielsweise

- größtmögliche Vermeidung von Zunderbildung
- Anfahren der Anlage mit warmem Vormaterial

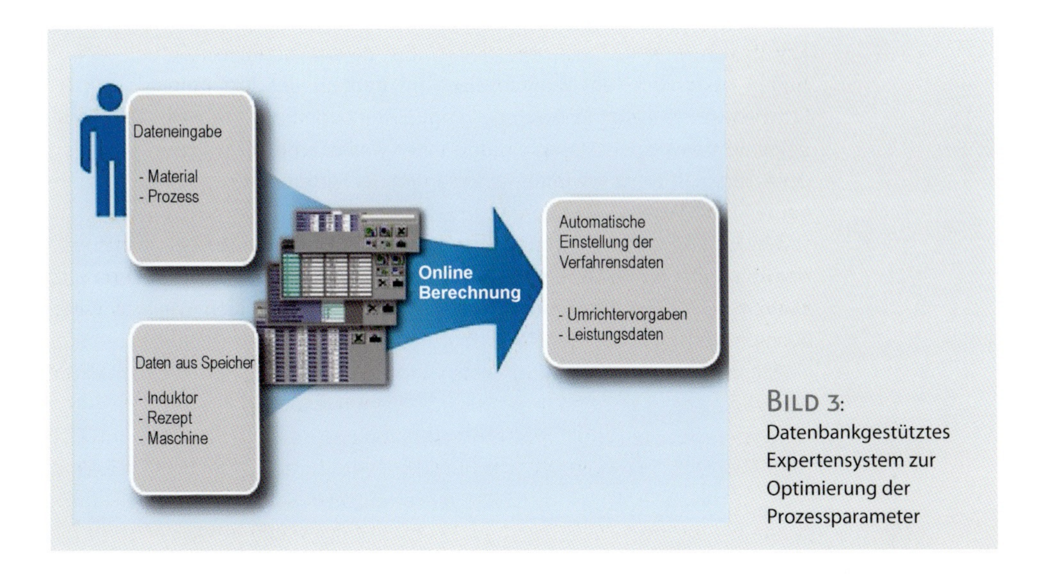

Bild 3: Datenbankgestütztes Expertensystem zur Optimierung der Prozessparameter

BILD 4: Modular aufgebaute Induktionserwärmungsanlage

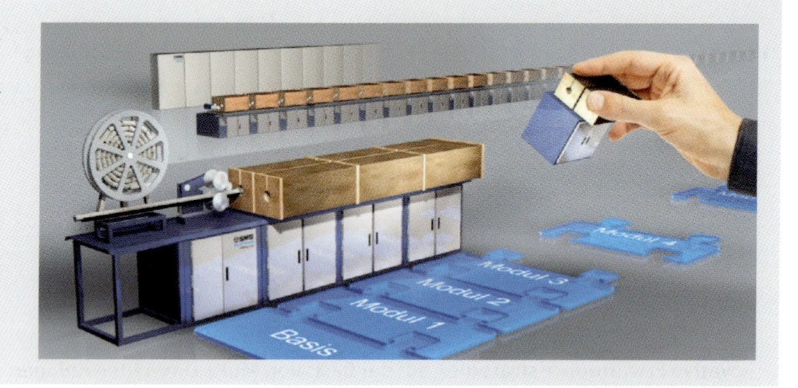

- Warmhaltebetrieb bei kurzzeitigen Produktionsstörungen
- Vermeidung von Umlaufmaterial, da das erwärmte Material bis zum letzten Stück verarbeitet werden kann.

Das neue, wegweisende Regelungssystem gibt daher dem Anwender ein hochwirksames Werkzeug an die Hand, dem permanent wachsenden Kostendruck durch steigende Kosten einerseits und stagnierende bzw. sinkende Erlöse andererseits, wirkungsvoll begegnen zu können und weiterhin wettbewerbsfähig zu bleiben.

Aus diesem Grund werden derzeit mehr und mehr energetisch ineffiziente Altanlagen gegen neue, mit „¿ Zone"-Technologie ausgestattete Erwärmungsanlagen ausgetauscht. Durch Anwender erstellte Wirtschaftlichkeitsbetrachtungen beweisen, dass sich diese Massnahme bereits nach kurzer Betriebsdauer amortisieren kann.

Fazit

Neben verschiedenen Möglichkeiten im Bereich des Induktors sowie des Schwingkreises leistet insbesondere der Einsatz von Spannungszwischenkreisumrichtern sowie der LLC-Technologie einen wesentlichen Beitrag zur Steigerung der Anlageneffizienz sowie zur Reduzierung der Fertigungskosten insbesondere bei Teildurchsätzen.

Das Expertensystem "¿ Zone" gibt dem Anwender die Möglichkeit, den Erwärmungsprozess im Hinblick auf den Einsatz von Ressourcen zu optimieren und einen wesentlichen Beitrag zur Reduzierung des CO_2-Ausstosses zu leisten. Darüber hinaus ermöglicht „¿ Zone" durch gezielte Optimierung der Prozessparameter eine Reduzierung der Fertigungskosten und eine Steigerung der Produktqualität.

Veröffentlicht in:
elektrowärme international · Heft 1/2010 · Seiten 33–36

Umformsimulation führt zusammen mit innovativen Erwärmerkonzepten zu mehr Energieeffizienz

Von Michael Wohlmuth und Hendrik Schafstall

Innovative Erwärmungsstrategien auf der Basis von Multi-Umrichter-Anlagen ermöglichen eine robuste, energieeffiziente Prozessführung in der Schmiedeindustrie. Die Berücksichtigung dieser fortschrittlichen Konzepte in der Simulationslösung Simufact.forming führt zu einer deutlichen Qualitätssteigerung der Simulationsergebnisse. Durch die Kopplung beider Technologien gibt es im Rahmen der Prozessoptimierung neue Möglichkeiten, die Fertigung ressourcenschonend und dennoch robust und fehlerfrei auszulegen.

Bei der Simulation von Schmiedeprozessen wird üblicherweise von einem gleichmäßig erwärmten Schmiedeblock ausgegangen. Die homogene Temperatur, die der Anwender vorgibt, entspricht im Allgemeinen der theoretischen Ofentemperatur. Ungeachtet dieser von der Realität abweichenden Vorgehensweise ist hinlänglich bekannt, dass die Ausgangstemperatur, die Temperaturverteilung und die Temperaturführung im Schmiedeprozess einen signifikanten Einfluss auf das Schmiederesultat und die Qualität des finalen Bauteiles haben können. Bislang gab es keine andere Möglichkeit, als so zu verfahren und die bekannten Unzulänglichkeiten billigend in Kauf zu nehmen. Basierend auf dem Programm THERMPROF aus dem Hause ABP und die Anbindung an die Simulationslösung Simufact.forming ist nun die Möglichkeit gegeben, mit wesentlich realistischeren Ausgangsparametern zu deutlich besseren Simulationsergebnissen in der Schmiedesimulation zu gelangen.

In der Vergangenheit wurde die Schmiedesimulation lediglich als Werkzeug der Stoffflussanalyse wahrgenommen. Mittlerweile ist sie zu einem probaten Mittel für die umfassende Betrachtung des Fertigungsprozesses geworden. Energieeffizienz und Energieeinsatz spielen hier eine besondere Rolle, wobei die vielfältigen Abhängigkeiten zwischen aufgebrachter Energie und relevanten Prozessparametern zu beachten sind. Aber auch die Frage, mit wie vielen Operationen ein Schmiedeprozess auszulegen oder ob ggf. eine Zwischenerwärmung erforderlich ist, hat Auswirkungen auf die Gesamt-Energiebilanz. In einer ganzheitlichen Analyse sollte darüber hinaus auch der erforderliche Materialeinsatz, d. h. der Gratabfall und der Ausschuss, betrachtet werden sowie der Gesamtaufwand in der Prozessentwicklung mit all seinen Probeschmiedungen und Fehlversuchen.

Umfassende Berücksichtigung der Thermodynamik in der Schmiedesimulation

Für die realitätsnahe Wiedergabe der Temperatur- und Energiesituation in der Schmiedesimulation ist es erforderlich, die gesamte Thermodynamik des Prozesses korrekt abzubilden [1]. Das beginnt mit der Vorgabe der Ausgangstemperatur, die das Werkstück nach Verlassen des Erwärmers hat. Üblicherweise wird hier eine homogene Temperaturverteilung angenommen. Praxisgerechter ist jedoch die Vorgabe der realistischen Temperaturverteilung, wie sie vom Software-Paket THERMPROF zur Verfügung gestellt wird [2]. Für die anschließende Verarbeitung der erwärmten Blöcke wird mit dem Simulationsprogramm zunächst der Wärmeverlust an die Umgebung durch Konvektion und Strahlung berechnet. Wichtig ist hierbei, dass sämtliche Transport- und Liegezeiten in der Simulation mit berücksichtigt werden. Im weiteren Prozessverlauf wird der Wärmeübergang zwischen dem Schmiedegut und den Gesenken berechnet. Im Standardfall werden hier die Werkzeuge mit einer konstanten, stationären Werkzeugtemperatur angenommen, bei Bedarf kann der Anwender von Simufact.forming die Werkzeuge auch wärmeleitend modellieren, so dass Temperaturgradienten in den Gesenken sowie der Wärmeabfluss von den Werkzeugen an die Umgebung Berücksichtigung finden.

Darüber hinaus hat schließlich die dissipierte Umformenergie einen großen Einfluss auf den Ablauf des Schmiedeprozesses. Eindrucksvoll kann anhand der Simulationsergebnisse immer wieder der Temperaturanstieg aufgrund der eingebrachten Umformenergie in Abhängigkeit zum lokalen, inhomogenen Umformgrad studiert werden. **Bild 1** zeigt die Temperaturverteilung am Ende des Schmiedens einer Kurbelwelle. Deutlich sind die tieferen Temperaturen zum Untergesenk hin zu erkennen, die dadurch zu erklären sind, dass die Gesenkberührzeiten im Untergesenk wesentlich länger sind als die Kontaktzeiten zum Obergesenk.

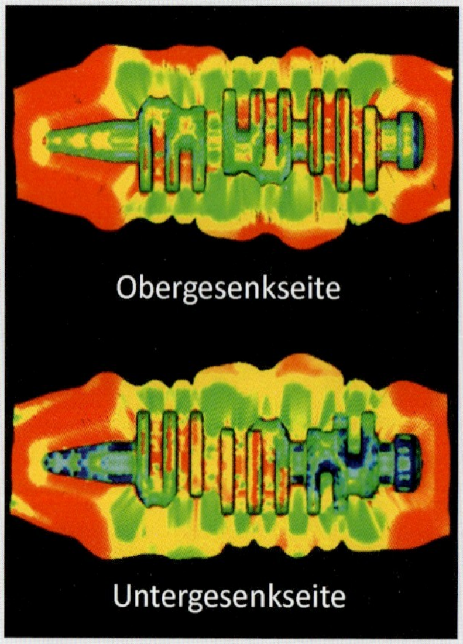

Obergesenkseite

Untergesenkseite

Bild 1: Temperaturverteilung nach dem Schmieden einer Kurbelwelle

Dieses Beispiel zeigt plakativ, welche Bedeutung die Prozesskinematik für die Temperaturführung und damit für die Energiebilanz eines Umformprozesses hat. Aus der Praxis ist hinlänglich bekannt, dass es einen großen Unterschied macht, ob ein Prozess auf einem Hammer, einer Spindelpresse, einer Maxipresse oder einem hydraulischen Aggregat gefahren wird. Eine wesentliche

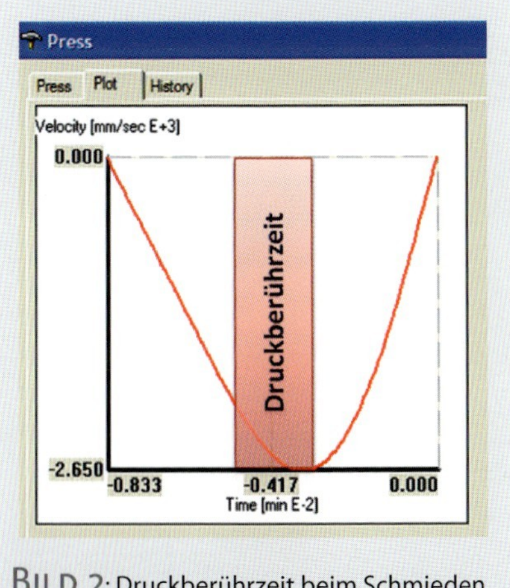

BILD 2: Druckberührzeit beim Schmieden mit einer Maxipresse

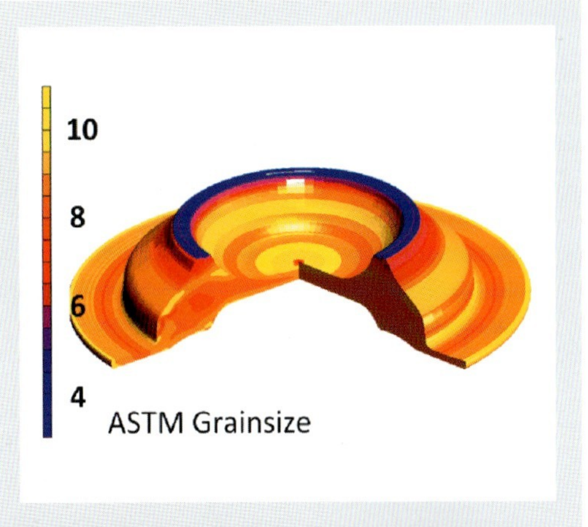

BILD 3: Korngrößenermittlung durch Gefügesimulation

Rolle spielt hier die bereits erwähnte Druckberührzeit, die bei den unterschiedlichen Maschinen deutlich voneinander abweicht. In **BILD 2** ist die Druckberührzeit einer Maxipresse exemplarisch dargestellt.

In enger Abhängigkeit zur Maschinenkinematik bzw. allgemein zur Prozessgeschwindigkeit stehen die Eigenschaften der relevanten Materialparameter. Der Fließwiderstand eines Materials ist eine Funktion der Temperatur und somit unmittelbar an die Werkzeuggeschwindigkeit gekoppelt. Er hat wiederum eine deutliche Auswirkung auf den Kraft- und Energiebedarf.

Die Bedeutung der korrekten Temperatur- und Energieberechnung wird nochmals aufgrund ihres Einflusses auf wichtige Prozessgrößen sichtbar. Der Werkzeugverschleiß ist unmittelbar von der Kontakttemperatur abhängig, ebenso die Reibung und das gesamte tribologische Verhalten. Die Gefügeausbildung, ob Korngröße oder Phasenverteilung, (**BILD 3**) wird ebenfalls durch das Temperatur-Zeit-Verhalten beeinflusst und letztendlich gilt dies auch für Umformfehler und Fließverhalten, Prozessicherheit und Robustheit sowie Eigenspannungen und Bauteilverzug.

Temperatureinfluss auf das Schmiedeergebnis

An einem realen Beispiel soll der Einfluss der Temperatur sowie der Temperaturverteilung dargestellt werden. Es handelt sich um eine Zugöse, die in zwei Schmiedeoperationen und anschließendem Abgraten sowie Lochen hergestellt wird. Das Material ist ein Vergütungsstahl C45 bei einer nominellen Schmiedetemperatur von 1260° C. Untersucht wurden die Fälle einer homogenen Ausgangstemperatur und eines realitätsnahen inhomogenen Temperaturprofils (**BILD 4**). Bei der Studie wurden zwei unterschiedliche Schmiedeaggregate zugrunde gelegt: zum einen ein schneller Hammer mit einer Auftreffgeschwindigkeit von ca. 5 m/s

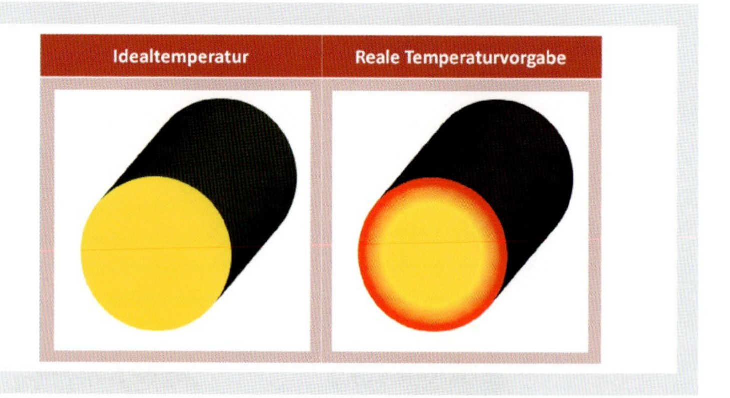

BILD 4: Temperaturprofil im Abschnitt eines Schmiedeteils

und zum anderen eine langsame hydraulische Presse mit einer nahezu konstanten Geschwindigkeit von 40 mm/s. Das Ergebnis zeigt, dass im Fall des schnellen Aggregates, bei dem nicht genügend Zeit zur Verfügung steht, um einen Temperaturausgleich innerhalb des Schmiedeteiles sicherzustellen, die Simulation einen über 20 % höheren Energiebedarf ausweist (**BILD 5**). Das führt in der Simulation zu etwa 7½ Hammerschlägen, ein Ergebnis, das auch von der realen Schmiedung bestätigt wurde. Die Simulation mit einer theoretischen, ideal homogenen Temperaturverteilung „gaukelt" hingegen einen deutlich geringen Energiebedarf und somit auch einen Hammerschlag weniger vor. Im Falle der hydraulischen Presse tritt dieser Effekt nicht auf, da es bedingt durch die lange Prozesszeit über einen Temperaturausgleich zu einem sehr homogenen Temperaturbild kommt.

Ein weiteres Kriterium ist der Materialfluss, der letztendlich über einen fehlerfreien Schmiedevorgang entscheidet. In **BILD 6** ist deutlich zu erkennen, dass sich

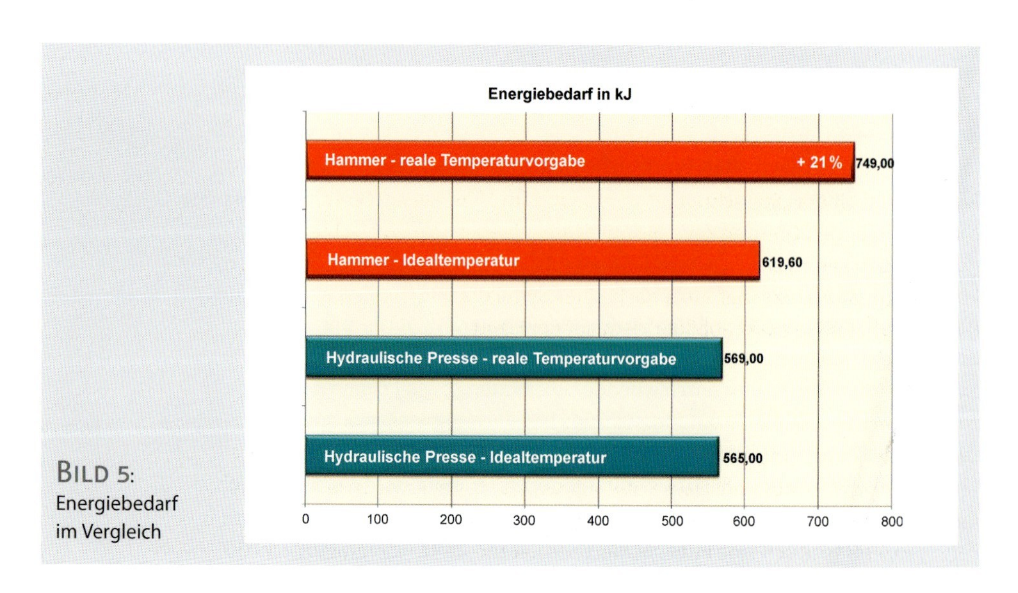

BILD 5: Energiebedarf im Vergleich

BILD 6: Umformfehler im Vergleich

die Fehleranzeige in Form von einer Unterfüllung bei der Vorgabe einer realen Temperaturverteilung wesentlich ausgeprägter darstellt als im Fall einer üblicherweise angenommenen Idealtemperatur, im Bild links zu sehen. Auch hier deckt sich dieses Ergebnis mit den Erkenntnissen aus dem realen Prozess, der bei den zu Grunde gelegten Prozessparametern eine deutliche Unterfüllung an der gleichen Stelle aufweist.

Die Erkenntnisse aus dieser Studie sind zweierlei:

Es konnte erstens nachgewiesen werden, dass die Simulation sehr wohl mit realitätsnahen Eingangsparametern, wie z. B. dem tatsächlichen Temperaturprofil, aufgebaut werden muss um auch qualitativ hochwertige, realistische Ergebnisse zu liefern.

Zweitens – und das ist eine Erkenntnis für den Prozess-Technologen – zeigt die Studie, dass mit der „Stellschraube" Temperatur und Energie ein Umformprozess teilweise in engen Grenzen sowohl zum Guten als auch zum Schlechten hin gelenkt werden kann. Die Forderung nach einer maßgeschneiderten, individuellen Erwärmungsstrategie, aber auch nach einer Simulationstechnologie, die diese Prozessverhältnisse exakt abbildet, liegt auf der Hand.

Umsetzung der Anlagen-Simulations-Kopplung

Seitens der Prozesstechnik wird diese Forderung durch das innovative Multi-Umrichter Konzept aus dem Hause ABP realisiert [2]. Diese Anlagen ermöglichen es, jede Spule bzw. jeden Umrichter individuell steuern zu können. Dadurch kann prozessspezifisch eine individuelle, energieoptimierte Heizstrategie gefah-

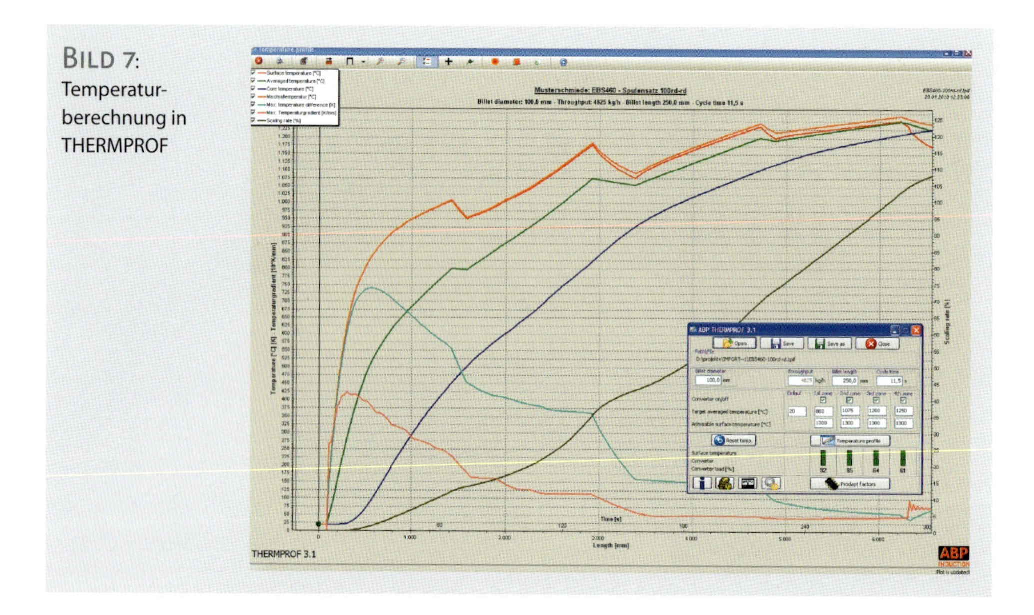

Bild 7: Temperaturberechnung in THERMPROF

ren werden. Das Softwaretool THERMPROF ist dafür ausgelegt, die optimalen Parameter für die Umrichter zu finden und die enthalpiegesteuerte Zonenerwärmung, die sich einstellen wird, im Voraus zu berechnen und zu visualisieren (**Bild 7**). Dadurch kann die Schmiedeguterwärmung ohne zeit- und kostenintensive Versuche im Vorfeld optimiert und auf den Schmiedeprozess in Abhängigkeit von den gewünschten Blockabmessungen, dem geforderten Durchsatz oder der Taktzeit eingestellt werden.

Das berechnete – und letztlich auch innerhalb der Induktionsanlagen realisierte – Temperaturprofil kann über eine Datenschnittstelle als Ausgangsbedingung an Simufact.forming übergeben werden [3]. Mit diesen Vorgaben kann die Schmiedesimulation den Umformprozess berechnen und auf Umformfehler, Prozesssicherheit und erforderliche Kraft hin untersuchen. Sollte das geforderte Resultat nicht erzielt werden können, so besteht die Möglichkeit, durch Modifikation der veränderlichen Prozessparameter – z. B. der Schmiedeguterwärmung – Varianten zu studieren, um so über eine „virtuelle Erprobung" zu einem optimierten Fertigungsprozess zu gelangen.

Fazit

Basierend auf den realen Temperaturprofilen ist die Prozesssimulation in der Lage genaue Ergebnisse zu liefern. Diese Vorgehensweise erlaubt es im Vorfeld einer realen Fertigung den Gesamtprozess virtuell zu analysieren und zu optimieren. Das Resultat ist ein energieeffizienter, robuster und fehlerfreier Schmiedeprozess, der durch die computergestützte Entwicklung (Virtual Engineering) in kürzester Zeit in Serie gehen kann. Die Kopplung innovativer Anlagenkonzepte wie der

Multi-Umrichter-Technologie mit leistungsstarken Simulationswerkzeugen ist ein wichtiger Schritt in die Richtung eines wettbewerbsfähigen, kosten- und energiebewussten Engineerings.

Literatur

[1] Wohlmuth, M.: Energieensparung durch verstärkten Einsatz von Umformsimulation. ABP Kundentag 2009, Dortmund, 30.09.–02.10.2009

[2] Walther, A., Thus, A.: Innovative Zonenerwärmung mittels Multiumrichterkonzept. elektrowärme international (2006) Nr. 2, S. 86–89

[3] Buijk, A.: Accounting for Heat in Hot-Forging Process Design. Forging Magazine 21 (2010) No. 1, S. 12–13

Veröffentlicht in:
elektrowärme international · Heft 1/2010 · Seiten 45–48

Von der Netzfrequenz- zur Umrichter-Stromversorgung im Schmelzbetrieb der Eisengießerei

Von Erwin Dötsch, Frank Koch und Yilmaz Yildir

Bekanntlich gehört die Umrichter-Stromversorgung von Induktions-Schmelzanlagen in Ablösung der früheren Netzfrequenz-Technologie zum Stand der Technik. Bei der Modernisierung von älteren Induktionsanlagen hat daher der Einsatz von Umrichtern anstelle der NF-Stromversorgung erste Priorität. Dabei wird zur Kostenminimierung angestrebt, den bestehenden Tiegelofen einschließlich seiner Peripherie möglichst ohne größere Änderungen bestehen zu lassen und die Auslegung des Umrichters in Bezug auf Leistung und Frequenz daran anzupassen. Im folgenden Beitrag werden die in diesem Zusammenhang zu berücksichtigenden Kriterien beschrieben und die Durchführung einer Modernisierungsmaßnahme am Beispiel der Eisenschmelzanlage der Gusstec Weiherhammer GmbH dargestellt.

Aufgabenstellung

Die Gusstec Weiherhammer GmbH produziert in ihrer traditionsreichen Eisengießerei in Weiherhammer, Oberpfalz, hochbeanspruchte, meist zu zertifizierende Bauteile für Windkraftanlagen, Großmotoren und Maschinenbau sowie für Großarmaturen und Pumpengehäuse in einer breiten Werkstoffpalette, die zu über 90 % aus Kugelgraphitguss, im übrigen aus lamellarem und legiertem Guss besteht. Die Teile werden als Handformguss in Einzelfertigung bis zur Kleinserie hergestellt; man unterscheidet Großguss bis zu 10, Mittelguss bis zu 3 und Kleinguss bis zu 1 t pro Stück. Die Produktion beträgt derzeit etwa 10.000 t/a mit 160 Mitarbeitern im erweiterten Einschichtbetrieb.

Der Schmelzbetrieb bestand bis Ende 2009 aus einem 3,2-t-Mittelfrequenz-(MF-)Tiegelofen mit einer Leistung von 1.800 kW bei 500 Hz und einem 5-t-Netzfrequenz-(NF-)Tiegelofen mit 1.100 kW Anschlussleistung. Die Schmelzkapazität dieser Anlage wurde bei wachsendem Anteil an Mittel- und Großguss zum Engpass der Gießerei, vor allem wegen der bei größeren Abstichmengen rückläufigen Leistungsfähigkeit des NF-Ofens. Es stellte sich daher die Frage, in wie weit dieser Ofen mit möglichst geringem Investitionsaufwand für Chargenbetrieb und größere Abstichmengen bei kürzeren Schmelzzeiten ertüchtigt werden könnte; dabei sollte gleichzeitig die Wirtschaftlichkeit des gesamten Schmelzbetriebs gesteigert werden.

Im Folgenden werden zunächst die Merkmale der NF- und MF-Stromversorgung beschrieben. Daraus wird das Modernisierungskonzept für die Gusstec-Anlage abgeleitet und abschließend über die erreichten Verbesserungen nach der Ertüchtigung berichtet.

Merkmale der NF- und MF-Stromversorgung

Hauptmerkmale beim Betrieb des NF-Tiegelofens sind die geringere Leistungsdichte und die verminderte Leistungsaufnahme bei größeren Abstichmengen sowie bei Anfahren mit festem Schmelzgut, wie in **Bild 1** beispielhaft an einem 24-t-NF-Ofen mit 4.100 kW Leistung beim Schmelzen von Stahlguss aus großstückigen Einsatzstoffen gezeigt wird [1]. Zu Beginn des Schmelzzyklus nimmt der Ofen aufgrund der hohen Permeabilität des kalten Stahlschrottes fast die Sollleistung auf. Nach Überschreiten der Curie-Temperatur der Einsatzstoffe fällt dann die Leistungsaufnahme auf den Wert ab, der der Schüttdichte des Schmelzguts entspricht. Mit wachsender Bildung des Sumpfes und damit steigender Dichte des Schmelzgutes steigt die Leistungsaufnahme wieder, bis sie die Sollleistung bei mit Schmelze voll gefüllter Aktivspule erreicht. Somit stellt sich im Mittel eine Leistungsaufnahme von nur 62,5 % der installierten Leistung ein.

Beim MF-Tiegelofen passen sich im lastgeführten Parallelschwingkreis Strom, Spannung und Frequenz automatisch an die sich ändernde Last des Schmelzgutes im Spulenbereich an. Dadurch wird eine einfache Leistungskonstanzregelung in diesem Stromkreis ermöglicht und die verfügbare Leistung praktisch bei jedem Zustand des Schmelzguts im Tiegel voll nutzbar, indem die Leistung im Ofen entweder mit niedrigerem oder höherem Strom aus dem Umrichter erzeugt wird: Ist das Schmelzgut kalt, seine Temperatur unter dem Curie-Punkt, so ist es aufgrund seiner hohen Permeabilität niederohmig; die volle Leistung ergibt sich dann aus hohem Strom bei niedriger Spannung. Nach Überschreiten der Curie-Temperatur (768 °C) wird das Schmelzgut in Abhängigkeit von seiner Schüttdichte mehr oder weniger hochohmig, so dass sich die volle Leistung bei niedrigem Strom, niedriger Frequenz und höchster Spannung einstellt; ist der Ofen hingegen mit Schmelze gefüllt, also wieder niederohmig, sorgt ein höherer Strom bei niedriger Spannung und höherer Frequenz für die Nennleistung.

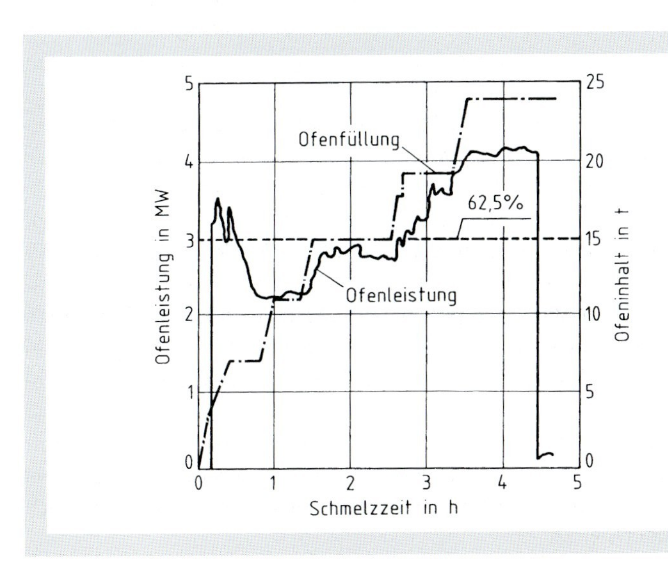

Bild 1: Verlauf von Ofenfüllung und aufgenommener Leistung über der Zeit beim Chargen-Betrieb eines 24-t-NF-Tiegelofens [1]

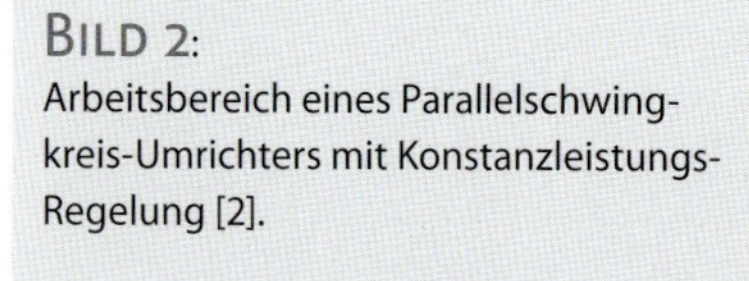

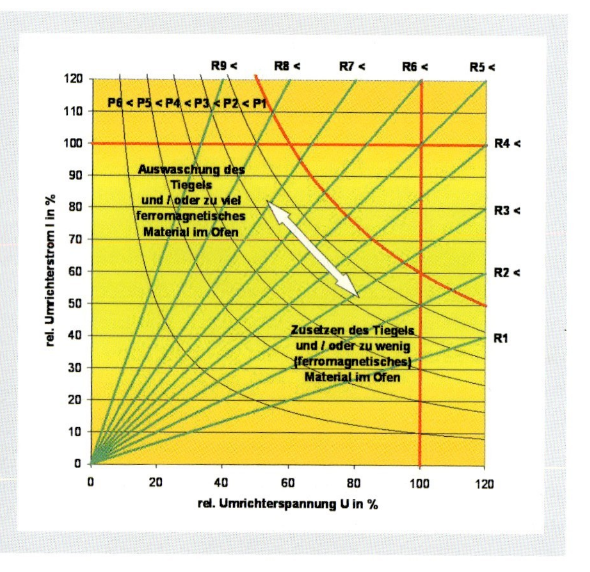

Bild 2: Arbeitsbereich eines Parallelschwingkreis-Umrichters mit Konstanzleistungs-Regelung [2].

In **Bild 2** ist die Lastkurve in Abhängigkeit von Strom und Spannung eines Umrichters mit Konstantleistungsregelung dargestellt [2]. Demnach liegen für den Schmelzbetrieb mit voller Leistung Strom und Spannung im Bereich zwischen je 60 und 100 % ihres Nennwertes.

Die Konstantleistungs-Bereitstellung der Umrichter-Stromversorgung führt zu den Hauptvorteilen gegenüber dem konventionellen NF-Ofen mit starrer Netzfrequenz: Die variable und höhere Frequenz erlaubt zusammen mit den variablen Werten von Strom und Spannung, dass man den MF-Ofen im Chargenbetrieb, d. h. ohne Sumpf mit festen Einsatzstoffen (und/oder mit größeren Abstichmengen) ohne Einbuße bei der Schmelzleistung fahren kann, und dass bei gleichem Fassungsvermögen eine höhere Leistung installierbar ist. Im Einzelnen resultieren daraus die folgenden verfahrenstechnischen Vorteile:

- Beliebiger Legierungswechsel. Da der MF-Ofen nach jeder Schmelzcharge entleert werden kann, lässt sich für jede nächste Charge eine neue chemische Zusammensetzung der Schmelze einstellen.
- Geringerer Bedarf an Warmhalteenergie. In längeren Betriebspausen steht der MF-Ofen leer und „frisst" keine Warmhalteenergie. Dazu kommt der Vorteil der kürzeren Schmelzzeit aufgrund der höheren Leistungsdichte, so dass insgesamt der MF-Ofen gegenüber dem NF-Ofen mit wesentlich besserem thermischen Wirkungsgrad arbeitet.
- Erhöhter elektrischer Wirkungsgrad. Aufgrund des höheren elektrischen Widerstandes des stückigen Heizgutes und der hohen Permeabilität von ferromagnetischen Einsatzstoffen liegt der elektrische Wirkungsgrad beim Chargenbetrieb um etwa 7,5 % höher als beim Schmelzen mit Sumpf, wo die induktive Energieübertragung während des gesamten Schmelzzyklus auf das flüssige Metall erfolgt [1].

- Verbesserte Feuerfesthaltbarkeit. Bis auf die Überhitzungsperiode liegt die aktuelle Temperatur des Tiegelinhaltes während der gesamten Schmelzzeit etwa bei Liquidustemperatur und damit niedriger als beim Sumpfbetrieb. Der Temperaturschock beim Nachchargieren der kalten Einsatzstoffe in den heißen Tiegel hält sich dadurch in Grenzen, dass mit kurzfristigem Wiedereinschalten des Ofens das Schmelzgut in Tiegelnähe schnell auf Rotglut gebracht wird. Dazu kommt der Vorteil, dass aufgrund der höheren Leistungsdichte sich die Schmelze kürzere Zeit im Ofen befindet.

Modernisierungskonzept

Aus der Charakteristik der NF- und MF-Stromversorgung ergibt sich, dass zur Verbesserung der Leistungsfähigkeit des 5-t-Ofens bei Gusstec die NF-Stomversorgung durch eine Umrichteranlage ersetzt werden sollte. Dagegen sollte der Tiegelofen selbst, einschließlich der Peripherie, zur Kostenminimierung möglichst ohne größeren Änderungsaufwand erhalten bleiben. Daraus resultierte für die beauftragte ABP Induction Systems GmbH die Aufgabenstellung, die maximale Leistung und die dazu passende Frequenz für die Beaufschlagung der existierenden Spule und Blechpakete zu ermitteln. Maßgebend dafür ist die Abhängigkeit der Ofenleistung P von der Ofenspannung U, der Spulen-Windungszahl n und der Frequenz f nach der Beziehung

$$P \sim (U / n)^2 / f^{1,5} .$$

Überprüfung der vorhandenen Spule auf Eignung für Leistungserhöhung

Demnach benötigt man zur Leistungserhöhung einer gegebenen Spule in erster Priorität eine höhere Spannung. Hier sind aus Kostengründen zunächst die Daten eines Standard-Umrichters zu berücksichtigen, bei dem Leistung, Spannung und Frequenz auf Grund der begrenzten Auswahl von Halbleiterbauelementen eng miteinander verbunden sind. Zusätzlich ist zu überprüfen, ob die Windungsisolation der vorhandenen Spule für die höhere Spannung noch ausreichend ist und ob die durch die höhere Leistung bedingten stärkeren Streufelder zu unzulässiger Erwärmung der Ofenkonstruktion, beispielsweise des Ofenbodens, führen. In Bezug auf die vorhandenen Blechpakete ist darauf zu achten, dass diese durch die Leistungserhöhung nicht in die Sättigung kommen und die entstehenden Verluste ohne Überhitzung der Pakete abgeführt werden können.

Nach Analyse der vorhandenen Spule und Berücksichtigung der beschriebenen Zusammenhänge wurde die Ofenleistung mit 1.700 kW (statt bisher 1.100 kW) ausgelegt. Die Anzahl der Kühlwasserkreise der Spule wurde an die höhere Leistung angepasst und der ebene Ofenboden durch einen Kümpelboden mit größerem Abstand zum unteren Spulenende ersetzt. Die Kapazität des Platten-Wärmetauschers wurde durch Einbau zusätzlicher Platten erhöht.

Bei der Auslegung der Frequenz sind nicht nur die elektrotechnischen, sondern auch verfahrenstechnische Kriterien zu berücksichtigen, nämlich ihr Einfluss auf die Intensität der Badbewegung und auf das Anfahrverhalten bei Einsatz von

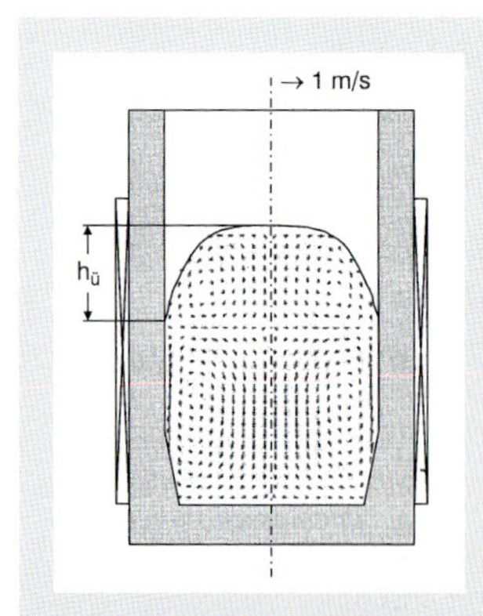

BILD 3: Badüberhöhung $h_ü$ und Schmelzeströmung in einem 2-t-Tiegelofen bei einer Leistung von 2000 kW und einer Frequenz von 570 Hz bei teilgefülltem Ofen [3]

BILD 4: Beispiel eines austauschbaren Ofenkopfes mit eingegossenem Betonring [2]

festem Schmelzgut. Bei Gusstec war die Forderung maßgebend, dass die Intensität der Badbewegung des bisherigen NF-Ofens erhalten bleiben sollte. Als Kriterium dient dabei die Höhe $h_ü$ der Badkuppe (siehe **BILD 3**), die nach der Beziehung

$$h_ü \sim p_s / \sqrt{f}$$

durch die spezifische Leistung p_s in kW pro Tonne Schmelze und die Frequenz f bestimmt wird [3, 4]. Setzt man für gleiche Badbewegung die Badüberhöhung $h_ü$ und damit das Verhältnis von spezifischer Leistung und Wurzel der Frequenz für beide Ofenausführungen gleich, so erhält man für die Frequenz des umrichtergespeisten Ofens

$$f_{MF} = 50 \cdot (1700/1100)^2 = 119 \text{ Hz.}$$

Im Vergleich zur üblichen Frequenz von 250 Hz in MF-Schmelzöfen ist das eine niedrige Ofenfrequenz, die zwar zur beabsichtigten starken Badbewegung, aber andererseits zu einer relativ großen Eindringtiefe des elektromagnetischen Feldes mit schlechtem Ankoppeln an kleinstückiges Schmelzgut führt [4]. Daher blieb zunächst die Frage offen, in wie weit durch die relativ niedrige Mittelfrequenz von 120 Hz das Anfahren mit Festeinsatz beeinträchtigt wird.

Als weitere Modernisierungsmaßnahme beim Gusstec-Ofen wurden der obere und untere Betonring modifiziert. Während das untere Spulenende bisher in einen Ring aus Feuerbeton eingegossen wurde, wird bei der aktuellen Technologie die Spule unten mit einem Betonring aus vorgetrockneten Fertigteilen unterbaut. Für den oberen Betonring wird der Ofenkopf entsprechend **BILD 4** als separates Bauteil ausgeführt, das einmal die Vortrocknung des Gießbetons außerhalb des Ofens ermöglicht und zum anderen das Vor- und Nachspannen des Ofenkopfes als vertikales Gegenlager zur nach oben schiebenden Spule zulässt. Beide Maßnahmen am oberen und unteren Spulenende vereinfachen das Handling beim Spulenwechsel und verkürzen die Ausfallzeit bis zur vollen Wiederinbetriebnahme wesentlich, da die sonst während des Heißbetriebs durchzuführende Trocknung der neu eingebrachten Betonringe wegfällt [2].

Ergebnisse der Ertüchtigung des 5-t-NF-Ofens bei Gusstec

Die Modernisierungsmaßnahmen nach dem vorher beschriebenen Konzept wurden in den Weihnachtsferien 2010 innerhalb von zwei Wochen mit anschließender Inbetriebnahme durchgeführt. Vorab konnten die notwendigen Ofenänderungen an einem Reserveofenkörper vorgenommen werden, der dann zur Inbetriebnahme eingesetzt wurde. **Bild 5** zeigt den bereitstehenden, inzwischen ebenfalls modifizierten zweiten Ofenkörper.

Nach nunmehr etwa 4 Monaten Betrieb mit dem modifizierten 5-t-Schmelzofen zeigen die Erfahrungen, dass die Zielsetzungen der Modernisierung voll erreicht wurden:

1. Das Anfahren mit kaltem Festeinsatz erfolgt trotz der relativ niedrigen Anfangsfrequenz von etwa 90 Hz mit voller Aufnahme der Nennleistung dank der oben beschriebenen Leistungskonstanzregelung. Dabei befinden sich 2 t Roheisen im Tiegel oder ca. 1,5 t Stanzabfälle in der Art, wie in **Bild 6** fotographisch dargestellt.
2. Die Frequenz im Bereich von 110 bis 120 Hz bei flüssigem Tiegelinhalt und hohem Badstand führt zu einer starken Badbewegung in gleicher Intensi-

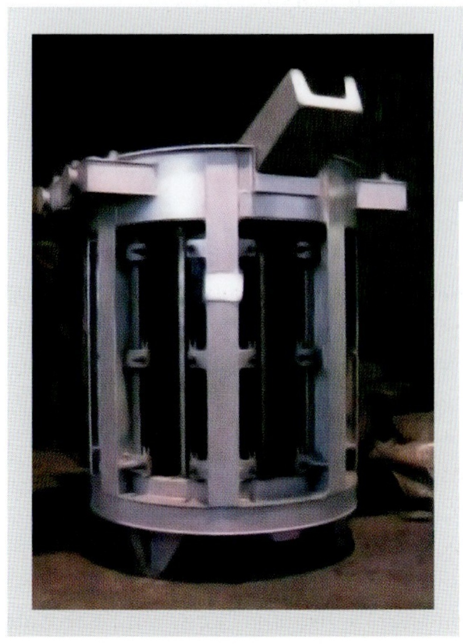

Bild 5: Modifizierter Reserveofenkörper für den 5-t-Tiegelofen

Bild 6: Stanzabfälle als Schmelzgut im Vorratsbehälter

BILD 7: Modifizierter 5-t-Induktionstiegelofen in Betrieb bei der Gusstec Weiherhammer GmbH

tät wie vorher im Netzfrequenzofen. Nach rechtzeitigem Setzen der Legierungsstoffe während der Chargierung des Schmelzgutes erfolgt die Analysenkorrektur problemlos bei vollem Ofen während des Hochfahrens auf die Abstichtemperatur von ca. 1.500 °C.

3. Die Schmelzzeit für eine 5-t-Charge mit Kaltanfahren beträgt etwa 90 Minuten. Sie liegt damit aufgrund der Leistungserhöhung und -konstanz bei weniger als der Hälfte des Wertes im vorherigen NF-Ofen. In Abhängigkeit vom Flüssigeisenbedarf der Formerei wird der 5-t-Ofen nach wie vor häufig im Sumpfbetrieb gefahren. Bei den größeren Abstichmengen im Bereich von 2 bis 4 t wirken sich auch dort die Leistungserhöhung zusammen mit der Leistungskonstanzregelung in Form von wesentlich kürzerer Schmelzzeit positiv aus. Insgesamt konnte aufgrund dieser verbesserten Leistungsfähigkeit des 5-t-Ofens die Betriebszeit der Schmelzanlage um eine gesamte Schicht verkürzt werden.
4. Der Energieverbrauch wurde verringert einmal aufgrund der kürzeren Schmelzzeiten und zum anderen wegen der dementsprechend längeren Leerstehzeiten, während der der Tiegel mit Gasbrenner warmgehalten wird. Bei Betrieb des NF-Ofens lag der Energieverbrauch beider Schmelzöfen zusammen bei 600 bis 620 kWh/t. Durch die Modifizierung des 5-t-Ofens ist nach den ersten Erfahrungen eine Reduzierung um mindestens 10 % zu erwarten.
5. Die Tiegelstandzeit wurde bisher noch nicht ausgereizt. Die erste Neuzustellung erfolgte vorsorglich nach 12 Wochen Betrieb und einem Durchsatz von etwa 1.000 t. Der Zustand des ausgedrückten Tiegels zeigte, dass man

mit wesentlich längerer Standzeit, d. h. mit geringerem Feuerfestverbrauch pro t Schmelze rechnen kann.

Fazit

Die Ertüchtigung des 5-t-NF-Tiegelofens bei der Gusstec Weiherhammer GmbH ist ein Beispiel für eine erfolgreiche Modernisierung eines über 30 Jahre alten Schmelzofens (**Bild 7**). Gegenüber der Investition einer Neuanlage hat eine solche Maßnahme in der Regel die Vorteile, dass

- weniger Investitionskosten und Baukosten vor Ort anfallen,
- das Genehmigungsverfahren mit wesentlich geringerem Aufwand verbunden ist,
- der größte Teil der modernen Induktionstechnologie eingesetzt werden kann.

Bei der Frage Modernisierung oder Neuanlage bleibt natürlich in jedem Einzelfall die Aufgabe, beide Lösungen unter technischen, wirtschaftlichen und unternehmenspolitischen Gesichtspunkten zu analysieren und zu vergleichen.

Literatur

[1] Dötsch, E.; Doliwa, H.: Wirtschaftliches Schmelzen in Mittelfrequenz-Induktionsöfen. Gießerei 73 (1986) Nr. 17, S. 495–501

[2] Dötsch, E.; Konjer, J.; Yildir, Y.: Mehr Wirtschaftlichkeit im Schmelzbetrieb durch moderne Induktionstechnologie. Gießerei 97 (2010) Nr. 6, S. 64–71

[3] Baake, E.: Grenzleistungs- und Aufkohlungsverhalten von Induktions-Tiegelöfen. Fortschritts-Ber. VDI Reihe 19 Nr. 74, VDI Verlag Düsseldorf, 1994

[4] Dötsch, E.: Induktives Schmelzen und Warmhalten. Vulkan-Verlag, Essen, 2009

Veröffentlicht in:
elektrowärme international · Heft 2/2010 · Seiten 99–102

Elektrisch beheizte Öfen für Schutzgas- und Vakuumbetrieb

Von Roland Waitz und Peter Wübben

Im Folgenden werden Ofentypen für die Wärmebehandlung von Materialien unter Schutzgas und Vakuum beschrieben. Zu Beginn wird eine kurze Einführung über die Grundlagen der Schutzgas/ Vakuumanwendung gegeben. Die einzelnen Ofentypen werden im prinzipiellen Aufbau und anhand der wichtigsten Einsatzgebiete vorgestellt. Notwendige Sicherheitseinrichtungen für das Arbeiten mit brennbaren und giftigen Gasen werden ebenfalls angesprochen.

Noch immer werden die meisten Wärmebehandlungen an Luft durchgeführt, zum Beispiel beim Auslagern von Aluminium, zum Härten und Anlassen der meisten Stähle oder Sintern vieler Oxidkeramiken. Normale Luft enthält 78 % Stickstoff, 21 % Sauerstoff und 1 % Argon. Daneben treten noch Spurengase wie Kohlendioxid auf. Häufig wird der große Anteil des Wasserdampfes vergessen. So kann der Wassergehalt von 1 m^3 Luft bei 30 °C und voller Sättigung wie im tropischen Klima über 30 g betragen, was ca. 3 Gewichtsprozent entspricht.

Da Wasserdampf vor allem bei erhöhten Temperaturen immer oxidierend wirkt, ist sein Anteil in Schutzgasen entscheidend. Die Angabe des Wassergehalts erfolgt meist über den Taupunkt, das heißt die Temperatur in °C, auf die das Gas abgekühlt werden muss, bis Wasser auskondensiert. Dies ist vergleichbar mit der Taubildung in der Natur am Morgen oder am Abend. Eine andere, meist in Diagrammen verwendete Darstellung ist das logarithmische Verhältnis von H_2O zu H_2. Beide Angaben lassen sich problemlos umrechnen.

Um Metalle aus Erzen zu erschmelzen, werden Schutzgase vom Menschen schon seit Beginn der Kupferzeit vor ca. 6.000 Jahren eingesetzt. Die Hauptakteure Kohlenstoff und Erz sind dabei über die Jahrtausende gleich geblieben. Die Schutzgasatmosphäre wird durch unvollständige Verbrennung von Kohlenstoff zu Kohlenmonoxid erzeugt. Dieses reduziert das Erz nach der Gleichung $CO + MeO_X = Me + CO_2$ zum Metall.

Moderne Anwendungen wie flussmittelfreies Löten, Sintern von pulvermetallurgischen Teilen, von Siliziumcarbid und Siliziumnitrid-Keramiken oder die Herstellung von Graphit erfordern sauerstofffreie Schutzgasatmosphären. Für spezielle Verfahren bei der Wärmebehandlung von Stählen (z. B. Nitrieren oder Karbonitrieren) werden Reaktivgase wie Ammoniak eingesetzt.

Der Übergang zwischen Schutzgas und Reaktivgas ist fließend und wird von der Temperatur und dem zu behandelnden Material mitbestimmt. Grob unterscheiden kann man jedoch zwischen brennbaren, explosiven und nichtbrennbaren bzw. neutralen Gasen und Gasmischungen. Daneben werden in einigen speziellen Anwendungen Gase mit einer im Vergleich zu Luft abgeschwächten oxidierenden Wirkung wie Kohlendioxid oder Exogas eingesetzt.

GRÜNDE FÜR SCHUTZGAS-VERWENDUNG

Der Hauptgrund für die Verwendung von Schutzgasen liegt im Abbau oder dem Vermeiden von störenden Oxidschichten, welche beim Löten oder Sintern die Verbindung von Metallen erschweren, unmöglich machen. Sie sollen zum Beispiel auch ein Verbrennen des Materials bei der Pyrolyse Graphitherstellung verhindern. Speziell beim Sintern mit kleinen Korngrößen des Ausgangsmaterials, und damit großer spezifischer Oberfläche, würde sauerstoffhaltige Atmosphäre eine vollständige Umwandlung zum Oxid bedeuten.

Welche Schutzgasatmosphäre bei welcher Reinheit verwendet werden muss, hängt vom gewünschtem Effekt und vom Material ab. Entscheidend ist dabei die Stabilität des jeweiligen Oxids bzw. dessen Affinität zu Wasserstoff oder Kohlenmonoxid, den wichtigsten reduzierenden Gasen. In beiden Fällen wird das Reaktionsgleichgewicht mit steigender Temperatur auf die Seite des Metalls verschoben. Materialien wie Chrom oder Silizium sind bei Raumtemperatur in technisch machbaren Atmosphären immer mit einer Oxidschicht überzogen. Chromoxid ist selbst bei 900 °C in Wasserstoff mit Taupunkt von –80 °C noch stabil, bei 1.200 °C wird es jedoch in Wasserstoff mit Taupunkt von –50 °C zu Chrom reduziert.

Die einfachste Form des Schutzgasofens besteht darin, einen herkömmlichen Ofen zusätzlich mit dem gewünschten Gas zu spülen. Je nach Aufwand für zusätzliche Abdichtungen, zum Beipiel im Türbereich oder des Gehäuses, lassen sich damit im Falle nicht allzu empfindlicher Materialien, zum Beispiel beim Härten von Stählen, bereits brauchbare Ergebnisse erzielen. Man muss jedoch mit Restsauerstoffgehalten im einstelligem Prozentbereich und relativ hohem Schutzgasverbrauch rechnen, um einen leichten Überdruck im Ofen zu erzeugen. Es können jedoch aus sicherheitstechnischen Gründen keine giftigen und brennbaren Gase verwendet werden.

Als eigentliche Schutzgasöfen kommen im Prinzip zwei Bauformen in Frage. Der Heißwand- und der Kaltwandofen. Bei letzterem muss zwischen der klassischen Form mit Schirmblechen oder Graphit, Faser- bzw. Steinisolation unterschieden werden. Alle Bauformen lassen sich im Bedarfsfall auch kombinieren.

Ofentechnik

Das Heißwandprinzip

DER HEISSWANDOFEN

In einen Kammerofen wird eine schutzgas-, oder vakuumdichte Retorte (Muffel) eingesetzt. Isolation und Heizelemente liegen außerhalb der Retorte, das heißt sie sind der Schutzgasatmosphäre nicht ausgesetzt (**BILDER 1 BIS 3**). Für Heizelemente und Isolation können die gleichen Werkstoffe wie für den entsprechenden Temperaturbereich an Luft eingesetzt werden.

Retorte

Die Retorte kann zylindrisch- oder quaderförmig sein, aus Metall, Quarzglas oder Keramik bestehen. Für Quarz und Keramik sind für größere Abmessungen nur

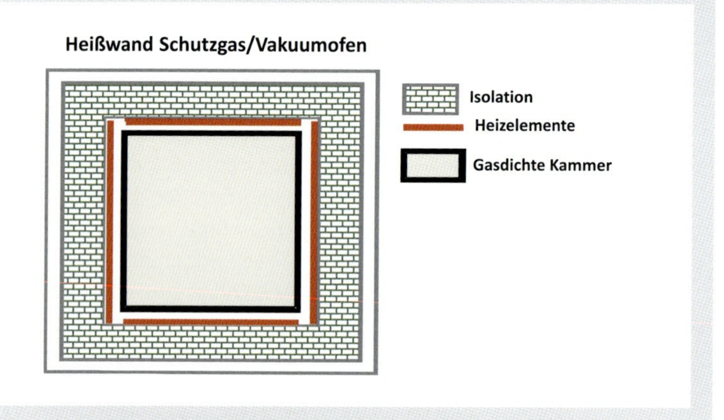

BILD 1: Heißwandofen für Schutzgas und Vakuumbetrieb

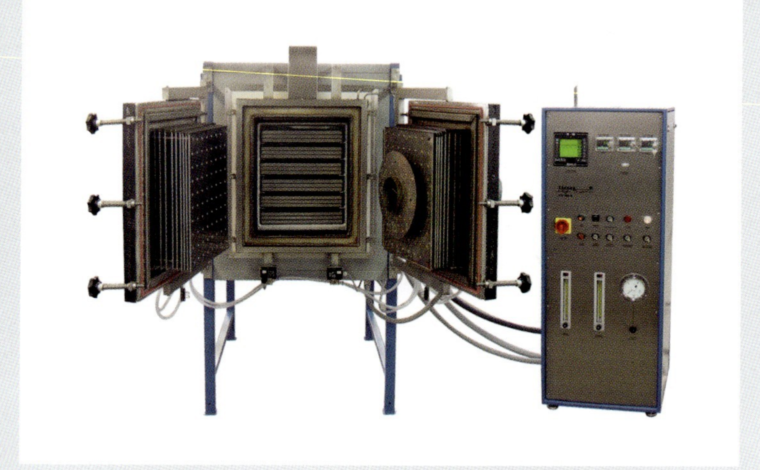

BILD 2: Schutzgasofen KS- S 160 mit Hordengestell und Doppeltür für Umluftbetrieb bis 950 °C oder Hochtemperaturbetrieb bis 1.150 °C

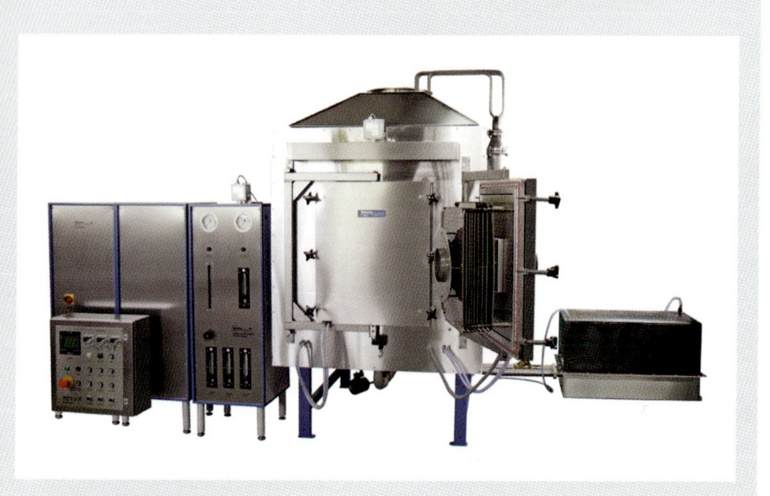

BILD 3: Faserisolierter Schutzgasofen KF-240S bis 1.200 °C für Reinraumeinbau, Wasserstoffbetrieb und Gasrückkühlung über Gas/Wasser-Wärmetauscher für schnelle Abkühlzeiten, Reduktion und Sinterung von Edelmetallpellets

Zylinderformen (Rohr) praktikabel. Der Preis, speziell für große Abmessungen, ist im Vergleich zu Metall sehr hoch.

Das Haupteinsatzgebiet für Keramik liegt im Hochtemperaturbereich über 1.200 °C, für Quarz bei hochreinen Prozessen bis 1.150 °C, zum Beispiel in der Halbleiterindustrie. Nachteile der Keramik sind die Thermoschockempfindlichkeit der gasdichten Qualitäten (max. Aufheizgeschwindigkeiten liegen je nach Qualität, Größe, Wandstärke und Temperaturbereich zwischen 120 K/h und 400 K/h) und die beschränkte Verfügbarkeit großer Abmessungen. Bei Temperaturen über 1.550 °C sind Keramiken nicht mehr mechanisch formbeständig und vakuumdicht. Rohre aus einkristallinem Aluminiumoxid-Saphir sind bis 1.850 °C vakuumdicht, sie sind zur Zeit aber nur bis max. 40 mm Durchmesser und 1 m Länge lieferbar.

RETORTEN AUS KERAMIK

Quarz, im amorphen glasartigen Zustand, hat dagegen eine exzellente thermische Wechselbeständigkeit, neigt aber bei Temperaturen über 1.050 °C zur Rekristallisation, die beim Abkühlen über kurz oder lang zur Zerstörung führt. Um eine möglichst lange Lebenszeit zu erreichen muss auf peinlichste Sauberkeit während Bau und Betrieb der Anlage geachtet werden (Baumwollhandschuhe). Quarz lässt sich praktisch auch bis 1.350 °C ohne Verformung einsetzen, muss aber dann ständig über 300 °C gehalten werden. Die Kristallisation zu β-Cristobalit setzt an der Oberfläche ein und wird zum Beipsiel durch Wasserdampf stark begünstigt. Bei Temperaturen < 275 °C wandelt sich die kubische β-Form in die tetragonale Kristallstruktur mit geringerer Dichte um, was zu Abplatzungen und Rissen fuhren kann. Durch regelmäßiges „Abbeizen" mit Fluor- oder Phosphorsäure lässt sich ein „Durchkristallisieren" verhindern. Bei jeder Behandlung wird aber die Materialdicke vermindert.

RETORTEN AUS QUARZ

Beim durch Sinterung hergestelltem, opaken Quarzgut tritt dieses Problem nur abgeschwächt auf. Quarzgut enthält aber normalerweise mehr Verunreinigungen. Rohre aus beiden Materialien sind nur bis zu einer gewissen Größe realisierbar. Zurzeit sind Durchmesser bis zu 570 mm bei Quarzglas und 1.000 mm bei Quarzgut mit Längen von bis zu 4 m industriell erhältlich.

Metalle sind das gängigste Material für Schutzgasretorten. Die verwendeten Legierungsqualitäten müssen der Einsatztemperatur und dem Prozess angepasst werden. Hauptsächlich verwendet werden austenitische Stähle wie 1.4541, Betrieb bis 850 °C, 1.4841 bis 1.100 °C, Inconel als Schweißkonstruktion bis 1.150 °C, Guss bis 1.250 °C, APM TM (nur als Rohr) bis 1.300 °C.

RETORTEN AUS METALL

Für den Einsatz nahe der maximalen Temperatur werden zylindrische Formen bevorzugt, da weniger Spannungen auftreten. Das gleiche gilt wegen der besseren Druckverteilung für den Vakuumbetrieb. Je nach Größe und Aufwand (Materialdicke, Wellform) lassen sich Vakuumöfen in Heißwandbauweise bis 1.100 °C realisieren. Es muss dabei berücksichtigt werden, dass die Festigkeit aller gängigen metallischen Werkstoffe zwischen 500 und 800 °C stark abfällt. Unter Umständen kann im Ofen mit einem Stützvakuum von 80 bis 90 % des Retortenvakuums gearbeitet werden.

Der Gaseinlass in die Kammer erfolgt üblicherweise durch ein Rohr mit mehreren Bohrungen. Das Gas wird dadurch gleichmäßig über die Ofenkammer verteilt. Bei großen Gasflüssen, wie sie zum Beispiel zum Testen von Katalysatoren oder Brennstoffzellenkomponenten benötigt werden, wird das Einlassrohr meanderförmig verlängert. Es dient dann zur Gasvorwärmung.

Tür

Besonderes Augenmerk muss der Türkonstruktion gewidmet werden. Der Bereich der Türdichtung muss wegen des verwendeten Dichtungsmaterials, zumeist Silikon oder Viton (max. 280 °C), im kalten Bereich liegen und entspricht daher im Aufbau eher einem Kaltwandofen.

DIE OFENTÜR – BESONDERS WICHTIG FÜR DIE ENERGIE-EFFIZENZ

Der Türbereich stellt eine Schwachstelle der Konstruktion dar. Die Verluste an der im Allgemeinen nicht beheizten Türseite sollen möglichst gering sein und auch der Temperaturübergang von Dichtung zum Ofeninneren nicht zu steil gewählt werden. Ideal ist eine kleine, sehr tiefe Tür. Beim klassischen Rohrofen ist dies der Fall, doch Beschicken und Entladen sind schwierig und nur bei kleinen Teilen möglich. Die vermeintliche Lösung ist ein dicker Isolationsstopfen in der Tür, das Ergebnis sind dann durch starken Temperaturgradienten gebrochene Keramikrohre und verworfene oder gerissene Metallmuffeln. Die ideale Lösung sind Schirmbleche hin zum heißen Bereich, die für ein moderates Temperaturgefälle im Muffelmaterial sorgen, ein anschließender Isolationsstopfen zum Abbau der Resttemperatur und ein senkrecht herausgeführter Muffelkranz, der die durch die thermische Leitfähigkeit des Muffelmaterials bedingte Belastung der Dichtung verringert. Eine Wasserkühlung der Dichtungsflächen ist bei Ofentemperaturen über 400 °C dennoch nötig. In einigen Spezialfällen (z. B. Gasreaktoren) können Metalldichtungen im heißen Bereich eingesetzt werden. Sie sind jedoch nur einmal verwendbar bzw. nur mit großen Aufwand wieder zu verwenden.

Weiterhin muss die Kondensationsproblematik im kalten Teil der Tür berücksichtigt werden. Eine Kühlung der Türdichtung durch ein Temperiergerät mit unter Druck stehendem Wasser (T < 130 °C) oder Wärmeträgeröl (< 220 °C) als Fluid hilft die Kondensation abzuschwächen oder ganz zu vermeiden.

Heizelemente

Die Auswahl der Heizer ist bei Heißwandöfen eher unproblematisch. Wie bereits erwähnt kommen die gleichen Materialien wie für Öfen an Luft zum Einsatz. Chemische Reaktionen mit dem Schutzgas müssen nicht berücksichtigt werden. Bei Rohröfen mit T_{max} > 1.350 °C werden Molybdän-Disilizidheizer ($MoSi_2$) bis 1.850 °C verwendet, sonst FeCrAl-Heizer wie Kanthal A1™ (1.400 °C) oder APM™ (1.420 °C). Als Faustregel gilt für alle Öfen, dass die maximal erreichbare Ofentemperatur ca. 50 °C unter der maximalen Temperatur des Heizleiters liegen muss, um eine vernünftige Lebensdauer zu erreichen. Die maximale Temperatur in Schutzgasmuffeln liegt ca. 100 °C bis max. 50 °C unter der Ofentemperatur.

MAXIMALE OFEN-TEMPERATUR 50 °C UNTER HEIZLEITER-TEMPERATUR

Isolation

Eine ideale Isolation für einen Schutzgasofen gibt es nicht. Einerseits sollen die Wärmeverluste beim Aufheizen und in der Haltezeit möglichst gering sein, um Energie zu sparen und den Anschlusswert des Ofens gering zu halten, andererseits soll das Chargenmaterial meist schnell abkühlen, also in möglichst kurzer Zeit gespeicherte Energie verlieren.

Die erste Forderung wird durch eine Isolation aus keramischer Faser oder mikroporösem Material ideal erfüllt. Beide haben eine sehr geringe Wärmeleitfähigkeit und Wärmespeicherkapazität. Letztere unterstützt auch eine schnelle Abkühlung, diese wird jedoch von der guten Isolationswirkung behindert. Der Preis einer Faserisolation für Temperaturen über 1.100 °C ist relativ hoch. Die Auslegung der Wärmedämmung für Heißwandöfen ist daher immer ein Spagat zwischen Energieverbrauch, Zykluszeit und Ofenpreis. Entscheidend ist letztlich die Prozesssicherheit, welche die Grenzen vorgibt, in denen der Ofen wirtschaftlich optimal betrieben werden kann.

GUTE ISOLATION: PROZESSSICHERHEIT BLEIBT ENTSCHEIDEND

Einen guten Kompromiss stellt eine kombinierte Isolation aus Feuerleichtstein mit einer Hinterisolation aus Fasermaterial oder mikroporösen Material dar. Zusätzlich kann über Gebläse kühle Frischluft durch ein Verteilersystem in Raum zwischen Isolation und Schutzgasmuffel geblasen und der Ofen so aktiv gekühlt werden. Eine aufwändigere, aber sehr effektive Möglichkeit ist es, die Ofenatmosphäre mittels eines Seitenkanalverdichters über einen externen Gas-Wasserwärmetauscher zu zirkulieren und rück zu kühlen.

Die Gebläse bzw. der Seitenkanalverdichter lassen sich dabei über Frequenzumrichter temperaturabhängig regeln. Die erreichbaren Abkühlzeiten sind abhängig von der Anfangstemperatur, Charge (Gewicht, spez. Wärme) und der Entnahmetemperatur. Sie liegen meist im Bereich von 1 bis 10 h. Eine noch effektivere Abkühlung wird durch Entfernen der Schutzgasmuffel aus der Ofenanlage und Einsetzen in eine Kühleinrichtung, wie bei Haubenöfen, erreicht.

Temperaturverteilung

Die Temperaturverteilung oder -gleichmäßigkeit wird bestimmt von der Geometrie, den Strahlungsverhältnissen, der Konvektion und der Wärmeleitung des Gases. Bei Heißwandöfen wird im Allgemeinen eine tiefe Bauform bevorzugt. Meist erfolgt die Beheizung von vier bis fünf Seiten. Bei unbeheizter Tür tritt dort ein starker Temperaturabfall auf, der umso weiter in das Ofenvolumen hineinreicht, je größer die Türfläche ist.

Die Wärmeleitung im Gas (bis auf Wasserstoff/Helium) kann meist vernachlässigt werden. Die Hauptakteure sind Konvektion und Strahlung. Bei natürlicher Konvektion ist diese der bestimmende Faktor bis etwa 200 °C, danach überwiegt die Wärmeübertragung durch Strahlung. Wird eine verstärkte Konvektion durch Gasumwälzgebläse erzwungen, bleibt diese bis etwa 400 °C bestimmend und bis 800 °C deutlich wirksam. Darüber wird die Wärmeübertragung und Temperatur von der Strahlung beherrscht. Ist eine genaue Temperaturverteilung über ein großes Volumen erforderlich, sollte bei Temperaturen bis 400 °C eine Gasumwälzung verwendet werden, über 800 °C ist eine Mehrzonenheizung sinnvoll, zwischen 400 °C und 800 °C am besten beides. Gasumwälzungen können bis 900 °C eingesetzt werden. Sollte prozessbedingt ein Einsatz bis max. 1.050 °C (z. B. Entbindern bei 300 °C und Vorsintern bei 1.100 °C) mit guter Temperaturverteilung nötig sein, muss sich der Heißgasumwälzer mit speziellem Lüfterrad auf minimale

KONVEKTION UND STRAHLUNG BESTIMMEN ÜBER DIE TEMPERATURVERTEILUNG

Drehzahl, zum Beispiel 1/s, herunter regeln lassen, um nicht zerstört zu werden. Ein Drehen des Ventilatorrads ist aber nötig, da sich sonst die Antriebswelle verziehen kann.

Bei Mehrzonenheizung wird meist mit zwei oder drei Regelstrecken, verteilt über die Ofenlänge (Türbereich, Mittelteil, Rückwand), gearbeitet. Mit den geschilderten Maßnahmen sind Temperaturabweichungen von ±3 bis ±7 K über das Ofenvolumen zu erreichen. Mit höheren Aufwand z. B. sechsseitige Beheizung und Trimmmöglichkeit für die Heizzonen sind für Spezialanwendungen auch höhere Genauigkeiten machbar. Meist ist es jedoch einfacher, das nutzbare Ofenvolumen im Verhältnis zur Muffelabmessung zu beschränken, um eine ähnlich gute Temperaturverteilung zu erreichen.

Steuerung und Regelung

Die Auslegung der Steuer- und Regelanlage, insbesondere die Platzierung der Thermoelemente erfordert bei Heißwandöfen einige Vorüberlegungen, die das Temperatur-Zeit-Regime des Prozesses berücksichtigen müssen. Standardmäßig kommt bei LINN HIGH THERM der Programmregler SE-402 der Firma Stange zum Einsatz (**Bild 4**), der sich durch seine einfache Bedienung auszeichnet. Der SE-402 hat einen Speicher für 25 Programme mit bis zu 50 Schritten. An das Gerät werden direkt die Thermoelemente angeschlossen, die dann für die genaue Regelung oder die Datenerfassung verwendet werden können. Von einem PC mit installiertem Prozessleitsystem kann über eine RS 422 Schnittstelle der Regler angesteuert werden. Am PC können alle relevanten Daten archiviert und weiterverarbeitet werden.

Eine praktikable Lösung ist eine Messstelle, die sich in einem in die Schutzgaskammer eingeschweißten Rohr befindet. Dadurch kann es leicht von außen gewechselt werden und ist auch nicht der Ofenatmosphäre ausgesetzt. Wichtig ist das bei Verwendung von PtRh-Thermoelementen bei Wasserstoffbetrieb. Dieses Element wird auf den Regler geführt.

Ein Sicherheitsregler überwacht die Temperatur im Zwischenraum vom Heizer zur Schutzgaskammer. Dadurch wird sichergestellt, dass es bei schnellen Aufheizen und hohem Chargengewicht nicht zu einer Überhitzung (Überfahren des Ofens) und somit zur Zerstörung der Schutzgasmuffel kommt. Ein zusätzliches flexibles Schleppelement im Ofenraum, das auf eine Anzeige und/oder einen Temperatur-Schreiber geführt wird, ist in vielen Fällen sinnvoll, da es die wirkliche Temperatur an der Charge messen und protokollieren kann.

BILD 4: Programmregler SE-402

Wird das Thermoelement in der Kammer platziert, reagiert es beim

Anfahren, abhängig von Charge und Muffel, mehr oder weniger träge. Speziell bei schnellem Aufheizen und Haltezeit bei niedrigen Temperaturen kann es dann zu einem „Überschießen" des Ofens kommen. Die Wärme muss erst durch die Muffel dringen und das Thermoelement erreichen; in dieser Zeit läuft die Heizung mit voller Leistung weiter, was zur Folge hat, dass die Ofenanlage überhitzt. Trotz Abschalten der Heizung steigt die Temperatur in der Kammer weiter an, dieser Effekt lässt sich durch langsames Anfahren und die Wahl geeigneter PID Regelparameter vermeiden. Eine Platzierung des Thermoelements außerhalb der Kammer ermöglicht lineares Aufheizen ohne Überschwingen, allerdings muss vorher empirisch ermittelt werden, wie groß die Differenz zwischen Ofen und Schutzgaskammer im jeweiligen Temperaturbereich ist. Das Problem kann mit modernen Differenzreglern behoben werden, wenn das innere Element als Führung und das Element außen als Stellgröße mit eingestelltem Offset verwendet wird.

Das Kaltwandprinzip

DER KALTWAND-OFEN

Bei Kaltwandöfen befinden sich Heizer und Isolation in einer gasdichten/vakuumdichten Kammer (**Bild 5**). Das heißt, die abdichtende Kammerwand befindet sich nicht auf Ofenraumtemperatur. An das Material werden bezüglich der Warmfestigkeit und Temperaturbeständigkeit keine besonderen Anforderungen gestellt, dennoch wird meist Edelstahl verwendet, um Korrosion auszuschließen. Öfen, die unter Überdruck arbeiten müssen, werden deshalb in dieser Technologie aufgebaut. Hochdruck-Sinteröfen (**Bild 6**) werden zur Herstellung von porenfreien pulvermetallurgischen Teilen und Keramiken benötigt. In der Hochtemperatur-Supraleiter-Entwicklung und bei der Wärmebehandlung von Rubinen zur Farbverbesserung wird unter reiner Sauerstoffatmosphäre bis zu Drücken von 1.000 bar gearbeitet. Bei Bedarf zum Beispiel für Ultrahochvakuumöfen oder zur Vermeidung von Kontamination im Nuklearbereich kann das Material zusätzlich elektropoliert werden.

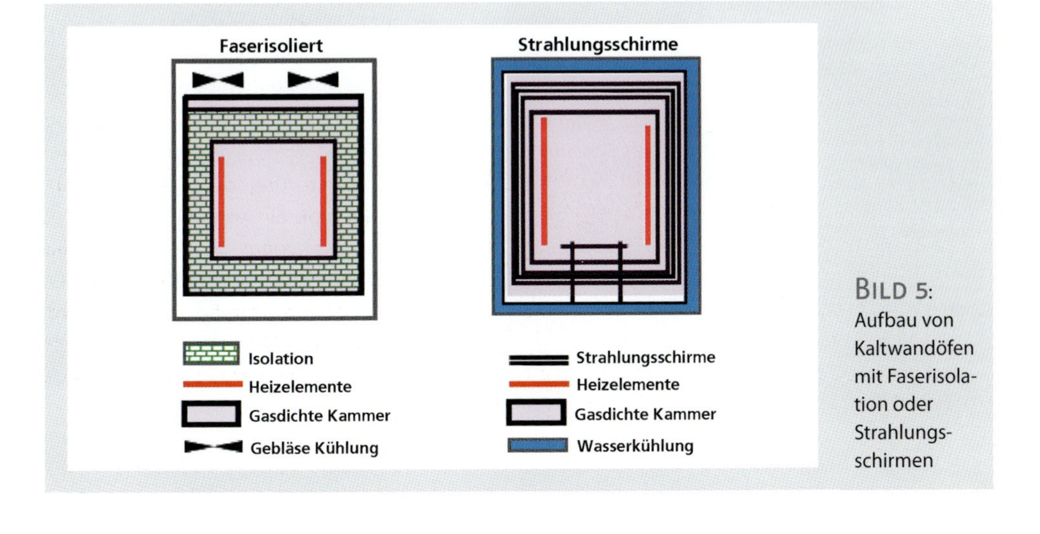

BILD 5: Aufbau von Kaltwandöfen mit Faserisolation oder Strahlungsschirmen

BILD 6: Hochdruckofen bis 1.000 °C mit max. Sauerstoffbetrieb bis 100 bar, Molybdän-di-Silizid beheizt für die Entwicklung von Hochtemperatur-Supraleitern (HTSL)

Dagegen sind Isolation und Heizleiter der Ofenatmosphäre und Temperatur ausgesetzt, dies muss bei der Auswahl des Materials berücksichtigt werden und kann abhängig von Art der Charge und des Wärmebehandlungsprozesses zu unterschiedlichen Ofenkonzepten führen.

Heizleitermaterialien

Die gängigen Heizleitermaterialien für Schutzgasöfen sind wie im Falle der Heißwandöfen Eisen-Chrom-Aluminium Legierungen, Molybdän-Disilizid, Molybdän, Wolfram und Graphit. In Ausnahmefällen werden aufgrund des chemischen Verhaltens auch Tantalheizer eingesetzt. Die maximale Einsatztemperatur in unterschiedlichen Gasen ist in **TABELLE 1** aufgeführt. Für kombinierten Schutzgas/ Luft-Betrieb eignen sich nur FeCrAl-

TABELLE 1: Maximale Heizelementtemperaturen

Gas	Formel	APM (A1) FeCrAl	Kanthal Super 1700/1800/1900	Molybdän Mo	Tungsten W	Graphit C
Luft	N_2, O_2, Ar	1.400 °C	1.700/1.800/1.850 °C	400 °C	500 °C	400 °C
Sauerstoff	O_2	1.300 °C	1.700/1.800/1.850 °C	< 400 °C	< 500 °C	< 400 °C
Stickstoff	N_2	1.200 °C	1.600/1.700/1.800 °C	–1.480 °C	–1.480 °C	1.700 °C
Argon	Ar	1.400 °C	1.600/1.700/1.800 °C	2.000 °C	3.000 °C	3.000 °C
Ammoniak	NH_3	1.200 °C	< 1.400 °C	1.100 °C	< 1.480 °C	< 1.700 °C
Wasserstoff trocken Taupunkt –60 °C	H_2	1.400 °C	1.150/1.150/1.150 °C	1.800 °C DP < –28 °C	3.000 °C	1.700 °C (2.400 °C)
Wasserstoff nass Taupunkt +20 °C	H_2	1.400 °C	1.450/1.450/1.450 °C	< 1.400 °C	< 1.350 °C	
Wasserdampf	H_2O	1.200 °C	1.600/1.700/1.800 °C	700 °C	700 °C	
Exogas 10 % CO_2 5 % CO, 15 % H_2		1.150 °C	1.600/1.700/1.700 °C	< 1.200 °C (CO_2)	900 °C	
Endogas 40 % H_2, 20 % CO		1.050 °C	1.400/1.450/1.450 °C	< 1.400 °C (CO)	900 °C	2.500 °C
Vacuum < 10^{-3} mbar		1.150 °C	1.150/1.150/1.150 °C	1.500 °C	2.200 °C	2.200 °C

Bild 7: Kaltwandofen KKV-140/270/2000 bis 2.200 °C, Toplader mit Wolfram-Maschenheizer, Turbopumpstand bis 10^{-5} mbar, Begasungs- und Abfackeleinrichtung für Wasserstoffbetrieb

Legierungen und $MoSi_2$. Der klassische Kaltwandaufbau mit Strahlungsblechen aus dem gleichen Material wie der Heizer kann nicht mit $MoSi_2$ realisiert werden, da keine dünnwandigen Bleche aus $MoSi_2$ hergestellt werden.

Öfen mit Strahlungsschirmisolation

Kaltwandöfen mit Strahlungsschirmen (**Bild 7**) werden als Hochvakuumöfen bis 10^{-7} mbar, Vakuum-Härteöfen mit Gas-Schnellabschreckung, für die Wärmebehandlung und Sinterung empfindlicher Legierungen, zum Beispiel mit Niob- oder Chromanteilen, sowie zum Aktivlöten eingesetzt.

Ofenkammer

Die Ofenkammer besteht aus Edelstahl und benötigt meist eine Wasserkühlung. Diese kann als Doppelmantel oder durch eine aufgeschweißte Kühlschlange ausgeführt sein. Beim Doppelmantel muss darauf geachtet werden, dass eine gerichtete Wasserführung gewährleistet ist und sich keine Stellen im Strömungsschatten oder Toträumen bilden, in denen sich Gasblasen sammeln können. Speziell letztere können durch Überhitzung zur Zerstörung des Behälters führen. Bei Verwendung einer Kühlschlange ist auf ausreichenden Wärmeübergang und vollständige Kühlung des gesamten Behälters vor allem im Türbereich zu achten.

Temperaturmessung und Regelung

Die Messung bis maximal ca. 2.100 °C kann mit Wolfram-Rhenium-Mantelthermoelementen erfolgen. Bei höheren Temperaturen wird mit Pyrometer gearbeitet. Eine Kombination dieser beiden Messmethoden ist sinnvoll. Mit dem Thermoelement kann der Ofen auch im unteren Temperaturbereich genau geregelt werden. Einfache Pyrometer arbeiten erst ab ca. 800 °C. Im Überlappungsbereich von Thermoelement- und Pyrometermessbereich kann die Einstellung des Pyrometers kontrolliert werden (Emissionsfaktor, geometrische Anordnung). Bei höheren Temperaturen wird das Thermoelement in die Isolation zurückgezogen. Der Einbau eines Temperaturbegrenzers mit zusätzlichen Pyrometern wird dringend empfohlen.

Isolation

Die schlechte Effektivität der Strahlungsisolation bedingt einen hohen Energieverbrauch. Ein Ofen mit Wolframmaschenheizer mit Durchmesser 200 mm und Höhe von 350 mm, bis 2.000 °C und fünf Strahlungsblechen benötigt eine Anschlussleistung von ca. 36 kW bei Vakuumbetrieb, für Argon muss mit ca. 6 %, bei Stickstoff ca. 8 % und für Betrieb unter Wasserstoff mit ca. 50 % höherer Leistung gerechnet werden. Die Zahl der Strahlungsschirme ist der Maximaltemperatur des Ofens angepasst. Üblich sind sechs bis neun Schirme im Temperaturbereich von 1.600 bis 2.800 °C. Die Verluste unter Vakuum lassen sich bei kleinem Schirmblechabstand nach folgender Formel grob berechnen.

BERECHNUNG VON WÄRMEVERLUSTEN UNTER VAKUUM BEI KLEINEM SCHIRMBLECHABSTAND

$$E = \sigma \cdot \frac{T_i^4 - T_a^4}{\left(\frac{1}{\varepsilon_i} + \frac{1}{\varepsilon_a} - 1\right) + n \cdot \frac{2}{\varepsilon_s}}$$

E = Verluste [W/m²]
σ = Stefan-Boltzmann-Konstante [$5{,}67 \cdot 10^{-8}$ W/m²]
T_i = Ofentemperatur [K]
T_a = Gehäusetemperatur [K]
n = Anzahl der Schirmbleche
ε_i = Emissionsfaktor Heizer
ε_a = Emissionsfaktor Gehäuse
ε_s = Emissionsfaktor Strahlungsschirm

Bei reinen Vakuumöfen kann der Abstand der einzelnen Schirmbleche sehr gering sein. In Gasatmosphären lässt sich die Isolationswirkung durch Variation der Abstände, außen groß nach innen hin kleiner werdend, optimieren. Der Abstand wird so groß gewählt, dass die Verluste durch Wärmeleitung minimiert werden, aber klein genug, dass sich keine Konvektion der Gasatmosphäre ausbilden kann.

Die innersten Schirmbleche werden meist aus dem gleichen Material wie der Heizer gefertigt. Von innen nach außen hin kann dann auf preiswertere Materialien übergegangen werden, zum Beispiel Wolfram-Molybdän-Inconel-Edelstahl. Die gegenüber Fasermaterial schlechte Isolationswirkung des Strahlungsschirm-Pakets hat aber auch Vorteile, wenn es darum geht hohe Abkühlungsgeschwindigkeiten zu erreichen. Unterstützt wird dies durch die geringe spezifische Wärme der eingesetzten Materialien (Mo: 0,251 J/g °K bei einem spezifischen Gewicht 10,22 g/cm^3 im Vergleich zu Stahl 0,449 J/g °K bei 7,8 g/cm^3).

Bild 8: Wolfram-Bandheizer T_{max} 3.000 °C mit Strahlungsschirmen und Chargentisch

Beheizung

Die gängigsten Heizleitermaterialien sind Molybdän bis ca. 1600 °C und Wolfram bis 2400 °C. Werden höhere Temperaturen gefahren, muss mit stark verkürzter Lebensdauer gerechnet werden (die Abdampfrate von Mo bei 1800 °C beträgt 3 · 10^{-2} mg/cm^2 h). Bei Wolfram wird diese Abdampfrate erst bei 2400 °C erreicht. Die Heizelemente können aus Blechen, ungelocht, gelocht oder Streifen (**Bild 8**), aus Draht oder Maschengewebe (**Bild 9**) gefertigt werden. Bleche werden vor allem bei Mo-Heizern, Gewebe bei Wolfram eingesetzt. Wegen des niedrigen Widerstands der Heizelemente sind sehr hohe Heizströme nötig, die einige 1.000 A betragen können.

Öfen mit Faser- oder Stein-Isolation

Wenn die Anforderungen an das Vakuum und den Taupunkt der Ofenatmosphäre nicht zu hoch sind (Vakuum bis max. 10^{-2} bis 10^{-3} mbar), kann zur Isolation keramische Faser, Graphitfilz (bis 10^{-4} mbar, mit sehr leistungsstarken Pumpen bis 10^{-5} mbar) oder eine Ausmauerung verwendet werden (**Bilder 10 und 11**). Gängig sind keramische Fasermaterialien bis 1.800 °C, wie sie auch in Öfen für Betrieb an Luft verwendet werden.

Wenn in reduzierenden Gasen, speziell mit Wasserstoff bei Temperaturen über 1.600 °C gearbeitet wird, muss spezielles höherwertiges Fasermaterial mit geringerem SiO_2 Gehalt und höheren Al_2O_3 Gehalt verwendet werden. Herkömmliches Fasermaterial würde sich aufgrund von Reduktionsreaktionen schnell zersetzen. Wird der Ofen häufig, wie in der Nuklearindustrie, über 1.700 °C unter Wasserstoff betrieben, wird die innerste Isolationsschicht durch eine Ausmauerung mit Hohlkorundsteinen ersetzt, damit wird auch bei extremen Bedingungen eine längere Lebensdauer garantiert.

Bild 9: Wolfram-Maschenheizer T_{max} 2.300 °C mit Strahlungsschirmen

Graphitfilz-Isolation ist in Qualitäten erhältlich, die in Kombination mit Graphit-Heizern Ofentemperaturen bis über 2.800 °C zulassen. Die Abdampfungsraten von Kohlenstoff sind dann jedoch extrem. Die Wirksamkeit der Isolation, da mit dem Arbeitsgas in Kontakt, wird stark durch dessen Wärmeleitfähigkeit beeinflusst. Diese beträgt bei Wasserstoff und Helium abhängig von der Temperatur bis zum 7-fachen von Luft. Dies muss bei der Auslegung von Isolation und Heizern berücksichtigt werden.

Da sich Schutzgasöfen, bedingt durch Heizleiter-Material und Brenngut, erst bei relativ geringen Temperaturen öffnen lassen und eine Abkühlung der Kammer mit dem Schutzgas sehr teuer (Gasverbrauch) oder mit Gasrückkühlung aufwendig ist, muss ein Kompromiss zwischen geringem Energieverbrauch und noch tolerierbaren Abkühlzeiten bei der Auslegung der Isolation gefunden werden. Auch darf von einem heißen Ofengehäuse keine Gefahr für den Betreiber

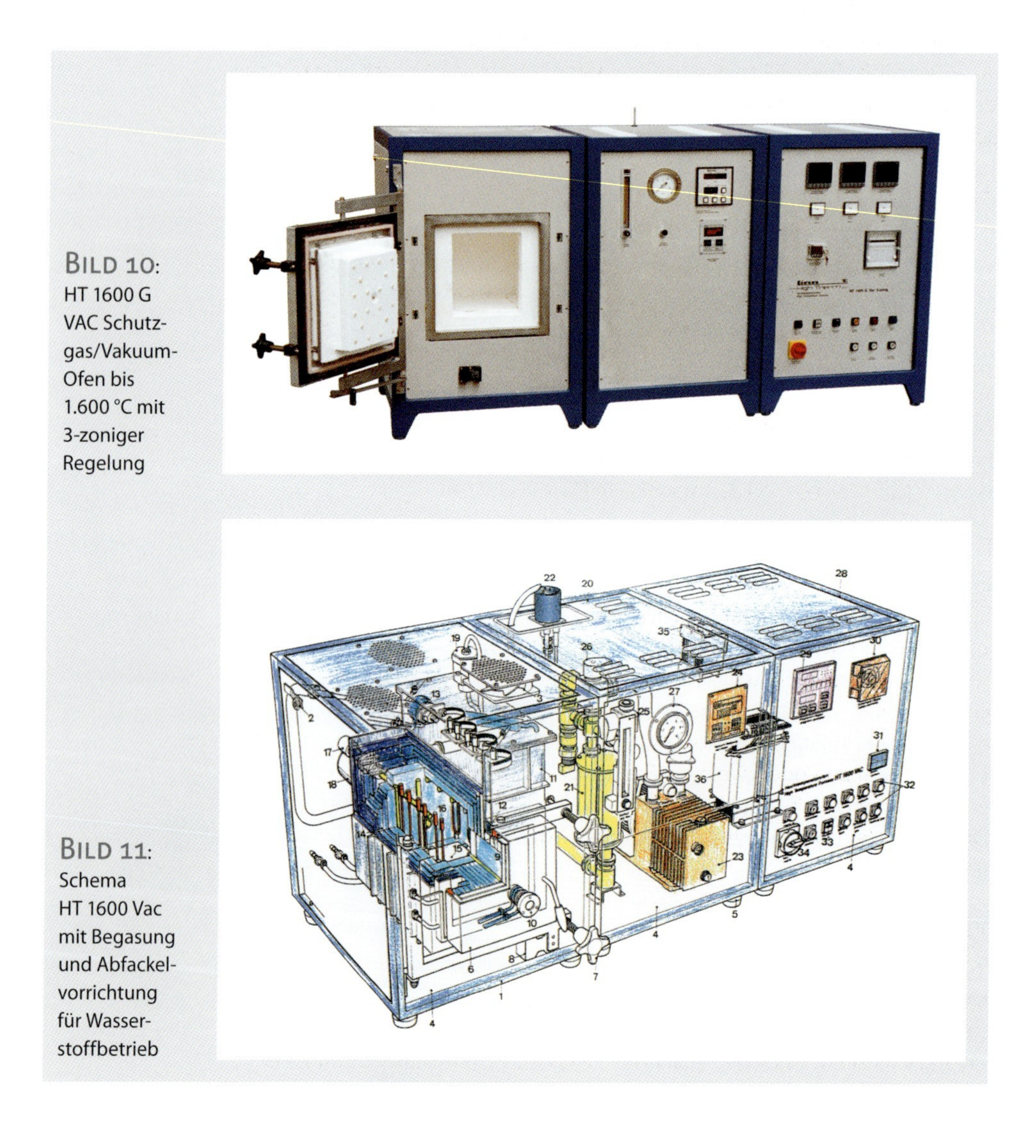

Bild 10: HT 1600 G VAC Schutzgas/Vakuum-Ofen bis 1.600 °C mit 3-zoniger Regelung

Bild 11: Schema HT 1600 Vac mit Begasung und Abfackelvorrichtung für Wasserstoffbetrieb

ausgehen. Bewährt hat sich vom striktem Kaltwandprinzip abzuweichen und die gasdichte Ofenkammer außen mit einem zweiten Gehäuse zu umgeben. Die Isolationsdicke wird so gewählt, dass das Innengehäuse max. 200 °C erreicht. Diese Wärme wird durch Ventilatoren, die Luft durch den Zwischenraum zum Außengehäuse blasen, schnell abgeführt. So kann man Abkühlzeiten von ca. 1 h von 1.400 °C auf 600 °C erreichen, gleichzeitig bleibt die Oberflächentemperatur des Ofens bei max. 40 °C über Umgebungstemperatur.

Der Vorteil dieses Ofenprinzips liegt in einem um Faktor 5 geringeren Leistungsbedarf als bei einem Kaltwandofen mit Strahlungsblechen. Es bietet ebenso die Möglichkeit, bei $MoSi_2$-Heizern während einer Ofenfahrt auch bei Temperaturen über 1.400 °C von oxidierender auf reduzierende Atmosphäre zu wechseln. Erkauft wird dies allerdings mit Einschränkungen bei Vakuum und Taupunkt. Dafür ist die große Oberfläche der eingesetzten keramischen Faser verantwortlich. Speziell keramische Fasern sind stark hygroskopisch. Beim Öffnen des Ofens schlägt sich die Feuchtigkeit der Umgebungsluft als dünne Wasserschicht auf der Faseroberfläche nieder und wird beim nächsten Aufheizen von innen nach außen fortschreitend wieder freigesetzt. Aus diesem Grund sollten Öfen nicht über längere Zeit offen stehen, da sich sonst erhebliche Wassermengen niederschlagen. Bei Wiederinbetriebnahme des Ofens macht sich das durch eine deutlich geringere Aufheizgeschwindigkeit sowie schlechteres Endvakuum und höheren Taupunkt bemerkbar.

Sicherheitstechnik

Alle sicherheitstechnisch relevanten Systeme müssen redundant ausgelegt sein. Die Gefahren, die bei Verwendung von Schutzgasen ausgehen können, sind vor allem Vergiftung, Erstickung, Verpuffung und Explosion.

Erstickung

Gefahren bei der Verwendung von Schutzgasen

Bei der Verwendung von neutralen Gasen wie Stickstoff oder Argon kann bei den üblichen Spülmengen und bei guter Raumdurchlüftung keine bedrohliche Konzentration von Gas entstehen, auch wenn das Abgas direkt in den Raum geleitet wird. Zu beachten ist, dass Argon (1,784 kg/m^3) deutlich schwerer und Stickstoff etwas leichter als Luft ist. Im Falle von Argon kann das in schlechtdurchlüfteten Räumen zu Problemen führen. Kohlendioxid (1,977 kg/m^3) sollte grundsätzlich über einen Abzug oder direkt ins Freie abgeleitet werden. Allgemein gilt, dass Räume, in denen mit Schutzgasen gearbeitet wird, gut durchlüftet sein müssen. Ofenhersteller und Endkunde sollten daher gemeinsam ein Raumluftkonzept erstellen.

Vergiftung

Von den in Schutzgasöfen eingesetzten Gasen sind vor allem Mischungen von Exo- und Endogas, die Kohlenmonoxid (CO) enthalten, gefährlich. Der MAK-Wert (Maximale Arbeitsplatz Konzentration) für CO ist mit 30 ppm vom Gesetzgeber niedrig angesetzt. Besonders gefährlich ist CO, da es geruchlos ist und selbst bei geringer Konzentration in der Atemluft bei längerer Exposition durch seine hohe Affinität zum Hämoglobin (roter Blutfarbstoff) stark im Blut angereichert wird. Ammoniak (MAK: 20 ppm) ist durch seinen stechenden Geruch auch in geringsten Konzentrationen feststellbar.

Verpuffungs-/Explosionsgefahr

Gase lassen sich in

- oxidierend-exotherm: Luft, Wasserdampf, Kohlendioxid,
- neutral: Stickstoff, Argon, Helium,
- reduzierend-endotherm: Wasserstoff, Kohlenmonoxid, Methan, Ammoniak usw.

unterteilen.

Mischungen von Wasserstoff und Stickstoff mit H_2-Gehalten < 5 % sind reduzierend, aber nicht brennfähig. Sie können daher sicherheitstechnisch wie neutrale Gase behandelt werden (**Tabelle 2**).

Um einen Ofenraum mit brennbaren Gasen füllen zu können, darf dieser keinen Sauerstoff enthalten. Dazu gibt es drei verschiedene Verfahren:

- langsames Einleiten von Brenngas bei Temperaturen über 750 °C
- Freispülen mit inertem Gas
- Evakuieren, anschließend mit Schutzgas befüllen.

TABELLE 2: Explosionsgrenzen und Zündtemperatur von Gasen bei 20 °C und 1.013 mbar

Gas	Formel	Spezifisches Gewicht (–) < Luft (+) > Luft	Untere Explosionsgrenze 20 °C, 1013 mbar	Obere Explosionsgrenze 20 °C, 1013 mbar	Zündtemperatur	Gefahr explosiv (Ex) giftig (G) Erstickung (E)
Ammoniak	NH_3	0,72 kg/m³ (–)	15 %	27 %	690 °C	Ex, G, E
Wasserstoff	H_2	0,084 kg/m³ (–)	4 %	74 %	570 °C	Ex, E
Methan	CH_4	0,671 kg/m³ (–)	5 %	15 %	580 °C	Ex, E
Kohlenmonoxid	CO	1,17 kg/m³ (–)	12,5 %	74 %	630 °C	Ex, G, E
Propan	C_3H_8	1,88 kg/m³ (+)	2,2 %	9,5 %	480 °C	Ex, E
Endogas 1 C_3H_8	31 % H_2 23 % CO 46 % N_2	0,89 kg/m³ (–)	7 %	72 %	560 °C	Ex, G, E
Endogas 2 CH_4	40 % H_2 23 % CO 37 % N_2	0,79 kg/m³ (–)	7 %	72 %	560 °C	Ex, G, E
Exogas	14 % H_2 7 % CO 5 % N_2	1,12 kg/m³ (–)	17 %	72 %	560 °C	Ex, G, E
Spaltgas	25 % N_2 75 % H_2	0,38 kg/m³ (–)	3 %	72 %	530 °C	Ex, E

Einleiten von Brenngas

Das Verfahren ist am kostengünstigsten, hat aber zwei entscheidende Nachteile. Es kann normalerweise nur bei kontinuierlichen Öfen oder bei Öfen mit Schleuse angewandt werden, da sonst das Brenngut erst an Luft bis mindestens 750 °C erwärmt werden muss. Im Brennraum darf die Verbrennungstemperatur 750 °C nicht unterschreiten. Falls ein ungünstiges Volumenverhältnis von kalten zu heißen Bereichen besteht, zum Beispiel wenn sich Wärmeisolierung innerhalb der Schutzgaskammer befindet oder bei kontinuierlichen Öfen, in deren Auslauf meist eine Kühlstrecke vorhanden ist, müssen diese eventuell separat mit neutralem Gas freigespült werden. Der Füllvorgang ist abgeschlossen, wenn die aus dem Ofen austretenden Gase brennbar sind. Vor dem Öffnen des Ofens muss der Vorgang diesmal durch Einleiten von Luft wiederholt werden. Die Probleme sind die gleichen wie oben erwähnt. Zusätzlich sollte der Ofen noch längere Zeit mit Luft gespült werden um eventuell aus der Isolation austretendes Gas zu verdünnen.

Freispülen mit inertem Gas

Dies ist die meist verbreitete Methode. Vor dem Einlassen des brennbaren Gases wird der Sauerstoffgehalt im Ofen durch Spülen mit Stickstoff oder Argon auf einen Wert < 1 % gebracht.

Berechnung des Restgasgehaltes in Abhängigkeit von der Anfangskonzentration K_o und dem Spülfaktor $S = V / V_o$:

BERECHNUNG DES RESTGASGEHALTES IN ABHÄNGIGKEIT VON ANFANGSKONZENTRATION UND SPÜLFAKTOR

$$K = K_o \cdot e^{-V/V_o} = K_o \cdot e^{-S}$$

V_o = Kammervolumen
V = Spülgasvolumen
K_o = Anfangskonzentration
K = Endkonzentration

Ist ein Spülgasstrom $\dot{V}_{sp}$ vorgegeben, errechnet sich die notwendige Spülzeit zum Erreichen von 1 % Restsauerstoffgehalt:

$$t = -\frac{V_o}{\dot{V}_{sp}} \cdot \ln\left(\frac{0{,}01}{0{,}21}\right) = 3 \cdot \frac{V_o}{\dot{V}_{sp}}$$

Theoretisch wäre dazu bei einem Ofen mit 1 m^3 Innenvolumen V_o (dieses entspricht nicht dem Nutzraum, sondern dem gesamten Volumen inklusive Isolation beim Heißwand- bzw. Schirmblechbereich beim Kaltwandofen) 3 m^3 Spülgas nötig. Dies entspricht einem Spülfaktor von 3. Aus Sicherheitsgründen (tote Ecken, Isolation) wird jedoch mit Spülfaktor 5 gearbeitet, wobei auf einen leichten Überdruck im Ofen zu achten ist. Danach kann brennbares Schutzgas eingeleitet werden.

Die Einleitstelle für das Spülgas ist so zu wählen bzw. zu gestalten, dass der komplette Ofenraum und auch vor- und nachgeschaltete Einbauten (Rohre, Bubbler, Kondensatfallen) gespült werden. Am Ende der Ofenfahrt muss der Vorgang wiederholt werden um den Ofen freizuspülen. Es ist dabei zu beach-

TABELLE 3: Restsauerstoffgehalt in Abhängigkeit vom Spülfaktor oder Vakuum, das einen vergleichbaren Sauerstoffpartialdruck erzeugt

Spülfaktor	Sauerstoffgehalt (%)	Vakuum (mbar)
0	21	1031
1	7,7	378
2	2,8	137
3	1	45
4	0,38	18
5	0,14	6,9
6	0,05	2,4
7	0,019	1
8	0,0007	$3 \cdot 10^{-1}$
9	0,0025	$1 \cdot 10^{-1}$
10	0,0009	$5 \cdot 10^{-2}$
16	0,000006	$3 \cdot 10^{-4}$

ten, dass der Gehalt des brennbaren Gases nun 100 % beträgt und nicht 21 % (Sauerstoffgehalt Luft). Der Spülfaktor sollte deshalb auf ca. 6,5 erhöht werden (**TABELLE 3**).

Um den Vorgang zu überwachen und absolut sicher zu gestalten sind folgende Einrichtungen bzw. Überwachungsfunktionen in die Begasungseinrichtung zu integrieren:

GEWÄHRLEISTEN EINES SICHEREN FREISPÜLVORGANGS

a. Überwachung der Spülzeit, des Spülgasflusses und des Spülgasvorrats (bei Flaschen). Durch induktive Überwachung eines minimalen Gasstroms (G_{min}) im Durchflussmesser und einer minimalen Spülzeit (S_{min}) kann durch die in der Kontrolleinheit vorab festgelegten Werte (S_{min} x G_{min} > 5 x Volumen) eine ausreichende Spülung gewährleistet werden. Über den Flaschendruck wird der Spülgasvorrat kontrolliert, der mindestens das 12-fache des Kammervolumens betragen muss, um den Ofen nach der Schutzgasbehandlung auch wieder freispülen zu können.
b. Eine Messung des Sauerstoffrestgehalts im Ofen (Sollwert < 1 %) sichert auch gegen evtl. auftretende Lecks oder stärkere Sauerstoffausgasungen ab.
c. Durch ein Halteventil im Gasausgang wird ein leichter Überdruck von ca. 5 bis 50 mbar im Ofen erzeugt, der verhindert, dass Luft in die Kammer eindringen kann.
d. Der Schutzgasfluss wird ebenfalls überwacht. Falls zum Beispiel beim Abkühlen der Schutzgasstrom aufhört, entsteht ein Unterdruck in der Kammer der zur Implosion bzw. zum Ansaugen von Luft in die Kammer führen kann. In beiden Fällen könnten zündfähige Gasgemische entstehen.
e. Verriegelung der Tür vom Einleiten des Schutzgases bis zur Beendigung des Freispülvorgangs.

f. Gassensoren an potentiell gefährdeten Stellen (Türdichtung, Begasungseinrichtung, Raumdecke).
g. Notwasserversorgung, um bei Ausfall des Kühlwassers die Dichtungen nicht zu überhitzen.

Evakuieren und anschließendes Befüllen mit Schutzgas

Diese Technik kann bei Öfen angewendet werden, die neben Schutzgas- auch für Vakuumbetrieb vorgesehen sind, zum Beispiel wenn der Ofenprozess kombiniert Gas/Vakuum-Behandlung erfordert oder hochreine Atmosphäre (Partialdruck $O_2 < 10^{-6}$ mbar) benötigt wird.

Zündfähige Gemische werden bereits bei einer Vorevakuierung des Ofens auf 45 mbar vermieden. In der Praxis evakuiert man meist bis in den 10^{-1} mbar Bereich, der sich noch leicht und schnell mit einer einstufigen Drehschieberpumpe erreichen lässt. Als zusätzliche Sicherheit schaltet man die Pumpe ab und registriert den Druckanstieg (automatischer Lecktest). Liegt dieser über einem vorgegebenen Wert, kann auf Lecks im System geschlossen werden, die vor dem Einleiten des Schutzgases behoben werden müssen. Zum Entladen muss der Ofen mit inertem Gas, wie oben beschrieben, freigespült werden. In Einzelfällen ist auch eine erneute Evakuierung denkbar, der Gasballasteingang der Vakuumpumpe muss dann an Inertgas angeschlossen werden. Die Fördermenge der Pumpe muss so gedrosselt werden, dass problemlos abgefackelt werden kann. Das Vorevakuieren einer Ofenkammer empfiehlt sich bei der Behandlung von dichten Schüttgütern oder auf Spulen gewickeltem Draht, da sich die Hohlräume nur mit großem Zeit- und Gasaufwand freispülen lassen.

SCHUTZGAS- UND VAKUUMÖFEN – MODERNE SCHLÜSSELTECHNOLOGIE

Elektrisch beheizte Schutzgas- und Vakuumöfen werden heute im Temperaturbereich von 100 °C bis 3.000 °C eingesetzt. Das Anwendungsspektrum erstreckt sich vom Trocknen in der Halbleiterindustrie bis zur Herstellung von Spezialgraphiten. Dazwischen liegt das weite Arbeitsfeld der Wärmebehandlung von Kupferdraht, anderen Buntmetallen, Edelstahl und der Platin- und Refraktärmetalle. Für die Herstellung von Leuchtstoffen, Nanopulvern, Reinstsilizium, Nichtoxidkeramiken und viele chemische Prozesse sind Schutzgasofen unentbehrlich. Schutzgas- und Vakuumöfen sind damit eine, wenn auch wenig bekannte, Schlüsseltechnologie unseres Zeitalters.

Veröffentlicht in:
elektrowärme international · Heft 3/2010 · Seiten 227–236

Automatisierungslösungen für mehr Energieeffizienz in vorhandenen Thermoprozess-Anlagen

Von Peter Kahl

Die Emission des klimaschädlichen Treibhausgases CO_2 soll nach dem Willen der europäischen Regierungen bis zum Jahr 2020 um 20 % gesenkt werden. Im selben Zeitraum soll der Anteil an erneuerbarer Energie auf 20 % des Energiebedarfs erhöht und der Energiebedarf durch Energieeffizienz um 20 % reduziert werden. Klimaschutz und die Steigerung der Energieeffizienz sind Herausforderungen, denen wir uns gemeinsam stellen müssen. Nur durch den Einsatz von innovativen und intelligenten ganzheitlichen industriellen Systemlösungen werden die Aufgaben zu bewältigen sein. Die Steigerung der betrieblichen Energieeffizienz ist schon heute – und noch mehr in der Zukunft – ein wesentlicher Bestandteil für den wirtschaftlichen Erfolg eines Unternehmens.

Laut VDMA gehören die Betreiber von Industrieöfen mit zu den größten Energieverbrauchern in Deutschland. Fast 40 % der industriell genutzten Energie wird in Deutschland in Industrieöfen verbraucht. Für Betreiber von Industrieöfen und den Ofenbauer gibt es viele gute Gründe in Klimaschutz und Energieeffizienz zu investieren:

- Zu erwartende Verpflichtungen aufgrund von Europäischen Richtlinien zu mehr Energieeffizienz von Thermoprozessanlagen;
- Verbesserung der Wettbewerbsfähigkeit für den Ofenbauer durch die Herstellung von Thermoprozessanlagen mit einem hohen Effizienzgrad;
- Steigerung der Produktivität und der Wettbewerbsfähigkeit des Unternehmens durch Senkung der betrieblichen Energie- und Entsorgungskosten;
- Geringere Abhängigkeit von steigenden Rohstoff- und Entsorgungspreisen (Gas, Strom, Wasser, Abwasser, Abfall etc.);
- Minderung der Treibhausgase und Verbesserung der eigenen CO_2-Bilanz;
- Steigerung des Innovationsgrades;
- Schaffung eines positiven Unternehmensbildes.

Prozessoptimierung vorhandener Thermoprozessanlagen

Die weltweit steigende Energienachfrage wird langfristig zu deutlich steigenden Energiepreisen führen. Der Austausch von funktionsfähigen älteren Wärmebehandlungsanlagen, um Energiekosten einzusparen, ist selbst bei den heutigen hohen Energiepreisen wirtschaftlich nicht vertretbar. Daher muss in Ergänzung das Energieeffizienzpotenzial im vorhandenen Anlagenbestand mit der vorhan-

BILD 1: Mikrowellenbanddurchlauftrockner für Keramikwaben (Linn High Therm GmbH)

denen Produktionshardware erschlossen werden. Die Verbesserung der Anlageneffizienz bzw. die Erstellung von Energieeinsparkonzepten vorhandener Thermoprozessanlagen ist aufgrund der Vielfalt der Beheizungsarten und der unterschiedlichen komplexen Verfahrensabläufe, in der Regel ohne energetische Bewertung nicht möglich. Ein nicht zu vernachlässigender Teil der zugeführten Energie verlässt die Anlagen als Abwärme oder durch das Kühlwasser. Zur Ermittlung der Energieverluste müssen deshalb in Abhängigkeit der Betriebszustände die stoffgebundenen Energieströme wie Abluft oder Kühlmedien (Luft, Kühlwasser, Dampf etc.) kontinuierlich erfasst, analysiert und bilanziert werden. Ohne die Installation eines geeigneten Energiemonitoringsystems, das die produktionsabhängigen Kennzahlen und Energieverbräuche geeignet zusammen führt, ist die Identifizierung der Energieverluste und die Einleitung von energieeinsparenden Maßnahmen nicht möglich. Vor der Auswahl des richtigen Monitoringsystems steht jedoch die Begutachtung des Gesamtprozesses. Hierbei ist es wichtig, die Abläufe gesamtheitlich zu betrachten und aufzuzeigen. Bei der Bewertung können bereits vorhandene Mess-, Steuer- und Regelprozesse hilfreich sein. Der Bericht sollte folgende Informationen liefern:

- Eine differenzierte Auflistung der energieverbrauchenden Maschinen und Anlagen (Prozess, Nebenaggregate etc.);
- Angaben zur Grund- und Spitzenlast;
- Energieflussbild der eingesetzten Energie;
- Kosten der Energieträger;
- Prozessbedingte Werte wie Temperatur, Druck, Durchfluss, Schadstoffkonzentrationen etc.;
- Materialfluss;
- Angaben über Grund- und Spitzenlast;
- Produktionsspezifische Abläufe.

Weiterhin müssen die vorhandenen Hilfs- und Nebenantriebe der Thermoanlagen begutachtet und bewertet werden, da sie einen hohen Anteil am elektrischen Energieverbrauch des Gesamtprozesses haben. Häufig sind diese Hilfsprozesse wie Pumpen, Ventilatoren, Kompressoren und Antriebe großzügig dimensioniert, oder es fehlt die Anpassung an den wechselnden Bedarf von Abläufen. Auf der Basis der oben genannten Informationen können oft erste Energieeinsparmaßnahmen eingeleitet werden. So lässt sich mit einer optimierten Auslegung der Nebenaggregate und moderner Antriebs-, Steuer- und Regelungstechnik innerhalb kurzer Zeit ein hohes Maß an Energie einsparen.

Nach der Begutachtung und Implementierung des geeigneten Energiemonitoringsystems können die Energieverbräuche analysiert und bewertet werden. Gemeinsam mit den produktionsrelevanten Informationen wie Auslastung, Hoch- und Abfahrzeiten, Materialfluß etc. lassen sich dann mögliche Einsparpotentiale ableiten und wirtschaftliche Rückgewinnungsmaßnahmen aus Abwärme, Kühlung, Druckluft, Abwasser etc. auswählen und gezielt einsetzen. Für diese Umsetzung werden intelligente Automatisierungssysteme benötigt, die gemeinsam mit den Informationen aus dem Monitoring die erkannten und eingeleiteten Prozessoptimierungsmaßnahmen in den Abläufen der Industrieöfen und deren Hilfs- und Nebenaggregaten steuern, regeln und überwachen, mit dem Ergebnis, den Energiebedarf zu verringern, Temperaturniveaus anzupassen, Energienutzung zu vermeiden und Wirkungsgrade zu steigern.

Fazit

Dieser Beitrag ist eine kompakte Zusammenfassung bereits publizierter Themen aus dem Bereich der Energieeffizienz. Er verdeutlicht einmal mehr, dass die Steigerung der betrieblichen Energieeffizienz schon heute – und noch mehr in der Zukunft – ein wesentlicher Bestandteil für den wirtschaftlichen Erfolg eines Unternehmens ist. Bei der Umsetzung der ehrgeizigen Ziele, das klimaschädliche Treibhausgas CO_2 zu reduzieren und den Energiebedarf durch Energieeffizienz zu senken, wird nicht nur der Umgang mit den knappen Ressourcen wie Gas, Öl oder Kohle eine wichtige Rolle spielen, sondern auch die Fähigkeit, unsere Verhaltensweisen den Anforderungen und Grenzen unserer Umwelt anzupassen. Bei der Realisierung kommt es deshalb darauf an, in Gesamtzusammenhängen zu denken. Analysen und Beschreibungen der technischen und wirtschaftlichen Grundsatzfragen unter der Einbeziehung intelligenter und alternativer Lösungsmöglichkeiten sind hierfür erforderlich. Mit der richtigen Auswahl von Monitoringsystemen in Verbindung mit intelligenten Automatisierungslösungen lassen sich bei vorhandenen Thermoprozess-Anlagen Energieeffizienzpotenziale durch geeignete Überwachungs-, Steuerungs- und Regelungsprozesse aufzeigen und wirtschaftlich umsetzen.

Veröffentlicht in:
elektrowärme international · Heft 4/2010 · Seite 305–306

Autorenverzeichnis

Dipl.-Ing. Dr. Herwig Altena
Aichelin Holding GmbH,
Mödling (Österreich)

Tel. +43 2236 23646-211
herwig.altena@aichelin.com

Dr.-Ing. habil. Ahmad Al-Halbouni
Clyde Bergemann Brinkmann
GmbH, Wesel

Tel. 0281 81534-45
ahmad.al-halbouni@
clydebergemann.de

Prof. Dr.-Ing. Egbert Baake
Institut für Elektroprozesstechnik,
Leibniz Universität Hannover

Tel. 0511 762-3248
baake@etp.uni-hannover.de

Phil Ballinger
Elster Kromschroder UK,
Bromsgrove, Worcestershire
(Großbritannien)

Tel. +44 1527 888832
p.ballinger@kromschroder.co.uk

Dr.-Ing. Franz Beneke
VDMA, Frankfurt

Tel. 069 66031854
franz.beneke@vdma.org

Dr.-Ing. Thomas Berrenberg
WSP GmbH, Aachen

Tel. 0241 87970378
berrenberg@wsp-aachen.de

Dipl.-Ing. Uwe Bonnet
WS Wärmeprozesstechnik GmbH,
Witten

Tel. 02302 2055699
u.bonnet@flox.com

Dr. Klaus Buchner
Aichelin Ges.m.b.H., Mödling
(Österreich)

Tel. +43 2236 23646-384
klaus.buchner@aichelin.com

Dr. Carsten Bührer
Zenergy Power GmbH, Rheinbach

Tel. 02226 90600
carsten.buehrer@
zenergypower.com

Otto Carsen
SMS Elotherm GmbH, Remscheid

Tel. 02191 891-328
o.carsen@sms-elotherm.de

Dr. Stefan Dappen
SMS Elotherm GmbH, Remscheid

Tel. 02191 891-204
s.dappen@sms-elotherm.de

Dr.-Ing. Erwin Dötsch
ABP Induction Systems GmbH, Dortmund

Tel. 0231 997-2415
erwin.doetsch@abpinduction.com

Josef Domagala
ENGTRA Engineering & Trade Services, Erkrath

Tel. 0173 3730576
j.domagala@engtra.de

Dipl.-Ing. Robert Eder
TU Bergakademie, Freiberg

Tel. 03731 39-3141
robert.eder@iwtt.tu-freiberg.de

Dipl.-Ing. Helmut Egger
Wolfgang KOHNLE Wärmebehandlungsanlagen GmbH, Birkenfeld

Tel. 07231 94932-0
info@kohnle.de

Dipl.-Ing. Björn Fischer
REC Wafer Norway AS, Porsgrunn (Norwegen)

Tel. +47 35 937345
bjorn.fischer@recgroup.com

Dipl.-Ing. Bernhard Fleischmann
Hüttentechnische Vereinigung der Deutschen Glasindustrie e.V., Offenbach am Main

Tel. 069 975861-59
a.fleischmann@hvg-dgg.de

Dipl.-Ing. Alexander Georgiew
Salzgitter Flachstahl GmbH, Salzgitter

Tel. 05341 214363
georgiew.a@salzgitter-ag.de

Dr.-Ing. Anne Giese
Gaswärme-Institut e.V., Essen

Tel. 0201 3618257
a.giese@gwi-essen.de

Dr. Heinz-Peter Gitzinger
Elster GmbH, Wuppertal
Geschäftssegment LBE

Tel. 0202 6090852
heinz-peter.gitzinger@elster.com

Bill Gornicki
ALD-Holcroft Vacuum Technologies Co., Inc. Michigan, USA

Tel. +1 248 668-4130
wgornicki@ald-holcroft.com

Dipl.-Ing. Ralf Granderath
Tenova Re Energy GmbH, Düsseldorf

Tel. 0211 540976-0
ralf.granderath@
de.tenovagroup.com

Dr. Reinar Grün
PlaTeG GmbH, Siegen

Tel. 0271 772411-0
gruen@plateg.de

Heinz Hagemann
Weseralu GmbH & Co. KG, Minden

Tel. 0571 387050
info@weseralu.de

Dipl.-Ing. Rudolf Hillen
StrikoWestofen GmbH, Wiehl

Tel. 02261 70910
rhl@strikowestofen.com

Dr. Olaf Irretier
Industrieberatung für Wärme-
behandlungstechnik IBW
Dr. Irretier, Kleve

Tel. 02821 7153948
olaf.irretier@t-online.de

Dipl.-Ing. Robert Jasper
Jasper GmbH, Geseke

Tel. 02942 9747-0
r.jasper@jasper-gmbh.de

Dipl.-Ing. Robert Jürgens
SMS Elotherm GmbH, Remscheid

Tel. 02191 891-200
r.juergens@sms-elotherm.de

Peter Kahl
Heitec AG, Erlangen

Tel. 09131 877-216
peter.kahl@heitec.de

Dr. Jürgen Kellers
Zenergy Power GmbH, Rheinbach

Tel. 02226 90600
juergen.kellers@
zenergypower.com

Peter Klatecki
Jasper GmbH, Geseke

Tel. 02942 9747-0
p.klatecki@jasper-gmbh.de

Dipl.-Ing. Frank Koch
Gusstec Weiherhammer GmbH,
Weiherhammer

Tel. 09605 9206-11
f.koch@gusstec.de

Ing. Norbert Korlath
Aichelin Ges.m.b.H.,
Mödling (Österreich)

Tel. +43 2236 23646-273
nobert.korlath@aichelin.com

Prof. Dr.-Ing. Carl Kramer
WSP GmbH, Aachen

Tel. 0241 87970312
info@wsp-aachen.de

Dr. Friedhelm Kühn
LOI Thermprozess GmbH, Essen (bis 2009); Ingenieurbüro für Wärmebehandlung, Industrieöfen und Energieberatung, Mülheim
Tel. 0208 431761
kuehn.friedhelm@t-online.de

Dipl.-Ing. Harald Lehmann
Schwartz GmbH, Simmerath
Tel. 02473 948824
h.lehmann@schwartz-wba.de

Dr.-Ing. Klaus Löser
ALD Vacuum Technologies GmbH, Hanau
Tel. 06181 3073366
dr.klaus.loeser@ald-vt.de

René Lohr
NOXMAT GmbH, Oederan
Tel. 037292 650343
lohr@noxmat.de

Dr.-Ing. Alexander Mach
Sandvik Wire and Heating Technology, Mörfelden-Walldorf
Tel. 06105 400184
alexander.mach@sandvik.com

Dipl.-Ing. (FH) Dirk Mäder
NOXMAT GmbH, Vertriebsbüro Hagen
Tel. 02334 442358
maeder@noxmat.de

Dipl.-Ing. Klaus Malpohl
StrikoWestofen GmbH, Wiehl
Tel. 02261 70910
kma@strikowestofen.com

Dipl.-Ing. Jens-Uwe Mohring
HÜTTINGER Elektronik GmbH + Co. KG, Freiburg
Tel. 0761 8971-2198
jens-uwe.mohring@de.huettinger.com

Dipl. Ing. (FH) Marcus Nuding
HWG Inductoheat GmbH, Reichenbach/Fils
Tel. 07153 504-273
nuding@hwg-inductoheat.de

Dipl.-Ing. Gerald Orlik
EnergieAgentur.NRW, Wuppertal
Tel. 0202 24552-33
orlik@energieagentur.nrw.de

Bardo Ostermeyer
Weseralu GmbH & Co. KG, Minden
Tel. 0571 387050
info@weseralu.de

Dipl.-Ing. Hans-Joachim Peter
Eldec Schwenk Induction GmbH, Dornstetten/Berlin
Tel. 030 5662240
hansjoachim.peter@eldec.de

Dr.-Ing. Roland Rakette
NOXMAT GmbH, Oederan

Tel. 037292 650360
drrakette@noxmat.de

Dipl.-Ing. Friedrich Schmaus
Clyde Bergemann Brinkmann GmbH, Wesel

Tel. 0281 81534-27
friedrich.schmaus@clydebergemann.de

Dipl.-Ing. Astrid Rebmann
E.ON Thüringer Energie AG, Erfurt

Tel. 0361 6522746
astrid.rebmann@eon-thueringerenergie.com

Jürgen Schmidt
ABP Induction Systems GmbH, Dortmund

Tel. 0231 997-2573
juergen.schmidt@abpinduction.com

Karl Ritter
ALD Vacuum Technologies, Hanau

Tel. 06181 3073279
karl.ritter@ald-vt.de

Bodo Schmitt
JUMO GmbH & Co. KG, Fulda

Tel. 0661 6003369
bodo.schmitt@jumo.net

Dr. Hendrik Schafstall
simufact engineering gmbh, Hamburg

Tel. 040 790162-0
info@simufact.de

Dr.-Ing. Wilfried Schmitz
Otto Junker GmbH, Simmerath

Tel. 02473 601441
sz@otto-junker.de

Christian Schare
Elster GmbH, Osnabrück

Tel. 0541 1214-499
christian.schare@elster.com

Volkhard Schnitzler
Ruhrtaler Gesenkschmiede GmbH & Co. KG, Witten

Tel. 02302 708-0
info@ruhrtaler.de

Dirk M. Schibisch
SMS Elotherm GmbH, Remscheid

Tel. 02191 891-300
d.schibisch@sms-elotherm.de

Dr. Peter Schobesberger
Aichelin Holding GmbH, Mödling (Österreich)

Tel. +43 2236 23646-244
peter.schobesberger@aichelin.com

Dipl.-Ing. Martin Gerhard Scholles
SMS Elotherm GmbH, Remscheid

Tel. 02191 891-413
m.scholles@sms-elotherm.de

Ing. Franz Schrank
Aichelin Ges.m.b.H.,
Mödling (Österreich)

Tel. +43 2236 23646-225
franz.schrank@aichelin.com

Dr. Dominik Schröder
LOI Thermprocess GmbH, Essen

Tel. 0201 1891-865
dominik.schroeder@
loi-italimpianti.de

Dipl.-Ing. Werner Schütt
BSN Thermprozesstechnik GmbH,
Simmerath

Tel. 02473 9277-0
werner.schuett@bsn-therm.de

Helmut Schulte
EFD Induction GmbH, Freiburg

Tel. 0761 88510
shh@de.efdgroup.net

Dipl.-Ing. Rolf Schwartz
Schwartz GmbH, Simmerath

Tel. 02473 94880
r.schwartz@schwartz-wba.de

Josef Srajer
VITKOVICE SCHREIER s.r.o., Ostrava
(Tschechische Republik)

Tel. +42 595 956 574
schreier@ova.comp.cz

Dr.-Ing. Hansjürg Stiele
EFD Induction GmbH,
Freiburg

Tel. 0761 88510
sth@de.efdgroup.net

Dr. Ralf Tanneberger
Dr. Tanneberger GmbH, Radebeul

Tel. 0351 8104218
info@tanneberger.de

Dipl.-Ing. Jörg Teufert
BLOOM Engineering (Europa)
GmbH, Düsseldorf

Tel. 0211 50091-0
j.teufert@bloomeng.de

Achim Thus
ABP Induction Systems GmbH,
Dortmund

Tel. 0231 99723-66
achim.thus@abpinduction.com

Dr.-Ing. Dietmar Trauzeddel
Otto Junker GmbH, Simmerath

Tel. 02473 601342
tra@otto-junker.de

Prof. Dr.-Ing. Dimosthenis Trimis
TU Bergakademie, Freiberg

Tel. 03731 39-3940
trimis@iwtt.tu-freiberg.de

Ing. Erwin Tschapowetz
Andritz MAERZ GmbH, Düsseldorf

Tel. 0211 38425-0
erwin.tschapowetz@andritz.com

Dr.-Ing. Volker Uhlig
TU Bergakademie, Freiberg

Tel. 03731 39-2177
volker.uhlig@iwtt.tu-freiberg.de

Dietmar Voigtländer
PlaTeG GmbH, Siegen

Tel. +49 271 772410
voigtlaender@plateg.de

Dipl.-Ing. Roland Waitz
Linn High Therm GmbH,
Eschenfelden

Tel. 09665 9140-20
waitz@linn.de

Dipl.-Ing. Hartmut Weber
Riedhammer GmbH, Nürnberg

Tel. 0911 5218234
hartmut.weber@riedhammer.de

Dipl.-Ing. Horst Weigold
Gießerei Radeberg GmbH,
Radeberg

Tel. 03528 43670
info@giesserei-radeberg.de

Dr.-Ing. Peter Wendt
LOI Thermprocess GmbH, Essen

Tel. 0201 1891236
peter.wendt@loi-italimpianti.de

Dipl.-Ing. Martin Wicker
Elster GmbH, Wuppertal
Geschäftssegment LBE

Tel. 0202 6090836
martin.wicker@elster.com

Dipl.-Ing. Hans Windsheimer
Linn High Therm GmbH,
Eschenfelden

Tel. 09665 9140-76
windsheimer@linn.de

Heinz Wimmer
RATH GmbH, Mönchengladbach

Tel. 02161 9692-12
heinz.wimmer@rath-group.com

Werner Witte
Bültmann GmbH,
Neuenrade-Küntrop

Tel. 02394 180
info@bueltmann.com

Michael Wohlmuth
simufact engineering gmbh,
Hamburg

Tel. 040 790162-0
info@simufact.de

Dr.-Ing. Joachim G. Wünning
WS Wärmeprozesstechnik GmbH,
Renningen

Tel. 07159 1632-0
j.g.wuenning@flox.com

Dr.-Ing. Elmar Wrona
HÜTTINGER Elektronik
GmbH + Co. KG, Freiburg

Tel. 0761 8971-5333
elmar.wrona@de.huettinger.com

Dipl.-Ing. Yilmaz Yildir
ABP Induction Systems GmbH,
Dortmund

Tel. 0231 997-2392
yilmaz.yildir@abpinduction.com

Dr. Peter Wübben
Linn High Therm GmbH,
Eschenfelden

Tel. 09665 9140-0
wuebben@linn.de

Dipl.-Ing. Björn Zieger
SCHMETZ GmbH, Menden

Tel. 02373 686-184
bjoern.zieger@schmetz.de

www.energieeffizienz-thermoprozess.de

Inserentenverzeichnis

Notizen

Notizen

Notizen